教育部世行贷款21世纪初高等教育教学改革项目研究成果

高 等 学 校 教 材

中国石油和化学工业优秀教材一等奖

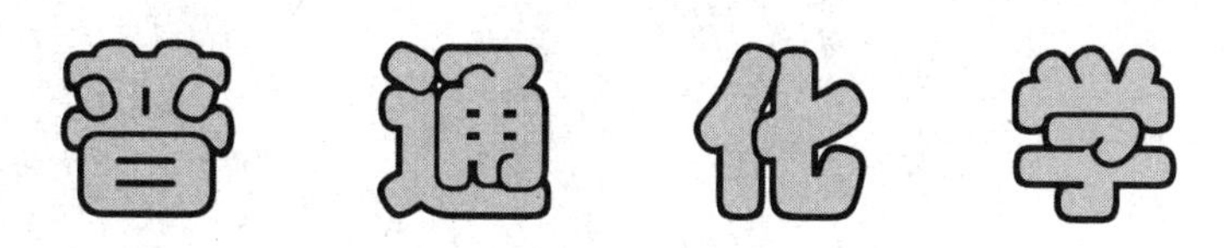

普通化学

第二版

马家举 主编

邵 谦 马祥梅 副主编

化学工业出版社

·北京·

本书是国家教育部“世行贷款21世纪初高等教育教学改革项目”，“工科非化工类专业化学课程体系的改革与完善”的研究成果。教材第一版获“第八届中国石油和化学工业优秀教材”二等奖。本教材可作为普通高等工科院校各专业教材，也可供其它相关专业的师生参考。

本书注重基础理论，从培养学生方法论及创新能力的角度出发，适当拓宽了知识面，并加入科学史内容，着力提高学生的思维方法、理论水平和分析问题的能力。而对元素、化合物知识（第8章、第9章）进行了精简、侧重规律性的知识及用物质结构理论分析物质的性质及用途。本书第1～6章为基础理论部分，第7章从应用角度简单介绍了分析测试的一般方法和过程及标准化的有关知识，第1～9章各章均附有内容提要、学习要求、思考题及习题，书后附有部分习题答案。第10章是本书的拓展部分，主要内容是现代化学的最新研究成果及新兴交叉学科的最新进展，满足差别教学和个性化培养的要求。本书贯彻我国法定计量单位制。

图书在版编目（CIP）数据

普通化学/马家举主编．—2版．—北京：化学工业出版社，2012.2（2024.7重印）
高等学校教材
ISBN 978-7-122-12987-1

Ⅰ.①普…　Ⅱ.①马…　Ⅲ.①普通化学-高等学校-教材　Ⅳ.①O6

中国版本图书馆CIP数据核字（2011）第258296号

责任编辑：杨　菁　　文字编辑：刘砚哲
责任校对：吴　静　　装帧设计：杨　北

出版发行：化学工业出版社（北京市东城区青年湖南街13号　邮政编码100011）
印　　装：大厂聚鑫印刷有限责任公司
787mm×1092mm　1/16　印张20½　彩插1　字数502千字　2024年7月北京第2版第13次印刷

购书咨询：010-64518888　　售后服务：010-64518899
网　　址：http://www.cip.com.cn
凡购买本书，如有缺损质量问题，本社销售中心负责调换。

定　　价：49.00元

第二版前言

自2003年本书第一版出版以来，已有八个年头了。八年来我们一直在听取并收集意见和建议。本次修订是基于以下几点考虑。

首先是要对教材内容的布局作进一步的梳理。出发点有两条。一是要使教材内容更符合科学规律，总体按照从微观到宏观的顺序。这也同时满足了第二点，即使教学内容更加符合认知规律以便于教师授课。这样做实际上还有一个考虑，就是培养学生的思维，将诸如四大平衡等内容置于理论指导下，有助于学生对这部分内容的理解和对科学理论的系统性的掌握。

其次，进一步改善教材的可读性。主要从以下两方面着手：一是尽可能用较通俗的语言叙述科学内容，避免使用生硬、枯燥、晦涩的语言；二是在第一版的基础上继续坚持并增强教材的趣味性，在叙述科学理论的同时自然引入科学史特别是化学史的内容，这有助于引导学生沿着科学家的思路去思考问题，自己得出结论，提高学生的学习兴趣，也有助于开拓思路，培养学生的思维能力特别是逻辑思维的能力及思维习惯，使学生学会用化学的方法思考问题和解决问题，培养学生的辩证法思想及科学的方法论。实际上，沿着人类认识真理的路线来介绍化学理论也契合了我们对教学内容符合认知规律的追求。

再次，进一步核实和查阅了大量科学史资料，修正了第一版的一些错误和疏漏；重新核实了大量文献数据，力争使本教材既是一本教科书，也是一本科学史和文献数据方面的工具书。

另外，在元素化合物方面稍有加强，但篇幅增加有限，主要是为了保持化学学科系统的完整性。但即使如此，在元素化合物部分，我们仍然坚持以理论为指导，循着从结构说明性质，性质决定用途的路线引导学生的化学思维，突出重点、侧重规律性。

继续坚持并加强教材的先进性，与化学有关的科学与技术方面的进展与事件跟踪至2011年上半年。

全书共分10章，除选学内容（标题前有“*”）外，各章均有内容提要及要求，章末有思考题、习题，书末有附录、习题答案、索引、参考文献。

本教材全部采用中华人民共和国国家标准GB 3102—93规定的符号和单位。数据基本来自D. R. Lide，CRC Handbook of Chemistry and Physics，84th ed，CRC Press. Inc，2003～2004、《化学化工大辞典》(《化学化工大辞典》编委会、化学工业出版社辞书编辑部编，化学工业出版社，2003)、《实用化学手册》(《实用化学手册》编写组，科学出版社，2001）等。

本书的绪论、第1～3章、第6章、第8章、第10章第1～3讲、第7讲由马家举（安徽理工大学）编写；第4章、第5章、第10章第5讲由邵谦（山东科技大学）编写；第7章由黄若峰（安徽理工大学）编写；第9章由马祥梅（安徽理工大学）编写；第10章第4讲由余新超（安徽理工大学编写）；第10章第6讲由张群正（西安石油大学）编写。

鉴于本教材第一版被多所高校列为硕士研究生入学考试的指定参考书，而很多考生要求有相应的学习指导书或习题集，故本教材编写组随后将编写与本教材配套的学习指导书；为满足使用本教材第一版的老师备课需要，我们还将很快编制出与新教材配套的电子教案与试题，以供相关老师索取。

衷心感谢西安科技大学的李侃社教授、安徽理工大学的刘维新副教授，他们对本书的编写提出了很多宝贵意见；感谢使用本教材第一版的所有老师和同学；感谢本书参考文献的作者。

由于编写水平所限，加之时间紧迫，教材的不妥及疏漏之处在所难免，衷心希望各位专家、老师和同学不吝指正。

编者

2011 年 6 月

第一版前言

人类已经进入了21世纪，随着社会的进步和知识更新速度的加快，我国高等教育现行的课程体系和教学内容必须进行相应的改革。为此，国家教育部在20世纪末实施了“高等教育面向21世纪教学内容和课程体系改革计划”，又于2000年启动了“21世纪初高等教育教学改革项目”。安徽理工大学获准主持了其中的世行贷款项目：“工科非化工类专业化学课程体系的改革与完善”。参加本项目的单位有：安徽工业大学，山东科技大学，成都理工大学，西安石油学院，西安科技学院和浙江工业大学等6所院校。本教材是其中的一个子项目。

本书第1～5章为基础理论部分，第6章为元素化合物知识，第7章从应用角度简单介绍了分析测试的一般方法和过程及标准化的有关知识，第8章是本书的拓展部分。

从培养学生能力尤其是创造能力出发，本书注重基础理论，扩大了知识面，加入表面化学及分析测试方面的内容，并在体现最新科技成果及加强化学在工程技术中的实际应用方面做出了努力。

在基础理论部分引入科学史特别是化学史的内容，尽可能使学生沿着科学家的思路去思考问题，自己得出结论。开设普通化学课程主要是为了完善知识结构及使学生学会用化学的方法思考问题和解决问题，因此在教材的各个重要部分尽可能引入化学史的内容，有助于提高学生的学习兴趣，开拓思路，有助于培养学生的辩证法思想及科学的方法论。

另一方面，将主要体现知识性或记忆性的元素化合物部分进行了较大幅度的缩减，合并为一章，并侧重应用。删减或淡化了一些陈旧或次要的概念、提法。

作为本教材特色之一，将现代化学的最新研究成果集中合并为1章，主要内容是现代化学的最新研究成果及新兴交叉学科的最新进展，满足差别教学和个性化培养的要求，内容包括化学自身的研究进展——20世纪化学的回顾，交叉学科和热点研究领域的研究进展（如纳米化学、绿色化学、生命化学、表面工程技术、能源化学、材料化学等）。相关内容分别以讲座形式写出，重在体现“现代”之含义，每个讲座建议用2课时。目的是使学生增加知识，开阔视野。大部分交叉学科的讲座内容，对普通化学的授课对象在将来所从事的专业中进行创造性的工作会很有裨益。教师在授课时可根据专业特点有所选择。

本教材全部采用中华人民共和国国家标准GB 3102—93规定的符号和单位。数据基本来自“CRC Handbook of chemistry and physics”（1996—1997）、《实用化学手册》（《实用化学手册》编写组，科学出版社，2001）等。

本书的绪论、第2章1～5节、第5章、第8章第1讲、第2讲、第3讲、第7讲由马家举（安徽理工大学）编写；第3章、第4章、第7章、第8章第5讲由邵谦（山东科技大学）编写；第1章由朱伟长（安徽工业大学）编写；第2章第6节由江棂（安徽理工大学）编写；第8章第4讲由李瑜编写；第6章由李瑜和梁渠（成都理工大学）共同编写；第8章第6讲由张群正（西安石油学院）编写；研究生李长莲、周晓燕（安徽理工大学）帮助制作了部分图表。全书最后由马家举统稿、定稿。

历经近两年时间，经所有参编人员的共同努力，这本教材终于同读者见面了，这是集体智慧的结晶。但由于编者水平所限，加之时间紧迫，因此教材的不妥甚至错误之处在所难免，衷心希望各位专家、老师和同学不吝指正。

编者

2003 年 3 月

目　录

绪　论

辩证唯物主义告诉我们：世界是物质的，物质是运动和变化的，运动和变化是有规律的，而规律是可以被人们认识和掌握的。这里的物质包括实物和场两大类，化学研究的物质是前一类。物质的运动因复杂程度不同，可以分为几种形式（如物理运动、化学运动、生物运动等），化学研究的内容主要是化学运动即化学变化。化学变化主要是在原子、分子、离子这个层次上进行的，具体地讲，就是原子、分子或离子因核外电子的运动状态发生变化而进行重新组合。因此可以说：化学是在原子、分子层次上研究物质的组成、结构、性质及其变化规律的一门科学。

现代考古发现，在距今数十万年前的“北京人”居住过的洞穴里，发现厚度达4～6m、色彩鲜艳的灰烬，表明“北京人”已懂得使用火、支配火、学会保存火种的方法。从用火之时开始，原始人类便由野蛮进入文明，同时也就开始了用化学方法认识和改造天然物质。

燃烧就是一种化学现象。掌握了火以后，人类逐步学会了制陶、冶炼；以后又懂得了酿造、染色等等。这些由天然物质加工改造而成的制品，成为古代文明的标志。在这些生产实践的基础上，萌发了古代化学知识。

公元前3世纪，中国秦始皇令方士献仙人不死之药，炼丹术开始萌芽。炼丹术在化学史上经历了很多年，对化学的发展造成了阻碍。但炼丹术的指导思想是深信物质能转化，试图在炼丹炉中人工合成金银或修炼长生不老之药；他们有目的地将各类物质搭配烧炼，进行实验，为此设计了研究物质变化用的各类器皿，如升华器、蒸馏器、研钵等，也创造了各种实验方法，如研磨、混合、溶解、洗涤、灼烧、熔融、升华、密封等，也为化学后来的发展起到了积极作用。

1661年，英国化学家罗伯特·波义耳（R. Boyle，1627—1691）发表了名著《怀疑派的化学家》(The Sceptical Chemist)，在书中他发展了自己关于化学元素的想法，完全驳倒了炼金术关于硫、汞、盐三本原的学说，彻底摧毁了已存在两千年的四元素学说，第一次“把化学确立为科学”(恩格斯语)。这部专著对化学从药剂师和炼金术士那里解脱出来成为一门独立的科学有着重要意义。他还主张化学要想成为一门真正独立的科学，就必须进行各种试验。1691年12月30日，波义耳在伦敦逝世后人们在他的墓碑上铭刻“化学之父”，以缅怀他的功绩。

此后，一大批科学家在实验基础上，取得了一系列的研究成果。1803年英国的道尔顿(John Dalton，1766—1844）建立了近代原子论，突出地强调了各种元素的原子的质量为其最基本的特征，其中量（原子是有质量的）的概念的引入，是与古代原子论的一个主要区别。近代原子论使当时的化学知识和理论得到了合理的解释，成为说明化学现象的统一理论。不久后，1811年意大利科学家阿伏加德罗（A. Avogadro，1776—1856）提出了分子假说，建立了科学的原子分子学说，为物质结构的研究奠定了基础。门捷列夫(D. I. Mendeleev，1834—1907）发现元素周期律后，不仅初步形成了无机化学的体系，并且与原子分子学说一起形成化学理论体系。

1828年德国年轻的化学家维勒（Friedrich Wöhler，1800—1882）发表了“论尿素的人工制成”一文，引起了化学界的震动，开创了有机合成的新时代。

19世纪下半叶，俄国-德国物理化学家奥斯特瓦尔德（F. W. Ostwald，1853—1932）等把物理学思想和理论引入化学之后，不仅澄清了化学平衡和反应速率的概念，而且可以定量地判断化学反应中物质转化的方向和条件，相继建立了溶液理论、电离理论、电化学和化学动力学的理论基础。物理化学的诞生，把化学从理论上提高到一个新的水平。

与此同时，化学的另一分支——分析化学也在化学理论、实践需求及相关技术发展的推动下得到迅速发展。进入20世纪以后，借助分析手段的日益先进及借助其它科学特别是数学、物理学、计算机科学的成果，化学开始全面地从定性到定量、从宏观到微观、从描述到推理、从静态到动态、从盲目试验到进行分子设计呈现加速度的发展态势。

如今，化学的研究对象也从最初的研究原子、分子到研究结构单元、高分子、原子分子团簇、原子分子的激发态、过渡态、吸附态、超分子、生物大分子、分子和原子的各种不同维数、不同尺度和不同复杂程度的聚集态和组装态，直到分子材料、分子器件和分子机器的合成和反应，制备、剪裁和组装，分离和分析，结构和构象，粒度和形貌，物理和化学性能，生理和生物活性及其输运和调控的作用机制，以及上述各方面的规律，相互关系和应用等等。(徐光宪)

化学的研究方法和它的研究对象及研究内容一样，也是随时代的前进而发展的。在19世纪，化学主要是实验的科学，它的研究方法主要是实验方法。到了20世纪下半叶，随着量子化学在化学中的应用，化学的研究方法开始有了理论推理和数学计算。现在21世纪又将增加第3种方法，即模型和计算机虚拟的方法。

另一方面，化学也以其自身的研究成果为其它学科如环境科学、材料科学、生命科学等的发展提供理论依据和测试手段（见第10章）。

在自然科学的基础学科中，化学一直有着独特的位置。1985年美国国家科学研究委员会（NRC）调研报告《化学中的机会》中特别引用了早年罗宾逊（S. R. Robinson，1886—1975）提出的“化学是中心科学”的说法。当然这个中心是指化学面向物质变化的这一科学，从这一意义上讲，它能联系到自然科学的方方面面，从而处于一个独特的位置。汉语“化学”一词也较好地概括了这门包容万物、集天地之造化的学问。这是化学科学的一个重要特征。

化学的另一个特征是它与20世纪物质文明的突飞猛进紧紧相连。当前一些重大的工业生产过程基本上都基于化学过程。从钢铁冶金、水泥陶瓷、酸碱肥料、塑料橡胶、合成纤维，一直到医药、农药、日用化妆品等都概莫能外。与此同时，20世纪中各种战争都与化学密切相关，化学武器、炸药、推进剂、星球大战计划中的各种材料以及看似与战争无关的疟疾等等都是化学家研究的重大课题。因此可以说化学是我们这个社会无处不在的现实。

关于化学在日常生活中所起的作用，美国化学会原主席布里斯罗在1997年美国化学会出版的《化学的今天和明天——一门中心的、实用的和创造性的科学》一书中，有一段生动的叙述：

> 从早晨开始，我们在用化学品建造的住宅和公寓中醒来，家具是部分地用化学工业生产的现代材料制作的，我们使用化学家们设计的肥皂和牙膏并穿上由合成纤维和合成染料制成的衣着，即使是天然的纤维（如羊毛或棉花）也是经化学品处理过并染色的，这样可以改进它们的性能。

为了保护起见，我们的食品被包装起来和冷藏起来，并且这些食品或是用肥料、除草剂和农药使之成长；或是家畜类需用兽医药来防病；或是维生素类可以加到食品中或制成片剂后口服；甚至我们购买的天然食品，诸如牛奶，也必须要经化学检验来保证纯度。

我们的交通工具——汽车、火车、飞机——在很大程度上是要依靠化学加工业的产品；晨报是印刷在经化学方法制成的纸上，所用的油墨是由化学家们制造的；用于说明事物的照片要用化学家们制造的胶片；在我们生活中的所有金属制品都是用矿石经过以化学为基础的冶炼转化变成金属或将金属再变成合金，化学油漆还能保护它们。

化妆品是由化学家制造和检验过的；执法用的和国防上用的武器要依靠化学。事实上，在我们日常生活所用的产品中很难找出有哪一种不是依靠在化学家们的帮助下制造出来的。

化学的发展还丰富和完善了哲学的理论体系，这不仅因为化学研究的对象是物质，更因为化学研究物质的变化及其规律，其中包含了深刻的辩证法思想。因此化学知识不仅是我们做好其它工作所必备的基础理论，而且学习化学有助于培养我们科学的世界观和方法论。

此外，化学学科是一个极具创造性的学科，因为在20世纪的100年中，在《美国化学文摘》上登录的天然和人工合成的分子和化合物的数目已从1900年的55万种，增加到1999年12月31日的2340万种，平均每天近700种。没有别的科学能像化学那样制造出如此众多的新分子、新物质。因此学习化学有助于培养我们的创新意识。

化学是一门注重实验的学科，强调理论与实践的有机结合，因此，普通化学实验是本课程必不可少的一个重要环节。实验课能够加深对基本概念、基本理论、基础知识的理解，还能够训练基本操作，培养实验能力，发展实验技巧，培养观察实验现象、提出问题、分析问题和解决问题的能力，养成严谨认真、实事求是的科学作风，培养从事科学研究的能力，为学习专业课打下必要的基础。

由于化学学科本身及相关交叉学科的发展非常之快，所以在学习化学时，还应该学会在遇到具体问题时查阅资料，学会使用工具书，当前要特别注意充分利用网络上的化学资源。培养再获取新知识的能力，将有助于我们在将来处理工程实际问题时，能够循着正确的思路寻找答案。

第1章　原子结构与分子结构

【内容提要】

从物质的微观结构入手，讨论电子在核外的运动状态和核外电子分布的一般规律，以及周期系与原子结构的关系；并介绍化学键、分子的空间构型、配位化合物等有关分子结构知识，简单介绍了分子的极性、分子间相互作用及其与物质性质的关系等基础知识。

【本章要求】

只有了解了物质结构知识，才能深入了解物质的物理性质、化学性质及其变化规律的根本原因。因此本章要求：

了解波函数及电子云的概念，理解元素周期律及元素周期表的知识，掌握核外电子分布的初步知识，初步掌握化学键的基本知识及分子的空间构型；会用分子的极性、分子间作用力分析物质的一些物理性质；了解配位化合物的概念、分类、命名及配位化合物的结构等初步知识。

人类认识自然总是按照从感性到理性、由外及内、从宏观到微观、从有形到无形、从表象到本质、从已知到未知的路线循序渐进而又曲折发展的。

世界是由物质组成的。不同的物质表现出各不相同的物理、化学性质，这是和它们各自不同的微观结构密切相关的。物质的结构与性质的关系是化学中的一个基本问题。

物质是在不断地运动中。按照运动的物体本身大小而言，可区分为宏观物体的运动和微观物体的运动。宏观物体一般指物体的大小在 $10^{-6}\sim10^{10}$ m 范围内，例如卫星、火车、乒乓球等，它们的运动规律遵循牛顿（I. Newton，1642—1727）经典力学理论。微观物体一般指物体的大小在 $10^{-26}\sim10^{-9}$ m 范围内，例如分子、原子、电子等，它们的运动规律遵循现代量子力学理论。

本章将在量子力学基本概念的基础上，学习原子结构、分子结构、化学键和配位化合物等基础知识。

1.1　原子结构理论的发展

1.1.1　原子理论的发展历程

古代哲学家早就提出过万物由元素或原子组成的思想，如我国的五行学说、古希腊的四元素说等。但这些仅仅是古代天才的一种猜测（恩格斯语）。“原子”一词来源于古希腊的形容词“atomos”，意思是不可分割的。从公元前 50 年希腊哲学家、诗人卢克莱修（Lucretius，约 99BC—55BC）所著《物性论》中得知，公元前 440 年左右希腊哲学家德谟克利特（Democritus，约 460BC—370BC）就继承并发扬了他的老师留基伯（Leucippus，约 490BC—440BC）的原子学说，指出万物由原子组成，原子不可再分。宇宙空间中除了原子和虚空之外，什么都没有。原子一直存在于宇宙之中，它们不能被无中创生，也不能被消灭，任何变化都是它们引起的结合和分离。这种朴素的唯物主义科学观由于缺乏实证支持，所以很难得到认可。这种“原子”只能是一种哲学意义上的概念。

18世纪末期，在没有原子理论指导的情况下，在严谨实验及逻辑论证的基础上，两个有关化学反应的定律问世了。第一个是由拉瓦锡（Antoine Lavoisier，1743—1794）在1789年提出的质量守恒定律——化学反应过程中总质量保持不变（即反应物和生成物质量相等）。第二个是定比定律又称为定组成定律，首先在1799年被法国化学家约瑟夫·路易斯·普鲁斯特（Joseph Louis Proust，1754—1826）所证明。该定律指出，一种化合物不管它的数量和来源如何，当把它分解成它的组成元素时，那这些组成元素的质量将总具有同样的比例。

道尔顿（John Dalton，1766—1844）研究和拓展了前人的工作，提出了倍比定律：如果两个元素可一起形成不止一种化合物，则在这些化合物中，第二种元素在与相同质量的第一种元素化合时，质量呈简单的整数比。例如，普鲁斯特研究过锡的氧化物并发现其中的组成可以是88.1%的锡和11.9%的氧，也可以是78.7%的锡和21.3%的氧（分别是SnO和SnO_2）。道尔顿从这些百分比中注意到100g的锡既能与13.5g的氧化合，也能与27g的氧化合，13.5与27为1∶2（注意：普鲁斯特自己未能从这些数据中发现倍比定律）。道尔顿意识到一个有关物质的原子理论能很好地解释化学中的这种常规情形：一个锡原子能够和一个或两个氧原子化合。

道尔顿进一步推测：每种化学元素都是由单个的、特定的、不可分割的原子组成的；原子不能通过化学方法被改变、创生及消灭；同种类的原子在质量、形状和性质上都完全相同，不同种类的原子则不同；单质是由简单原子组成的，化合物是由复杂原子组成的，而复杂原子又是由为数不多的简单原子所组成；原子是有质量的，而复杂原子的质量等于组成它的简单原子的质量的总和。

1803年，道尔顿口头介绍了6种原子的相对质量，论文于1805年正式发表，但均未介绍他是如何获得相对原子质量数据的。直到1808年和1810年他才在自己的教科书《化学哲学新体系》（A New System of Chemical Philosophy）中最终发布了他获得相对原子质量的详细和完整方法：根据原子相化合时的质量比并假定氢是基本单元（相对原子质量为1）估算出原子的相对质量。

道尔顿的原子理论可以被认为是化学史上第一个真正的科学理论。这一理论使当时众多的化学现象得到了统一的解释。特别是相对原子质量的引入，引导着化学家把定量研究与定性研究结合起来，从而把化学研究提高到一个新的水平。在这一理论指导下，一大批新的原子及其相对原子质量被发现和测定出来，为化学此后的发展奠定了良好基础。但是道尔顿的原子是不能再分的最小微粒，这种错误认识在将近100年后才最终得到纠正。

19世纪末20世纪初，在物理学领域产生了一大批的顶尖科学家和一系列研究成果。通过各种电磁实验和放射实验，物理学家们发现所谓的“不可分割的原子”实际上是各种更小的可彼此独立存在的粒子（主要是电子、质子和中子）的聚集体。事实上，在某些极端环境下——如在中子星中——极端的温度和极端的压力使原子根本不能存在。

在这一时期大批涌现的促进近代化学和物理学各种惊人进步的学说和事实中，有三项重要发现对原子结构理论的发展最为关键。

1895年，德国实验物理学家伦琴（Wilhelm Konrad Rontgen，1854—1923）发现了X射线。X射线的发现为诸多科学领域提供了一种行之有效的研究手段，并对20世纪以来的物理学以至整个科学技术的发展产生了巨大而深远的影响，也为元素周期表最终完成按原子序数排列起到重要作用。

1896 年，安东尼·亨利·贝克勒尔（Antoine Henri Becquerel，1852—1908）在试图用铀盐产生 X 射线时却意外发现了天然的放射性。而居里夫人等的研究工作把放射性的研究推向了新的高度。具有讽刺意味的是，人们从中发现所谓的“现代”原子观念不得不让位给和炼金术理论不无相似之处的元素嬗变观点。

1897 年约瑟夫·约翰·汤姆逊（Joseph John Thomson，1856—1940）在研究阴极射线的时候，发现了原子中电子的存在。他从实验中得出结论，阴极射线是一种带负电荷的粒子流（在此之前有关阴极射线是粒子还是光的争论已持续很久），这种粒子很轻、带负电荷，是原子的组成部分，他还证明所得到的这种粒子与阴极射线管中阴极的材料无关。至于这种粒子在原子中是如何存在的，他凭着想象勾勒出原子结构的“葡萄干布丁”模型：原子呈球状，内部带正电荷，而带负电荷的电子（以后其他科学家的命名）则一粒粒地“镶嵌”在这个圆球上。

12 年后，他曾经的学生卢瑟福（Ernest Rutherford，1871—1937）推翻了这种假设。1909 年英国物理学家卢瑟福和学生汉斯·盖革（Hans Geiger，1882—1945）及恩内斯特·马斯登（Ernest Marsden，1889—1970）以镭作为辐射源进行了 α 粒子散射实验。这个在科学史上赫赫有名的实验本来是想通过散射来确认那个“葡萄干布丁”的大小和性质，但是，令人惊异的情况出现了：有少数 α 粒子的散射角度是如此之大，以致超过 90 度，大部分都直接穿过了原子。

他认识到，α 粒子被反弹回来，必定是因为它们和金箔原子中某种极为坚硬密实的核心发生了碰撞。这个核心应该是带正电，而且集中了原子的大部分质量。但是，从 α 粒子只有很少一部分出现大角度散射这一情况来看，那核心占据的地方是很小的，不到原子半径的万分之一；原子中绝大部分空间被带负电的电子沿着特定的轨道绕核运动所占据，这种运动就像太阳系中行星绕着太阳转一样。于是，卢瑟福于 1911 年发表了他的这个原子结构的“行星模型”。

但是，物理学家们很快就指出，带负电的电子绕着带正电的原子核运转，这个体系是不稳定的。在两者之间会放射出强烈的电磁辐射，从而导致电子连续不断地损失能量。作为代价，它便不得不逐渐缩小运行半径，最后将一头栽倒在原子核上，整个过程将不会超过一秒钟。

1.1.2 原子结构的近代概念

(1) 氢原子光谱、量子理论与玻尔模型

实际上，卢瑟福的原子模型还有一个问题。按照经典电磁学理论，电子作为带电粒子在绕核运动时不但会产生辐射，而且发射出的电磁波的频率应该是连续的，即产生的应是连续光谱（就像用棱镜获得的太阳光光谱一样）。但是，早在 19 世纪后半期，原子光谱就陆续被发现，然而当时由于对光谱产生的机理缺乏了解，因而这种不连续的线状光谱并未引起人们的重视。比如人们发现氢原子的光谱在可见光波段有 4 条分立的谱线，波长分别为 656.3nm、486.1nm、434.0nm 和 410.2nm。1885 年，瑞士的一位中学数学教师约翰·雅各布·巴尔末（Johann Jakob Balmer，1825—1898）就对这 4 条光谱线（后被称为巴尔末线系，见图 1.1）进行研究，给出了符合这 4 条谱线分布规律的经验公式［巴尔末公式，见式(1.1)］。

$$\lambda = B\frac{n^2}{n^2-2^2} \tag{1.1}$$

式中的 $B=364.56\text{nm}$，将 $n=3,4,5,6$ 四个正整数代入上式即分别得巴尔末线系 4 条谱

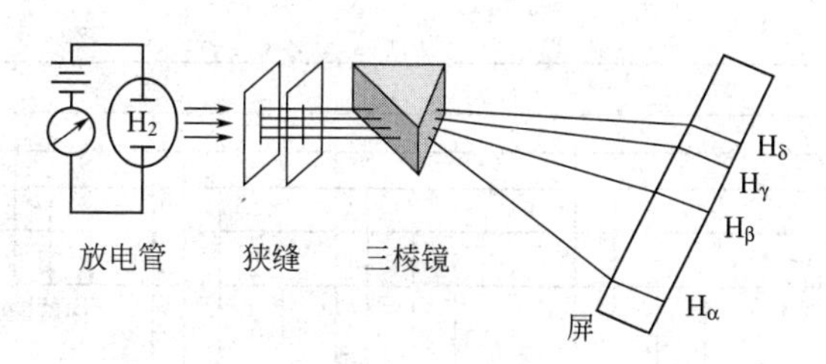

图 1.1　氢原子光谱实验示意图

线的波长。这种不连续的线状光谱是经典物理学所不能解释的。

20 世纪最重要的两个科学理论一个是阿尔伯特·爱因斯坦（Albert Einstein，1879—1955）的相对论，另一个是马克斯·普朗克（Max Planck，1858—1947）的量子理论。导致量子理论诞生的并不是原子结构问题。普朗克在试图解释黑体辐射问题时提出了这样的假设：物体辐射的能量是不连续的，只能为某一个最小能量单位的整数倍，并把这一能量的最小分量称为“能量子”或“量子”。这与经典物理学界几百年来信奉的能量是连续变化的、“自然界无跳跃”存在直接的矛盾。1900 年 12 月 14 日普朗克在德国物理学年会上作了一个具有历史意义的报告，题目为《正常光谱辐射能的分布理论》。这个日子成了量子理论的诞生日，也标志着物理学和化学乃至整个科学界新时代的到来。

实际上今天我们知道，与宏观世界连续化的特点相对立，量子化是微观世界的普遍特征。比如电量，无论其数值大小，测定如何准确，它必定存在一个最小分量，所有电量值都是这个最小分量的整数倍。这个最小分量就是一个电子（或一个质子）所带的电量。

1913 年，尼尔斯·玻尔（Niels Bohr，1885—1962）将氢原子光谱（巴尔末公式中的 n 为什么是大于 2 的正整数，为什么不能是小数或分数）、普朗克的量子概念、爱因斯坦的光子学说和卢瑟福的有核模型联系起来，受到重要启发，提出了原子结构的玻尔模型。

玻尔的原子理论基于以下三条基本假设。

① 原子中的电子只能在一些特定的圆形轨道上运动而不会辐射电磁能量。这时原子处于稳定状态，简称定态，并具有一定的能量。原子系统中各个能量状态叫做能级，其能量分别表示为 E_1，E_2，E_3，…

② 当电子从某一轨道向另一轨道跃迁，也就是原子从一个能量状态 E_m 向另一个能量状态 E_n 跃迁时，原子才会发射或吸收光子，光子频率满足

$$\Delta E = E_m - E_n = h\nu \tag{1.2}$$

当 $E_m > E_n$ 时，发射光子；当 $E_m < E_n$ 时，吸收光子。

③ 电子在原子中的稳定轨道必须满足角动量 L 等于 $h/2\pi$ 的整数倍的条件，即

$$L = m\nu r = n\frac{h}{2\pi} \tag{1.3}$$

式中，ν 为电子速率；r 为轨道半径；m 为电子的质量；h 为普朗克常数，其值为 $6.626\times10^{-34}\mathrm{J\cdot s}$；$n=1,2,3,\cdots$称为主量子数（电子层数）。上式称为量子化条件。

玻尔模型是原子结构的第一个量子化模型，开启了原子结构理论的新时代。用这个理论解释氢原子光谱在可见光区的谱线得到了完全吻合的结果。图 1.2 可形象说明玻尔理论解释氢原子光谱产生的过程。他还将这一模型应用到经典力学中，推算出 H 原子的半径约为 53pm(0.053nm)，称为玻尔半径。

但玻尔模型没有完全摆脱经典力学的束缚，仍然将原子轨道设想成了圆形的固定轨道；

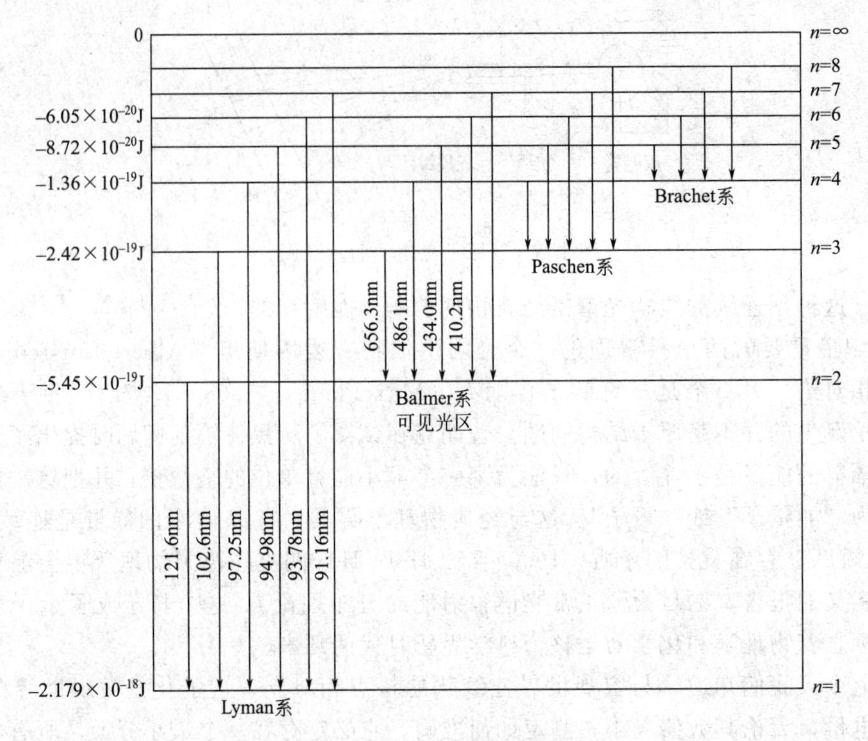

图 1.2　氢原子光谱产生机理

而且对多电子原子的光谱甚至对氢原子的其它线系的谱线也不能很好地解释。

（2）微观粒子的运动特征——波粒二象性

电子等微观粒子的运动到底是什么样子的呢？让我们避开晦涩的名词术语，略去繁琐的公式推导，采用尽可能通俗的语言，循着科学家的思路来逐步认识这个问题。

① 德布罗意物质波

众所周知，在物理学界关于光是粒子还是波的争论持续了很久，随着物理学的发展，光的波动说渐居上风，而粒子说的声音渐弱。1905 年爱因斯坦对光电效应的解释不但推动了量子理论的发展，也说明光确实具有粒子性，光子的能量是量子化的。基本公式为：

$$E=h\nu=h\frac{c}{\lambda} \tag{1.4}$$

式中，E 为光子的能量；ν 和 λ 分别为光子的频率和波长；c 为光在真空中的传播速率，其值为 2.99792×10^8 m/s。

这里同时包含了粒子和波的物理量，人们理应就此看到波粒二象性的曙光。可是，光电理论非但没有平息这场争论，反使争论更加尖锐化。不过最后人们还是意识到：传统的粒子说和波动说都不能解释光的所有现象；光既具有波动性的特点，又具有微粒性的特点，即它具有波粒二象性（wave particle duality）；光既不是经典意义上的波，也不是经典意义上的微粒，它是波动性和微粒性的矛盾统一体；不连续的微粒性和连续的波动性是事物对立的两个方面，它们彼此互相联系，相互渗透，并在一定的条件下相互转化，这就是光的本性。

光的波动和粒子两重性被发现后，正当许多著名的物理学家还在为此感到疑惑和不解时，德国物理学家路易斯·德布罗意（Louis de Broglie，1892—1987）却以其敏锐的思维把光的波粒二象性推广到了所有的实物粒子，即实物粒子也应该具有波动性。1923 年，德布罗意在题为《辐射——波和量子》一文中第一次提出了这种观点，以后人们把这种波称为德布罗意波或物质波。1924年，德布罗意在他的博士论文《量子论研究》中进一步作了系统的阐述。

出于对称性考虑，并试图把实物粒子与光的理论统一起来，德布罗意假设：与光子一样，静止质量不为零的实物粒子具有波动性，其波长同样可以表示为

$$\lambda=\frac{h}{p}=\frac{h}{m\nu} \tag{1.5}$$

上式称为德布罗意关系式，其中的波长 λ 称为德布罗意波长，p 为粒子的动量，ν 为粒子的速度，m 为粒子的质量。实物粒子的能量也可以用与光子能量相同的形式表示为

$$E=h\nu$$

德布罗意波提出后，许多物理学家认为这只不过是在形式上与光子理论的对比，并没有物理上的实质内容。但是，爱因斯坦一下子就看出了德布罗意的理论正是揭示了光子和物质粒子之间的对称性，立即意识到德布罗意思想的深远意义。正是由于爱因斯坦的推荐，德布罗意的工作才引起了物理学界的广泛重视，特别是对薛定谔的波动方程的问世产生了积极的影响。

德布罗意物质波的假设不久就得到了证实。1927年美国科学家戴维逊（C. J. Davisson，1881—1958）和革末（L. H. Germer，1896—1971）的单晶电子衍射实验以及1928年英国G. P. 汤姆孙（J. J. 汤姆孙的儿子）的多晶电子衍射实验证实了德布罗意关于物质波的假设。随后，实验发现质子、中子、原子和分子等都有衍射现象，且都符合德布罗意关系式。图1.3就是多晶电子衍射的示意图，从电子发射器（电子枪）发出的电子射线穿过晶体，投射到屏上，可以得到一系列的同心圆。这些同心圆叫衍射环纹。

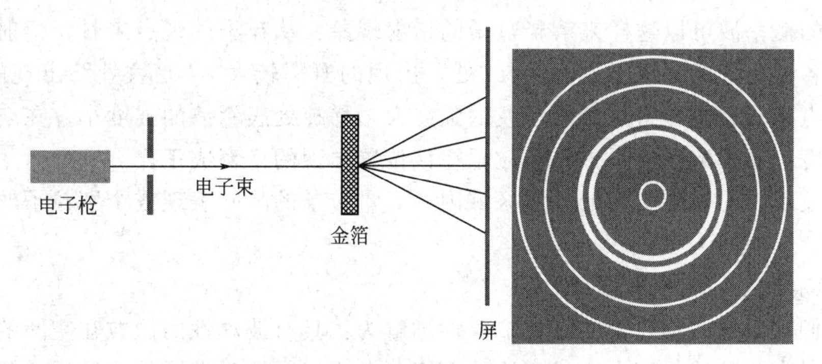

图1.3 电子衍射实验示意图

② 电子运动的数学模型——矩阵力学和波动力学

自从德布罗意提出物质波的假说后，围绕微观实物粒子（电子）的粒子性和波动性展开了激烈的争论，其白热化程度甚至超过了当初关于光的争论。1924～1927这短短3年特别是1926年这一年将注定成为物理学、化学乃至整个自然科学甚至人们的思维领域革命性的时刻。由于期间涉及的科学家众多，而且涉及的有关理论及公式多数晦涩难懂，我们将择其重点介绍主要思想和结论。

在这场争论中持不同观点的科学家的最杰出代表无疑是粒子派的海森堡（Werner Heisenberg，1901—1976）和波动派的薛定谔（Erwin Schrödinger，1887—1961），双方各自建立了数学模型。

首先是1925年24岁的粒子观的青年科学家海森堡和他的导师玻恩（Max Born，1882—1970）及玻恩的助手年轻的约尔当（Pascual Jordan，1902—1980）提出了电子运动的矩阵模型，进而创立矩阵力学（matrix mechanics），取得巨大成功，但这种数学怪物让物理学家们非常难以理解。

而波动观的代表人物奥地利物理学家薛定谔直到1925年的秋天还不知道德布罗意提出物质波。但很快他就于1926年上半年连续发表6篇文章，提出电子运动的波动模型——波动方程（wave function），也称薛定谔方程，进而创立了波动力学（wave mechanics）。这个方程采用的是物理学家容易接受的方式，因此很快占据上风。

虽然两种模型不久就被证明在数学上是完全等价的，但两种模型建立的出发点不同，前者认为电子是粒子，是量子化的；而后者认为电子是连续化的波。有一点他们是相同的，即他们都不能很好说明其模型的物理意义。

③ 物质波的统计解释——玻恩的概率波

经过一段时间的争论，粒子派人物玻恩逐步开始接受波动方程，但他不同意薛定谔对其波动方程的物理意义的解释。1926年7月，玻恩提出了物质波的统计解释。他认为，薛定谔的波动方程中的波函数ψ的平方，代表了电子在某个地点出现的“概率”。所以，物质波是一种概率波。不过直到1954年他才因此获得诺贝尔物理学奖。

按照玻恩的说法，电子不会像玻尔所说的那样沿着一个固定的“轨道”运行，实际上单个电子的运行是杂乱无章的；也不会像薛定谔所说的那样是像波那样扩展开去的一片“云”，而是电子出现的概率像一个波，严格地按照ψ的分布所展开。您能找到原子中电子出现最多的地方。比如您能知道某个区域找到电子的概念是40%，这是一种可能性，并不能确定电子到底在哪里。量子理论向我们主要说明的是一种不确定性和统计规律。

用玻恩的概率波可以这样来解释电子的衍射现象：从粒子的观点来看，衍射条纹表示微粒在屏幕上各处出现的概率不同，“明纹处”出现的概率较大，“暗纹处”出现的概率较小；从波动的观点来看，微粒密集处表示波的强度大，稀疏处表示波的强度小。在空间的任何一点上波的强度（振幅绝对值平方）和粒子在该位置出现的概率成正比。

衍射条纹反映的是在空间的一定区域内，大量粒子的瞬间表现或个别粒子的长时间表现的统计结果。

④ 不确定性——测不准原理

现在我们可以把实物粒子的波粒二象性理解为：具有波动性的微粒在空间的运动没有确定的轨迹，只有与其波强度大小成正比的概率分布规律。微观粒子的这种运动完全不服从经典力学的理论，所以在认识微观体系运动规律时，必须摆脱经典物理学的束缚，必须用量子力学的概念去理解。

1927年，海森堡通过严格的推导，得出了测不准关系式。测不准关系式又称测不准原理，今多称为不确定性原理（Uncertainty Principle）。它表示由于观测仪器与观测对象间存在相互作用，通过狭缝时电子的坐标的不确定度和相应动量的不确定度的乘积至少等于一个常数。也就是说，当某个微粒的坐标完全被确定时，则它的相应动量就完全不能被确定；反之亦然。换言之，微观粒子在空间的运动，它的坐标和动量是不能同时准确确定的，因此讨论微观粒子的运动轨迹毫无意义。海森堡后来还证明微观粒子的某些其它成对物理量，如能量与时间等也是不能同时准确确定的，这种现象也被称为不确定性原理。英国科学家爱丁顿（Arthur Stanley Eddington，1882—1944）将这一结果叫做测不准原理，并且认为这一原理与相对论有同等的重要性。

宏观粒子波动性不明显，其坐标和速度可同时准确测定，有确定的运动轨迹，或者说其不确定性不明显或可以忽略，可以用经典力学来描述。

微观粒子波动性显著，受测不准关系式的限制，其不确定性显著，坐标和速度不可能同时准确测定，没有确定的运动轨迹，不能用经典力学来描述。

宏观和微观的区分是相对的，这是个科学命题也是个哲学命题。

德布罗意的波假设和不确定性原理将物体的量子效应和质量相联系。物体质量越大，其波的性质越弱。实际上，宏观物体的量子性质是察觉不到的，在任何情况下它们和传统粒子一样遵守因果定律。从原则上说，量子理论适用于银河系和电子。但是比分子大的物体的量子效应可以忽略，因此它们和传统物理学的预言无法区分开来。例 1.1 和表 1.1 中的数据可以帮我们理解这一点。

【例 1.1】 已知电子的质量为 9.11×10^{-28}g，若其速度为 5.97×10^{6}m/s，则其德布罗意波长为若干？一枪弹直径大约 10^{-2}m，质量为 10g，以 $1\text{km}\cdot\text{s}^{-1}$ 的速度射出，其德布罗意波长又为若干？

【解】 普朗克常数 $h=6.626\times10^{-34}\text{J}\cdot\text{s}$，$1\text{J}=1\text{kg}\cdot\text{m}^2\cdot\text{s}^{-2}$

对于电子，由式(1.3)：

$$\lambda=\frac{h}{mv}=\frac{6.626\times10^{-34}\times10^{3}\text{g}\cdot\text{m}^2\cdot\text{s}^{-1}}{(9.11\times10^{-28}\text{g})(5.97\times10^{6}\text{m}\cdot\text{s}^{-1})}=1.22\times10^{-10}\text{m}=0.122\text{nm}$$

对于枪弹，同理

$$\lambda=\frac{h}{mv}=\frac{6.626\times10^{-34}\times10^{3}\text{g}\cdot\text{m}^2\cdot\text{s}^{-1}}{(10\text{g})(1000\text{m}\cdot\text{s}^{-1})}=6.626\times10^{-35}\text{m}$$

表 1.1 实物颗粒的质量、速度与波长的关系

实　物	质量 m/kg	速度 $v/(\text{m}\cdot\text{s}^{-1})$	波长 λ/pm
1V 电压加速的电子	9.1×10^{-31}	5.9×10^{5}	1234
100V 电压加速的电子	9.1×10^{-31}	5.9×10^{6}	123.4
1000V 电压加速的电子	9.1×10^{-31}	1.9×10^{7}	38
10000V 电压加速的电子	9.1×10^{-31}	5.9×10^{7}	12
He 原子(300K)	6.6×10^{-27}	1.4×10^{3}	72
Xe 原子(300K)	2.3×10^{-25}	2.4×10^{2}	12
垒球	2.0×10^{-1}	30	1.1×10^{-22}
枪弹	1.0×10^{-2}	1.0×10^{3}	6.6×10^{-23}

⑤ 波粒二象性——玻尔的互补原理

1927 年，玻尔提出著名的“互补原理”（Complementary Principle），从而最终平息了这场争论。他认为电子既是粒子又是波，即电子具有波粒二象性。不过，任何时候我们观察电子，它却只能表现出一种属性，要么是粒子要么是波。

具体地说，电子可以展现出粒子的一面，也可以展现出波的一面，这完全取决于我们如何去观察它。如果采用光电效应的观察方式，那么它无疑是个粒子；要是用双缝来观察，那它肯定是个波。但无论我们如何去观察它，在同一时刻我们只能观察它的一面，不可能同时观察到它的粒子性和波动性。

波和粒子在同一时刻是互斥的，但它们却在一个更高的层次上统一在一起，作为电子的两面被纳入一个整体概念中。这就是玻尔的“互补原理”，它连同玻恩的概率解释，海森堡的不确定性，三者共同构成了量子论“哥本哈根解释”的核心，至今仍然深刻地影响我们对于整个宇宙的终极认识。

1.2 核外电子运动状态的描述

1.2.1 波函数与原子轨道

我们已经知道电子的运行轨迹无法准确获知，而电子的波动性也只是个概率波，即电子在原子核外某些区域出现的概率大，某些区域出现的概率小。那么我们能否知道电子在核外某处出现的具体概率呢？这个问题我们前面已经提到，电子在空间的概率分布服从薛定谔的波动方程：

$$\frac{\partial^2\psi}{\partial x^2}+\frac{\partial^2\psi}{\partial y^2}+\frac{\partial^2\psi}{\partial z^2}+\frac{8\pi^2 m}{h^2}(E-V)\psi=0 \tag{1.6}$$

式中，ψ 为波动方程的解，称为波函数；E 为体系中电子的总能量；V 为体系电子的总势能；m 为电子的质量；π 为圆周率；h 为普朗克常数。

薛定谔方程是一个二阶偏微分方程，它的解（ψ）不是一个具体的数值，而是一个数学函数式。因此 ψ 叫做波函数，可用 $\psi(x,y,z)$ 来表示。这个函数式包含 3 个变量 x、y、z 和 3 个参数 n、l、m。求解薛定谔方程就是求出波函数的具体形式。波函数能够表达核外电子的运动状态，也就是电子波在空间的展开形式。ψ 没有明确的物理意义，但可以表述如下。

① 波函数 ψ 是描述核外电子运动状态的数学函数式，即一定的波函数表示电子的一种运动状态（以后我们还会看到，要全面描述核外电子的运动状态尚需考虑电子的自旋），这种运动状态由于历史的原因人们称之为原子轨道。但是，这里的原子轨道的含义不同于宏观物体的运动轨道，也不同于玻尔所说的（圆形）固定轨道，为了避免与经典力学中的玻尔轨道相混淆，原子轨道又被称为原子轨函（原子轨道函数之意），它指的是电子的一种空间运动状态，可以理解为电子在原子核外运动的某个空间范围，也就是波函数的空间图像；原子轨道的数学表示式就是波函数。为此，原子轨道、原子轨函、波函数及波函数的图像常作同义词混用，都可称为原子轨道。

② 每个波函数 ψ 都具有对应的能量 E。

③ 波函数绝对值的平方 $|\psi|^2$ 表示电子在核外空间某处单位体积内出现的概率，即概率密度。

波函数 ψ 是一个与坐标有关的量，解薛定谔方程时，为了方便起见，将直角坐标变换为球坐标。如 P 为空间一点，它在直角坐标系中可以用（x,y,z）来描述，在球坐标中这一点也可以用（r,θ,ϕ）来描述。在直角坐标中 r 为 OP 的长度，θ 为 OP 与 z 轴的夹角，ϕ 为 OP 在 xoy 平面内的投影与 x 轴的夹角。因此存在下列转换关系式：

$$x=r\sin\theta\cos\phi$$

$$y=r\sin\theta\sin\phi$$

$$z=r\cos\theta$$

$$r^2=x^2+y^2+z^2$$

ψ 原是直角坐标的函数 $\psi(x,y,z)$，经变换后，则成为球坐标的函数 $\psi(r,\theta,\phi)$（参看

图 1.4)。再利用数学上的分离变量法，将 $\psi(r,\theta,\phi)$ 表示成 $R(r)$ 和 $Y(\theta,\phi)$ 两部分，即

$$\psi(r,\theta,\phi)=R(r)\cdot Y(\theta,\phi)$$

$R(r)$ 只随电子离核距离 r 而变化，称为波函数的径向部分（redial part of wave function），它表明 θ、ϕ 一定时波函数随 r 变化的关系。$Y(\theta,\phi)$ 随角度 θ,ϕ 而变化，称为波函数的角度部分（angular part of wave function）。它表明 r 一定时，波函数随 θ、ϕ 变化的关系。

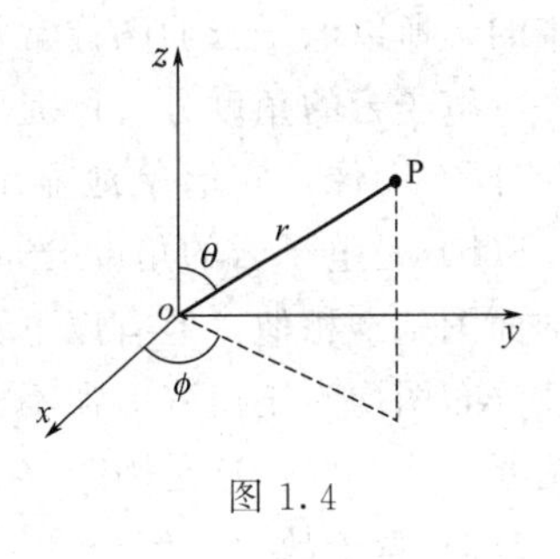

图 1.4

将波函数 ψ 的角度分布部分 Y 随 θ、ϕ 变化作图，所得的图像就成为原子轨道的角度分布图，其剖面图如图 1.5(a) 所示。

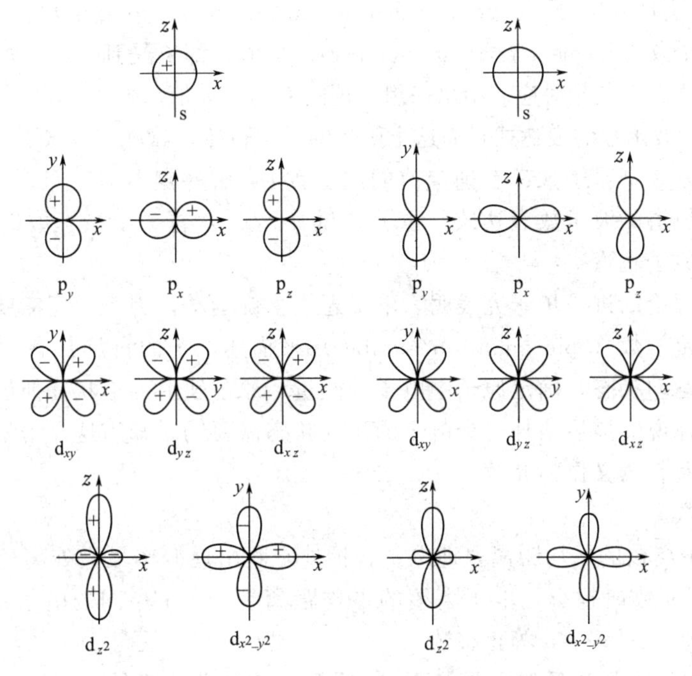

图 1.5 (a)原子轨道角度分布剖面图和 (b)电子云角度分布剖面图

原子轨道的角度分布图表示的是原子轨道的形状及其在空间的伸展方向。图中的“+”、“−”号不是表示正、负电荷，而是表示 Y 值是正值还是负值，或者说表示原子轨道角度分布图形的对称关系，符号相同表示对称性相同；符号相反，表示对称性不同或反对称。

1.2.2 电子云

波函数没有明确的直观的物理意义，它只是描述原子核外电子运动状态的数学函数式。但如前所述波函数绝对值的平方 $|\psi|^2$ 有明确的物理意义，它表示核外空间某处电子出现的概率密度（probability density）。概率是指在原子核外某一范围内电子出现的机会。概率密度是指原子核外单位体积中电子出现的概率。概率和概率密度的关系类似于质量和密度的关系。

当用小黑点的密疏来表示 $|\psi|^2$ 大小的图像时，黑点密的地方表示 $|\psi|^2$ 大，黑点疏的地方表示 $|\psi|^2$ 小。这些小黑点像一层带有负电荷的云雾包围着原子核，形象地被称为电子云，也可以说，电子云（electron cloud）就是用密疏不同的黑点表示概率密度 $|\psi|^2$ 的图像。但实际上除 s 电子云（球形）外，要完整地用一个图形同时表达 $|\psi|^2$ 随 r、θ、ϕ 的变化也是比较困

难的，所以电子云的图像常常也是分别从径向分布和角度分布两方面去描述。

电子云的角度分布图是通过将$|\psi|^2$的角度分布部分$|Y|^2$随θ，ϕ的变化作图而得到的（空间）图像，它形象地显示出在原子核不同角度与电子出现的概率密度大小的关系。图1.5(b) 是电子云的角度分布剖面图，电子云的角度分布剖面图与相应的原子轨道角度分布剖面图基本相似，但有以下不同之处：①原子轨道角度分布图带有正、负号，而电子云的角度分布图均为正值（习惯不标出正号）；②电子云的角度分布图比相应的原子轨道角度分布图要"瘦"些，这是因为Y值一般是小于1的，所以$|Y|^2$的值就更小些。

1.2.3 量子数

由于波函数的数学解很多，但并不是每个解在物理上都是合理的。为了得到核外电子运动状态的合理解，所引进的三个参数n、l、m只能取某些整数值；n、l、m称为量子数（quantum number），分别叫主量子数（principal quantum number）、角量子数（azimuthal quantum number）和磁量子数（magnetic quantum number）。每个ψ都要受到n、l、m的规定，且每个解都有一定的能量E与之相对应。给出一组合理的n、l、m值（如1,0,0）就可得到一个具体解，即一个具体的波函数的表达式，而这个函数的图像自然也就确定下来了。

原子轨道便是3个量子数都有确定值的波函数ψ。解薛定谔方程只需引入3个量子数，就可确定出原子轨道的波函数表达式。也就是说n、l、m这3个量子数的每一种合理的组合就确定了一个原子轨道。

根据实验和理论的进一步研究表明，电子还做自旋运动，因此，还需要引入第4个量子数——电子自旋量子数（spin quantum number）来描述电子的自旋状态。这4个量子数对描述核外电子的运动状态，确定原子中电子的能量，原子轨道的形状和伸展方向等都是非常重要的。更确切地说要描述核外一个电子的运动状态需要同时知道这4个量子数。在此我们对这4个量子数及其意义作一介绍。

（1）主量子数n

n描述了电子离核的平均距离，即电子在核外空间出现概率最大处离核的远近。或者说n决定电子层数。n数值越小，电子离核的平均距离越近。n相同的电子称为同层电子。n的取值为1、2、3、4、…、n等正整数。

n也是决定电子能量高低的主要因素，n值越大，电子的能量越高。在光谱学上常用大写拉丁字母代表电子层数，对应关系为：

n	1	2	3	4	5	6	7
电子层名称	第一层	第二层	第三层	第四层	第五层	第六层	第七层
电子层符号	K	L	M	N	O	P	Q

（2）角量子数l

在同一电子层内，电子的能量也有所差别，运动状态也有所不同，即一个电子层还可分为若干个能量稍有差别、原子轨道形状不同的亚层。角量子数l就是用来描述原子轨道或电子云的形状的。l的数值不同，原子轨道或电子云的形状就不同，l的取值受n的限制，可以取从0到$n-1$的正整数。

n	1	2	3	4
l	0	0,1	0,1,2	0,1,2,3

每个值代表一个亚层。第一电子层只有1个亚层，第二电子层有2个亚层，依此类推。

亚层用光谱符号等表示。角量子数、亚层符号及原子轨道形状的对应关系如下：

l	0	1	2	3
亚层符号	s	p	d	f
原子轨道或电子云形状	圆球形	哑铃形	花瓣形	花瓣形

各亚层原子轨道（或电子云）的形状分别参看图 1.5(a)、图 1.5(b)。f 亚层的形状复杂，本书不作介绍。

（3）磁量子数 m

磁量子数 m 决定原子轨道在空间的伸展方向。m 的取值为 $0,\pm1,\pm2,\cdots,\pm l$，共 $2l+1$ 个取值，即原子轨道共有 $2l+1$ 个空间取向。我们常把电子层、电子亚层和空间取向都已确定（即 n,l,m 都确定）的运动状态称为一个原子轨道。则 s 亚层（$l=0$）有 1 个原子轨道（对应 $m=0$）；p 亚层（$l=1$）有 3 个原子轨道（对应 $m=0,+1,-1$）；d 亚层（$l=2$）有 5 个原子轨道（对应 $m=0,+1,-1,+2,-2$），依此类推，见表 1.2。

表 1.2　原子轨道与 3 个量子数的关系

n	1	2		3			……	n	主层不同
l	0	0	1	0	1	2	……	$0,\cdots,n-1$	亚层(形状)不同
m	0	0	$0,\pm1$	0	$0,\pm1$	$0,\pm1,\pm2$	……	$0,\cdots,\pm l$	空间取向不同
轨道名称	1s	2s	2p	3s	3p	3d	……	ns,np,nd…	
轨道数	1	1	3	1	3	5	……	1,3,5,7,…	
轨道总数	1	1+3=4		1+3+5=9			……	n^2	

可见，每一个电子层中，原子轨道的总数为 n^2。

（4）自旋量子数 m_s

原子中电子不仅绕核旋转，而且还作自旋运动。电子的自旋可有两个相反的方向，所以只有两个值 $+\frac{1}{2}$，$-\frac{1}{2}$。通常可用向上和向下的箭头（“↑”或“↓”）来表示电子的两种自旋状态。若两个电子的自旋状态相同，就叫做自旋平行，不相同叫做自旋反平行。

1.3　多电子原子结构和周期系

多电子原子指原子核外电子数大于 1 的原子（除 H 以外的其它元素的原子）。多电子原子结构中，核外电子是如何分布的呢？

1.3.1　多电子原子轨道的能级

要了解多电子原子中电子分布的规律，首先要知道原子轨道能级（energy level）的相对高低。原子轨道能级的相对高低是根据光谱实验归纳得到的。H 原子轨道的能量决定于主量子数 n，在多电子原子中，轨道的能量除决定于主量子数 n 外，还与角量子数 l 有关。总体规律如下。

① 当 n 不同，l 相同时，其能量关系为 $E_{1s}<E_{2s}<E_{3s}<E_{4s}$，也就是说原子轨道的能量随电子层数的增加而增大。

② 当 n 相同，l 不同时，能量随 l 的增加而增大，关系为 $E_{ns}<E_{np}<E_{nd}<E_{nf}$。

③ 当 n 和 l 均不同时，有时出现能级交错现象，例如在某些元素中，$E_{4s}<E_{3d}$，$E_{6s}<E_{4f}$ 等。

④ 当 n 和 l 均相同时，原子轨道的能量相等，这样的轨道称为等价轨道（equivalent orbital，EO）或简并轨道。如 2p 亚层中的 3 个轨道（分别称为 $2p_x$，$2p_y$，$2p_z$）虽然空间取向不同（相互垂直），但因为它们 n 和 l 均相同（$n=2$，$l=1$），因而是等价轨道；同理 3d 亚层的 5 个取向不同的轨道（$3d_{xy}$，$3d_{yz}$，$3d_{xz}$，$3d_{x^2-y^2}$，$3d_{z^2}$）也是等价轨道。也就是说只有 n 和 l 影响原子轨道的能量，而磁量子数 m 和自旋量子数 m_s 不影响轨道的能量。

如果用图示法把轨道能级的相对高低近似地表示出来，就得到原子轨道能级图。图 1.6 所示为鲍林（L. Pauling，1901—1994）于 1939 年根据大量光谱实验数据及理论计算总结出来的近似能级图，称为鲍林近似能级图。图中每一个小圆圈代表一个原子轨道，小圆圈位置的高低表示轨道能量的相对高低（并非真实比例）。图中还根据各轨道能量的相互接近程度，将原子轨道划分为若干能级组。图中每一个虚线方框内的原子轨道因能量较为接近构成一个能级组。需要注意的是鲍林近似能级图表示的是同一个原子中各轨道能量的相对高低，用它来比较不同种元素的原子轨道能量的高低是没有意义的。

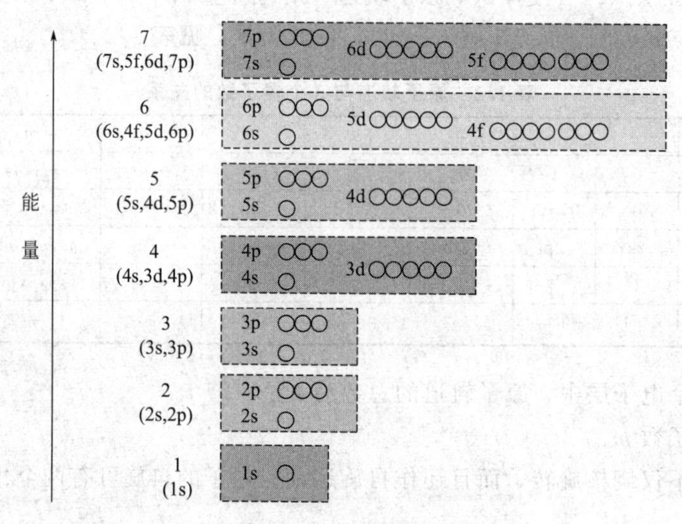

图 1.6 原子轨道能级图

1.3.2 核外电子分布的 3 个原则

根据原子光谱实验的结果和对元素周期系的分析、归纳和总结，科学家提出核外电子分布符合下列 3 个原则。

(1) 泡利不相容原理（Pauli exclusion principle）

1925 年，年仅 25 岁的美籍奥地利科学家泡利（W. Pauli，1900—1958）提出一个重要的原理——泡利不相容原理：一个原子中，不可能容纳运动状态完全相同的两个电子，即任何两个电子的 4 个量子数不能完全相同。泡利不相容原理被称为量子力学的主要支柱之一，是自然界的基本定律，它使当时所知的许多有关原子结构的知识变得条理化。根据这个原理，每 1 个原子轨道最多只能容纳 2 个自旋相反的电子。因为每个电子层中原子轨道的总数为 n^2 个，所以每个电子层最多所能容纳的电子数为 $2n^2$ 个。

(2) 能量最低原理（lowest energy principle）

能量最低原理就是在不违背泡利不相容原理的前提下，核外电子总是尽先占有能量最低的轨道，只有当能量最低的轨道占满后，电子才依次进入能量较高的轨道，这样，整个原子的能量才达到最低。这一原则称为能量最低原理。

(3) 洪特规则（Hund's rule）

1925德国理论物理学家洪特（F. Hund，1896—1997）从光谱实验中总结出一条规律，叫做最多轨道规则（也叫洪特规则）：在能量相等的轨道（等价轨道或简并轨道，例如3个p轨道，5个d轨道，7个f轨道）上分布的电子，将尽可能分占不同的轨道，而且自旋方向相同。这样分布时，原子的能量较低，体系较稳定。例如N原子（$1s^2 2s^2 2p^3$）中的7个电子在轨道中的分布情况为：

↑↓
1s

↑↓
2s

↑	↑	↑
	2p	

另外，作为洪特规则的特例：等价轨道的全充满（p^6、d^{10}、f^{14}），半充满（p^3、d^5、f^7）或全空（p^0、d^0、f^0）的状态一般比较稳定。如29号元素Cu的电子分布式不是$3d^9 4s^2$，而是$3d^{10} 4s^1$；$_{24}Cr$的电子分布式不是$3d^4 4s^2$，而是$3d^5 4s^1$，此外还有$_{42}Mo$，$_{47}Ag$，$_{79}Au$，$_{64}Gd$，$_{96}Cm$也有类似情况。

1.3.3 基态原子中电子的分布

根据能级图和核外电子分布3原则，基本上可以解决多电子原子核外电子的分布问题。根据光谱实验数据所确定的各元素原子的电子层结构见表1.3。有些元素原子的电子分布还不能用核外电子分布原则予以圆满解释。

【例1.2】 写出Ni原子的核外电子分布式

【解】 步骤如下：

① 写出原子轨道能级顺序——1s2s2p3s3p4s3d4p5s4d5p；

② 按上述核外电子分布的3原则在每个轨道上排布电子。由于Ni原子序数为28，共有28个电子直至排完为止，即$1s^2 2s^2 2p^6 3s^2 3p^6 4s^2 3d^8$；

③ 将相同主量子数的各亚层按s，p，d等的顺序整理好即得Ni元素原子的电子分布式：$1s^2 2s^2 2p^6 3s^2 3p^6 3d^8 4s^2$。

有时为了避免书写过长，以及由于化学反应通常仅涉及外层价电子的改变，因此常将内层电子分布式用相同电子数的稀有气体元素符号加方括号（称为"原子实"）表示，而只写价电子轨道式，甚至原子实部分也可以省去，只写外层电子分布式。如Ni原子的电子分布式可以写成[Ar] $3d^8 4s^2$或$3d^8 4s^2$，Fe原子电子分布式写成[Ar] $3d^6 4s^2$或$3d^6 4s^2$等。

外层电子分布式又叫外层电子构型。对于主族元素而言，外层电子分布式即为最外层电子分布的形式，如Br原子的外层电子分布式为$3d^{10} 4s^2 4p^5$；对于副族元素则是指最外层的s电子和次外层（$n-1$层）d电子的分布式，如上述Ni原子的外层电子分布式为$3d^8 4s^2$；而镧系元素和锕系元素的外层电子构型一般除了指最外层的s电子和$n-1$层d电子外，还包括$n-2$层（倒数第3层）的f亚层电子。

【例1.3】 写出Ni^{2+}的核外电子分布式。

【解】 Ni原子失去2个电子时，到底失去的是哪个亚层的电子呢？是失去最外层4s的2个电子，还是在能量更高的次外层3d上失去2个电子呢？光谱实验表明，原子失去电子而成为正离子时，一般是能量较高的最外层的电子失去，而且往往引起电子层数的减少，也就是说阳离子的轨道能级一般不存在交错现象。因此，Ni原子失去的2个电子是4s上的，而不是3d上的，即Ni^{2+}的核外电子分布式为：

Ni^{2+}：$1s^2 2s^2 2p^6 3s^2 3p^6 3d^8$，简写为[Ar] $3d^8$或$3d^8$。

表 1.3　多电子原子核外电子的分布

周期	原子序数	元素符号	电子层																		
			K	L		M			N				O				P			Q	
			1s	2s	2p	3s	3p	3d	4s	4p	4d	4f	5s	5p	5d	5f	6s	6p	6d	7s	7p
1	1	H	1																		
	2	He	2																		
2	3	Li	2	1																	
	4	Be	2	2																	
	5	B	2	2	1																
	6	C	2	2	2																
	7	N	2	2	3																
	8	O	2	2	4																
	9	F	2	2	5																
	10	Ne	2	2	6																
3	11	Na	2	2	6	1															
	12	Mg	2	2	6	2															
	13	Al	2	2	6	2	1														
	14	Si	2	2	6	2	2														
	15	P	2	2	6	2	3														
	16	S	2	2	6	2	4														
	17	Cl	2	2	6	2	5														
	18	Ar	2	2	6	2	6														
4	19	K	2	2	6	2	6		1												
	20	Ca	2	2	6	2	6		2												
	21	Sc	2	2	6	2	6	1	2												
	22	Ti	2	2	6	2	6	2	2												
	23	V	2	2	6	2	6	3	2												
	24	Cr	2	2	6	2	6	5	1												
	25	Mn	2	2	6	2	6	5	2												
	26	Fe	2	2	6	2	6	6	2												
	27	Co	2	2	6	2	6	7	2												
	28	Ni	2	2	6	2	6	8	2												
	29	Cu	2	2	6	2	6	10	1												
	30	Zn	2	2	6	2	6	10	2												
	31	Ga	2	2	6	2	6	10	2	1											
	32	Ge	2	2	6	2	6	10	2	2											
	33	As	2	2	6	2	6	10	2	3											
	34	Se	2	2	6	2	6	10	2	4											
	35	Br	2	2	6	2	6	10	2	5											
	36	Kr	2	2	6	2	6	10	2	6											
5	37	Rb	2	2	6	2	6	10	2	6			1								
	38	Sr	2	2	6	2	6	10	2	6			2								
	39	Y	2	2	6	2	6	10	2	6	1		2								
	40	Zr	2	2	6	2	6	10	2	6	2		2								
	41	Nb	2	2	6	2	6	10	2	6	4		1								
	42	Mo	2	2	6	2	6	10	2	6	5		1								
	43	Tc	2	2	6	2	6	10	2	6	5		2								
	44	Ru	2	2	6	2	6	10	2	6	7		1								
	45	Rh	2	2	6	2	6	10	2	6	8		1								
	46	Pd	2	2	6	2	6	10	2	6	10										
	47	Ag	2	2	6	2	6	10	2	6	10		1								

续表

周期	原子序数	元素符号	电子层																		
			K	L		M			N				O				P			Q	
			1s	2s	2p	3s	3p	3d	4s	4p	4d	4f	5s	5p	5d	5f	6s	6p	6d	7s	7p
	48	Cd	2	2	6	2	6	10	2	6	10		2								
	49	In	2	2	6	2	6	10	2	6	10		2	1							
	50	Sn	2	2	6	2	6	10	2	6	10		2	2							
5	51	Sb	2	2	6	2	6	10	2	6	10		2	3							
	52	Te	2	2	6	2	6	10	2	6	10		2	4							
	53	I	2	2	6	2	6	10	2	6	10		2	5							
	54	Xe	2	2	6	2	6	10	2	6	10		2	6							
	55	Cs	2	2	6	2	6	10	2	6	10		2	6			1				
	56	Ba	2	2	6	2	6	10	2	6	10		2	6			2				
	57	La	2	2	6	2	6	10	2	6	10		2	6	1		2				
	58	Ce	2	2	6	2	6	10	2	6	10	1	2	6	1		2				
	59	Pr	2	2	6	2	6	10	2	6	10	3	2	6			2				
	60	Nd	2	2	6	2	6	10	2	6	10	4	2	6			2				
	61	Pm	2	2	6	2	6	10	2	6	10	5	2	6			2				
	62	Sm	2	2	6	2	6	10	2	6	10	6	2	6			2				
	63	Eu	2	2	6	2	6	10	2	6	10	7	2	6			2				
	64	Gd	2	2	6	2	6	10	2	6	10	7	2	6	1		2				
	65	Tb	2	2	6	2	6	10	2	6	10	9	2	6			2				
	66	Dy	2	2	6	2	6	10	2	6	10	10	2	6			2				
	67	Ho	2	2	6	2	6	10	2	6	10	11	2	6			2				
	68	Er	2	2	6	2	6	10	2	6	10	12	2	6			2				
	69	Tm	2	2	6	2	6	10	2	6	10	13	2	6			2				
6	70	Yb	2	2	6	2	6	10	2	6	10	14	2	6			2				
	71	Lu	2	2	6	2	6	10	2	6	10	14	2	6	1		2				
	72	Hf	2	2	6	2	6	10	2	6	10	14	2	6	2		2				
	73	Ta	2	2	6	2	6	10	2	6	10	14	2	6	3		2				
	74	W	2	2	6	2	6	10	2	6	10	14	2	6	4		2				
	75	Re	2	2	6	2	6	10	2	6	10	14	2	6	5		2				
	76	Os	2	2	6	2	6	10	2	6	10	14	2	6	6		2				
	77	Ir	2	2	6	2	6	10	2	6	10	14	2	6	7		2				
	78	Pt	2	2	6	2	6	10	2	6	10	14	2	6	9		1				
	79	Au	2	2	6	2	6	10	2	6	10	14	2	6	10		1				
	80	Hg	2	2	6	2	6	10	2	6	10	14	2	6	10		2				
	81	Tl	2	2	6	2	6	10	2	6	10	14	2	6	10		2	1			
	82	Pb	2	2	6	2	6	10	2	6	10	14	2	6	10		2	2			
	83	Bi	2	2	6	2	6	10	2	6	10	14	2	6	10		2	3			
	84	Po	2	2	6	2	6	10	2	6	10	14	2	6	10		2	4			
	85	At	2	2	6	2	6	10	2	6	10	14	2	6	10		2	5			
	86	Rn	2	2	6	2	6	10	2	6	10	14	2	6	10		2	6			
	87	Fr	2	2	6	2	6	10	2	6	10	14	2	6	10		2	6		1	
	88	Ra	2	2	6	2	6	10	2	6	10	14	2	6	10		2	6		2	
	89	Ac	2	2	6	2	6	10	2	6	10	14	2	6	10		2	6	1	2	
7	90	Th	2	2	6	2	6	10	2	6	10	14	2	6	10		2	6	2	2	
	91	Pa	2	2	6	2	6	10	2	6	10	14	2	6	10	2	2	6	1	2	
	92	U	2	2	6	2	6	10	2	6	10	14	2	6	10	3	2	6	1	2	
	93	Np	2	2	6	2	6	10	2	6	10	14	2	6	10	4	2	6	1	2	
	94	Pu	2	2	6	2	6	10	2	6	10	14	2	6	10	6	2	6		2	

续表

周期	原子序数	元素符号	电子层																		
			K	L		M			N				O				P			Q	
			1s	2s	2p	3s	3p	3d	4s	4p	4d	4f	5s	5p	5d	5f	6s	6p	6d	7s	7p
7	95	Am	2	2	6	2	6	10	2	6	10	14	2	6	10	7	2	6		2	
	96	Cm	2	2	6	2	6	10	2	6	10	14	2	6	10	7	2	6	1	2	
	97	Bk	2	2	6	2	6	10	2	6	10	14	2	6	10	9	2	6		2	
	98	Cf	2	2	6	2	6	10	2	6	10	14	2	6	10	10	2	6		2	
	99	Es	2	2	6	2	6	10	2	6	10	14	2	6	10	11	2	6		2	
	100	Fm	2	2	6	2	6	10	2	6	10	14	2	6	10	12	2	6		2	
	101	Md	2	2	6	2	6	10	2	6	10	14	2	6	10	13	2	6		2	
	102	No	2	2	6	2	6	10	2	6	10	14	2	6	10	14	2	6		2	
	103	Lr	2	2	6	2	6	10	2	6	10	14	2	6	10	14	2	6		2	1
	104	Rf	2	2	6	2	6	10	2	6	10	14	2	6	10	14	2	6	2	2	

注：本表数据摘自 D. R. Lide，CRC Handbook of Chemistry and Physics，87th ed，CRC Press，Inc，2003～2004

1.3.4 元素周期表

元素性质（原子半径、电离能、电负性等）随原子序数的递增而呈现周期性变化的规律叫元素周期律（periodic law of elements）。

元素周期律的发现先于人类对原子内部结构的认识。自从道尔顿提出了科学的原子论后，许多化学家都把测定各种元素的原子质量当作一项重要工作。这样就使元素原子质量与性质之间存在的联系逐渐展露出来。1829 年，德国化学家德贝莱纳（J. W. Dobereiner，1780—1849）首先系统考察了当时已知的 54 种元素，按性质相近的程度将每 3 种元素分成一组——“三元素组”。1862 年，法国化学家尚古多（B. de Crancourtois，1820—1886）把当时已知的 62 种元素按相对原子质量大小的顺序，标记在绕圆柱体上升的螺旋线上，发现性质相似的元素出现在同一条母线上。1864 年，英国化学家纽兰兹（J. A. R. Newlans，1837—1898）提出著名的“八音律”。虽然这些化学家在一定程度和不同角度客观地叙述了元素间的某些联系，但由于他们没有把所有元素作为整体来概括，仅是针对已知元素的不完全归纳，所以没有找到元素的正确分类原则。后来迈尔（J. L. Meyet，1830—1895）对元素周期律的发现做出了较为突出的贡献，他几乎与门捷列夫（D. I. Mendeleev，1834—1907）同时发现了元素周期律，并都按相对原子质量递增的顺序排列元素，都注意到了元素周期性出现的循环现象。但他对元素性质的研究侧重物理性质。而门捷列夫的工作则更进一步：他在他的周期表中给未知元素留出了空位；修正了前人相对原子质量测定中的错误。反映了他基于现实而高于现实，透过现象看本质的能力。

元素周期律是自然界的一条客观规律，为以后元素的研究，新元素的探索，新物资、新材料的寻找，提供了一个可遵循的规律，它是化学史上划时代的大综合，也标志着无机化学的大厦已基本落成。恩格斯在《自然辩证法》一书中曾经指出：“门捷列夫不自觉地应用黑格尔的量转化为质的规律，完成了科学上的一个勋业，这个勋业可以和勒维烈（Le Verrier，1811—1877，法国天文学家——编者）计算尚未知道的行星海王星的轨道的勋业居于同等地位。”

1913 年，英国物理学家莫塞莱（H. G. J. Moseley，1887—1915）在研究各种元素的伦琴射线波长与原子序数的关系后，证实原子序数在数量上等于原子核所带的正电荷，进而明确作为周期律的基础不是相对原子质量而是原子序数。在周期律指导下产生的原子结构学说，不仅赋予元素周期律以新的说明，并且进一步阐明了周期律的本质，把周期律这一自然法则放在更严格、更科学的基础上。

元素周期表（periodic table of elements）是元素周期律的体现形式，它能概括地反映元素性质的周期性变化规律。现以常用的长式周期表（见本书后附的元素周期表）讨论元素周期表与核外电子分布的关系。

（1）周期

虽然元素所在周期的序数与其基态原子的电子层数相等，但周期表却并非是按电子层数划分周期的，而是按能级组划分的。表 1.4 反映了周期、最外轨道（电子最后填充的轨道）、最外能级组（最外轨道所在能级组）等的关系。从表 1.4 可以看出，各周期元素的原子，随着核电荷数的递增，电子将依次填入各相应能级组的轨道内。周期序数等于本周期最高能级组（最外能级组）序数，也等于本周期电子层数；各周期所含元素种数等于本周期最外能级组所有轨道能容纳的电子数总和。例如，第 4 周期的所有元素的原子都含有 4 个电子层，且电子最后都填充在第 4 能级组的轨道内，直至第 4 能级组的所有轨道都填充满，从而完成整个周期，开始新的周期。

表 1.4　周期与最外能级组的对应关系

周期	最外轨道	最外能级组序数	最外能级组轨道总数	最外能级组可容纳的电子总数	周期内元素种数	电子层数
1(特短周期)	1s	1	1	2	2	1
2(短周期)	2s～2p	2	1+3=4	8	8	2
3(短周期)	3s～3p	3	1+3=4	8	8	3
4(长周期)	4s～3d～4p	4	1+5+3=9	18	18	4
5(长周期)	5s～4d～5p	5	1+5+3=9	18	18	5
6(特长周期)	6s～4f～5d～6p	6	1+7+5+3=16	32	32	6
7(未完成周期)	7s～5f～6d～7p	7	1+7+5+3=16	32	未完成	7

（2）族

周期表共有 8 个主族（用 A 表示，族序数用罗马数字表示，如ⅢA 表示第 3 主族）、7 个副族（用 B 表示，族序数用罗马数字表示，如ⅢB 表示第 3 副族），和第Ⅷ（含 3 列）族。各族内电子分布存在以下规律：

① 主族（He 除外）以及第ⅠB、ⅡB 族的族序数等于最外层电子数；ⅢB～ⅦB 族的族序数等于最外层电子数与次外层 d 轨道电子数之和。上述规律不适用于第Ⅷ族。

② 同族元素原子的最外层电子构型基本一致，只是 n 值不同。正是同族元素原子具有相似的电子构型，因而具有相似的化学性质。

（3）区

周期表中的元素除了按周期和族划分外，还可按元素的原子在哪一亚层增加电子，把它们划分为 s，p，d，ds，f 五个区（见图 1.7）：

① s 区元素　包括ⅠA 和ⅡA 族元素，最外电子层的构型为 $ns^{1\sim2}$；

② p 区元素　包括ⅢA 到ⅦA 族元素，最外电子层的构型为 $ns^2np^{1\sim6}$；

③ d 区元素　包括ⅢB 到Ⅷ族的元素，外电子层的构型为 $(n-1)d^{1\sim8}ns^2$（第ⅥB 的 Cr、Mo 及第Ⅷ族的 Pd、Pt 例外）；

④ ds 区元素　包括ⅠB 和ⅡB 族的元素，外电子层的构型为 $(n-1)d^{10}ns^{1\sim2}$；

⑤ f 区元素　包括镧系和锕系元素，电子层结构在 f 亚层上增加电子，外电子层的构型

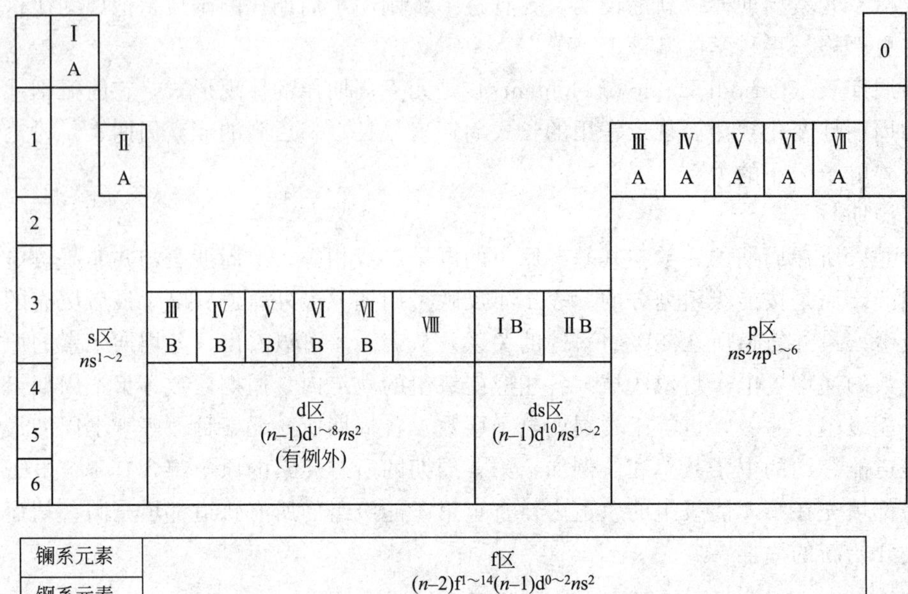

图 1.7　原子外层电子构型与周期系分区

为 $(n-2)f^{1\sim14}(n-1)d^{0\sim2}ns^2$。

1.3.5　元素性质的周期性变化

由于原子的电子层结构的周期性，与电子层结构有关的元素的基本性质如原子半径、电离能、电子亲和能、电负性等，也呈现明显的周期性变化。

(1) 电离能 (ionization energy)

在标准状态时，基态的气体原子失去最外层的第一个电子成为气态+1价离子所需的能量称为第一电离能 (first ionization energy) I_1，再继续失去一个电子所需的能量称为第二电离能 I_2，依次类推还可以有第三电离能 I_3、第四电离能 I_4 等，通常如果没有特别说明，指的就是第一电离能。电离能都是正值，因为使原子失去外层电子总是需要吸收能量来克服核对电子的吸引力。同一元素各级电离能的大小顺序是 $I_1 < I_2 < I_3$。

电离能的变化有下列规律：

① 在同一周期中，从左到右，总趋势是电离能增大，在同一族（主要指主族）中，从上到下，总趋势是电离能减小；

② 具有半充满、全充满和全空电子构型的元素有较大的电离能，即比同周期前后元素的电离能都要大。

原子的第一电离能的大小表示原子失去电子的难易程度，体现了元素金属活泼性的强弱。原子的第一电离能越小，相应元素的金属性越强，亦即金属越活泼。金属 Cs 的第一电离能很小，是一个非常活泼的金属，在光的照射下，Cs 可以失去最外层电子。F 具有最大的第一电离能，是一个典型的非金属元素。

(2) 电子亲和能

电子亲和能 (electronic affinity) 是指在标准状态时，气态原子在基态时得到一个电子形成−1价气态阴离子所放出的能量。其周期性变化规律与电离能基本相同，即如果元素有高的电离能，则它也倾向于具有高的电子亲和能（绝对值）。元素的电子亲和能绝对值越大，表示该元素越易获得电子，非金属性也越强。但F元素的情况例外。F处于第二周期，原子半径小，电子间排斥力很强以致再结合一个电子形成阴离子时系统能量较高，致使电子亲和能绝对值较小。而第3周期元素，原子体积较大，并且有空的d轨道可容纳电子，因而电子间排斥力小，电子亲和能绝对值相对较大。

（3）电负性

电负性（electronegativity）是指元素原子在分子中吸引电子的能力。此概念是鲍林在1932年首先提出的，此后多位化学家相继提出过多种电负性标度，常见的有Pauling标度（x_P），Mulliken标度（x_M），Allred-Rochow标度（x_{AR}），Allen标度（x_A）。目前常用的两个电负性标度是马利肯（R. S. Mulliken，1896—1986）电负性标度和鲍林的电负性标度。鲍林的电负性标度最初指定F元素的电负性为4.0，以此为标准求出其它元素的电负性，因此，电负性是一个相对的数值。表1.5列出了元素的电负性（x_P）。

表1.5　元素的电负性

	ⅠA	ⅡA	ⅢB	ⅣB	ⅤB	ⅥB	ⅦB	ⅧB			ⅠB	ⅡB	ⅢA	ⅣA	ⅤA	ⅥA	ⅦA	ⅧA
1	H 2.20																	He
2	Li 0.98	Be 1.57											B 2.04	C 2.55	N 3.04	O 3.44	F 3.98	Ne
3	Na 0.93	Mg 1.31											Al 1.61	Si 1.90	P 2.19	S 2.58	Cl 3.16	Ar
4	K 0.82	Ca 1.00	Sc 1.36	Ti 1.54	V 1.63	Cr 1.66	Mn 1.55	Fe 1.83	Co 1.88	Ni 1.91	Cu 1.90	Zn 1.65	Ga 1.81	Ge 2.01	As 2.18	Se 2.55	Br 2.96	Kr
5	Rb 0.82	Sr 0.95	Y 1.22	Zr 1.33	Nb 1.6	Mo 2.16	Tc 2.10	Ru 2.2	Rh 2.28	Pd 2.20	Ag 1.93	Cd 1.69	In 1.78	Sn 1.96	Sb 2.05	Te 2.1	I 2.66	Xe 2.60
6	Cs 0.79	Ba 0.89	La～Lu 1.0～1.3	Hf 1.3	Ta 1.5	W 1.7	Re 1.9	Os 2.2	Ir 2.2	Pt 2.2	Au 2.4	Hg 1.9	Tl 1.8	Pb 1.8	Bi 1.9	Po 2.0	At 2.2	Rn
7	Fr 0.7	Ra 0.9	Ac～Lr 1.1～1.7															

注：本表数据摘自D. R. Lide，CRC Handbook of Chemistry and Physics，87th ed，CRC Press. Inc，2003～2004

元素电负性的大小，可以衡量元素的金属性和非金属性的相对强弱。一般说来，非金属元素的电负性在2.0以上，金属元素的电负性在2.0以下。元素电负性也是呈现周期性变化的，在同一周期中，从左到右电负性递增，元素的非金属性逐渐增强。在同一主族中，从上到下电负性递减，元素的非金属性依次减弱。

1.4　化学键与键参数

1.4.1　化学键的概念及发展历程

人类对化学作用力的认识经历了漫长的逐步接近真理的过程，大体分为下列阶段。

① 神秘的“化学亲和力”时代　古希腊恩培多克勒（Empedocles，490BC—430BC）的“爱憎说”认为世间万物都是在爱的作用下互相结合，在憎的作用下彼此分离。13世纪德国的炼金家马格努斯（A. Magnus，1193—1280）借用人间的姻亲关系，用化学亲和力的大小来表征物质结合的难易程度。从此“化学亲和力”概念在化学界流行了数百年，并被不断赋予新的内容。

② 机械的“万有引力”时代　到了17～18世纪，随着牛顿经典力学体系的建立和完

善，牛顿、波义耳、贝托雷（C. L. Berthollet，1748—1822）等人把万有引力视为原子结合的根本原因，但却不能解释为何复杂物质（质量大，应有大的引力）的物质反而不如一些简单物质（质量小）稳定的事实。

③“电化二元论”时代　在19世纪之前，人们对物质内部结构的认识一直非常模糊，实际上是把原子间的作用力（化学键）和分子间作用力混为一谈。19世纪初，道尔顿的科学原子论已经创立，但并未解决原子间结合力的问题。阿伏加德罗分子假说在提出近50年后终于得到承认，这之后人们更加迫切想要知道原子是怎样形成分子的，分子为什么能够稳定存在，分子的空间构型如何等问题。那个时期，人们进行了大量的电解实验（特别是水的电解），在此基础上，戴维（H. Davy，1778—1829）和贝采里乌斯（J. J. Berzelius，1779—1848）分别提出了电化学假说，认为原子间结合的原因是不同电性的吸引，特别是贝采里乌斯的“电化二元论”成为了以后离子键理论的先驱。

④ 近代化学键理论的逐步建立　19世纪中叶，原子价学说的建立，揭开了原子间相化合时的数目关系，之后，人们在化学结构式中用短线来表示原子间的价键。1916年德国化学家柯塞尔（W. Kossel，1888—1956）提出电价理论，他发现原子都有获得或失去电子以达到惰性气体（今称稀有气体）原子结构外层的倾向，原子得失电子后都具有8电子的稳定结构，然后靠静电作用而形成的化学键就称为电价键或离子键。同年，美国著名化学家路易斯（G. N. Lewis，1875—1946）和朗格缪尔（I. Langmuir，1881—1957）便提出了共价键理论。

什么是化学键呢？鲍林（Linus Carl Pauling，1901—1994）在他那著名的《化学键的本质》一书中是这样定义的：

“就2个原子或原子团而言，如果作用于它们之间的力能够导致聚集体的形成，这个聚集体的稳定性又是大到可让化学家方便地作为一个独立的分子品种来看待，则我们说在这些原子或原子团之间存在着化学键。”

根据这一定义，化学键是指相邻原子之间存在着的直接的、强烈的相互作用，它决定了分子的骨架，对分子的性质有着决定性的影响。

此外，分子与分子之间还有一种相对较弱的作用力，称为分子间力或范德华力，有时分子间还可能形成氢键。分子间力和氢键是影响物质的熔点、沸点等物理性质的主要因素。本章后面的内容主要讨论三方面的问题：原子是怎样组成分子的（化学键）？组成的分子是什么样子的（分子的空间构型）？分子是怎样形成液态、固态等凝聚态的（分子间作用力）？

1.4.2　键参数

描述化学键的性质要用到一系列的参数，称为键参数。能够表征化学键性质的键参数较多，在此简单介绍键能、键长和键角。

(1) 键能

键能（bond energy）是共价键强度的能量标志，定义为：在298.15K和100kPa压力下，断裂气态物质中1mol的化学键生成气态原子时所吸收的能量。键能是化学键牢固程度的量度，键能越大，断开化学键所需要的能量越大，化学键越牢固。

对于双原子分子而言，在298.15k和100kPa压力下，将1mol气态分子离解成2mol气态原子所需要的能量称为离解能（dissociation energy），以符号D表示。显然，双原子分子的离解能就是键能。

在多原子分子如氨分子中，含有 3 个 H-N 键，实验证明，这 3 个 H-N 键先后断裂时的离解能各不相同，H-N 键的键能为 3 个 H-N 键离解能的平均值。

$NH_3(g) = NH_2(g) + H(g)$　　$D_1 = 435.1 kJ \cdot mol^{-1}$

$NH_2(g) = NH(g) + H(g)$　　$D_2 = 397.5 kJ \cdot mol^{-1}$

$NH(g) = N(g) + H(g)$　　$D_3 = 338.9 kJ \cdot mol^{-1}$

$E(H\text{-}N) = (435.1 + 397.5 + 338.9)/3 = 390.5 kJ \cdot mol^{-1}$

（2）键长

分子中两个成键原子核间的平均距离即为键长（bond length）。键长的大小与成键原子的本性、所形成的化学键的种类及化学键所处的化学微环境（如连接的基团不同）都有关系。如果两个确定的原子形成不同的化学键，则键长越短，键作用越强，越牢固。

化学键	H—F	H—Cl	H—Br	H—I	C—H	C—C	C═C	C≡C	C—C(CH_3—CH_3 中)
键长/10^{-10}m	0.92	1.28	1.41	1.61	1.09	1.53	1.34	1.20	1.526

注：数据摘自 D. R. Lide，CRC Handbook of Chemistry and Physics，87th ed，CRC Press. Inc，2003～2004

（3）键角

分子中相邻的两个化学键之间的夹角称为键角（bond angle）。双原子分子无所谓键角，分子的形状总是直线型的。对于多原子分子，由于分子中原子在空间排布情况不同而具有不同的几何构型，知道一个分子的键角、键长，即可确定分子的几何构型。

1.4.3 化学键的类型

化学键在本质上是电性的，原子在形成分子时，外层电子发生了重新分布（转移、共用、偏移等），从而产生了正、负电性间的强烈作用力。但这种电性作用的方式和程度有所不同，所以又可将化学键分为离子键、共价键和金属键。

1.5 分子的形成与分子结构

1916 年，柯塞尔提出离子键理论，但化学家们几乎立即就发现该理论无法说明那些电负性相差不大的元素或同种非金属元素的原子形成分子的过程。就在这一年路易斯提出了共价键理论，他认为分子中每个原子应具有稳定的稀有气体原子的电子层结构，但这种稳定结构并不一定要靠电子的得失，也可以通过原子间共用一对或若干对电子来实现。分子的稳定性是因为成键原子通过电子共享达到了稀有气体的电子层结构，这样也服从了“八隅律”。双键和三键相应于两对或三对共享电子。这种分子中原子间通过共用电子对而结合成的化学键称为共价键。例如，可以用下列式子（路易斯结构式）表示相关物质中原子的成键情况：

```
     H            H          H
     |            |          |
  H—C—H       :N—H       :O—H      H—Cl:      C=O:      H—C≡N:
     |            |          ··          ··       ‖   ··
     H            H                              :O:
```

路易斯还提出共价键极性（polarity）的概念，指出若成键两原子的电负性相等，则化学键是非极性的；否则化学键有极性，电负性较大的原子带电 δ^-，电负性较小的原子带电 δ^+。电负性相差越大，键的极性就越大。例如，H-I、H-Br、H-Cl 到 H-F，氢卤键的极性逐渐增大。见表 1.6 所示。

表 1.6 卤化氢分子中键的极性

化学键	HI	HBr	HCl	HF
电负性差	0.46	0.76	0.96	1.78
键的极性	依次增大 →			

尽管路易斯的理论给了我们一些有价值的概念和思想，并能成功地解释由相同原子组成的分子（如 H_2、Cl_2、N_2 等），以及性质相近的不同原子组成的分子（如 HCl 等）的形成，并初步揭示了共价键与离子键的区别，但路易斯理论有局限性。

① 不遵循八隅规则的分子比比皆是。例如，它不能解释为什么有些分子的中心原子最外层电子数虽然少于 8(如 BF_3) 或多于 8(如 PCl_5、SF_6)，但这些分子仍能稳定存在。如 B 原子的最外层只有 3 对共用电子对，在 BF_3 分子中 B 原子的价电子层结构不满 8 个电子；而在 PCl_5 分子中，P 原子的价电子层中有 5 对共用电子对，其周围电子数已超过稀有气体稳定的 8 电子结构的电子数；SF_6 分子中 S 原子的价电子层中共有 6 对共用电子对，电子数也已超过 8。

② 不能说明为什么共用电子对就能使两个原子结合成稳定分子的本质原因。因为根据经典的静电理论，同性电荷相斥，两个电子为何不相斥，反而互相配对。

③ 不能解释分子空间的几何形状。

④ 不能说明电子对的享用与提供电子的原子轨道间存在什么关系。

现代共价键理论以量子力学为基础，认为原子形成分子时，电子的运动状态要发生变化，要描述分子中电子的运动状态，需要解分子薛定谔方程。但分子薛定谔方程比较复杂，严格求解经常遇到困难，只好做一些近似的假设来简化计算过程。不同的假设代表了不同的物理模型，形成了不同的共价键理论。一种看法是形成共价键的电子只处在两原子间的区域内运动；另一种看法是形成共价键的电子应遍布在整个分子的区域内运动。前者发展成为价键理论，而后者则发展成为分子轨道理论。价键理论是一种定域轨道理论，分子轨道理论是一种非定域轨道理论。这两种理论方法都是近似的理论方法，各自都有一定的局限性，没有一种方法可以完美地应用于所有的体系，因此，需要进一步发展。一般来说讨论基态分子的性质例如分子的空间构型、键的离解能等用价键理论比较简单；讨论分子的光学、磁学性质例如电子的跃迁引起的电离或激发态等使用分子轨道理论较方便。

1.5.1 价键理论

价键理论首先由德国的海特勒（W. Heitler，1904—1981）和伦敦（F. London，1900—1954）把量子力学应用到分子结构中奠定了理论基础，后来美国的鲍林和斯莱特（J. C. Slater，1900—1976）进一步发展了它。

（1）H_2 分子的形成和共价键的本质

1927 年海特勒和伦敦受量子力学处理氢原子获得成功的启发，建立和求解了氢分子的薛定谔方程，得到了具有自旋方向相反的单电子的两个氢原子相互接近时的能量 E 与核间距离 R 的关系曲线图（如图 1.8）。由图可见，如果两个氢原子的未成对的单电子自旋方向相反，两个原子自远处互相靠近时，整个系统的能量要比两个氢原子单独存在时低，在核间距离达到平衡距离[1] $R_0=87\text{pm}$ 时，系统能量达到最低点。

[1] 注：实验值约为 74pm，一个氢原子的原子半径为 53pm。

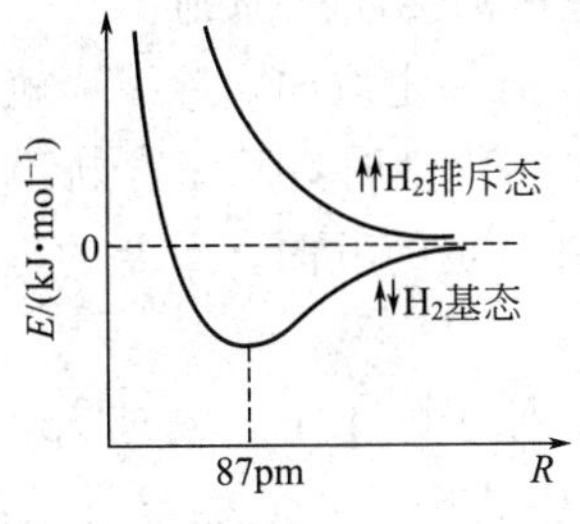

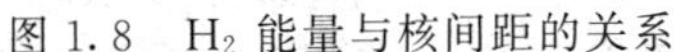
图 1.8　H_2 能量与核间距的关系

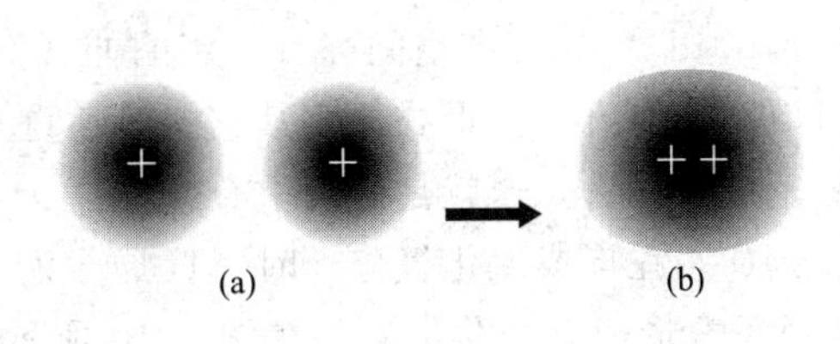

图 1.9　氢分子形成过程的电子云变化

图 1.9 反映出两原子间通过共用电子对相连形成分子，是基于电子定域于两原子之间，形成了一个密度相对大的电子云（负电性）。

无论是计算值的 87pm 还是实验值 74pm 都远远小于两个氢原子的半径之和约 106pm，这说明两个氢原子的 1s 轨道有重叠。

由氢分子的形成过程可见，在分子中也必须是自旋状态相反的两个电子才能占据同一个轨道空间，这与泡利不相容原理是相符合的。

量子化学对氢分子形成过程的解释说明了共价键的本质。自旋状态相反的两个单电子所在轨道发生重叠时，电子云密集在两个原子核之间，既降低了两个原子核正电荷间的排斥作用，又增加了两个原子核对密集于核间的负电荷区域的吸引，相当于用一个负电荷的桥梁将两个正电荷连接起来，有利于系统能量的降低。由此可见，共价键的本质是电性的，是原子轨道的重叠，是电子波的叠加。但这种电性作用是不能用经典的静电理论来解释的，它是通过量子力学用原子轨道的线性组合来说明的。

（2）价键理论的基本要点

1930 年，斯莱特和鲍林将海特勒和伦敦用量子力学处理 H_2 分子的结果加以推广和发展，建立了现代价键理论（valence bond theory，简称 VB 法），也称为电子配对法。该理论认为：①形成共价键时，仅成键原子的外层轨道及其中的电子参加作用；②原子相互接近时，外层能量相近、且含有自旋相反的未成对电子的轨道发生重叠，核间电子概率密度增大；③在成键的过程中，自旋相反的单电子之所以要配对或偶合，是因为配对以后会放出能量，从而使系统的能量达到最低，电子配对时放出的能量越多，形成的化学键就越稳定。

（3）共价键的特点

在形成共价键时，互相结合的原子既未失去电子，也没有得到电子，而是共用电子，在分子中并不存在离子而只有原子，因此共价键也叫原子键。共价键有如下特点。

① 共价键结合力的本质是电性的　共价键是共用电子对形成的负电区域对两个原子核的吸引力，而不是正、负离子之间的静电库仑引力。共用电子对的数目越多，核间电子云密度越大，结合力越强。

② 共价键具有饱和性　所谓饱和性是指每个原子成键的总数或以单键连接的原子数目是一定的，这是因为共价键是由原子间轨道重叠和共用电子形成的，而每个原子能提供的轨道和单电子数目是一定的，并且成键后的电子仍需满足泡利不相容原理。由于 1 个原子的 1 个单电子只能与另一个单电子配对，形成 1 个共价单键，因此，1 个原子有几个单电子（包括激发后形成的单电子），便可以与几个自旋方向相反的单电子配对形成几个共价键。

③ 共价键具有方向性　共价键的方向性体现在两个方面：其一，量子力学证明，只有原子轨道符号相同部分重叠，才可能有效重叠形成共价键，异号重叠时电子云的密度会变得

更加稀疏，无法形成“电子桥”，因而不能成键，这就是对称性匹配原则；其二，即使是同号重叠，也需沿着特定的方向进行。由于原子轨道在空间有一定取向，除了 s 轨道成球形对称外，p，d，f 轨道在空间都有一定的伸展方向。在形成共价键时，除了 s 轨道和 s 轨道之间可以在任何方向上重叠外，其它的轨道重叠，只有沿着一定的方向，重叠的程度及核间电子云密度才最大，这就是最大重叠原理。

例如，在形成氯化氢分子时，H 原子的 1s 电子与 Cl 原子的 1 个未成对 $3p_x$ 电子通过 s-p 轨道重叠形成一个共价键。在图 1.10 所示的 4 种重叠方式中，(c) 为异号重叠；(b) 为同号重叠，但重叠较少；(d) 的同号重叠与异号重叠部分相同，正好相互抵消，这种重叠为无效重叠；只有当 H 原子的 1s 电子沿 x 轴与 Cl 原子的 $3p_x$ 轨道接近时，发生同号轨道最大程度的重叠成键，才能形成稳定的 HCl 分子，如 (a) 所示。

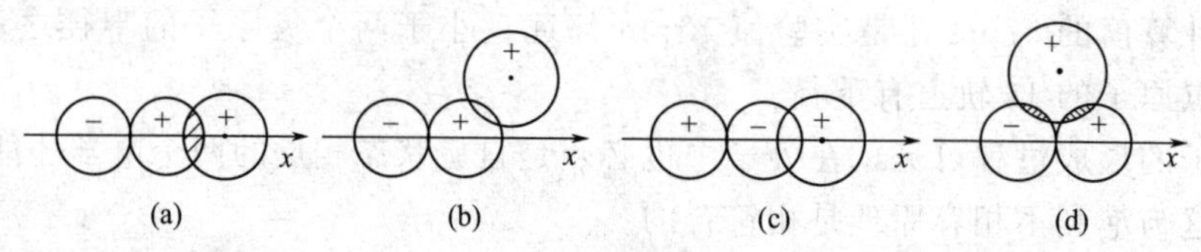

图 1.10 s-p 轨道重叠示意图

(4) 共价键的键型

成键的两个原子核间的连线称为键轴。按成键轨道与键轴之间的关系，共价键的键型主要分为两种。

① σ 键　沿键轴的方向，以“头碰头”的方式发生轨道重叠，如 s-s(H_2)、s-p_x(HCl)、p_x-p_x(Cl_2) 等，轨道重叠部分是沿着键轴呈圆柱形分布的，这种键称为 σ 键。

② π 键　原子轨道垂直于核间连线，以“肩并肩”(或平行) 的方式发生轨道重叠。如图 1.11 中的 p_z-p_z(p_y-p_y 也一样) 轨道重叠部分对通过键轴的平面是反对称的，这种键称为 π 键。

例如，在 N_2 分子的结构中，就含有 1 个 σ 键和 2 个 π 键。N 原子的电子层结构为 $1s^2 2s^2 2p_x^1 2p_y^1 2p_z^1$，当 2 个 N 原子相结合时，如果两个 N 原子的 p_x 轨道沿 x 轴方向“头碰头”重叠，即形成 1 个 σ 键后，两个 N 原子的 p_y-p_y 和 p_z-p_z 轨道就没有机会再进行“头碰头”重叠了，只能以相互平行或“肩并肩”方式重叠，即形成 2 个互相垂直的 π 键。如图 1.12 所示。

综上所述，σ 键的特点是：两个原子的成键轨道沿键轴的方向以“头碰头”的方式重叠，原子轨道重叠部分沿着键轴呈圆柱形对称。由于成键轨道在轴向上重叠，故成键时原子

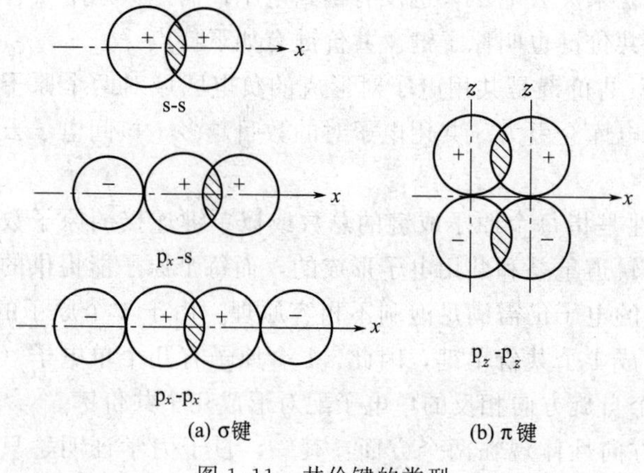

图 1.11　共价键的类型

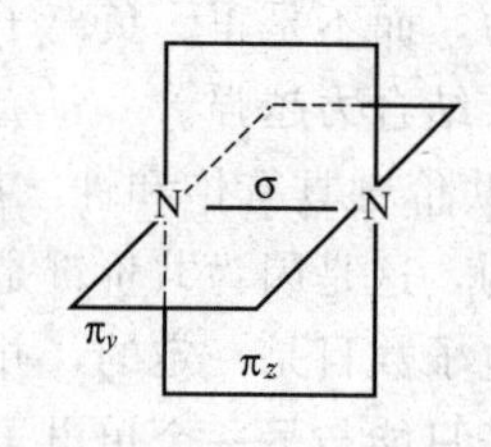

图 1.12　N_2 分子结构示意图

轨道发生最大程度的重叠，σ 键的键能大，稳定性高（能量低）。

π 键的特点是：两个原子轨道以“肩并肩”方式重叠，原子轨道重叠部分对通过一个键轴的平面具有镜面反对称性。π 键轨道重叠程度比 σ 键轨道重叠程度小，键能小于 σ 键的键能，所以 π 键的能量高，其电子活动性也较高，是化学反应的积极参加者。π 键稳定性低于 σ 键，所以分子总是优先形成 σ 键，即 π 键不能单独存在。两种键型的比较见表 1.7。

表 1.7　σ 键和 π 键的特征比较

键的类型	σ 键	π 键
原子轨道重叠方式	沿键轴方向相对重叠	沿键轴方向平行重叠
原子轨道重叠部位	两原子核之间，在键轴处	键轴上方和下方，键轴处为零
原子轨道重叠程度	大	小
键的强度	较大	较小
化学活泼性	不活泼	活泼

1.5.2　杂化轨道理论与分子的空间构型

电子配对法比较简明地阐述了共价键的形成过程和本质，并成功地解释了共价键的方向性、饱和性的特点，但在解释分子的空间结构时却遇到了困难，也不能解释成键数多于单电子数（BF_3，CH_4）等等事实。

例如，早在 19 世纪 70 年代，荷兰化学家范特霍夫（J. H. Van't Hoff，1852—1911）就提出了碳的四面体结构学说。近代的实验测定结果也表明，CH_4 分子是一个正四面体的空间结构，C 原子位于四面体的中心，四个 H 原子占据四面体的四个顶点，在 CH_4 分子中，形成了四个稳定的、强度相同的 C—H 键，键能为 413.4kJ·mol^{-1}，键角∠HCH 为 109°28′（如图 1.13）。

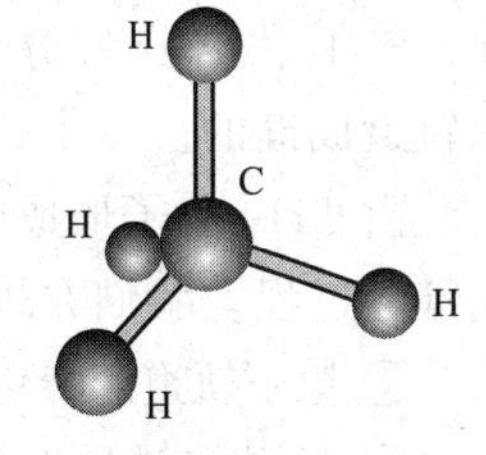

图 1.13　甲烷分子的结构示意图

然而根据电子配对法理论，却不容易解释这些。因为 C 原子的电子层结构为 $1s^2 2s^2 2p_x^1 2p_y^1$，只有 2 个成单电子，所以它只能与 2 个 H 原子形成两个共价单键。当然，我们可以认为在化学反应的条件下 C 原子的 1 个 2s 电子被激发到 2p 轨道上去，这样就可以有 4 个单电子（1 个 2s 电子和 3 个 2p 电子），可以与 4 个氢原子配对形成 4 个 C-H 共价键。但若如此，所形成的 4 个 C-H 共价键必然不等同，这与实验测得结果不符。

为了解释多原子分子的空间结构，鲍林于 1931 年在价键理论的基础上，提出了杂化轨道理论（hybrid orbital theory）。下面我们就杂化的概念、杂化轨道的类型、等性与不等性杂化以及杂化轨道理论的基本论点进行介绍。

我们先介绍一下杂化的概念：杂化是指在形成分子时，由于原子的相互影响，若干不同类型的但能量相近的原子轨道混合起来，重新组合成一组新轨道，这种轨道重新组合的过程叫杂化，所形成的新轨道叫杂化轨道。杂化轨道可以与其它原子轨道重叠形成化学键。

（1）sp^3 杂化

鲍林的杂化轨道理论认为，在 CH_4 分子形成时，C 原子 2s 轨道中的 1 个电子可以被激发到空的 2p 轨道上去，使 C 原子的外电子层结构为 $2s^1 2p_x^1 2p_y^1 2p_z^1$，电子激发所需要的能量可以由成键时释放出来的能量予以补偿。然后 C 原子的 1 个 2s 轨道和 3 个 2p 轨道进行杂化（称为 sp^3 杂化），组成 4 个新的能量相等、成分相同的杂化轨道。每个 sp^3 杂化轨道都含有 1/4 的 s 和 3/4 的 p 轨道的成分，和纯的 s 或 p 轨道的形状不同，杂化轨道的形状是一头大，一头小（如图 1.14）。为了使电子云之间的斥力最小，所以这 4 个 sp^3 杂化轨道在空间自然呈正四面体分布，每个 sp^3 杂化轨道较大的一头分别指向正四面体的四个顶点。4 个 sp^3 杂化轨道与 4 个 H 原子的 1s 一对一进行轨道重叠，形成 4 个 sp^3-s 的 σ 键。由于杂化后电子云分布更加集中，可使成键的原子轨道间的重叠部分增大，成键能力增强，因此 C 原子与 4 个 H 原子能结合成稳定的 CH_4 分子。

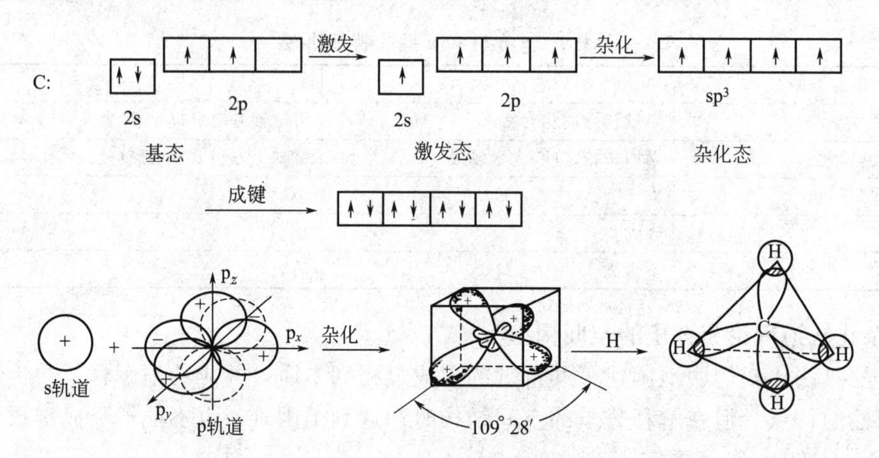

图 1.14　CH_4 分子形成示意图

由于 sp^3 杂化轨道间的夹角为 109°28′，所以 CH_4 分子具有正四面体的空间结构，在 CH_4 分子中，4 个 C—H 键是完全等同的，这些与实验测定的结果完全相同。除 CH_4 分子外，SiH_4、CCl_4 等分子也是正四面体结构，其中的中心原子（C 和 Si）也都是采用 sp^3 杂化轨道成键的。

由 CH_4 分子形成的过程还可以看出，在形成分子时，通常存在激发、杂化、轨道重叠、成键等过程。我们在理解杂化轨道理论时需注意以下几点：

① 原子轨道的杂化，只能在形成分子的过程中才会发生，孤立的原子是不可能发生杂化的；

② 只有能量相近的原子轨道才能发生杂化，对于非过渡元素来说，由于 ns，np 能级比较接近，往往采用 sp 型杂化；

③ 另外，从理论上可以证明，几个原子轨道参加杂化就能得到几个杂化轨道，即杂化过程中轨道的数目不变；

④ 轨道杂化后，其形状变成了一头大、一头小，在成键时以较大的一头进行重叠，因而轨道杂化增加了成键能力。

（2）sp^2 杂化

让我们看看 BF_3 分子的形成过程。B 原子的电子层结构为 $1s^2 2s^2 2p_x^1$，当 B 原子与 F 原子反应时，B 原子的一个 2s 电子被激发到 1 个空的 2p 轨道中，使 B 原子的外电子层结构为 $2s^1 2p_x^1 2p_y^1$，B 原子的 1 个 2s 轨道和 2 个 2p 轨道进行杂化，组合成 3 个 sp^2 杂化轨道。这 3 个 sp^2 杂化轨道中的每一个分别与 1 个 F 原子的具有单电子的 2p 轨道重叠形成 sp^2-p 的 σ 共价键。3 个 sp^2 杂化轨道在同一平面上，杂化轨道间夹角为 120°，所以 BF_3 分子具有平面三角形的结构（如图 1.15）。

sp^2 杂化轨道是由 1 个 ns 轨道和 2 个 np 轨道组合而成的，它的特点是每个 sp^2 杂化轨道都含有 1/3s 和 2/3p 轨道的成分，杂化轨道间的夹角为 120°，呈平面三角形。BCl_3、BBr_3、B_2H_6 等也是平面三角形结构，其中的 B 均为 sp^2 杂化。有机化合物乙烯（C_2H_4）、

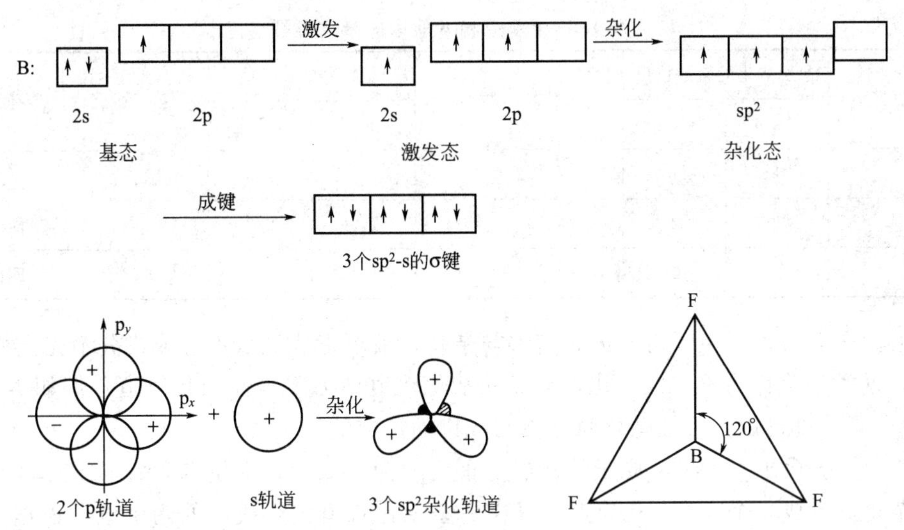

图 1.15　BF_3 分子时的轨道示意图形成过程

苯（C_6H_6）中的 C 也都采用 sp^2 杂化。

（3）sp 杂化

sp 杂化轨道是由 1 个 ns 轨道和 1 个 np 轨道组合成的，它的特点是每个 sp 杂化轨道都含有 1/2s 和 1/2p 轨道的成分，sp 杂化轨道间的夹角为 180°，呈直线型的构型。

例如气态的 $BeCl_2$ 分子的结构，Be 原子的电子层结构为 $1s^2 2s^2$，从表面上看，基态的 Be 原子似乎不能形成共价键，但在激发状态下，Be 的 1 个 2s 电子可以进入它自己的 2p 轨道上去，使 Be 原子的外电子层结构为 $2s^1 2p_x^1$，于是 Be 的 1 个 2s 轨道与 1 个 2p 轨道杂化组合，形成 2 个 sp 杂化轨道，这 2 个 sp 杂化轨道与 2 个 Cl 原子的 $3p_x$ 轨道形成 2 个 sp-p 的 σ 共价键，杂化轨道间的夹角为 180°，所以 $BeCl_2$（气态）分子为直线型（如图 1.16）。乙炔分子中的 C 也采用 sp 杂化，为直线型分子。

综上三种情况所述，我们把仅包括 s 和 p 轨道参加的杂化轨道类型归纳在表 1.8 中。

由表中可以看出，在三种类型的杂化中，键角随着杂化轨道 s 的含量（也可以表示为 p 含量）而变，s 含量越大时键角也越大。

（4）等性杂化与不等性杂化

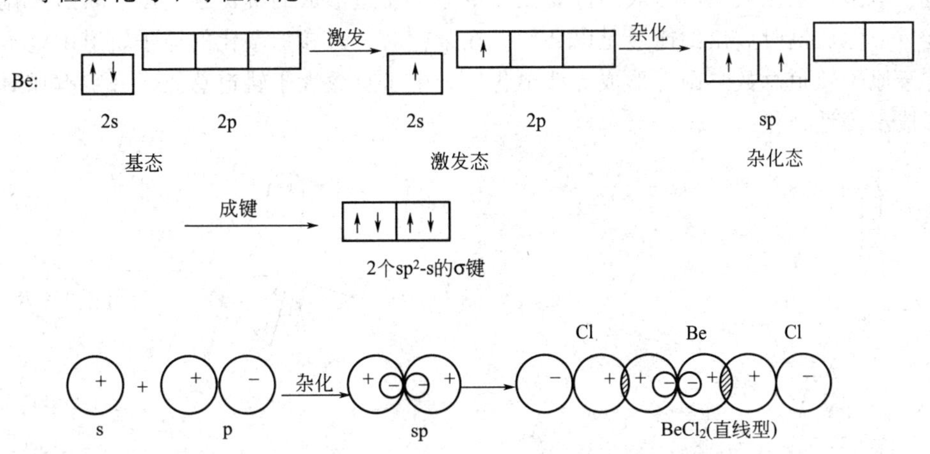

图 1.16　$BeCl_2$ 分子形成的轨道示意图

表 1.8 s 轨道和 p 轨道的杂化类型

杂化轨道类型	参加杂化的轨道数目		杂化轨道数目	杂化轨道中		键　角	空间结构
	s	p		s 含量	p 含量		
sp	1	1	2	1/2	1/2	180°	直线形
sp^2	1	2	3	1/3	2/3	120°	平面三角形
sp^3	1	3	4	1/4	3/4	109°28′	四面体

中心原子若有孤对电子占有的轨道参与杂化，就可形成能量不等或成分不完全相同的杂化轨道，这类杂化称为不等性杂化，形成的杂化轨道称为不等性杂化轨道。例如 NH_3 分子和 H_2O 分子，都是以不等性杂化轨道参与成键而形成的。

在 NH_3 分子中，中心 N 原子的外层电子构型为 $2s^2 2p^3$，成键前，2s 轨道和 2p 轨道进行 sp^3 杂化，形成 4 个 sp^3 杂化轨道。其中一条杂化轨道被已成对的两个电子占据，3 个未成对电子占据剩余的 3 条杂化轨道，并分别与三个自旋方向相反的氢原子的 1s 轨道重叠形成三个共价键。被孤对电子占据的轨道只参与杂化而不参与成键，称为非键轨道。由前面讨论已知，sp^3 杂化形成的分子具有四面体空间构型。现因有孤对电子占据的轨道参与杂化，并占据四面体的一个顶角，因此形成的 NH_3 分子呈三角锥构型（图 1.17）。再者，由于 N 原子的孤对电子不参加成键而使电子较密集于 N 原子周围，使非键轨道比其它杂化轨道含有较多的 s 成分$\left(>\frac{1}{4}s\right)$，含有较少的 p 成分$\left(<\frac{3}{4}p\right)$，所以形成不等性杂化。由于孤对电子与其它成键电子之间的排斥作用，致使 3 个 N—H 键之间的夹角比 109°28′要小，实测为 107°18′。第五主族的其它元素也能采用类似 sp^3 不等性杂化方式与 H 或第七主族的元素形成三角锥结构的分子，如 PCl_3。

H_2O 分子中 O 也采用 sp^3 不等性杂化，形成 4 条 sp^3 杂化轨道。由于 O 原子比 N 原子多一对孤对电子，使杂化的不等性更加显著，孤电子对与成键电子对之间的排斥作用更大。所以 O—H 键之间的夹角被压缩得更小，为 104°45′，形成 V 形空间构型的 H_2O 分子，这样的解释与实测结果完全符合（如图 1.18）。H_2S 等分子也采用类似 sp^3 不等性杂化成键，形成 V 形分子。

应当指出，杂化轨道所形成的键要比简单原子轨道形成的键更强。虽然轨道杂化需要一定的能量，但成键时放出的能量足以补偿。在杂化时，若参加杂化的原子轨道中电子总数小于或等于原子轨道总数，则可形成等性杂化，若电子总数大于轨道总数，一定有孤对电子存在，形成不等性杂化。

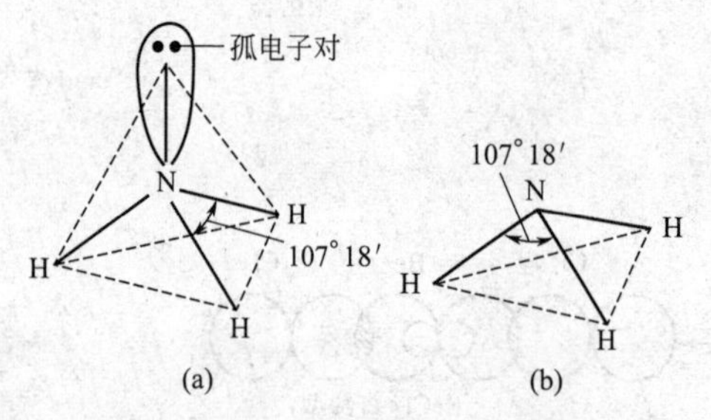

图 1.17　NH_3 分子的空间构型

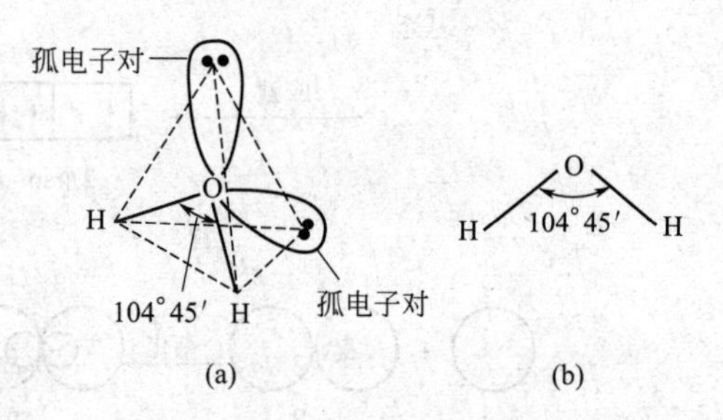

图 1.18　H_2O 分子的空间构型

*1.5.3 分子轨道理论

价键理论认为单电子不能配对，但成键电子是奇数的分子为什么也较稳定？

再者，实验证明 O_2 分子中有未成对电子存在（分子的磁性与分子中的单电子数有关，单电子数越多，测出的磁矩越大），但按价键理论，电子经两两配对形成双键后，O_2 分子中应没有单电子存在了，这与实验事实不符。

还有，价键理论认为形成共价键的电子只限于在 2 个相邻原子间的小区域里运动，缺乏对分子作为一个整体的全面考虑。因此对有些多原子分子，特别是对有机化合物分子结构的解释较为困难。

1932 年，美国化学家马利肯（R. S. Mulliken，1896—1986）和德国物理学家洪特提出的分子轨道理论（molecular orbital theory，简称 MO 法）着眼于分子的整体，比较全面地反映了分子内部电子的运动状态，能较好地解释前面那些理论解释不了的问题。

（1）分子轨道理论的要点

① 在分子中，电子不从属于某些特定的原子，而是在遍及整个分子范围内运动，组成分子的电子也像组成原子的电子一样，处于一系列不连续的运动状态中。在原子中，电子在原子轨道中运动；在分子中，电子在分子轨道中运动。和原子轨道一样，分子轨道也可以用相应的波函数 ψ 来描述。

② 每一个分子轨道 ψ_i 都有一相应的能量 E_i 和图像。按照分子轨道能量的大小，可以排列出分子轨道的近似能级图。

③ 分子轨道由能量相近的不同原子轨道线性组合而成，形成的分子轨道的数目同参与组合的原子轨道的数目相同。

④ 分子轨道中电子的分布也遵从原子轨道中电子分布同样的原则，即：

a. 泡利不相容原理　每个分子轨道上最多只能容纳 2 个电子，而且自旋方向必须相反；

b. 能量最低原理　分子中的电子优先占据能量最低的分子轨道；

c. 洪特规则　如果分子中有多个等价或简并的分子轨道（即能量相同的轨道），则电子尽可能占据更多的等价轨道，并且自旋平行，等价轨道半充满后，电子才开始配对。

（2）分子轨道的形成

当两个原子轨道 ψ_a 和 ψ_b 组合成两个分子轨道 ψ_1 和 ψ_2 时，由于波函数 ψ 的符号有正、负之分，因此原子轨道 ψ_a 和 ψ_b 有两种可能的组合方式：两个波函数的符号相同或相反。

同号的波函数（均为＋或均为－）互相组合时，两个波函数相加，两个波峰叠加的结果是在两核之间的电子云密度增加，其能量比原子轨道的能量低，得到成键分子轨道。

异号的波函数互相组合时，两个波函数相减，使波削弱或抵消，结果是两核之间的电子云密度减小或等于零，其能量比原子轨道的能量高，得到反键分子轨道。

$$\psi_1 = c_1(\psi_a + \psi_b)$$
$$\psi_2 = c_2(\psi_a - \psi_b)$$

上述两式表示了两种组合方式，式中，c_1、c_2 为常数；ψ_1 为成键分子轨道（bonding molecular orbital）；ψ_2 为反键分子轨道（antibonding molecular orbital）。

原子轨道两两重叠后形成的分子轨道总是成对出现的，其中一半为成键分子轨道，另一半为反键分子轨道。不同类型的原子轨道线性组合（重叠）可以得到不同类型的分子轨道。按照重叠的方式，可以将分子轨道分为两大类：①“头对头”形成的 σ 分子轨道；②“肩并肩”重叠形成的 π 分子轨道。

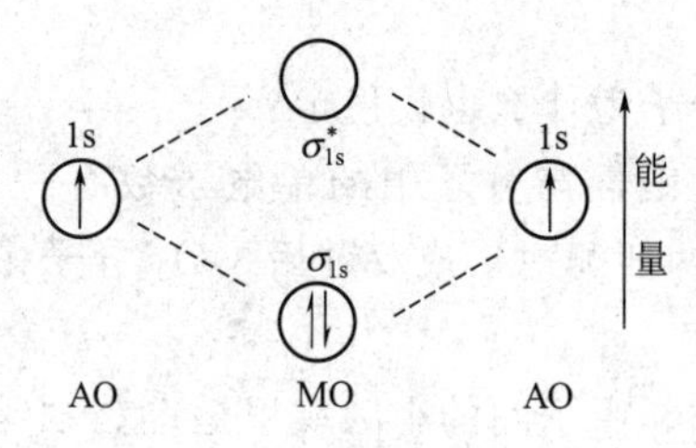

图 1.19 H_2 的分子轨道能级图

(3) 分子轨道理论的应用

① H_2 的分子轨道能级图(图 1.19) H_2 分子由 2 个 H 原子组成。每个 H 原子在 1s 原子轨道中有 1 个电子,当 2 个 H 原子的 1s 原子轨道互相重叠时,可组成 σ_{1s} 成键轨道和 σ_{1s}^* 反键轨道两个分子轨道。2 个电子以自旋相反的方式先填入能量最低的 σ_{1s} 成键分子轨道。所以 H_2 分子的分子轨道式为:$(\sigma_{1s})^2$。图中的 AO 为原子轨道(atomic orbital),MO 为分子轨道(molecular orbital)。

② He_2 的分子轨道能级图 相应的,如果 2 个 He 原子的 1s 原子轨道重叠组成分子轨道时,也组成 1 个 σ_{1s} 成键轨道和 1 个 σ_{1s}^* 反键轨道。2 个 He 原子各自有 2 个电子共 4 个电子,结果是在成键分子轨道和反键分子轨道中各 2 个电子,系统能量并未降低,因此 He_2 分子是不能稳定存在的,而 He_2^+ 则可以存在。

1.5.4 配位共价键与配位化合物

(1) 配位键

首先让我们看以下的反应:

$$NH_3 + HCl = NH_4Cl$$

$$CuSO_4 + 4NH_3 = [Cu(NH_3)_4]SO_4$$

这类反应既没有电子得失,也没有成键原子各自以其未成对电子形成新的共用电子对,那么何以能形成新的分子呢?

现代价键理论认为,NH_3 分子中 N 原子的 1 对孤对电子可以与 H^+ 的 1s 空轨道重叠形成 1 个特殊的共价键,这种共价键的共用电子对由 N 原子单方面提供,H^+ 只提供空轨道,这类共价键称为配位共价键,简称配位键(coordination bond)。这里的 N 与 H 原子之间的配位键可表示为N←H,以表示 N 原子是电子给予体,H 原子是电子接受体。

由此可见,配位键形成的条件是:成键原子中,一个原子的价电子层有孤对电子,另一个原子的价电子层有可接受孤对电子的空轨道。

(2) 配位化合物

上述$[Cu(NH_3)_4]^{2+}$中 Cu^{2+} 与 NH_3 分子之间也是通过配位键结合的(每个 N 原子中的孤对电子分别与 Cu^{2+} 的 1 个空轨道形成 1 个配位键)。如果在上述$[Cu(NH_3)_4]SO_4$ 的水溶液中加入少量 $BaCl_2$ 溶液,仍有白色的 $BaSO_4$ 沉淀生成,而如果在另一份$[Cu(NH_3)_4]SO_4$的水溶液中加入少量 NaOH 溶液,却并无 $Cu(OH)_2$ 沉淀和 NH_3 气生成,说明$[Cu(NH_3)_4]^{2+}$是一个较稳定的结构单元。这种由可以给出孤对电子的一定数目的离子或分子[称为配体(ligand)]和具有可接受孤对电子的空位的原子或离子[统称中心原子(central atom)]按一定的组成和空间结构所形成的一类复杂化合物叫做配位化合物,简称配合物(coordination compound)。

历史上有记载的第一个配合物是 1704 年德国涂料工人狄斯巴赫在作坊中为寻找染料而制备出的一种叫做普鲁士蓝的蓝色颜料,20 年后化学家知其组成为$KCN \cdot Fe(CN)_2 \cdot Fe(CN)_3$。第一篇报道配合物研究的论文是 1798 年法国化学家塔索尔特(Tassaert)在《法国化学记录》杂志上发表论文,报道他所制备出的三氯化钴的六氨合物 $CoCl_3 \cdot 6NH_3$。正如当时的化学式所表示的那样,两个化合物都是由简单化合物形成的复杂化合物。

化学家塔索尔特敏锐地认识到满足了价键要求的简单化合物(如 $CoCl_3$ 和 NH_3)之间

形成稳定的复杂化合物这一事实肯定具有当时化学家尚不了解的新含义。1893 年瑞士的青年化学家维尔纳（Alfred Werner，1866—1919）在总结前人研究成果的基础上提出了配位理论，从而奠定了配位化学的基础。20 世纪以后，随着对原子结构和化学键理论研究的进展，配合物已远远超出无机化学的范畴，成为一门极具活力的新兴学科——配位化学。配合物由于其独特的性质，使其在科学研究和实际应用方面都具有重要的作用。

配合物的组成一般包括以下几部分：

$$\underbrace{[\underset{\text{形成体}}{Ag}\quad\underset{\text{配位体}}{(NH_3)_2}]}_{\text{内界(配离子)}}\qquad\underset{\text{外界}}{Cl}$$

中心原子是配合物的形成体，通常为金属离子（或原子），尤以过渡金属离子居多，某些金属原子和高价态非金属元素也可作为中心原子。配位体是能提供孤对电子的物质，可以是负离子或中性分子，常见有 F^-，Cl^-，Br^-，I^-，CN^-，H_2O，NH_3，CO 等。

在配体中直接与中心离子形成配位键的原子称为配位原子（coordination atom）。配位原子必须含有孤对电子。常见的配位原子有 N、O、S、卤素原子等。简单的配体通常只含有一个配位原子，称为单齿配体（unidentate ligand）。有些复杂的配体含有两个或两个以上的配位原子，称为多齿配体（multidentate ligand）。常见的有乙二胺（$NH_2CH_2CH_2NH_2$，简写为 en），草酸根等。

多齿配体和中心原子形成环状结构的配合物，这类配体也被称为螯合剂（chelating agent），形成的配离子称为螯合离子，形成的配合物称为螯合物（chelate complex）。螯合物的稳定性要比无环状结构的配合物稳定性大得多。

配合物分子中同中心原子结合的配位原子的数目称为配合物的配位数（coordination number）。对于单齿配体，配位数等于配合物分子中配体的数目（配体数）。对于多齿配体二者则不等。例如$[Pt(en)_2]^{2+}$中的乙二胺（en）是双基配位体，配体数虽为 2，但配位数为 4。

（3）配合物的命名

配合物的命名与无机化合物的命名相似，其命名原则如下。

① 如果配离子是阳离子，将其当成金属离子；如果配离子是阴离子，则当成含氧酸根离子。

② 配离子的命名原则是：先配体后中心原子，在配体和中心原子之间加“合”字，在中心原子之后用加括号的罗马数字标注其氧化值。配体个数用倍数词头“二”，“三”，“四”等表示。若存在多种配体，则配体与配体之间用圆点“·”隔开。配体的命名顺序：先阴离子配体，后中性配体；先简单配体，后复杂配体。同类配体按配位原子元素符号的英文字母顺序命名。

如：$K_3[Ag(S_2O_3)_2]$　　二(硫代硫酸根）合银（Ⅰ）酸钾

$[Cu(NH_3)_4]SO_4$　　硫酸四氨合铜（Ⅱ）

$H_2[SiF_6]$　　六氟合硅（Ⅳ）酸

$K_4[Fe(CN)_6]$　　六氰合铁（Ⅱ）酸钾

$[CoCl(NH_3)_5]Cl_2$　　二氯化一氯·五氨合钴（Ⅲ）

$[CrCl_2(NH_3)_4]Cl\cdot 2H_2O$　　二水合一氯化二氯·四氨合铬（Ⅲ）

$[Cr(NH_3)_6][Co(CN)_6]$　　六氰合钴（Ⅲ）酸六氨合铬（Ⅲ）

$[Ni(CO)_4]$　　四羰基合镍

(4) 配合物的形成与结构

价键理论认为：

① 中心原子（M）有空轨道，配位体（L）有孤对电子，形成 M←L 配位键；

② 中心原子用于接受孤对电子的空轨道是其杂化了的空轨道，以增强所形成的配位键的强度，如$[Ag(NH_3)_2]^+$中的 Ag^+ 是采用其 4s 轨道和 1 个 4p 轨道进行的 sp 杂化，所形成的 2 个 sp 杂化轨道分别与 1 个 NH_3 中 N 原子的那个具有孤对电子的 sp^3 杂化轨道重叠，各形成 1 个配位键；

③ 配合物的空间构型是指配位体在中心原子周围的空间排列方式，主要由中心原子的杂化类型和配位数所决定（见表 1.9）。

表 1.9　配合物的杂化轨道和空间构型

配位数	中心原子杂化态	空间构型	实　例
2	sp	直线形	$[Ag(NH_3)_2]^+$
3	sp^2	平面三角形	$[CuCl_3]^{2-}$
4	sp^3	四面体形	$[Ni(NH_3)_4]^{2+}$
	dsp^2	平面四方形	$[Cu(NH_3)_4]^{2+}$
5	dsp^3	三角双锥形	$[Ni(CN)_5]^{3-}$、$Fe(CO)_5$
6	sp^3d^2	八面体形	$[FeF_6]^{3-}$
	d^2sp^3	八面体形	$[Fe(CN)_6]^{3-}$

可溶性配合物溶于水后，其内界和外界间的作用类似于强电解质，溶于水后全部离解。配离子则与弱电解质相似，在水溶液中存在解离平衡，如：

$$[Cu(NH_3)_4]^{2+} \rightleftharpoons Cu^{2+} + 4NH_3$$

其逆过程为配离子的形成反应——配位反应。

1.6　分子间的相互作用

原子与原子之间借助于化学键结合在一起，分子与分子之间有没有作用力呢？如果没有，分子何以能形成液态、固态呢？

1.6.1　分子的极性

任何分子都是由带正电荷的原子核和带负电荷的电子组成。正如物体有重心一样，可以设想分子中的正、负电荷各集中于一点，形成正、负电荷中心。根据正电荷中心和负电荷中心是否重合，可以把分子分为极性分子和非极性分子。

正、负电荷中心相互重合的分子称为非极性分子（non-polar molecule)。对于同核双原子分子如 H_2、Cl_2……，由于两原子的电负性相同，所以两个原子对共有电子对的吸引能力相同，正负电荷中心必然重合，它们是非极性分子。正负电荷中心不相互重合的分子称为极性分子（polar molecule)。异核双原子分子如 HCl、NO 等，由于两元素的电负性不相同，两原子间的化学键是极性键，其中电负性大的元素的原子吸引电子的能力较强，负电荷中心靠近电负性大的原子一方，而正电荷中心则靠近电负性小的原子一方，正负电荷中心不重合，它们是极性分子。

多原子分子是否有极性，主要决定于分子的组成和结构，例如 CO_2 和 H_2O 分子中，都有极性键，但 CO_2 分子具有直线型对称结构，正负电荷中心相互重合，所以是一个非极性分子。而 H_2O 分子具有 v 型结构，不是直线型对称，负电荷中心离氧原子较近，正电荷中心靠近氢原子，是极性分子。

极性分子的正负电荷中心不重合，因此分子中便会存在一头带正电一头带负电的两极，称为偶极（dipole）。分子极性的大小用偶极矩（μ）来度量，定义为分子中正、负电荷中心上的电荷量（q）与正、负电荷中心间的距离（d）的乘积（参见图 1.20）。

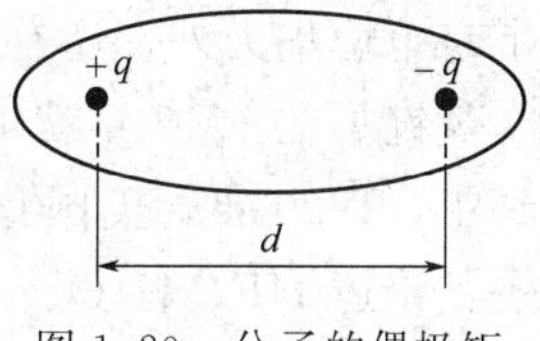

图 1.20　分子的偶极矩

$$\mu = qd \tag{1.7}$$

偶极矩的数值可以通过实验测定，单位是库仑·米（C·m），也可以是 D（Debye，德拜），$1D = 3.33564 \times 10^{-30} C \cdot m$，偶极矩越大，分子的极性越强。

1.6.2　范德华力

1873 年荷兰物理学家范德华（van der Waals，1837—1923）便发现分子之间存在弱的相互作用，并进行了研究，所以后人就把分子间力称为范德华力。

极性分子本身具有偶极称为固有偶极或永久偶极。极性分子相互靠近时，出现同性相斥、异性相吸状态，极性分子在空间就按异极相邻的状态取向，这种由固有偶极之间的相互作用而引起的分子间力称为取向力（orientation force）。这种力 1912 年由德国人刻松（Keesom）首先提出，故又称为刻松力（Keesom force）。

非极性分子在外电场的影响下可以变成具有一定偶极的极性分子，而极性分子在外电场的影响下其偶极增大。在外电场影响下所产生的偶极称为诱导偶极。当取消外电场时，诱导偶极随即消失。一个极性分子对其它分子而言，相当于一个外电场，当一个非极性分子与一个极性分子靠近时，受极性分子的诱导而产生了诱导偶极，于是在极性分子的固有偶极与非极性分子的诱导偶极之间产生静电引力，这种力称为诱导力（induction force）。当极性分子相互靠近时，也会产生诱导偶极，使它们原有的偶极矩增大，所以在极性分子之间除有取向力外，还有诱导力。诱导力由荷兰科学家德拜（Peter Debye，1884—1966）于 1920 年最先提出，故又称德拜力（Debye force）。偶极矩的单位采用 D（德拜）正是基于德拜对分子偶极矩研究的贡献。

非极性分子在外电场的作用下，可以发生变化而产生诱导偶极，即使没有外电场存在，正负电荷中心也可能发生变化，这是因为分子内部的原子核和电子云都在不停地运动着，不断地改变它们的相对位置。分子中的正、负电荷中心经常会发生瞬间的相对位移，这时所产生的偶极称为瞬间偶极。分子之间由于瞬间偶极而产生的相互作用力称为色散力（dispersion force）。极性分子与极性分子之间、极性分子与非极性分子之间也存在着瞬时偶极，也有色散力。色散力首先由德国的伦敦于 1928 年提出，故又称伦敦色散力（London dispersion force）。

所以，在非极性分子间，只存在色散力；在非极性分子和极性分子间，存在色散力和诱导力；在极性分子和极性分子间，存在色散力、诱导力和取向力。色散力在各种分子之间都存在，而且也是三种分子间力中的主要部分。色散力随相对分子质量的增大而增加。所以，同类分子中分子较大的物质熔、沸点较高。

分子间力作用较弱，约比化学键键能小 1～2 个数量级；其特点是没有方向性，也没有饱和性；分子间作用力是一种近程作用力，作用范围只有 0.3～0.5nm，只有当分子间充分接近时才能显示出来，并随分子间距离的增加而迅速衰减。分子间力的存在是气体能够液化或液体能够固化的主要的和内在的原因（外部原因如降温、增压），分子间力越大，物质的熔、沸点越高。

1.6.3　氢键

虽然对于同类物质而言，熔、沸点随相对分子质量增大而升高，但在第ⅤA、第ⅥA、第ⅦA 族元素的氢化物中，NH_3、H_2O、HF 的熔、沸点反而偏高。这是因为它们的分子间除了有范德华力外，还有氢键（hydrogen bond）。

氢键早在1912年就被两位英国科学家摩尔（T. S Moor）和温米尔（T. F. Winmill）注意到了，1920年，美国化学家拉帝默（Wendell Latimer）与罗德布希（Worth Rodebush）在一篇论述HF、H_2O、NH_3高沸点的文章中首次提到氢键的概念。实际上美国加利福尼亚大学伯克利分校的学生哈金斯（Maurice Loyal Huggins，1897—1981）1919年就在一个没有公开出版的论文中提到过氢键的概念。关于这一点，他在1922年发表的文章中说到过，而他的老师G. N. 路易斯在1923年出版的《化学价与原子和分子的结构》一书中也提到。因此哈金斯一直认为他是提出氢键概念的第一人。

比如在HF分子中，由于F的电负性很大，共用电子对强烈偏向F原子一边，使H原子的电子近乎失去而成为“裸露”的质子（H原子核外只有1个电子，核内也只有1个质子），这样另一个HF分子中含有孤对电子的F原子就有可能靠近它，从而产生静电引力，这种静电相互作用就称为氢键。NH_3和H_2O分子与此类似。

可用通式X—H…Y表示氢键的结合情况。其中X和Y可以是同种元素，也可以是两种不同的元素，它们共同的特点是电负性大而原子半径小。

氢键不同于范德华力，它具有饱和性和方向性。氢键的饱和性是由于氢原子半径比X或Y的原子半径小得多，当X—H分子中的H与Y形成氢键后，另一个Y再靠近H原子时必被排斥，所以每一个X—H只能和一个Y相吸引而形成氢键，使氢键具有饱和性。氢键的方向性是由于Y吸引X—H形成氢键时，将尽可能取H—X键轴的方向，即X—H…Y在一直线上，这样可以使X与Y电子云之间的斥力最小，可以稳定地形成氢键。图1.21表示了液态水（a）及固态水（b）分子之间的氢键。

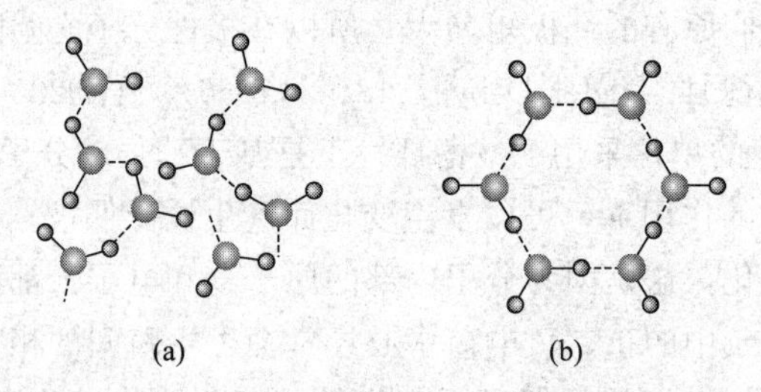

图1.21　液态H_2O(a)及固态H_2O(b)的氢键示意图

氢键的强度（5～30kJ·mol^{-1}）比化学键弱得多，但比范德华力稍强。含有氢键物质的熔、沸点比无氢键的同类物质的熔、沸点都要高。氢键既可以发生在不同分子之间，也可发生在同一分子内部（如邻硝基苯酚）而形成分子内氢键。

氢键的存在相当普遍，从水、醇、酚、酸、碱及胺等小分子到复杂的蛋白质等生物大分子都可形成氢键。氢键的存在直接影响分子的结构、构象、性质与功能，因此研究氢键对认识物质具有特殊的意义。

Huggins在1971年总结氢键研究五十年时指出：“除了原子间的共价键和离子键外，化学和生物学中最重要的键合规则就是氢键。”

思　考　题

1. 试述下列各名词的意义

(1) 量子化　(2) 物质波　(3) 波函数　(4) 原子轨道　(5) 概率密度　(6) 电子云

2. 原子中的能级主要由哪些量子数来确定？

3. 试述描述核外电子运动状态的4个量子数的意义和它们的取值规则。

4. s，2s，$2s^1$ 各代表什么意义？指出4s、3d、5p各能级相应的量子数及轨道数。

5. 用原子轨道符号表示下列各套量子数。

(1) $n=2$，$l=1$，$m=-1$　(2) $n=4$，$l=0$，$m=0$　(3) $n=5$，$l=2$，$m=0$

6. 为什么任何原子的最外层上最多只能有8个电子？次外层最多只能有18个电子？

7. 指出下列各元素的基态原子的电子分布式的写法违背了什么原理并予以改正。

(1) Be：$1s^2 2p^2$　(2) B：$1s^2 2s^3$　(3) N：$1s^2 2s^2 2p_x^2 2p_y^1$

8. 什么叫共价键的饱和性和方向性？为什么共价键具有饱和性和方向性，而离子键无饱和性和方向性？

9. 举例说明什么是σ键，什么是π键？它们有哪些不同？

10. s、p原子轨道主要形成哪几种类型的杂化轨道？中心原子利用上述杂化轨道成键时，其分子构型如何？

11. 实验测定 BF_3 为平面三角形，而 $[BF_4]^-$ 为正四面体形。试用杂化轨道的概念说明在 BF_3 和 $[BF_4]^-$ 中硼的杂化轨道类型有何不同？

12. 已知配离子的空间构型，试用价键理论指出中心离子成键的杂化类型。

(1) $[Cu(NH_3)_2]^+$（直线）　(2) $[Zn(NH_3)_4]^{2+}$（正四面体）

(3) $[PtCl_2(NH_3)_2]$（平面正方形）　(4) $[Fe(CN)_6]^{3-}$（正八面体）

13. 分子间力有哪几种？各种力产生的原因是什么？试举例说明极性分子之间、极性分子和非极性分子之间以及非极性分子之间的分子间力。在大多数分子中以哪一种分子间力为主？

14. 什么叫做氢键？哪些分子间易形成氢键？形成氢键对物质的性质有哪些影响？

15. 试判断下列分子的空间构型和分子的极性，并说明理由。

CO_2，Cl_2，HF，NO，PH_3，SiH_4，H_2O，NH_3

16. 试分析下列分子间有哪几种作用力（包括取向力、诱导力、色散力、氢键）。

(1) HCl分子间　(2) He分子间　(3) H_2O 分子和Ar分子间

(4) H_2O 分子间　(5) 苯和 CCl_4 分子间

习　　题

1. 是非题（对的在括号内填"√"号，错的填"×"号）

(1) 当原子中电子从高能级跃迁到低能级时，两能级间的能量相差越大，则辐射出的电磁波的波长越长。　(　　)

(2) 波函数 ψ 是描述微观粒子运动的数学函数式。　(　　)

(3) 电子具有波粒二象性，就是说它一会是粒子，一会是波。　(　　)

(4) 电子云图中黑点越密之处表示那里的电子越多。　(　　)

(5) 氢原子中原子轨道的能量由主量子数 n 来决定。　(　　)

(6) 配合物中配体数不一定等于配位数。　(　　)

(7) 色散力只存在于非极性分子之间，取向力只存在于极性分子之间。　(　　)

(8) 分子中的化学键为极性键，则分子为极性分子。　(　　)

(9) van der Waals 力属于一种较弱的化学键。　(　　)

2. 选择题（选择出符合题意的答案，将其代号填入）

(1) 量子力学的一个轨道____

(A) 与玻尔理论中的原子轨道等同

(B) 指 n 具有一定数值时的一个波函数

(C) 指 n、l 具有一定数值时的一个波函数

(D) 指 n、l、m 三个量子数具有一定数值时的一个波函数

(2) 在多电子原子中，各电子具有下列量子数，其中能量最高的电子是____

(A) $2,1,-1,\frac{1}{2}$　(B) $2,0,0,-\frac{1}{2}$　(C) $3,1,1,-\frac{1}{2}$　(D) $3,2,-1,\frac{1}{2}$

(3) 39 号元素钇的电子分布式应是下列哪一种____

(A) $1s^2 2s^2 2p^6 3s^2 3p^6 3d^{10} 4s^2 4p^6 4d^1 5s^2$　(B) $1s^2 2s^2 2p^6 3s^2 3p^6 3d^{10} 4s^2 4p^6 5s^2 5p^1$

(C) $1s^2 2s^2 2p^6 3s^2 3p^6 3d^{10} 4s^2 4p^6 4s^1 5s^2$　(D) $1s^2 2s^2 2p^6 3s^2 3p^6 3d^{10} 4s^2 4p^6 5s^2 5d^1$

(4) 下列化合物中既存在离子键和共价键，又存在配位键的是____

(A) NH_4F　(B) NaOH　(C) H_2S　(D) $BaCl_2$

(5) 下列各分子中，是极性分子的为____

(A) $BeCl_2$　(B) BF_3　(C) NF_3　(D) C_6H_6

(6) H_2O 的沸点是 100℃，H_2Se 的沸点是 −42℃，这可用下列哪种理论来解释____

(A) 范德华力　(B) 共价键　(C) 离子键　(D) 氢键

(7) 下列各物质中只需克服色散力就能使之汽化的是____

(A) HCl　(B) C　(C) N_2　(D) $MgCO_3$

3. 如果一束电子的德布罗意波长为 1nm，则其速度应该是多少？

4. 假定有下列电子的各套量子数，指出哪几套不可能存在，并说明原因。

(1) 3，2，2，$\frac{1}{2}$　(2) 3，0，−1，$\frac{1}{2}$　(3) 2，2，2，2

5. 写出原子序数为 47 的银原子的电子分布式，并用 4 个量子数表示最外层电子的运动状态。

6. 试用杂化轨道理论解释：

(1) H_2S 的分子的键角为 92°，而 PCl_3 分子的键角为 102°；

(2) NF_3 分子是三角锥形构型，而 BF_3 分子是平面三角形构型。

7. 为什么 (1) 室温下 CH_4 为气体，CCl_4 为液体，而 CI_4 为固体？(2) H_2O 的沸点高于 H_2S，而 CH_4 的沸点却低于 SiH_4？

8. 写出下列配合物的名称

(1) $[CoCl_2(NH_3)_3(H_2O)]Cl$　(2) $[Cu(NH_3)_4][PtCl_4]$

(3) $[Co(OH)_2(H_2O)_4]^+$　(4) $[Ni(CN)_4]^{2-}$

9. 填充下表

配　离　子	中心离子	配体数	配位原子	中心离子的配位数	配离子电荷	配合物名称
$Na_3[AlF_6]$						
$[Co(en)_3]^{3+}$						
$[CrCl_2(H_2O)_4]Cl$						
$[Ni(NH_3)_2C_2O_4]$						

10. The proton (the nucleus of a hydrogen) has a mass of 1.67×10^{-24} g. Suppose that its diameter is 1.00×10^{-13} cm. Calculate the density of the nucleus, assuming it is spherical in shape.

11. Diagram the outer-shell electronic structures of P and F. Indicate how bonding occurs between P and F to give PF_3. What molecular shape would you expect?

12. What type (or types) of intermolecular attractive forces are found in the following?

(a) HCl　(b) NO　(C) Ar　(d) CO_2

(e) CCl_4　(f) H_2S　(g) HF　(h) SO_2

13. Give IUPAC names for each of the following:

(a) $[Ni(NH_3)_6]^{2+}$　(b) $[CrCl_3(NH_3)_3]$　(c) $[Co(NO_2)_6]^{3-}$

(d) $[Co(H_2O)_2(en)_2]_2(SO_4)_3$　(e) $[CrCl_2(NH_3)_4]Cl$

第2章　物质的聚集状态

【内容提要】

从物质的微观结构入手，讨论了物质的聚集状态和相的基本知识，然后分别介绍了气体、液体和溶液及固体的结构和性质。

【本章要求】

本章要求了解物质的聚集状态和相的基本知识，掌握道尔顿分压定律；了解蒸气压的基本知识，理解蒸气压与沸点的关系；了解晶体的一般知识，能用物质结构理论解释晶体的一般性质。

2.1　物质的聚集状态与相

2.1.1　物质的聚集状态

各种物质都是由原子、分子或离子组成的。每一种物质又有固态、液态、气态等几种聚集状态（aggregation state of matter)。大量分子在一起时之所以会出现几种不同的聚集方式是由于分子之间还有相互作用。原子通过错综复杂的相互作用（化学键）结合成各种化合物的分子，分子又通过分子间的错综复杂的相互作用（范德华力、分子间氢键等）而形成各种不同的聚集状态。当温度低时，分子具有的平均动能比较小，分子之间由于靠得很近，相互吸引结合成固定排列的紧密聚集状态，形成结晶体。不断升高温度，分子的平均动能不断加大。当达到一定温度时，分子之间的吸引力不再能保持各分子的固定排列，就变为各分子可以不固定地任意活动的紧密聚集状态，这时就表现为熔化，转化成液态。在液体状态下，分子之间仍然靠得很近。邻近的分子之间的吸引力仍然很强，保持着紧密的聚集状态。当温度继续升高到某一数值时，分子的平均动能大到分子之间的吸引力不再能把它们聚集在一起时，分子就将脱离聚集体分散开来，这时就表现为沸腾，转化为气态。

组成物质的某一种聚集状态的最小单元称为组元。一般说来，固体、液体、气体物质的组元都是该物质的分子，但分子的聚集方式不同，分子间的距离也不同。原子的半径量级为10^{-10}m。一般的固态和液态中两个相邻分子、原子或离子间距离的量级也是10^{-10}m，而常温常压下气体中相邻分子平均距离的量级是10^{-9}m。所以固态和液态的组元都是处于紧密聚集状态，常常又统称为凝聚态（condensate)。

当气体温度升高至几千度（或对气体施加高能粒子轰击、激光照射、气体放电等）时，部分原子中电子吸收的能量超过原子电离能时，电子就能够脱离原子核的束缚而成为自由电子，同时原子因失去电子而成为带正电的离子，这样原中性气体因电离将转变成由大量自由电子、正电离子和部分中性原子组成的与原气体具有不同性质，且在整体上仍表现为近似中性的电离气体，这种气体又被称为物质的第四态或等离子态（plasma)。任何物质只要加热到足够高的温度，均能电离而成为等离子体。等离子体是带电粒子和中性粒子组成的一种准中性气体，是带电粒子密度达到一定程度的“电离气体”。并非任何电离气体都可以称为等离子体，只有带电粒子的密度达到一定程度的电离气体才可以称为等离子气体。

与普通气体不同，等离子体在整体上呈电中性，但具有很好的导电性。如普通气体中有0.1%的气体被电离，这种气体就具有了很好的等离子体性质，如果电离气体增加到1%，这样的等离子体便成为电导率很大的理想导电体。

等离子体分类方法很多，有的按温度，有的按粒子密度，也有按产生等离子体的方法分类。从化学的角度看，等离子体可分为两类。

① 热平衡等离子体　简称热等离子体，体系基本上达到热力学平衡态，具有统一的热力学温度。离子温度和电子温度近似相等，约为$5\times10^3\sim2\times10^4$K，如电弧等离子体，ICP光源等。

② 非平衡等离子体　体系呈热力学非平衡态，电子温度高达10^4K，而离子和原子之类的粒子温度却可低至300～500K，即接近室温，故也简称低温等离子体。

其实，在广漠无边的宇宙中，等离子体是最普遍存在的一种形态。因为宇宙中大部分的发光的星球，它们内部的温度和压力都很高，这些星球内部的物质几乎都处在等离子态。就是在我们的周围，也经常能够碰到等离子态的物质。像在日光灯和霓虹灯的灯管里、白炽电弧中、在地球周围的电离层里、在美丽的极光以及大气中的闪光放电和流星的尾巴里面，都存在等离子体。等离子体隐身技术还在军事上发挥作用。

1862年科学家发现了白矮星。其密度为水的密度的几百万倍到几亿倍。白矮星的密度为什么这样大呢？因为原子的质量绝大部分集中在原子核上，而原子核的体积很小。当在巨大的压力之下，电子将脱离原子核，成自由电子。这种自由电子气体将尽可能地占据原子核之间的空隙，从而使单位空间内包含的物质也将大大增多，密度大大提高了，这种状态称为物质的第五态或超固态。白矮星的密度虽然大，但还在正常物质结构能达到的最大密度范围内：电子还是电子，原子核还是原子核。

1968年科学家发现一个奇妙的天体脉冲星，它的半径只有10～13km，可密度却大得令人难以置信。脉冲星是一个罕见的超高温世界，表面温度是1000万度，中心部分温度高达60亿度。中心压力高达一万亿亿亿个大气压，比太阳的中心压力大三亿亿倍。在这种超高温、超高压的条件下，物质中坚硬的原子核被压碎了，从压碎的原子核中，放出质子和中子，带正电的质子又和带负电的核外电子结合，变成为中子，成为一种中子态物质，即物质的第六种形态。所以脉冲星又被称为中子星。

在化学中，最经常遇到的聚集状态是固态（solid，用符号s表示）、液态（liquid，用l表示）、气态（gas，用g表示）和水溶液（用aq表示）。

2.1.2　相

对于由几种不同组分组成的物质体系来说，有时还借助另外一个概念来描述这种混合物的形态，这就是相（phase）。相是用来说明混合物中组分之间相容程度的。体系中任何具有相同物理性质和化学性质的部分称为一相，相与相之间有明确的界面隔开。对于气态，不论是纯净的气体或是混合气体，其内部是完全均匀的，即只有一个相，称为单相，又叫均相（homogeneous）。对于由液态物质组成的体系，若是单一组分（纯液体），自然只有一个相，若存在两种或两种以上的液态组分，则要看它们是否互溶，互溶的为一相（如水和乙醇），不互溶的部分为不同的相。由两个或两个以上的相组成的物质体系称为多相（如水和苯）。对于由固态物质组成的混合物，如果各组成物质不互溶，也不发生化学反应，则其中每一种纯物质为一个相，而不论其颗粒大小或质量多少；有多少种纯固态物质，便有多少个相。对于由液态溶剂和固态溶质组成的分散体系，则溶液部分为一相，不溶的沉淀物各自成为一相。

对于多相体系，相界面与相的内部物质具有很多不同的物理化学性质。

2.2 气体

2.2.1 理想气体

所谓的理想气体是指气体分子本身没有大小，即气体的体积全部来源于分子间的距离，并且分子间没有相互作用势能。因此，理想气体并不真实存在，而是一种假想的模型。但当气体的温度较高，压力较低时的实际气体与理想气体差别不大。可用下列理想气体状态方程来表示气体的压力（p）、体积（V）、温度（T）、物质的量（n）之间的关系：

$$pV=nRT \tag{2.1}$$

式中 p——气体的压力，单位为 Pa[Pascal，帕(斯卡)]；

V——气体的体积，单位为 m^3[cubic metre，立方米]；

n——气体的物质的量，单位为 mol[mole，摩(尔)]；

R——摩尔气体常数，等于 $8.314J \cdot mol^{-1} \cdot K^{-1}$；

T——气体的热力学温度，单位为 K[Kelvin，开(尔文)]。

2.2.2 道尔顿分压定律

在化学史上，对气体作精确的定量研究的科学家很多，如亨利·卡文迪许（H. Cavendish，1731—1810）、瑞利（J. W. Rayleigh，1842—1919）、拉姆塞（W. Ramsay，1852—1916）等。较早对气体作出定量研究的被称为“最富有的学者，最有学问的富翁”，并终身未婚的英国杰出的物理学家和化学家卡文迪许于 1766 年发表了《人造气体》一文，这篇论文记录了卡文迪许对氢气的研究。文中指出，氢气是作为一种独特的物质存在的。并且他还用实验证明了氢能够燃烧。他研究了二氧化碳的性质，指出由腐烂和发酵产生的气体，与大理石受酸作用而产生的气体是相同的。他还研究了空气的组成，用实验证明了空气中有惰性气体存在。他在化学方面最杰出的贡献是研究了水的组成，并证明了水是氢和氧的化合物，这一伟大发现在化学史上开辟了一个新纪元。

1799 年科学原子论的提出者约翰·道尔顿虽然生活拮据，但为了把大部分的时间用于科学研究工作，他毅然辞去了在曼彻斯特的一所专科学校的教员工作，开始对气体和气体混合物进行深入的研究。道尔顿认为，要说明气体的特性就必须知道它的压力。他找到两种很容易分离的气体，分别测量了混合气体和各部分气体的压力。结果很有意思，装在容积一定的容器中的某种气体压力是不变的，引入第二种气体后压力增加，但它等于两种气体的分压之和，两种气体单独的压力没有改变。于是道尔顿得出结论：混合气体的总压等于组成它的各个气体的分压之和。道尔顿发现由此可以做出某些重要的结论，气体在容器中存在的状态与其它气体无关。用气体具有微粒结构来解释就是，一种气体的微粒或原子（应为分子）均匀地分布在另一种气体的原子（应为分子）之间，因而这种气体的微粒所表示出来的性质与容器中没有另一种气体一样。用数学表达式即为：

$$p=p_1+p_2+p_3+\cdots=\sum p_i \tag{2.2}$$

式中 p——混合气体的总压，Pa；

p_i——第 i 种气体的分压，Pa。

若以 n 表示混合气体的各组分气体的物质的量之和，n_i 表示第 i 种组分气体的物质的量，V、T 分别表示混合气体的总体积和温度，则按理想气体状态方程，应有：

$$pV=nRT \tag{2.3}$$

$$n=\sum n_i$$

对于第 i 种气体，则有：

$$p_iV=n_iRT \tag{2.4}$$

显然地，

$$\frac{p_i}{p}=\frac{n_i}{n} \tag{2.5a}$$

即第 i 种气体的压力分数等于其物质的量分数（摩尔分数）。上式也可写成

$$p_i=\frac{n_i}{n}p \tag{2.5b}$$

在相同温度下，若组分气体 i 与混合气体的总压相同时单独占有的体积（称为该组分的分体积）为 V_i，则根据道尔顿分压定律应有

$$pV_i=n_iRT \tag{2.6}$$

比较式(2.3）和式(2.6）得到

$$\frac{V_i}{V}=\frac{n_i}{n} \tag{2.7}$$

即第 i 种气体的体积分数等于其物质的量分数。

因此，只要能测出混合气体的总压和分压，根据式(2.5a）就比较容易算出混合气体的组成。实际应用中，经常是取一定体积的混合气体，维持温度和总压不变（如使气体与所处的大气压力平衡，即维持气体总压等于大气压），利用不同的吸收剂来吸收不同的组分气体，例如用 KOH 溶液吸收 CO_2，用焦性没食子酸（也叫焦棓酸，1,2,3-苯三酚）溶液吸收 O_2 等，减少的体积占原来混合气体的总体积的百分比即为该组分气体的体积分数，借此可算出该组分气体的分压。

【例 2.1】 25℃时，32g 的氧和 14g 的氮盛于某未知容积的容器中，测得容器中气体的总压力为 186kPa。试计算：(1) 该容器的体积；(2) 这两种气体的分压；(3) 这两种气体的分体积。

【解】 (1) $n=32/32+14/28=1.5\text{mol}$

$V=nRT/p=1.5\times8.314\times(273.15+25)/(186\times10^3)=0.02\text{m}^3=20\text{L}$

(2) $\frac{n_{O_2}}{n}=\frac{32/32}{32/32+14/28}=2/3$

$p_{O_2}=\frac{n_{O_2}}{n}p=186\times2/3=124\text{kPa}$

$p_{N_2}=(1-2/3)\times186=62\text{kPa}$

(3) $V_{O_2}=20\times2/3=13.3\text{L}$

$V_{N_2}=20-13.3=6.7\text{L}$

2.3 液体和溶液

液体没有确定的形状，其形状往往由容器决定。但它的体积在压力及温度不变的环境下，是固定不变的。此外，液体对容器的器壁施加压力和其它物态一样。这压力传送到四面八方，并与深度一起增加（水越深，水压越大的原因）。

增温或减压一般能使液体汽化，成为气体，例如将水加温成水蒸气。加压或降温一般能使液体凝固，成为固体，例如将水降温成冰。然而，仅加压并不能使所有气体液化，如氧、氢、氦等。

2.3.1 液体的蒸气压

蒸发是液体汽化的一种方式。液体的分子在不断运动着，其中有少数分子因为动能较大，足以冲破表面张力的影响而进入空间，成为蒸气分子，这种现象称为蒸发（evaporation）。液面上的蒸气分子也可能被液面分子吸引或受外界压力抵抗而回入液体中，这种现象称为凝聚（condensation）。如将液体置于密闭容器内，起初，当空间没有蒸气分子时，蒸发速率比较大，随着液面上蒸气分子逐渐增多，凝聚的速率也随之加快。这样蒸发和凝聚的速率逐渐趋于相等，即在单位时间内，液体变为蒸气的分子数和蒸气变为液体的分子数相等，这时即达到平衡状态，蒸发和凝聚这一对矛盾达到暂时的相对统一。当达到平衡时，蒸发和凝聚这两个过程仍在进行，只是两个相反过程进行的速率相等而已。平衡应理解为动态的平衡，绝不意味着物质运动的停止。

与液态平衡的蒸气称为饱和蒸气。饱和蒸气所产生的压力称为饱和蒸气压。液体的饱和蒸气压是液体的重要性质，它仅与液体的本性和温度有关，与液体的量以及液面上方空间的体积等无关。

每种液体在一定温度下，其饱和蒸气压是一个常数，温度升高饱和蒸气压也增大。0～100℃范围内水的饱和蒸气压和温度的关系列于表2.1中。

表2.1 水的蒸气压和温度的关系

t/℃	p/kPa	t/℃	p/kPa	t/℃	p/kPa	t/℃	p/kPa	t/℃	p/kPa
0	0.61129	21	2.4877	42	8.2054	63	22.868	84	55.585
1	0.65716	22	2.6447	43	8.6463	64	23.925	85	57.815
2	0.70605	23	2.8104	44	9.1075	65	25.022	86	60.119
3	0.75813	24	2.9850	45	9.5898	66	26.163	87	62.499
4	0.81359	25	3.1690	46	10.094	67	27.347	88	64.958
5	0.87260	26	3.3629	47	10.620	68	28.576	89	67.496
6	0.93537	27	3.5670	48	11.171	69	29.852	90	70.117
7	1.0021	28	3.7818	49	11.745	70	31.176	91	72.823
8	1.0730	29	4.0078	50	12.344	71	32.549	92	75.614
9	1.1482	30	4.2455	51	12.970	72	33.972	93	78.494
10	1.2281	31	4.4953	52	13.623	73	35.448	94	81.465
11	1.3129	32	4.7578	53	14.303	74	36.978	95	84.529
12	1.4027	33	5.0335	54	15.012	75	38.563	96	87.688
13	1.4979	34	5.3229	55	15.752	76	40.205	97	90.945
14	1.5988	35	5.6267	56	16.522	77	41.905	98	94.301
15	1.7056	36	5.9453	57	17.324	78	43.665	99	97.759
16	1.8185	37	6.2795	58	18.159	79	45.487	100	101.32
17	1.9380	38	6.6298	59	19.028	80	47.373		
18	2.0644	39	6.9969	60	19.932	81	49.324		
19	2.1978	40	7.3814	61	20.873	82	51.342		
20	2.3388	41	7.7840	62	21.851	83	53.428		

注：本表数据摘自D. R. Lide，CRC Handbook of Chemistry and Physics，87th ed，CRC Press. Inc，2003～2004

在相同温度下不同液体的饱和蒸气压与液体分子之间的作用力有关。如果液体分子之间的引力（一般为范德华力和氢键）强，液体分子难以逸出液面，蒸气压就低；若液体质点间的引力弱，则蒸气压就高。

2.3.2 液体的沸点

饱和蒸气压：在一定温度下，与液体或固体处于相平衡的蒸气所具有的压力称为饱和蒸气压。

沸点：在一定压力下，某物质的饱和蒸气压与此压力相等时对应的温度。

沸腾是在一定温度下液体内部和表面同时发生的剧烈汽化现象。液体沸腾时候的温度被称为沸点。浓度越高，沸点越高。不同液体的沸点是不同的，所谓沸点是针对不同的液态物质沸腾时的温度。沸点随外界压力变化而改变，压力低，沸点也低。

液体发生沸腾时的温度，即物质由液态转变为气态的温度。当液体沸腾时，在其内部所形成的气泡中的饱和蒸气压必须与外界施予的压强相等，气泡才有可能长大并上升，所以，沸点也就是液体的饱和蒸气压等于外界压强的温度。液体的沸点跟外部压强有关。当液体所受的压强增大时，它的沸点升高；压强减小时；沸点降低。例如，蒸汽锅炉里的蒸汽压强，约有几十个大气压，锅炉里的水的沸点可在200℃以上。又如，在高山上煮饭，水易沸腾，但饭不易熟。这是由于大气压随地势的升高而降低，水的沸点也随高度的升高而逐渐下降。[在海拔1900m处，大气压约为79800Pa(600mmHg)，水的沸点是93.5℃]。

在相同的大气压下，不同液体的沸点亦不相同。这是因为饱和蒸气压和液体种类有关。在一定的温度下，同种液体的饱和蒸气压亦一定。例如，乙醚在20℃时饱和蒸气压为5865.2Pa(440mmHg)低于大气压，当温度升高至35℃时，乙醚的饱和蒸气压与大气压相等，故乙醚的沸点是35℃。液体中若含有杂质，则对液体的沸点亦有影响。液体中含有溶质后它的沸点要比纯净的液体高（详见4.1）。

2.3.3 溶液

一种物质以分子或离子的状态均匀地分散在另一种物质中得到的分散系统称溶液（solution)。溶液可以是液态、气态或固态，一般多指液态。在溶液中，常把量少的或非液体物质称为溶质（solute)，量多的液体称为溶剂（solvent)。水是最常用的溶剂，水溶液也简称为溶液。乙醇、四氯化碳等也可作为溶剂，其溶液称非水溶液。

物质在形成溶液时，往往有能量和体积的变化，表示溶剂和溶质间有某种化学作用发生，因此溶液与化合物有些相似。但化合物有一定组成，而溶液中溶质和溶剂的相对含量在很大范围内可变；此外溶液中每个成分还多少保留着原有的性质，因此溶液又和通常意义的混合物有些相似。所以说溶液是介于化合物和混合物之间的一种状态。

所有溶液都具有下列特性：均匀，无沉淀，组分皆以分子或离子状态存在。

溶液浓度的表示方法很多，如百分比浓度、物质的量浓度等。此处介绍一下质量摩尔浓度的概念及表示方法。

溶液的浓度用1000g或1kg溶剂中所含溶质的物质的量来表示，称为质量摩尔浓度，用b_B表示。在浓度很稀的水溶液中，质量摩尔浓度数值上近似等于物质的量浓度。

【例2.2】 已知硫酸密度为$1.84g \cdot mL^{-1}$，其中H_2SO_4含量约为95%，求该硫酸溶液的物质的量浓度$c(H_2SO_4)$及质量摩尔浓度$b(H_2SO_4)$。

【解】 假设有某硫酸的体积1L，

$$n(H_2SO_4)=\frac{m(H_2SO_4)}{M(H_2SO_4)}=\frac{1.84g\cdot mL^{-1}\times 1000mL\times 0.95}{98.08g\cdot mol^{-1}}=17.8mol$$

$$c(H_2SO_4)=\frac{n(H_2SO_4)}{V(H_2SO_4)}=\frac{17.8mol}{1L}=17.8mol\cdot L^{-1}$$

根据质量摩尔浓度的定义可得：

$$b(H_2SO_4)=\frac{n(H_2SO_4)}{m(H_2O)}=\frac{1000mL\times 1.84g\cdot mL^{-1}\times 0.95/98.08g\cdot mol^{-1}}{1000mL\times 1.84g\cdot mL^{-1}\times 10^{-3}\times(1-0.95)}$$

$$=193.7mol\cdot kg^{-1}$$

2.4 固体

如果对液体不断降温，则分子的运动速度就将减慢。当温度降低到一定数值时，分子所具有的平均动能不足以克服分子间的引力时，将有一些速度小的分子聚集在一起相对地固定在一定的位置上。这时液体开始变成固体，这个过程叫做液体的凝固，相反的过程叫做固体的熔化。凝固是一种发热过程，熔化则是一种吸热过程。

2.4.1 晶体与非晶体

晶体在合适的条件下，通常都是面平棱直的规则几何形状，就像有人特意加工出来的一样。其内部原子的排列十分规整严格，比士兵的方阵还要整齐得多。如果把晶体中任意一个原子沿某一方向平移一定距离，必能找到一个同样的原子。而玻璃（及其它非晶体如石蜡、沥青、塑料等）内部原子的排列则是杂乱无章的。准晶体是最近发现的一类新物质，其内部原子排列既不同于晶体，也不同于非晶体。

仅从外观上，用肉眼很难区分晶体、非晶体与准晶体。几乎看不出一块加工过的水晶晶体与同样形状的玻璃（非晶体）存在任何区别。同样，一层金属薄膜（通常是晶体）与一层准晶体金属膜从外观上也看不出差异。那么，如何才能快速鉴定出它们呢？一种最常用的技术是X光技术。X光技术诞生以后，很快就被科学家用于固态物质的鉴定。如果利用X光技术对固体进行结构分析，很快就会发现，晶体和非晶体、准晶体是截然不同的三类固体。

由于物质内部原子排列的明显差异，导致了晶体与非晶体物理化学性质的巨大差别。例如，晶体有固定的熔点（当温度高到某一温度便立即熔化），力学、光学、电学及磁学性质等物理性质表现出各向异性（比如光线在水晶中传播方向不同，速度也不一样）；而无定形体（如玻璃等）则没有固定的熔点，从软化到熔化是一个较大的温度范围，物理性质方面则表现为各向同性。自然界中的绝大多数矿石都是晶体，就连地上的泥土沙石也是晶体，冬天的冰雪是晶体，日常见到的各种金属制品亦属晶体。可见晶体并不陌生，它就在我们的日常生活中。

人们通过长期认识世界、改造世界的实践活动，逐渐发现了自然界中各种矿物的形成规律，并研究出了许许多多合成人工晶体的方法和设备。现在，人们既可以从水溶液中获得单晶体，也可以在数千度的高温下培养出各种功能晶体（如半导体晶体、激光晶体等）；既可以生产出重达数吨的大块单晶，也可研制出细如发丝的纤维晶体，以及只有几十个原子层厚的薄膜材料。五光十色丰富多彩的人工晶体已悄悄地进入了我们的生活，并在各个高新技术领域大显神通。

晶体是具有规则几何形状的固体。其内部结构中的原子、离子或分子都在空间呈有规则的三维重复排列而组成一定形式的晶格。这种排列称为晶体结构。晶体点阵是晶体粒子所在位置的点在空间的排列。相应地在外形上表现为一定形状的几何多面体，这是它的宏观特性。同一种晶体的外形不完全一样，但却有共同的特点，即各相应晶面间的夹角恒定不变，这条规律称为晶面角守恒定律。它是晶体学中重要的定律之一，是鉴别各种矿石的依据。晶体的一个基本特性是各向异性，即在各个不同的方向上具有不同的物理性质，如力学性质（硬度、弹性模量等等）、热学性质（热膨胀系数、热导率等等）、电学性质（介电常数、电阻率等等）、光学性质（吸收系数、折射率等等）。例如，外力作用在云母的结晶薄片上，沿平行于薄片的平面很容易裂开，但沿薄片的垂直方向裂开则非易事。这种易于劈裂的平面称为解理面。在云母片上涂一层薄石蜡，用烧热的钢针触云母片的反面，便会以接触点为中心，逐渐化成椭圆形，说明云母在不同方向上热导率不同。晶体的热膨胀也具各向异性，如石墨加热时沿某些方向膨胀，沿另一些方向收缩。晶体的另一基本特点是有一定的熔点，不同的晶体有不相同的熔点，且在熔解过程中温度保持不变。

对晶体微观结构的认识是随生产和科学的发展而逐渐深入的。1860 年就有人设想晶体是由原子规则排列而成的，1912 年劳埃用 X 射线衍射现象证实这一假设。现在已能用电子显微镜对晶体内部结构进行观察和照相，更有力地证明假想的正确性。

非晶体指组成它的原子或离子不是作有规律排列的固态物质。如玻璃、松脂、沥青、橡胶、塑料、人造丝等都是非晶体。从本质上说，非晶体是黏滞性很大的液体。解理面的存在说明晶体在不同方向上具有不同的力学性质，非晶体破碎时因各向同性而没有解理面，例如，玻璃碎片的形状就是任意的。若在玻璃上涂一薄层石蜡，用烧热的钢针触及背面，则以触点为中心，将见到熔化的石蜡成圆形，这说明热导率相同。非晶体没有固定的熔点，随着温度升高，物质首先变软，然后由稠逐渐变稀，成为流体。具有一定的熔点是一切晶体的宏观特性，也是晶体和非晶体的主要区别。

晶体和非晶体之间是可以转化的。许多物质存在的形式，可能是晶体，也可能是非晶体。将水晶熔化后使其冷却，即成非晶体的石英玻璃，它的转化过程需要一定的条件。

2.4.2 离子键与离子晶体

活泼非金属和活泼金属分别得到或失去电子所形成的正负离子带有相反的电荷，它们之间存在静电引力或库仑引力，因而彼此逐渐靠近至一个平衡距离。这种靠正负离子间的静电引力形成的化学键称为离子键（ionic bond）。靠离子键结合起来的化合物或晶体称为离子化合物（ionic compound）或离子晶体（ionic crystal）。大多数无机盐和金属氧化物都是属于离子化合物。

正负离子通过离子键形成离子化合物时，两种离子之间有一稳定的平衡距离，称为核间距。核间距可以看作是正离子半径和负离子半径之和。离子半径的数据可从有关化学手册中查到，一般来说，正离子的离子半径（R_+）比相应的原子半径小，而负离子的离子半径（R_-）则比原子半径大。离子半径的大小对离子型化合物的化学性质有影响。例如离子半径越小，离子间的吸引力越大，拆开它们所需要的能量就越多，离子化合物的熔点就越高。又如 F^-、Cl^-、Br^-、I^- 中，I^- 离子的还原性最强，就是因为 I^- 的离子半径最大，原子核对最外层电子的吸引力最弱，更容易丢失电子的缘故。

在离子晶体中，正负离子相互作用不但与核间距有关，更与离子电荷的乘积有关，一般来说离子电荷越高，离子键越强，化合物的熔点、沸点就越高。离子键的强度通常用晶格能

(lattice energy)(U)的大小来度量。晶格能是指：在 298.15K 和 100kPa 压力下，相互远离的气态正离子和负离子结合成 1mol 固态离子晶体时所释放出的能量。气态离子在形成晶体时释放出的能量越多，其晶格能就越大，形成的晶体就越稳定。晶格能反映了离子晶体中离子键的强弱，晶格能大的离子晶体一般有较高的熔点和硬度。晶格能与正负离子电荷乘积的绝对值成正比，与正负离子半径之和成反比（见式 2.8）：

$$U=k\frac{|Z_+Z_-|}{R_++R_-} \tag{2.8}$$

式中 U 为离子键的晶格能；Z_+，Z_-，R_+，R_- 分别为正负粒子的电荷及半径。

离子晶体的晶格结点上交替排列着正负离子，结点之间通过离子键相互结合。离子键强度较大，离子晶体多数有较高的熔、沸点和较大的硬度。固态时离子只能在晶格结点附近作有规则的振动，不能自由移动，因而不能导电（固体电解质例外）。熔化或溶解后，离子能自由移动，因此离子晶体的熔融液或水溶液均能导电。

离子电荷的分布可看作是球形对称的，在各个方向上的静电效应是等同的，所以离子键无方向性和饱和性。一个离子周围总是尽可能多地吸引异号电荷的离子。如在 NaCl 晶体的晶格中（图 2.1），每个 Na^+ 离子周围被 6 个 Cl^- 离子所包围，同样每个 Cl^- 也被 6 个 Na^+ 所包围，即配位数为 6。

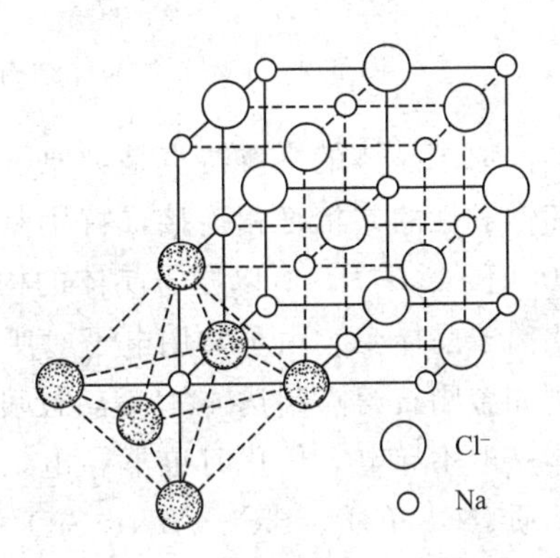

图 2.1　NaCl 晶体的晶格

在离子晶体中，正负离子在空间的排列方式不同，可以形成不同类型的晶体结构。对于最简单的 AB 型离子晶体，即只含有一种正离子和一种负离子且电荷数相同的离子晶体，常见的有三种典型的晶体结构类型：CsCl 型、NaCl 型和 ZnS 型。决定不同离子晶体结构类型的主要因素是正负离子的半径比。只有当正负离子处于尽可能紧密地排列而使它们之间的自由空间为最小时，所形成的晶体才最稳定。正负离子半径比与晶体构型的关系称为晶体的离子半径比规则（见表 2.2）。

表 2.2　离子半径比与晶体结构类型的关系

离子半径比(R_+/R_-)	0.225～0.414	0.414～0.732	0.732～1.00
晶体结构构型	ZnS 型	NaCl 型	CsCl 型
配位数	4	6	8

2.4.3　原子晶体

原子晶体（atomic crystal）又称为共价晶体（covalent crystal）。在原子晶体中，组成晶胞的质点是原子，原子与原子间以共价键相结合。与分子晶体的区别是，分子晶体中质点为中性分子，分子内靠共价键结合，分子间靠范德华力和氢键相连；而原子晶体中不存在独立的小分子，其质点为中性原子，原子与原子间靠共价键直接构成由“无限”数目原子组成的巨型分子，整个晶体就是一个分子，且没有确定的相对分子质量。在金刚石晶体中，每一个 C 原子通过 4 个 sp^3 杂化轨道与其它 4 个碳原子以形成共价键的形式相连接。每个碳原子处于与它直接相连的 4 个碳原子所组成的正四面体中心，连接成一个大分子。图 2.2 为金刚石的晶体结构。金刚砂（SiC）的结构与金刚石相似，只是 C 骨架结构中有一半位置为 Si 所取代，形成 C—Si 交替的空间骨架。石英（SiO_2）结构中 Si 和 O 以共价键相结合，每一个

Si原子周围有4个O原子排列成以Si为中心的正四面体，许许多多的Si—O四面体通过O原子相互连接而形成巨大分子。图2.3为SiO_2的晶体结构。

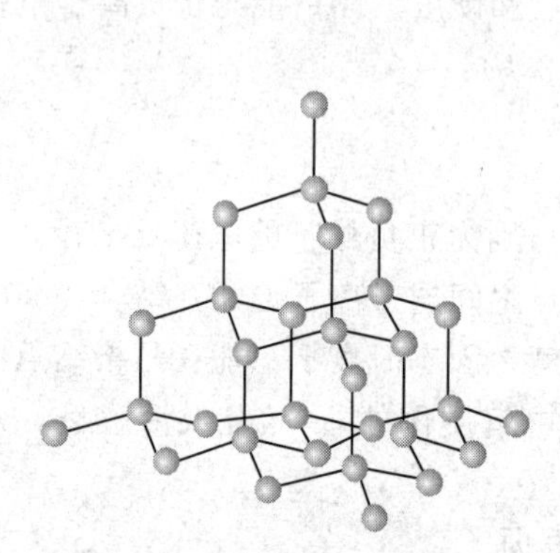

图2.2 金刚石的晶体结构

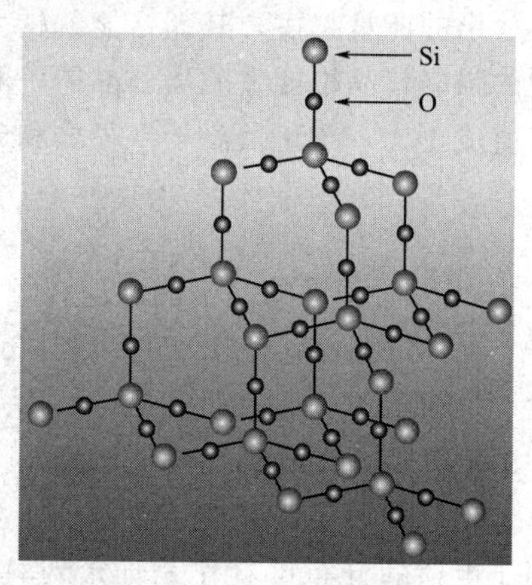

图2.3 SiO_2的晶体结构

原子晶体的主要特点是：原子间不再以紧密的堆积为特征，它们之间是通过具有方向性和饱和性的共价键相连接，特别是通过成键能力很强的杂化轨道重叠成键使它的键能接近$400kJ \cdot mol^{-1}$。所以原子晶体的构型和性质都与共价键性质密切相关。原子晶体中配位数比离子晶体少。由于共用电子对所组成的共价结合力强，所以这类晶体熔点高，硬度很大。例如金刚石熔点高达4440℃，硬度也最大（莫氏硬度为10），都显著高于离子晶体。原子晶体一般不导电，熔化时也不导电，在常见溶剂中不溶解，延展性差，是热的不良导体。Si单质、Ge单质、SiC、AlN、SiO_2等都是原子晶体。Si、SiC等有半导体的性质，可有条件的导电。

在工业上，原子晶体多被用于作耐磨、耐熔和耐火材料。如金刚石和金刚砂是最重要的磨料；SiO_2则是应用最为广泛的耐火材料；石英和它的变体，如水晶、紫晶、燧石和玛瑙等，是贵重工业材料和饰品材料；而SiC、立方BN、Si_3N_4等是性能良好的高温结构材料。

2.4.4 分子晶体

一些共价键型非金属单质和化合物分子，如卤素、氢、卤化氢、二氧化碳、水、氨、甲烷等，都是由一定数目的原子通过共价键结合而成的（极性或非极性）共价分子。它们的相对分子质量可测定，且有恒定的数值。在一般情况下，它们常以气体、易挥发的液体或易熔化易升华的固体形式存在，这种在晶格结点上排列的是中性分子，分子间依靠范德华力和氢键相互连接所形成的晶体叫做分子晶体（molecular crystal）。大多数非金属单质（如卤素、氧、氮）和它们的化合物（如卤化氢、氨和水）以及绝大多数有机化合物在固态时均为分子晶体。稀有气体的晶体中，晶格结点上排列的虽是原子，但这些原子间不形成化学键，称为单原子分子晶体。

例如Cl_2、Br_2、I_2、CO_2、NH_3、HCl等，它们在常温下是气体，液体或易升华的固体，但是在降温凝聚后的固体都是分子晶体。

图2.4为CO_2分子晶体的晶胞图，其晶格结点上排列着CO_2分子，CO_2分子之间以分子间力结合，而分子内C原子和O原子之间则以共价键联系。干冰（固体CO_2）能吸收外界大量的热直接升华成气态CO_2，因而可作为致冷剂，尤其与氯仿、乙醚、丙酮等有机物混合时，致冷效果特佳，可使温度降至−73℃。

在分子晶体中，存在着单个分子。由于分子间的作用力较弱，只需较少的能量就能破坏其晶体结构，因而分子晶体的硬度小、熔点低、沸点也低，在固体或熔化状态通常不导电，是性能良好的绝缘材料。若干极性强的分子晶体（如 HCl）溶解在极性溶剂（如水）中，因发生电离而导电。

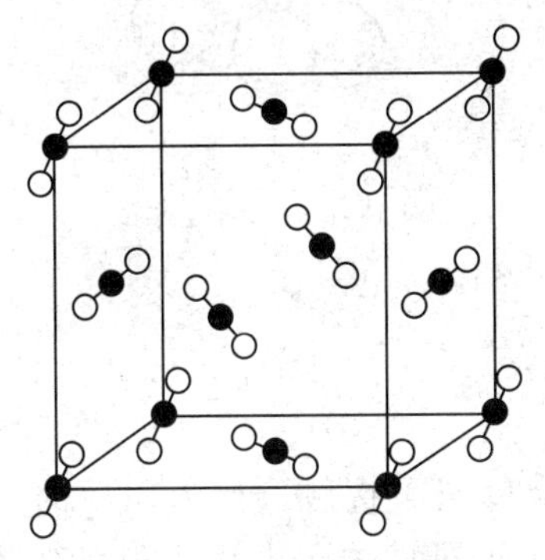
图 2.4　干冰的晶体结构

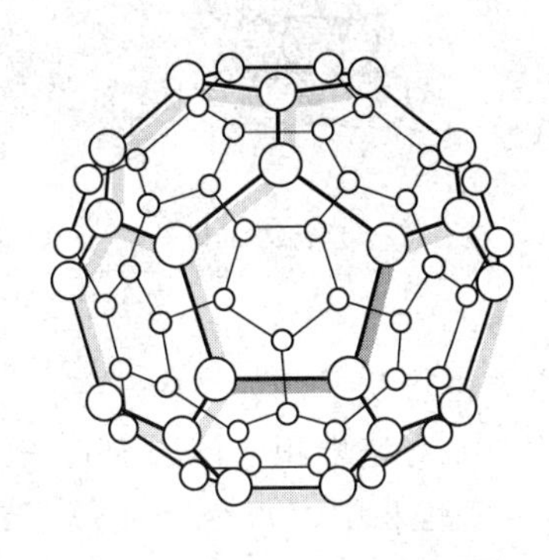
图 2.5　C_{60}结构图

由于分子间作用力没有方向性和饱和性，所以对于那些球形和近似球形的分子，通常也采用配位数高达 12 的最紧密堆积方式组成分子晶体，这样可以使能量降低。最典型的球形分子是 1985 年才发现的 C_{60}分子，它的外形像足球，亦称足球烯（图 2.5）。60 个 C 原子组成一个笼状的多面体圆球，球面有 20 个六元环，12 个五元环，每个顶角上的 C 原子与周围 3 个 C 原子相连，形成 3 个 σ 键。各 C 原子剩余的轨道和电子共同组成离域大 π 键。这个球烯 C_{60}分子内碳碳间是共价键结合，而分子间以范德华力结合成分子晶体。经 X 射线衍射法确定，球烯 C_{60}也是面心立方密堆积结构，每个立方面心晶胞中含有 4 个 C_{60}分子。与一般分子晶体不同，球烯分子晶体具有一些特殊性质，由于微小 C_{60}球体间作用力弱，它可作为极好润滑剂，其衍生物或添加剂有可能在超导、半导体、催化剂、功能材料等许多领域得到广泛应用。

主要特点：组成晶格的质点是分子（极性或非极性）。分子以微弱的分子间力或氢键结合在一起。故分子晶体的熔、沸点低、硬度小。

2.4.5　金属键与金属晶体

20 世纪初提出的自由电子模型认为，金属原子的电负性、电离能较小，价电子容易脱离原子核的束缚而成为可以在金属阳离子之间自由运动的离域电子，这种电子不再专属于某个特定的原子，而是在金属阳离子的缝隙中运动。结果自由电子将金属阳离子“胶合”成紧密堆积的形式而形成金属晶体，这种“胶合”力（金属离子与电子之间的结合力）就称为金属键。显而易见，金属键没有方向性和饱和性。

金属离子之间通过金属键而形成的晶体是金属晶体（metallic crystals）。即晶格结点上排列着金属离子，微粒间的结合力为金属键。

金属晶体为大分子晶体。由于金属键的强度不同，各种金属单质的熔点、硬度有较大差别。例如 W 熔点 3390℃，是金属单质中熔点最高的，而 Hg 的熔点为－38.4℃，是室温下唯一液态金属。金属晶体具有导电性，传热性，延展性；有金属光泽、不透明。

在金属晶体中，金属离子在空间的排列可近似地看成是等径圆球的堆积。

为了形成稳定的金属结构，金属离子将采取最紧密的方式堆积起来。最紧密堆积出来的结构称为密堆积结构，有三种基本构型（图 2.6）。

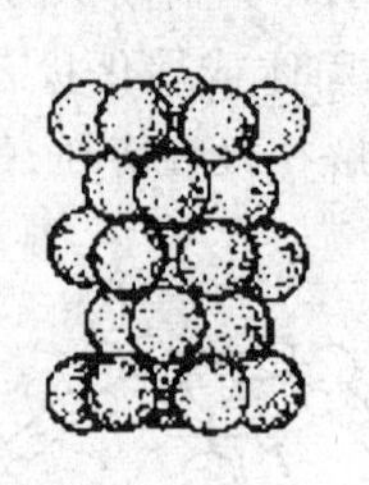

(a) 六方密堆积晶格

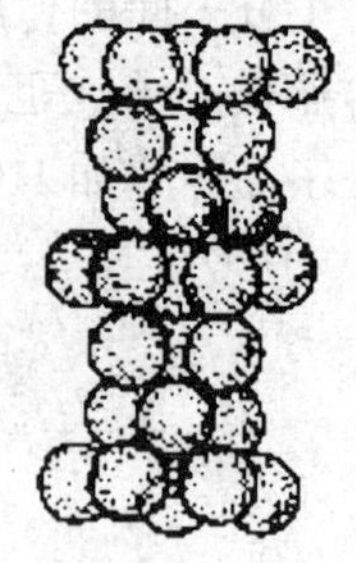

(b) 面心立方密堆积晶格

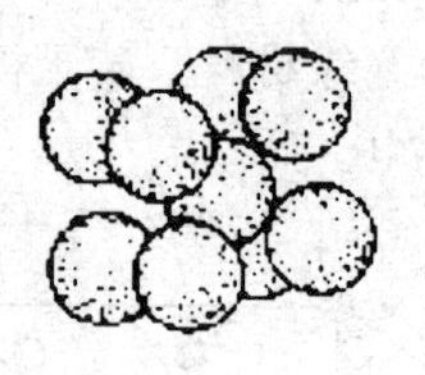

(c) 体心立方密堆积晶格

图 2.6 金属晶体的密堆积结构

① 六方密堆积 例如 Be、Mg、ⅢB、ⅣB、ⅦB 等。

② 面心立方密堆积 例如 Pb、Pd、Pt、ⅠB 等。

这两种密堆积中，每个金属离子都与 12 个其它金属离子接触，称为原子的配位数为 12。并且空间利用率都是 74%，这对等径圆球的堆积来说是球体积占总体积百分数最高的堆积形式，即空间利用率最大。在这种堆积方式中，等体积内含有的圆球数最多。

③ 体心立方堆积 例如 Na、K、Li、ⅤB、Ⅵ B 等。原子配位数为 8，空间利用率为 68%。

为了便于比较，将已经学过的四种基本类型晶体的结构与性质的关系归纳见表 2.3。

表 2.3 四种晶体的比较

晶体类型	离子晶体	原子晶体	分子晶体	金属晶体
结合力	离子键	共价键	分子间力和氢键	金属键
基本质点	阴阳离子	原子	分子或原子	原子、阳离子、自由电子
熔、沸点	较高	高	低	一般较高、差异大
硬度	硬而脆	高硬度	低	一般较硬、差异大
导电性	不导电	不导电	不导电	良好导体
导热性	不良	不良	不良	良好导热性
实例	NaCl、MgO、NH_4Cl、KNO_3	金刚石、Si、SiO_2	HCl、冰、I_2、CO_2(s)、N_2(s)	Au、Ag、Cu、Fe

除了上述四种晶体的基本类型外，还存在一些过渡型的晶体，如层状结构晶体、链状结构晶体等。这些过渡型晶体中粒子间存在着一种以上的结合力，属于混合型晶体。例如，石墨是层状结构晶体（如图 2.7 所示），在石墨晶体中，C 原子以 sp^2 杂化与另 3 个 C 原子的 sp^2 杂化轨道以共价键结合，形成正六角形的平面层。每一个 C 原子还有一个未参加杂化的 p 电子，这些互相平行的 p 轨道可以互相重叠形成遍及整个平面层的离域大 π 键。层内 C-C 以共价键相结合，相似于原子晶体。层间以分子间力相结合，相似于分子晶体。层间易滑动，石墨常用作润滑剂。离域的大 π 键相似于金属键，电子能在每一层平面方向移动，使石墨具有金属光泽，良好的导电、导热性。因此，石墨是原子晶体、分子晶体、

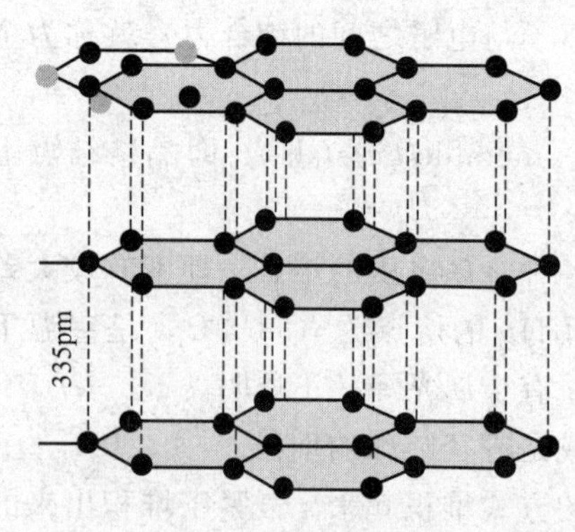

图 2.7 石墨结构示意图

金属晶体之间的一种过渡型晶体。

思　考　题

1. 物质以什么样的聚集状态存在与哪些因素有关?
2. 液体的沸点受哪些因素影响?
3. 原子晶体与分子晶体中都存在共价键，为什么却以不同的晶体形式存在?
4. 离子晶体的配位数与什么有关?
5. 减压蒸馏有什么好处?其工作原理是什么?
6. 请简述为什么在高原上烧饭不容易熟，而家用高压锅的设计原理又是什么?
7. 什么是理想气体模型?什么情况下气体比较接近理想气体?
8. 道尔顿分压定律适用于理想气体还是实际气体?

习　　题

1. 0.520g 氯酸钾样品加热完全分解，生成的氧气与氢气作用生成水蒸气。在27℃，93.3kPa下，测得水蒸气的体积为336mL。试计算样品中 $KClO_3$ 的含量。
2. 在25℃时，将电解水所得的氢和氧混合气体54.0g，注入60.0L的真空容器内，氢和氧的分压各为多少?
3. 今有20℃的乙烷-丁烷混合气体，充入一抽成真空的 $200cm^3$ 容器中，直至压力达101.325kPa，测得容器中混合气体的质量为0.389g。试求该混合气体中两种组分的摩尔分数及分压。
4. 0℃，101.325kPa的条件常称为气体的标准状况，试求甲烷在标准状况下的密度。
5. 丙酮在25℃下的饱和蒸气压是30.7kPa。现有25℃、0.100mol的丙酮。试计算:
   (1) 这些丙酮全部汽化成压力为30.7kPa的蒸气时，气体有多少 dm^3?
   (2) 当丙酮的蒸气体积分别为 $5.00dm^3$ 和 $10.0dm^3$，丙酮蒸气的压力分别是多少?
6. 下列几种市售化学试剂都是实验室常用试剂，分别计算它们的物质的量浓度和质量摩尔浓度。
   (1) 浓盐酸，含 HCl 37.0%，密度 $1.19g \cdot mL^{-1}$;
   (2) 浓硫酸，含 H_2SO_4 98.0%，密度 $1.84g \cdot mL^{-1}$
7. 试判断下列物质可形成何种类型的晶体，并指明晶格结点上粒子是什么:

   O_2　HF　KCl　SiO_2　Ag
8. 讨论下列物质的键型，晶型有何不同:

   Cl_2　HCl　AgI　NaF　B
9. 估计下列各物质分别属于下列哪一类晶体，并简述原因:

物质	熔点 t_m/℃	晶体类型
BBr_3	−45	
KI	681	
Si	1410	
Cu	1083	

10. 填充下表:

物质	晶格结点上的粒子	晶格结点上粒子间的作用力	晶体类型	熔点(高或低)	导电性
$BaCl_2$					
Cu					
SiC					
N_2					
冰					

第3章　化学热力学初步

【内容提要】

本章主要讨论化学反应中的能量变化、反应热，并在此基础上讨论化学反应进行的方向、化学平衡及其移动。扼要介绍了表面现象及其应用。

【学习要求】

(1) 理解状态函数的意义，了解等压热效应、等容热效应、焓及内能的概念及彼此之间的关系。掌握能量守恒定律。

(2) 理解反应自发性的判据及标准吉布斯函变的概念，能够判断化学反应的方向，掌握在等温等压条件下相变及化学变化过程中吉布斯函变的简单计算方法。

(3) 掌握平衡常数与标准吉布斯函变的关系，理解平衡常数的物理意义，能利用相关知识判断过程进行的程度，熟悉平衡移动的原理。

(4) 了解表面化学的初步知识。

3.1　热力学第一定律

3.1.1　基本概念

(1) 化学热力学（chemical thermodynamics）

化学热力学是物理化学和热力学的一个分支学科，它主要研究物质体系在各种条件下的物理和化学变化中所伴随着的能量变化，从而对化学反应的方向和进行的程度作出准确的判断。

化学热力学的核心理论有三个：所有的物质都具有能量，能量是守恒的；各种能量可以相互转化；事物总是自发地趋向于平衡态；处于平衡态的物质系统可用几个可观测量描述。

化学热力学是建立在几个基本定律（热力学第零、第一、第二、第三定律）基础上发展起来的。其核心是热力学第一定律和热力学第二定律。爱因斯坦（A. Einstein，1879—1955）曾说过："没有一门学科像热力学这样，从两个看起来似乎简单的定律出发，引导出如此丰富多彩的结果。"

吉布斯给出了热力学原理的更为完美的表述形式，用几个热力学函数来描述体系的状态，使化学变化和物理变化的描述更为方便和实用。

从热力学的基本定律出发，用数学方法加以演绎推论，就可得到描述物质体系平衡的热力学函数及函数间的相互关系，再结合必要的热化学数据，解决化学变化、物理变化的方向和限度，这就是化学热力学的基本内容和方法。

热力学基本定律是无数经验的总结，至今尚未发现热力学理论与事实不符合的情形，因此它们具有高度的可靠性。热力学理论对一切物质体系都适用，具有普遍性的优点。这些理论是根据宏观现象得出的，因此称为宏观理论，也叫唯象理论。

经典热力学是宏观理论，它不依赖于物质的微观结构。分子结构理论的发展和变化，都无需修改热力学概念和理论，因此不能只从经典热力学获得分子层次的任何信息。并且它只处理平衡问题而不涉及这种平衡状态是怎样达到的，只需要知道体系的起始状态和终止状态就可得到可靠的结果，不涉及变化的细节，所以不能解决过程的速率问题。欲解决上述两个局限性问题，需要其它学科如化学统计热力学、化学动力学等的帮助。

热力学理论已经解决了物质的平衡性质问题，但是关于非平衡现象，现有的理论还是初步的，有待进一步研究；热力学在具体问题中的实际应用，仍有广阔的发展前途。

(2) 体系与环境

为了便于研究，热力学中常常将研究的对象（一部分物质或空间）称为体系（或系统，system)，而将体系周围与体系有密切联系的其它物质或空间称为环境（surroundings)。体系与环境之间有时具有明确的界面，有时则只有一个假想的界面，因此体系与环境的划分是人为的，但一经指定，便不能任意更改。

体系与环境是相互依存的，体系与环境之间可能只有能量交换而没有物质交换，这种体系被称为封闭体系（closed sys.），如密闭容器中的化学反应；也可能既有物质交换，又有能量交换，这种体系被称为敞开体系或开放体系（open sys.），如放在烧杯中的溶液；有时人们会设计一种理想体系，它与环境之间既没有物质交换，也没有能量交换，称为孤立体系又叫隔离体系（isolated sys.）。不过，真正的孤立体系是不存在的，因为，体系与环境之间的相互作用是不可避免的，这就告诉我们，在考虑体系时切莫忘记环境的存在。

(3) 状态与状态函数（state & state function）

讨论一个体系所处的状态时，必须要用到一系列物理量进行描述，比如用 p、V、T、n 等物理量来描述一瓶气体的状态。这些物理量是体系中大量粒子集中表现出来的宏观性质。当它们都具有确定的数值时，体系的状态便确定了。但实际上，体系的各种宏观性质之间并不是各自独立的，它们之间存在某种函数关系，如理想气体状态方程。因此这类物理量称为体系的状态函数。状态函数具有两个重要特性。

① 单值性　当体系处于某一个确定的状态时（不管体系原来的状态如何），它的每一个状态函数都具有一个确定的数值；当体系中任一个状态函数发生改变时（由于状态函数之间的联系，一般不可能只改变一个状态函数，而其它的状态函数都不变），体系的状态也就随之发生了变化。即：体系的状态与体系的状态函数的组合之间具有一一对应的关系。

② 状态函数的增量与路径无关　当体系从一个状态（始态）变化到另一个状态（终态）时，状态函数的改变值（增量）只决定于体系的始态和终态，而与导致改变的路径无关。也就是说，体系无论经过了怎样的过程或路径，只要从相同的始态到达相同终态，其增量都是相同的。如温度（T）这个状态函数在体系处于状态 1 时为 $T_1=30℃$，在状态 2 时为 $T_2=70℃$，则不管体系是如何从状态 1 到达状态 2 的，总的温度增量 ΔT 都等于 40℃。

状态函数的这两个特性给用热力学的方法解决问题带来了极大的方便，使问题大大地简化了。

(4) 内能 U

内能（internal energy）是体系内部各种微观粒子所具有的各类能量的总和。它包括体系内部各种微观粒子（分子、原子、电子、原子核等）所具有的运动动能和粒子间相互作用的势能的总和。“IUPAC”推荐使用“热力学能（thermo-dynamic energy)”，从深层次告诫人们不要再去没完没了地探求内能是体系内部的什么东西，中国物理大师严济慈早在 1966 年就已指出这点。

体系的内能是状态函数，由于物质结构的复杂性，体系内部微观粒子的运动以及它们之间的相互作用的多样性，体系的内能的绝对数值难于确定，但体系内能的增量 $\Delta U = U_2 - U_1$ 是可以确定的。

（5）功（W）和热（Q）

在科学史上，人们对于热的认识经历了漫长的历程。中国古代就有“金、木、水、火、土”的五行说，古印度的“五大说”（地、水、火、气、空）等都认为宇宙万物是由几种基本材料组成的。古希腊的毕达哥拉斯则提出了“土、冰、火、气”四元素说，恩培多克勒（Empedocles，公元前 490—前 435）的水、火、土、气四元素说，亚里士多德（Aristotle，公元前 384—前 322）的冷、热、干、湿四元素说，均认为火（或者热）是组成物质的基本元素之一。16 世纪下半叶至 18 世纪中期弗兰西斯·培根（Francis Bacon，1561—1626），波义耳（R. Boyle，1627—1691）、笛卡尔（R. Descartes，1596—1650）、罗伯特·胡克（Hooke Robert，1635—1703）、罗蒙诺索夫（M. V. Lomonosov，1711—1765）等从摩擦生热、铁钉被捶击后生热等现象中认为热“并不是什么其它的东西，而是一个物体的各个部分的非常活跃和极其猛烈的运动。”然而后来英国科学家布莱克（Joseph Black，1728—1799）等人却认为热是一种可流动、无质量但有体积的物质——“热物质”。一个物体的温度，是由它所包含的“热物质”的多少决定的。“热物质”能像水那样流动，它总是从温度高的地方流向温度低的地方，由于“热物质”要填充到物体的空隙中，所以流到物体里会引起热膨胀；反过来，物体放热收缩，则是“热物质”流走造成的。用实验推翻“燃素说”，被称为“近代化学之父”的法国著名化学家拉瓦锡（A. L. Lavoisier，1743—1794）在 1789 年出版的《化学纲要》（Traite Elementaire de Chimie）一书中，却把“热物质”取名为“热质”（caloric），并把它列进他的化学元素表里。成为无机界的 33 种元素之一。热质说好像从此取得了合法的地位。英国人伦福德（B. T. Rumford，1753—1814）于 1798 年在监督（用马拉着钻孔机）钻制大炮时，发现炮筒在钻孔中发出大量的热，工人用冷水去冷却。不到 3 小时便可以让 8kg 的水沸腾。传给水的热量那么多，“热质”又从何而来呢？只有英国的科学家戴维（H. Davy，1778—1829）和托马斯·杨（Thomax Young，1773—1829）支持热运动说。在伦福德实验的第二年，英国的科学家戴维设计了一套使两块冰在真空中摩擦的著名实验，“实验证明，热质或热的物质是不存在的。”“既然物体微粒的运动或振动是摩擦或撞击必然产生的结果，那么，我们可以作出合理的结论说，这种运动或振动就是热。”

就“热”的概念来说有两层含义：一是人们对冷（cold）、热（hot）的感觉，用温度作量度。这里讲的热是另一种涵义，即热量（heat，quantity of heat）。物体间由于存在温度差而产生的内能转移过程叫热传递。在热传递过程中内能的转移量即为热量（quantity of heat），用 Q 表示。热量与温度的概念不同，不能混为一谈。除热以外的其它形式传递的能统称为功（work），用 W 表示，包括体积功、电功等，本书除特别说明外均指体积功。做功和传热是能量转化的两种形式，这种转化的最终结果将导致体系内能的变化。W 和 Q 不是状态函数，其数值与过程的路径有关。伦福德在实验中已经发现炮筒产生热是由于马做功所致，那么热能否转变成功？传热、做功及所导致的内能变化三者之间存在什么样的关系呢？

3.1.2 能量守恒定律

能量守恒定律建立于19世纪中叶。在18世纪末期到19世纪上半叶“热质说”受到严峻的挑战；而物理学研究范围不断扩大，发现了力、热、磁、光等许多物理现象及化学现象的种种相互转化过程，表明自然界的各种作用之间存在着广泛的相互联系；并且长时期里，试图制造那种不需要任何动力和燃料，却能不断对外做功的“永动机”的种种努力屡遭失败，促使人们思索失败的原因，并给以理论上的解释。在此背景下，不少科学家研究提出能量守恒的思想，他们的论点、论文范围、思考的深度和广度各有不同，但几乎在同一时期各自独立地提出来，其中以迈尔、焦耳和亥姆霍兹的工作最为出色，他们被誉为能量守恒定律的发现者。

迈尔（J. R. Mayer，1814—1878）是一位医生，他思维敏捷，视野宽广，善于总结。他在1842～1851年发表的论文中论述了能量能在机械能、热能、化学能、电磁能和辐射能之间发生相互转化，并从气体等压比热容和等容比热容的差值中推算出热功当量值，为能量守恒定律的建立奠定了思想基础。焦耳（J. P. Joule，1818—1889）是一位孜孜不倦的实验物理学家。他从提高磁电机效率的研究中领悟到热和机械功可以相互转化以及热功的等当性。他从1843年起采用多种方法精确地测量了热功当量值，所得结果相当接近，为能量守恒定律的建立奠定了坚实的实验基础。亥姆霍兹（H. Helmholtz，1821—1894）是一位学医出身而在数学和物理学上造诣深厚的物理学家。他在1847年发表的著名论文中论述了力（能量）的守恒原理，这原理在力学定理上、热的力当量、电过程的力当量、磁和磁电现象的力当量等等方面都有应用。亥姆霍兹的论文中包含迈尔的深刻思想，采用了焦耳等人的坚实的实验依据，并且充分运用数学方法和严密的逻辑推理，使用了物理学家惯用的语言，因而被全球物理学家们所理解和接受。他在促使人们最终确认能量守恒定律上起了重大作用。

能量守恒定律（energy conservation law）[又称为热力学第一定律（first law of thermodynamics)] 或能量守恒与转化定律（law of conservation of energy）的现代表述为：在任何变化过程中，能量都不会自生自灭，它可以从一种形式转变为另一种形式，也可以从一个物体传递给另一个物体，但在转化和传递过程中总能量保持不变。

能量守恒定律可用下式表述

$$\Delta U=Q+W \tag{3.1}$$

ΔU 是（相变或化学反应）过程中内能的增量，数值可正可负。因为 U 是状态函数，所以 ΔU 只与过程的始终态有关，与过程经历的路径无关。Q 为过程的热效应，体系从环境中吸热时 Q 为正，体系向环境放热时 Q 取负值。W 为过程中所做的功，并规定环境对体系做功 W 为正；体系对环境做功 W 取负值。

由于在孤立体系中，体系与环境间既无物质交换，又无能量交换，所以无论体系发生了怎样的变化，始终有 $Q=0$，$W=0$，$\Delta U=0$，即在孤立体系中热力学能（U）守恒。

由于 ΔU 不随路径而变化，只与体系始终态有关，所以“$Q+W$”值也与路径无关，但 Q 或 W 不是状态函数，均与路径有关。

自从能量守恒定律提出以后，人们越来越广泛地认识到能量的重要性。不仅无机界的一切过程都离不开能量，生命过程、自然界的生存甚至人类的经济生活也都离不开能量。能量问题受到人们的普遍重视，连饮食也讲究摄入的卡路里（能量的一种单位）数。当今，人们讨论全球生存的一个重要问题就是能源问题，人们为合理利用能源和开发新能源在作不懈的努力，然而也有人却在为争夺能源而争吵、而战争。

【例 3.1】 一热力学体系由 A 态到 B 态，沿途径Ⅰ时，放热 100kJ，环境对体系做功 50kJ，计算：

（1）体系由 A 态沿途径Ⅱ到 B 态，体系对环境做功 80kJ，则 Q 为多少？

（2）体系由 A 态沿途径Ⅲ到 B 态，吸热 40kJ，则 W 为多少？

（3）体系由 B 态沿途径Ⅳ到 A 态，放热 50kJ，则 W 为多少？

【解】（1）由已知条件，$\Delta U_1 = Q_1 + W_1 = -100 + 50 = -50$，$Q_2 = \Delta U_2 - W_2 = \Delta U_1 - W_2 = -50 - (-80) = 30\text{kJ}$

即体系从环境吸热 30kJ。

（2）$W_3 = \Delta U_3 - Q_3 = \Delta U_1 - Q_3 = -50 - 40 = -90\text{kJ}$

即环境对体系做功−90kJ。

（3）$W_4 = \Delta U_4 - Q_4 = -\Delta U_1 - Q_4 = -(-50) - (-50) = 100\text{kJ}$

即环境对体系做功 100kJ。

3.2 反应热

化学反应时所放出或吸收的热量叫做反应的热效应，简称反应热（heat of reaction）。是指反应前后体系的温度相同，且体系不做非体积功时放出或吸收的热。如，一氧化碳燃烧生成二氧化碳时将放出大量的热，体系的温度也随之升高，但反应热是指定在反应后温度回到起始时温度（通常指定 298.15K）时反应过程的热效应。不同温度下，同一反应（包括反应物和生成物的聚集状态等均相同）的热效应有所不同。

3.2.1 等容热效应

等容即体积不变时进行反应的热效应称为等容热效应（isochoric heat effect）。在等容过程中，体系的体积不变，即 $\Delta V = 0$，所以 $W = 0$，根据热力学第一定律，则

$$Q_V = \Delta U \tag{3.2}$$

Q_V 为等容热效应。上式说明等容热效应等于体系内能的增量。应当说明的是：此式仅说明 Q_V 与 ΔU 在等容且不做非体积功的条件下（若有非体积功存在，则虽然体积功为零，但总的功仍不一定等于零，则无法得出 $Q_V = \Delta U$）数值相等，切不可认为 Q_V 与 ΔU 概念相同。

3.2.2 等压热效应

在等压下进行反应时所产生的热效应称为等压热效应（isobaric heat effect）。大多数化学反应是在等压条件下（如在大气压下）进行的。此时不少涉及气体的化学反应都会发生体积变化。在等压条件下，热力学第一定律可写成：

$$Q_p = \Delta U - W$$

Q_p 为等压热效应。因为，体系对环境做功时 W 规定为负值，所以 $W = -p\Delta V = -p(V_2 - V_1)$，因此上式写成：

$$Q_p = \Delta U + p\Delta V \tag{3.3}$$

3.2.3 焓

（1）焓

式(3.3) 可写成：

$$Q_p=(U_2-U_1)+p(V_2-V_1)=(U_2+p_2V_2)-(U_1+p_1V_1)$$

令 $H=U+pV$，上式变为：

$$Q_p=H_2-H_1=\Delta H \tag{3.4}$$

H 称为体系的焓（enthalpy），ΔH 叫做焓变（enthalpy change）。由于焓的定义式中包含内能（热力学能），因此焓的绝对数值也是无法确定的。但焓变的数值在体系不做非体积功的条件下等于等压热效应。另外，焓是体系的状态函数，只要体系的状态发生了改变，体系的焓就有可能发生变化。

将 $Q_V=\Delta U$ 和 $Q_p=\Delta H$ 分别代入式(3.3) 中，则有

$$Q_p=Q_V+p\Delta V \tag{3.5}$$

$$\Delta H=\Delta U+p\Delta V \tag{3.6}$$

在一般过程中，液态和固态物质的体积变化很小，可以忽略不计，若将反应物或生成物的气体均看成理想气体，则在等温、等压条件下，V 的变化（ΔV）就只取决于反应前后气体的 n 的变化（Δn）。所以上两式可分别写成：

$$Q_p=Q_V+\Delta nRT \tag{3.7}$$

$$\Delta H=\Delta U+\Delta nRT \tag{3.8}$$

根据上两式可知，当化学反应（或相转变）的反应物和生成物中均没有气体，或虽然有气体但反应（或相转变）前后气体的物质的量（体积）没有改变时，则过程的等压热效应 Q_p 和等容热效应 Q_V 相等，过程的焓变 ΔH 和内能变 ΔU 也相等。

【例 3.2】 在 100℃和 100kPa 下，由 1mol $H_2O(l)$ 汽化变成 1mol $H_2O(g)$。在此汽化过程中 ΔH 和 ΔU 是否相等？若 $\Delta H=40.63\text{kJ}\cdot\text{mol}^{-1}$，则 ΔU 为多少？

【解】 该汽化过程可表示为：

$$H_2O(l) = H_2O(g)$$

这一过程是在等温等压和只做体积功的条件下进行的。根据式(3.8) 可以得到：

$$\Delta U=\Delta H-\Delta nRT$$

$$\Delta U=[40.63-(1-0)\times 8.314\times 10^{-3}\times(273+100)]\text{kJ}\cdot\text{mol}^{-1}$$
$$=37.53\text{kJ}\cdot\text{mol}^{-1}$$

（2）化学反应的标准摩尔焓变

化学反应热效应的数值随反应温度、聚集状态、压力等的不同而不同。一些热力学函数（H，U 等）的绝对数值无法测得，只能间接测定它们的增量（ΔH，ΔU 等），但它们的增量也往往随反应温度、聚集状态、压力等的不同而不同。为了便于比较，热力学规定了物质的标准状态（standard state），简称标准态，并在原来的符号上加上标“$\ominus$”以示区别。我国的国家标准选择标准压力 $p^{\ominus}=100\text{kPa}$，把处于 $p^{\ominus}$ 条件下的纯固体、纯液体和压力 $p=p^{\ominus}$ 的气体（混合气体中的某组分，则是指它的分压等于 $p^{\ominus}$）作为标准态。标准态未规定温度，也就是说温度可以是任意的，但通常采用的是 $T=298.15\text{K}$。比如一瓶氧气的压力为 100kPa，那么不管它的温度是多少，我们都说它处于标准态。标准态下状态函数的增量（$\Delta U^{\ominus}$，$\Delta H^{\ominus}$ 等）表示当体系中各物质均处于标准态时该状态函数的改变量。

把溶液中某组分的浓度等于标准浓度 $c^{\ominus}=1.0\text{mol}\cdot\text{dm}^{-3}$ 时的状态规定为标准态。

化学反应的标准摩尔焓变用符号“$\Delta_r H_m^\ominus$”表示，是指在标准态下按照化学计量关系式，由反应物完全转变为产物所对应的焓变。

3.2.4 热化学方程式

表示化学反应与热效应关系的方程式称为热化学方程式（thermochemical equation）。比如，氢气在 298.15K，100kPa 下的燃烧过程可以用下面的热化学方程式表示：

$$H_2(g) + \frac{1}{2}O_2(g) = H_2O(g), \qquad Q_p = -241.82\text{kJ}\cdot\text{mol}^{-1}$$

说明：

① 在写热化学方程式时，应注明反应的条件（反应的温度、压力、物质的聚集状态等）；

② 热化学方程式表示的是一个已经完成了的反应。比如上述热化学方程式表示在 298.15K，100kPa 下，有 1mol $H_2(g)$ 和 0.5mol $O_2(g)$ 发生了反应生成了 1mol $H_2O(g)$ 的过程中放出的热为 241.82kJ，并不表示反应起始时各物质的量是多少。还有，式(3.7) 和式(3.8) 中的 Δn 也是过程结束后气体物质的量的实际增量。

③ 反应的热效应与热化学方程式的书写有关（或与反应物的量有关）。根据②很容易知道，若将上面的方程式两边同乘以 2，则热效应也为原来的 2 倍，即等于$-483.64\text{kJ}\cdot\text{mol}^{-1}$。

④ 写热化学方程式时，热效应应注明是等压热效应还是等容热效应。

3.2.5 反应热的计算

（1）物质的标准摩尔生成焓

在恒温及标准状态下，由指定的纯态单质（通常是最稳定的单质，但有例外）生成 1mol 某物质时的焓变（即等压热效应），称为该物质的标准摩尔生成焓（standard molar enthalpy of formation），用符号“$\Delta_f H_m^\ominus$”表示。经常使用的是 298.15K 时的标准摩尔生成焓，用“$\Delta_f H_m^\ominus(298.15\text{K})$”表示。其数值可在附录 2 中查到。

例如，下列反应

$$C(石墨) + O_2(g) = CO_2(g)$$

在 298.15K 时的标准摩尔焓变 $\Delta_r H_m^\ominus = -393.51\text{kJ}\cdot\text{mol}^{-1}$，因此根据标准摩尔生成焓的定义可知，在此温度下 CO_2 的标准摩尔生成焓 $\Delta_f H_m^\ominus(CO_2, g, 298.15\text{K})$ 就等于$-393.51\text{kJ}\cdot\text{mol}^{-1}$。

由标准摩尔生成焓的定义还可知：任何指定单质的标准摩尔生成焓等于零。

水合离子的标准摩尔生成焓是指在标准状态下，由指定的单质生成无限稀的溶液中 1mol 离子的热效应。由于在水溶液中离子总是成对出现的，无法测定单个离子的生成焓，为此人为规定：氢离子的标准摩尔生成焓为零，并经常选定 298.15K，即 $\Delta_f H_m^\ominus(H^+, aq, 298.15\text{K})=0$。据此可以获得其它水合离子在 298.15K 时标准摩尔生成焓（见附录 2）。

（2）根据标准摩尔生成焓计算反应热

【例 3.3】 求 298.15K 下反应：

$$CaO(s) + H_2O(l) \longrightarrow Ca(OH)_2(s)$$

的标准摩尔焓变 $\Delta_r H_m^\ominus$（298.15K）。

【解】 焓 H 是一个状态函数，因此反应或过程焓变 $\Delta_r H$ 的数值应与过程经历的途径无关，而只与体系的始态和终态有关。所以我们可以假定体系从始态（反应物）经历另外一个途径到达了相同的终态（生成物）。

$$
\begin{array}{ccc}
CaO(s) + H_2O(l) & \xrightarrow{\Delta_r H_m^{\ominus}} & Ca(OH)_2(s) \\
\downarrow \Delta_r H_{m,1}^{\ominus} \quad \downarrow \Delta_r H_{m,2}^{\ominus} & & \uparrow \Delta_r H_{m,3}^{\ominus} \\
\boxed{Ca(s) + 1/2O_2(g)} + \boxed{H_2(g) + 1/2O_2(g)} & \longrightarrow &
\end{array}
$$

即：$\Delta_r H_m^{\ominus}(298.15K) = \Delta_r H_{m,1}^{\ominus} + \Delta_r H_{m,2}^{\ominus} + \Delta_r H_{m,3}^{\ominus}$

$= -\Delta_f H_m^{\ominus}(CaO, s, 298.15K) - \Delta_f H_m^{\ominus}(H_2O, l, 298.15K) +$

$\Delta_f H_m^{\ominus}[Ca(OH)_2, s, 298.15K]$

$= -(-635.09) - (-285.83) + (-986.59)$

$= -65.67 kJ \cdot mol^{-1}$

由上例可知，任何化学反应的标准摩尔焓变等于生成物的标准摩尔生成焓（乘以系数）之和减去反应物的标准摩尔生成焓（乘以系数）之和。即

$$\Delta_r H_m^{\ominus}(298.15K) = \sum \upsilon_B \Delta_f H_m^{\ominus}(B, 298.15K) \tag{3.9}$$

式中 $\Delta_r H_m^{\ominus}(298.15K)$ 为化学反应在 298.15K 时的标准摩尔焓变；

$\Delta_f H_m^{\ominus}(B, 298.15K)$ 为方程式中任意反应物或生成物 B 在 298.15K 时的标准摩尔生成焓；

υ_B 为 B 的化学计量系数，其数值等于方程式中 B 前的系数，B 若为反应物取负号，为生成物时取正号，如例 3.3 中 $CaO(s)$、$H_2O(l)$ 和 $Ca(OH)_2(s)$ 的化学计量系数分别为 −1，−1 和 1。

今后计算过程（反应）标准摩尔焓变时，便可直接应用上式，而不必再设计类似上面的循环。式中 υ_B 在计算时不可遗漏。另外，计算前查阅 $\Delta_f H_m^{\ominus}$ 数值时应注意物质的聚集状态，如上例中 $H_2O(l)$。

化学反应在其它温度时的标准摩尔焓变与 298.15K 时的标准摩尔焓变虽有所不同，但差别不大，可近似用 298.15K 时的标准摩尔焓变代替。即：

$$\Delta_r H_m^{\ominus}(T) \approx \Delta_r H_m^{\ominus}(298.15K) \tag{3.10}$$

【例 3.4】 已知葡萄糖的相对分子质量为 180.1，下列光合作用的 $\Delta_r H_m^{\ominus} = 2802.5 kJ \cdot mol^{-1}$。

$$6CO_2(g) + 6H_2O(l) \xrightarrow{h\nu,\text{叶绿素},\Delta_r H_m^{\ominus}} C_6H_{12}O_6(s) + 6O_2(g)$$

（1）试计算葡萄糖（$C_6H_{12}O_6$）的标准摩尔生成焓；（2）每合成 1 千克葡萄糖需要吸收多少千焦太阳能。

【解】 （1）设葡萄糖 298.15K 时的标准摩尔生成焓为 x，由附录 2 查得：

$$6CO_2(g) + 6H_2O(l) \xrightarrow{h\nu,\Delta_r H_m^{\ominus}} C_6H_{12}O_6(s) + 6O_2(g)$$

$\Delta_f H_m^{\ominus}(298.15K)/(kJ \cdot mol^{-1})$ −393.5 −285.8 x

$(-6) \times (-393.5) + (-6) \times (-285.5) + x = 2802.5$

解得 $x = \Delta_f H_m^{\ominus}(C_6H_{12}O_6, s, 298.15K) = -1271.5 kJ \cdot mol^{-1}$

光合作用的 $\Delta_r H_m^{\ominus} > 0$，表明其为吸热反应。

（2）$Q_p = (m/M) \times \Delta_r H_m^{\ominus} = 1000g/180.1g \cdot mol^{-1} \times 2802.5 kJ \cdot mol^{-1}$

$= 1.556 \times 10^4 kJ$

（3）根据盖斯定律计算反应热

出生于瑞士的俄国化学家盖斯（Germain Henri Hess，1802—1850）早年从事分析化学的研究。1830 年盖斯专门从事化学热效应测定方法的改进，曾改进拉瓦锡和拉普拉斯（Pierre-Simon，marquis de Laplace，1749—1827）的冰量热计，从而较准确地测定了化学反应中的热量。1836 年经过许多次实验，他总结出一条规律：在任何化学反应过程中的热量，不论该反应是一步完成的还是分步进行的，其总的热效应是相同的。1840 年他以热的加和性守恒定律形式发表了他的这一成果，这就是举世闻名的盖斯定律（Hess's law）。

盖斯定律是断定能量守恒的先驱，也是化学热力学的基础。当求算一个不能直接发生的反应的反应热时，便可以用分步法测定反应热并加和起来而间接求得，故而我们常称盖斯是热化学的奠基人。

实际上，正如我们在例 3.3 中看到的，盖斯定律是热力学第一定律的必然结果。但盖斯定律的提出早于热力学第一定律，它在科学史上的意义是不可抹杀的，某种意义上说，它第一次告诉世人，化学绝不仅仅是一门实验科学，即可以根据能够测定的几个反应的热效应，通过计算得到不能或不便测定的反应热效应，如下述反应的热效应不便测定：

$$C(s) + 1/2O_2(g) = CO(g) \qquad Q_{p1}$$

但下面 2 个反应的热效应可以测定：

$$C(s) + O_2(g) = CO_2(g) \qquad Q_{p2}$$

$$CO(g) + 1/2O_2(g) = CO_2(g) \qquad Q_{p3}$$

根据盖斯定律知，$Q_{p1} = Q_{p2} - Q_{p3}$

作为盖斯定律的拓展，我们还能得出这样的推论：如果一个化学反应可以用几个已知反应通过适当的加减运算（包括乘以系数后再加减）得到，则其热效应也可以用这几个已知反应的热效应通过同样的运算获得（见以下例题）。

【例 3.5】 已知下列反应在 25℃时的热效应

（1）$Na(s) + \frac{1}{2}Cl_2(g) = NaCl(s) \cdots\cdots \Delta_r H_{m1}^{\ominus} = -411.2\text{kJ} \cdot \text{mol}^{-1}$

（2）$H_2(g) + S(g) + 2O_2(g) = H_2SO_4(l) \cdots\cdots \Delta_r H_{m2}^{\ominus} = -814.0\text{kJ} \cdot \text{mol}^{-1}$

（3）$2Na(s) + S(g) + 2O_2(g) = Na_2SO_4(s) \cdots\cdots \Delta_r H_{m3}^{\ominus} = -1382.8\text{kJ} \cdot \text{mol}^{-1}$

（4）$\frac{1}{2}H_2(g) + \frac{1}{2}Cl_2(g) = HCl(g) \cdots\cdots \Delta_r H_{m4}^{\ominus} = -92.3\text{kJ} \cdot \text{mol}^{-1}$

计算：（5）$2NaCl(s) + H_2SO_4(l) = Na_2SO_4(s) + 2HCl(g) \cdots\cdots \Delta_r H_{m5}^{\ominus}$

【解】 根据盖斯定律，用已知热化学方程式进行加减，消去与所求方程式无关的化学式，即(5)＝(3)＋(4)×2－(1)×2－(2)

$$\Delta_r H_m^{\ominus} = -1382.8 + (-92.3) \times 2 - (-411.2) \times 2 - (-814.0) = 69.0\text{kJ} \cdot \text{mol}^{-1}$$

3.3 化学反应的方向

3.3.1 自发过程的特点

自然界发生的一切过程都具有方向性。例如，水总是从高处向低处流，直至水位一致，而不会自动地反方向流动；热总是自动地从高温物体传向低温物体（如从冰箱里取出的冰块会融化)，直至达到热平衡（温度一致)，而不自动地从低温物体传向高温物体。这种一旦开始便不需要外力维持而能自动进行下去的过程或反应叫做自发过程（spontaneous process）或自发反应。而另一些过程或反应，例如水电解生成氢气和氧气的反应，以及借助水泵的工作使水从低位流向高位等，此类过程的进行需要外力自始至终的维持，外力一旦撤去，过程即告终止或向相反方向进行，这样的过程称为非自发过程（non-spontaneous process)。

要说明一个反应是否自发并非总那么容易，表面现象可能使人作出错误判断。氢和氧的混合气体可以长期保存而不发生任何明显反应，这一事实容易使我们误认为下述反应为非自发过程。

$$2H_2(g) + O_2(g) = 2H_2O(l)$$

然而，如果向混合物中投入一根点燃的火柴或一块铂片，反应便立即发生，并可能发生爆炸，说明上述反应是自发的，因为只需引发，反应能够自动进行下去，而不需要外力的维持。这里所用“自发”一词，其含义并不暗示反应进行得很快，事实上除非使用适当的催化剂，否则许多反应进行得非常缓慢。

弄清哪些过程能自发进行或指定方向能否自发很有意义。例如，如果能通过简单的计算说明下面的反应

$$2H_2O(l) \longrightarrow 2H_2(g) + O_2(g)$$

能够自发进行，就能为我们提供获得氢能源的一种理想方案，我们只需要集中精力寻找到一种催化剂加速反应或找到一种方法引发这个反应即可。再比如若能指出反应

$$2CO(g) + 2NO(g) \longrightarrow 2CO_2(g) + N_2(g)$$

在常温常压下可以自发进行，就能为我们提供一种理想方法以除去空气中两种极为严重的污染物：一氧化碳和一氧化氮。那么为了引发这个反应而去寻找催化剂或其它手段，也肯定是值得的了。反之，如果通过计算能够证明此反应在任何合理的温度和压力下均不能实现，那么我们也就可以将它搁在一边，集中精力研究用于去除汽车尾气中这两种污染物的其它反应过程。

那么到底什么样的反应能够自发呢?

3.3.2 焓变与自发过程

能量守恒定律问世不久，人们试图用这个定律解决化学反应的自发性问题。许多化学家都认为他们已经找到了一种能够预言化学反应自发性的普遍标准。当时由巴黎的贝特罗(M. P. E. Berthelot，1827—1907）和哥本哈根的汤姆逊（D. J. Thomson，1826—1909）提出的居统治地位的思想是：所有自发反应都是放热的。如果这种说法是正确的，那么我们只需计算一下反应的焓变 ΔH，并看一看它的符号是正还是负，就可以预言反应的自发性了。

结果证明：当时发现的几乎所有放热反应在室温及常压下都是自发的。但这个简单的规则在预言许多相变过程时却受到了挫折。例如，冰的融化虽是吸热过程，但却能在25℃与100kPa下自发进行。另一实例是室温下硝酸钾、氯化铵等可自发溶于水中，尽管它们都是吸热过程。

用 $\Delta H<0$ 作为一种完整的自发性的判据还存在着其它更基本的缺陷。我们常可看到在室温下非自发的吸热反应当温度升高时变成自发。例如，由石灰石制备二氧化碳和生石灰的反应：

$$CaCO_3(s) \longrightarrow CaO(s) + CO_2(g) \qquad \Delta H = +178kJ \cdot mol^{-1}$$

在25℃与标准压力时，此反应是非自发的，自然界大量的石灰石、大理石能够永世长

存，便是明证。然而当温度提高至约840℃(1113K)时，石灰石在1个标准压力下就能分解放出二氧化碳，如果在更低的压力下，碳酸钙的分解甚至可以容易，如在10Pa的低压时，上述反应在500℃就变成自发。这里我们看到，通过提高温度或降低压力，就能使原本吸热的反应自发进行，而ΔH则几乎与温度、压力无关，仍基本上保持在$+178\text{kJ}\cdot\text{mol}^{-1}$左右。很明显，虽然$\Delta H<0$在室温和标准压力下是有关反应自发性的相当可靠的标志，但是它不能成为我们所欲探求的普遍标准。以后我们会看到将$\Delta H<0$作为过程自发性的判据已部分接近真理。

3.3.3 熵变与自发过程

能量守恒定律是一个伟大的定律，法拉第（Michael Faraday，1791—1867）称之为物理学的“最高定律”，克劳修斯（R. J. E. Clausius，1822—1888）称它为“宇宙的一条普遍的基本定律”。能量守恒定律可以与较早建立的质量守恒定律相媲美，它能够告诉我们能量可以在各种形式之间相互转化，而转化过程中总量不变，但是，它并不能告诉我们有关转化方向的新信息。热力学第一定律粉碎了创造第一类永动机（一直工作而不需要消耗能源的机器）的梦想，但人们转而寻求制造第二类永动机，即工作效率为100%的机器。结果发现这同样是一种梦想，因为研究发现功可以全部转变成热，而热却不能全部转变成功。这说明热和功不完全是一回事。

德国物理学家克劳修斯在W. 汤姆逊（W. Thomson，1824—1907）、卡诺（N. L. S. Carnot，1796—1832）等人研究的基础上于1850年在他发表的论文中指出在热的理论中，除了能量守恒定律之外，还应补充一条基本定律：“没有某种动力的消耗或其它变化，不可能使热从低温物体转移到高温物体。”这就是热力学第二定律的克劳修斯表述。

克劳修斯得到热力学第二定律后，就想定量地把它表述出来。他认为热力学第一定律引入了“热功当量”概念，才使得热、机械、光、电、化学等各种能量形式之间可以相互直接作定量比较。热力学第二定律也必须引入一个新的概念，才能对所有的转变形式作出定量的比较。他分析了一些具体的转变过程：例如使温度不同的两个物体接触，最后到达平衡态，两物体便有相同的温度，但其逆过程，即具有相同温度的两个物体，不会自行回到温度不同的状态，这说明，不可逆过程的初态和终态间，存在着某种物理性质上的差异，终态比初态具有某种优势。1854年克劳修斯引进一个函数来描述这两个状态的差别，它由体系所处的状态所决定，是体系状态的函数。克劳修斯开始把它叫做“转变当量”，1865年他取转变的含义，从希腊文中造出entropy一词称呼它。1923年5月25日德国科学家普朗克来我国讲学用到entropy这个词，胡刚复教授翻译时就把商字的左边加了个火字来代表entropy，意指它是吸热与温度的商（热温熵的概念超出本书的范围），且与火的动力有关，从而在我国的学术圈里出现了“熵”字。

引入了熵（用符号S表示）概念之后，克劳修斯进一步证明孤立系统中实际宏观热现象过程自发进行的方向是使熵单调增大，体系达到平衡态时熵达到最大值，从而给出了过程进行的限度。这就是熵增加原理（principle of entropy increase）或熵定律，也是自发过程的熵判据。可用式子表示，即在孤立体系中：

$$\Delta S\begin{cases}>0,\text{过程自发}\\=0,\text{平衡状态}\\<0,\text{过程非自发(或逆向自发)}\end{cases}$$

ΔS是过程中熵的增量，称为熵变（entropy change）。20世纪50年代美国出现了信息论，信息论中又出现了所谓“信息熵”，于是“熵”以新的面貌蔓延到非热力学领域。如今熵增原理在信息、生命、社会经济等各个领域得到广泛应用，熵甚至变成了一个哲学概念、一个社会学概念。那么熵到底意味着什么呢？是一种怎样的状态函数呢？

德裔奥地利物理学家，统计力学的奠基者玻耳兹曼（L. E. Boltzmann，1844—1906）证明熵是体系宏观状态所对应的微观状态数的量度，反映体系状态的概率，这又意味着什么呢？

通俗地讲，熵是体系混乱度的量度，而混乱与有序相对，也就是说一个体系越有序，熵值就越小，体系越无序（混乱），熵值就越大。因此根据熵增原理，在孤立体系中的一个非平衡态总是向无序度增加的方向过渡，直至到达平衡状态，体系达到最大的混乱度（无序度）。这样，熵的意义更加明确，也更加具体。人们可以联系到广泛的现象，结果是熵无处不有，无处不在，它是一个处处都可感觉到的东西。

在香水扩散实验中，香水会挥发掉，香水分子将均匀分布在整个房间中，这个过程是不可逆的，不管等待多久，香水分子也不会再集中到瓶子中去。

基于在0K时，一个完整无损的纯净晶体，其组分粒子（原子、分子或离子）都处于完全有序的排列状态，因此，可以把任何纯净的完整晶态物质在0K时的熵值规定为零。这就是热力学第三定律的普朗克表述法。以此为基础，可求得物质在任意温度 T 时的熵值，称为规定熵（也称为绝对熵）。单位物质的量的纯物质在标准状态下的规定熵叫做该物质的标准摩尔熵，以 $S_m^{\ominus}$ 表示。书后附录2给出了一些纯物质在298.15K时的标准摩尔熵 $S_m^{\ominus}$(298.15K)。熵的单位是 $J \cdot mol^{-1} \cdot K^{-1}$。

影响物质熵值大小的因素主要有：

① 物质的聚集状态　对同一物质而言，气态时的标准摩尔熵最大，固态时标准摩尔熵最小，即 $S_m^{\ominus}(g) > S_m^{\ominus}(l) > S_m^{\ominus}(s)$；

② 温度　同一物质的同一聚集状态，其标准摩尔熵随温度的升高而增大；

③ 组成、结构　一般说来，在温度和聚集状态相同时，分子或晶体结构复杂的物质的标准摩尔熵大于结构简单的物质的标准摩尔熵。

此外对于温度相同的同一种气体，低压时更为无序，熵值更大；混合物或溶液的熵值一般大于纯物质的熵值。

熵既然与焓一样是状态函数，所以化学反应的熵变 $\Delta_r S_m^{\ominus}$ 也与化学反应的焓变的计算方法相同，只取决于反应的始态和终态，而与变化的途径无关。比如应用物质在298.15K时的标准摩尔熵 $S_m^{\ominus}$(298.15K）的数值可以算出化学反应在298.15K时的标准熵变 $\Delta_r S_m^{\ominus}$(298.15K)。计算公式为：

$$\Delta_r S_m^{\ominus}(298.15K) = \sum \upsilon_B S_m^{\ominus}(B, 298.15K) \tag{3.11}$$

式中，$\Delta_r S_m^{\ominus}$(298.15K）为化学反应在298.15K时的标准摩尔熵变；$S_m^{\ominus}$(B，298.15K）为方程式中任意反应物或生成物B在298.15K时的标准摩尔熵；υ_B 为B的化学计量系数。

化学反应在其它温度时的标准摩尔熵变与298.15K时的标准摩尔熵变虽有所不同，但差别不大，可近似用298.15K时的标准摩尔熵变代替。即：

$$\Delta S_m^{\ominus}(T) \approx \Delta S_m^{\ominus}(298.15K) \tag{3.12}$$

由于 $\Delta H_m^{\ominus}$ 和 $\Delta S_m^{\ominus}$ 均与温度关系不大，而精确计算 $\Delta H_m^{\ominus}$ 和 $\Delta S_m^{\ominus}$ 超出了本书的范围，故在后面的叙述中除特别需要将不再标注温度。

【例 3.6】 试计算下列反应的标准摩尔熵变：

$$4NH_3(g) + 5O_2(g) \longrightarrow 4NO(g) + 6H_2O(g)$$

【解】 查附录 2 可得反应中各物质在 298.15K 时的标准摩尔熵

	$4NH_3(g)$	$5O_2(g)$	$4NO(g)$	$6H_2O(g)$
$S_m^{\ominus}/(J \cdot mol^{-1} \cdot K^{-1})$	192.8	205.2	210.8	188.8

$$\begin{aligned}\Delta S_m^{\ominus} &= [4S_m^{\ominus}(NO,g)+6S_m^{\ominus}(H_2O,g)]-[4S_m^{\ominus}(NH_3,g)+5S_m^{\ominus}(O_2,g)] \\ &= [(4\times210.8+6\times188.8)-(4\times192.8+5\times205.2)]J \cdot mol^{-1} \cdot K^{-1} \\ &= 178.8J \cdot mol^{-1} \cdot K^{-1}\end{aligned}$$

3.3.4 吉布斯函变与化学反应的方向

（1）化学反应方向的普遍判据

我们在前面曾经谈到，用焓变 $\Delta_r H_m^{\ominus}<0$ 作为反应自发性的判据只适用于在室温、常压及熵变不大的反应；而用熵增原理（$\Delta_r S_m^{\ominus}>0$）作为反应自发性的判据则只适用于孤立体系。对于非孤立体系，若要应用熵增原理判断反应是否自发，则必须同时考虑环境的熵变。也就是要看体系的熵变与环境的熵变之和是否大于零，即用：

$$\Delta_r S_{sys.} + \Delta_r S_{surr.} > 0$$

作为判据。比如，乙炔的燃烧反应在 298.15K 时的标准熵变小于零（读者可自行计算 $\Delta_r S_m^{\ominus}$ 值），却显然是一个自发反应；又如水转化为冰的过程的标准熵变也小于零，在 298.15K 时也确实是一个非自发过程，但在 $T<273.15K$ 的条件下却变成了自发过程。虽然计算环境的熵变不方便，但从上面的例子可以看出，反应的自发性与反应的焓变、熵变及温度均有关系。

美国物理化学家吉布斯（J. Willard Gibbs，1839—1903）于 1876 年，德国物理学家、生理学家亥姆霍兹于 1882 年各自独立提出了一个综合了体系的焓变、熵变和温度三者关系的吉布斯-亥姆霍兹方程。

1876 年吉布斯在康乃狄格科学院院报上发表了题为《论非均相物质之平衡》的著名论文的第一部分。当这篇长达 323 页的论文于 1878 年完成时，化学热力学的基础也就奠定了。在这篇论文中他首次提出了自由能的概念，并以严密的数学形式和严谨的逻辑推理，导出了数百个公式。吉布斯和亥姆霍兹与麦克斯韦（J. C. Maxwell，1831—1879）一样是 19 世纪为数不多的杰出的理论学者，由于他们导出了某些可以支配物理和化学过程中物质行为的数学定律而改变了化学的真正面貌。而在他们之前，化学实际上是一门实验科学。

吉布斯-亥姆霍兹方程今天的表述为：在等温、等压下

$$\Delta_r G_m(T) = \Delta_r H_m(T) - T\Delta_r S_m(T) \tag{3.13}$$

式中，$G(T)=H(T)-T \cdot S(T)$，$G(T)$ 是吉布斯所定义的状态函数，今称为吉布斯函数（或称为吉布斯自由能），$\Delta_r G_m(T)$ 是温度为 T 时化学反应的吉布斯函数变（change of Gibbs function，简称吉布斯函变）。

吉布斯提出：在等温、等压条件下，$\Delta_r G_m(T)$ 可作为过程或反应自发性的判据。即

$$\Delta G \begin{cases} <0，过程自发 \\ =0，平衡状态 \\ >0，过程非自发(或逆向自发) \end{cases}$$

也就是说，在等温、等压条件下，任何自发过程总是朝着吉布斯函数（G）减小的方向进行，当到达平衡状态时，体系的G值降到最小，此时，G值随时间的变化为0，即$\Delta G=0$。

体系的吉布斯函数和体系的焓一样没有明确的物理意义，但有了它们，在解决很多热力学问题时显得非常方便和得心应手。不过从中我们还是可以看出，体系吉布斯函数高的状态不稳定，存在向吉布斯函数低的状态转变的趋势，换句话说体系始、终态之间存在吉布斯函数值的差（始态的吉布斯函数值高，终态的低，就像水位差一样）是自发反应的推动力。

（2）标准摩尔吉布斯函数变 $\Delta_r G_m^{\ominus}(T)$ 的计算

① 298.15K时反应的标准摩尔吉布斯函数变 $\Delta_r G_m^{\ominus}(298.15\text{K})$ 的计算　在恒温及标准态下，由指定的（通常是最稳定的，但有例外）的纯态单质生成1mol某物质时的摩尔吉布斯函数变称为该物质的标准摩尔生成吉布斯函数，以符号 $\Delta_f G_m^{\ominus}(T)$ 表示。根据定义可知，任何指定的纯态单质在任意温度下的标准摩尔生成吉布斯函数均为零。298.15K时的标准摩尔生成吉布斯函数 $\Delta_f G_m^{\ominus}(298.15\text{K})$ 可在附录2中查阅。

由式 $G(T)=H(T)-T\cdot S(T)$ 可知，物质的摩尔吉布斯函数也是一个状态函数，所以化学反应的摩尔吉布斯函数变（$\Delta_r G_m$）也与化学反应的焓变和熵变的计算方法相同，只取决于反应的始态和终态，而与变化的途径无关。应用物质在298.15K时的标准摩尔生成吉布斯函数 $\Delta_f G_m^{\ominus}(298.15\text{K})$ 的数值可以算出化学反应在298.15K时的标准摩尔吉布斯函数变 $\Delta_r G_m^{\ominus}(298.15\text{K})$。计算公式为：

$$\Delta_r G_m^{\ominus}(298.15\text{K})=\sum \upsilon_B \Delta_f G_m^{\ominus}(\text{B},298.15\text{K}) \tag{3.14}$$

式中，$\Delta_r G_m^{\ominus}(298.15\text{K})$ 为化学反应在298.15K时的标准摩尔吉布斯函数变；$\Delta_f G_m^{\ominus}(\text{B}, 298.15\text{K})$ 为方程式中任意反应物或生成物B在298.15K时的标准摩尔生成吉布斯函数；υ_B 为B的化学计量系数。

② 任意温度时反应的标准摩尔吉布斯函数变 $\Delta_r G_m(T)$ 的计算　用上面的方法只能计算298.15K时的标准摩尔吉布斯函数变，而标准态可为任意温度。能不能用298.15K时的标准摩尔吉布斯函数变近似代替任意温度时的标准摩尔吉布斯函数变呢？根据吉布斯-亥姆霍兹方程可知，这样做显然不行（为什么?）。但是，前面我们曾经说过标准焓变和标准熵变受温度的影响均不大，在近似计算时可不考虑温度对它们的影响。即：

$$\Delta_r H_m^{\ominus}(T)\approx\Delta_r H_m^{\ominus}(298.15\text{K})$$

$$\Delta_r S_m^{\ominus}(T)\approx\Delta_r S_m^{\ominus}(298.15\text{K})$$

因此，根据吉布斯-亥姆霍兹方程得到：

$$\Delta_r G_m^{\ominus}(T)=\Delta_r H_m^{\ominus}(T)-T\Delta_r S_m^{\ominus}(T)$$

将上两式代入得：

$$\Delta_r G_m^{\ominus}(T)\approx\Delta_r H_m^{\ominus}(298.15\text{K})-T\Delta_r S_m^{\ominus}(298.15\text{K}) \tag{3.15}$$

简写为：

$$\Delta_r G_m^{\ominus}(T)\approx\Delta_r H_m^{\ominus}-T\Delta_r S_m^{\ominus} \tag{3.16}$$

此式可用于估算任意温度时反应的标准摩尔吉布斯函数变 $\Delta_r G_m(T)$。下面我们将用一个例子来进一步说明温度为298.15K和任意温度时，反应的标准摩尔吉布斯函数变 $\Delta_r G_m(T)$ 的计算。

【例3.7】 试分别计算石灰石（$CaCO_3$）热分解反应在298.15K和1273K两个温度下的标准摩尔吉布斯函变 $\Delta_r G_m^{\ominus}(298.15\text{K})$ 和 $\Delta_r G_m^{\ominus}(1273\text{K})$，并分析该反应的自发性。

【解】 化学方程式为 $CaCO_3(s) \longrightarrow CaO(s) + CO_2(g)$

① $\Delta_r G_m^{\ominus}(298.15K)$ 的计算

方法一：利用 $\Delta_f G_m^{\ominus}(298.15K)$ 的数据计算可得：

$$
\begin{aligned}
\Delta_r G_m^{\ominus}(298.15K) &= [\Delta_f G_m^{\ominus}(298.15K, CaO, s) + \Delta_f G_m^{\ominus}(298.15K, CO_2, g)] - \\
&\quad [\Delta_f G_m^{\ominus}(298.15K, CaCO_3, s)] \\
&= [(-603.3) + (-394.4) - (-1129.1)] kJ \cdot mol^{-1} \\
&= 131.4 kJ \cdot mol^{-1}
\end{aligned}
$$

方法二：利用 $\Delta_f H_m^{\ominus}(298.15K)$ 和 $S_m^{\ominus}(298.15K)$ 的数据，分别求出 $\Delta_r H_m^{\ominus}$ 和 $\Delta_r S_m^{\ominus}$ 值，再按照吉布斯-亥姆霍兹方程求得反应的 $\Delta_r G_m^{\ominus}(298.15K)$。

$$
\begin{aligned}
\Delta_r G_m^{\ominus}(298.15K) &= \Delta_r H_m^{\ominus} - T\Delta_r S_m^{\ominus} \\
&= (179.2 - 298.15 \times 160.2 \times 10^{-3}) kJ \cdot mol^{-1} \\
&= 131.4 kJ \cdot mol^{-1}
\end{aligned}
$$

② $\Delta_r G_m^{\ominus}(1273K)$ 的计算，步骤同上面方法二：

$$
\begin{aligned}
\Delta_r G_m^{\ominus}(1273K) \approx \Delta_r H_m^{\ominus} - T\Delta_r S_m^{\ominus} &= (179.2 - 1273 \times 160.2 \times 10^{-3}) kJ \cdot mol^{-1} \\
&= -24.7 kJ \cdot mol^{-1}
\end{aligned}
$$

③ 反应自发性的分析

根据以上计算可以作出结论，在标准态下，石灰石（$CaCO_3$）的分解反应在 298.15K 时为非自发的，而在 1273K 时是自发的。

(3) 任意状态（非标准态）下的摩尔吉布斯函数变的计算

前面所涉及的均为体系处于标准态的情况，比如上例中的结论：1273K 下石灰石分解反应可自发，也是指反应在标准态下进行时才正确。但化学反应大多数是在非标准态下进行的。再比如，甲烷的燃烧反应：

$$CH_4(g) + 2O_2(g) \longrightarrow CO_2(g) + 2H_2O(l)$$

按标准状态的确切定义，若要该反应在标准状态下进行，则需要反应体系所涉及的各物质均应为标准状态。即使将水看成纯态物质，那至少也需要 CH_4、O_2、CO_2 三种气体的分压（不是总压）均等于 $p^{\ominus}$，即

$$p(CH_4) = 100kPa, p(O_2) = 100kPa, p(CO_2) = 100kPa$$

显然在通常情况下无法满足这一条件。那么对于大多数非标准态下的化学反应，其摩尔吉布斯函数变即非标准态的吉布斯函数变 $\Delta_r G_m^{\ominus}(T)$ 可根据下列范特霍夫等温方程式求取：

$$\Delta_r G_m(T) = \Delta_r G_m^{\ominus}(T) + RT\ln Q \tag{3.17}$$

式中，R 和 T 分别是摩尔气体常数和温度，Q 称为反应商（reaction quotient）。对于下列一般反应：

$$aA + bB \longrightarrow gG + dD$$

若 A、B、G、D 均为气体，则

$$Q = \frac{\left(\frac{p_G}{p^{\ominus}}\right)^g \left(\frac{p_D}{p^{\ominus}}\right)^d}{\left(\frac{p_A}{p^{\ominus}}\right)^a \left(\frac{p_B}{p^{\ominus}}\right)^b}$$

若A、B、G、D均为溶液，则：

$$Q=\frac{\left(\frac{c_G}{c^{\ominus}}\right)^g\left(\frac{c_D}{c^{\ominus}}\right)^d}{\left(\frac{c_A}{c^{\ominus}}\right)^a\left(\frac{c_B}{c^{\ominus}}\right)^b}$$

若为混合型的，即反应物和生成物有的是气体，有的是溶液，有的是纯固体或纯液体，则在Q表达式中，是气体的用$p_i/p^{\ominus}$代入，溶液用$c_i/c^{\ominus}$代入，纯液体和纯固体及溶剂可在Q的表达式中不出现。

【例3.8】 试通过计算说明在1000K下：（1）标准态时；（2）CO_2的分压为100Pa时，石灰石（$CaCO_3$）分解反应能否自发？

【解】（1）根据例3.7可知反应在1000K，标准态时

$$\begin{aligned}\Delta_r G_m(1000K) &= \Delta_r G_m^{\ominus}(1000K) \approx \Delta_r H_m^{\ominus} - T\Delta_r S_m^{\ominus} \\ &= (179.2-1000\times160.2\times10^{-3})\text{kJ}\cdot\text{mol}^{-1} \\ &= 19.0\text{kJ}\cdot\text{mol}^{-1}\end{aligned}$$

因为$\Delta_r G_m>0$，因此反应是非自发的。

（2）当反应在1000K，CO_2的分压为100Pa（非标准态）进行时，根据范特霍夫等温方程得到

$$\begin{aligned}\Delta_r G_m(1000K) &= \Delta_r G_m^{\ominus}(1000K) + RT\ln[p(CO_2)/p^{\ominus}] \\ &= 19.0+10^{-3}\times8.314\times1000\ln(100\times10^{-3}/100) \\ &= -38.4\text{kJ}\cdot\text{mol}^{-1}\end{aligned}$$

可见，石灰石（$CaCO_3$）分解反应在1000K下，当CO_2的分压由$p^{\ominus}$降低至100Pa时，由非自发变成了自发。

（4）吉布斯函数的应用

让我们来总结一下影响过程（或化学反应）方向的因素。首先，作为过程（反应）方向的普遍性判据，可以用$\Delta_r G<0$得到准确而可靠的结论，正如我们在3.4.4节开头看到的，这里不再赘述。下面我们将通过范特霍夫等温方程式从吉布斯函变$\Delta_r G$的构成上来定性地分析一下影响过程（化学反应）方向的因素。

① 内因——标准摩尔吉布斯函变$\Delta_r G_m^{\ominus}$　根据等温方程式$\Delta_r G_m=\Delta_r G_m^{\ominus}+RT\ln Q$，第一项$\Delta_r G_m^{\ominus}$是影响吉布斯函变的主要因素，是内因、是化学反应的本质。它在很大程度上决定了过程（化学反应）的方向。如果$\Delta_r G_m^{\ominus}$是一个绝对值很大的负数或正数，那基本上可以断定过程（反应）是自发的或非自发的。如果$\Delta_r G_m^{\ominus}$的绝对值不是很大，那不管是正是负，过程（反应）的方向都有可能因第二项$RT\ln Q$而发生逆转，正如我们在例3.7和例3.8中看到的。一般认为：

$\Delta_r G_m^{\ominus}<-40\text{kJ}\cdot\text{mol}^{-1}$，正向自发；

$\Delta_r G_m^{\ominus}>40\text{kJ}\cdot\text{mol}^{-1}$，逆向自发；

$-40\text{kJ}\cdot\text{mol}^{-1}<\Delta_r G_m^{\ominus}<40\text{kJ}\cdot\text{mol}^{-1}$，必须做进一步分析，才能作出判断。

需要指出的是，上述原则不是绝对的，只是一个近似的判断。

让我们作进一步的分析。由$\Delta G_m^{\ominus}=\Delta H_m^{\ominus}-T\Delta S_m^{\ominus}$可以看出焓变$\Delta H_m^{\ominus}<0$有助于自发，

即：放热对反应正向自发有利。由于一般的化学反应的熵变较小，即 $\Delta S_m^\ominus$ 的绝对值较小，因此特别对于在常温（T 也较小）下进行的反应 $T\Delta S_m^\ominus$ 项对 $\Delta G_m^\ominus$ 影响较小，因而才会出现历史上将反应放热作为自发性判据的错误认识。

另一方面，由 $\Delta G_m^\ominus=\Delta H_m^\ominus-T\Delta S_m^\ominus$ 还可看出，对于任意过程都存在：$\Delta S_m^\ominus>0$ 即熵增对反应正向自发有利。特别地，在等温、等压且不做非体积功的孤立体系中，$\Delta H_m^\ominus=0$，只有 $T\Delta S_m^\ominus$ 影响 ΔG 值，因此，在此种情况下，熵增过程即是自发过程。

② 外因——反应商　根据等温方程式，反应商 Q 的数值发生变化可能导致 ΔG 的符号发生变化，特别是当 $\Delta G_m^\ominus$ 的绝对值不是很大的情况下，从而对反应方向产生影响。我们将在化学平衡的移动一节中详细讨论。

③ 温度　温度是影响反应自发性的重要而又特别的外部因素。从范特霍夫等温方程式 $\Delta_r G_m=\Delta_r G_m^\ominus+RT\ln Q$ 来看，温度不但通过影响方程的第二项，还通过影响方程的第一项 $\Delta_r G_m^\ominus$［见式(3.15)］而影响反应的方向。温度并不直接决定反应的方向，它影响反应的方向是通过改变 ΔS 和 Q 对反应方向的影响程度来实现的。

比如当 $\Delta S>0$（有利于自发）时，温度越高越有利于自发；而当 $\Delta S<0$（不利于自发）时，则温度越高越不利于自发。

在不考虑 Q（浓度、压力）的影响时，温度对自发性的影响情况见表 3.1。

表 3.1　定压下一般反应自发性的几种情况

分类	反应举例	ΔH	ΔS	$\Delta G=\Delta H-T\Delta S$	(正)反应的自发性
①	$H_2(g)+Cl_2(g)=2HCl(g)$	−	+	−	任意温度自发
②	$CO(g)=C(s)+1/2O_2(g)$	+	−	+	任意温度非自发
③	$CaCO_3(s)=CaO(s)+CO_2(g)$	+	+	高温时为−低温时为+	高温自发低温不自发
④	$N_2(g)+3H_2(g)=2NH_3(g)$	−	−	低温时为−高温时为+	低温自发高温不自发

表中后两种情况下存在自发性转变温度的问题，即当温度升高到一定数值时，反应能从不自发转变为自发（上表第③类）或者从自发转变为非自发（上表第④类）。可按下述方法估算自发性转变温度：

因为具体的反应条件千变万化，作为一般讨论，我们通过假设反应在标准状态下进行，从而得出近似结论。因此

$$\Delta_r G(T)=\Delta_r G_m^\ominus(T)\approx\Delta_r H_m^\ominus-T\Delta_r S_m^\ominus$$

在自发性发生逆转时

$$\Delta_r G(T)=0\approx\Delta_r H_m^\ominus-T\Delta_r S_m^\ominus$$

转变点温度：

$$T\approx\frac{\Delta_r H_m^\ominus(298.15\text{K})}{\Delta_r S_m^\ominus(298.15\text{K})}\tag{3.18}$$

比如可以用这种方法估算 $CaCO_3$ 分解反应（参见例 3.7）自发性转变温度为

$$T=179.2\times10^3/160.2=1119\text{K}$$

3.4　化学反应的限度——化学平衡

化学热力学除了要解决反应的自发性或方向性问题外，还要解决能够自发进行的反应所能达到的最大限度即化学平衡（chemical equilibrium）问题。解决好这个问题，可以了解在

指定条件下，反应物可以在多大程度上转变成生成物，以及通过何种原则改进工艺，提高某些原料的转化率等等。

3.4.1 化学平衡与平衡常数

（1）化学平衡

大部分的化学反应是可逆的，这样的化学反应在同一条件下既有可能正向进行，又有可能逆向进行。它们的 $\Delta_r G_m^{\ominus}$ 一般在 $-40 \sim 40 kJ \cdot mol^{-1}$ 之间，反应从内因上说不具有向右或向左的绝对倾向。此时范特霍夫等温方程式中后一项 $RT\ln Q$ 的影响变得显著起来，改变浓度、压力（Q 改变）或改变温度 T 有可能改变反应的方向。

对于可逆反应，如果反应物（始态）的吉布斯函数的总和（G_1）高于生成物（终态）的吉布斯函数的总和（G_2），反应就能够正向自发进行，在反应过程中，随着反应物逐步转变成生成物，反应物的吉布斯函数的总和逐渐减少，生成物的吉布斯函数的总和逐渐增加，直至最后反应物的吉布斯函数之和等于生成物的吉布斯函数之和，反应便达到了平衡。就好像有一个高位水槽（水槽 1），如果将它通过管道与另一低位水槽（水槽 2）相连，水槽 1 里的水（反应物）就会不断流向水槽 2（生成物），在这一过程中，水槽 1 里的水位逐渐下降，水槽 2 里的水位逐渐上升，直至最后达到一致（平衡状态）。平衡状态是过程所能到达的最大限度。到达平衡状态后，水槽 1 里的水不可能继续下降，而水槽 2 里的水也不可能继续上升，但是两水槽里的水仍会相互流动，只是在单位时间里，从水槽 1 流向水槽 2 里的水与反向流入水槽 1 里的水数量相等。此后如果因为某种原因，两水槽之一的水位高于另一个，而在两者之间重新出现水位差的话，则高位水槽里的水又会不断流入低位水槽，直至在新的水位下达到平衡状态。

自发进行的化学反应与此类似，反应因反应物和生成物的吉布斯函数之间存在差值（$\Delta G < 0$）而能自发进行，直至这种差值消失（$\Delta G = 0$）时达到平衡状态，此后当条件改变而使反应物和生成物的吉布斯函数不再相等时，平衡将发生移动，重新向着 $\Delta G < 0$ 的方向自发进行。

综上所述，对于可逆反应而言，平衡状态是反应在给定条件下所能达到的最大限度；而这种平衡是一个动态平衡；且当条件改变时，原有的平衡状态将被打破，体系将寻求新的平衡状态。因此，平衡是动态的、相对的、暂时的、有条件的，而不平衡是绝对的、永恒的。

（2）平衡常数

以上通过通俗的例子讨论了平衡状态的特征。那么如何定量地表征一个化学反应的平衡状态呢？

根据等温方程式

$$\Delta_r G_m^{\ominus}(T) = \Delta_r G_m^{\ominus}(T) + RT\ln Q$$

平衡时，$\Delta_r G_m(T) = 0$，即

$$\Delta_r G_m^{\ominus}(T) + RT\ln Q^{eq} = 0$$

$$\Delta_r G_m^{\ominus}(T) = -RT\ln Q^{eq}$$

Q^{eq} 是平衡时的反应商，令 $K^{\ominus} = Q^{eq}$，得到

$$\Delta_r G_m^{\ominus}(T) = -RT\ln K^{\ominus} \tag{3.19}$$

因为 $\Delta_r G_m^{\ominus}(T)$ 和 T 在一定条件下均为定值，则 $K^{\ominus}$ 在一定条件下是个常数，称为标准平衡常数，简称平衡常数（equilibrium constant），对于给定反应来说，其数值与温度有关，而与分压或浓度无关。

对于一个给定的化学反应，不管经历的途径是否相同，也不管反应起始时各相关物质的浓度或分压差别多大，只要在相同的条件下达到平衡，那么根据平衡组成法（$K^{\ominus}=Q^{eq}$）或热力学算法[$\Delta_r G_m^{\ominus}(T)=-RT\ln K^{\ominus}$]算出的 $K^{\ominus}$ 值都是一样的。因为 $\Delta_r G_m^{\ominus}(T)=-RT\ln K^{\ominus}$，对于给定的化学反应，在一定温度下，$\Delta_r G_m^{\ominus}(T)$ 和 T 均为定值，$K^{\ominus}$ 自然也是定值。

在使用 $K^{\ominus}$ 的表达式时应注意以下几个问题。

① $K^{\ominus}$ 表达式中相关物质的浓度或分压均应以平衡时的数值代入。否则算出的只能是 Q 值，而不是 $K^{\ominus}$。对于在特定温度下的特定反应而言，Q 值有无数个，而 $K^{\ominus}$（平衡常数）的数值只有一个。

② 直接测量混合气体中各组分气体的分压很困难，压力表测得的是混合气体的总压力，因此在计算平衡常数 $K^{\ominus}$ 时，要特别注意先应用道尔顿分压定律算出有关组分气体的分压。

③ 由于平衡常数的数值与温度有关，书写 $K^{\ominus}$ 的表达式时应注明温度，用 $K^{\ominus}(T)$ 表示。

④ 因为 $\Delta_r G_m^{\ominus}(T)$ 与方程式的书写有关（为什么?），所以，$K^{\ominus}$ 的数值也与化学方程式的书写有关。因此，在表达或应用平衡常数时，必须注意与其相对应的化学方程式的书写方式。

如：

$$N_2(g)+3H_2(g) = 2NH_3(g) \quad 平衡常数为 K^{\ominus}$$

$$2NH_3(g) = N_2(g)+3H_2(g) \quad 平衡常数为 K_1^{\ominus}$$

$$2N_2(g)+6H_2(g) = 4NH_3(g) \quad 平衡常数为 K_2^{\ominus}$$

则 $K^{\ominus}=1/K_1^{\ominus}$；$K_2^{\ominus}=(K^{\ominus})^2$

⑤ 在实际的化学过程中，如果某个化学方程式可由另外两个（或多个）化学方程式相加（或相减）得到，则该反应的平衡常数等于这几个反应的平衡常数的积（或商）。这就是所谓的多重平衡规则（同时平衡规则）。如：

a. $H_2S(aq) \rightleftharpoons 2H^+(aq)+S^{2-}(aq) \quad K_1^{\ominus}$

b. $H_2S(aq) \rightleftharpoons H^+(aq)+HS^-(aq) \quad K_2^{\ominus}$

c. $HS^-(aq) \rightleftharpoons H^+(aq)+S^{2-}(aq) \quad K_3^{\ominus}$

反应 a=反应 b+反应 c，因而得到

$$\Delta_r G_{m,1}^{\ominus}(T)=\Delta_r G_{m,2}^{\ominus}(T)+\Delta_r G_{m,3}^{\ominus}(T)$$

式中 $\Delta_r G_{m,1}^{\ominus}(T)$、$\Delta_r G_{m,2}^{\ominus}(T)$、$\Delta_r G_{m,3}^{\ominus}(T)$ 分别为反应 a、b、c 在温度为 T 时的标准吉布斯函数变。

根据式 $\Delta_r G_m^{\ominus}(T)=-RT\ln K^{\ominus}$，上式可写成：

$-RT\ln K_1^{\ominus}=-RT\ln K_2^{\ominus}-RT\ln K_3^{\ominus}$，即

$\ln K_1^{\ominus}=\ln K_2^{\ominus}+\ln K_3^{\ominus}=\ln(K_2^{\ominus}K_3^{\ominus})$，所以

$$K_1^{\ominus}=K_2^{\ominus}K_3^{\ominus}$$

同理，由于反应 c=反应 a−反应 b，因而存在

$$K_3^{\ominus}=K_1^{\ominus}/K_2^{\ominus}$$

（3）平衡常数的应用

平衡常数的大小可以表示反应能进行的程度。通常平衡常数 $K^{\ominus}$ 越大，表示达到平衡时生成物分压或浓度相对越大，或反应物分压或浓度相对越小，也就是（正）反应可以进行得越彻底。

注意：必须是同一温度、且平衡常数表达式的形式（包括指数）相类似的反应才能用平衡常数的值来直接比较反应限度，否则需进行换算。如下列两个化学反应就可以用平衡常数的数值来比较它们在某一个相同的温度下反应的完全程度。

$$2NO(g) + O_2(g) \rightleftharpoons 2NO_2(g)$$
$$2CO(g) + O_2(g) \rightleftharpoons 2CO_2(g)$$

利用某一反应的平衡常数，可以从起始时反应物的量，计算达到平衡时各反应物和生成物的量以及反应物的转化率。

某反应物的转化率：指该反应物已转化了的量占其起始量的百分率。

$$\text{某反应物的转化率} = \frac{\text{某反应物已转化的量}}{\text{该反应物起始的量}} \times 100\%$$

只要知道某反应物的起始物质的量（或者浓度、分压），再根据平衡常数求出其平衡时的物质的量（或者浓度、分压），便可以按照此式计算出该反应物的转化率。转化率是平衡时某反应物转化成生成物的量度，生成物无所谓转化率的概念。

(4) 化学平衡的计算

从前面的讨论可知，化学反应的标准平衡常数可以通过三种方法求得：一是热力学方法，即利用式(3.19) 求取；二是利用平衡组成，即通过求取平衡时的 Q 值来求得；三是根据多重平衡规则，利用几个已知反应的平衡常数来求取未知反应的平衡常数。

当然，如果知道了反应的平衡常数，也可以反过来求反应的标准吉布斯函数变、平衡时的组成以及反应物的转化率等。

【例 3.9】 由实验测得合成氨反应于 773K 达平衡后，各物质的分压数据（单位：Pa）如下：

NH_3	N_2	H_2
3.65×10^6	4.20×10^6	12.6×10^6

试计算 773K 下该反应的标准平衡常数 $K^{\ominus}$ 值。

【解】

$$N_2 + 3H_2 \rightleftharpoons 2NH_3$$

$$K^{\ominus} = \frac{(p_{NH_3}/p^{\ominus})^2}{(p_{N_2}/p^{\ominus})(p_{H_2}/p^{\ominus})^3} = \frac{(3.65\times10^6\times10^{-3}/100)^2}{(4.20\times10^6\times10^{-3}/100)(12.6\times10^6\times10^{-3}/100)^3}$$
$$=1.59\times10^{-5}$$

【例 3.10】 应用热力学的方法计算合成氨反应在 500K 时的标准平衡常数

【解】

	$N_2(g)$ +	$3H_2(g)$ ⇌	$2NH_3(g)$
$\Delta_f H_m^{\ominus}(298.15K)/(kJ\cdot mol^{-1})$	0	0	−45.9
$S_m^{\ominus}(298.15k)/(J\cdot mol^{-1}\cdot K^{-1})$	191.6	130.7	192.8

$$\Delta_r H_m^{\ominus} = 2\times(-45.9)kJ\cdot mol^{-1} = -91.8kJ\cdot mol^{-1}$$
$$\Delta_r S_m^{\ominus} = 2\times192.8-191.6-3\times130.7J\cdot mol^{-1}\cdot K^{-1}$$
$$=-198.1J\cdot mol^{-1}\cdot K^{-1}$$
$$\Delta_r G_m^{\ominus}(500K) \approx \Delta_r H_m^{\ominus} - T\Delta_r S_m^{\ominus}$$
$$=[-91.8-500\times(-198.1)\times10^{-3}]kJ\cdot mol^{-1}$$
$$=7.25kJ\cdot mol^{-1}$$

根据式(2.18)得：

$$\Delta_r G_m^{\ominus}(500K) = -8.314\times500\ln K^{\ominus} = 7.25\times10^3 J\cdot mol^{-1}$$
$$K^{\ominus}(500K)=0.17$$

【例 3.11】 1000K 下，在等容容器中发生如下反应：

$$2NO(g) + O_2(g) \longrightarrow 2NO_2(g)$$

反应发生前 NO、O_2 及 $2NO_2$ 的分压分别为 100kPa、300kPa 和 0kPa。达到平衡时，NO_2 的分压为 12kPa，计算 NO 和 O_2 的平衡分压及 $K^{\ominus}$。

【解】 反应在等容条件下进行，各物质的分压变化同浓度变化一样，与物质的量变化（或方程式中各物质的计量系数）成正比。

	2NO(g)	+	O_2(g) ⇌	$2NO_2$(g)
起始分压/kPa	100		300	0
平衡分压/kPa	100−12		300−12/2	12

NO、O_2 的平衡分压分别为 88kPa 和 294kPa。

$$K^{\ominus}=\frac{(p_{NO_2}/p^{\ominus})^2}{(p_{NO}/p^{\ominus})^2(p_{O_2}/p^{\ominus})}$$

$$=\frac{(12\text{kPa}/100\text{kPa})^2}{(88\text{kPa}/100\text{kPa})^2(294\text{kPa}/100\text{kPa})}$$

$$=6.32\times10^{-3}$$

【例 3.12】 $CO(g)+H_2O(g)$ ══ $CO_2(g)+H_2(g)$是工业上用水煤气制取氢气的反应之一。673K 时用 2.0mol 的 CO(g) 和 2.0mol 的 $H_2O(g)$ 在密闭容器中反应，(1) 估算该温度时反应的 $K^{\ominus}$，(2) 估算该温度的 CO 的最大转化率。

【解】 (1) 反应的 $K^{\ominus}$ 的估算

先分别计算反应的 $\Delta_r H_m^{\ominus}$ 和 $\Delta_r S_m^{\ominus}$，然后估算 $\Delta_r G_m^{\ominus}(673\text{K})$。

$$\Delta_r G_m^{\ominus}(673\text{K})\approx\Delta H^{\ominus}(298.15\text{K})-673\times\Delta S^{\ominus}(298.15\text{K})$$

$$=[(-41.2)-673\times(-42.0\times10^{-3})]\text{kJ}\cdot\text{mol}^{-1}$$

$$=-12.9\text{kJ}\cdot\text{mol}^{-1}$$

$$\ln K^{\ominus}=-\Delta_r G_m^{\ominus}/RT=-(-12.9)\times10^3\text{J}\cdot\text{mol}^{-1}/$$

$$8.314\text{J}\cdot\text{mol}^{-1}\cdot\text{K}^{-1}\times673\text{K}$$

$$K^{\ominus}=10.0$$

(2) CO 的最大转化率的估算

先根据化学方程式，考虑各物质起始时与平衡时的物质的量的关系，从而得到平衡时各气态物质的摩尔分数，设平衡体系的总压为 p，根据分压定律，求出其分压

	CO(g) +	H_2O(g) ══	CO_2(g) +	H_2(g)
起始时物质的量/mol	2.0	2.0	0	0
反应中物质的量变化/mol	$-x$	$-x$	$+x$	$+x$
平衡时物质的量/mol	$2.0-x$	$2.0-x$	x	x
平衡时总的物质的量/mol	4.0			
平衡时物质的量分数	$(2.0-x)/4.0$	$(2.0-x)/4.0$	$x/4.0$	$x/4.0$

根据道尔顿分压定律，物质的量分数等于其压力分数，根据式 $p_i=(n_i/n)p$，代入平衡常数的表达式得到，得：

$$K^{\ominus}=\frac{(p_{CO_2}^{eq}/p^{\ominus})(p_{H_2}^{eq}/p^{\ominus})}{(p_{CO}^{eq}/p^{\ominus})(p_{H_2O}^{eq}/p^{\ominus})}$$

$$=\frac{\{(x/4.0)(p/p^{\ominus})\}\{(x/4.0)(p/p^{\ominus})\}}{\{[(2.0-x)/4.0](p/p^{\ominus})\}\{[(2.0-x)/4.0](p/p^{\ominus})\}}$$

$$=x^2/(2.0-x)^2=10.0$$

$$x=1.52\text{mol}$$

所以，平衡时 CO 的转化率＝1.52mol/2.0mol＝0.76＝76％

3.4.2 化学平衡的移动

在上一节的开头已经谈到，可逆过程（或可逆反应）的平衡状态是暂时的、相对的、有条件的。任何一个反应的平衡状态只有在一定条件（浓度、压力、温度）下才能保持。当条件改变时，体系原有的平衡将被打破，变成不平衡的状态，即 $\Delta G\neq 0$ 的状态，这时，体系将要自发地向着 $\Delta G<0$ 的方向发生变化，直至达到新的平衡状态。在这一过程中，体系中各有关组分的浓度或分压将发生改变。这种因条件的改变使化学反应从原来的平衡状态转变到新的平衡状态的过程叫做化学平衡的移动（shift of chemical equilibrium）。

能够使化学平衡发生移动的因素有哪些呢？

（1）浓度对化学平衡的影响

对于任一可逆反应：

$$\Delta_r G(T)=\Delta_r G_m^{\ominus}(T)+RT\ln Q$$

因为 $\Delta_r G_m^{\ominus}(T)=-RT\ln K^{\ominus}$，所以

$$\Delta_r G(T)=-RT\ln K^{\ominus}+RT\ln Q$$

$$\Delta_r G(T)=RT\ln\frac{Q}{K^{\ominus}} \tag{3.20}$$

上式给出了在等温、等压条件下，化学反应的吉布斯函数变与平衡常数 $K^{\ominus}$ 和反应商 Q 之间的关系。根据化学反应方向的判据，当

$$\Delta G=RT\ln\frac{Q}{K^{\ominus}}\begin{Bmatrix}<\\=\\>\end{Bmatrix}0\text{ 时,即 }Q\begin{Bmatrix}<\\=\\>\end{Bmatrix}K^{\ominus}\begin{cases}\text{平衡右移}\\\text{平衡状态}\\\text{平衡左移}\end{cases}$$

对于已达平衡的反应体系，如果增加反应物的浓度或减少生成物的浓度，则使 $Q<K^{\ominus}$，$\Delta_r G(T)<0$，平衡即向正反应方向移动，移动的结果，使 Q 值增大，直至 Q 重新等于 $K^{\ominus}$，体系又重新达到平衡状态；反之，如果减少反应物的浓度或增加生成物的浓度，则 $Q>K^{\ominus}$，结果导致 $\Delta_r G(T)>0$，平衡就向逆反应方向移动，其结果导致 Q 减小，直至 Q 重新等于 $K^{\ominus}$，达到新的平衡状态。

（2）压力对化学平衡的影响

对于有气态物质参加或生成的可逆反应，在等温条件下，当改变反应体系的某物质的分压或总压时，常常会引起化学平衡的移动。分述如下。

① 改变反应物的分压或生成物的分压，相当于改变它们的浓度，其对平衡的影响也与改变浓度时相同。

② 压缩体积增大总压或增大体积减小总压时，设已达平衡的反应体系的体积变为原来

的 $1/x$ 倍（$x>1$ 时为压缩体积增大总压），若下述反应体系中各物质均为气体，则分压都将变为原来的 x 倍。对反应：

$$a\mathrm{A} + b\mathrm{B} \xlongequal{} g\mathrm{G} + d\mathrm{D}$$

设改变体积前为平衡状态，因此，

$$K^{\ominus}=\frac{\left(\frac{p_{\mathrm{G}}^{\mathrm{eq}}}{p^{\ominus}}\right)^{g}\left(\frac{p_{\mathrm{D}}^{\mathrm{eq}}}{p^{\ominus}}\right)^{d}}{\left(\frac{p_{\mathrm{A}}^{\mathrm{eq}}}{p^{\ominus}}\right)^{a}\left(\frac{p_{\mathrm{B}}^{\mathrm{eq}}}{p^{\ominus}}\right)^{b}}$$

改变体积后，

$$Q=\frac{\left(\frac{xp_{\mathrm{G}}^{\mathrm{eq}}}{p^{\ominus}}\right)^{g}\left(\frac{xp_{\mathrm{D}}^{\mathrm{eq}}}{p^{\ominus}}\right)^{d}}{\left(\frac{xp_{\mathrm{A}}^{\mathrm{eq}}}{p^{\ominus}}\right)^{a}\left(\frac{xp_{\mathrm{B}}^{\mathrm{eq}}}{p^{\ominus}}\right)^{b}}=K^{\ominus}x^{(g+d)-(a+b)}=K^{\ominus}x^{\Delta\nu}$$

a. 压缩体积增大总压时，$x>1$，当 $\Delta\nu>0$（正反应的气体分子数增加）时，$Q>K^{\ominus}$，平衡向逆反应方向移动，即向气体分子数减少的方向移动；反之，当 $\Delta\nu<0$（正反应的气体分子数是减少的）时，则 $Q<K^{\ominus}$，平衡向正反应方向移动，也是向气体分子数减少的方向移动。总之，压缩气体增大总压时，平衡向气体分子数减少的方向移动。

b. 增大体积减小总压时，情况正好相反。由于 $x<1$，所以当 $\Delta\nu>0$ 时，$Q<K^{\ominus}$，平衡向右移动；$\Delta\nu<0$ 时，$Q>K^{\ominus}$，平衡向左移动。即，增大体积减小总压时，平衡向气体分子数增加的方向移动。

c. 当 $\Delta\nu=0$ 时，$Q=K^{\ominus}$，即改变总压对平衡无影响。

③ 当向反应体系中引入无关气体（指不参加反应的气体）时，根据反应具体条件存在两种情况：等温、等容时，依据道尔顿分压定律可知，各组分气体的分压均未改变，故对平衡无影响；等温、等压时，无关气体的引入，导致反应体系的体积增大，各组分气体的分压减小，结果与上述 b 类似，平衡向气体分子数增加的方向移动。

④ 压力对固态和液态物质的体积影响极小，因此压力的改变对固相和液相反应体系的平衡基本上不发生影响。所以，在研究压力对多相反应的化学平衡的影响时，只须考虑气态物质即可。例如：

$$\mathrm{C(s)} + \mathrm{H_2O(g)} \rightleftharpoons \mathrm{CO(g)} + \mathrm{H_2(g)}$$

压力改变对化学平衡的影响总结见表 3.2。

表 3.2　压力对化学平衡的影响

压力变化的类型	平衡移动的方向
增大 $H_2O(g)$ 的分压或减小 $CO(g)$ 和 $H_2(g)$ 的分压	右移
减小 $H_2O(g)$ 的分压或增大 $CO(g)$ 和 $H_2(g)$ 的分压	左移
压缩体积增大总压	左移
增大体积减小总压	右移
引入无关气体（等温、等容）	不移动
引入无关气体（等温、等压）	右移

（3）温度对化学平衡的影响

如前所述，对于一定的化学反应来说，存在：

$$\Delta_{\mathrm{r}}G_{\mathrm{m}}^{\ominus}(T)=-RT\ln K^{\ominus}$$

$$\Delta_{\mathrm{r}}G_{\mathrm{m}}^{\ominus}(T)\approx\Delta_{\mathrm{r}}H_{\mathrm{m}}^{\ominus}-T\Delta_{\mathrm{r}}S_{\mathrm{m}}^{\ominus}$$

所以有

$-RT\ln K^{\ominus} \approx \Delta_r H_m^{\ominus} - T\Delta_r S_m^{\ominus}$，变形为：

$$\ln K^{\ominus} = -\frac{1}{R}\left[\frac{\Delta_r H_m^{\ominus}}{T} - \Delta_r S_m^{\ominus}\right]$$

设某一可逆反应，在温度 T_1 时的平衡常数为 $K_1^{\ominus}$；当温度变为 T_2 时，平衡常数也相应地变为 $K_2^{\ominus}$，代入上式，得到：

$$\ln K_1^{\ominus} = -\frac{1}{R}\left[\frac{\Delta_r H_m^{\ominus}}{T_1} - \Delta_r S_m^{\ominus}\right]$$

$$\ln K_2^{\ominus} = -\frac{1}{R}\left[\frac{\Delta_r H_m^{\ominus}}{T_2} - \Delta_r S_m^{\ominus}\right]$$

将上两式的后式减去前式并经整理后得到

$$\ln \frac{K_2^{\ominus}}{K_1^{\ominus}} = \frac{\Delta_r H_m^{\ominus}}{R} \cdot \frac{T_2 - T_1}{T_1 T_2} \tag{3.21}$$

表 3.3 温度对化学平衡的影响

升高温度 ($T_2>T_1$)	$T_2-T_1>0$	放热反应($\Delta_r H_m^{\ominus}<0$)	$K_2^{\ominus}<K_1^{\ominus}$	平衡左移
		吸热反应($\Delta_r H_m^{\ominus}>0$)	$K_2^{\ominus}>K_1^{\ominus}$	平衡右移
降低温度 ($T_2<T_1$)	$T_2-T_1<0$	放热反应($\Delta_r H_m^{\ominus}<0$)	$K_2^{\ominus}>K_1^{\ominus}$	平衡右移
		吸热反应($\Delta_r H_m^{\ominus}>0$)	$K_2^{\ominus}<K_1^{\ominus}$	平衡左移

这说明：①升高温度使放热反应的平衡常数减小，平衡向逆反应方向移动；而对于吸热反应，平衡后升高温度使平衡常数增大，平衡向正反应方向移动。即升高温度使平衡向吸热反应方向移动。

② 降低温度使放热反应的平衡常数增大，平衡向正反应方向移动；而对于吸热反应，平衡后降低温度将使平衡常数减小，平衡向逆反应方向移动。即降低温度使平衡向放热反应方向移动。

温度对化学平衡的影响可见表 3.3。

(4) 化学平衡移动的原理

1884 年，范特霍夫指出，对于一个处于平衡态的可逆反应，降低温度将会使平衡向着有利于放热的方向移动。同年，法国人吕·查德里（H. L. Le Chatelier，1850—1936）把范特霍夫的观察结果与热力学的卡诺定理联系起来，得到了更为普遍的表述：

任何稳定化学平衡体系承受外力的影响，无论整体地还是仅仅部分地导致其温度或压缩度（压强、浓度、单位体积的分子数）发生改变，若它们单独发生的话，系统将只作内在的纠正，使温度或压缩度发生变化，该变化与外力引起的改变是相反的。

这就是平衡移动的原理，又叫吕·查德里原理，该原理今天的表述为：若改变影响平衡的任一条件（如浓度、压力、温度），平衡就向着能够减弱这种改变的方向移动。此原理既适用于化学平衡体系，也适用于物理平衡体系。在应用吕·查德里原理时应当注意以下问题：

吕·查德里原理只有对达成化学平衡状态的体系才是有效的，若体系没有达到平衡状态，则吕·查德里原理不适用。例如，若把氢气、氧气和水蒸气混合在一个封闭的容器里，无论如何改变温度，在氢气燃烧之前氢气、氧气和水蒸气的量不会有任何改变，因为容器里的 3 种气体并没有达成平衡状态。

吕·查德里原理只对维持化学平衡状态的因素的改变是有效的，若改变的不是维持化学平衡状态的因素，则不能适用吕·查德里原理。例如，对于化学平衡 $CO(g)+H_2O(g) \xlongequal{\triangle} CO_2(g)+H_2(g)$，改变体系的总压，不会引起平衡移动，因为总压不是维持这一平衡状态的因素；同样，若改变催化剂的用量或组成，也不会引起平衡移动，因为催化剂不是维持化学平衡的因素。

吕·查德里原理不涉及动力学因素，例如，氢气和氮气合成氨的反应是放热反应，按照吕·查德里原理，降低温度有利于平衡向合成氨的方向移动。它说的是，如果计算热力学理论产率，单改变反应温度的话，低温的热力学理论产率大于高温。可是，有人却以合成氨的工业生产条件来否定吕·查德里原理。实际上，对于工业生产，“时间就是金钱”，吕·查德里原理预言了低温可以提高合成氨的热力学理论产率，并不能预言需要多长时间才能有这样高的产率。氨的工业合成条件没有采取低温而采取了高温，牺牲了热力学理论产率，却换来了生产的时间效率，后者决非热力学所能及。有关这方面的内容，读者将会在 6.5 节里看到更多论述。

总而言之，吕·查德里原理是热力学原理，只对方向性问题作出预测，只有在化学平衡没有动力学障碍时，才能得到立竿见影的验证。

*3.5 表面现象和胶体化学简介

3.5.1 基本概念

(1) 表面现象和胶体分散体系的研究对象

表面化学（surface chemistry）是研究任何两相界面上发生的物理化学过程的科学。

胶体化学（colloid chemistry）是一门研究胶体分散体系和粗分散体系的科学。表面化学与胶体化学间有着十分密切的联系。

表面化学和胶体化学应用非常广泛。它涉及石油开发、催化、涂料、建材、造纸、塑料、皮革、农药、环保、纺织、医药、食品、化妆品、染料等众多领域。本节介绍有关的基础知识及若干应用，以初步了解它们重要的理论意义和广泛的应用价值。

(2) 比表面

一定量的物质分散程度愈高，总的表面积就愈大。常用比表面（specific surface）A_s 或 A_w 来表示物质的分散度。其定义为单位体积或单位质量的物质所具有的表面积：

$$A_s = A/V \tag{3.22}$$

$$A_w = A/W \tag{3.23}$$

式中，A 代表体积为 V、或质量为 W 的物质所具有的总的表面积，A_s 的单位为 m^{-1}；A_w 的单位为 $m^2 \cdot kg^{-1}$。

计算可知，随着物体分割程度的增加，比表面迅速地增加：例如，将一个边长为 1cm 的正立方体，分割成边长为 10^{-7}cm 的小立方体时，其比表面将增加 1 千万倍。可见分散度愈大，总的表面积就愈大。高度分散的体系，往往产生明显的表面效应。

(3) 分散体系及其分类

分散体系（dispersion system），是指一种或几种物质以一定程度分散在另一种物质中形成的体系。被分散的物质称为分散相；分散分散相的物质称为分散介质。分散体系有多种分类方法，常用的有两种。一种按分散相粒子在某一方向的最大线度的大小分为 3 类，如表

3.4 所示。如果分散相以单个分子或离子的形式均匀地分散，则形成的是单相（或均相）的热力学稳定体系，这就是溶液（solution），它不属于本节讨论的对象。胶体化学研究的内容是胶体分散体系及粗分散体系，它们的共同特点是分散相与分散介质属于不同的相。由于胶体粒子很小，具有很大的比表面，因此它是多相、高度分散、热力学不稳定的体系。关于胶体化学的研究都是建立在这种特点基础上的。

表 3.4 分散体系按线度大小的分类

分散体系	粒子的线度/m	实　例
分子分散	$<10^{-9}$	乙醇的水溶液，空气
胶体分散	$10^{-9}\sim10^{-7}$	AgI 或 $Al(OH)_3$ 水溶胶
粗分散	$>10^{-7}$	泥浆，牛奶

也可按分散相和分散介质的聚集状态分类。若把按分子大小分散的混合气体排除在外，可分为 8 类，如表 3.5 所示。

表 3.5 分散体系按聚集状态分类

分散介质	分散相	体系名称或实例	分散介质	分散相	体系名称或实例
气体	液体	气溶胶，如雾	液体	固体	溶胶、悬浮液，如金溶胶、泥浆
气体	固体	气溶胶，如烟	固体	气体	固体泡沫，如泡沫塑料
液体	气体	泡沫，如灭火泡沫	固体	液体	凝胶、固体乳状液，如珍珠
液体	液体	乳状液，如原油	固体	固体	合金、有色玻璃

3.5.2 表面张力 σ

（1）表面张力和表面吉布斯函数

物质表面层中的分子与相内（又称为体相）分子所处的力场是不同的。如图 3.1 所示，某纯液体与其饱和蒸气接触，液体内部的任一分子，皆处于同类分子的包围中，统计地看，该分子与其周围分子之间的吸引力是球形对称的，合力为零。故液体内部的分子，可以无规则地运动而不消耗功。表面层中的分子则不同：液体内部的分子对表面层分子的吸引力远大于气相分子对它的引力，使表面层中的分子受到指向液体内部的引力的合力。结果是表面的分子总是趋于向液体内部移动，以缩小表面积。如微小液滴总是呈球形；肥皂泡要用力吹才能变大。这说明液体表面处处都存在着一种使液面紧缩的力。我们就把这种沿着液体表面，垂直作用于单位长度上的紧缩力，称为表面张力（surface tension），用 σ 表示。

表面上存在着张力，要增大表面积就需要克服此张力对体系做功。如图 3.2 所示，在一金属框上装有可以滑动的金属丝，将此金属丝固定后蘸上一层肥皂膜。这时若放松金属丝，它就会在表面张力的作用下自动向左移动而缩小液膜的面积。若金属丝的长度为 L，作用于液膜单位长度上的紧缩力，即表面张力为 σ，则作用于金属丝上的总力 $F=2L\sigma$，乘以 2 是因为液膜有正反两个表面。

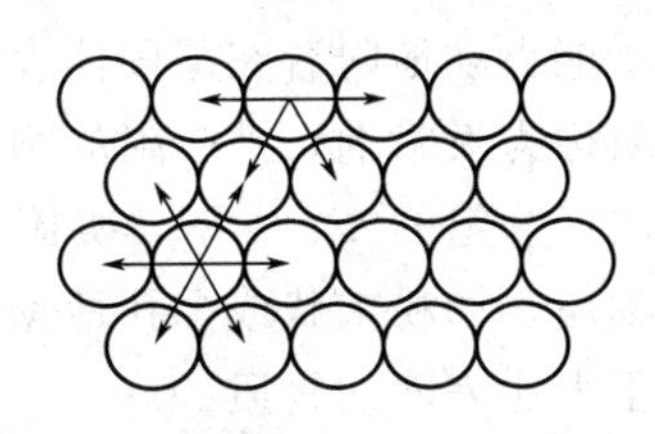
图 3.1 液体表面分子受力示意图

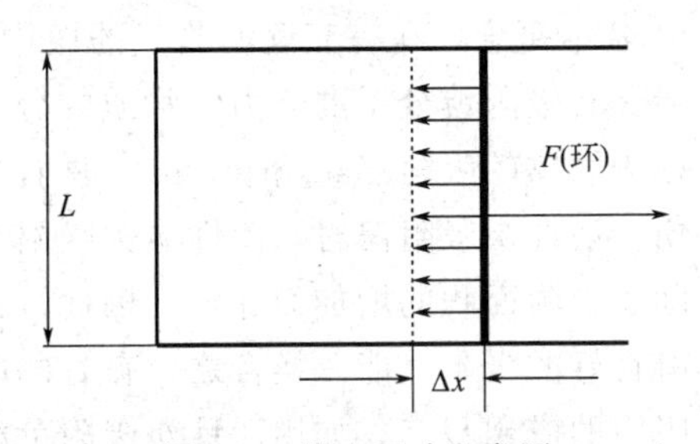

图 3.2 做表面功示意图

若使上述液膜的面积增大 ΔA，则须抵抗张力 F 使金属丝向右移动长度 Δx 做功。该功为：

$$W = F\Delta x = 2\sigma L\Delta x = \sigma\Delta A \tag{3.24}$$

式中 $\Delta A = 2L\Delta x$，是做功 W 后增大的液体表面积。按照能量守恒原理，可以证明所做的功被以表面能或称表面吉布斯函数 G（表面）的形式贮存了起来。换言之，表面张力 σ 的存在使表面上的分子能量高于体相分子的能量。

$$G(\text{表面}) = \sigma A \tag{3.25}$$

由式(3.24) 和式(3.25) 可知，对 σ 可有两种等同的解释，其一为液面上单位长度线段上的紧缩力；其二为在等温等压下增加液体单位表面时，所做的表面功（比表面功），此表面功转化成了体系所增加的吉布斯函数，即比表面吉布斯函数。表面张力和比表面吉布斯函数虽为不同的物理量，但它们的数值和量纲却是等同的，单位分别为 $N \cdot m^{-1}$ 或 $J \cdot m^{-2}$。

我们知道，等温等压下自发过程的方向是吉布斯函数趋于减小（$\Delta G < 0$）。而由 G(表面)$=\sigma A$ 可知，降低 G（表面）的途径只能有两个：减小表面积（液滴呈球形）和吸附可能降低表面张力的物质，这就是产生表面现象的热力学原因。

（2）影响表面张力 σ 的因素

① 物质的本性　σ 是分子间相互作用的结果，分子间作用力愈大，σ 愈大。一般说来，极性液体如水，有较大的 σ，非极性液体的 σ 较小。

② 温度　同种物质的 σ 因温度不同而异：温度升高，物质膨胀，分子间距增加，分子间作用力减弱；故绝大多数物质的 σ 都随温度升高而降低。

还应指出，固态物质也有 σ，且由于构成固体的物质粒子间的作用力远大于液体的，所以固态物质一般要比液态物质具有更大的 σ。

（3）表面现象——表面张力 σ 的后果

σ 的存在是产生一切表面现象的根本原因。润湿、亚稳定状态和吸附即是其中的三种典型代表。

① 润湿（wetting）是固体（或液体）表面上的气体被液体取代的过程。

我们都知道，水滴在玻璃板上呈半月形，在荷叶上的水滴则呈球形。说明水能够润湿玻璃而不能润湿荷叶。液体能否润湿固体的根本原因在于润湿前后表面吉布斯函数 G（表面）的变化情况：G（表面）降低者能够润湿；而使 G（表面）增加者则不能润湿。

润湿现象在生产实践中得到广泛的应用。例如脱脂棉易被水润湿，但经憎水剂处理后，可变得不被润湿，这时水滴在布上呈球状，而不易进入布的毛细孔中，故可制成防雨设备。农药喷洒在植物上，若能被叶片及虫体润湿，将会明显地提高杀虫效果。另外，在矿物的浮选、注水采油、金属焊接、印染、洗涤以及毛细现象的产生等方面皆涉及与润湿理论有密切关系的技术。

② 固体表面的吸附作用

a. 基本概念。在一充满溴蒸气的瓶中加入活性炭，棕红色的溴蒸气会渐渐消失，表明活性炭具有吸附溴分子的能力。物质的分子、原子或离子能自动地附着在某固体表面上的现象，称为固体的吸附（adsorption)。具有吸附能力的物质称为吸附剂，被吸附的物质则称为吸附质。活性炭吸附溴时，活性炭为吸附剂，溴是吸附质。一定的 T、p 下，吸附质被吸附的量随着吸附面积的增加而加大。因此，比表面很大的物质，如粉末状或多孔性物质，往往都具有良好的吸附性能。换言之，良好的吸附剂都是有很大比表面的物质。

吸附的应用很广，如用活性炭吸附蔗糖水溶液中的杂质使之脱色；用硅胶吸附气体中的水蒸气使之干燥；用分子筛吸附混合气体中某一组分使之分离等。

b. 物理吸附和化学吸附。按吸附作用力性质的不同，可将吸附分为物理吸附和化学吸附两种类型。产生物理吸附的作用力是分子间力，即范德华力。它是一种弱的作用力，普遍存在于各吸附质与吸附剂之间。因此，物理吸附一般不具有选择性。但由于吸附剂及吸附质种类的不同，分子间的引力大小各异，可使吸附量相差很多。一般的规律是：易液化的气体易被吸附。由于已被吸附的分子，对再碰撞上去的分子仍存在范德华力，所以物理吸附可以形成多分子层吸附。

发生化学吸附的作用力是化学键力。因此，化学吸附有明显的选择性，而且只能发生单分子层吸附。

③ 溶液表面的吸附作用

a. 溶液表面的吸附现象。溶液的表面层对溶质也可产生吸附作用，使其表面张力 σ 发生变化。例如在纯水中，分别加入不同种类的溶质，溶质的浓度 c 对 σ 的影响大致可分为 3 种类型，如图 3.3 所示。曲线Ⅰ表明，随着 c 增加，σ 稍有升高；有时随着 c 增加，σ 缓慢地下降（曲线Ⅱ）；曲线Ⅲ显示在水中加入少量的某溶质时，能引起溶液 σ 急剧下降。至某一浓度之后，σ 几乎不随浓度的上升而变化。

以上情况与溶液表面的吸附有关：一定 T、p 下，溶液的表面积一定，降低体系吉布斯函数的唯一途径，是使溶液的 σ 降低。

b. 表面活性剂 SAA。图 3.3 所示的三类吸附中，第Ⅲ类物质特别有用。人们将这类加入少量即可使表面张力急剧降低的物质称为表面活性剂（surface active agent，SAA）。

SAA 是一类具有极广泛用途的物质。它有润湿、乳化、分散、增溶、发泡和消泡、消除静电、消毒杀菌、去污洗涤等作用。其独特的性质是与其双亲结构密切相关的：它们的分子都是由亲水性的极性基团和亲油（憎水）性的非极性基团（一般为长碳氢链）构成，可用 RX 表示，式中 R 表示憎水（亲油）的长碳氢链，X 则表示极性的亲水基团。这种双亲的结构决定了它独特的性质和应用。

从 SAA 双亲结构的分子模型可知：在水溶液中，其亲水基受到极性水分子吸引，有竭力进入水中的趋势；憎水性的非极性基则倾向翘出水面或钻入非极性的有机溶剂或油类的另一相中，使 SAA 分子定向地排列在界面层中。因此 SAA 加入纯水中时，其分子主要排列于溶液的表面层，稍增其浓度，其绝大部分分子仍将自动地聚集于表面层，使水和空气的接触面减小，溶液的 σ 急剧降低。当其浓度足够大，在液面上排满一层定向排列的 SAA 分子，形成单分子膜后，在溶液本体开始形成具有一定形状的胶束（如图 3.4），它是由若干个 SAA 分子排列成憎水基团向内，亲水基团向外的多分子聚集体。人们把形成一定形状的胶束所需 SAA 的最低浓度，称为临界胶束浓度（CMC，critical micelle concentration）。

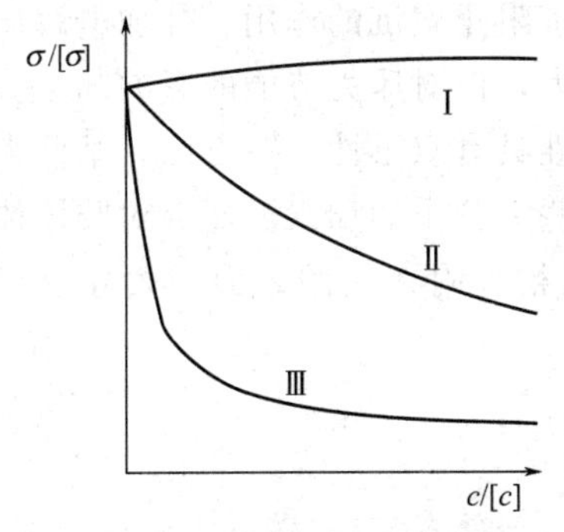

图 3.3 表面张力与浓度关系示意图

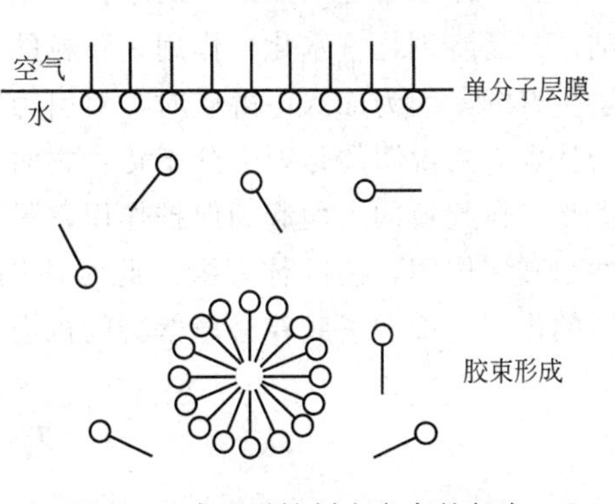

图 3.4 表面活性剂在水中的行为

当液面上形成紧密、定向排列的单分子膜达到饱和状态时，再增加 SAA 的浓度，只能增加胶束的个数或使每个胶束所包含的分子数增多。胶束存在于体相，不能使 σ 进一步降低，这相当于图 3.3 中曲线Ⅲ的平缓部分。

CMC 和在液面上开始形成饱和吸附层对应的浓度范围是一致的。在这个窄小的浓度范围前后，不仅溶液的 σ 发生明显的变化，其它物理性质，如电导率、渗透压、蒸气压、去污能力及增溶作用等均存在很大的差异。利用这些差异，可以有许多重要的应用。

表面活性剂的分类方法很多，按极性基团的解离性质分为阴离子表面活性剂（肥皂类）、阳离子表面活性剂、两性离子表面活性剂和非离子表面活性剂。

人类很早就知道用羊油和草木灰制造肥皂，19 世纪中叶出现了化学合成的表面活性剂。表面活性剂和合成洗涤剂形成一门工业得追溯到 20 世纪 30 年代，以石油化工原料衍生的合成表面活性剂和洗涤剂打破了肥皂一统天下的局面。经过 60 余年的发展，1995 年世界洗涤剂总产量达到 4300 万吨，其中肥皂 900 万吨。据专家预测，全世界人口从 2000 年到 2050 年将翻一番，洗涤剂总量将从 5000 万吨增加到 12000 万吨，净增 1.4 培。

3.5.3 胶体体系的基本性质

（1）胶体的基本性质

胶体体系的基本性质有三：光学、动力学和电学性质。电学性质是最主要的。丁达尔效应是胶体体系的光学性质。可见光的波长（400～780nm）大于胶体粒子的尺寸（1～100nm），因此，可见光束投射于胶体体系时，发生光的散射现象。胶体粒子处于不停的、无规则的运动状态称为布朗运动，它是胶体体系的动力学性质的一种体现。在外电场的作用下，胶体粒子在分散介质中定向移动的现象，称为电泳。电泳现象说明胶体粒子是带电的。胶粒带电是这种热力学不稳定体系得以较稳定存在的主要原因。

（2）胶体的稳定性

胶团之间既存在着斥力势能，同时也存在着吸引力势能。胶体体系的相对稳定或聚沉取决于斥力势能或引力势能的相对大小。当粒子间的斥力势能大于引力势能，并足以阻止由于布朗运动使粒子相互碰撞而黏结时，则胶体处于相对稳定的状态；反之，粒子将互相靠拢而发生聚沉。

斥力势能、引力势能以及总势能都随着粒子间距离的变化而变化，但由于斥力势能及引力势能与距离关系的不同，因此必然会出现在某一距离范围内引力势能占优势；而在另一范围内斥力势能占优势的现象。

使胶体体系稳定的因素有两个：一是胶体带电，同号电荷的相互斥力是胶体体系稳定的基础；二是溶剂化（水化）作用，胶粒的水化层起到了阻止聚沉的作用。外加电解质可使胶体发生聚沉，因为加入电解质时，对引力势能影响不大，但对斥力势能的影响却十分明显。

特别需要说明的是，大分子化合物对胶体的稳定性具有双重性。一方面，某些大分子能够被吸附在胶粒的表面起到保护作用，另一方面，某些大分子的加入反而会对胶体体系的稳定性起破坏作用，使胶体絮凝。此时往往大分子把胶粒吸附在它的表面，大分子起了“架桥”的作用，增加了胶粒碰撞絮凝的机会。

思 考 题

1. 什么是体系，什么是环境？两者有什么区别？根据两者的关系，可以将体系分为哪几类？

2. 什么是等容热效应与等压热效应？两者有什么关系？在什么情况下它们相等？
3. 内能变 ΔU 与等容热效应，焓变 ΔH 与等压热效应之间有什么样的关系？
4. 内能变与焓变之间有什么关系？在什么情况下它们相等？
5. 什么是状态函数？状态函数有什么特点？Q、W、H、U、S、G 中哪些是状态函数，哪些不是？
6. 上题的状态函数中，哪些没有明确的物理意义？具有明确物理意义的，请说明其物理意义。
7. 化学热力学中所说的“标准状态”意指什么？
8. 标准摩尔生成焓的定义是什么？如何根据 298.15K 时的标准摩尔生成焓的数值计算反应在 298.15K 时的标准摩尔焓变？其它温度时的标准摩尔焓变如何计算？
9. 标准熵的数值是如何确定的？如何根据 298.15K 时的标准熵的数值计算反应在 298.15K 时的标准摩尔熵变？其它温度时的标准摩尔熵变如何计算？
10. 标准摩尔吉布斯生成焓的定义是什么？计算反应在 298.15K 时的标准摩尔吉布斯函变有几种方法？其它温度时的标准摩尔吉布斯函变如何计算？
11. 当反应不在标准态进行时，吉布斯函变如何计算？
12. 影响平衡常数数值的因素有哪些？如何用标准摩尔吉布斯函变和浓度（分压）计算化学反应的平衡常数？
13. 化学反应达到平衡时的宏观特征和微观特征是什么？
14. 为什么说平衡是相对的、暂时的、有条件的？
15. 如何理解吕·查德里原理？
16. 若要降低表面张力可采取哪些方法？
17. 如何定义胶体体系？胶体体系的主要特征是什么？
18. 胶体系统为热力学非平衡系统，但它在相当长的时间范围内可以稳定存在，其主要原因是什么？

习　题

1. 是非题（对的在括号内填“＋”，错的填“－”）

（1）已知下列过程的热化学方程式为

$$H_2O(l) \xlongequal{} H_2O(g), \Delta_r H_m^{\ominus} = 40.63 kJ \cdot mol^{-1}$$

则此温度时蒸发 1mol $H_2O(l)$ 会放出热 40.63kJ。（　　）

（2）在常温常压下，空气中的 N_2 和 O_2 能长期存在而不化合生成 NO，这表明此时该反应的吉布斯函数变是正值。（　　）

（3）一个反应，如果 $\Delta_r H_m^{\ominus} > \Delta_r G_m^{\ominus}$，则必是熵增大的反应。（　　）

（4）对反应系统 $C(s) + H_2O(g) \xlongequal{} CO(g) + H_2(g)$，由于化学方程式两边物质的化学计量数的总和相等，所以增加总压力对平衡无影响。（　　）

（5）上题中所述反应的 $\Delta H_m^{\ominus}(298.15K) = 131.3 kJ \cdot mol^{-1}$，达到平衡后，若升高温度，则平衡向右移动。（　　）

（6）因为 $\Delta_r G_m^{\ominus}(T) = -RT\ln K^{\ominus}$，所以温度升高，$K^{\ominus}$ 减小。（　　）

（7）在密闭容器中，A、B、C 三种气体建立了如下平衡：$A(g) + B(g) \rightleftharpoons C(g)$，若保持温度不变，系统体积缩小至原体积 2/3 时，则反应商 Q 与平衡常数的关系是：$Q = 1.5K^{\ominus}$（　　）

（8）聚集状态相同的物质在一起，一定是单相体系。（　　）

（9）在等温等压条件下，下列两化学方程式所表达的反应放出的热量是一相同的值。

$H_2(g) + 1/2O_2(g) \xlongequal{} H_2O(l)$

$2H_2(g) + O_2(g) \xlongequal{} 2H_2O(l)$（　　）

（10）某一给定反应达到平衡后，若平衡条件不变，则各反应物和生成物的分压或浓度分别为定值。（　　）

（11）活性炭表面吸附氧气的过程中熵变的数值是正值。（　　）

（12）隔离体系的内能是守恒的。（　　）

(13) 100℃，100kPa 下 1mol 水变成同温同压下的水蒸气，该过程的 $\Delta U=0$。 (　)

(14) $\Delta_f H_m^{\ominus}$(298.15K，C 金刚石)＝0。 (　)

(15) $\Delta_f S_m^{\ominus}$(298.15K，C，石墨)＝0。 (　)

(16) 在同一体系中，同一状态可能有多个内能值；不同状态可能有相同的内能值。 (　)

(17) 由于焓变的单位是 $kJ \cdot mol^{-1}$，所以热化学方程式的系数不影响反应的焓变值。 (　)

(18) 平衡常数 $K^{\ominus}$ 值可以直接由反应的 $\Delta_r G_m$ 值求得。 (　)

(19) 反应平衡常数数值改变了，化学平衡一定会移动；反之，平衡移动了，反应平衡常数值也一定会改变。 (　)

2. 选择填空（将所有正确答案的标号填在括号内）

(1) 下列过程中，任意温度下均不能自发的为（　）；任意温度下均能自发的为（　）。

(A) $\Delta_r H_m^{\ominus}>0$，$\Delta_r S_m^{\ominus}>0$　(B) $\Delta_r H_m^{\ominus}>0$，$\Delta_r S_m^{\ominus}<0$

(C) $\Delta_r H_m^{\ominus}<0$，$\Delta_r S_m^{\ominus}>0$　(D) $\Delta_r H_m^{\ominus}<0$，$\Delta_r S_m^{\ominus}<0$

(2) 封闭体系与环境之间（　）。

(A) 既有物质交换，又有能量交换　(B) 有物质交换，无能量交换

(C) 既无物质交换，又无能量交换　(D) 无物质交换，有能量交换

(3) 下列物理量中，可以确定其绝对值的为（　）。

(A) H　(B) U　(C) G　(D) S

(4) 没有其它已知条件，下列何种物理量增加一倍时，已达平衡的反应 $3A(g)+2B(g) = 2C(g)+D(g)$的平衡移动方向无法确定。 (　)

(A) 温度　(B) 总压力

(C) 物质 A 的分压　(D) 物质 D 的分压

(5) 在下列反应中，反应（　）所放出的热量最少。

(A) $CH_4(l) + 2O_2(g) = CO_2(g) + 2H_2O(g)$

(B) $CH_4(g) + 2O_2(g) = CO_2(g) + 2H_2O(g)$

(C) $CH_4(g) + 2O_2(g) = CO_2(g) + 2H_2O(l)$

(D) $CH_4(g) + 3/2O_2(g) = CO(g) + 2H_2O(l)$

(6) 某温度时，反应 $H_2(g) + Br_2(g) = 2HBr(g)$的标准平衡常数 $K^{\ominus}=4\times10^{-2}$，则反应 $1/2H_2(g)+1/2Br_2(g) = HBr(g)$的标准平衡常数 $K^{\ominus}$ 等于（　）。

(A) $\dfrac{1}{4\times10^{-2}}$　(B) $\dfrac{1}{\sqrt{4\times10^{-2}}}$

(C) 4×10^{-2}　(D) 0.2

(7) 已知反应 $1/2N_2(g)+CO_2(g) = NO(g)+CO(g)$的 $\Delta_r H_m^{\ominus}=373.2kJ \cdot mol^{-1}$，要有利于取得有毒气体 NO 和 CO 的最大转化率，可采取的措施是（　）。

(A) 低温低压　(B) 高温高压　(C) 低温高压　(D) 高温低压

(8) 如果体系经过一系列变化后，又变回初始状态，则体系的（　）

(A) $Q=0$，$W=0$，$\Delta U=0$，$\Delta H=0$　(B) $Q\neq0$，$W\neq0$，$\Delta U=0$，$\Delta H=Q$

(C) $Q=-W$，$\Delta U=Q+W$，$\Delta H=0$　(D) $Q\neq W$，$\Delta U=Q+W$，$\Delta H=0$

(9) 以下说法正确的是（　）

(A) 放热反应都可以自发进行

(B) 凡 $\Delta_r G_m^{\ominus}>0$ 的反应都不能自发进行

(C) $\Delta_r H_m^{\ominus}>0$ 及 $\Delta_r S_m^{\ominus}>0$ 的反应在高温下有可能自发进行

(D) 纯单质的 $\Delta_f H_m^{\ominus}$、$\Delta_f G_m^{\ominus}$ 及 $\Delta S_m^{\ominus}$ 均为 0

(10) 在密闭容器中进行的反应 $2SO_2+O_2 = 2SO_3$ 达平衡时，若向其中冲入氮气，则平衡移动的方向为 (　)

(A) 向正方向移动　(B) 向逆方向移动

(C) 对平衡无影响　(D) 无法确定

3. 1mol 理想气体，经过等温膨胀、等容加热、等压冷却三步，完成一个循环后回到原态。整个过程吸热 100kJ，求此过程的 W 和 ΔU。

4. 甘油三油酸酯是一种典型的脂肪，当它被人体代谢时发生下列反应：

$$C_{57}H_{104}O_6(s)+80O_2(g) = 57CO_2(g)+52H_2O(l),\ \Delta_r H_m^\ominus = -3.35\times10^4 kJ\cdot mol^{-1}$$

问消耗这种脂肪 1kg 时，将有多少热量放出？

5. 在下列反应或过程中，q_p 与 q_V 相等吗？

① $NH_4HS(s) \xrightarrow{273.15K} NH_3(g) + H_2S(g)$

② $H_2(g) + Cl_2(g) \xrightarrow{273.15K} 2HCl(g)$

③ $CO_2(s) \xrightarrow{195.15K} CO_2(g)$

④ $AgNO_3(aq) + NaCl(aq) \xrightarrow{273.15K} AgCl(s)+NaNO_3(aq)$

6. 计算下列反应的 $\Delta_r H_m^\ominus(298.15K)$ 和 $\Delta_r S_m^\ominus(298.15K)$

① $4NH_3(g) + 3O_2(g) = 2N_2(g) + 6H_2O(l)$

② $C_2H_2(g) + H_2(g) = C_2H_4(g)$

③ $NH_3(g)$ + 稀盐酸

④ $Fe(s) + CuSO_4(aq)$

7. 利用下列反应的 $\Delta_r G_m^\ominus(298.15K)$ 值，计算 $Fe_3O_4(s)$ 在 298.15 K 时的标准摩尔生成吉布斯函数。

(1) $2Fe(s) + 3/2O_2(g) = Fe_2O_3(s)$； $\Delta_r G_m^\ominus(298.15K) = -742.2kJ\cdot mol^{-1}$

(2) $4Fe_2O_3(s) + Fe(s) = 3Fe_3O_4(s)$； $\Delta_r G_m^\ominus(298.15K) = -77.7kJ\cdot mol^{-1}$

8. 估算反应：$CO_2(g)+H_2(g) = CO(g)+H_2O(g)$ 在 873 K 时的标准摩尔吉布斯函数变和标准平衡常数。若系统中各组分气体的分压为 $p(CO_2)=p(H_2)=127kPa$，$p(CO)=p(H_2O)=76kPa$（注意：此时系统不一定处于平衡状态），计算此条件下反应的摩尔吉布斯函数变，并判断反应进行的方向。

9. 已知下列热化学方程式：

$Fe_2O_3(s) + 3CO(g) = 2Fe(s) + 3CO_2(g)$； $q_p = -27.6kJ\cdot mol^{-1}$ (1)

$3Fe_2O_3(s) + CO(g) = 2Fe_3O_4(s) + CO_2(g)$； $q_p = -47.2kJ\cdot mol^{-1}$ (2)

$Fe_3O_4(s) + CO(g) = 3FeO(s) + CO_2(g)$； $q_p = 19.4\ kJ\cdot mol^{-1}$ (3)

试利用盖斯定律计算下列反应的 q_p。

$$FeO(s) + CO(g) = Fe(s) + CO_2(g) \quad (4)$$

10. 已知反应：$H_2(g) + Cl_2(g) = 2HCl(g)$ 在 298.15K 时的 $K^\ominus = 4.9\times10^{16}$，$\Delta_r H_m^\ominus = -92.31kJ\cdot mol^{-1}$，求在 500K 时的 $K^\ominus$ 值。

*11. 石灰石分解反应的方程式为：$CaCO_3(s) = CaO(s) + CO_2(g)$，请计算：

① 温度为 873K，$p_{CO_2}=92345Pa$ 时，反应能否自发？

② 该温度下，反应的平衡常数 $K^\ominus$ 为多少？

③ 若要该反应在 873K 时能够自发进行，p_{CO_2} 应满足什么条件？

④ 标准态下，大约满足什么温度条件时，该反应能够自发进行？

12. 在 298.2K，标准态下，下列反应

$$CaO(s) + SO_3(g) = CaSO_4(s)$$

的 $\Delta_r H_m^\ominus = -402\ kJ\cdot mol^{-1}$，$\Delta_r S_m^\ominus = -189.6J\cdot mol^{-1}\cdot K^{-1}$，试求：

① 上述反应是否能自发进行？逆反应的 $\Delta_r G_m^\ominus$ 为多少？

② 升温有利于上述反应正向进行还是降温有利？

③ 计算上述逆反应进行所需的最低温度。

13. 已知：$Fe_2O_3(s) + 3H_2(g) = 2Fe(s) + 3H_2O(g)$

(1) 计算 25℃及标准态下反应能否自发进行？

(2) 该反应能够自发进行的最低温度是多少？

14. Ag_2CO_3 在 110℃的空气流中干燥，为防止 Ag_2CO_3 分解，空气中 CO_2 的分压至少应为多少？有关

热力学数据如下：

	$\Delta_f H_m^\ominus(298.15K)/(kJ \cdot mol^{-1})$	$S_m^\ominus(298.15K)/(J \cdot mol^{-1} \cdot K^{-1})$
$Ag_2CO_3(s)$	−505.8	167.4
$Ag_2O(s)$	−31.1	121.3
$CO_2(g)$	−393.5	213.8

15. 环己烷与甲基环戊烷之间有异构化作用：$C_6H_{12}(l) = C_5H_9CH_3(l)$
异构化反应的平衡常数与温度有如下关系：$\ln K = 4.814 - 2059/T$，试求 298.15K 时异构化反应的熵变是多少？

16. Why is ΔU equal to the heat of reaction at constant volume ? Why is ΔH equal to the heat of reaction at constant pressure ?

17. $\Delta_r H_m^\ominus$ and $\Delta_r S_m^\ominus$ are nearly independent of temperature. Why is this not true for $\Delta_r G_m^\ominus$?

18. Consider the equilibrium $PCl_3(g) + Cl_2(g) \rightleftharpoons PCl_5(g)$. How would the following affect the position of equilibrium ?
(a) Addition of PCl_3
(b) Removal of Cl_2
(c) Removal of PCl_5
(d) Decrease in the volume of the container
(e) Addition of He without a change in volume

第4章 水溶液与离子平衡

【内容提要】

本章的内容包括以下几个方面：

(1) 介绍稀溶液的依数性及其应用；

(2) 讨论建立在酸碱质子理论基础上的酸碱平衡理论，重点讨论各种酸碱水溶液中pH的计算，及影响酸碱平衡的因素；

(3) 讨论难溶电解质在水溶液中的沉淀-溶解多相离子平衡问题，重点讨论溶度积的概念、溶度积规则、影响多相离子平衡的因素及相关计算；

(4) 讨论配离子在水溶液中的解离平衡问题，重点以稳定常数和不稳定常数为基础，对配离子水溶液中相关离子的浓度进行计算；

(5) 利用多重平衡规则讨论配位平衡、沉淀平衡、酸碱平衡之间的平衡共存及移动问题。

【本章要求】

(1) 了解非电解质稀溶液的通性——依数性。

(2) 掌握酸碱质子理论关于酸碱的定义、酸碱反应及酸碱强弱的有关原理，掌握共轭酸碱对酸常数和碱常数的关系；明确缓冲溶液的概念，了解缓冲溶液的作用和选择，会进行一元弱酸、弱碱和缓冲溶液的pH的计算。

(3) 掌握溶度积和溶解度的基本计算，了解溶度积规则及利用溶度积规则判断沉淀的生成、溶解和转化，能进行难溶电解质的沉淀-溶解平衡的相关计算。

(4) 理解配位化合物的解离平衡，会利用配合物的稳定常数进行配离子平衡的简单计算；了解配位平衡、沉淀-溶解平衡、酸碱平衡之间的平衡移动。

按分散系统的分类，溶液属分子分散系统，即由一种物质（溶质）以分子或离子的形式分散在另一种物质（溶剂）中所形成的均匀混合物。水是自然界中最为普遍存在，也是最为重要的溶剂，无论是在自然界中、生命过程中，还是工农业生产过程中，都离不开水。因此水溶液就成为化学中研究的重点内容之一。本章主要讨论水溶液。首先讨论稀溶液的通性，然后在第3章化学平衡知识的基础上，讨论溶液中可溶和难溶电解质的离子平衡。

4.1 稀溶液的依数性

物质形成溶液以后，其许多性质会发生改变，但各类非电解质所形成的稀溶液却具有一些共同的性质，即与纯溶剂相比，溶液的蒸气压下降、沸点上升、凝固点下降和产生渗透压。这些性质只与溶质的粒子数有关，而与溶质的本性无关。这类性质被称为稀溶液的依数性（colligative properties）。

4.1.1 溶液的蒸气压下降

在一定温度下，每种液体的饱和蒸气压是一定值。饱和蒸气压越大，该液体越易挥发，

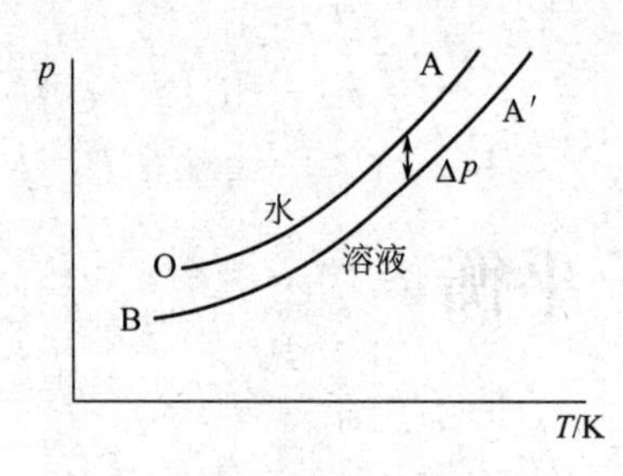

图 4.1　溶液的蒸气压下降示意图

反之，液体越难挥发。如果将一杯糖水和一杯等量的纯水同时放置，过一段时间会发现，纯水比糖水蒸发得快。这说明糖水的蒸气压比纯水的低，即在水中溶解了难挥发的溶质蔗糖后，该溶液的蒸气压下降了。因此，在同一温度下溶液的蒸气压总是低于纯溶剂的蒸气压。由于溶质是难挥发的，这里讲的溶液蒸气压实际上是指溶液中溶剂的蒸气压。纯溶剂蒸气压与溶液蒸气压之差为溶液的蒸气压下降（vapor pressure lowering）（如图 4.1 中的 Δp）。

1856 年德国化学家乌尔纳（A. Wüllner，1835—1908）指出，溶液的蒸气压下降值与不挥发性溶质的浓度成正比。之后从 1886 到 1890 年，法国物理学家拉乌尔（F. M. Raoult，1830—1901）在系统地研究了含有非挥发性溶质的稀溶液的蒸气压之后，得出了如下规律：在一定温度下，稀溶液中溶剂的蒸气压等于纯溶剂的蒸气压与溶液中溶剂的物质的量分数的乘积。这一定量规律被称为拉乌尔定律（Raoult's law），用公式表示为

$$p_A = p_A^* x_A \tag{4.1}$$

式中，p_A^*、p_A 分别表示纯溶剂和溶液液面上溶剂的蒸气压；x_A 为稀溶液中溶剂 A 的物质的量分数。

若稀溶液仅由 A、B 两种物质组成，由于 $x_{A}+x_B=1$，故拉乌尔定律又可写成

$$p_A = p_A^*(1-x_B)$$

即

$$\Delta p = p_A^* - p_A = p_A^* x_B \tag{4.2}$$

式(4.2) 是拉乌尔定律的另一种形式，它表明难挥发非电解质稀溶液的蒸气压下降（Δp）与溶质的物质的量分数（x_B）成正比，比例系数为纯溶剂的蒸气压 p_A^*。由此式可见，溶液的蒸气压下降仅决定于溶液的浓度，而与溶质粒子的种类与大小无关。

用分子运动论可以对溶液蒸气压下降的原因进行定性解释。液体的蒸气压是液体和蒸气建立平衡时的蒸气压力，因此液体的蒸气压与单位时间内由液面蒸发的分子数有关。由于溶质的加入，必然会降低单位体积溶液内所含溶剂分子的数目，溶液的部分表面也被难挥发的溶质所占据。所以单位时间内逸出液面的溶剂分子数相应减少，在达到液体和蒸气两相平衡时，溶液的蒸气压必然低于纯溶剂的蒸气压。

像氯化钙、五氧化二磷这些易潮解的物质常可被用作干燥剂，就是由于它们强的吸水性，使其表面在空气中因潮解而形成饱和溶液，该溶液的蒸气压比空气中水蒸气的分压小，从而使空气中的水分不断凝结进入溶液所致。

拉乌尔定律最初是从不挥发的非电解质稀溶液中总结出来的经验定律，后来又推广到溶剂、溶质都是液态的系统。拉乌尔定律是稀溶液的最基本的经验定律之一，稀溶液的其它性质如凝固点下降、沸点上升等都可以用溶剂的蒸气压下降来解释。而事实上，在拉乌尔定律得出之前，人们用了近一个世纪的时间研究溶液的凝固点下降和沸点上升的规律。

4.1.2　溶液的凝固点下降和沸点上升

凝固点（freezing point）是指在一定外压（如大气压力）下，物质的液相和固相具有相同蒸气压、可以平衡共存时的温度。而沸点（boiling point）是指液体的饱和蒸气压等于外压时的温度。一切纯物质都有一定的凝固点和沸点。但在纯溶剂中加入难挥发的溶质后，溶液的沸点和凝固点会有何变化呢？

人们早在生活中就发现，在寒冷的冬天置于室外的水结冰的同时，同样置于室外腌制咸

菜的缸里却没有结冰；烧沸的肉汤，要比同量的开水冷却得慢。这是由于溶液的凝固点较原溶剂的降低，而沸点却升高的原因。

为了寻找溶液的凝固点降低和沸点升高的规律，早在1771年英国化学家R. 华特生(Richard Watson，1737—1816）就测得了食盐水溶液的凝固点降低与盐的质量成正比，相同质量的不同盐的水溶液凝固点降低值不同。随后1788年英国物理化学家布拉格登（C. Blagden，1748—1820）又测定了食盐、氯化铵、酒石酸钾钠、硫酸镁、硫酸亚铁等一系列盐溶液的凝固点，发现凝固点降低值简单地依赖于盐和水的比例，如果几种盐同时溶于水中，则凝固点降低起加和作用。直到近100年以后，拉乌尔在研究溶液的凝固点降低时，才从根本上找到了溶液凝固点降低的规律。

拉乌尔和前人研究的不同之处在于他研究了有机化合物对水和其它溶剂凝固点的影响，并于1882年发表了他的研究报告，指出具有相同质量摩尔浓度（是指1kg溶剂中所含溶质的物质的量，单位$mol \cdot kg^{-1}$）的不同溶质的溶液，其凝固点下降都相同。如他列出了浓度均为$0.1mol \cdot kg^{-1}$的下列水溶液的凝固点：

甲醇	乙醇	葡萄糖	蔗糖
−0.181℃	−0.183℃	−0.186℃	−0.188℃

从而总结出溶液的凝固点下降只与溶质的质量摩尔浓度成正比，而与溶质的本性无关。如果用ΔT_f表示溶液凝固点较纯溶剂凝固点的下降值，则溶液凝固点下降值可用数学式表示为：

$$\Delta T_f = K_f b_B \tag{4.3}$$

式中，b_B为溶质B的质量摩尔浓度；K_f称为溶剂的凝固点降低常数，即溶液质量摩尔浓度为$1mol \cdot kg^{-1}$时的凝固点下降值，单位为$K \cdot kg \cdot mol^{-1}$。拉乌尔即根据上述实验结果总结出水的凝固点降低常数为$1.86K \cdot kg \cdot mol^{-1}$。

随后1886～1890年在拉乌尔系统研究溶液的蒸气压得出拉乌尔定律后，才真正找到了溶液的凝固点下降及沸点上升现象的根本原因：是由于溶液的蒸气压下降。下面以水溶液为例来简单说明。

图4.2为水、冰和溶液的蒸气压与温度的关系曲线。图中OA、BA′、OB分别表示纯水、溶液和冰的蒸气压随温度的变化曲线。由于在100℃时水的饱和蒸气压与外压（一般为101.3kPa）相等，所以纯水的正常沸点为100℃（即373.15K）；而水和冰两相平衡共存时，即两相具有相同蒸气压时的温度为0℃（即273.15K），所以冰的正常凝固点为0℃，也称为水的冰点。由于加入溶质，溶液的蒸气压要比同一温度时水的蒸气压低，所以在100℃时，溶液的蒸气压必低于纯水的蒸气压，此时溶液不会沸腾，只有继续升高温度到T_b，溶液的蒸气压才能等于外界大气压，溶液才会沸腾。因此，溶液的沸点T_b比纯溶剂高了ΔT_b。也正是由于溶液的蒸气压下降，使得在0℃时，溶液的蒸气压低于溶剂的蒸气压，冰与溶液不能共存，只有在更低的温度下，才能使溶液的蒸气压与冰的蒸气压相等，即曲线OB和BA′相交于B点，也就是温度下降到T_f时，溶液中才开始析出冰，这一温度就是溶液的凝固点，它比水的凝固点降低了ΔT_f。

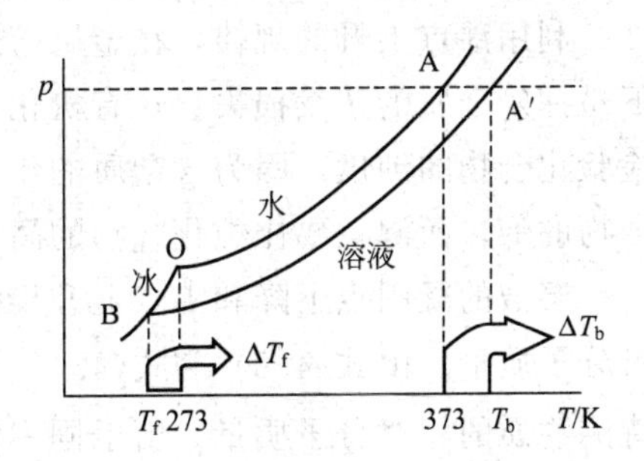

图4.2 水、冰和溶液的蒸气压与温度的关系

可见，溶液的凝固点下降和沸点上升的根本原因

是溶液的蒸气压下降，而根据拉乌尔定律，溶液蒸气压的下降程度只与溶质的浓度成正比，而与溶质粒子的种类与大小无关，因此溶液的凝固点下降和沸点上升也只与溶液的浓度成正比，这就很好地解释了上述拉乌尔由实验得出的溶液凝固点下降的经验式［式(4.3)］。同样，拉乌尔也由实验确定了溶液沸点上升的数学表达式：

$$\Delta T_b = K_b b_B \tag{4.4}$$

式中，K_b 为溶剂的沸点上升常数，它与溶剂的凝固点降低常数一样也只决定于溶剂的本性而与溶质无关，单位为 $K \cdot kg \cdot mol^{-1}$。

不同溶剂的 K_b 和 K_f 值不同，表 4.1 列出了常用溶剂的 K_b 和 K_f 值。

表 4.1　几种溶剂的正常沸点、正常凝固点和 K_b、K_f 值

溶剂	T_b/K	K_b/(K·kg·mol^{-1})	T_f/K	K_f/(K·kg·mol^{-1})
水	373.15	0.513	273.15	1.86
乙酸	391.25	3.22	289.85	3.63
苯	353.35	2.64	278.15	5.07
乙醚	307.85	2.20	156.95	1.8
四氯化碳	349.95	5.26	250.53	32
樟脑	481.40	5.95	451.55	37.8

人们将稀溶液的凝固点下降和沸点上升的规律应用于生产和生活中，解决了很多实际问题。

利用凝固点下降的规律，在冬季进行建筑施工时，为了保证施工质量，降低混凝土的固化温度，常在浇注混凝土时加入少量盐类物质；在下雪的路面上撒下食盐，雪就会融化，易于清除积雪。氯化钠-水系统，最低温度可降到－22℃才开始结冰，而氯化钙-水系统，最低温度可降至－55℃，因此人们常用这种盐水系统作为冰冻浴来获得低温。向汽车的水箱中加入乙二醇等化学物质，可制成“不冻液”，使汽车在严寒中也能正常运行。世界上奶业发达的国家均应用冰点检测监控生鲜牛奶的质量。牛奶的含水量约为 85.5%～88.7%，其中含有一定浓度的可溶性乳糖及氯化物等盐类，可将其视作分散有多种高分子物质和小分子物质的水溶液。由于原乳浓度能保持平衡，故原乳的冰点下降基本保持一致，只在很小范围内变动。国际公认的牛奶冰点平均值在－0.525～－0.521℃之间，我国国家标准中对合格生鲜牛乳冰点的推荐范围为－0.546～－0.508℃。如果在牛奶中无意或有意加入额外的水分，即相当于将该溶液稀释了，其冰点就比正常值升高；而外加可溶性有机、无机物质会使其冰点比正常值低。由此可通过测定牛奶的冰点来检测监控其质量。

利用沸点上升的规律，在金属熔炼时，用组成沸点较高的合金溶液的方法，减少在高温下易挥发金属的蒸发损失。在有机化合物合成中，也常用测定该物质的熔点和沸点的方法来检验化合物的纯度，因为含杂质的化合物相当于是以化合物为溶剂的溶液，其熔点要比纯化合物的低，而沸点要比纯化合物的高。

溶液的凝固点下降和沸点上升规律在科学研究中的最显著应用是测定非电解质物质的相对分子质量。由式(4.3) 和式(4.4) 可见，当 K 和 ΔT 已知时就可求得 b_B，进而可计算出待测物质的相对分子质量。由于同一溶剂的 K_f 大于 K_b，导致相同浓度溶液的凝固点下降值较沸点上升值大，而且凝固点随压力的变化不像沸点那样明显，因此用凝固点下降法测定物质的相对分子质量的实验误差较小，其应用比沸点上升法更为广泛。

【例 4.1】 吸烟对人体有害，香烟中的尼古丁是致癌物质。现将 0.6g 尼古丁溶于 12.0g 水中，所得溶液在 101.1kPa 下的凝固点为 −0.62℃，试确定尼古丁的相对分子质量。

【解】 已知水的凝固点为 0℃，凝固点下降常数为 $1.86K \cdot kg \cdot mol^{-1}$

$$\Delta T_f=[0-(-0.62)]℃=0.62℃=0.62K$$

因为

$$\Delta T_f=K_f b_B=K_f \frac{m_B}{M_B m_A}$$

所以

$$M_B=\frac{K_f m_B}{\Delta T_f m_A} \tag{4.5}$$

式中，M_B 为溶质的摩尔质量，$g \cdot mol^{-1}$；m_B 为溶质的质量，g；m_A 为溶剂的质量，kg。

所以尼古丁的摩尔质量 M 为

$$M=\frac{K_f m_B}{\Delta T_f m_A}=\frac{1.86\times 0.6}{0.62\times 0.012}=150\ (g \cdot mol^{-1})$$

即尼古丁的相对分子质量 $M_r=150$

值得注意的是，拉乌尔定律，包括溶液的蒸气压下降、凝固点下降［式(4.3)］和沸点上升［式(4.4)］是稀溶液定律，其变化程度只与溶质的粒子浓度有关，与溶质的本性无关，即所谓依数性。对于难挥发非电解质稀溶液，其粒子浓度就为非电解质溶质的浓度，可以比较好地服从拉乌尔定律。而对于电解质，由于其在水溶液中发生完全或部分解离，使溶液中粒子浓度大于电解质溶质的浓度，而导致对拉乌尔定律的偏离。

【例 4.2】 将下列溶液按其凝固点由高到低的顺序排列：

$1mol \cdot kg^{-1}\,C_6H_{12}O_6$，$1mol \cdot kg^{-1}\,CaCl_2$，$1mol \cdot kg^{-1}\,NaCl$，$1mol \cdot kg^{-1}\,HAc$

【解】 虽然拉乌尔定律只适用于难挥发非电解质的稀溶液，但对于不符合此适用条件的溶液仍可作定性比较。溶液凝固点下降的程度取决于单位体积内溶质的微粒数，而单位体积内溶质的微粒数又与溶液的浓度和溶质解离情况有关。

题中所给各物质浓度相同，但由于各物质在溶液中的解离情况不同，使溶质的微粒数不同，按照拉乌尔定律，微粒数越多，凝固点下降数值越大。1mol $C_6H_{12}O_6$（非电解质）为 1mol；而 1mol $CaCl_2$（强电解质）微粒数大约为 3mol；1mol NaCl（强电解质）微粒数大约为 2mol；1mol HAc（弱电解质）微粒数略大于 1mol。

所以凝固点由高到低的顺序为：

$1mol \cdot kg^{-1}\,C_6H_{12}O_6 > 1mol \cdot kg^{-1}\,HAc > 1mol \cdot kg^{-1}\,NaCl > 1mol \cdot kg^{-1}\,CaCl_2$

除了溶液的蒸气压下降、凝固点下降和沸点上升外，稀溶液的通性还有能产生渗透压。

4.1.3 溶液的渗透压

渗透压现象最早是由法国哲学教授诺勒（Jean-Antoine Nollet，1700—1770）于 1748 年发现的。当时他把盛酒的瓶口用猪膀胱封住，浸放在水中，发现水通过膀胱膜进入酒中，使瓶口膀胱膜逐渐膨胀，最后破裂。

像动物的膀胱膜、细胞膜、羊皮纸以及萝卜皮之类的薄膜，看起来不透水、不透气，实际上却是半透膜（semipermeable membrane），其特性是溶剂分子可自由通过，而溶质分子

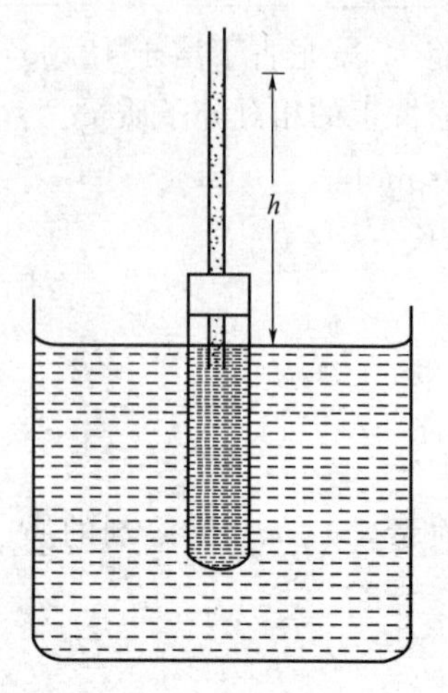

图 4.3　渗透现象和渗透压力

则不能，这种由于半透膜的存在，使两种不同浓度溶液间产生溶剂分子的扩散现象叫做渗透（osmosis）现象。

将蔗糖溶液装入涂敷了人造半透膜的磁筒中，上端塞紧，并插入一根细长玻璃管，将磁筒浸入清水中，由于水不断地渗透进入溶液，使磁筒内溶液体积增大，玻璃管中液面逐渐上升。当玻璃管内液体上升到一定高度时，管内液面和管外液面相差的高度（h）所产生的水压阻止了水分子继续渗透，事实上此时水分子仍然在扩散，只不过在单位时间内向管内外两个方向扩散的水分子数目相等，而达到了动态平衡状态（如图 4.3 所示）。相差的高度所产生的压力差就是该溶液的渗透压（osmotic pressure）。

在发现渗透现象的一百多年间，人们一直试图寻找描述渗透压大小的数学关系式。直到 1877 年德国化学家普菲弗尔（W. F. P. Pfeiffer，1845—1920）总结许多结果发现：在同一温度下，溶液的渗透压与它的浓度成正比，溶液的浓度越大，上述液柱的高度（h）就越大；浓度相同的溶液，渗透压与绝对温度成正比。

1885 年荷兰化学家范特霍夫在得知普菲弗尔的实验结论后，指出稀溶液的渗透压可以用和理想气体方程完全相同的方程式表示，即：

$$\Pi V = n_B RT \quad 或 \quad \Pi = \frac{n_B}{V} RT = c_B RT \tag{4.6}$$

式中，Π 表示溶液的渗透压，单位为 Pa；n_B 表示溶质的物质的量；V 表示溶液的体积，单位为 m^3；c_B 为溶液的物质的量浓度，单位为 $mol \cdot m^{-3}$；R 是气体常数，其数值为 $8.314 J \cdot K^{-1} \cdot mol^{-1}$；$T$ 是热力学温度，K。此式被称为范特霍夫公式。该公式最初是经验公式，后经热力学推证了它与拉乌尔定律的联系及其正确性。该式表明，溶液的渗透压在一定温度和体积下，只与溶液中所含溶质的粒子数有关，而与溶质和溶剂的本性无关。

范特霍夫之所以提出上述公式，是基于他的关于气体产生压力的机理和溶液产生渗透压的机理基本相似的观点。他认为对于气体来说，压力决定于气体分子对容器壁的碰撞；对于溶液来说，渗透压决定于溶质分子对半透膜的碰撞。他的论说于 1885 年以《气体和稀溶液体系的化学平衡》为题发表以后，逐渐引起化学界的注意，并因此及其在溶液中的化学动力学定律等方面的突出贡献而获得了 1901 年首次颁发的诺贝尔化学奖。1887 年范特霍夫和奥斯特瓦尔德及瑞典化学家阿伦尼乌斯（S. A. Arrhenius，1859—1927）共同创办了有影响的杂志《物理化学》，标志着化学的一个重要分支——物理化学诞生了。

由范特霍夫公式可以通过测定难挥发非电解质稀溶液的渗透压来推算溶质的摩尔质量，从而得到溶质的相对分子质量：

$$\Pi V = n_B RT = \frac{m_B}{M_B} RT$$

$$M_B = \frac{m_B RT}{\Pi V} \tag{4.7}$$

从理论上讲，利用凝固点下降和测定溶液渗透压法都可推算溶质的相对分子质量，但用渗透压法最为灵敏精确，这一点可以通过计算说明。如一个 $0.01 mol \cdot kg^{-1}$ 非电解质水溶液的凝

固点降低值 $\Delta T_f = 1.86 \times 0.01 = 0.0186\text{K}$，对如此小的温度降低值，在实验上很难准确测定；但是，对同样的稀溶液，在25℃及常压下的渗透压 $\Pi = 24318\text{Pa}$，比较容易准确测定。

但在实际测定中，用渗透压法测定溶质的相对分子质量的困难在于半透膜的制备。一般制备的半透膜往往不仅溶剂分子透过，溶质分子也能透过，对一般的溶质来说，很难制备出真正的半透膜，所以测定溶质的相对分子质量通常均用凝固点降低法。但是对于高分子溶液，由于溶质分子和溶剂分子的大小相差悬殊，制备只允许溶剂分子透过，而不允许大分子溶质透过的半透膜比较容易，因此用灵敏的渗透压法测定高分子溶质的相对分子质量，特别是生物大分子的相对分子质量已经成为常用的方法之一。

渗透现象在生物界中非常重要，因为大多数有机体的细胞膜都具有半透性。植物细胞是靠细胞液的渗透压将根部的水分输送到茎部和叶片；鱼的鳃具有半透性，由于海水鱼和淡水鱼的鳃渗透功能不同，其体液的渗透压不同，所以海水鱼不能在淡水中养殖。对于人体来说渗透现象更为重要，当人们食用过咸的食物或排汗过多时，由于肌体组织中的渗透压升高而有口渴的感觉，饮水后使组织中有机物质浓度降低，渗透压也随之降低而消除了口渴。因此口渴时饮用白开水比饮用含糖等成分过高的饮料要解渴；医院在给病人作静脉注射或输液时必须采用与血液渗透压（正常体温时为780kPa）基本相同的溶液，如0.90%（$0.154\text{mol} \cdot \text{dm}^{-3}$）的生理盐水或5.0%的葡萄糖溶液，生物医学上称之为等渗溶液。渗透压相对低的为低渗溶液，相对高的为高渗溶液。有时为了处理一些特殊病人时，也会相应使用低渗溶液或高渗溶液。如因大面积烧伤而引起低渗脱水或因失钠过多而血浆水分增多的病人，就要采用高渗溶液治疗。若非治疗需要而在注射时采用高渗溶液，正常红细胞就会因内外溶液的渗透压不相等而导致红细胞膜皱缩［图4.4(a)］，医学上称其为“质壁分裂”。皱缩的红细胞易黏合在一起而成“团块”，这些团块在小血管中便可形成“血栓”。若采用低渗溶液，水分子会透过细胞膜进入正常红细胞而使红细胞逐渐膨胀甚至最后破裂［图4.4(c)］，医学上称其为“溶血”。

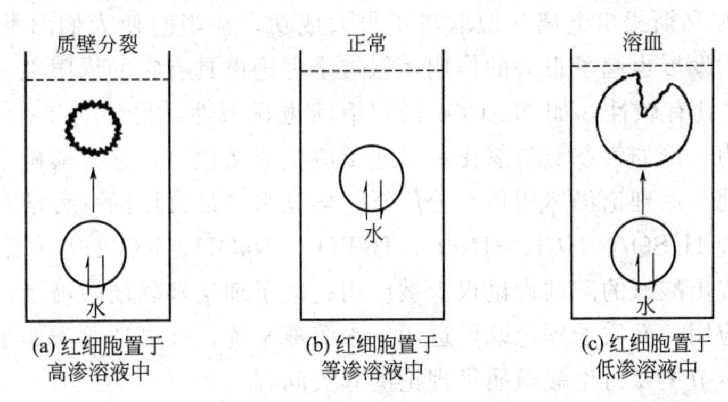

图4.4　红细胞在不同渗透压溶液中的形态示意图

如果在图4.3中的玻璃管的液面上施加外压，且使外压大于渗透压，则在此外界压力下，溶液中的溶剂向纯溶剂中扩散，这种现象被称作反渗透（reverse osmosis）。反渗透为海水淡化、工业废水和污水处理及溶液浓缩等过程提供了重要的方法。

综上所述，难挥发非电解质的稀溶液具有蒸气压下降、沸点上升、凝固点下降并产生渗透压的特性，而且这些变化只与溶液中溶质的浓度成正比，而与溶质的本性无关。这一特性称为稀溶液的依数性。

本节介绍的是非电解质稀溶液的通性——依数性，如果将电解质溶质溶于水中测定它们的依数性，则实验结果比理论计算值大，正如例4.2中所见。对于导电性强的强电解质，依数性较同浓度的非电解质溶液几乎是成整数倍地增加，而对于导电性差的弱电解质，依数性介于非电解质和强电解质之间。正是受这一实验结果的启发，年轻的瑞典化学家阿伦尼乌斯依据电解质溶液依数性和导电性的关系，于 1887 年提出了电解质的电离学说，认为“溶液中具有导电性的离子来源于物质的分子在溶液中的解离”，并通过实验验证了他的假设，从而结束了统治科学界几十年的由英国化学家、物理学家法拉第提出的“溶液中离子是在电流的作用下产生的”之观点。电离学说推动化学尤其是无机化学实现了较大的改革，分析化学也据此实现了不亚于无机化学的重大改革。为此，1903 年阿伦尼乌斯荣获了诺贝尔化学奖，成为瑞典第一位获此科学大奖的科学家。

从下一节开始就介绍有关电解质溶液的离子平衡，包括可溶电解质的酸碱平衡、配位平衡和难溶电解质的沉淀-溶解平衡。

4.2 酸碱平衡

4.2.1 酸碱质子理论

人们对酸、碱的认识是从直接的感觉开始的。有酸味的就是酸，英文中的酸（acid）从拉丁文 acere 而来，原意就是有酸味；而有涩味、滑腻感的就是碱，草木灰有滑腻感就被认为是碱，英文中的碱（alkali）来自阿拉伯文 alqaliy，就是指草木灰。后来，随着生产和科学的发展，人们提出了一系列的酸碱理论，其中比较重要的有阿伦尼乌斯的酸碱电离理论（1887 年）、富兰克林（Edward C. Franklin，1862—1937）的酸碱溶剂理论（1905 年）、布朗斯特（Johannes Nicolaus Brønsted，1879—1947）和劳莱（Thomas Martin Lowry，1874—1936）的酸碱质子理论（1923 年）、路易斯的酸碱电子理论（1923 年）及皮尔逊（Ralph G. Pearson，1919—）的软硬酸碱理论（1963 年）。

1887 年阿伦尼乌斯提出电离学说取得了很大成功，在当时使人们对酸碱的认识有了质的飞跃，对化学的发展也起了很大的作用，但这个理论也具有它的局限性。首先并不是只有含 OH^- 的物质才具有碱性，如 Na_2CO_3 的水溶液也显碱性，另外对于非水体系的酸碱性，该理论也无能为力。例如气态氨与氯化氢迅速反应生成氯化铵，这个酸碱中和反应并没有水的生成。尽管如此，该理论仍然用得十分广泛，毕竟水是最常用的一种溶剂，而且，按此理论定义的酸、碱如 H_2SO_4、HCl、HNO_3、H_3PO_4、NaOH、KOH 等覆盖了最重要的酸碱工业产品。后来提出酸碱的溶剂理论很少被应用；电子理论和软硬酸碱理论在配位化学及有机化学中有较多应用；而质子理论既可适用于水溶液系统，又可适用于非水溶液系统和气相反应系统，为此本节主要讨论酸碱质子理论的有关问题。

（1）酸碱定义

针对酸碱电离理论的局限性，丹麦化学家布朗斯特和英国化学家劳莱于 1923 年分别独立提出了酸碱质子理论。该理论认为凡是能给出质子的分子或离子，即质子给予体（proton donor），都是酸；凡是能与质子结合的分子或离子，即质子接受体（proton acceptor），都是碱。这样，除了电离理论中的 H_2SO_4、HCl、HNO_3、H_3PO_4 等分子是酸外，H_2O、HSO_4^-、NH_4^+、$Al(H_2O)_6^{3+}$ 等分子或离子也都是酸，因为它们也都能够给出质子。

$$H_2O \rightleftharpoons H^+ + OH^-$$

$$HCO_3^- \rightleftharpoons H^+ + CO_3^{2-}$$

$$NH_4^+ \rightleftharpoons H^+ + NH_3$$

$$Al(H_2O)_6^{3+} \rightleftharpoons H^+ + [Al(OH)(H_2O)_5]^{2+}$$

酸给出质子后余下的部分能够重新接受质子，按质子理论就是碱。上面例子中 OH^-、CO_3^{2-}、NH_3、$[Al(OH)(H_2O)_5]^{2+}$ 都是碱。

由此可见，酸与碱的相互关系为

$$酸 \rightleftharpoons H^+ + 碱 \tag{4.8}$$

这种关系通常称为共轭关系。左边的酸是右边碱的共轭酸（conjugate acid），而右边的碱则是左边酸的共轭碱（conjugate base），彼此联系在一起叫作共轭酸碱对（conjugate acid-base pair）。但这种共轭酸碱对的半反应并不能单独存在。因为酸并不能自动给出质子，而必须同时存在一个能接受质子的物质——碱时，酸才能变成共轭碱；反之，碱也必须从另外一种酸接受质子后才能变成共轭酸。从而表明酸碱反应的实质是质子的传递，是两对共轭酸碱对相互作用的结果。例如：

$$\underset{酸_1}{HCl} + \underset{碱_2}{H_2O} \xrightarrow{} \underset{酸_2}{H_3O^+} + \underset{碱_1}{Cl^-} \quad (H^+) \tag{4.9}$$

$$\underset{酸_1}{HAc} + \underset{碱_2}{H_2O} \rightleftharpoons \underset{酸_2}{H_3O^+} + \underset{碱_1}{Ac^-} \quad (H^+) \tag{4.10}$$

$$\underset{碱_1}{Ac^-} + \underset{酸_2}{H_2O} \rightleftharpoons \underset{碱_2}{OH^-} + \underset{酸_1}{HAc} \quad (H^+) \tag{4.11}$$

$$\underset{酸_1}{H_2O} + \underset{碱_2}{H_2O} \rightleftharpoons \underset{酸_2}{H_3O^+} + \underset{碱_1}{OH^-} \quad (H^+) \tag{4.12}$$

$$\underset{酸_1}{H_3O^+} + \underset{碱_2}{OH^-} \xrightarrow{} \underset{酸_2}{H_2O} + \underset{碱_1}{H_2O} \quad (H^+) \tag{4.13}$$

从以上反应可以看出：在酸碱反应中至少同时存在两对共轭酸碱对，质子传递的方向总是从给出质子能力强的酸传递给接受质子能力强的碱。在水溶液的酸碱反应中，溶剂水的作用比较特殊，它既可以作为酸给出质子，如式(4.11)、式(4.12)，又可以作为碱接受质子，如式(4.9)、式(4.10)、式(4.12)，像这种既能给出质子作为酸，也能接受质子作为碱的物质被称为两性物质（ampholyte）。布朗斯特酸碱质子理论把像式(4.10)、式(4.11)这样的平衡分别称为弱酸和弱碱的解离平衡，它们都是弱酸、弱碱与溶剂水分子间质子传递反应的平衡式；式(4.12)是 H_2O 的自身质子传递反应，被称为水的质子自递反应（autoionization of water)。按阿伦尼乌斯酸碱电离理论，式(4.10) 是弱酸电离平衡，式(4.11) 是盐的水解反应，式(4.13) 是酸碱中和反应，但其实它们都是 H^+ 转移的反应，故按酸碱质子理论，它们都是酸碱反应，其实质都是质子的转移。

总之，布朗斯特酸碱质子理论扩大了酸碱的概念及酸碱反应的范围。酸和碱既可以是分子型的，也可以是离子型的，而不再有盐的概念，因为它们都可以归结为离子酸或离子碱。如 NH_4Cl 中的 NH_4^+ 是酸，NaAc 中的 Ac^- 是碱。而质子在两对共轭酸碱对之间的传递反应都是酸碱反应，包括了阿伦尼乌斯酸碱电离理论中的弱酸、弱碱的电离、盐的水解、酸碱中和等过程。酸碱质子理论不仅适用于水溶液，也适用于非水溶液，弥补了酸碱电离理论只能用于水溶液的不足。如气相中氨与氯化氢的反应。

$$\underset{\text{酸}_1}{HCl} + \underset{\text{碱}_2}{NH_3} \xrightleftharpoons{H^+} \underset{\text{酸}_2}{NH_4^+} + \underset{\text{碱}_1}{Cl^-} \tag{4.14}$$

表 4.2 列举了水溶液中常见的布朗斯特弱酸和弱碱。

表 4.2 水溶液中常见的布朗斯特弱酸和弱碱

项目	一元		多元	
	弱酸	弱碱	弱酸	弱碱
分子型弱酸(碱)	HF HAc HCN HClO	$NH_3 \cdot H_2O$	$H_2C_2O_4$ H_2SO_3 H_3PO_4 H_2CO_3 H_2S	
离子型弱酸(碱)	NH_4^+ HSO_4^-	F^- NO_2^- Ac^- CN^- ClO^-	$[Al(H_2O)_6]^{3+}$	$C_2O_4^{2-}$ CO_3^{2-} PO_4^{3-} S^{2-} SO_3^{2-}
两性物质	H_2O、HSO_3^-、HCO_3^-、HS^-、$H_2PO_4^-$、HPO_4^{2-} 等			

(2) 酸碱的强弱

弱酸弱碱的相对强弱不仅决定于酸碱本身给出质子和接受质子的能力，还决定于溶剂接受和给出质子的能力，因此要比较各种酸碱的强弱，必须选定一种溶剂，最常用的溶剂是水。在水溶液中，酸碱的强度可用它们在水中的标准解离平衡常数 $K_a^\ominus$、$K_b^\ominus$ 来衡量，分别简称为酸常数和碱常数。如 HAc 在水中的解离平衡

$$HAc + H_2O \rightleftharpoons H_3O^+ + Ac^-$$

标准平衡常数为：

$$K_a^\ominus = \frac{[c(H_3O^+)/c^\ominus][c(Ac^-)/c^\ominus]}{[c(HAc)/c^\ominus]} \tag{4.15}$$

因为 $c^\ominus = 1mol \cdot dm^{-3}$，$c$ 的单位通常也是 $mol \cdot dm^{-3}$，所以 $c/c^\ominus$ 在数值上等于 c。若不考虑单位，则上式中的 $c/c^\ominus$ 可以用 c 代替（仅是为了书写方便，在具体表达 c 的时候切不可将单位"$mol \cdot dm^{-3}$"遗漏），同时为了书写方便，水合质子 H_3O^+ 简写为 H^+，则上式

可简写为

$$HAc \rightleftharpoons H^+ + Ac^-$$

$$K_a^\ominus = \frac{c(H^+)c(Ac^-)}{c(HAc)} \quad (4.16)$$

式中，各物质的浓度均为平衡浓度。如不特加说明，以下简化情况都与此相同。

同一般化学平衡的标准平衡常数一样，$K_a^\ominus$ 及 $K_b^\ominus$ 只是温度的函数，将随着温度的变化而变化，所以在使用这些常数时，要注意酸碱反应的温度。

$K_a^\ominus$ 越大，酸在水中给出质子的能力越强，酸性就越强；同样，$K_b^\ominus$ 越大，碱在水中接受质子的能力越强，碱性就越强。由热力学方法，根据有关物质的 $\Delta_f G_m^\ominus$，可求算弱酸或弱碱的 $K_a^\ominus$ 及 $K_b^\ominus$。

通常在手册中可直接查到常见弱酸或弱碱的酸常数或碱常数，如 HAc 的 $K_a^\ominus = 1.75\times10^{-5}$，其共轭碱 Ac^- 的碱常数一般没有。但是 $K_b^\ominus$ 可由 $K_a^\ominus$ 求算：

$$Ac^- + H_2O \rightleftharpoons OH^- + HAc \qquad K_b^\ominus$$

此平衡可分解为如下两个平衡：

① $$Ac^- + H_3O^+ \rightleftharpoons H_2O + HAc \qquad 1/K_a^\ominus$$

② $$H_2O + H_2O \rightleftharpoons OH^- + H_3O^+ \qquad K_w^\ominus$$

反应②是水的质子自递反应，其平衡常数用 $K_w^\ominus$ 表示

$$K_w^\ominus = [c(H_3O^+)/c^\ominus]\cdot[c(OH^-)/c^\ominus]$$

简写为：

$$K_w^\ominus = c(H^+)\cdot c(OH^-) \quad (4.17)$$

$K_w^\ominus$ 通常被称为水的离子积（ionization product of water），1894 年德国两位物理学家科尔劳施（F. Kohlrausch，1840—1910）和海德维勒（A. Heydweiller，1856—1926）精确测定了 25℃时的该离子积为 1.008×10^{-14}。在酸碱质子理论中 $K_w^\ominus$ 被称为水的质子自递常数，它同一般热力学常数一样是温度的函数。表 4.3 列出了其它温度下 $K_w^\ominus$ 的数值。

表 4.3 水的质子自递常数 $K_w^\ominus$ 与温度的关系

温度/℃	0	25	30	40	50	60	70	80	90	100
$pK_w^\ominus$	14.938	13.995	13.836	13.542	13.275	13.034	12.814	12.613	12.428	12.265

（注：本表数据摘自 D. R. Lide，CRC Handbook of Chemistry and Physics，84th ed，CRC Press. Inc，2003—2004）

知道 $K_w^\ominus$ 的数值后，就可利用 $K_w^\ominus$ 及酸的 $K_a^\ominus$ 值求算其共轭碱的 $K_b^\ominus$ 值。由于 Ac^- 在水中的酸碱平衡可由上述①、②两平衡组成，所以由多重平衡规则（见 3.4.1）可得

$$K_b^\ominus = K_w^\ominus/K_a^\ominus \text{ 或 } K_a^\ominus K_b^\ominus = K_w^\ominus \quad (4.18)$$

上例中 Ac^- 的 $K_b^\ominus$：

$$K_b^\ominus(Ac^-) = \frac{1}{K_a^\ominus(HAc)}\cdot K_w^\ominus = \frac{1.008\times10^{-14}}{1.75\times10^{-5}} = 5.76\times10^{-10}$$

式(4.18) 描述了一对共轭酸碱对 $K_a^\ominus$ 和 $K_b^\ominus$ 的关系。由此式可见，一个酸的酸性越强，则其共轭碱的碱性越弱；反之，一个酸的酸性越弱，则其共轭碱的碱性就越强。有时为了方便，常用 $K_a^\ominus$、$K_b^\ominus$ 的负对数 $pK_a^\ominus$、$pK_b^\ominus$ 来衡量酸碱的强弱。表 4.4 列出了水溶液中的共轭酸碱对酸的 $K_a^\ominus$、$pK_a^\ominus$ 值及其共轭碱的形式。

表 4.4 水溶液中的共轭酸碱对及其 $K_a^\ominus$ 值

共轭酸(HB)	$K_a^\ominus$(在水中)	$pK_a^\ominus$(在水中)	共轭碱(B)
H_3O^+			H_2O
$H_2C_2O_4$	5.62×10^{-2}	1.25	$HC_2O_4^-$
H_2SO_3	1.4×10^{-2}	1.85	HSO_3^-
HSO_4^-	1.02×10^{-2}	1.99	SO_4^{2-}
H_3PO_4	6.92×10^{-3}	2.16	$H_2PO_4^-$
HNO_2	5.62×10^{-4}	3.25	NO_2^-
HF	6.31×10^{-4}	3.20	F^-
HCOOH	1.78×10^{-4}	3.75	$HCOO^-$
$HC_2O_4^-$	1.55×10^{-4}	3.81	$C_2O_4^{2-}$
CH_3COOH	1.75×10^{-5}	4.76	CH_3COO^-
H_2CO_3	4.47×10^{-7}	6.35	HCO_3^-
HSO_3^-	6.3×10^{-8}	7.2	SO_3^{2-}
H_2S	8.9×10^{-8}	7.05	HS^-
$H_2PO_4^-$	6.17×10^{-8}	7.21	HPO_4^{2-}
NH_4^+	5.68×10^{-10}	9.25	NH_3
HCN	6.17×10^{-10}	9.21	CN^-
HCO_3^-	4.68×10^{-11}	10.33	CO_3^{2-}
HS^-	1.0×10^{-19}	19	S^{2-}
HPO_4^{2-}	4.79×10^{-13}	12.32	PO_4^{3-}
H_2O			OH^-

酸性减弱↓　　碱性增强↓

布朗斯特酸碱质子理论虽然发展了阿伦尼乌斯酸碱理论，扩大了酸碱概念，但酸碱反应也只能是包含质子转移的反应，因此也有其局限性。1923 年，美国创立共价键论述的化学家路易斯提出了酸碱的电子论：凡是能给出电子对的分子、离子或原子团都叫作碱，凡是能接受电子对的分子、离子或原子团都叫作酸，酸碱反应不再是质子的转移而是电子的转移，是碱性物质提供电子对与酸性物质生成配位共价键的反应。电子论所定义的酸碱包罗的物质种类很广泛，因而又称为广义的酸和广义的碱。但是由于路易斯的酸碱范围过于广泛，几乎包括了所有的有机物和无机物，就使人难以区分酸和碱在结构上和性质上的差异，从而妨碍了该理论的推广和应用。后来 1963 年美国化学家皮尔逊又根据路易斯酸碱得失电子对的难易程度，将路易斯酸碱分为软酸、硬酸、软碱、硬碱以及性质界于软、硬之间的交界酸和交界碱，并总结出“硬亲硬，软亲软，软硬交界就不管”的软硬酸碱理论，用于判断生成的配合物及化合物的稳定性，在无机化学和有机化学领域都得到了应用。但是它毕竟是定性的，而且还有不少例外，还需要进一步地研究。

4.2.2 酸碱水溶液中 pH 的计算

弱酸或弱碱在水溶液中都存在着解离平衡，要想定量地了解溶液的酸碱性，就要知道平衡时溶液中的氢离子浓度。为此酸碱溶液中氢离子浓度的确定在酸碱平衡中就显得尤为重要。通常实验室里可以采用 pH 试纸或酸度计进行测定，除此以外，理论上还可通过平衡原理进行计算。酸碱溶液的体系非常多，有强弱之分，一元及多元之分，还有混合酸碱等等，下面只介绍一元弱酸碱、多元弱酸碱及缓冲溶液等酸碱体系中氢离子浓度及 pH 的计算。

(1) 一元弱酸、一元弱碱溶液

以 HA 代表任一种一元弱酸，其初始浓度为 c，酸常数为 $K_a^\ominus$，则 HA 在水溶液中的解离平衡式为[设平衡时 $c(H^+)=x\text{mol}\cdot\text{dm}^{-3}$]：

$$HA + H_2O \rightleftharpoons H_3O^+ + A^-$$

	HA		H_3O^+	A^-
起始浓度/($mol \cdot dm^{-3}$)	c		0	0
平衡浓度/($mol \cdot dm^{-3}$)	$c-x$		x	x

则

$$K_a^{\ominus} = \frac{x^2}{c-x} \tag{4.19}$$

当弱酸解离度≤5%（解离度又叫电离度是指弱电解质在溶液里达电离平衡时，已电离的电解质分子数占原来总分子数的百分数，用α表示），即$c/K_a^{\ominus} \geq 400$时[1]，相对于c，解离出的$c(H^+)$（即x）很小，可以忽略，即$c-x \approx c$。

将上式代入式(4.19)得

$$K_a^{\ominus} \approx \frac{x^2}{c}$$

有

$$c(H^+) = x \approx \sqrt{K_a^{\ominus} c} \tag{4.20}$$

上式是计算一元弱酸溶液氢离子浓度的最简式。用上述同样方法可推导出计算一元弱碱B溶液中OH^-浓度的最简式：

$$c(OH^-) \approx \sqrt{K_b^{\ominus} c} \tag{4.21}$$

使用上式时，同样必须满足$c/K_b^{\ominus} \geq 400$，否则就必须按解离平衡关系式解一元二次方程进行求算。

【例 4.3】 计算下列水溶液的 pH：

① $0.10 mol \cdot dm^{-3}$ HAc 溶液；

② $0.10 mol \cdot dm^{-3}$ NaAc 溶液。

【解】 ① 已知 $K_a^{\ominus}(HAc) = 1.75 \times 10^{-5}$，

$$c(HA)/K_a^{\ominus} = 0.10/1.75 \times 10^{-5} = 5.7 \times 10^3 > 400$$

所以，可用最简式(4.20)计算

$$c(H^+) \approx \sqrt{K_a^{\ominus} c(HAc)} = \sqrt{0.10 \times 1.75 \times 10^{-5}} = 1.3 \times 10^{-3} (mol \cdot dm^{-3})$$

$$pH = 2.89$$

② 已知 $K_a^{\ominus}(HAc) = 1.75 \times 10^{-5}$

所以

$$K_b^{\ominus}(Ac^-) = K_w^{\ominus}/K_a^{\ominus}(HAc) = 1.008 \times 10^{-14}/1.75 \times 10^{-5} = 5.76 \times 10^{-10}$$

$$c(Ac^-)/K_b^{\ominus} = 0.10/5.76 \times 10^{-10} = 1.7 \times 10^8 > 400$$

所以，可用最简式(4.21)计算

$$c(OH^-) \approx \sqrt{K_b^{\ominus} c(Ac^-)} = \sqrt{0.10 \times 5.76 \times 10^{-10}} = 7.6 \times 10^{-6} (mol \cdot dm^{-3})$$

$$pOH = 5.12 \qquad pH = 8.88$$

---

[1] 若用α表示解离度，由弱酸解离平衡式：$K_a^{\ominus} = \frac{c\alpha \cdot c\alpha}{c - c\alpha} = \frac{c\alpha^2}{1-\alpha}$得：$\frac{c}{K_a^{\ominus}} = \frac{1-\alpha}{\alpha^2}$

若$\alpha \leq 5\%$，则$\frac{c}{K_a^{\ominus}} \geq \frac{1-0.05}{(0.05)^2} = 380(\sim 400)$

(2) 多元弱酸、多元弱碱溶液

多元弱酸、弱碱在水溶液中的解离是分步进行的。例如二元弱酸 H_2CO_3 在水溶液中存在两步解离平衡：

$$H_2CO_3 \rightleftharpoons H^+ + HCO_3^- \qquad K_{a_1}^{\ominus}=4.47\times10^{-7}$$

$$HCO_3^- \rightleftharpoons H^+ + CO_3^{2-} \qquad K_{a_2}^{\ominus}=4.68\times10^{-11}$$

一般多元弱酸的解离常数都是 $K_{a_1}^{\ominus} \gg K_{a_2}^{\ominus} \gg K_{a_3}^{\ominus}$，说明第二步解离远比第一步困难，第三步就更困难。这是由于从带负电荷的离子中解离出带正电荷的 H^+ 要比从中性分子中解离出 H^+ 更为困难；而且第一步解离出的 H^+ 对后面的解离起阻碍作用。因此在多元弱酸溶液中第一级解离是最主要的，其它各级解离出的 H^+ 极少，一般情况下可忽略不计。即多元弱酸溶液的 H^+ 浓度计算可按一元弱酸溶液来处理，若再满足 $c/K_{a_1}^{\ominus} \geqslant 400$，则可按一元弱酸溶液计算 H^+ 浓度的最简式进行计算，即：

$$c(H^+) \approx \sqrt{K_{a_1}^{\ominus} c} \qquad (4.22)$$

同理，对于多元弱碱也可以作类似处理。即多元弱碱溶液的 OH^- 浓度计算可按一元弱碱溶液来处理，若同时满足 $c/K_{b_1}^{\ominus} \geqslant 400$，则可按一元弱酸溶液的计算 OH^- 浓度的最简式进行计算，即

$$c(OH^-) \approx \sqrt{K_{b_1}^{\ominus} c} \qquad (4.23)$$

【例 4.4】 计算饱和 CO_2 水溶液[即 $c(H_2CO_3)=0.04mol\cdot dm^{-3}$]的 $c(H^+)$、$c(CO_3^{2-})$ 及 pH。

【解】 已知 $K_{a_1}^{\ominus}=4.47\times10^{-7}$、$K_{a_2}^{\ominus}=4.68\times10^{-11}$

因为 $K_{a_1}^{\ominus} \gg K_{a_2}^{\ominus}$，且 $c(H_2CO_3)/K_{a_1}^{\ominus} \gg 400$

所以可按一元弱酸来处理，用最简式(4.22) 计算 $c(H^+)$

$$c(H^+) \approx \sqrt{K_{a_1}^{\ominus} c(H_2CO_3)} = \sqrt{0.040\times4.47\times10^{-7}} = 1.3\times10^{-4}(mol\cdot dm^{-3})$$

$$pH=3.87$$

而 $c(CO_3^{2-})$ 需按第二步解离平衡求算

$$HCO_3^- \rightleftharpoons H^+ + CO_3^{2-}$$

$$K_{a_2}^{\ominus}=\frac{c(H^+)c(CO_3^{2-})}{c(HCO_3^-)}=4.68\times10^{-11}$$

又因为第一步解离是主要的，第二步解离出的 H^+ 可以忽略

即 $$c(H^+) \approx c(HCO_3^-)$$

所以 $$c(CO_3^{2-}) \approx K_{a_2}^{\ominus}=4.68\times10^{-11}(mol\cdot dm^{-3})$$

【例 4.5】 计算 $0.1mol\cdot dm^{-3}$ Na_3PO_4 水溶液中 $c(PO_4^-)$、$c(OH^-)$ 及 pH。

【解】 已知 H_3PO_4 的 $K_{a_1}^{\ominus}=6.92\times10^{-3}$，$K_{a_2}^{\ominus}=6.17\times10^{-8}$，$K_{a_3}^{\ominus}=4.79\times10^{-13}$

按酸碱质子理论，PO_4^{3-} 是三元弱碱，按共轭酸碱对 $K_a^{\ominus}$、$K_b^{\ominus}$ 的关系：

$$K_{b_1}^{\ominus}=K_w^{\ominus}/K_{a_3}^{\ominus}=1.0\times10^{-14}/4.79\times10^{-13}=2.1\times10^{-2}$$

$$K_{b_2}^{\ominus}=K_w^{\ominus}/K_{a_2}^{\ominus}=1.0\times10^{-14}/6.17\times10^{-8}=1.6\times10^{-7}$$

$$K_{b_3}^{\ominus}=K_w^{\ominus}/K_{a_1}^{\ominus}=1.0\times10^{-14}/6.92\times10^{-3}=1.4\times10^{-12}$$

因为 $K_{b_1}^{\ominus}\gg K_{b_2}^{\ominus}\gg K_{b_3}^{\ominus}$，计算时可不必考虑第二及第三步解离，但 $c/K_{b_1}^{\ominus}<400$，不能按最简式计算，应按下式解一元二次方程。

设第一步已解离的部分为 x

$$PO_4^{3-}+H_2O \rightleftharpoons HPO_4^{2-}+OH^-$$

平衡时 $\quad 0.1-x \qquad x \qquad x$

$$K_{b_1}^{\ominus}=\frac{c(OH^-)c(HPO_4^{2-})}{c(PO_4^{3-})}=\frac{x^2}{0.1-x}=2.1\times10^{-2}$$

$$x^2+2.1\times10^{-2}x-2.1\times10^{-3}=0$$

解此一元二次方程得

$$x=c(OH^-)=3.7\times10^{-2}(mol\cdot dm^{-3})$$

$$pOH=1.43, pH=12.57$$

$$c(PO_4^{3-})=0.1-x=0.1-0.037=0.063\ (mol\cdot dm^{-3})$$

由上述例题可见，在处理类似 NaAc、Na_3PO_4 这种在酸碱电离理论中被称为盐的溶液的氢离子浓度问题时，用酸碱质子理论按弱酸碱统一处理比用盐的水解平衡处理更为方便。

(3) 缓冲溶液

在日常生活和生产实践中的许多化学反应，往往都需要在一基本不变的 pH 范围内才能进行。如生物体内血液的 pH 通常要维持在 7.35～7.45 之间，血液才能有效地输送氧气，如果血液的 pH 超出此范围 0.1 单位以上，人就会发生疾病，pH<7.35 会出现酸中毒、pH>7.45 出现碱中毒症状，严重时甚至会危及生命。又如电镀或化学镀过程中，镀液的 pH 也要维持在一定的范围内，否则随着反应的进行，pH 如果有较大的变动，则会严重影响镀速、镀层的性能，甚至会得不到镀层。因此保持溶液的 pH 基本不变十分重要。如何保持溶液 pH 基本恒定不变呢？

先看下面一组数据：纯水在 25℃时 pH 为 7.0，但只要与空气接触一段时间，就会因为吸收二氧化碳而使 pH 降到 5.5 左右；将 1 滴（约 0.04mL）浓盐酸（约 $12.4mol\cdot dm^{-3}$）加入 1L 纯水中，可使 $c(H^+)$ 由 $1.0\times10^{-7}mol\cdot dm^{-3}$ 增至 $5\times10^{-4}mol\cdot dm^{-3}$，即增加 5000 倍左右，pH 降低 3.7 个单位；若将同样 1 滴 $12.4mol\cdot dm^{-3}$ 的氢氧化钠溶液加到 1L 纯水中，pH 增加也有 3.7 个单位。可见纯水的 pH 因加入少量的强酸或强碱而发生很大的变化。但如果用 1L 含 0.1mol HAc 和 0.1mol NaAc 的混合溶液代替水再作上述同样的实验，则该混合溶液的 pH 基本保持不变，都为 4.76。

产生上述两类溶液对外加酸碱表现出完全不同的两种反应的根本原因是第二类溶液中含有共轭酸碱对（如 HAc 和 Ac^-）。像这种含有共轭酸碱对的混合溶液能对抗外加少量强酸、强碱或稍加稀释而不引起 pH 发生明显变化的作用叫缓冲作用，具有缓冲作用的溶液叫缓冲溶液（buffer）。

缓冲溶液为什么具有缓冲作用？利用平衡移动原理可以加以解释。在由弱酸 HA 和其共轭碱 A^- 组成的酸碱溶液中存在如下平衡：

$$HA \rightleftharpoons H^+ + A^- \qquad K_a^\ominus = \frac{c(H^+)c(A^-)}{c(HA)}$$

在此平衡体系中，根据吕·查德里原理，如果改变影响平衡的一个条件（如浓度、压强、温度等），平衡就向能够减弱这种改变的方向移动。当 HA 和 A^- 的浓度比较大且相近时，如果加入少量酸增加 H^+ 浓度，平衡必然向生成共轭酸 HA 的方向移动，消耗外加的 H^+，从而稳定溶液的 pH；如果加入少量碱中和 H^+，则平衡向共轭酸解离的方向移动，以补充被加入的碱消耗的质子，也稳定了溶液的 pH。适当加水稀释时，HA 的解离度增大，进一步解离出 H^+ 以弥补由于稀释而导致的 $c(H^+)$ 的减小，使 pH 基本不变。

综上所述，缓冲作用的原因一是溶液中必须存在足量的共轭酸碱对，再是溶液中共轭酸碱之间进行着不断地转化。因此除了一定量的弱酸与其共轭碱（如 HAc 和 NaAc）的混合溶液可组成缓冲溶液外，一定量的弱碱与其共轭酸（如 $NH_3 \cdot H_2O$ 和 NH_4Cl）的混合溶液同样也能组成缓冲溶液。

缓冲溶液的 pH 可由弱酸或弱碱的解离平衡计算得到。下面以 HA 与其共轭碱 A^- 组成的酸碱缓冲溶液的 pH 计算为例来说明。

设弱酸的浓度为 c_a，其共轭碱的浓度为 c_b，平衡时氢离子浓度为 $c(H^+)$

	HA	$\rightleftharpoons$	H^+	+	A^-
起始浓度	c_a		0		c_b
平衡浓度	$c_a - c(H^+)$		$c(H^+)$		$c_b + c(H^+)$

由于弱酸 HA 的解离程度较弱，且体系中有较大量的 A^- 存在，抑制 HA 的解离，使 HA 的解离度更小，平衡时 $c(H^+)$ 很小，

即
$$c_a - c(H^+) \approx c_a、c_b + c(H^+) \approx c_b$$

所以
$$K_a^\ominus = \frac{c(H^+)c_b}{c_a}$$

即
$$c(H^+) = K_a^\ominus \cdot \frac{c_a}{c_b} \tag{4.24a}$$

$$pH = pK_a^\ominus + \lg \frac{c_b}{c_a} \tag{4.24b}$$

上式即为由共轭酸碱对组成的缓冲溶液 pH 的计算式。

【例 4.6】 等体积的 0.2mol·dm^{-3} HAc 和 0.2mol·dm^{-3} NaAc 混合后，溶液的 pH 为多少？在 90mL 这种缓冲溶液中加 10mL 0.01mol·dm^{-3} HCl 或 10mL 0.01mol·dm^{-3} NaOH 后，溶液的 pH 各变为多少？

【解】 已知 $pK_a^\ominus = 4.76$

等体积的 HAc 和 NaAc 溶液相混合后，浓度各减小一半，所以

$$c_a = 0.1\text{mol} \cdot \text{dm}^{-3}、c_b = 0.1\text{mol} \cdot \text{dm}^{-3}$$

$$pH = pK_a^\ominus + \lg \frac{c_b}{c_a} = 4.76$$

加入 10mL 0.01mol·dm^{-3} HCl 后总体积为 100mL，HCl 解离的 H^+ 与溶液中 Ac^- 结合成 HAc，使 HAc 浓度稍有增加，Ac^- 浓度稍有减小：

$$c_a = \frac{0.1 \times 90}{100} + \frac{0.01 \times 10}{100} = 0.091\ (\text{mol} \cdot \text{dm}^{-3})$$

$$c_b = \frac{0.1 \times 90}{100} - \frac{0.01 \times 10}{100} = 0.089\ (\text{mol} \cdot \text{dm}^{-3})$$

$$pH = pK_a^{\ominus} + \lg\frac{c_b}{c_a} = 4.76 + \lg\frac{0.089}{0.091} = 4.75$$

加入 10mL 0.01mol·dm^{-3} NaOH 后总体积也为 100mL，HAc 与 OH^- 作用生成 Ac^- 和 H_2O，使 Ac^- 浓度稍有增加，HAc 浓度稍有减小：

$$c_a = \frac{0.1\times 90}{100} - \frac{0.01\times 10}{100} = 0.089\ (mol \cdot dm^{-3})$$

$$c_b = \frac{0.1\times 90}{100} + \frac{0.01\times 10}{100} = 0.091\ (mol \cdot dm^{-3})$$

$$pH = pK_a^{\ominus} + \lg\frac{c_b}{c_a} = 4.76 + \lg\frac{0.091}{0.089} = 4.77$$

由上例中可见，若在 90mL HAc 和 NaAc 混合溶液中加入 10mL 0.01mol·dm^{-3} HCl 或 10mL 0.01mol·dm^{-3} NaOH 后，溶液的 pH 只改变了±0.01 个单位，而若在 90mL 纯水中加入 10mL 上述 HCl 或 NaOH 溶液后，可以计算得溶液的 pH 将改变±3 个单位。可见 HAc 和 NaAc 缓冲溶液确实对溶液的 pH 有缓冲作用。

缓冲溶液虽然可以抵抗外来的酸、碱及稀释，但这种能力是有限度的。当缓冲溶液中的共轭酸（或碱）被外加碱或酸消耗殆尽时，再加碱或酸时，溶液的 pH 就要发生明显的变化，缓冲溶液就失去缓冲能力。从式(4.24b) 可以看出，缓冲溶液的 pH 除了决定于弱酸本身的 $pK_a^{\ominus}$ 外，还决定于共轭酸碱对的浓度比，即 c_b/c_a 的值。对同一种缓冲溶液来说，只有当这个比值接近于 1，缓冲溶液的 pH 才不会有大的变化。为此，若要提高缓冲溶液的缓冲能力，必须做到下面两点。

① 适当提高共轭酸碱对的浓度。但浓度也不必过高，因为浓度过高的缓冲溶液对化学反应可能会造成不良的影响，而且造成不必要的试剂浪费。一般要求共轭酸碱对的浓度在 0.1～1mol·dm^{-3}之间。

② 保持共轭酸碱对的浓度尽量接近，即 $c_b/c_a = 1:1$，此时该溶液对外加酸或碱具有同等程度的缓冲能力，使缓冲作用最强，c_b/c_a 的比值越偏离于 1，其缓冲能力就越弱。实验表明，常用缓冲溶液的各组分的浓度比保持在 0.1～10 之间，就具有有效的缓冲作用，在此范围内相应的 pH 变化范围为：

$$pH = pK_a^{\ominus} \pm 1 \tag{4.25}$$

该范围被称为缓冲溶液最有效的缓冲范围。各体系相应的缓冲范围显然决定于它们的 $K_a^{\ominus}$ 值。为此，在实际选择和配制一定 pH 的缓冲溶液时，为使共轭酸碱对浓度比接近于 1，应选用 $pK_a^{\ominus}$ 与 pH 相近的弱酸及其共轭碱。

【例 4.7】 需要 pH=4.1 的缓冲溶液，分别以 HAc+NaAc 和苯甲酸+苯甲酸钠(HB+NaB) 配制。试求 $c(NaAc)/c(HAc)$ 和 $c(HB)/c(NaB)$ 的值。若相关组分的浓度都为 0.1mol·dm^{-3}，哪种缓冲溶液更好？

【解】 欲配制 pH=4.1 的缓冲溶液，应选用 pK_a 与 pH 接近的缓冲体系，即 c_b/c_a 的值更接近 1 的体系。

已知 $pK_a^{\ominus}(HAc) = 4.76$，苯甲酸的 $pK_a^{\ominus}(HB) = 4.20$

因为 $$pH = pK_a^{\ominus} + \lg\frac{c_b}{c_a}$$

对于 HAc-NaAc 缓冲体系：

$$\lg \frac{c(\text{NaAc})}{c(\text{HAc})} = \text{pH} - \text{p}K_a^{\ominus}(\text{HAc}) = 4.10 - 4.76 = -0.66$$

所以
$$\frac{c(\text{NaAc})}{c(\text{HAc})} = 0.22$$

对于 HB-NaB 缓冲体系：

$$\lg \frac{c(\text{NaB})}{c(\text{HB})} = \text{pH} - \text{p}K_a^{\ominus}(\text{HB}) = 4.10 - 4.20 = -0.10$$

所以
$$\frac{c(\text{NaB})}{c(\text{HB})} = 0.79$$

可见 HB-NaB 缓冲体系共轭酸碱对的浓度比值较 HAc-NaAc 缓冲体系共轭酸碱对的浓度比值更接近于 1，所以选用苯甲酸＋苯甲酸钠缓冲体系较好。

酸碱缓冲溶液在自然界中普遍存在。例如土壤中由于存在硅酸、磷酸、腐殖酸等弱酸及其共轭碱组成的缓冲体系，使得土壤的 pH 维持在宜于农作物生长的 5～8 范围之间；人体血液 pH 之所以能够恒定在 7.35～7.45 这一狭小的范围内，就是由于血浆中存在 H_2CO_3-$NaHCO_3$、NaH_2PO_4-Na_2HPO_4、HPr-NaPr（Pr 代表蛋白质）等多种缓冲体系的共同作用，以保证生命的正常活动。表 4.5 列出了一些常用的缓冲体系供选择和参考。

表 4.5　常用缓冲体系中弱酸的 $\text{p}K_a^{\ominus}$ 与缓冲范围

缓冲体系的组成	弱酸的 $\text{p}K_a^{\ominus}$(25℃)	缓冲范围(实验值)
HCl-KCl	强电解质	1.0～2.2
$H_2C_8H_4O_4$(邻苯二甲酸)-NaOH	2.95($\text{p}K_{a1}^{\ominus}$)	2.2～4.0
$KHC_8H_4O_4$(邻苯二甲酸氢钾)-NaOH	5.41($\text{p}K_{a2}^{\ominus}$)	4.0～5.8
HAc-NaAc	4.76	3.7～5.6
KH_2PO_4-Na_2HPO_4	7.21($\text{p}K_{a2}^{\ominus}$)	5.8～8.0
$Na_2B_4O_7$-HCl	9.27	8.0～10.0
$NH_3 \cdot H_2O$-NH_4Cl	9.25	8.2～10.0
$NaHCO_3$-Na_2CO_3	10.33($\text{p}K_{a2}^{\ominus}$)	9.2～11.00

4.3　多相离子平衡

4.3.1　多相离子平衡

电解质按其溶解度的大小，一般可分为易溶电解质和难溶电解质两大类。易溶弱电解质在溶液中的离子平衡是单相的，而对于难溶电解质来说（绝对不溶于水的物质是没有的），总是或多或少地溶解于水中，习惯上把溶解度小于 0.01g/100g H_2O 的物质叫作难溶物。为此，在难溶电解质的饱和溶液中，就存在着难溶电解质与其组成的离子之间的平衡，这是一种多相离子平衡，通常称为沉淀-溶解平衡。在日常生产实践及科学研究中，经常需要利用沉淀生成或溶解的过程来解决实际问题。如欲测定试样中 S 元素含量时，可先生成 $BaSO_4$ 沉淀，然后再通过称重、换算求得 S 的含量；工业清洗中需将锅炉中的锅垢溶解等等。如何判断沉淀反应是否发生？如何使沉淀反应进行得更完全？又如何使沉淀溶解？这些都是难溶电解质的多相离子平衡所要解决的问题。

（1）溶度积

在一定温度下，难溶强电解质在水中所建立的沉淀-溶解多相离子平衡同其它化学平衡一样是一动态平衡。平衡时，体系中各物质的量之间的关系可由平衡常数关系式来表示，同样可以利用化学热力学关于化学平衡的原理来解决沉淀-溶解平衡中有关沉淀及溶解的方向和限度问题。1889 年，在热力学方面做出重要贡献的德国物理化学家能斯特从热力学角度引入了溶度积这个重要概念，用来解释沉淀反应。

如当 $BaSO_4$ 固体在水中的沉淀和溶解的速率相等时，即达到 $BaSO_4$ 的沉淀-溶解平衡，所得溶液即为该温度下 $BaSO_4$ 的饱和溶液。平衡关系式为：

$$BaSO_4(s) \underset{\text{沉淀}}{\overset{\text{溶解}}{\rightleftharpoons}} Ba^{2+}(aq) + SO_4^{2-}(aq)$$

此时的平衡常数表达式为：

$$K^{\ominus} = [c(Ba^{2+})/c^{\ominus}][c(SO_4^{2-})/c^{\ominus}]$$

由于此类平衡中，反应物是纯固体，在写平衡常数表达式时，其浓度视为 1，使得平衡常数表达式中只有离子浓度的乘积。为了表明这种平衡常数的特殊性，通常称这种平衡常数为溶度积常数（solubility product constant）或溶度积，用 $K_{sp}^{\ominus}$ 表示。

对于难溶电解质 A_mB_n，溶度积的通式可写为：

$$K_{sp}^{\ominus} = [c(A^{n+})/c^{\ominus}]^m [c(B^{m-})/c^{\ominus}]^n \tag{4.26}$$

当浓度 c 的单位取 $mol \cdot dm^{-3}$ 时，通常可将上式简写为：

$$K_{sp}^{\ominus} = [c(A^{n+})]^m [c(B^{m-})]^n \tag{4.27}$$

式中，$c(A^{n+})$ 和 $c(B^{m-})$ 均为达沉淀-溶解平衡时 A^{n+}、B^{m-} 离子的平衡浓度。上式表明：在一定温度下，难溶电解质的饱和溶液中，各组分离子浓度幂的乘积为一常数。它与其它平衡常数一样，只与难溶电解质的本质和温度有关，而与沉淀的量和溶液中离子浓度的变化无关。溶液中离子浓度的变化，只能使平衡移动，但并不能改变溶度积。表 4.6 按类别列出了一些常见难溶电解质的溶度积，其它物质的溶度积常数见附录 4。

表 4.6　常见难溶电解质的溶度积常数

类型	电解质　　离子	$K_{sp}^{\ominus}$(25℃)	类型	电解质　　离子	$K_{sp}^{\ominus}$(25℃)
卤化物	$CaF_2 \rightleftharpoons Ca^{2+} + 2F^-$	3.45×10^{-11}	碳酸盐	$CaCO_3 \rightleftharpoons Ca^{2+} + CO_3^{2-}$	3.36×10^{-9}
	$AgCl \rightleftharpoons Ag^+ + Cl^-$	1.77×10^{-10}		$BaCO_3 \rightleftharpoons Ba^{2+} + CO_3^{2-}$	2.58×10^{-9}
	$AgBr \rightleftharpoons Ag^+ + Br^-$	5.35×10^{-13}		$ZnCO_3 \rightleftharpoons Zn^{2+} + CO_3^{2-}$	1.46×10^{-10}
	$AgI \rightleftharpoons Ag^+ + I^-$	8.52×10^{-17}	铬酸盐	$Ag_2CrO_4 \rightleftharpoons 2Ag^+ + CrO_4^{2-}$	1.12×10^{-12}
氢氧化物	$Al(OH)_3 \rightleftharpoons Al^{3+} + 3OH^-$	2×10^{-33}		$PbCrO_4 \rightleftharpoons Pb^{2+} + CrO_4^{2-}$	1.77×10^{-14}
	$Ca(OH)_2 \rightleftharpoons Ca^{2+} + 2OH^-$	5.02×10^{-6}	硫酸盐	$CaSO_4 \rightleftharpoons Ca^{2+} + SO_4^{2-}$	4.93×10^{-5}
	$Fe(OH)_3 \rightleftharpoons Fe^{3+} + 3OH^-$	2.64×10^{-39}		$BaSO_4 \rightleftharpoons Ba^{2+} + SO_4^{2-}$	1.08×10^{-10}
	$Mg(OH)_2 \rightleftharpoons Mg^{2+} + 2OH^-$	5.61×10^{-12}		$PbSO_4 \rightleftharpoons Pb^{2+} + SO_4^{2-}$	2.53×10^{-8}
	$Zn(OH)_2 \rightleftharpoons Zn^{2+} + 2OH^-$	3×10^{-17}			

（2）溶度积与溶解度的关系

溶度积和溶解度的数值都可以用来表示物质的溶解能力，它们之间可以相互换算。但溶度积越大，溶解度是否也必然大呢？

【例 4.8】 已知 $CaCO_3$ 在纯水中的溶解度在 25℃时是 $5.8\times10^{-5}\ mol\cdot dm^{-3}$，求 $CaCO_3$的 $K_{sp}^{\ominus}$。

【解】 难溶电解质在水中达到沉淀-溶解平衡时，溶液即达饱和，该饱和溶液的浓度，即为该难溶电解质在这一温度下的溶解度，常用 s 表示。由于溶解的 $CaCO_3$ 完全解离，所以：

$$CaCO_3(s) \rightleftharpoons Ca^{2+}(aq) + CO_3^{2-}(aq)$$

平衡时浓度/($mol\cdot dm^{-3}$)　　s　　s

$$s=5.8\times10^{-5}\ mol\cdot dm^{-3}$$

所以
$$K_{sp}^{\ominus}=c(Ca^{2+})c(CO_3^{2-})=s^2$$
$$=(5.8\times10^{-5})^2=3.4\times10^{-9}$$

【例 4.9】 已知 AgCl 与 Ag_2CrO_4 的 $K_{sp}^{\ominus}$分别为 1.77×10^{-10}和 1.12×10^{-12}，通过计算说明，哪一种化合物在水中的溶解度（$mol\cdot dm^{-3}$）大。

【解】 设 AgCl 与 Ag_2CrO_4 的溶解度分别为 s_1、s_2

$$AgCl(s) \rightleftharpoons Ag^+(aq) + Cl^-(aq)$$

平衡时浓度/($mol\cdot dm^{-3}$)　　s　　s

所以
$$K_{sp}^{\ominus}=s_1^2$$

$$s_1=\sqrt{K_{sp}^{\ominus}(AgCl)}=\sqrt{1.77\times10^{-10}}=1.33\times10^{-5}(mol\cdot dm^{-3})$$

$$Ag_2CrO_4(s) \rightleftharpoons 2Ag^+(aq) + CrO_4^{2-}(aq)$$

平衡时浓度/($mol\cdot dm^{-3}$)　　$2s_2$　　s_2

所以
$$K_{sp}^{\ominus}=(2s_2)^2s_2=4s_2^3$$

$$s_2=\sqrt[3]{\frac{K_{sp}^{\ominus}(Ag_2CrO_4)}{4}}=\sqrt[3]{\frac{1.12\times10^{-12}}{4}}=6.54\times10^{-5}(mol\cdot dm^{-3})$$

则
$$s(Ag_2CrO_4)>s(AgCl)$$

从上述例题计算结果可以看出，对于相同类型的难溶电解质如 $CaCO_3$ 和 AgCl，溶度积越大，沉淀的溶解度就越大，故可直接由溶度积的大小来比较它们的溶解度大小。但对于不同类型的电解质如 AgCl 和 Ag_2CrO_4，后者的溶度积较小，但其溶解度较大，即溶度积大的难溶电解质其溶解度不一定大，应通过溶度积与溶解度的相互换算求得溶解度后再确定。

4.3.2 溶度积规则及应用

应用溶度积，不但可以计算难溶电解质的溶解度，而且还可以结合化学平衡移动的原理来判断溶液中沉淀是生成、溶解还是转化。

(1) 溶度积规则

对于一般的化学平衡，按化学反应的等温方程式可知：

$Q<K^{\ominus}$　$\Delta_rG_m<0$　　反应向正向进行

$Q=K^{\ominus}$　$\Delta_rG_m=0$　　反应达到平衡

$Q>K^{\ominus}$　$\Delta_rG_m>0$　　反应向逆向进行

此原理同样可应用于沉淀-溶解平衡：

$$A_mB_n(s) \rightleftharpoons mA^{n+}(aq) + nB^{m-}(aq)$$

若用 Q_{sp} 表示沉淀反应中的反应商，则任意浓度情况下：

$$Q_{sp}=[c(A^{n+})/c^{\ominus}]^m[c(B^{m-})/c^{\ominus}]^n$$

简写为：
$$Q_{sp}=[c(A^{n+})]^m[c(B^{m-})]^n$$

当① $Q_{sp}<K_{sp}^{\ominus}$ 时，溶液处于未饱和状态，无沉淀存在或沉淀将继续溶解；

② $Q_{sp}=K_{sp}^{\ominus}$ 时，溶液达到饱和状态，与沉淀物处于平衡状态；

③ $Q_{sp}>K_{sp}^{\ominus}$ 时，溶液处于过饱和状态，沉淀将从溶液中析出，直至再达到饱和为止。

以上称为溶度积规则，由此规则可以判断沉淀的生成和溶解，并可以利用沉淀的方法进行离子的分离。

（2）沉淀的生成

根据溶度积规则，只要控制 $Q_{sp}>K_{sp}^{\ominus}$，就会在溶液中得到沉淀。

① 单一沉淀物的生成　如往 NaCl 溶液中滴加 $AgNO_3$ 溶液，当 $Q_{sp}=c(Ag^+)c(Cl^-)>K_{sp}^{\ominus}(AgCl)$ 时，就有 AgCl 沉淀析出，像这种能与溶液中的离子生成沉淀的试剂，称为沉淀剂，此例中，$AgNO_3$ 即为沉淀剂。当把得到的 AgCl 沉淀放在水中，达到沉淀-溶解平衡时，$Q_{sp}=c(Ag^+)c(Cl^-)=K_{sp}^{\ominus}(AgCl)$，再滴加 $AgNO_3$，由于 $c(Ag^+)$ 增加，使 $c(Ag^+)c(Cl^-)$ 再次大于 $K_{sp}^{\ominus}$，平衡将向生成 AgCl 沉淀的方向移动，而降低了 AgCl 的溶解度。溶解度的大小可由沉淀-溶解平衡关系计算得到。

【例 4.10】 取 5mL 0.002mol·dm^{-3} NaCl 溶液，加入 5mL 0.02mol·dm^{-3} $AgNO_3$ 溶液，判断是否有沉淀析出？计算 AgCl 在该体系中的溶解度，并与它在纯水中的溶解度相比较。

【解】 已知 $K_{sp}^{\ominus}(AgCl)=1.77\times10^{-10}$

当溶液混合时，由于是等体积混合，所以：

$$c(Cl^-)=0.001\text{mol}\cdot\text{dm}^{-3},\ c(Ag^+)=0.01\text{mol}\cdot\text{dm}^{-3}$$

因为　$Q_{sp}=c(Cl^-)c(Ag^+)=0.001\times0.01=1.0\times10^{-5}>K_{sp}^{\ominus}(AgCl)$

所以　有 AgCl 沉淀析出。

当析出沉淀后，过量的 Ag^+ 浓度为：

$$c(Ag^+)=(0.01-0.001)\text{mol}\cdot\text{dm}^{-3}=0.009\text{mol}\cdot\text{dm}^{-3}$$

则达沉淀-溶解平衡时　$AgCl(s)\rightleftharpoons Ag^+(aq)+Cl^-(aq)$

平衡浓度/(mol·dm^{-3})　　$s+0.009$　　s

由于 $K_{sp}^{\ominus}$ 数值很小，s 要比 0.009mol·dm^{-3} 小得多，即：

$$s+0.009\approx0.009\text{mol}\cdot\text{dm}^{-3}$$

所以
$$0.009s=K_{sp}^{\ominus}(AgCl)$$

$$s=K_{sp}^{\ominus}(AgCl)/0.009=1.77\times10^{-10}/0.009$$
$$=1.97\times10^{-8}(\text{mol}\cdot\text{dm}^{-3})$$

即，AgCl 在过量 0.009mol·dm^{-3} 的 $AgNO_3$ 溶液中的溶解度是 1.97×10^{-8} mol·dm^{-3}，而在纯水中的溶解度为 1.33×10^{-5} mol·dm^{-3}（见例 4.9）。可见由于有过量沉淀剂 $AgNO_3$ 的存在，使得 AgCl 的溶解度较在纯水中的溶解度降低了 3 个数量级。

像这种因加入过量沉淀剂而使难溶电解质的溶解度降低的效应，称为沉淀-溶解平衡的同离子效应。在实际工作中常利用同离子效应，加入过量的沉淀剂，使溶液中的离子充分沉淀。

但是，并不是沉淀剂的量过量得越多越好，如果沉淀剂过量太多，反而会导致沉淀的溶解度增大（涉及的理论超出了本书范围）。所以一般情况下，沉淀剂以过量20%～30%为宜。

由于沉淀-溶解平衡的存在，不论加入的沉淀剂如何过量，溶液中总会残留极少量的待沉淀离子。通常只要溶液中被沉淀离子的残余浓度小于1×10^{-5}mol·dm^{-3}时，即可认为该离子已经被沉淀完全，所以可以此作为判断离子能否被沉淀完全的标准。如上例中Cl^-的浓度为1.97×10^{-8}mol·dm^{-3}<1×10^{-5}mol·dm^{-3}，表明Cl^-已被沉淀完全。

② 分步沉淀　实际沉淀过程中，由于溶液中常常同时含有多种离子，而在缓缓加入某种沉淀剂时，究竟是多种离子一起沉淀，还是分先后沉淀？哪种离子先沉淀？能否利用沉淀的方法进行离子的分离？对于这些问题，也可利用溶度积规则加以解决。

根据溶度积规则不难得出，当在同时含有多种离子的溶液中，缓缓加入沉淀剂时，Q_{sp}最先超过$K_{sp}^{\ominus}$的难溶电解质势必将先析出沉淀，而Q_{sp}后超过$K_{sp}^{\ominus}$的难溶电解质后析出沉淀。这种先后沉淀的现象叫做分步沉淀。常常利用分步沉淀的原理进行离子的分离。

【例4.11】　一种混合溶液中含有2.0×10^{-2}mol·dm^{-3} Zn^{2+}和2.0×10^{-2}mol·dm^{-3} Cr^{3+}，若向其中逐滴加入浓NaOH溶液（忽略溶液体积的变化），Zn^{2+}和Cr^{3+}均有可能形成氢氧化物沉淀。问：

① 哪种离子先被沉淀？

② 若要分离这两种离子，溶液的pH应控制在什么范围？

【解】　① 已知$K_{sp}^{\ominus}[Zn(OH)_2]=3\times10^{-17}$、$K_{sp}^{\ominus}[Cr(OH)_3]=6.0\times10^{-31}$

根据溶度积规则，可分别计算出生成$Zn(OH)_2$、$Cr(OH)_3$沉淀所需OH^-的最低浓度。

对于$Zn(OH)_2$：$Zn(OH)_2(s) \rightleftharpoons Zn^{2+}(aq)+2OH^-(aq)$

$$c(OH^-)=\sqrt{\frac{K_{sp}^{\ominus}[Zn(OH)_2]}{c(Zn^{2+})}}=\sqrt{\frac{3\times10^{-17}}{2.0\times10^{-2}}}=3.9\times10^{-8}(mol\cdot dm^{-3})$$

对于$Cr(OH)_3$：$Cr(OH)_3(s) \rightleftharpoons Cr^{3+}(aq)+3OH^-(aq)$

$$c(OH^-)=\sqrt[3]{\frac{K_{sp}^{\ominus}[Cr(OH)_3]}{c(Cr^{3+})}}=\sqrt[3]{\frac{6.0\times10^{-31}}{2.0\times10^{-2}}}=3.1\times10^{-10}(mol\cdot dm^{-3})$$

由计算可以看出，$Cr(OH)_3$沉淀所需的$c(OH^-)$小于$Zn(OH)_2$沉淀所需的$c(OH^-)$，所以$Cr(OH)_3$沉淀先析出。

② 要分离这两种离子，就意味着在Cr^{3+}沉淀且沉淀完全时，Zn^{2+}不被沉淀。当Cr^{3+}完全沉淀时所需的$c(OH^-)$为：

$$c(OH^-)=\sqrt[3]{\frac{K_{sp}^{\ominus}[Cr(OH)_3]}{c(Cr^{3+})}}=\sqrt[3]{\frac{6.0\times10^{-31}}{1.0\times10^{-5}}}=3.9\times10^{-9}(mol\cdot dm^{-3})$$

这个值仍小于$Zn(OH)_2$沉淀所需的$c(OH^-)$，此时$c(OH^-)$不足以使Zn^{2+}沉淀。

$$c(H^+)=\frac{K_w^{\ominus}}{c(OH^-)}=\frac{1.0\times10^{-14}}{3.9\times10^{-9}}=2.5\times10^{-6}(mol\cdot dm^{-3})$$

即pH=5.6

由①计算可知Zn^{2+}开始沉淀时的$c(OH^-)=3.9\times10^{-8}$ mol·dm^{-3}

所以　pOH=7.4　则pH=6.6

即要分离这两种离子，应将溶液的pH控制在5.6～6.6范围之内。

由于各种金属硫化物的溶解度相差比较大，故常用硫离子作为沉淀剂通过分步沉淀进行金属离子的分离。硫离子可以由饱和硫化氢溶液提供，只要控制溶液的 pH，就可控制溶液中硫离子的浓度，从而达到分离金属离子的目的。

（3）沉淀的溶解

根据溶度积规则，使沉淀溶解的必要条件是使 $Q_{sp}<K_{sp}^{\ominus}$。常采用的方法有以下几种。

① 利用酸碱反应　加入适当的离子，与溶液中某一离子结合生成 H_2O、弱电解质或难溶于水的气体。

如固体 $Mg(OH)_2$ 可溶解于酸及铵盐，其反应如下：

$$\begin{array}{rcl} Mg(OH)_2(s) \rightleftharpoons Mg^{2+} & + & 2OH^- \\ & & + \\ 2HCl = 2Cl^- & + & 2H^+ \\ & & \| \\ & & 2H_2O \end{array}$$

$$\begin{array}{rcl} Mg(OH)_2(s) \rightleftharpoons Mg^{2+} & + & 2OH^- \\ & & + \\ 2NH_4Cl = 2Cl^- & + & 2NH_4^+ \\ & & \| \\ & & 2NH_3 \cdot H_2O \end{array}$$

由于 H_2O 及弱电解质 $NH_3 \cdot H_2O$ 的生成，降低了原平衡体系中 OH^- 的浓度，使 $Mg(OH)_2$ 的 $Q_{sp}<K_{sp}^{\ominus}$，导致 $Mg(OH)_2(s)$ 的沉淀-溶解平衡向溶解的方向移动。

又如固体 $MgCO_3$ 可溶解在盐酸溶液中，就是由于 H^+ 可与固体 $MgCO_3$ 溶解出的 CO_3^{2-} 结合生成 CO_2 气体放出，降低了原平衡体系中 CO_3^{2-} 的浓度，使 $Q_{sp}<K_{sp}^{\ominus}$，$CaCO_3(s)$ 的沉淀-溶解平衡向沉淀溶解的方向移动。

② 利用氧化还原反应　如 CuS 可溶解于硝酸溶液中，是由于硝酸具有氧化性，可将 S^{2-} 氧化为单质硫，从而降低了 CuS 沉淀-溶解平衡中 S^{2-} 的浓度，使 $Q_{sp}<K_{sp}^{\ominus}$ 导致 CuS 沉淀溶解。反应的总方程式为：

$$3CuS(s) + 8HNO_3 = 3Cu(NO_3)_2 + 3S\downarrow + 2NO\uparrow + 4H_2O$$

③ 利用配位反应　利用加入配位剂，使其与难溶化合物溶解出的金属离子形成较稳定的配离子，而降低金属离子浓度，导致沉淀-溶解平衡向沉淀溶解的方向移动，同样可以使沉淀溶解。如 AgCl 沉淀可以溶解在氨水或硫代硫酸钠溶液中；$Cu(OH)_2$ 沉淀可溶解在氨水溶液中等等（见 4.4.3）。

（4）沉淀的转化

对于某些沉淀，如锅炉中的锅垢 $CaSO_4$，利用上述三种方法都无法使其溶解，但如果将其转化为可利用上述方法溶解的沉淀，像 $CaCO_3$，就可以将锅炉中的锅垢清洗掉。由于 $CaCO_3$ 的溶解度比 $CaSO_4$ 的小，当用适当浓度的 Na_2CO_3 溶液处理 $CaSO_4$ 沉淀时，$CaSO_4$ 沉淀即可逐渐转化为 $CaCO_3$ 沉淀，总反应式为：

$$CaSO_4(s) + CO_3^{2-}(aq) \rightleftharpoons CaCO_3(s) + SO_4^{2-}(aq)$$

$$K^{\ominus}=\frac{c(SO_4^{2-})}{c(CO_3^{2-})}=\frac{c(SO_4^{2-})c(Ca^{2+})}{c(CO_3^{2-})c(Ca^{2+})}=\frac{K_{sp}^{\ominus}(CaSO_4)}{K_{sp}^{\ominus}(CaCO_3)}=\frac{4.93\times10^{-5}}{3.36\times10^{-9}}=1.47\times10^{4}$$

上式也可以直接利用多重平衡规则得到。从中可见，沉淀转化反应的完全程度（即转化反应的 $K^{\ominus}$）取决于两种难溶化合物的 $K_{sp}^{\ominus}$ 的差别，相差的倍数越大，$K_{sp}^{\ominus}$ 大的沉淀就越易

转化为 $K_{sp}^{\ominus}$ 小的沉淀。上例中由于 $CaSO_4(s)$ 转化为 $CaCO_3(s)$ 反应的 $K^{\ominus}$ 比较大，所以此转化反应可以进行得较完全，可通过这种方法清洗掉锅炉中的锅垢 $CaSO_4$。

4.4 配位平衡

早在 1893 年瑞士化学家维尔纳提出了配位理论，阐明了配合物中化学键的本质，并引进了配合物的内外界及配离子的概念，其意义的重要性犹如凯库勒（F. A. Kekulé，1829—1896）在 1865 年创立苯环学说一样。按照维尔纳的配位理论，配合物的内、外界之间以离子键相结合，而配合物的内界即配离子或配合分子在水溶液中是能够稳定存在的。实际上，配合物的内界在水溶液中也有解离为它的组成离子和分子的倾向而存在一个配合物的解离平衡，即配位平衡（coordination equilibrium）问题。

4.4.1 配离子的稳定性

许多金属离子，特别是过渡金属的离子，能够与提供孤对电子的配位体以配位共价键的形式结合成带电荷的配离子，如 Ag^{+} 可以与配位体 NH_3 分子形成 $[Ag(NH_3)_2]^{+}$ 离子，Cu^{2+} 可以与配位体 NH_3 分子形成 $[Cu(NH_3)_4]^{2+}$ 离子。但这些配离子的形成是由连续的多步配位反应组成的，以 $[Cu(NH_3)_4]^{4+}$ 配离子的形成为例，同时有如下反应平衡

$$Cu^{2+}(aq) + NH_3(aq) \rightleftharpoons [Cu(NH_3)]^{2+}(aq)$$
$$[Cu(NH_3)]^{2+}(aq) + NH_3(aq) \rightleftharpoons [Cu(NH_3)_2]^{2+}(aq)$$
$$[Cu(NH_3)_2]^{2+}(aq) + NH_3(aq) \rightleftharpoons [Cu(NH_3)_3]^{2+}(aq)$$
$$[Cu(NH_3)_3]^{2+}(aq) + NH_3(aq) \rightleftharpoons [Cu(NH_3)_4]^{2+}(aq)$$

因此，配合物在形成过程中往往会产生多级产物。但通常情况下，当配位体的浓度相对于金属离子的浓度大大过量时，上述平衡将都向正向移动，最终主要得到 $[Cu(NH_3)_4]^{2+}$，可用一总反应式来表示：

$$Cu^{2+}(aq) + 4NH_3(aq) \rightleftharpoons [Cu(NH_3)_4]^{2+}(aq)$$

此总反应表示了配离子的形成，其平衡常数称为配离子的形成常数（formation constant of coordinate ion），用 $K_f^{\ominus}$ 表示。此平衡常数越大，表明平衡时配离子的平衡浓度相对越大，配离子也就越稳定，所以形成常数也被称为配离子的稳定常数（stability constant of coordinate ion），以 $K_{稳}^{\ominus}$ 表示。如 $[Cu(NH_3)_4]^{2+}$ 配离子的 $K_{稳}^{\ominus}$（略去 $c^{\ominus}$）：

$$K_{稳}^{\ominus}=\frac{c\{[Cu(NH_3)_4]^{2+}\}}{c(Cu^{2+})[c(NH_3)]^4}=1.1\times10^{13}$$

一般配离子的稳定常数都比较大，说明配离子比较稳定，但其稳定性也是相对的，当外界条件发生变化时，配离子也可以被破坏，即配离子平衡向配离子解离的方向移动，也就是向上述形成反应的逆反应方向移动，该逆反应的平衡常数被称作配离子的解离常数（dissociation constant of coordinate ion），用 $K_d^{\ominus}$ 表示。该常数越大，配离子越易解离，所以，解离常数又称为不稳定常数（instability constant），用 $K_{不稳}^{\ominus}$ 表示。如 $[Cu(NH_3)_4]^{2+}$ 的解离过程为：

$$[Cu(NH_3)_4]^{2+}(aq) \rightleftharpoons Cu^{2+}(aq) + 4NH_3(aq)$$

其平衡常数为：
$$K_{不稳}^{\ominus}=\frac{c(Cu^{2+})\cdot[c(NH_3)]^4}{c\{[Cu(NH_3)_4]^{2+}\}}$$

显然稳定常数与不稳定常数互为倒数，即：

$$K_{不稳}^{\ominus}=\frac{1}{K_{稳}^{\ominus}}$$

表 4.7 列出了一些配离子的稳定常数和不稳定常数。

表 4.7 一些配离子的稳定常数和不稳定常数（298.15K）

配位体	配位平衡	$K^{\ominus}_{稳}$	$K^{\ominus}_{不稳}$
NH_3	$Ag^{+} + 2NH_3 \rightleftharpoons [Ag(NH_3)_2]^{+}$	1.6×10^{7}	6.3×10^{-8}
	$Co^{3+} + 6NH_3 \rightleftharpoons [Co(NH_3)_6]^{3+}$	4.6×10^{33}	2.2×10^{-34}
	$Cu^{2+} + 4NH_3 \rightleftharpoons [Cu(NH_3)_4]^{2+}$	1.1×10^{13}	9.2×10^{-14}
F^{-}	$Al^{3+} + 6F^{-} \rightleftharpoons [AlF_6]^{3-}$	1×10^{20}	1×10^{-20}
	$Sn^{4+} + 6F^{-} \rightleftharpoons [SnF_6]^{2-}$	1×10^{25}	1×10^{-25}
Cl^{-}	$Hg^{2+} + 4Cl^{-} \rightleftharpoons [HgCl_4]^{2-}$	5.0×10^{15}	2.0×10^{-16}
Br^{-}	$Hg^{2+} + 4Br^{-} \rightleftharpoons [HgBr_4]^{2-}$	1.0×10^{21}	1.0×10^{-21}
I^{-}	$Hg^{3+} + 4I^{-} \rightleftharpoons [HgI_4]^{2-}$	1.9×10^{30}	5.3×10^{-31}
CN^{-}	$Fe^{2+} + 6CN^{-} \rightleftharpoons [Fe(CN)_6]^{4-}$	1.0×10^{24}	1.0×10^{-24}
	$Fe^{3+} + 6CN^{-} \rightleftharpoons [Fe(CN)_6]^{3-}$	1.0×10^{31}	1.0×10^{-31}
	$Ag^{+} + 2CN^{-} \rightleftharpoons [Ag(CN)_2]^{-}$	1.3×10^{21}	7.7×10^{-22}

4.4.2 配离子平衡浓度的计算

同其它任何一个化学平衡一样，利用配离子的稳定常数，也可以计算配离子平衡中各种组分的平衡浓度，如金属离子的平衡浓度。只是由于配离子的形成是由连续的多步配位反应组成的，如果所加配位剂不足量，则体系中将同时存在多级配离子，计算各种组分的平衡浓度就比较麻烦。但在实际工作中，一般总是使用过量的配位剂，使中心离子绝大部分处在最高配位数状态，而其它低配位数的各级离子可忽略不计。这样只需用总的 $K^{\ominus}_{稳}$ 进行计算，计算过程大为简化。

【例 4.12】 25℃时，在 0.005mol·dm^{-3}的 $AgNO_3$ 溶液中通入氨气，使平衡溶液中氨浓度为 1mol·dm^{-3}，求溶液中 Ag^{+} 离子的浓度。此时若在 10mL 这样的溶液中加入 1mL 1mol·dm^{-3}的 NaCl 溶液，有无 AgCl 沉淀生成？

【解】 ① 已知 $K^{\ominus}_{稳}\{[Ag(NH_3)_2]^{+}\}=1.6\times10^{7}$，氨气通入溶液中后，会和 $AgNO_3$ 反应生成 $[Ag(NH_3)_2]^{+}$ 配离子，因为氨过量，且 $[Ag(NH_3)_2]^{+}$ 较稳定，所以达平衡时未配位的 Ag^{+} 的浓度很小。

设平衡时 $c(Ag^{+})=x$mol·dm^{-3}

$$Ag^{+}(aq) + 2NH_3(aq) \rightleftharpoons [Ag(NH_3)_2]^{+}(aq)$$

平衡浓度/(mol·dm^{-3})　　x　　1　　$0.005-x$

$$K^{\ominus}_{稳}([Ag(NH_3)_2]^{+})=\frac{c\{[Ag(NH_3)_2]^{+}\}}{c(Ag^{+})\cdot[c(NH_3)]^2}=1.6\times10^{7}$$

所以
$$\frac{0.005-x}{x\times1^2}=1.6\times10^{7}$$

由于 $K^{\ominus}_{稳}$ 较大，x 很小，$0.005-x\approx0.005$

所以
$$x=3.1\times10^{-10}$$

即平衡时 $c(Ag^{+})=3.1\times10^{-10}$ mol·dm^{-3}

② 在 10mL 上述溶液中加入 1mL 1mol·dm^{-3}的 NaCl 溶液，则：

$$c(Ag^{+})=(3.1\times10^{-10}\times10/11)\text{mol}\cdot\text{dm}^{-3}=2.8\times10^{-10}\text{mol}\cdot\text{dm}^{-3}$$

$$c(Cl^{-})=(1\times1/11)\text{mol}\cdot\text{dm}^{-3}=0.091\text{mol}\cdot\text{dm}^{-3}$$

查表知 $K_{sp}^{\ominus}(AgCl)=1.77\times10^{-10}$

因为 $c(Ag^{+})c(Cl^{-})=2.8\times10^{-10}\times0.091=2.6\times10^{-11}<K_{sp}^{\ominus}(AgCl)$

所以无 AgCl 沉淀生成。

4.4.3 含有配离子平衡的多重平衡

在处理离子平衡问题时，常常遇到多个平衡同时存在的多重平衡问题。如酸碱平衡中多元酸的分步解离平衡、沉淀-溶解平衡中的沉淀转化反应以及配离子的多级解离平衡等，都是多重平衡问题。在这一小节中，再讨论几个含有配离子平衡的多重平衡。处理多重平衡问题时，可利用多重平衡规则，并注意达到平衡时，体系中任一种物质的浓度必须同时满足所参与的化学反应的标准平衡常数关系式。

(1) 配离子之间的平衡

当溶液中存在两种及两种以上能与同一种金属离子配位的配位剂、或者存在两种及两种以上能与同一配位剂配位的金属离子时，都会发生相互间的竞争及平衡转化。这种竞争及平衡转化主要取决于配离子稳定性（并非稳定常数，为什么?）的大小。转化反应的平衡常数可以由多重平衡规则求得。

【例 4.13】 试求下列配离子转化反应的平衡常数。

① $[Ag(NH_3)_2]^+ + 2CN^- \rightleftharpoons [Ag(CN)_2]^- + 2NH_3$

② $[Fe(SCN)]^{2+} + 3F^- \rightleftharpoons [FeF_3] + SCN^-$

已知 $K_{稳}^{\ominus}\{[Ag(NH_3)_2]^{2+}\}=1.6\times10^7$、$K_{稳}^{\ominus}\{[Ag(CN)_2]^-\}=1.3\times10^{21}$

$K_{稳}^{\ominus}\{[Fe(SCN)]^{2+}\}=2.2\times10^3$、$K_{稳}^{\ominus}\{[FeF_3]\}=1.1\times10^{12}$

【解】 ① 反应 $[Ag(NH_3)_2]^+ + 2CN^- \rightleftharpoons [Ag(CN)_2]^- + 2NH_3$

由如下两个反应加和而成：

$$[Ag(NH_3)_2]^+ \rightleftharpoons Ag^+ + 2NH_3 \qquad K_{不稳}^{\ominus}\{[Ag(NH_3)_2]^+\}$$

$$Ag^+ + 2CN^- \rightleftharpoons [Ag(CN)_2]^- \qquad K_{稳}^{\ominus}\{[Ag(CN)_2]^-\}$$

所以由多重平衡规则：

$$K^{\ominus}=K_{不稳}^{\ominus}\{[Ag(NH_3)_2]^+\}K_{稳}^{\ominus}\{[Ag(CN)_2]^-\}$$

$$=K_{稳}^{\ominus}\{[Ag(CN)_2]^-\}/K_{稳}^{\ominus}\{[Ag(NH_3)_2]^+\}$$

$$=1.3\times10^{21}/1.6\times10^7=8.1\times10^{13}$$

② 同样方法，可求得反应 $[Fe(SCN)]^{2+} + 3F^- \rightleftharpoons [FeF_3] + SCN^-$ 的平衡常数。

$$K^{\ominus}=K_{不稳}^{\ominus}\{[Fe(SCN)]^{2+}\}\cdot K_{稳}^{\ominus}\{[FeF_3]\}$$

$$=K_{稳}^{\ominus}\{[FeF_3]\}/K_{稳}^{\ominus}\{[Fe(SCN)]^{2+}\}$$

$$=1.1\times10^{12}/2.2\times10^3=5.0\times10^8$$

从上例中可见，配离子间转化反应的平衡常数等于转化后和转化前配离子的稳定常数之比，此比值越大，转化反应的平衡常数就越大，反应向正向进行的倾向就越大。对于转化平衡常数较小的反应，还可通过调节两种配位剂的浓度，如增加反应物中配位剂的浓度，可使转化反应向正向移动，转化更完全。

(2) 配离子平衡与沉淀-溶解平衡

许多金属离子在水溶液中生成氢氧化物、硫化物等，利用这些沉淀的生成，可以破坏溶液中的配离子。如在 $[Cu(NH_3)_4]^{2+}$ 配离子溶液中加入 Na_2S 生成 CuS 沉淀就是一例。同样，如果加入大量的 NaOH 也会生成 $Cu(OH)_2$ 沉淀而使 $[Cu(NH_3)_4]^{2+}$ 配离子破坏。反之，利用配离子的生成也可使某些沉淀溶解。例如卤化银的溶解度都比较小，如 AgCl 的 $K_{sp}^{\ominus}$ 为 1.77×10^{-10}，可计算得 AgCl 的饱和水溶液中 Ag^+ 和 Cl^- 的浓度为 $1.33\times10^{-5}mol\cdot dm^{-3}$（见例 4.9）。但当往该饱和溶液中加入浓氨水时，由于形成了 $[Ag(NH_3)_2]^+$，降低了溶液中的 Ag^+ 浓度，而使 AgCl 的沉淀-溶解平衡向溶解的方向移动，最终使 AgCl 沉淀全部溶解。该过程的总反应为

$$AgCl(s) + 2NH_3(aq) \rightleftharpoons [Ag(NH_3)_2]^+(aq) + Cl^-(aq)$$

其反应平衡常数为 $K^{\ominus}$。由于此反应由如下两个反应组成：

① $AgCl(s) \rightleftharpoons Ag^+(aq) + Cl^-(aq)$　　　　$K_1^{\ominus}=K_{sp}^{\ominus}(AgCl)$

② $Ag^+(aq) + 2NH_3(aq) \rightleftharpoons [Ag(NH_3)_2]^+(aq)$　　　　$K_2^{\ominus}=K_{稳}^{\ominus}\{[Ag(NH_3)_2]^+\}$

所以根据多重平衡规则：

$$K^{\ominus}=K_1^{\ominus}K_2^{\ominus}=K_{sp}^{\ominus}(AgCl)K_{稳}^{\ominus}\{[Ag(NH_3)_2]^+\}$$
$$=1.77\times10^{-10}\times1.6\times10^{7}=2.8\times10^{-3}$$

利用此平衡常数，我们可以计算在有能与组成难溶化合物的离子形成配离子的配位剂存在的条件下，难溶化合物的溶解度。

【例 4.14】 在 1L 1.0mol·dm^{-3}的氨水溶液中，能溶解多少摩尔 AgCl?

【解】

$$AgCl(s) + 2NH_3(aq) \rightleftharpoons [Ag(NH_3)_2]^+(aq) + Cl^-(aq)$$

	NH_3	$[Ag(NH_3)_2]^+$	Cl^-
起始浓度/($mol\cdot dm^{-3}$)	1.0	0	0
平衡浓度/($mol\cdot dm^{-3}$)	$1.0-2x$	x	x

前面已求得该溶解总反应的平衡常数 $K=2.8\times10^{-3}$

所以　$$K^{\ominus}=\frac{c(Cl^-)c\{[Ag(NH_3)_2]^+\}}{[c(NH_3)]^2}=\frac{x^2}{(1.0-2x)^2}=2.8\times10^{-3}$$

解得：$x=4.8\times10^{-2}mol\cdot dm^{-3}$

即在 1L 1.0mol·dm^{-3}的氨水溶液中，能溶解 4.8×10^{-2}mol AgCl。

可见，AgCl 在 1.0mol·dm^{-3}氨水的溶解度要比在纯水中的溶解度（$1.33\times10^{-5}mol\cdot dm^{-3}$）大近四千倍。而且由上述计算可见，氨水的浓度越大，AgCl 的溶解度就越大。

如果在上述 $[Ag(NH_3)_2]^+$ 配离子溶液中再继续加入少量 KBr 溶液，则会看到淡黄色的 AgBr 沉淀生成；向 AgBr 沉淀中再加入 $Na_2S_2O_3$ 溶液，沉淀又会溶解而生成了无色的 $[Ag(S_2O_3)_2]^{3-}$ 配离子溶液；继续向溶液中加入 KI 溶液，又会看到一种黄色沉淀生成，即 AgI 沉淀；如果此时再向 AgI 沉淀中加入 KCN 溶液，黄色的 AgI 沉淀又溶解而生成无色的 $[Ag(CN)_2]^-$ 配离子；最后加入 Na_2S 溶液又得到黑色的 Ag_2S 沉淀。

上述反应都是配位平衡与沉淀-溶解平衡的多重平衡问题。沉淀的生成或溶解取决于多重反应总反应的 $K^{\ominus}$ 和配位剂与沉淀剂的浓度。通常在有配离子和沉淀-溶解平衡同时存在的多重平衡中，配合物越稳定，越易形成相应配合物，沉淀越易溶解；而沉淀的溶解度越小，则配合物越趋于解离，沉淀越易生成。

(3) 配位平衡与酸碱平衡

许多配位体如 F^-、CN^-、SCN^- 和 NH_3 以及有机酸根离子，都能与 H^+ 结合形成难解离的弱酸，造成配位平衡和酸碱平衡的竞争。

例如 AgCl 沉淀可溶解于氨水生成 $[Ag(NH_3)_2]^+$，若向溶液中加入 HNO_3 时，$[Ag(NH_3)_2]^+$ 被破坏，溶液中又生成 AgCl 白色沉淀。

$$AgCl(s) + 2NH_3 \rightleftharpoons [Ag(NH_3)_2]^+ + Cl^-$$

$$+$$

$$2HNO_3 \Longrightarrow 2H^+ + 2NO_3^-$$

$$\Downarrow$$

$$AgCl(s) + 2NH_4^+ + 2NO_3^-$$

$[Ag(NH_3)_2]^+$ 被 HNO_3 破坏的总反应方程式为：

$$[Ag(NH_3)_2]^+ + Cl^- + 2H^+ \rightleftharpoons AgCl(s) + 2NH_4^+ \qquad K^\ominus$$

此反应可由如下反应组成：

① $[Ag(NH_3)_2]^+ \rightleftharpoons Ag^+ + 2NH_3$ $\qquad K^\ominus_{不稳}([Ag(NH_3)_2]^+)$

② $NH_3 + H^+ \rightleftharpoons NH_4^+$ $\qquad 1/K^\ominus_a(NH_4^+)$

③ $Ag^+ + Cl^- \rightleftharpoons AgCl(s)$ $\qquad 1/K^\ominus_{sp}(AgCl)$

①+②×2+③即得总反应。所以由多重平衡规则可得：

$$K^\ominus = K^\ominus_{不稳}\{[Ag(NH_3)_2]^+\} \cdot [1/K^\ominus_a(NH_4^+)]^2 \cdot [1/K^\ominus_{sp}(AgCl)]$$

$$= \frac{1}{K^\ominus_{稳}\{[Ag(NH_3)_2]^+\} \cdot [K^\ominus_a(NH_4^+)]^2 \cdot K^\ominus_{sp}(AgCl)}$$

$$= \frac{[K^\ominus_b(NH_3)]^2}{K^\ominus_{稳}\{[Ag(NH_3)_2]^+\} \cdot (K^\ominus_w)^2 \cdot K^\ominus_{sp}(AgCl)}$$

$$= \frac{(1.78\times10^{-5})^2}{1.6\times10^7\times(1.0\times10^{-14})^2\times1.77\times10^{-10}} = 1.1\times10^{21}$$

上述总反应达平衡时系统中各个物质的平衡浓度之间的关系可由 $K^\ominus$ 确定，反应究竟是向生成沉淀的方向还是向生成配离子的方向进行，还取决于 H^+、Cl^- 和 NH_3 的浓度的相对大小。所以在有能与 H^+ 结合的配位剂参加的配位反应及沉淀反应过程中，若要生成某一特定的产物，控制溶液的酸度是非常必要的。

思考题

1. 稀溶液有哪些依数性？产生这些依数性的根本原因是什么？

2. 将下列水溶液按照其凝固点的高低顺序排列：

$1mol \cdot kg^{-1}$ NaCl，$1mol \cdot kg^{-1}$ H_2SO_4，$1mol \cdot kg^{-1}$ $C_6H_{12}O_6$，$0.1mol \cdot kg^{-1}$ CH_3COOH，$0.1mol \cdot kg^{-1}$ NaCl，$0.1mol \cdot kg^{-1}$ $C_6H_{12}O_6$，$0.1mol \cdot kg^{-1}$ $CaCl_2$。

3. 什么是溶液的渗透现象？渗透压产生的条件是什么？如何用渗透现象解释盐碱地难以生长农作物？

4. 写出下列各种物质的共轭酸或共轭碱：

(a) H_2S (b) CN^- (c) $H_2PO_4^-$ (d) NH_4^+ (e) HCO_3^-

5. 比较浓度相同的无机多元弱酸的酸性强弱时，为什么只需比较它们的一级解离常数就可以了？指出下列各组水溶液，当两种溶液等体积混合时，哪些可以作为缓冲溶液，为什么？

(1) $NaOH(0.10mol \cdot dm^{-3})$-$HCl(0.20mol \cdot dm^{-3})$

(2) $HCl(0.10mol \cdot dm^{-3})$-$NaAc(0.20mol \cdot dm^{-3})$

(3) $HCl(0.10mol \cdot dm^{-3})$-$NaNO_2(0.050mol \cdot dm^{-3})$

(4) $HNO_2(0.30mol \cdot dm^{-3})$-$NaOH(0.15mol \cdot dm^{-3})$

6. 下列各种说法是否正确，为什么？

(1) 两种难溶电解质，其中 $K_{sp}^{\ominus}$ 较大者，溶解度也较大。

(2) $MgCO_3$ 的 $K_{sp}^{\ominus}=6.82\times10^{-8}$，这意味着在所有含 $MgCO_3$ 的溶液中，$c(Mg^{2+})=c(CO_3^{2-})$，而且 $c(Mg^{2+})\cdot c(CO_3^{2-})=6.82\times10^{-8}$。

(3) 室温下，在任何 CaF_2 水溶液中，Ca^{2+} 和 F^- 离子浓度的乘积都等于 CaF_2 的 $K_{sp}^{\ominus}$ 值。

7. 何谓"沉淀完全"？沉淀完全时溶液中被沉淀离子的浓度是否等于零？怎样才算达到沉淀完全的标准？

8. 欲使难溶物溶解，一般可采取哪几种措施？

9. 查得 AgCl、Ag_2CrO_4 的溶度积常数分别为 1.77×10^{-10}、1.12×10^{-12}，试判断它们在水溶液中溶解度的相对大小？

10. 命名下列配合物，指出中心离子的配位数，写出配离子的 $K_{稳}^{\ominus}$ 表达式。

(1) $[Co(NH_3)_6]Cl_3$　　(2) $K_2[Co(SCN)_4]$　　(3) $Na_2[SiF_6]$

(4) $[Pt(NH_3)_2Cl_4]$　　(5) $[Co(NH_3)_5Cl]Cl_2$　　(6) $[Zn(NH_3)_4]SO_4$

11. 在 $[Cu(NH_3)_4]SO_4$ 和 $K_4[Fe(CN)_6]$ 晶体的水溶液中含有哪些离子或分子，写出解离式。

12. 根据配合物稳定常数和难溶电解质溶度积常数解释：

(1) KI 能使 $[Ag(NH_3)_2]^+$ 溶液产生沉淀，而 KCl 则不能。

(2) AgBr 沉淀可溶于 KCN 溶液，而 Ag_2S 不溶于 KCN 溶液。

(3) $K_3[Fe(SCN)_6]$ 溶液中加入 NH_4F，血红色消褪。

习　　题

1. 是非题（对的在括号内填"√"号，错的填"×"号）

(1) 无论是多元酸还是多元碱，它们的逐级解离常数总符合下列规则：

$$K_{i_1}^{\ominus}>K_{i_2}^{\ominus}>K_{i_3}^{\ominus}$$ (　　)

(2) 若将盐酸溶液和 HAc 溶液混合，溶液中 H^+ 总是由 HCl 提供，与 HAc 的浓度、K_a 值无关。(　　)

(3) 同离子效应可以使溶液的 pH 增大，也可以使其减小，但一定会使弱电解质的解离度降低。(　　)

(4) 将氨水的浓度稀释一倍，溶液的 OH^- 浓度就减少到原来的 1/2。(　　)

(5) 在饱和 H_2S 水溶液中存在着平衡

$$H_2S \rightleftharpoons 2H^+ + S^{2-}$$

已知平衡时 $c(H_2S)=0.1mol\cdot dm^{-3}$，$c(H^+)=1.03\times10^{-3}mol\cdot dm^{-3}$，$c(S^{2-})=1.26\times10^{-13}mol\cdot dm^{-3}$，则平衡常数为

$$K^{\ominus}=\frac{\{c(H^+)\}^2c(S^{2-})}{\{c(H_2S)\}^2}=\frac{(2\times1.03\times10^{-3})^2(1.26\times10^{-13})}{0.1}$$ (　　)

(6) 在 PbI_2 饱和溶液中加入少量 $Pb(NO_3)_2$ 固体，将会发现有黄色 PbI_2 沉淀生成，这是因为 $Pb(NO_3)_2$ 的存在使 PbI_2 的溶解度降低而形成沉淀。(　　)

(7) 已知 $K_{不稳}^{\ominus}([HgCl_4]^{2-})=2.0\times10^{-16}$，当溶液中 $c(Cl^-)=0.10mol\cdot dm^{-3}$ 时，溶液中 $c(Hg^{2+})/c([HgCl_4]^{2-})$ 的比值为 2.0×10^{-12} (　　)

(8) $K_{sp}^{\ominus}([Zn(OH)_2])=3.0\times10^{-17}$，$K_{不稳}^{\ominus}([Zn(OH)_4]^{2-})=5.0\times10^{-21}$，则反应

$$Zn(OH)_2+2OH^- \rightleftharpoons [Zn(OH)_4]^{2-}$$

的平衡常数 $K=1.5\times10^{-37}$。(　　)

2. 选择题（选择正确的答案，将其代号填入空格）

(1) 取相同质量的下列物质融化路面的冰雪，______最有效？

(A) 氯化钠　　(B) 氯化钙　　(C) 尿素 $CO(NH_2)_2$

(2) 已知 H_3AsO_4 的逐级酸常数分别为 $K_{a_1}^{\ominus}$、$K_{a_2}^{\ominus}$、$K_{a_3}^{\ominus}$，则 $HAsO_4^{2-}$ 离子的 $K_b^{\ominus}$ 值及其共轭酸为______。

(A) $K_w^{\ominus}/K_{a_2}^{\ominus}$，$H_2AsO_4^-$　　(B) $K_w^{\ominus}/K_{a_3}^{\ominus}$，$H_2AsO_4^-$

(C) $K_w^{\ominus}/K_{a_2}^{\ominus}$，$H_3AsO_4$　　(D) $K_w^{\ominus}/K_{a_3}^{\ominus}$，$H_3AsO_4$

(3) 欲配制 pH 为 3 左右的缓冲溶液，应选下列何种酸及其共轭碱（括号内为 $pK_a^{\ominus}$ 值）______。

(A) HAc（4.76）　　(B) 甲酸（3.75）

(C) 一氯乙酸（2.87）　　(D) 二氯乙酸（1.35）

(4) 在 1L $0.12mol \cdot dm^{-3}$ NaAc 和 $0.10mol \cdot dm^{-3}$ HAc 混合液中加入 4g NaOH，该体系的缓冲能力将______。

(A) 不变　　(B) 变小　　(C) 变大　　(D) 难以判断

(5) $PbSO_4(s)$ 在 1L 含有相同物质的量的下列各物质溶液中溶解度最大的是______。

(A) $Pb(NO_3)_2$　　(B) Na_2SO_4　　(C) NH_4Ac　　(D) $CaSO_4$

(6) 在下列溶液中，$BaSO_4$ 的溶解度最大的是______。

(A) $1mol \cdot dm^{-3}$ H_2SO_4　　(B) $2mol \cdot dm^{-3}$ H_2SO_4

(C) 纯水　　(D) $0.1mol \cdot dm^{-3}$ H_2SO_4

(7) 在 $BaSO_4$ 饱和溶液中加入少量 $BaCl_2$ 稀溶液，产生 $BaSO_4$ 沉淀，若以 $K_{sp}^{\ominus}$ 表示 $BaSO_4$ 的溶度积常数，则平衡后溶液中______。

(A) $c(Ba^{2+})=c(SO_4^{2-})=(K_{sp}^{\ominus})^{1/2}$

(B) $c(Ba^{2+})c(SO_4^{2-})>K_{sp}^{\ominus}$，$c(Ba^{2+})=c(SO_4^{2-})$

(C) $c(Ba^{2+})c(SO_4^{2-})=K_{sp}^{\ominus}$，$c(Ba^{2+})>c(SO_4^{2-})$

(D) $c(Ba^{2+})c(SO_4^{2-})\neq K_{sp}^{\ominus}$，$c(Ba^{2+})<c(SO_4^{2-})$

(8) 下列关于配合物 $K_{稳}^{\ominus}$ 的叙述中错误的是______。

(A) 对同一配合物，总的 $K_{稳}^{\ominus}$ 和 $K_{不稳}^{\ominus}$ 互为倒数

(B) 应用 $K_{稳}^{\ominus}$ 可以计算配位剂过量时配合物水溶液中某组分的浓度

(C) 对于同类型的配离子，可以直接用 $K_{稳}^{\ominus}$ 值大小来比较它们的稳定性

(D) 以上叙述都不对

(9) 已知 $K_{稳}^{\ominus}\{[Ag(SCN)_2]^-\}=3.72\times10^7$，$K_{稳}^{\ominus}\{[Ag(NH_3)_2]^+\}=1.6\times10^7$，当 SCN^- 离子浓度为 $0.1mol \cdot dm^{-3}$，其余有关物质浓度均为 $1.0mol \cdot dm^{-3}$ 时，反应 $[Ag(NH_3)_2]^+ + 2SCN^- \rightleftharpoons [Ag(SCN)_2]^- + 2NH_3$ 进行的方向为______。

(A) 向左进行　　(B) 向右进行　　(C) 恰好达平衡状态　　(D) 无法预测

3. 将 1kg 乙二醇与 2kg 水相混合，可制得汽车用的防冻剂，试计算：

(1) 25℃时，该防冻剂的蒸气压；

(2) 该防冻剂的沸点；

(3) 该防冻剂的凝固点。

4. 人的体温是 37℃，血液的渗透压是 780.2kPa，设血液内的溶质全是非电解质，试估计血液的总浓度。

5. 烟酸（Nicotinic acid，$HC_6H_4NO_2$），是一种维生素，也是一种弱酸，其 $K_a^{\ominus}$ 为 1.4×10^{-5}。求 $0.010mol \cdot dm^{-3}$ 烟酸溶液的 H^+ 离子浓度和 pH。

6. 在减缓痛苦方面，几乎没有比吗啡（$C_{17}H_{19}O_3N$）更有效的了。吗啡是一种从植物中得到的生物碱。$0.010mol \cdot dm^{-3}$ 吗啡溶液的 pH 为 10.10，计算吗啡的 $K_b^{\ominus}$ 和 $pK_b^{\ominus}$。

7. 一学生需要一 pH 为 3.90 的缓冲溶液，若用甲酸及其盐配制该缓冲溶液，能否满足要求？若能，则酸根离子 HCO_2^- 与甲酸 HCO_2H 的浓度比应为多少？

8. 将一未知一元弱酸溶于未知量水中，用浓度为 $0.1000mol \cdot dm^{-3}$ 的某一元强碱去滴定。已知当用去

10.00mL 强碱时，溶液的 pH=4.50；当用去 24.60mL 强碱时，滴定至终点（设终点为恰好完全反应的化学计量点）。问该弱酸的解离常数是多少？

9. 分别计算 Ag_2CrO_4 在 0.10mol·dm^{-3} $AgNO_3$ 和 0.10mol·dm^{-3} Na_2CrO_4 溶液中的溶解度。

10. 已知 25℃时，PbI_2 的溶度积为 9.8×10^{-9}，试求：

    （1）PbI_2 在水中的溶解度（mol·dm^{-3}）；

    （2）饱和溶液中 Pb^{2+} 和 I^- 离子浓度；

    （3）在 0.01mol·dm^{-3} KI 溶液中 Pb^{2+} 离子浓度。

11. 在 100mL 0.20mol·dm^{-3} $MnCl_2$ 溶液中加入 100.0mL 含有 NH_4Cl 的 0.010mol·dm^{-3} 的 $NH_3\cdot H_2O$ 溶液，计算在氨水中含有多少克 NH_4Cl 才不致生成 $Mn(OH)_2$ 沉淀？

12. 25℃时，溶液中含有 Fe^{3+}、Fe^{2+} 离子，它们浓度都是 0.05mol·dm^{-3}，如果要求 $Fe(OH)_3$ 沉淀完全，而 Fe^{2+} 离子不生成 $Fe(OH)_2$ 沉淀，试问溶液的 pH 应控制多少？

13. 判断下列反应进行的方向，假设各离子的浓度都是 1mol·dm^{-3}：

    （1）$[FeF_6]^{3-}(aq) + 6CN^-(aq) \rightleftharpoons [Fe(CN)_6]^{3-}(aq) + 6F^-$

    （2）$2AgI(s) + CO_3^{2-}(aq) \rightleftharpoons Ag_2CO_3(s) + 2I^-(aq)$

14. 计算 AgBr 在 1.00mol·dm^{-3} $Na_2S_2O_3$ 中的溶解度。500mL 浓度为 1.00mol·dm^{-3} 的 $Na_2S_2O_3$ 溶液可溶解 AgBr 多少克？已知 $K^{\ominus}_{稳}\{[Ag(S_2O_3)_2]^{3-}\}=2.9\times10^{13}$。$K^{\ominus}_{sp}(AgBr)=5.35\times10^{-13}$

15. An aqueous solution of urea（尿素）had a freezing point of −0.52 ℃. Predict the osmotic pressure of the same solution at 37 ℃. Assume that the molar concentration and the molality（质量摩尔浓度 b）are numerically equal.

16. At the temperature of the human body, 37℃, the value of $K^{\ominus}_w$ is 2.4×10^{-14}. Calculate the concentration of H^+ and OH^-, pH and pOH. What is the relation between pH, pOH, and $K^{\ominus}_w$ at this temperature? Is water neutral at this temperature?

17. 5mL of 0.002 mol·dm^{-3} NaCl was added into 5mL 0.02mol·dm^{-3} $AgNO_3$. Would a precipitate of silver chloride be expected to form?

18. By experiment, it is found that 9.33×10^{-5} mol of calcium carbonate, $CaCO_3$, dissolves in 1 L of aqueous solution at 25℃. What is the solubility product constant at this temperature?

19. Calculate the silver ion concentration in a solution prepared by shaking solid Ag_2S with satrated H_2S (0.10 mol·dm^{-3}) in 0.15 mol·dm^{-3} H_3O^+ until equilibrium is established.

第5章　氧化还原反应与电化学

【内容提要】

本章的主要内容包括以下几方面：

(1) 氧化还原反应与原电池的基本概念，原电池的表示方法及原电池的电池反应和电池半反应，离子-电子法配平氧化还原反应方程式；

(2) 电池电动势和电极电势的基本概念及基本理论；

(3) 电池电动势与吉布斯函数变的关系，能斯特方程式，电极电势的应用；

(4) 分解电压与超电势，电解时的电极反应；

(5) 简单介绍化学电源和腐蚀电池的有关知识。

【学习要求】

了解原电池的组成，会用原电池符号表示原电池；掌握离子-电子法配平氧化还原反应方程式的方法。

了解电极电势和电池电动势的概念，能用能斯特方程式计算原电池的电动势及电对的电极电势。

理解电池电动势与氧化还原反应的吉布斯函变、电极的标准电极电势与标准吉布斯函变及氧化还原反应标准平衡常数之间的关系，并掌握有关的基本计算。

掌握电极电势及电池电动势的基本应用：判断氧化还原反应进行的方向和程度、判断氧化剂和还原剂的相对强弱。

了解分解电压、超电势及电极极化的概念。

了解常见的化学电源；了解金属腐蚀与防护原理。

氧化还原概念最早是在18世纪末由被誉为“近代化学奠基人之一”的法国化学家拉瓦锡(A. L. Lavoisier)在发现氧元素之后首先提出的：“氧化”是指物质与氧气化合，“还原”是指氧化物失去氧。随后化学家又认为氧化不仅指与氧化合，也包括除去氢的反应，而还原则不仅指除去氧，也包括与氢结合的反应。到了19世纪50年代有了化合价的概念后，人们把化合价升高的过程叫作氧化（oxidation），把化合价降低的过程叫作还原（reduction）。再后来到了1892年，被誉为“物理化学之父”的德国物理化学家奥斯特瓦尔德（F. W. Ostwald）又提出氧化还原反应是由于电子转移引起的，把失电子的过程叫氧化，得电子的过程叫还原。例如：

$$Zn(s) + Cu^{2+}(aq) = Zn^{2+}(aq) + Cu(s)$$

在此过程中，Cu^{2+}得到两个电子发生还原反应，Cu^{2+}是氧化剂（oxidant），本身处于氧化态（oxidation state）；Cu^{2+}得到电子后转变成的Cu具有重新失去电子的倾向，因而处于还原态（reducing state）。与此同时，Zn失去两个电子，发生氧化反应，Zn是还原剂(reductant)，本身处于还原态。以上总的结果是电子从Zn转移到Cu^{2+}。有失电子的，必有得电子的，得失电子必定同时发生，所以合称为氧化还原反应（redox reaction）。物质的氧化态和还原态的这种共轭关系类似于酸碱共轭关系，只不过在氧化还原反应中是电子的转移，而在酸碱反应中是质子的传递。

在一定条件下，氧化还原反应中转移的电子若能定向移动就形成电流，从而可以将化学能转化为电能。反之，利用电流还可以促使非自发氧化还原反应发生，从而把电能转化为化学能。研究化学能和电能相互转化规律的学科即为电化学（electrochemistry）。完成这样的电化学研究，必须借助于适当的电化学装置。我们把将化学能转化为电能的装置叫原电池（galvanic cell）；将电能转化为化学能的装置叫电解池（electrolytic cell）。原电池和电解池通称为化学电池（electrochemical cell）。第一个原电池是 1799 年意大利物理学家伏特（A. Vlota，1745—1827）发明的，标志着电化学研究的开始。1800 年英国化学家尼科尔森（William Nicholson，1753—1815）在得知发明了伏打电池后，同解剖学家卡利斯尔（Anthony Carlisle，1768—1840）一起利用银币和锌片各 36 枚重叠起来制成电池。当他们将两根连接银币和锌片的导线放在水中时，发现与锌连接的金属丝上产生氢气泡，而与银连接的金属丝上产生氧气。这样，他们成为电解水的先驱者。随后，戴维（Humphry Davy，1778—1829）用电解的方法制出了金属钾和钠，直到 1833 年，法拉第才提出著名的法拉第电解定律。而当今电化学的应用已十分广泛。本章主要介绍氧化还原反应和电化学的有关内容。

5.1 氧化还原反应与原电池

5.1.1 原电池及其组成

早在 1786 年，意大利科学家伽伐尼（Luigi Alyisio Galvani，1737—1798）在一次偶然的机会中发现，放在两块不同金属之间的蛙腿会发生痉挛现象，他认为这是一种生物电现象。1791 年意大利物理学家伏特得知了这一发现，并对其产生了极大的兴趣，作了一系列实验。他用两种金属接成一根弯杆，一端放在嘴里，另一端和眼睛接触，在接触的瞬间就有光亮的感觉产生；他用舌头舔着一枚金币和一枚银币，然后用导线把硬币连接起来，就在连接的瞬间，舌头有发麻的感觉。因此他认为伽伐尼电并非动物生电，而在本质上是一种物理的电现象，蛙腿本身不放电，是外来电使蛙腿神经兴奋而发生痉挛。后来为了验证他自己的观点，他用锌片和铜片插入盛有盐水的容器中，在锌片和铜片的两端即可测出电压，甚至他将锌片和铜片插在柠檬中也可产生电压，这就是最早的“柠檬电池”，从而证明了只要有两片不同的金属和溶液存在，不用动物体也可以有电产生。在此基础上，1800 年他又通过实验进一步证明了他的观点：他把银和锌的小圆片相互重叠成堆，并用食盐水浸透过的厚纸片把各对圆片互相隔开，在头尾两圆片上连接导线，当这两条导线接触时，产生火花放电。这就是科学史上著名的“伏打电池”。

19 世纪初，化学家们开始使用伏特电池发出的电流做实验，从而促使电化学研究有了一个巨大的发展。

原电池真正被广泛应用还是在 1836 年英国化学家丹尼尔（J. F. Daniell，1790—1845）提出的丹尼尔电池以后。该电池的基本原理与伏特电池基本相同，所不同的是每个金属分别插在它们自己的金属离子溶液中组成两个半电池（half cell），被称作两个电极（electrode），中间通过一个盐桥将两个半电池相连，如图 5.1 所示。用导线将两个电极接通后，检流计指针发生偏转，表明有电流通过，且通过指针偏转方向可以知道，电流由铜电极流向锌电极。即反

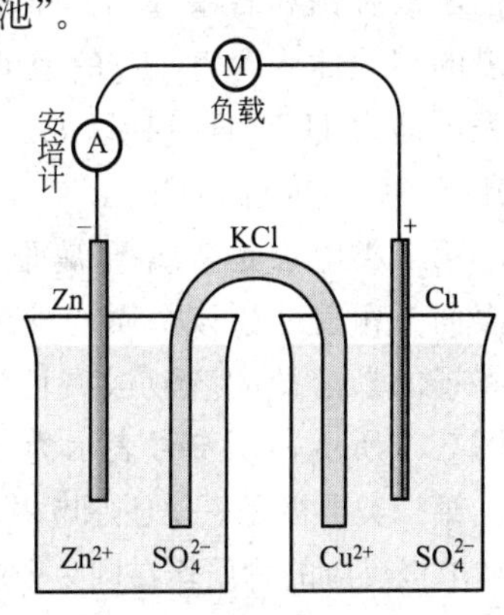

图 5.1 Daniell 原电池示意图

应过程中，锌板由于放出电子发生氧化反应而逐渐溶解，本身成为 Zn^{2+} 进入 $ZnSO_4$ 溶液中，电子从锌板经导线流向铜极；而 $CuSO_4$ 溶液中的 Cu^{2+} 在铜板上获得电子发生还原反应，变为铜而析出。电极反应写作：

Zn 极 $$Zn \longrightarrow Zn^{2+} + 2e^-$$

Cu 极 $$Cu^{2+} + 2e^- \longrightarrow Cu$$

总反应方程式为

$$Zn(s) + Cu^{2+}(aq) \longrightarrow Zn^{2+}(aq) + Cu(s)$$

根据热力学数据计算可知，该反应的 $\Delta_r G_m^{\ominus} = -212kJ \cdot mol^{-1}$，是一个典型的自发反应。如果将锌片直接插入 $CuSO_4$ 溶液中，反应的结果是铜在锌片上析出，化学能基本上转变为热能放出，而得不到电流。但同一自发进行的反应在原电池中进行时，则可将化学能转变为电能。后来，人们利用能自发进行的化学反应制得了各种各样的电池。

从伏特电池和丹尼尔电池可见，一个原电池必须由两个基本部分组成：两个电极和电解质溶液。对于给出电子发生氧化反应的电极，如丹尼尔电池中的 Zn 极，由于其电势较低，被称为负极（negative electrode）；而接受电子发生还原反应的一极，如 Cu 极，由于其电势较高，而称作正极（positive electrode）。如果两个电极同插在同一个电解质溶液中，就称作单液电池（one-fluid cell）；若分别插在两个电解质溶液中，就称作双液电池（double-fluid cell）。如丹尼尔电池就是双液电池。对于双液电池，如果不接通溶液内电路，两个溶液中就会由于电极上所发生的氧化或还原反应，而使两溶液分别积累正电荷或负电荷，从而阻止电子继续从负极通过导线流向正极，导致反应终止。为此，对于双液电池，为保持溶液呈电中性，使电流持续产生，必须在两溶液中放一盐桥（salt bridge），使内电路接通。它是一只装满饱和电解质（如 KCl 或 NH_4NO_3）溶液（用胶冻状的琼脂固定）的倒置 U 型管。

从 Daniell 电池中，我们还可以看出，每个电极必须同时存在某一物质的氧化态和还原态，如 Zn 电极的氧化态 Zn^{2+} 和还原态 Zn，Cu 极的氧化态 Cu^{2+} 和还原态 Cu。把组成电极的一对氧化态和还原态物质称为一对氧化还原电对（redox couple），简称电对，通常表示为：氧化态/还原态（或 Ox/Red）。

按照氧化态、还原态物质状态的不同，电极可以分为三类。

第一类电极是金属电极和气体电极。金属电极是由金属与其离子的溶液组成，如丹尼尔电池中锌电极和铜电极分别由锌与硫酸锌溶液、铜与硫酸铜溶液组成，简记为 $Zn^{2+}|Zn$ 和 $Cu^{2+}|Cu$。气体电极是由气体与其离子的溶液及能够吸附气体的惰性电极所构成，常用的惰性电极有铂和石墨等，其作用只是导体，本身并不参加电极反应。如氢电极就是由将镀有铂黑的铂片插入含有 H^+ 的溶液中，并向铂片上不断地通氢气而构成，如图 5.2 所示，用符号表示即为 $H^+|H_2|Pt$。常用气体电极还有氧电极和氯电极等，分别表示为 $Pt|O_2(g)|OH^-$、$Pt|Cl_2(g)|Cl^-$。

第二类电极是金属-金属难溶盐电极及金属-金属难溶氧化物电极。电极的结构是在金属的表面上覆盖一层该金属的难溶盐或难溶氧化物，再将其插入含有与该金属难溶盐具有相同阴离子的易溶盐的溶液或碱性溶液中而构成。如 Ag-AgCl 电极就是较常用的这一类电极，如图 5.3 所示，用符号表示为 $Ag|AgCl(s)|Cl^-$。

第三类电极是氧化还原电极。任一电极皆为氧化还原电极，这里所说的氧化还原电极是专指参加电极反应的物质均在同一个溶液中，电极的极板必须借助于惰性电极（如 Pt 电极），如电极 Fe^{3+}，$Fe^{2+}|Pt$(如图 5.4 所示)、Cu^{2+}，$Cu^+|Pt$ 和 MnO_4^-，$Mn^{2+}|Pt$ 等均为氧化还原电极。

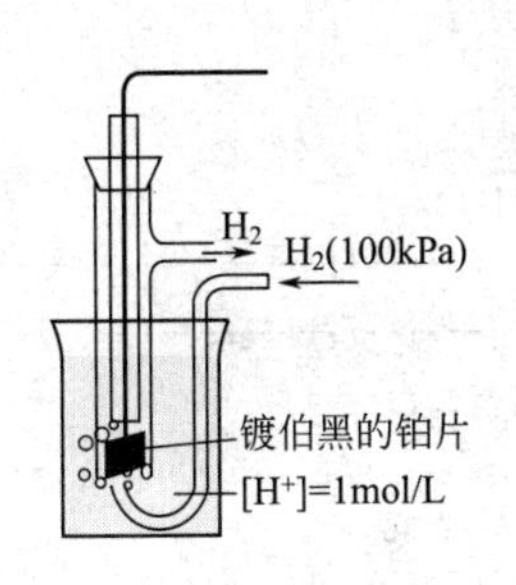

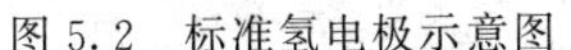

图 5.2　标准氢电极示意图

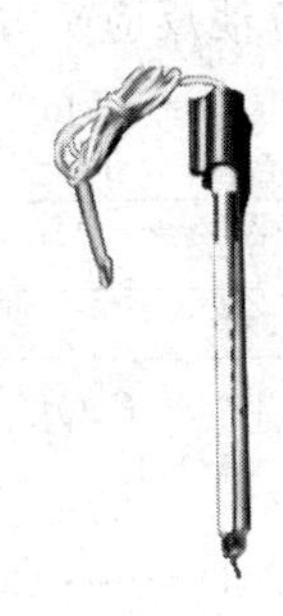

图 5.3　Ag-AgCl 电极

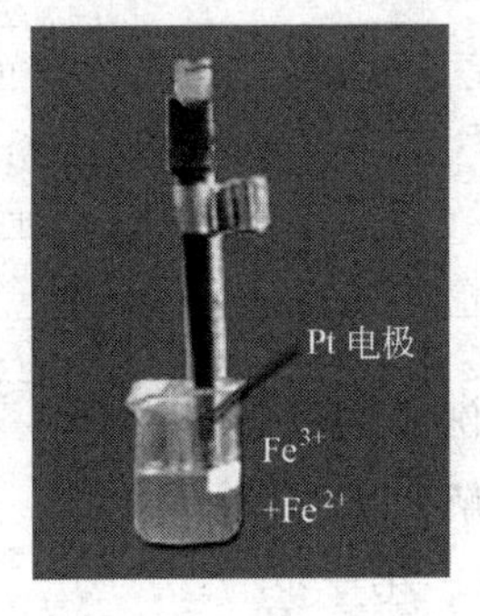

图 5.4　氧化还原电极

5.1.2　原电池的半反应式与氧化还原反应方程式的配平

任何原电池都由两个电极部分组成，每个电极部分被称作一个半电池，每个半电池所发生的氧化或还原反应，即电极反应被称作原电池的半反应（half-reaction）。利用半反应式可以配平氧化还原反应，这种方法被称为配平氧化还原反应方程式的半反应式法或离子-电子法。该方法的具体步骤如下：

① 以离子的形式表示出反应物和氧化还原产物；

② 把一个氧化还原反应拆分成两个半反应，一个表示氧化剂的被还原，另一个表示还原剂的被氧化；

③ 分别配平每个半反应式，使两边的各种元素原子总数和电荷总数均相等；

④ 按氧化剂得电子总数和还原剂失电子总数必须相等的原则将两个半反应式各乘以适当的系数，使得失电子数相等，然后合并两个半反应即得总反应方程式。

【例 5.1】 将 $FeSO_4$ 溶液加入到酸化后的 $KMnO_4$ 溶液中，$KMnO_4$ 的紫色褪去，完成并配平该化学反应方程式。

【解】 第一步　以离子的形式表示出反应物和氧化还原产物。将 $FeSO_4$ 溶液加入到酸化后的 $KMnO_4$ 溶液中，$KMnO_4$ 的紫色褪去，生成了 Mn^{2+}，而 Fe^{2+} 被氧化成 Fe^{3+}，表示为：

$$Fe^{2+} + MnO_4^- \longrightarrow Fe^{3+} + Mn^{2+}$$

第二步　把上述反应拆成两个半反应：

$$MnO_4^- \longrightarrow Mn^{2+} \qquad \text{（还原反应）}$$

$$Fe^{2+} \longrightarrow Fe^{3+} \qquad \text{（氧化反应）}$$

第三步　分别配平两个半反应式，使两边的各种元素原子总数和电荷总数均相等，由于反应在酸性条件下进行，对于有氢或氧参加的反应，可以通过加 H^+ 或 H_2O 来调整半反应式两边的氢、氧原子个数。

$$MnO_4^- + 8H^+ + 5e^- = Mn^{2+} + 4H_2O$$

$$Fe^{2+} = Fe^{3+} + e^-$$

在第一个半反应中，由于反应物中多 4 个 O，在酸性条件下可通过加 8 个 H^+ 生成 4 个 H_2O 而使两边的氢、氧原子个数相等。

第四步　按氧化剂和还原剂得失电子总数必须相等的原则将两个半反应各乘以适当系数，使得失电子总数等于它们各自得失电子数的最小公倍数，然后再将两个半反应方程式相加，即得配平了的总的反应（电池反应）方程式，即：

$$\begin{array}{rl} & MnO_4^- + 8H^+ + 5e^- = Mn^{2+} + 4H_2O \quad \times 1 \\ + & Fe^{2+} = Fe^{3+} + e^- \quad \times 5 \\ \hline & MnO_4^- + 8H^+ + 5Fe^{2+} = Mn^{2+} + 5Fe^{3+} + 4H_2O \end{array}$$

【例 5.2】 配平 $ClO^- + Cr(OH)_4^- \longrightarrow Cl^- + CrO_4^{2-}$（碱性介质）

【解】 配平步骤同上

第一步 $ClO^- + Cr(OH)_4^- \longrightarrow Cl^- + CrO_4^{2-}$

第二步 $ClO^- \longrightarrow Cl^-$ （还原反应）

$Cr(OH)_4^- \longrightarrow CrO_4^{2-}$ （氧化反应）

第三步 $ClO^- + H_2O + 2e^- = Cl^- + 2OH^-$

$Cr(OH)_4^- + 4OH^- = CrO_4^{2-} + 4H_2O + 3e^-$

在第一个半反应中，由于反应物中多 1 个 O，在碱性条件下只能通过加 1 个 H_2O 生成 2 个 OH^- 而使两边的氢、氧原子个数相等。而在第二个半反应中，反应物中多四个 H，在碱性条件下，可通过加 4 个 OH^- 生成 4 分子水而使两边的氢、氧原子个数相等。

第四步

$$\begin{array}{rl} & ClO^- + H_2O + 2e^- = Cl^- + 2OH^- \quad \times 3 \\ + & Cr(OH)_4^- + 4OH^- = CrO_4^{2-} + 4H_2O + 3e^- \quad \times 2 \\ \hline & 3ClO^- + 2Cr(OH)_4^- + 2OH^- = 3Cl^- + 2CrO_4^{2-} + 5H_2O \end{array}$$

从上述例题中可见，利用半反应式法配平氧化还原反应的关键是配平半反应式，而配平半反应式的关键，一是根据反应物和产物确定半反应得到或失去电子的数目，再就是反应式两边氢、氧原子个数的调整。由于反应介质不同，反应物较产物中少 O 还是多 O 的情况也不同，所以调整 H、O 原子个数方法也就不同。如例 5.1 中，是在酸性条件下，反应物中多 O，可通过加 H^+ 生成水来调整；而在例 5.2 中，是碱性条件，反应物中再多 O 时就不能靠加 H^+ 来调整，而只能靠加 H_2O 生成 OH^- 来调整。另外还有反应物中少 O 的情况，调整 H、O 原子个数的方法也有所不同。下面将几种调整 H、O 原子的方法总结于表 5.1 中。

表 5.1 不同介质中氧化还原半反应中氢、氧原子的调整方法

介质种类	反应物中	
	多一个 O 原子	少一个 O 原子
酸	结合[O] $+2H^+ \longrightarrow H_2O$	提供[O] $+H_2O \longrightarrow 2H^+$
碱	结合[O] $+H_2O \longrightarrow 2OH^-$	提供[O] $+2OH^- \longrightarrow H_2O$
中性	结合[O] $+H_2O \longrightarrow 2OH^-$	提供[O] $+H_2O \longrightarrow 2H^+$

5.1.3 原电池的表示方法——原电池符号

为了表示方便，原电池可以用原电池符号（cell notation）来表示。在书写时通常采用如下规定：将发生氧化反应的负极写在左边，发生还原反应的正极写在右边；按原电池中各种物质实际接触顺序用化学式从左到右依次排列，并列出各个物质的组成及聚集状态（气、液、固），溶液应注明浓度，气体则应标明分压；用“|”表示不同相之间的界面，用“¦¦”表示由盐桥联结着两种不同的溶液。

如丹尼尔电池可表示为

$$(-)Zn \mid ZnSO_4(c_1) \mid\mid CuSO_4(c_2) \mid Cu(+)$$

式中，c_1、c_2 分别表示 $ZnSO_4$、$CuSO_4$ 两种溶液的浓度。

任何一个自发进行的氧化还原反应都可以装置成原电池，使氧化还原反应在原电池中进行，从而将化学能转变为电能。例如，银与碘离子在酸性溶液中的反应为

$$2Ag(s)+2H^+(aq)+2I^-(aq) \longrightarrow 2AgI(s)+H_2(g)$$

可将此氧化还原反应分解为两个半反应

还原反应：　$2H^+(aq)+2e^- \longrightarrow H_2(g)$

氧化反应：　$2Ag(s)+2I^-(aq) \longrightarrow 2AgI(s)+2e^-$

从而确定两个相应的电极：

$$H^+(aq) \mid H_2(g) \mid Pt,\ I^-(aq) \mid AgI(s) \mid Ag$$

然后根据失电子的为负极写在电池符号的左边，得电子的为正极写在电池符号的右边，即得原电池的符号：

$$(-)Ag \mid AgI(s) \mid I^-(c_1) \mid\mid H^+(c_2) \mid H_2(p_1) \mid Pt(+)$$

5.2 电极电势与电池电动势

5.2.1 电极电势与电池电动势的产生

按图 5.1 装置，当用导线把丹尼尔原电池的两个电极连接起来，检流计指针就会偏转。这表明在两个电极之间存在电势差，也就是说两个电极的电势不同。什么是电极电势？它是如何产生的？早在 1889 年，德国化学家能斯特在解释金属活动顺序表时提出了一个金属在溶液中的双电层理论（double electrode layer theory），并用此理论定性地解释了电极电势产生的原因。下面以锌电极为例来说明。

当把金属锌放在锌离子溶液中时，会同时出现两种相反的趋向。一方面锌表面上的锌离子由于受极性很大的水分子的作用，有离开金属锌表面而溶解于溶液中的趋向，金属锌的表面由于失去锌离子而带负电；另一方面，溶液中的锌离子碰撞到锌的表面受电子的吸引也可沉积到金属表面上。此两过程可表示如下

$$Zn \underset{\text{沉积}}{\overset{\text{溶解}}{\rightleftharpoons}} Zn^{2+} + 2e^-$$

当溶解与沉积的速率相等时，则达到一种动态平衡。由于锌较活泼，其溶解趋势大于沉积趋势，结果锌表面因自由电子过剩而带负电荷，锌附近溶液则具有带正电荷的剩余电量，而在锌片和溶液间形成了双电层，如图 5.5 所示。与锌相比，对于活泼性较差的金属，如铜，当达到平衡时，沉积趋势大于溶解趋势，使金属带正电荷，而附近的溶液带负电荷，也构成双电层。像这种形成的双电层之间的电势差就是电极的电极电势（electrode potential）。其它类型的电极与金属电极类似，也由于在电极与溶液之间形成双电层产生电势差而具有电极电势。

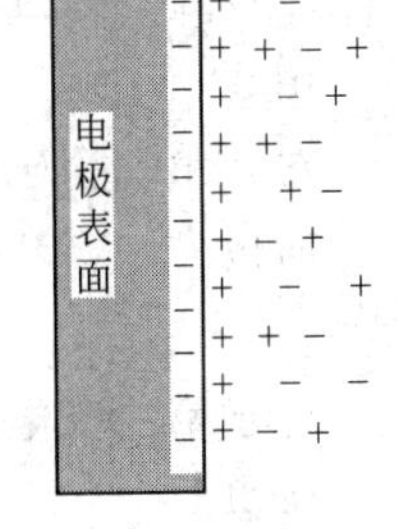

图 5.5　双电层示意图

不同的电极形成双电层的电势差不同，电极电势就不同。电极电势用 E(氧化态/还原态) 表示。当两个电极电势不同的电极组合时，电子将从负极流向正极，从而产生电流。例如，在 Daniell 电池中，若两种溶

液的浓度相等，则因锌比铜活泼，在锌极上集聚的电子要比铜极上的多，电极电势相对较低，用导线连接时，就有一定数量的电子流向铜极。锌极上电子的减少和铜极上电子的增加，破坏了两极的双电层。这样，锌极上又会有一定数量的锌离子溶入溶液中，同时也有相应数量的铜离子在铜极上获得增加的电子而析出。因此就使电子再由锌极流向铜极，并使锌的溶解和铜的析出过程继续下去，原电池就持续不断地产生电流。显然，此电流的产生是由于两个电极间存在电势差所致。

在接近零电流条件下，原电池两极之间的电势差就是原电池的电动势（electromotive force，简写为 emf），常用 E 表示，单位是 V。电极电势高的为正极（$E_{正}$），电极电势低的为负极（$E_{负}$），则电池的电动势 E 为

$$E=E_{正}-E_{负} \tag{5.1}$$

5.2.2 电极电势的确定和标准电极电势

不同的电极其电极电势不同，但迄今为止，人们还无法直接测出单个电极电势的绝对值。因为用电位差计直接测出的是电池两极的电势差，而不是单个电极的电势。实际上，人们并不关心单个电极的绝对电极电势的大小，而更关心的是不同电极的电势相对大小，类似于在了解物质的焓（H）或吉布斯函数（G）时，更需要知道的是 ΔH 或 ΔG，而不是其绝对值一样。为了比较不同电极的电极电势之间的相对大小，人们通常选择一个标准电极，并将其电极电势人为地规定为零，然后将任一电极与它组成原电池，测定电动势，这样就可确定任一电极的电极电势的相对值。

按 IUPAC 规定，采用标准氢电极（standard hydrogen electrode）作为衡量其它电极电势的标准，并将其电极电势定义为零。标准氢电极的组成和装置如图 5.2 所示，当 H^+ 及 $H_2(g)$ 均处于标准态，即 H^+ 浓度为 $1mol \cdot dm^{-3}$、氢气为纯净的且其压力为标准压力 $p^{\ominus}$ 时，就组成标准氢电极，可用符号表示为

$$H^+(1mol \cdot dm^{-3})\,|\,H_2(100kPa)\,|\,Pt,\ E^{\ominus}(H^+/H_2)=0.0000V$$

E 右上角的“$\ominus$”为标准态符号，“$E^{\ominus}$”表示标准电极电势（standard electrode potential），即电极的各物质均处于标准态时的电极电势。

测定其它电极的电极电势时，可将待测电极与标准电极组成原电池，测定此原电池的电动势，即可确定该电极的电势。若待测电极也处于标准态，则测得的电极电势就为该电极的标准电极电势，用符号 $E^{\ominus}$(氧化态/还原态) 表示。

如实验测定锌电极和铜电极的标准电极电势时，可测定如下电池的电动势。电极的正、负可由电位差计指针的偏转来确定。

$$(-)Zn\,|\,Zn^{2+}(1mol \cdot dm^{-3})\,\|\,H^+(1mol \cdot dm^{-3})\,|\,H_2(100kPa)\,|\,Pt(+) \quad E^{\ominus}=0.7618V$$

$$(-)Pt\,|\,H_2(100kPa)\,|\,H^+(1mol \cdot dm^{-3})\,\|\,Cu^{2+}(1mol \cdot dm^{-3})\,|\,Cu(+) \quad E^{\ominus}=0.337V$$

由于

$$E=E_{正}-E_{负}$$

对于第一个电池 $E=E^{\ominus}(H^+/H_2)-E^{\ominus}(Zn^{2+}/Zn)=0.7618V$

所以

$$E^{\ominus}(Zn^{2+}/Zn)=E^{\ominus}(H^+/H_2)-0.7618V$$
$$=0.0000V-0.7618V=-0.7618V$$

对于第二个电池 $E=E^{\ominus}(Cu^{2+}/Cu)-E^{\ominus}(H^+/H_2)=0.3419V$

所以

$$E^{\ominus}(Cu^{2+}/Cu)=0.3419V+E^{\ominus}(H^+/H_2)$$
$$=0.3419V+0.0000V=0.3419V$$

可见，电极的电势可以是正值，也可以是负值。正负值是相对于标准氢电极为零而言

的。锌电极的 $E^{\ominus}(Zn^{2+}/Zn)=-0.7618V$，意味着锌电极的电势比标准氢电极低 0.7618V；同理，铜电极的 $E^{\ominus}(Cu^{2+}/Cu)=0.3419V$，意味着铜电极的电势比标准氢电极高 0.3419V。

在实际测定中，由于标准氢电极的条件要求十分严格，使用不方便，常采用某些电极电势非常稳定且使用非常方便的参比电极（reference electrode）代替标准氢电极进行测定。最常用的参比电极是甘汞电极（calomel electrode）（如图 5.6 所示）。甘汞电极属于金属-金属难溶盐电极，是由少量汞、甘汞（Hg_2Cl_2）和氯化钾制成糊状物，放入氯化钾溶液中而制成，用铂丝导电。对应的电极反应为

$$Hg_2Cl_2(s) + 2e^- \longrightarrow 2Hg(l) + 2Cl^-(aq)$$

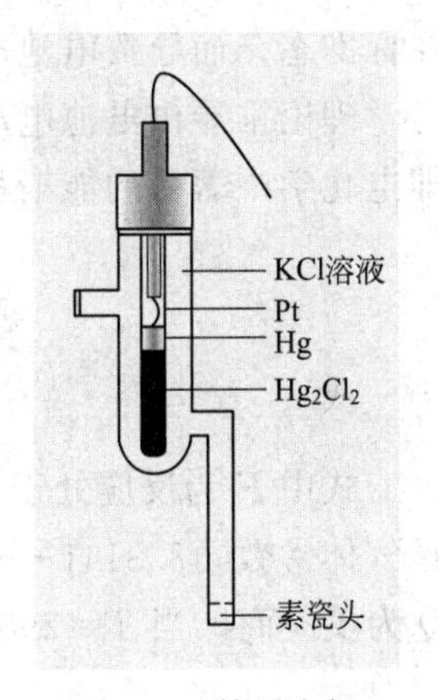

图 5.6　甘汞电极结构示意图

甘汞电极的电极电势与 KCl 溶液的浓度和温度有关，其中 KCl 浓度达饱和时的甘汞电极即饱和甘汞电极（saturated calomel electrode）是最常用的，用符号 SCE 表示。298.15K 时饱和甘汞电极的电极电势为 0.2412V。其它浓度下的电极电势见表 5.2。

表 5.2　甘汞电极的电极电势与 KCl 浓度的关系

KCl 溶液浓度	E(25℃)/V
$0.1mol \cdot dm^{-3}$	0.3337
$1mol \cdot dm^{-3}$	0.2801
饱和溶液	0.2412

根据上述方法，可以测定出各种电极的标准电极电势。通常列成标准电极电势表（见附录 6）以供查用。

使用表中的数据时，应注意如下几点。

① 电极反应中各物质均为标准态，温度一般为 298.15K。

② 表中电对按氧化态/还原态顺序书写，电极反应按还原反应书写，即

$$氧化态 + ne^- \longrightarrow 还原态$$

所以这种电势被称为标准还原电势或还原氢标电势。电极电势的高低表明电子得失的难易，同时表明了氧化还原能力的强弱。还原电极电势越正或越大（代数值），表明该电对氧化态物质结合电子的能力越强，即氧化能力越强；反之，还原电极电势越小（或越负），则表明该电对还原态物质失去电子的能力越强，即还原态的还原能力越强。如对于金属元素来说，对应金属电极的电极电势越大，金属（还原态）的还原性就越弱，而相应的金属离子（氧化态）的氧化性就越强，此顺序完全同金属的活泼顺序，这就从理论上解释了金属的活泼顺序。

③ 标准电极电势的数值由物质本性决定，不因物质数量或浓度的变化而变化，即不具有加和性，也不因电极反应式中计量数的变化而变化。例如

$$Ag^+ + e^- \longrightarrow Ag$$

$$2Ag^+ + 2e^- \longrightarrow 2Ag$$

其 $E^{\ominus}(Ag^+/Ag)$ 都是 0.7996V。

5.2.3　浓度对电极电势的影响——能斯特方程

电极电势的大小主要与电极的本性有关，此外还与温度、溶液的浓度及气体的分压等因素有关。附录 6 中所列的数据是在 298.15K、各物质均处在标准态时的数据，而实际反应过程中，大多数溶液中的反应虽然都是在室温或接近室温下进行的，但各个物质却不一定都处

在标准态，而导致电池电动势 E 与 $E^{\ominus}$ 有较大的差别。1889 年，德国化学家能斯特通过热力学理论推导出电池电动势随反应中各物质的浓度或气体物质的压力变化而变化的关系式，即电化学中著名的能斯特方程式（Nernst equation），也被称为原电池的基本方程

$$E = E^{\ominus} - \frac{RT}{nF}\ln Q \tag{5.2}$$

或

$$E = E^{\ominus} - \frac{2.303\mathrm{RT}}{nF}\lg Q \tag{5.3}$$

式中 E 为反应处于任一状态时电池的电动势，$E^{\ominus}$ 为标准电池电动势（即 $E^{\ominus}_{正} - E^{\ominus}_{负}$）；$R$ 是气体常数，$8.314\mathrm{J \cdot mol^{-1} \cdot K^{-1}}$；$F$ 为法拉第常数，$96485\mathrm{C \cdot mol^{-1}}$；$T$ 为热力学温度；Q 为反应商。当 $T = 298.15\mathrm{K}$(25℃) 时，将 298.15K 及 R 和 F 的数值代入上式，可得

$$E = E^{\ominus} - \frac{0.0592}{n}\lg Q \tag{5.4}$$

当浓度发生变化时，反应商 Q 发生变化，电池电动势 E 随之发生变化。上述 3 个式子表示了浓度对电池电动势的影响，都被称作电池电动势的能斯特方程式。

对于电极反应，能斯特方程式同样适用，只不过式中的 Q 指的是电极半反应的反应商，E 是电极电势，$E^{\ominus}$ 是标准电极电势。因为 $E^{\ominus}$ 是还原氢标电势，所以电极反应都要以还原反应表示。如若以 Ox 代表氧化态，用 Red 表示还原态，则任一电极反应表示为

$$a\,\mathrm{Ox} + n\mathrm{e}^- \longrightarrow b\,\mathrm{Red} \qquad E^{\ominus}(\mathrm{Ox/Red})$$

可推导得电极电势的能斯特方程为

$$E(\mathrm{Ox/Red}) = E^{\ominus}(\mathrm{Ox/Red}) - \frac{2.303RT}{nF}\lg\frac{[c(\mathrm{Red})/c^{\ominus}]^b}{[c(\mathrm{Ox})/c^{\ominus}]^a}$$

或

$$E(\mathrm{Ox/Red}) = E^{\ominus}(\mathrm{Ox/Red}) + \frac{2.303RT}{nF}\lg\frac{[c(\mathrm{Ox})/c^{\ominus}]^a}{[c(\mathrm{Red})/c^{\ominus}]^b} \tag{5.5}$$

25℃时，

$$E(\mathrm{Ox/Red}) = E^{\ominus}(\mathrm{Ox/Red}) + \frac{0.0592}{n}\lg\frac{[c(\mathrm{Ox})/c^{\ominus}]^a}{[c(\mathrm{Red})/c^{\ominus}]^b} \tag{5.6}$$

式(5.5) 及式(5.6) 表示了浓度对电极电势的影响，称为电极电势的能斯特方程式。

用能斯特方程计算电对的电极电势及电池电动势时，应注意以下几点。

① 参加反应的物质若为固体或纯液体，则其浓度为常数，视为 1；若为气体，则用其分压进行计算，并要将分压作标准化处理（即分压除以 $p^{\ominus}$）。

② 方程式中 $c(\mathrm{Ox})$、$c(\mathrm{Red})$ 是指所有参加反应的反应物或生成物的浓度，并非只有电子得失的物质的浓度，浓度的指数等于电池反应或电极反应中各物质的计量系数。为此对于有 H^+ 或 OH^- 参加的反应，酸度的变化将严重影响电极电势及电池电动势的数值，从而改变物质的氧化或还原能力的强弱，甚至改变氧化还原反应的方向。例如对于如下电极反应（假定 MnO_4^- 和 Mn^{2+} 的浓度均为 $1\mathrm{mol \cdot dm^{-3}}$）

$$\mathrm{MnO_4^-} + 8\mathrm{H^+} + 5\mathrm{e^-} \longrightarrow \mathrm{Mn^{2+}(aq)} + 4\mathrm{H_2O} \qquad E^{\ominus}(\mathrm{MnO_4^-/Mn^{2+}}) = 1.507\mathrm{V}$$

$$E(\mathrm{MnO_4^-/Mn^{2+}}) = E^{\ominus}(\mathrm{MnO_4^-/Mn^{2+}}) + \frac{0.0592}{5}\lg\frac{[c(\mathrm{MnO_4^-})/c^{\ominus}]\cdot[c(\mathrm{H^+})/c^{\ominus}]^8}{[c(\mathrm{Mn^{2+}})/c^{\ominus}]}$$

$\mathrm{pH}=0$[即 $c(\mathrm{H^+}) = 1\mathrm{mol \cdot dm^{-3}}$] 时的电极电势为 1.507V，当 pH=5 时

$$E(\mathrm{MnO_4^-/Mn^{2+}}) = 1.507 + \frac{0.0592}{5}\lg\frac{(10^{-5})^8}{1} = 1.034\mathrm{V}$$

可见，酸度降低后，$E(\mathrm{MnO_4^-/Mn^{2+}})$ 明显降低，使 MnO_4^- 的氧化能力显著下降，所

以 MnO_4^- 在强酸性条件下的氧化能力强。

另外由能斯特方程式还可以看出，对于两个相同的氧化还原电对，当氧化态或还原态的浓度不同时，其电极电势不同，这样的两个电极组成电池也能输出电流。像这种由两个种类相同而电极反应物浓度不同的电极所组成的电池叫做浓差电池（concentration cell）。可分为双液浓差电池和单液浓差电池。

对于双液浓差电池，如 $Ag(s)|AgNO_3(c_1)\vdots\vdots AgNO_3(c_2)|Ag(s)$

正极 $$Ag^+(c_2)+e^- \longrightarrow Ag(s)$$

负极 $$Ag(s) \longrightarrow Ag^+(c_1)+e^-$$

电池净反应为 $$Ag^+(c_2) \longrightarrow Ag^+(c_1)$$

由能斯特方程式可知，该电池的电动势为

$$E=-\frac{RT}{F}\ln\frac{c_1}{c_2}$$

对于单液浓差电池如 $Pt|H_2(p_1)|H^+(c)|H_2(p_2)|Pt$

正极 $$2H^+(c)+2e^- \longrightarrow H_2(p_2)$$

负极 $$H_2(p_1) \longrightarrow 2H^+(c)+e^-$$

电池净反应为 $$H_2(p_1) \longrightarrow H_2(p_2)$$

由能斯特方程式可知，该电池的电动势为

$$E=-\frac{RT}{2F}\ln\frac{p_2}{p_1}$$

浓差电池由于正、负两极种类相同，其标准电池电动势 $E^\ominus=0$，所以电池电动势只取决于两电极的浓度。

5.3 电极电势与电池电动势的应用

5.3.1 电池电动势与吉布斯函数变的关系

原电池可以产生电动势，溶液中的离子在电动势的作用下定向移动即形成电流，从而做电功。假设所移动的电量为 q，则所做的电功 W 为

$$W=-qE \tag{5.7}$$

式中“－”表示系统对环境做功。根据法拉第定律，电解每一电化学当量所需的电量称为法拉第常数，其值为 9.6485×10^4C/mol，用 F 表示，若在氧化还原反应中得失电子总数为 n，则转移的总电量 q 为 nF，所做电功 W 为

$$W=-qE=-nFE \tag{5.8}$$

根据热力学原理，对于一个能自发进行的反应，在等温等压条件下，其吉布斯函数变 $\Delta_r G_m<0$，而反应吉布斯函数的减少（$-\Delta_r G_m$）等于体系所做的最大非体积功 $-W_{max}$，即

$$\Delta_r G_m=W_{max}$$

若设计一个原电池使一个能自发进行的氧化还原反应在其中进行，把化学能转变为电能，此时最大的非体积功即为电功，等于 $-nFE$。则

$$\Delta_r G_m = -nFE \tag{5.9}$$

若反应物和产物均处在标准态，则

$$\Delta_r G_m^{\ominus} = -nFE^{\ominus} \tag{5.10}$$

式(5.9) 和式(5.10) 的左边是代表热力学的物理量，而右边 E 及 $E^{\ominus}$ 是代表电化学的重要物理量，所以这两个公式将热力学和电化学有机地联系起来，被称为热力学和电化学的“桥梁公式”。

再结合热力学公式 $\Delta_r G_m^{\ominus} = -RT\ln K^{\ominus}$，还可计算出氧化还原反应的平衡常数，从而了解氧化还原反应进行的限度，即

$$\Delta_r G_m^{\ominus} = -nFE^{\ominus} = -RT\ln K^{\ominus}$$

所以

$$\ln K^{\ominus} = \frac{nFE^{\ominus}}{RT} \tag{5.11}$$

或

$$\lg K^{\ominus} = \frac{nFE^{\ominus}}{2.303RT} \tag{5.12}$$

当 $T=298.15\text{K}$ 时

$$\lg K^{\ominus} = \frac{nE^{\ominus}}{0.0592} \tag{5.13}$$

图 5.7 总结了 $E^{\ominus}$ 和 $\Delta_r G_m^{\ominus}$ 及 $K^{\ominus}$ 之间的各种关系。

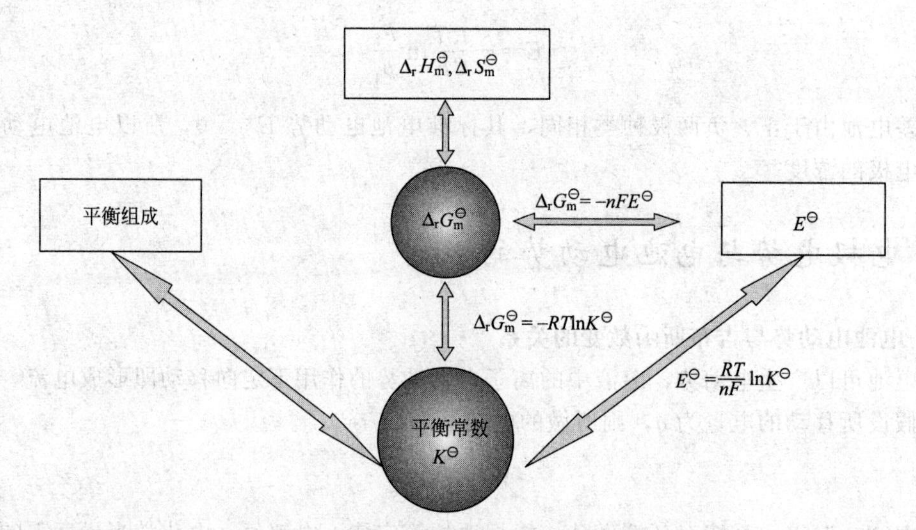

图 5.7 $E^{\ominus}$ 和 $\Delta_r G_m^{\ominus}$ 及 $K^{\ominus}$ 之间的各种关系

另外对于电极而言，其标准电极电势 $E^{\ominus}$(氧化态/还原态) 与电极反应的 $\Delta_r G_m^{\ominus}$ 之间也有下列关系

$$\Delta_r G_m^{\ominus} = -nFE^{\ominus}(\text{氧化中/还原态}) \tag{5.14}$$

5.3.2 电极电势与电池电动势的应用举例

利用 5.3.1 中的重要关系式，再结合能斯特方程式，可以解决许多化学中的问题，现总结如下。

(1) 电池电动势与反应吉布斯函数变的互算

根据“桥梁公式”，可以通过设计原电池，由标准电极电势计算某反应的标准吉布斯函数变，反之，利用热力学数据，也可以计算电池电动势或电极电势。

【例 5.3】 利用标准电极电势计算反应

$$2Ag^{+}(aq) + Zn(s) \longrightarrow 2Ag(s) + Zn^{2+}(aq)$$

在 25℃时的标准摩尔吉布斯函数变。

【解】 将该氧化还原反应设计为原电池：

$$(-)Zn|Zn^{2+}(aq) \parallel Ag^{+}(aq)|Ag(+)$$

电极反应为

正极 $2Ag^{+}(aq) + 2e^{-} \longrightarrow 2Ag(s)$ $E^{\ominus}(Ag^{+}/Ag)=0.7996V$

负极 $Zn(s) \longrightarrow Zn^{2+}(aq) + 2e^{-}$ $E^{\ominus}(Zn^{2+}/Zn)=-0.7618V$

所以电池电动势为 $E^{\ominus}=E^{\ominus}_{正}-E^{\ominus}_{负}=E^{\ominus}(Ag^{+}/Ag)-E^{\ominus}(Zn^{2+}/Zn)$

$$=0.7996V-(-0.7618V)=1.5614V$$

$$\Delta_r G_m^{\ominus}=-nFE^{\ominus}=(-2\times 96485\times 1.5614)J\cdot mol^{-1}=-3.0130\times 10^{5}J\cdot mol^{-1}$$

即 25℃时反应 $2Ag^{+}(aq)+Zn(s) \longrightarrow 2Ag(s)+Zn^{2+}(aq)$的标准吉布斯函数变为 $-301.30\ kJ\cdot mol^{-1}$。

【例 5.4】 利用标准摩尔生成吉布斯函数的数值，计算由锌电极和氯电极组成的原电池的标准电池电动势。电池反应为

$$Zn(s) + Cl_2(g) \longrightarrow Zn^{2+}(aq) + 2Cl^{-}(aq)$$

【解】 单质的标准摩尔生成吉布斯函数为0，查附录2得到 Zn^{2+} 及 Cl^{-} 的标准摩尔生成吉布斯函数的数值

	$Zn(s)$	$+\ Cl_2(g)$	$\longrightarrow Zn^{2+}(aq)$	$+\ 2Cl^{-}(aq)$
$\Delta_f G_m^{\ominus}/(kJ\cdot mol^{-1})$	0	0	−147.1	2×(−131.2)

所以 $\Delta_r G_m^{\ominus}=-147.1+2\times(-131.2)-0=-409.5\ kJ\cdot mol^{-1}$

代入式(5.10) $-409.5\times 10^{3}=-2\times 96485\times E^{\ominus}$

所以 $E^{\ominus}=2.12V$

利用式(5.14) 也可间接计算某一电极的电极电势，特别是易与水作用的、难于测定的活泼元素的电极，如钠电极，其电极电势即可用此法计算得到。

【例 5.5】 可查得 $\Delta_f G_m^{\ominus}(Na^{+})=-261.9kJ\cdot mol^{-1}$，求钠电极的标准电极电势。

【解】 钠电极的电极反应为

	Na^{+}	$+\ e^{-} \longrightarrow Na$
$\Delta_f G_m^{\ominus}/(kJ\cdot mol^{-1})$	−261.9	0

所以 $\Delta_r G_m^{\ominus}=261.9kJ\cdot mol^{-1}$

代入式(5.14) 得

$$261.9\times 10^{3}=-1\times 96485\times E^{\ominus}(Na^{+}/Na)$$

所以 $E^{\ominus}(Na^{+}/Na)=-2.714V$

(2) 判断氧化剂和还原剂的相对强弱

根据电极电势的大小可定量判断氧化剂的氧化能力和还原剂的还原能力的相对强弱。通常

当各个物质都处于标准态时，可直接利用标准电极电势的大小进行比较，但当各个物质处于非标准态时，就要先由能斯特方程式算出给定条件下各电极的电极电势，然后再进行比较。

【例 5.6】 实验室现有三种氧化剂 $K_2Cr_2O_7$，$KMnO_4$，$Fe_2(SO_4)_3$。为了使含有 Cl^-，Br^-，I^- 三种离子的混合溶液中 I^- 离子氧化为 I_2，而 Cl^-、Br^- 不被氧化，应选用哪一种氧化剂？

【解】 已知：

$$I_2 + 2e^- \longrightarrow 2I^- \qquad E^{\ominus}(I_2/I^-)=0.5355V$$

$$Br_2 + 2e^- \longrightarrow 2Br^- \qquad E^{\ominus}(Br_2/Br^-)=1.066V$$

$$Cl_2 + 2e^- \longrightarrow 2Cl^- \qquad E^{\ominus}(Cl_2/Cl^-)=1.3583V$$

$$MnO_4^- + 8H^+ + 5e^- \longrightarrow Mn^{2+} + 4H_2O \qquad E^{\ominus}(MnO_4^-/Mn^{2+})=1.507V$$

$$Cr_2O_7^{2-} + 14H^+ + 6e^- \longrightarrow 2Cr^{3+} + 7H_2O \qquad E^{\ominus}(Cr_2O_7^{2-}/Cr^{3+})=1.232V$$

$$Fe^{3+} + e^- \longrightarrow Fe^{2+} \qquad E^{\ominus}(Fe^{3+}/Fe^{2+})=0.771$$

如果选用 $KMnO_4$ 溶液作氧化剂，则因为

$$E^{\ominus}(MnO_4^-/Mn^{2+}) > E^{\ominus}(Cl_2/Cl^-) > E^{\ominus}(Br_2/Br^-) > E^{\ominus}(I_2/I^-)$$

故 $KMnO_4$ 溶液能将 I^-、Br^-、Cl^- 氧化成 I_2、Br_2、Cl_2；

如选用 $K_2Cr_2O_7$ 作氧化剂，因

$$E^{\ominus}(Cr_2O_7^{2-}/Cr^{3+}) > E^{\ominus}(Br_2/Br^-) > E^{\ominus}(I_2/I^-)$$

而

$$E^{\ominus}(Cr_2O_7^{2-}/Cr^{3+}) < E^{\ominus}(Cl_2/Cl^-)$$

故 $K_2Cr_2O_7$ 溶液能氧化 I^-、Br^-，而不能氧化 Cl^-；

如选用 $Fe_2(SO_4)_3$ 作氧化剂，因

$$E^{\ominus}(Fe^{3+}/Fe^{2+}) > E^{\ominus}(I_2/I^-)$$

而

$$E^{\ominus}(Fe^{3+}/Fe^{2+}) < E^{\ominus}(Br_2/Br^-) < E^{\ominus}(Cl_2/Cl^-)$$

故 $Fe_2(SO_2)_3$ 溶液只能氧化 I^- 成 I_2，而不能氧化 Br^-、Cl^-。

所以按题意应选用 $Fe_2(SO_2)_3$ 作氧化剂。

(3) 判断氧化还原反应进行的方向

任何氧化还原反应均能组装成原电池，根据 $\Delta_r G_m = -nEF$

当 $E>0$，即 $E_{正}>E_{负}$ 时，$\Delta_r G_m<0$，反应正向进行

$E<0$，即 $E_{正}<E_{负}$ 时，$\Delta_r G_m>0$，反应逆向进行

$E=0$，即 $E_{正}=E_{负}$ 时，$\Delta_r G_m=0$，反应达到平衡

为此计算原电池电动势或比较两电极的电极电势，就可以判断氧化还原反应的方向。只要电极电势大的电对的氧化态物质与电极电势小的还原态物质发生的反应，就能自发进行。同在判断氧化剂或还原剂的相对强弱时一样，如反应物中各物质均处于标准态，则可用标准电池电动势或标准电极电势来判断，否则需按能斯特方程式计算出任一条件下的电池电动势或电极电势后再进行判断。

【例 5.7】 用碘量法测定 Cu^{2+} 的质量分数是基于如下反应：

$$2Cu^{2+} + 4I^- = 2CuI\downarrow + I_2$$

即在待测的 Cu^{2+} 溶液中先加入过量的 KI，按上述反应定量地生成单质 I_2，然后用

标准的硫代硫酸钠溶液滴定生成的I_2，根据滴定时所消耗的硫代硫酸钠的量即可计算出被测Cu^{2+}的量。已知

$$E^{\ominus}(Cu^{2+}/Cu^{+})=0.153V，E^{\ominus}(I_2/I^{-})=0.5355V$$

若从标准电极电势判断，应当是I_2氧化Cu^{+}。事实上，Cu^{2+}氧化I^{-}的反应进行得很完全，假设溶液中I^{-}和Cu^{2+}的浓度均为$1mol \cdot dm^{-3}$，试通过计算说明这一事实。

【解】 在各个物质都处于标准态时，我们可以按标准电极电势的大小判断反应方向，但对于电对Cu^{2+}/Cu^{+}，在有I^{-}存在时，由于Cu^{+}生成CuI沉淀而使平衡时Cu^{+}的浓度大大降低，处于非标准态。所以应按能斯特方程式计算出该电对在此条件下的电极电势。当溶液中I^{-}的浓度为$1mol \cdot dm^{-3}$时，Cu^{+}的浓度可由CuI的$K_{sp}^{\ominus}$计算得到。因此在I^{-}存在下，Cu^{2+}/Cu^{+}电对的电极电势的计算方法为

$$E(Cu^{2+}/Cu^{+})=E^{\ominus}(Cu^{2+}/Cu^{+})+0.0592\lg\frac{c(Cu^{2+})/c^{\ominus}}{c(Cu^{+})/c^{\ominus}}$$

$$=E^{\ominus}(Cu^{2+}/Cu^{+})+0.0592\lg\frac{c(Cu^{2+})/c^{\ominus}}{\dfrac{K_{sp}^{\ominus}(CuI)}{c(I^{-})/c^{\ominus}}}=0.153V+0.0592\lg\frac{1}{1.27\times10^{-12}}V$$

$$=0.857V$$

由计算结果可见，由于还原态Cu^{+}浓度的降低，使电对Cu^{2+}/Cu^{+}的电极电势由标准态时的0.153V升高到0.857V，大于$E^{\ominus}(I_2/I^{-})=0.5355V$，所以$Cu^{2+}$能使$I^{-}$氧化为$I_2$，即反应$2Cu^{2+}+4I^{-} = 2CuI\downarrow+I_2$能自发进行。

上例说明了沉淀的形成对电极电势及反应方向的影响，另外当氧化态或还原态形成弱电解质或配合物时，同样会改变平衡时氧化态或还原态的浓度，从而改变电极电势的大小，使氧化态的氧化能力及还原态的还原能力也随之发生改变，甚至还会改变反应方向。

【例 5.8】 用碘量法测定Cu^{2+}的质量分数时，由于

$E^{\ominus}(Fe^{3+}/Fe^{2+})=0.771V>E^{\ominus}(I_2/I^{-})=0.5355V$，所以$Fe^{3+}$也能氧化$I^{-}$，即发生如下反应

$$2Fe^{3+}+2I^{-} = 2Fe^{2+}+I_2$$

从而干扰Cu^{2+}的测定。如果在溶液中加入NaF，则Fe^{3+}与F^{-}形成稳定的配合物，Fe^{3+}/Fe^{2+}电对的电极电势显著降低，就不再能氧化I^{-}，从而消除了Fe^{3+}的干扰。试通过计算说明这一事实。已知［FeF_3］的$K_{稳}^{\ominus}$为1.1×10^{12}，假设F^{-}的平衡浓度为$0.04mol \cdot dm^{-3}$，［FeF_3］和Fe^{2+}的平衡浓度均为$1.0mol \cdot dm^{-3}$。

【解】 对于电对Fe^{3+}/Fe^{2+}在有F^{-}存在时，Fe^{3+}由于生成［FeF_3］配合物而使平衡时Fe^{3+}的浓度大大降低，处于非标准态。所以应按能斯特方程式计算出该电对在有F^{-}存在时的电极电势。Fe^{3+}的平衡浓度可通过［FeF_3］的$K_{稳}^{\ominus}$算出。

$$c(Fe^{3+})=\frac{c(FeF_3)}{K_{稳}^{\ominus}\cdot[c(F^{-})]^3}=\frac{1}{1.1\times10^{12}\times(0.04)^3}=1.42\times10^{-8}mol\cdot dm^{-3}$$

将此浓度代入能斯特方程式得

$$E(Fe^{3+}/Fe^{2+})=E^{\ominus}(Fe^{3+}/Fe^{2+})+0.0592\lg\frac{c(Fe^{3+})/c^{\ominus}}{c(Fe^{2+})/c^{\ominus}}$$

$$=0.771V+0.0592\lg\frac{1.42\times10^{-8}}{1}V=0.306V$$

由计算结果可见，由于氧化态 Fe^{3+} 的浓度降低，使电对 Fe^{3+}/Fe^{2+} 的电极电势由标准态时的 0.771V 降低到 0.306V，小于 $E^{\ominus}(I_2/I^-)=0.5355V$，所以 Fe^{3+} 不能再氧化 I^- 为 I_2，从而消除了 Fe^{3+} 的干扰。

(4) 判断氧化还原反应进行的程度

从式(5.11)～式(5.13) 可以看出，$E^{\ominus}$ 值越大，$K^{\ominus}$ 值也越大，表明反应进行得越完全；反之，反应越不完全。因此，可以用 $E^{\ominus}$ 的大小，计算一个氧化还原反应的平衡常数，进而判断氧化还原反应进行的程度。

【例 5.9】 计算【例 5.3】中所示反应的平衡常数。

【解】 已求得电池反应 $2Ag^+(aq)+Zn(s)\longrightarrow 2Ag(s)+Zn^{2+}(aq)$ 的标准电池电动势 $E^{\ominus}=1.5614V$，所以

$$\lg K^{\ominus}=\frac{nE^{\ominus}}{0.0592}=\frac{2\times1.5614}{0.0592}=52.75$$

$$K=5.62\times10^{52}$$

【例 5.10】 已知 $E^{\ominus}(AgCl/Ag)=0.2223V$，利用电化学方法求反应 $Ag^+ + Cl^- \xlongequal{\quad} AgCl\downarrow$ 在 25℃时的平衡常数 $K^{\ominus}$ 及 $K_{sp}^{\ominus}(AgCl)$。

【解】 为了利用电化学方法求反应的平衡常数，就必须先将所给反应设计为原电池，求出电池的 $E^{\ominus}$，进而可求得反应的 $K^{\ominus}$。由于所给反应不是氧化还原反应，所以要通过在反应式的两边分别加一物质，使出现氧化还原电对，从而确定组成原电池的电极及电解质溶液。如在反应式两端分别加上 Ag，则

$$Ag^+ + Cl^- + Ag \longrightarrow AgCl\downarrow + Ag$$

负极 $Ag + Cl^- \longrightarrow AgCl\downarrow + e^-$ $E^{\ominus}(AgCl/Ag)=0.2223V$

正极 +) $Ag^+ + e^- \longrightarrow Ag$ $E^{\ominus}(Ag^+/Ag)=0.7996V$

电池净反应为 $Ag^+ + Cl^- \longrightarrow AgCl\downarrow$

与所给反应相同，所以该电池反应的标准电池电动势 $E^{\ominus}$ 为

$$E^{\ominus}=E^{\ominus}(Ag^+/Ag)-E^{\ominus}(AgCl/Ag)$$

$$=0.7996V-0.2223V=0.5773V$$

所以 $$\lg K^{\ominus}=\frac{nE^{\ominus}}{0.0592}=\frac{1\times0.5773}{0.0592}=9.75$$

$$K^{\ominus}=5.65\times10^{9}$$

则 $$K_{sp}^{\ominus}(AgCl)=1/K^{\ominus}=1.77\times10^{-10}$$

5.4 电解

5.4.1 电解池与原电池的异同

电解池和原电池统称为化学电池。如图 5.8 所示，从组成上来看，它们都由两个电极和电解质溶液组成，但从原理上来讲，它们是不同的两种电池，原电池将化学能转变为电能，而电解池则将电能转变为化学能。另外，在使用原电池时，习惯上常用正、负极称两个电极，而在电解过程中，对于电解池的两极，人们又常习惯于将它们分别称为阴极（cathode）和阳极（anode）。电化学中规定，不论是电解池还是原电池，凡发生氧化反应的电极为阳极，发生还原反应的电极为阴极；又依电势的高低，电势高的为正极，电势低的为负极。所以，在原电池中，电势低的负极发生氧化反应为阳极，电势高的正极发生还原反应为阴极，即负极为阳极，正极为阴极；而在电解池中，电极的极性与电极本身的性质无关，仅由外电源决定，与电源的正极相连的一极，电势高，发生氧化反应为阳极，与电源负极相连的一极，电势低，发生还原反应为阴极，即正极为阳极，负极为阴极。

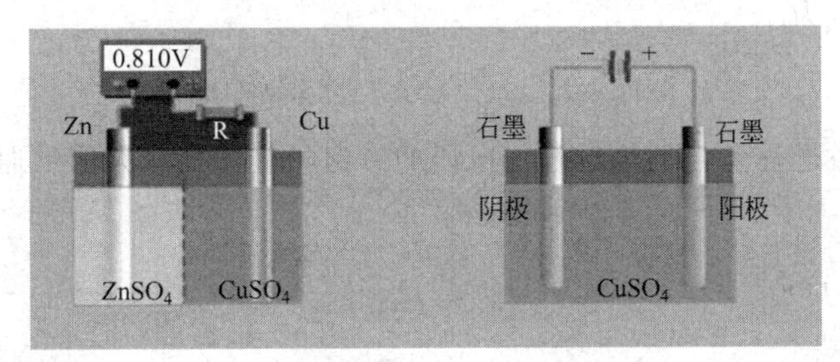

图 5.8 原电池与电解池的比较

5.4.2 分解电压与超电势

电解时，直流电源将电压施于电解池的两极，但到底应该施加多大的电压才能使电解顺利进行呢？下面以电解 $0.5\text{mol}\cdot\text{dm}^{-3}$ 的 H_2SO_4 溶液来说明。

在 H_2SO_4 溶液中插入两个铂电极，按照图 5.9 的装置与电源连接。图中 G 为安培计、V 为伏特计、R 为可变电阻。移动可变电阻的接触点的位置可以改变两极间的电压。在外加电压很小时，通过电解池的电压几乎为零，电极上也没有气泡产生。外加电压增加到某一数值后电压增加，电流也迅速增加，两极上也不断有气泡逸出，此时电解反应持续不断进行。此过程中电流 I 与外加电压 V 的关系如图 5.10 所示。图中 D 点所对应的电压，是使电解质在两极不断地进行分解所需的最小外加电压，称为分解电压（decomposition voltage）。

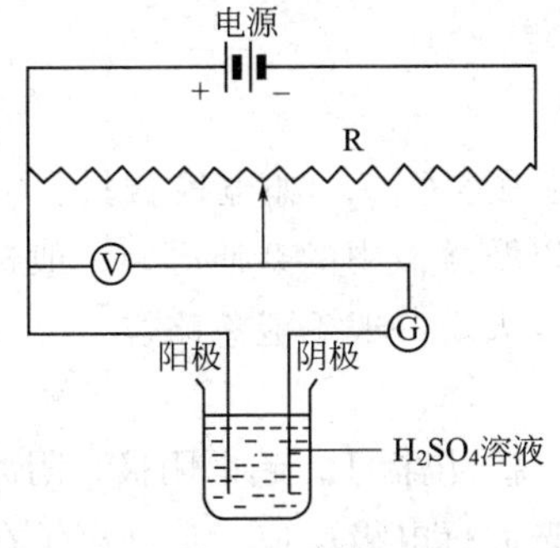

图 5.9 测定分解电压装置示意图

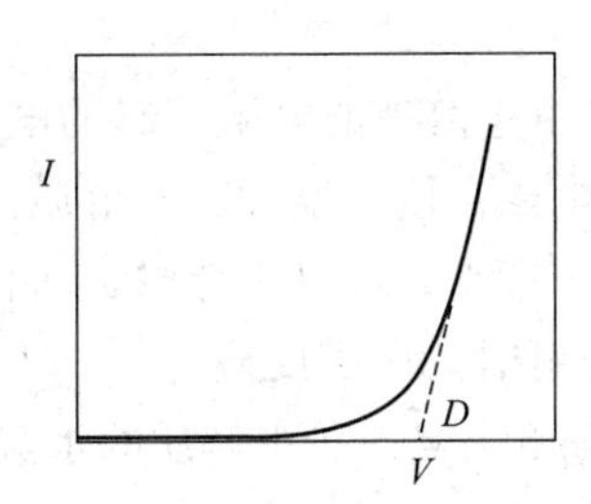

图 5.10 测定分解电压的电流-电压曲线

为什么两极间外加电压要达到分解电压时，电解反应才能不断进行呢？电解 $0.5mol \cdot dm^{-3}$ 的 H_2SO_4 溶液时，两极的反应如下

阴极：

$$2H^+ + 2e^- \longrightarrow H_2(g)$$

阳极：

$$2OH^- \longrightarrow H_2O(l) + \frac{1}{2}O_2(g) + 2e^-$$

由于是酸性溶液，且存在下列平衡

$$2H_2O(l) \rightleftharpoons + 2OH^- + 2H^+$$

所以电解池的阳极反应可写作

$$H_2O(l) \longrightarrow 2H^+ + \frac{1}{2}O_2(g) + 2e^-$$

总的电解反应为

$$H_2O(l) \longrightarrow H_2(g) + \frac{1}{2}O_2(g)$$

电解产物 $H_2(g)$、$O_2(g)$ 与硫酸溶液形成下列原电池

$$Pt | H_2(g) | 0.5mol \cdot dm^{-3} H_2SO_4 | O_2(g) | Pt$$

此原电池的反应为

$$H_2(g) + \frac{1}{2}O_2(g) \longrightarrow H_2O(l)$$

为电解反应的逆过程。电动势与外加电压的方向相反，其最大值可通过计算得到。当温度为 25℃，$p(H_2) = p(O_2) = p^{\ominus} = 100kPa$ 时

$$E = E^{\ominus}(O_2/H_2O) - E^{\ominus}(H^+/H_2) - \frac{0.0592}{2}\lg \frac{1}{\frac{p(H_2)}{p^{\ominus}} \cdot \left[\frac{p(O_2)}{p^{\ominus}}\right]^{\frac{1}{2}}}$$

$$= E^{\ominus}(O_2/H_2O) - E^{\ominus}(H^+/H_2) = 1.229V$$

可见，只有外加电压大于此电池电动势时电解才能进行，这个电压被称为水的理论分解电压，用 $E_{理论}$ 表示。

实际上要使水的分解反应持续不断进行，外加电压必须在 1.7V 左右，比理论分解电压要高。产生这一现象的原因，一是因为导线、接触点以及电解质溶液都有一定的电阻，都将产生相应的电压降。另一方面，在计算 $E_{理论}$ 时，电极反应均达到平衡状态，而实际电解过程中有电流通过电解池时，由于溶液中离子的扩散速度比较慢，或因电极反应速度比较慢，使得电极反应不能随时达到平衡，而导致实际电极电势对平衡电极电势的偏离。把这种实际电极电势偏离平衡电极电势的现象称为极化（polarization），把实际电极电势与平衡电极电势的差值称为超电势（overpotential），用 η 表示。因极化的结果使阳极电势更正（高），阴极电势更负（低），所以实际分解电压为

$$E_{实} = E_{理论} + \eta + IR \tag{5.15}$$

IR 是由于溶液的电阻引起的电压降。影响超电势的因素很多，如电极材料、电极的表面状态、电流密度、温度、电解质溶液的性质和浓度，以及溶液中的杂质等。一般析出金属时的超电势很小，可以不考虑，而析出气体时的超电势较大，一般不能忽略。

5.4.3 电解时的电极反应

在电解含有若干种电解质的水溶液时，溶液中的金属离子包括 H^+ 趋向阴极，阴离子包括 OH^- 则趋向阳极。当外加电压逐渐增大时，哪种离子首先进行电极反应？各种离子在两极上的析出顺序如何？这种先后顺序要根据实际电解中极化后的电极电势来判断，即要考虑超电

势。实际电极电势最大的先到阴极放电被还原，实际电极电势最小的先到阳极放电被氧化。

【例 5.11】 25℃时用锌电极作为阳极电解 0.5mol·dm^{-3}的 $ZnSO_4$ 水溶液，若在某一电流密度下，氢气在锌电极上的超电势为 0.7V，在常压下电解时，阴极上析出的物质是 H_2 还是 Zn?

【解】 在阴极上可能发生下列反应

$$Zn^{2+} + 2e^- \longrightarrow Zn(s)$$

$$2H^+ + 2e^- \longrightarrow H_2(g,101.325kPa)$$

$$E(Zn^{2+}/Zn)=E^{\ominus}(Zn^{2+}/Zn)+\frac{0.0592}{2}\lg\frac{c(Zn^{2+})}{c^{\ominus}}$$

$$=-0.7618V+\frac{0.0592}{2}\lg\frac{0.5}{1}V=-0.771V$$

若有 $H_2(g)$ 析出时，设其压力为 101.325kPa。$ZnSO_4$ 水溶液可近似视为中性，即 $c(H^+)=10^{-7}mol\cdot dm^{-3}$，则氢气析出的理论电极电势为

$$E(H^+/H_2,\text{理论})=E^{\ominus}(H^+/H_2)+\frac{0.0592}{2}\lg\frac{[c(H^+)/c^{\ominus}]^2}{p(H_2)/p^{\ominus}}$$

$$=0+\frac{0.0592}{2}\lg\frac{(10^{-7})^2}{101.325/100}V=-0.415V$$

由于在锌电极上析出锌的超电势可以忽略，故只需考虑氢气在锌电极上的超电势，且超电势使阴极电势更负，所以实际析出电势

$$E(Zn^{2+}/Zn)=-0.771V$$

$$E(H^+/H_2)=E(H^+/H_2,\text{理论})-\eta$$

$$=-0.415V-0.7V=-1.115V$$

由于 $E(Zn^{2+}/Zn)>E(H^+/H_2)$，故 Zn^{2+} 将优先在阴极上得电子析出 Zn。

5.5 常见的化学电池

原电池可以将化学能转变为电能。一方面可以利用这一点来制备化学电源（chemical mains)，如人们日常生活中使用的干电池（dry cell)、蓄电池（storage cell）及能提供能源的燃料电池（fuel cell）等都是化学电源。另一方面，原电池也有它的危害，如暴露在潮湿空气中的金属，由于与杂质物质组成原电池而加快了金属的腐蚀，这种电池被称为腐蚀电池(corrosion cell)，由此而造成的腐蚀被称为电化学腐蚀（electrochemical corrosion)。下面简单介绍常见的化学电源与腐蚀电池的原理。

5.5.1 化学电源

化学电源已有 100 多年的发展历史。在丹尼尔提出丹尼尔原电池后，1856 年普兰特(Gaston Planté，1834—1889）试制成功了铅蓄电池，更进一步促进了原电池的应用。1868 年法国工程师勒克朗谢（G. Leclanche）又研制成功了以 NH_4Cl 为电解质溶液的锌锰干电池，随后 1895 年琼格（Junger）发明了镉-镍蓄电池、1900 年爱迪生（Adison）创制了铁-镍蓄电池，使原电池的应用更为广泛。在 100 多年的发展过程中，新系列的化学电源不断出现，化学电源的性能得到不断改善。进入 20 世纪 70 年代，由于能源危机的出现，燃料电池

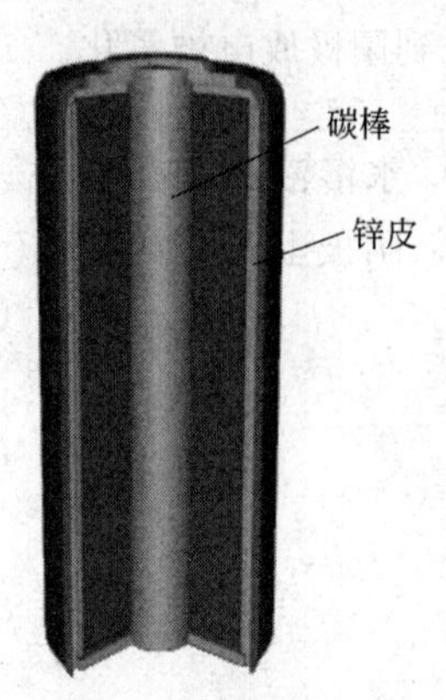

图 5.11　锌锰干电池

作为新能源得到相应的发展；到了 80 年代，科学技术的发展、电子器械、医疗器械、通讯设备的普及，要求化学电源必须体积小、能量密度高、贮存性能好，使得一些密封性能高、能量密度高的小型及微型电池如镉-镍电池、锂电池等应运而生。下面对目前常用的一次电池、二次电池和燃料电池分别作一简单介绍。

（1）一次电池

一次电池（primary battery）是指电力耗尽后不能通过外来电源充电使其再生的电池，如前面所提到的丹尼尔原电池就是一次电池。另外日常用于手电筒、半导体、录音机等的干电池也是一次电池，其中最普遍使用又便宜的 1.5V 电池是锌锰干电池。如图 5.11 所示，电池外壳为锌皮，是电池的负极。中间碳棒为正极，在两电极间充满 MnO_2(57%)、炭黑（21%）、NH_4Cl(8%)、$ZnCl_2$(1%)、H_2O 的糊状物。电池可表示为

$$(-)Zn\,|\,ZnCl_2,\ NH_4Cl(\text{糊状})\,|\,MnO_2\,|\,C(+)$$

当电池放电时，电极反应为

负极　$$Zn(s) \longrightarrow Zn^{2+} + 2e^-$$

正极　$$2MnO_2(s) + 2H_2O + 2e^- \longrightarrow 2MnOOH(s) + 2OH^-$$

放电过程中离子反应

$$Zn^{2+} + 2NH_4Cl + 2OH^- \longrightarrow Zn(NH_3)_2Cl_2 + 2H_2O$$

电池净反应为

$$Zn + 2MnO_2(s) + 2NH_4Cl \longrightarrow 2MnOOH(s) + Zn(NH_3)_2Cl_2$$

在电池工作时，由于 Zn^{2+} 离子能生成配合物 $Zn(NH_3)_2Cl_2$，抑制 Zn^{2+} 离子浓度的增大，从而保持电池的电势值。

若用 KOH 代替 NH_4Cl，就可得到碱性锌锰电池，由于该电池的性能要优于普通锌锰干电池的 5 倍或更高，目前一次电池的绝大部分市场已被该电池所占有。

若将碱性锌锰电池中的 MnO_2 换为 HgO，则为锌-氧化汞电池。例如最早的微型汞电池（如图 5.12）是 1945 年由 S. 鲁宾研制的，是由 Zn(负极) 和 HgO(正极) 组成，电解质为 KOH 浓溶液，电极反应为

负极　$$Zn(s) + 2OH^-(aq) \longrightarrow ZnO(s) + H_2O + 2e^-$$

正极　$$HgO(s) + H_2O + 2e^- \longrightarrow Hg(l) + 2OH^-(aq)$$

电池净反应　$$Zn(s) + HgO(s) \longrightarrow ZnO(s) + Hg(l)$$

其电动势为 1.35V，特点是在有效使用期内电势稳定。

此外，目前新型纽扣电池多数属于锂化学体系，以金属锂为负极，铬酸银为正极，电解质是高氯酸锂，电动势为 3.2V，广泛用于电子表、照相机和计算器等。

（2）二次电池

二次电池（secondary battery）是指可通过外来电源充电使之再生的电池，因其兼有贮存电能的作用，故通称为蓄电池（storage cell），常用的有铅蓄电池、镍-镉电池、镍-氢电池、锂电池等。主要用作启动电源、移动电源、小型仪器设备用电源、空间电源等，被广泛用于宇航、国防、运输系统、电子仪器和日常生活中。

① 铅蓄电池　典型的铅蓄电池结构如图 5.13 所示，负极是由一组 Pb 板组成，正极是

涂 PbO_2 的另一组板，电解质为硫酸溶液，可用下式表示

$$(-)Pb|PbSO_4(s)|\ H_2SO_4(aq)|PbSO_4(s)|\ PbO_2|Pb(+)$$

图 5.12　微型汞电池

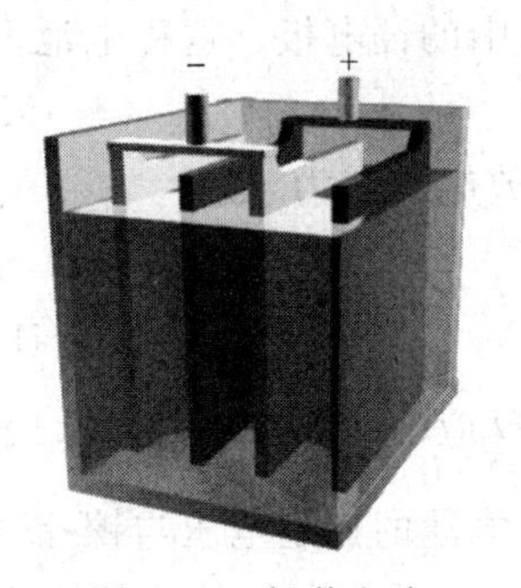

图 5.13　铅蓄电池

其充放电反应为：

放电时，蓄电池起原电池作用，

负极　$Pb + SO_4^{2-} \longrightarrow PbSO_4 + 2e^-$

正极　$PbO_2 + 4H^+ + SO_4^{2-} + 2e^- \longrightarrow PbSO_4 + 2H_2O$

净反应　$Pb + PbO_2 + 2H_2SO_4 \longrightarrow 2PbSO_4 + 2H_2O$

充电时,蓄电池起着电解池的作用,

阴极　$PbSO_4 + 2e^- \longrightarrow Pb + SO_4^{2-}$

阳极　$PbSO_4 + 2H_2O \longrightarrow PbO_2 + 4H^+ + SO_4^{2-} + 2e^-$

净反应　$2PbSO_4 + 2H_2O \longrightarrow Pb + PbO_2 + 2H_2SO_4$

可见放电反应和充电反应互为逆反应，使电池充电成为可能。该蓄电池的电动势为2.0V，当电动势下降到1.8V时需要重新充电。该蓄电池的充放电性能优良，主要用于启动交通工具，但却具有电池质量过大，腐蚀性的 H_2SO_4 易溢出的缺点。新式铅蓄电池应用Pb-Ca合金为负极，优点是电池不需要排液，可作成封闭式，防止硫酸溢出。

现代各项尖端技术的发展，迫切需要研制体积小、重量轻、容量大、保存时间长的各种新的化学电源，如镍-镉电池、镍-氢电池、锂电池、锂离子电池等都是为满足上述要求应运而生的。

② 镍-镉电池、镍-氢电池　镍-镉电池和镍-氢电池都是以氢氧化镍为正极活性物质的碱性蓄电池，负极活性物质是不同形态的镉、氢，故称为镍-镉电池和镍-氢电池。除此以外，当负极活性物质改变时，还有其它的碱性蓄电池，如镍-铁电池、镍-锌电池等，但使用最多的还是镍-镉电池和镍-氢电池。这类电池结构有开口的和密封的两种。开口电池放电率高，价格低；而密封电池无需维护，可以任意使用。

镍-镉蓄电池可表示为

$$(-)Cd|KOH(w=0.20)|\ NiO(OH)|\ C(+)$$

其充放电反应为

$$2NiO(OH) + Cd + 2H_2O \underset{充电}{\overset{放电}{\rightleftharpoons}} 2Ni(OH)_2 + Cd(OH)_2$$

额定电压1.25V。电解质溶液是质量分数 $w=20\%\sim30\%$ 的KOH(或NaOH) 水溶液，它们不参加电池反应，只起导电作用，但放电时消耗水，充电时生成水，充放电过程中密度和组成无明显变化。镍-镉蓄电池的突出优点是寿命长，使用维护方便，循环寿命可达2000次以上。

与镍-镉电池相比较，镍-氢蓄电池的反应只是负极充放电过程中的生成物不同，它是在

发现了储氢合金能够用电化学的方法可逆地吸收和放出氢，并能用作可逆储氢电极之后，才得到快速发展的。其负极采用混合稀土储氢合金（如 $LaNiH_x$）或钛-镍合金（MH_x）代替镍-镉电池中的镉电极，这种电池可表示为

$$(-)MH_x\,|\,KOH\,|\,NiO(OH)\,|\,C(+)$$

其充放电反应为

负极 $$MH_x + xOH^- \rightleftharpoons M + xH_2O + xe^-$$

正极 $$NiO(OH) + H_2O + e^- \rightleftharpoons Ni(OH)_2 + OH^-$$

电池反应 $$MH_x + xNiO(OH) \underset{充电}{\overset{放电}{\rightleftharpoons}} xNi(OH)_2 + M$$

镍-氢电池的额定电压与镍-镉电池的相同，都是 1.25V，但同镍-镉电池相比，镍-氢电池有如下优点：a. 与同体积的镍-镉电池相比，容量可以增加一倍，并且充放电循环次数达到 500 次以后，其容量并无明显减弱；b. 不用价格很昂贵的有毒物质——金属镉，因此在其生产、使用以及废弃后，均不会污染环境，有绿色电池之称；c. 无记忆效应，可随时充电，而且充电前不需要先放空电，使用非常方便。

③ 锂电池 是以电负性最负、质量最轻的金属锂作为电池负极，再配以正电性较高的化合物（如 FeS_2、V_2O_5 等）作为正极材料，以非水溶剂和电解质作为电解液组成。若将作为锂电池负极活性物质的锂换为锂离子（可嵌入在石油焦炭或石墨和层状石墨混合碳材料中），正极材料换为锂-金属氧化物（如锂-钴氧化物，$LiCoO_2$，锂-镍氧化物，$LiNiO_2$），则可得到锂离子电池，即通常所说的“锂电”。在锂离子电池中，由于存在浓度差别，放电时，锂离子从负极迁移到正极；充电时，又从正极迁移到负极，像“摇椅”一样来回循环，因此也有人称它为“摇椅式电池”，其工作电压可达 3.6V，约为镍-镉电池和镍-氢电池的 3 倍。另外，锂离子电池质量更轻、体积更小，且内阻小、自身放电小、比能量高，平均能量是镍-镉电池的 2.6 倍，是镍-氢电池的 1.75 倍。这样不仅节约了空间体积，又降低了成本，而且该电池既无记忆效应也无环境污染。因此目前被广泛应用于仪器仪表、小型电子设备、移动电话、马达驱动器、照相机、遥控装置、摄像设备、人体植入式医疗装置等方面。

(3) 燃料电池

燃料电池（fuel cell）是一类连续地将燃料氧化过程的化学能直接转化为电能的化学电池。与一般电池不同，它不是把还原剂、氧化剂物质全部贮存在电池内，而是在工作时不断从外界输入氧化剂和还原剂，同时将电极反应产物不断排出电池。科学家预言，燃料电池将成为未来世界上获得电力的重要途径之一。

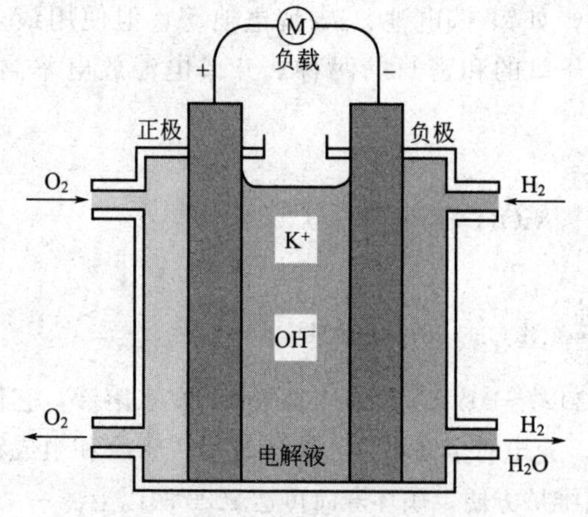

图 5.14 氢氧燃料电池示意图

最原始和简单的燃料电池是碱性氢氧燃料电池，如图 5.14 所示，可用下式表示

$$(-)C\,|\,H_2(g)\,|\,NaOH(aq)\,|\,O_2(g)\,|\,C(+)$$

负极 $$H_2 + 2OH^- \longrightarrow 2H_2O + 2e^-$$

正极 $$O_2 + 2H_2O + 4e^- \longrightarrow 4OH^-$$

净反应 $$2H_2 + O_2 \longrightarrow 2H_2O$$

从反应可见燃烧产物为 H_2O，因此对环境无污染。为了使燃料便于进行电极反应，要求电极材料兼具有催化剂的特性，可用多孔碳、镍、铂、银等。有关燃料电池进一步的内容及

最新发展参见第10章第6讲。

5.5.2 腐蚀电池

腐蚀对于金属物质来说是一种非常普遍的现象，如铁生锈、银变暗、铜表面出现铜绿、地下金属管道受腐蚀而穿孔等现象都属于金属腐蚀。国内外普查资料统计显示，每年因腐蚀而造成的损失约占各国GDP的3%～5%，相当惊人。因此研究金属腐蚀和防腐是一项非常重要而且迫切的工作。

金属的腐蚀除了因为直接与化学物质如干燥空气中的O_2、H_2S、SO_2、Cl_2等接触而在金属表面生成相应的氧化物、硫化物、氯化物等导致金属表面破坏即化学腐蚀外，更严重的金属腐蚀还是由于电化学作用而引起的电化学腐蚀（electrochemical corrosion），其特点是形成了腐蚀电池（corrosion cell）。金属在潮湿大气中的腐蚀，在土壤及海水中的腐蚀和在电解质溶液中的腐蚀都是由于形成腐蚀电池而发生的电化学腐蚀。腐蚀电池与一般的原电池一样，必须由两个电极和电解质溶液组成。在腐蚀电池中，较活泼的金属易失去电子而作为负极，由于失电子发生氧化反应，通常称其为阳极；较不活泼的杂质物质为正极，由于发生还原反应而称作阴极。可见，腐蚀电池中阳极总是溶解而损失，所以被腐蚀的必定是阳极金属。对于腐蚀电池所造成的金属腐蚀，根据阴极反应的不同可分为析氢腐蚀、吸氧腐蚀和差异充气腐蚀。

（1）析氢腐蚀

在酸性介质中，金属及其制品发生析出H_2的腐蚀称为析氢腐蚀。例如，将铁浸在无氧的酸性介质中，如钢铁酸洗时，铁作为阳极而腐蚀，钢铁中的石墨、渗碳体等杂质作为阴极，在酸性介质中发生如下电池反应：

阳极(Fe) $\quad Fe \longrightarrow Fe^{2+} + 2e^-$

阴极(杂质) $\quad 2H^+ + 2e^- \longrightarrow H_2(g)$

净反应 $\quad Fe + 2H_2O \longrightarrow Fe^{2+} + H_2(g)$

（2）吸氧腐蚀

若钢铁处于弱酸性或中性介质中，在氧气存在下，O_2/OH^-电对的电极电势大于H^+/H_2电对的电极电势，阴极上是氧得到电子

阳极 $\quad Fe \longrightarrow Fe^{2+} + 2e^-$

阴极 $\quad O_2 + 2H_2O + 4e^- \longrightarrow 4OH^-$

净反应 $\quad 2Fe + O_2 + 2H_2O \longrightarrow 2Fe(OH)_2$

生成的$Fe(OH)_2$在空气中再进一步被氧化为铁锈$Fe_2O_3 \cdot xH_2O$。这种腐蚀过程因需消耗氧，故称为吸氧腐蚀。日常所遇到的大量腐蚀现象都是在有氧存在，且pH接近中性条件下发生的吸氧腐蚀。

（3）差异充气腐蚀

当金属插入水或泥沙中时，由于金属与含氧量不同的液体接触，各部分的电极电势不一样。氧电极的电势与氧的分压有关

$$E(O_2/OH^-) = E^{\ominus}(O_2/OH^-) + \frac{0.0592}{4}\lg\frac{[p(O_2)/p^{\ominus}]}{[c(OH^-)/c^{\ominus}]^4}$$

在溶液中氧的浓度小的地方，电极电势低，成为阳极，金属发生氧化而溶解腐蚀；氧浓度较大的地方，电极电势较高而成为阴极，使金属不会受到腐蚀。像这种由于金属处在含氧量不同的介质中所引起的腐蚀称为差异充气腐蚀，其结果是金属在充气少的部位发生较严重的腐蚀。例如，水滴落在金属表面，并长期保留，由于水滴边缘有较多的氧气，而水滴中心

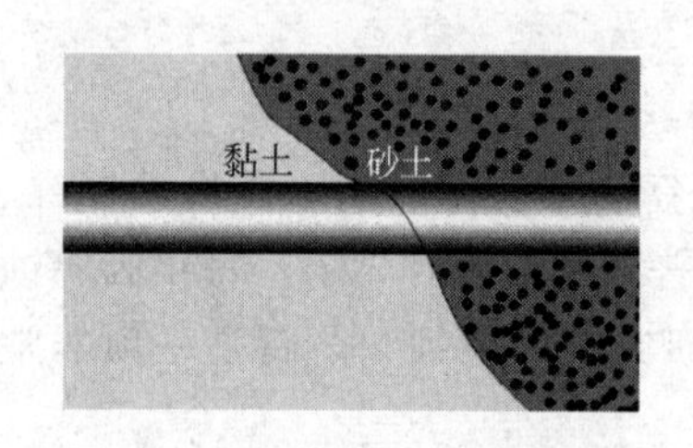

图 5.15　钢管的差异充气腐蚀

与金属接触的部位含氧较少，所以因腐蚀而穿孔的部位应在水滴中心，而不是边缘。又如钢铁管道通过沙土和黏土，常常在埋入黏土部分的钢铁管道腐蚀快，这是因为黏土湿润，含氧量少，而沙土干燥多孔，含氧量高（如图 5.15）。同样，插入水中的金属设备，也常因水中溶解氧比空气中少，使紧靠水面下的部分电极电势较低而成为阳极易被腐蚀，工程上常称之为水线腐蚀。

(4) 腐蚀的防护

既然金属的电化学腐蚀是由于形成腐蚀电池发生氧化而引起的，则防腐要从防止腐蚀电池形成，或一旦形成腐蚀电池，让被保护金属作为阴极，以及将 Fe 远离腐蚀区等方面着手考虑。常用的有效措施有如下几个方面。

① 正确选用金属材料，合理设计金属结构　选用金属材料时应以在具体环境和条件下不易腐蚀为原则。设计金属结构时，应避免使电势差大的金属材料相接触。

② 电化学保护法　电化学保护法又分为阳极保护法（anodic protection）和阴极保护法（cathodic protection）。其中阳极保护法是使被保护的金属作为腐蚀电池的阴极，用较活泼金属与被保护金属连接，较活泼金属作为腐蚀电池的阳极而被腐蚀，使被保护金属因不发生反应而得到保护，也称为牺牲阳极保护法。另一种方法是利用外加电流，将被保护的金属与外电源负极相连，变为阴极，废钢或石墨作为阳极，而使金属得到保护，此方法也称为外加电流阴极保护法。

③ 覆盖层保护法　该法是将金属与介质隔开，避免组成腐蚀电池。覆盖金属保护层的常用方法有电镀、喷镀、化学镀、浸镀、真空镀等。如镀 Ni、Cr、Zn 和 Sn 等。如果镀层是完整的，则都能起到相同的保护作用。一旦镀层有破损，则有两种情况：如果镀层比铁活泼，如镀锌，一旦形成腐蚀电池，Zn 为阳极，Fe 为阴极，镀层 Zn 仍有保护作用；如果镀层不如 Fe 活泼，如镀 Sn，则 Fe 为阳极，Sn 为阴极，Fe 将被腐蚀得更快。但是，Sn^{2+} 常与有机酸形成配离子，使其电势变得比 Fe 还低，所以罐头食品常用镀锡铁（俗称马口铁）做包装。覆盖非金属保护层的方法常用的是将涂料、塑料、搪瓷、高分子材料、油漆等涂在金属表面，以形成覆盖层（详见第 10 章第 5 讲）。

④ 缓蚀剂法　该法是在腐蚀介质中，加入少量能减小腐蚀速率的物质即缓蚀剂（corrosion inhibitor）以防止腐蚀的方法。常用的缓蚀剂有有机缓蚀剂和无机缓蚀剂之分。有机缓蚀剂一般是含有 S、N、O 的有机化合物，其缓蚀作用主要是利用其能被金属表面强烈吸附的特性而实现的。无机缓蚀剂，如铬酸盐、重铬酸盐、磷酸盐、碳酸氢盐等，它们主要是在金属表面形成氧化膜和沉淀物等保护膜而起到缓蚀作用的。

思　考　题

1. 什么叫原电池？它由哪几部分组成？如何用符号表示一个原电池？
2. 离子-电子法配平氧化还原反应方程式的原则是什么？有什么步骤？
3. 电极有哪几种类型？请各举出一例。
4. 何谓电极电势？何谓标准电极电势？标准电极电势的数值是怎样确定的？其符号和数值大小有什么物理意义？
5. 举例说明什么是参比电极。是不是所有参比电极的电极电势均为零伏？

6. 原电池反应书写形式不同是否会影响该原电池的电动势和反应的标准吉布斯函数变 $\Delta_r G_m^\ominus$ 值？
7. 怎样判断氧化剂和还原剂的氧化、还原能力的大小？为什么许多物质的氧化还原能力和溶液的酸碱性有关？
8. 根据标准电极电势值，判断下列各种物质哪些是氧化剂？哪些是还原剂？并排出它们氧化能力和还原能力的大小顺序。

$$Fe^{2+}，MnO_4^-，Cl^-，S_2O_8^{2-}，Cu^{2+}，Sn^{2+}，Fe^{3+}，Zn$$

9. 什么是分解电压？为什么实际分解电压总要比理论分解电压高？
10. 用标准电极电势的概念解释下列现象：
    (1) 在 Sn^{2+} 盐溶液中加入锡能防止 Sn^{2+} 被氧化；
    (2) Cu^+ 离子在水溶液中不稳定；
    (3) 加入 $FeSO_4$，使 $K_2Cr_2O_7$ 溶液的红色褪去。
11. 常见的化学电源有哪几种类型？写出铅蓄电池放电及充电时的两极反应。
12. 金属电化学腐蚀的特点是什么？防止或延缓腐蚀的方法有哪些？
13. 为了防止铁生锈，分别电镀上一层锌和一层锡，两者的防腐效果是否一样？
14. 解释或回答下列问题：
    (1) 含杂质主要为 Cu、Fe 的粗锌比纯锌更容易在硫酸中溶解。
    (2) 在水面附近的金属比在水中的金属更易腐蚀。
    (3) 铜制水龙头与铁制水管组合，什么部位易遭腐蚀？为什么？
15. 在一磨光的铁片上，滴上一滴含有少量酚酞的 $K_3[Fe(CN)_6]$ 和 NaCl 溶液，十几分钟后有何现象？试解释之。

习　题

1. 是非题（对的在括号内填“√”号，错的填“×”号）
    (1) 在判断原电池正负极时，电极电势代数值大的电对做原电池正极，代数值小的电对做原电池的负极。（　）
    (2) 在书写电池半反应时，可以有多种书写形式，如
        ① $Ag_2S + 2e^- \longrightarrow 2Ag + S^{2-}$
        ② $1/2\ Ag_2S + e^- \longrightarrow Ag + 1/2\ S^{2-}$
        ③ $2Ag + S^{2-} \longrightarrow Ag_2S + 2e^-$
        ④ $Ag + 1/2\ S^{2-} \longrightarrow 1/2\ Ag_2S + e^-$
    无论采用何种形式，只要电极反应的条件相同，上述各电极反应的电势值均相同。（　）
    (3) 能组成原电池的反应都是氧化还原反应。（　）
    (4) 若将氢电极置于 pH=7 的溶液中（$p_{H_2}=100kPa$），此时氢电极的电势值为－0.414V。（　）
    (5) 金属铁可以置换 Cu^{2+} 离子，所以 $FeCl_3$ 溶液不能与金属铜反应。（　）
    (6) 对于浓差电池(－)Ag | $AgNO_3(aq, c_1)$ ¦¦ $AgNO_3(aq, c_2)$ | Ag(＋)，据能斯特方程式可知 $c_2 > c_1$。（　）
    (7) 金属表面因 O_2 分布不均匀遭受腐蚀时，腐蚀是发生在 O_2 浓度较大的部位。（　）
    (8) 海水中发生的腐蚀是典型的析氢腐蚀。（　）
2. 选择题（选择正确的答案，将其代号填入空格）
    (1) 对于原电池(－)Fe | Fe^{2+} ¦¦ Cu^{2+} | Cu(＋)，随反应的进行，电动势将______。
        (A) 变大　(B) 变小　(C) 不变　(D) 等于零
    (2) 20000C 的电量相当于________摩尔电子的电量。
        (A) 0.0207　(B) 2.07×10^{20}　(C) 0.207　(D) 2.07
    (3) 下列两反应在标准态时均能正向进行________。

$$Cr_2O_7^{2-} + 6Fe^{2+} + 14H^+ \longequal 2Cr^{3+} + 6Fe^{3+} + 7H_2O$$

$$2Fe^{3+} + Sn^{2+} \longequal 2Fe^{2+} + Sn^{4+}$$

其中最强氧化剂和最强还原剂分别为________。

(A) $Cr_2O_7^{2-}$，Sn^{2+}　　(B) Cr^{3+}，Sn^{4+}

(C) $Cr_2O_7^{2-}$，Fe^{2+}　　(D) Fe^{3+}，Sn^{2+}

(4) 已知电极反应 $ClO_3^- + 6H^+ + 6e^- \longequal Cl^- + 3H_2O$ 的 $\Delta_r G_m^\ominus = -839.6kJ \cdot mol^{-1}$，则 $E^\ominus$ (ClO_3^-/Cl^-) 值为________。

(A) 1.45V　　(B) 0.73V　　(C) 2.90V　　(D) −1.45V

(5) 将下列电极反应中有关离子浓度减小一半，而 E 值增加的是________。

(A) $Cu^{2+} + 2e^- \longequal Cu$　　(B) $I_2 + 2e^- \longequal 2I^-$

(C) $2H^+ + 2e^- \longequal H_2$　　(D) $Fe^{3+} + e^- \longequal Fe^{2+}$

(6) 有一个原电池由两个氢电极组成，其中有一个标准氢电极，为得到最大电动势，另一个电极浸入的酸性溶液［设 $p(H_2)=100kPa$］应为________。

(A) $0.1mol \cdot dm^{-3}$ HCl　　(B) $0.1mol \cdot dm^{-3}$ HAc

(C) $0.1mol \cdot dm^{-3}$ H_3PO_4　　(D) $0.1mol \cdot dm^{-3}$ HAc+$0.1mol \cdot dm^{-3}$ NaAc

(7) 已知某氧化还原反应的 $\Delta_r G_m^\ominus$、$K^\ominus$、$E^\ominus$，下列对三者值判断合理的一组是________。

(A) $\Delta_r G_m^\ominus > 0$，$E^\ominus < 0$，$K^\ominus < 1$　　(B) $\Delta_r G_m^\ominus > 0$，$E^\ominus < 0$，$K^\ominus > 1$

(C) $\Delta_r G_m^\ominus < 0$，$E^\ominus > 0$，$K^\ominus > 1$　　(D) $\Delta_r G_m^\ominus < 0$，$E^\ominus > 0$，$K^\ominus < 1$

(8) 暴露于潮湿的大气中的钢铁，其腐蚀主要是________。

(A) 化学腐蚀　　(B) 吸氧腐蚀

(C) 析氢腐蚀　　(D) 阳极产生 CO_2 的腐蚀

(9) 电解时，在阳极上首先发生氧化作用而放电的是________。

(A) 标准电极电势最大的电对的还原态

(B) 标准电极电势最小的电对的还原态

(C) 考虑极化后，实际电极电势最大的电对的还原态

(D) 考虑极化后，实际电极电势最小的电对的还原态

3. 用离子-电子法配平下列方程式（必要时添加反应介质）。

(1) $K_2MnO_4 + K_2SO_3 + H_2SO_4 \longrightarrow K_2SO_4 + MnSO_4 + H_2O$

(2) $NaBiO_3(s) + MnSO_4 + HNO_3 \longrightarrow HMnO_4 + Bi(NO_3)_3 + Na_2SO_4 + NaNO_3 + H_2O$

(3) $Zn + NO_3^- + H^+ \longrightarrow Zn^{2+} + NH_4^+ + H_2O$

(4) $Ag + NO_3^- + H^+ \longrightarrow Ag^+ + NO + H_2O$

(5) $Al + NO_3^- + OH^- + H_2O \longrightarrow [Al(OH)_4]^- + NH_3$

4. 根据下列反应设计原电池，用电池符号表示，并写出对应的半反应式。

(1) $2Ag^+ + Cu(s) \longrightarrow 2Ag(s) + Cu^{2+}$

(2) $Pb^{2+} + Cu(s) + S^{2-} \longrightarrow Pb(s) + CuS$

(3) $Pb(s) + 2H^+ + 2Cl^- \longrightarrow PbCl_2(s) + H_2(g)$

5. 指出下列原电池反应的正负极，写出电极反应和电池反应，并计算25℃时原电池的电动势。

(1) $Cu | Cu^{2+}(1mol \cdot dm^{-3}) \parallel Zn^{2+}(0.001mol \cdot dm^{-3}) | Zn$

(2) $Hg, Hg_2Cl_2 | Cl^-(0.1mol \cdot dm^{-3}) \parallel H^+(1mol \cdot dm^{-3}) | H_2(p_{H_2}=100kPa) | Pt$

(3) $Pt | Fe^{2+}(0.1mol \cdot dm^{-3}), Fe^{3+}(1.0mol \cdot dm^{-3}) \parallel MnO_4^-(0.1mol \cdot dm^{-3}), H^+(0.1mol \cdot dm^{-3}), Mn^{2+}(0.1mol \cdot dm^{-3}) | Pt$

(4) $Pb | Pb^{2+}(0.1mol \cdot dm^{-3}) \parallel S^{2-}(0.1mol \cdot dm^{-3}) | CuS, Cu$

6. 由标准氢电极和镍电极组成原电池。若 $c(Ni^{2+})=0.010mol \cdot dm^{-3}$ 时，电池的电动势为 0.2955V，其中镍为负极，计算镍电极的标准电极电势。

7. 试判断下列反应能否按指定方向进行。

(1) $Fe^{2+} + Cu^{2+} \longrightarrow Cu(s) + Fe^{3+}$，参加反应的各离子浓度均为 $1mol \cdot dm^{-3}$

(2) $2Br^{-} + Cu^{2+} \longrightarrow Cu(s) + Br_2(l)$，其中，$c(Br^{-}) = 1.0mol \cdot dm^{-3}$；$c(Cu^{2+}) = 0.1mol \cdot dm^{-3}$

8. 在 298.15K 时，有下列反应

$$H_3AsO_4 + 2I^{-} + 2H^{+} = H_3AsO_3 + I_2 + H_2O$$

(1) 计算由该反应组成的原电池的标准电池电动势。

(2) 计算该反应的标准摩尔吉布斯函数变，并指出在标准态时该反应能否自发进行。

(3) 若溶液的 pH=7，而 $c(H_3AsO_4) = c(H_3AsO_3) = c(I^{-}) = 1mol \cdot dm^{-3}$，则该反应的 $\Delta_r G_m$ 是多少？此时反应进行的方向如何？

9. 现有下列原电池 $Pb | Pb^{2+}(1mol \cdot dm^{-3}) \| Cu^{2+}(1mol \cdot dm^{-3}) | Cu$

(1) 指出原电池正、负极，写出正、负极反应，原电池反应，计算原电池电动势；

(2) 在此原电池的右半电池中加入 Na_2S，使 S^{2-} 离子浓度为 $1mol \cdot dm^{-3}$，确定新原电池正、负极，写出电极反应，原电池反应，原电池符号，计算新原电池的电动势。

10. 已知 $E^{\ominus}(Ag^{+}/Ag) = 0.7996V$，$K_{sp}^{\ominus}(Ag_2CrO_4) = 1.12 \times 10^{-12}$，计算电极反应

$$Ag_2CrO_4 + 2e^{-} \longrightarrow 2Ag + CrO_4^{2-}$$

的标准电极电势以及当 $c(CrO_4^{2-}) = 0.10mol \cdot dm^{-3}$ 时该电极反应的电势值。

11. 对于反应 $Ag^{+}(aq) + Fe^{2+}(aq) \longrightarrow Ag(s) + Fe^{3+}(aq)$

(1) 已知该反应所对应的电池的标准电池电动势为 0.030V，计算 25℃时该反应的平衡常数。

(2) 当等体积且浓度均为 $1.0mol \cdot dm^{-3}$ 的 Ag^{+} 和 Fe^{2+} 混合时，达平衡后，Fe^{2+} 的平衡浓度为多大?

12. 由两个氢电极 $H_2(100kPa) | H^{+}(0.10mol \cdot dm^{-3}) | Pt$ 和 $H_2(100kPa) | H^{+}(x mol \cdot dm^{-3}) | Pt$ 组成原电池，测得该原电池的电动势为 0.016V。若后一电极作为该原电池的正极，求组成该电极的溶液中 H^{+} 的浓度 x 的值。

13. 由标准钴电极和标准氯电极组成原电池，测得其电动势为 1.63V，此时钴电极为负极。现已知氯的标准电极电势是 1.36V，试问：

(1) 此电池反应的方向如何？用反应方程式表示。

(2) 钴的标准电极电势是多少（不查表)?

(3) 当氯气的压力增大或减小时，电池的电动势将如何变化?

(4) 当 Co^{2+} 离子浓度降低到 $0.010mol \cdot dm^{-3}$ 时，电池电动势为多少?

14. Write the notation for a cell in which the electrode reactions are

$$2H^{+}(aq) + 2e^{-} \longrightarrow H_2(g)$$

$$Zn(s) \longrightarrow Zn^{2+}(aq) + 2e^{-}$$

15. Determining the relative strengths of oxidizing and reducing agents.

(a) Order the following oxidizing agents by increasing strength under standard-state conditions: $Cl_2(g)$, $H_2O_2(aq)$, $Fe^{3+}(aq)$.

(b) Order the following reducing agents by increasing strength under standard-state conditions: $H_2(g)$, $Al(s)$, $Cu(s)$.

16. Consider the following reactions. Are they spontaneous in the direction written, under standard conditions at 25℃?

(a) $Sn^{4+}(aq) + 2Fe^{2+}(aq) \longrightarrow Sn^{2+}(aq) + 2Fe^{3+}(aq)$

(b) $4MnO_4^{-}(aq) + 12H^{+}(aq) \longrightarrow 4Mn^{2+}(aq) + 5O_2 + 6H_2O(l)$

17. What is the standard emf you would obtain from a cell at 25℃ using an electrode in which $I^{-}(aq)$ is in contact with $I_2(s)$ and an electrode in which a chromium strip dips into a solution of $Cr^{3+}(aq)$?

18. Copper(Ⅰ) ion can act as both an oxidizing agents and a reducing agents. Hence, it can react with itself.

$$Cu^{+}(aq) \longrightarrow Cu(s) + Cu^{2+}(aq)$$

Calculate the standard equilibrium constant at 25℃ for this reaction, using appropriate values of electrode potentials.

第6章 化学反应速率

【内容提要】

本章在介绍了化学反应速率概念的基础上，讨论了化学反应速率的理论（碰撞理论、过渡态理论），重点讨论了浓度（压力）、温度、催化剂对化学反应速率的影响。

【学习要求】

掌握反应速率与元反应的概念，掌握浓度、压力、温度、催化剂与化学反应速率的关系及其对反应速率的影响，了解碰撞理论及过渡态理论的基本要点，能用活化能和活化分子的概念解释浓度、温度和催化剂对化学反应速率的影响。

物质能否发生化学反应以及它们反应能力的大小，是一个古老的化学理论课题。早期的化学家们一直以含糊不清的“化学亲和力”、“化学力”、“作用力”等概念来表述和解释这些问题。直到19世纪初，人们仍不能将物质发生化学反应的可能性和实际发生时的化学反应速率正确区分开。

第3章中讨论的化学热力学所解决的问题是化学反应的自发性或方向以及化学反应进行的程度，即讨论化学反应能否发生和可能达到的限度，也就是说是讨论过程的趋向性和限度问题。但是可能性不等于现实性。如果两个水池里的水存在水位差，则热力学告诉我们高位水池里的水有流向低位水池的趋势（方向性），若使它们相通，那么它们最终将取得一致的水位（平衡状态，限度）。然而热力学却不能说明什么时候能达到这种平衡状态，如果管道很细，则这个过程可能要经历较长时间，这就涉及速率的问题。化学反应也一样，有些化学反应进行得很快，如酸碱中和反应，甚至瞬间完成（如爆炸），另一些反应则进行得较为缓慢。如从热力学方面看，氢和氧化合生成水的反应具有显著的自发倾向（$K^{\ominus}$很大），但实际上氢和氧的混合气体在室温下可以长期存在而不发生显著的变化。许多有机化合物之间的反应也进行得较为缓慢。对一些化学反应，特别是对工农业生产有利的化学反应，需采取措施来增大反应速率以提高劳动生产率，如钢铁冶炼，氨、树脂、橡胶的合成等；但对另一些反应，则要设法抑制其进行，如金属的腐蚀、橡胶制品的老化等。要研究化学反应的速率问题，则要依赖化学动力学（chemical kinetics）。

1850年法国的威尔汉密（L. Wilhemy，1812—1864）用旋光计研究了蔗糖在不同浓度、温度和酸催化下的转化，得出转化速率的数学表示式，并指出其它同类型反应的方程形式也相同，开始了化学动力学早期的定量研究。

从1877年之后，范特霍夫开始注意研究化学动力学和化学亲和力问题。1884年，他出版了《化学动力学研究》一书。这本书首先着重讨论了化学反应速率及其变化规律。他创造性地把反应速率分为单分子、双分子和多分子反应三种不同类型来研究。此后，众多的科学家在化学动力学领域辛勤耕耘，并取得累累硕果。

近代化学动力学是研究化学反应过程的速率和反应历程的物理化学分支学科。它的研究对象是物质性质随时间变化的非平衡的动态体系。时间在化学热力学的研究中不是变量（关注始终态），但在化学动力学的研究中时间是一个重要变量。

化学动力学的研究方法主要有两种：一种是唯象动力学研究方法，也称经典化学动力学研究方法，它是从化学动力学的原始实验数据——浓度与时间的关系出发，经过分析获得某些反应动力学参数——反应速率常数、活化能、指前因子等。这些参数可以用来表征反应体系的速率，是探讨反应机理的有效数据。另一种是分子反应动力学研究方法，原则上，如果能从量子化学理论计算出反应体系的正确的势能面，并应用力学定律计算具有代表性的点在其上的运动轨迹，就能计算反应速率和化学动力学的参数。但是，除了少数很简单的化学反应以外，量子化学的计算至今还不能得到反应体系的可靠的、完整的势能面。因此，现行的反应速率理论仍不得不借用经典统计力学的处理方法。

6.1 化学反应速率及其表示方法

为了比较反应的快慢，需要明确化学反应速率的概念，规定它的单位。化学反应速率（reaction rate）是指在一定条件下，由反应物转变成生成物的快慢程度。化学反应以单位时间内反应物的浓度（或分压）的减少，或生成物的浓度（或分压）的增加来表示。其中，浓度的单位以 $mol \cdot dm^{-3}$ 表示，时间的单位以 s（秒）、min（分）或 h（时）等表示。化学反应速率的定义式为

$$v=\nu_B^{-1}dc_B/dt \tag{6.1}$$

式中，ν_B 为反应式中物质 B 的化学计量系数；dc_B/dt 表示由化学反应引起的物质 B 的浓度（c_B）随时间（t）的变化速率，此值可正可负，但反应速率 v 总为正值。

上式中的 v 为化学反应的瞬间速率，若要计算某反应在一个时间段内的平均速率，可用下式计算

$$\overline{v}=\nu_B^{-1}\Delta c_B/\Delta t \tag{6.2}$$

例如，某给定条件下，氮气与氢气在密闭容器中合成氨，各物质浓度的变化如下：

	N_2	+	$3H_2$	$\rightleftharpoons$	$2NH_3$
起始时浓度/($mol \cdot dm^{-3}$)	1.0		3.0		0
2s（秒）后浓度/($mol \cdot dm^{-3}$)	0.8		2.4		0.4
Δc_B	−0.2		−0.6		+0.4

所以，该反应在这 2 秒钟内的平均反应速率 $\overline{v}$ 为

$$\begin{aligned}\overline{v}&=\nu_B^{-1}\Delta c_B/\Delta t=(-1)^{-1}(-0.2mol \cdot dm^{-3}/2s)\\&=(-3)^{-1}(-0.6mol \cdot dm^{-3}/2s)\\&=(+2)^{-1}(+0.4mol \cdot dm^{-3}/2s)\\&=0.1mol \cdot dm^{-3} \cdot s^{-1}\end{aligned}$$

可以看出同一时间段内的平均反应速率可以采用任意一个反应物或生成物的浓度增量来计算，所得结果都是相同的。$\Delta t \to 0$ 时的平均速率即为在某一时刻的（瞬间）反应速率。

6.2 反应速率理论

6.2.1 碰撞理论

化学反应速率千差万别，除了外界因素外，其本质原因是什么？由原始的反应物分子如

何转变成生成物分子？或者说化学反应是如何发生的？能否从理论上定量计算反应速率？为了解决这些问题，本节将简要介绍反应速率理论。

德国的特劳兹（Max Trautz，1880—1960）和英国化学家威廉·路易斯（William Lewis，1869—1963）分别于1916年和1918年各自独立提出碰撞理论（collision theory）（由于在第一次世界大战期间处于交战双方，所以他俩并不认识）。

该理论是以阿伦尼乌斯关于“活化状态”和“活化能”的概念为基础，并在比较完善的分子运动理论基础上建立起来的。这种理论基于一种合理的思想，即反应之所以能够发生是由于反应物之间碰撞的结果。然而根据气体分子运动论的理论计算，单位时间内分子碰撞的次数是非常大的，如果每次碰撞都能够发生反应，任何气体反应都将在瞬间完成，这与实验事实不符。比如，在713K下 H_2 与 $I_2(g)$ 生成 $HI(g)$ 的反应，若 H_2 和 $I_2(g)$ 的浓度均为 $0.02mol \cdot dm^{-3}$，则碰撞频率高达 1.27×10^{29} 次 $\cdot cm^{-3}\cdot s^{-1}$，而实际上每发生 10^{13} 次碰撞才能有一次发生反应。

这是为什么呢？碰撞理论认为只有那些具有足够能量的反应物分子（或原子）的碰撞才有可能发生反应，并把能够导致反应发生的碰撞称为有效碰撞（effective collision），能够发生有效碰撞的分子称为活化分子（activated molecule）。显然活化分子与普通分子相比具有更高的能量。现在一般把活化分子所具有的平均能量（$\overline{E^*}$）与反应物分子的平均能量（$\overline{E}$）之差称为活化能（activation energy，E_a）。即

$$E_a=\overline{E^*}-\overline{E}$$

活化能自1889年阿伦尼乌斯提出以来，围绕着对这个概念的理解，出现了多种版本。对活化能进行学术探讨超越了本书的范围，读者可结合以下几方面来理解这个概念。

① 活化能是普通分子转变为活化分子所需要逾越的能量障碍，即普通分子需要获得一定的能量才能变成活化分子。获得这种能量的方式可以是受热、接受辐射等。如反应物分子在受热时，分子运动动能增加，更多的分子将变成活化分子，从而增加有效碰撞的百分率，提高反应速率。

② 就一般意义上说，活化能越小的反应，普通分子变成活化分子越容易，反应速率越快。

③ 各种版本对活化能的解释虽不尽相同，但活化能的数值相差不大。

④ 活化能的数值一般认为与温度关系不大。

6.2.2 过渡态理论

1932～1935年，美国普林斯顿大学的H·艾林（Henry Eyring，1901—1981）、英国曼彻斯特大学的J.C. 波拉尼（Michael Polanyi，1891—1976）和M.G. 埃文斯（Meredith Gwynne Evans）等人应用统计力学和量子力学理论建立过渡态理论（transition state theory，简称TST），也称为活化配合物理论（activated complex theory，简称ACT）。认为反应要发生，不仅具有足够能量的分子要碰撞，而且碰撞的取向要适当，然后高能量的分子借助能量传递，使反应物分子的化学键减弱、断裂。在此过程中反应物分子间先形成一个高能量的过渡态（transition state），又叫活化配合物（activated complex），活化配合物中的价键结构处于原有化学键被削弱、新化学键正在形成的一种过渡状态，其势能较高，极不稳定，会很快分解为生成物分子（也可能转变为反应物分子），同时释放能量。可用简式表示如下：

$$\underset{\text{反应物}}{A—B+C} \rightleftharpoons \underset{\text{活化配合物}}{A\cdots B\cdots C} \rightleftharpoons \underset{\text{生成物}}{A+B—C}$$

可将反应过程中体系势能的变化用图 6.1 表示。

图 6.1 中 E_{I} 和 E_{II} 分别表示反应物体系和生成物体系的平均能量，E^* 表示活化配合物的能量。在反应中存在下列能量关系：

$$E_{a,正}=E^*-E_{\mathrm{I}}$$

$$E_{a,逆}=E^*-E_{\mathrm{II}}$$

$$Q_{V,正}=\Delta U_{正}=E_{a,正}-E_{a,逆}$$

$$Q_{V,逆}=\Delta U_{逆}=E_{a,逆}-E_{a,正}$$

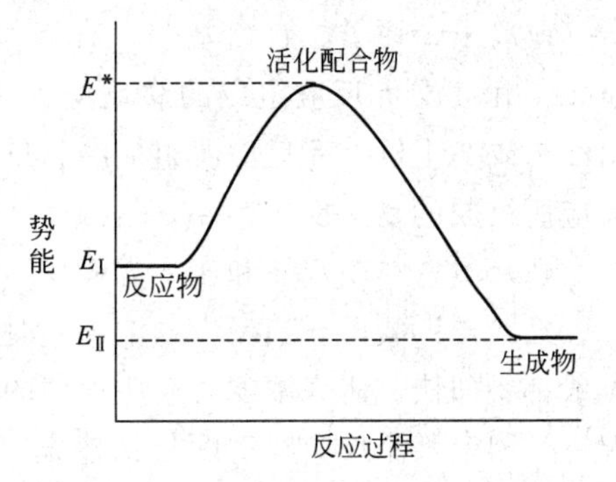

图 6.1　反应过程中势能变化示意图

即正（逆）向反应的活化能分别等于活化配合物的能量与反应物（生成物）体系平均能量之差；正（逆）向反应的等容热效应等于正（逆）向反应的活化能减去逆（正）向反应的活化能。上图中正向反应的内能变 $Q_{V,正}=\Delta U_{正}<0$，所以正向反应为放热反应。

因此，在过渡态理论中，所谓活化能实质上是反应进行时所必须克服的"能垒"。由此可见，过渡态理论中活化能的定义与分子碰撞理论不同，但两者的活化能数值差别很小。

6.3　影响反应速率的外界因素

化学反应速率首先决定于化学反应的性质，这是影响反应速率的内因。例如溶液中的离子反应通常较快，异相反应（气-固反应、气-液反应、不相溶的液-液反应等）通常较慢；即便都是在溶液中进行，不同的反应，速率也不相同，离子交换反应快，氧化还原反应相对较慢。对于给定的化学反应来说，其反应速率还要受到反应进行时所处条件的影响，这些条件主要包括浓度（或压力）、温度和有无催化剂等。

6.3.1　浓度对反应速率的影响

众所周知，燃料或钢铁在纯氧中的氧化反应比在空气中反应更剧烈，即反应物氧气的浓度增大，反应速率也增大。大量的实验表明，化学反应速率随反应物浓度的增加而增大。那么反应速率与反应物浓度之间到底有没有定量关系呢？又有怎样的定量关系呢？

(1) 反应机理（reaction　mechanism）的概念

很多化学反应不是一步就完成的，因此在研究化学反应速率时，常常需要了解反应机理又称反应历程（reaction path），即需要了解在化学反应过程中从反应物变为生成物所经历的具体途径。

例如人们熟知的化学反应：

$$Br_2(g)+H_2(g)\longrightarrow 2HBr(g)$$

此反应式表示的是一个宏观的总反应。实际上，该反应并不是一步完成的，而是经历了如下 5 个步骤：

(1) $Br_2 \longrightarrow 2Br$

(2) $Br + H_2 \longrightarrow HBr + H$

(3) $H + Br_2 \longrightarrow HBr + Br$

(4) $H + HBr \longrightarrow H_2 + Br$

(5) $Br + Br \longrightarrow Br_2$

上述 5 个步骤的每一步的生成物都是由反应物一步就直接转化而成的。这种由反应物分子（或离子、原子、自由基等）直接作用而生成产物的反应称为元反应（elementary reaction）。由 1 个元反应组成的总反应称为简单反应，如 $2NO_2 \longrightarrow 2NO + O_2$ 是简单反应；由 2 个或 2 个以上元反应所组成的总反应称为复杂反应，如上述溴和氢气的反应是由 5 个元反应所组成的复杂反应。

（2）质量作用定律和速率方程

经验告诉我们，当反应物浓度小时，反应进行得慢，而当反应物浓度增大时，反应速率一般都要加快。研究浓度对反应速率的影响的方法之一是：在保持其它反应物浓度不变的情况下，测定某个反应物浓度与初速率（$t=0$ 时的反应速率）的函数关系，依此类推，最终得到反应速率与所有反应物浓度之间关系的函数式，称为速率方程（rate equation）。比如对于下列反应：

$$aA + bB \longrightarrow gG + dD$$

首先，假定其速率方程式为

$$v=kc_A^x c_B^y \tag{6.3}$$

式中，k 称为速率常数（rate constant）。x 和 y 分别叫做反应物 A 和 B 的反应级数（reaction order），$x+y$ 是该化学反应的级数。$x+y$ 等于几，则该反应就是几级反应。

第二步，在保持反应物 A 的浓度不变的情况下改变反应物 B 的浓度进而求出 y，比如，当 B 的浓度增加到原来的 n 倍时，如果反应速率 v 也增加到原来的 n 倍，则 $y=1$，若增加到原来的 n^2 倍，则 $y=2$；同理，在保持 B 的浓度不变的情况下改变 A 的浓度可求出 x。如此便可求出反应的速率方程。

人类在很早的时候就开始研究浓度与反应速率的关系，1864 年挪威的 C. M. 古尔德贝格（C. M. Guldberg，1836—1902）和 P. 瓦格（P. Waage，1833—1900）便总结出：在给定温度下，反应速率与反应物浓度（以计量系数为指数）的乘积成正比，这个定量关系叫做质量作用定律（mass action law）。1888 年奥斯特瓦尔德提出稀释定律，最先将质量作用定律应用于电离上，在历史上起了重要作用。后来的大量实验证明，质量作用定律只适用于元反应。也就是说，对于元反应或只包含 1 个元反应的简单反应，可根据反应的方程式直接写出它的速率方程。例如下列反应

$$aA + bB \longrightarrow gG + dD$$

如果该反应是元反应，则它的速率方程就可以写成

$$v=kc_A^a c_B^b \tag{6.4}$$

值得注意的是：如果通过上述实验方法求出的 x 和 y 恰好分别等于方程式中反应物 A 和 B 前的系数，也不能就此说明该反应一定是元反应；但若有一个不等（$x \neq a$，或 $y \neq b$）则肯定不是元反应。

对于复杂反应，除了根据上述实验方法求取速率方程外，如果已知反应机理，也可通过理论推导得到速率方程。如：已知反应

$$I_2 + H_2 \longrightarrow 2HI$$

是经由下列 2 个元反应完成的：

（1） $I_2 \longrightarrow 2I$（快）

（2） $2I + H_2 \longrightarrow 2HI$（慢）

第一步是快反应，很快达到平衡，此时

$$\frac{\left(\frac{c_{I}}{c^{\ominus}}\right)^2}{\left(\frac{c_{I_2}}{c^{\ominus}}\right)}=k_1$$

省去 $c^{\ominus}$ 得 $c_{I}^2=k_1 c_{I_2}$ （k_1 是个常数）

第二步是各步反应中最慢的一步，称为速率控制步骤（rate determining step）或称为速率控制反应（rate determining reaction），它决定了整个反应的速率，所以总反应速率：

$$v=k_2 c_{H_2} c_{I}^2$$

将 $c_{I}^2=k_1 c_{I_2}$ 代入，并将 2 个常数合并，则

$$v=k c_{H_2} c_{I_2}$$

不管通过哪种形式得到的速率方程，均可用以了解在给定条件下该反应在任意反应物浓度下的反应速率。这里强调在给定条件下，就是因为当条件改变时，速率方程可能发生变化，原因是：速率常数可能发生变化，甚至可能因反应机理改变而导致反应物浓度的指数发生变化。

绝大多数的化学反应都不是一步就完成的，而是复杂反应，相应的反应级数可以是整数，也可以是分数或小数。对于零级反应（zero order reaction），其反应速率与反应物浓度的零次方成正比，也就是说，速率是一个常数。许多发生在固体表面的反应是零级的，如氧化亚氮在细颗粒金表面的热分解就是一实例：

$$N_2O(g)\xrightarrow{Au}N_2(g)+\frac{1}{2}O_2(g)$$

$$v=k(c_{N_2O})^0=k \tag{6.5}$$

和任何的零级反应一样，N_2O 的分解以匀速进行，即任一反应物在单位时间内浓度的减少值是个常数。一般地，假如某反应物起始（$t=0$）时的浓度为 c_0，反应时间 t 时的浓度为 c，则

$$c=c_0-kt \tag{6.6}$$

其中 k 为该反应物单位时间内浓度的减少值。

绝大多数的反应并不是零级的，它们的反应速率随反应物浓度的变化而变化，其中一级反应（first order reaction）极为常见，典型的例子是五氧化二氮的分解：

$$2N_2O_5(g)\longrightarrow 4NO_2(g)+O_2(g)$$

速率方程为 $v=kc_{N_2O_5}$，67℃时，此反应的速率常数 $k=0.35\text{min}^{-1}$。

一级反应的速率方程可用一般式表示为

$$v=kc \tag{6.7}$$

如果反应开始（$t=0$）时的浓度为 c_0，反应进行到任一时刻 t 时的浓度为 c，则

$$v=\nu_B^{-1}\,dc/dt=k'c$$

当用反应物表达反应速率时，ν_B 是负值，将其数值部分并入 k'，得到

$$-dc/c=kt$$

积分
$$-\int_{c_0}^{c}\frac{dc}{c}=\int_0^t k\,dt$$

$$\ln\frac{c_0}{c}=kt \tag{6.8}$$

这就是一级反应的速率方程。反应物浓度由 c_0 消耗到 $c=\frac{1}{2}c_0$ 所需要的反应时间称为半衰期（half-life），以 $t_{\frac{1}{2}}$ 表示。由上式可得

$$t_{\frac{1}{2}}=\frac{\ln 2}{k}=\frac{0.6932}{k} \tag{6.9}$$

可以看出，一级反应的半衰期与反应物的起始浓度 c_0 无关。例如浓度从 c_0 降到 $c_0/2$，或从 $c_0/2$ 降到 $c_0/4$，以及从 $c_0/4$ 降到 $c_0/8$ 等等，所需时间都相同，均为 $t_{\frac{1}{2}}$。这是一级反应的一个重要特征，所以半衰期只在一级反应中较常使用。也正因为一级反应的半衰期与反应物的起始浓度无关，所以可从半衰期的大小直接看出反应的快慢。放射性同位素的衰变反应多为一级反应，通常用半衰期来表示它的衰变速率，而不是用速率常数。一级反应还有一个特征就是其速率常数的单位是［时间］$^{-1}$，如 s^{-1}、min^{-1}。

【例 6.1】 有一化学反应：$aA+bB=C$，在 298.15K 时，将 A、B 溶液按不同浓度混合反应，得到以下实验数据：

A 的起始浓度/(mol·dm^{-3})	B 的起始浓度/(mol·dm^{-3})	初速率/(mol·dm^{-3}·s^{-1})
1.0	1.0	1.2×10^{-2}
2.0	1.0	2.3×10^{-2}
4.0	1.0	4.8×10^{-2}
1.0	1.0	1.2×10^{-2}
1.0	2.0	4.8×10^{-2}
1.0	4.0	1.9×10^{-1}

求该反应的速率方程式和速率常数。

【解】 反应的速率方程式可写为：$v=kc_A^m c_B^n$，分析实验数据，找出 m、n 值。前面 3 次实验，B 的浓度保持不变，而改变 A 的浓度。当 A 的浓度增大为原来的 x 倍时，反应速率也增加为原来的 x 倍，从实验结果中看出，反应速率与 A 的浓度成正比，即 $m=1$。后面 3 次实验保持 A 的浓度不变而改变 B 的浓度，当 B 的浓度增大为原来的 x 倍时，反应速率增大为原来的 x^2 倍，说明反应速率与 B 浓度的平方成正比，$n=2$。因此该反应的速率方程式为 $v=kc_A c_B^2$，它是一个 3 级反应。代入任一组数据，即可求出速率常数。

$$k=\frac{1.2\times10^{-2}}{1\times1^2}\text{dm}^6\cdot\text{mol}^{-2}\cdot\text{s}^{-1}=1.2\times10^{-2}\text{dm}^6\cdot\text{mol}^{-2}\cdot\text{s}^{-1}$$

则该反应的速率方程为

$$v=1.2\times10^{-2}c_A c_B^2$$

【例 6.2】 298.15K 时 $N_2O_5(g)$ 分解作用半衰期为 5 小时 42 分，此值与 N_2O_5 的起始压力无关。试求：(1) 速率常数。(2) 作用完成 90%所需的时间（以小时为单位）。

【解】 (1) 因为半衰期与起始压力无关。所以是一级反应。根据一级反应半衰期公式得

$$k=\frac{0.6932}{t_{1/2}}=\frac{0.6932}{5.7}=0.122(\text{h}^{-1})$$

(2) 根据式 $\ln\frac{c_0}{c}=kt$ 得

$$\ln\frac{1}{0.1}=0.122t$$

$$\therefore \quad t=18.9(\text{h})$$

6.3.2 温度对反应速率的影响

大多数化学反应的反应速率随着温度的升高而加快。这是因为温度升高时，反应体系中

活化分子的百分数增加，导致有效碰撞的次数增加的缘故。将食物贮存在冰箱里，就是为了降低反应速率，防止食物腐败。氢气和氧气在室温下作用极慢，以致几年都观察不出反应的发生，但如果温度升高到873K，则立即发生剧烈反应，甚至发生爆炸。

1884年，范特霍夫根据温度对反应速率影响的实验，归纳得到一近似规则：温度每升高10℃，一般反应的速率大约增加2～4倍，这个规则称为范特霍夫规则。

范特霍夫规则只能粗略估计温度对反应速率的影响，而不能说明为什么升高同样的温度，不同的反应，其反应速率增大的程度却不同。1889年阿伦尼乌斯总结出另一个经验公式：

$$k=Ae^{-\frac{E_a}{RT}} \tag{6.10}$$

式中 E_a——反应的活化能；

R——摩尔气体常数；

T——绝对温度；

A——指前因子（pre-exponential factor）或称为频率因子（frequency factor），是反应的特征常数，其数值与反应物分子间的碰撞有关而与浓度无关，与反应温度关系不大。

从上式可以看出，速率常数与反应的活化能及反应温度有关。将上式改写成对数形式：

$$\ln k=\ln A-\frac{E_a}{RT} \tag{6.11}$$

显然，$\ln k$ 与温度的倒数 $1/T$ 之间为线性关系。若以 $\ln k$ 为纵坐标，以 $1/T$ 为横坐标作图，可得一直线，该直线的斜率为 $-E_a/R$，直线在纵轴上的截距即为 $\ln A$。由此就可以求出反应的活化能 E_a 和指前因子 A。

例如下列生成 HI(g) 的反应和 N_2O_5(g) 的分解反应在不同温度下的速率常数见表6.1。

表6.1 不同温度下的速率常数

$H_2(g)+I_2(g)\rightleftharpoons 2HI(g)$		$N_2O_5(g)\rightleftharpoons 2NO_2(g)+1/2O_2$	
温度 T/K	速率常数 k/($mol^{-1}\cdot dm^3\cdot s^{-1}$)	温度 T/K	速率常数 k/s^{-1}
556	4.45×10^{-5}	273	7.87×10^{-7}
575	1.37×10^{-4}	293	1.76×10^{-5}
629	2.52×10^{-3}	298	3.38×10^{-5}
666	1.41×10^{-2}	308	1.35×10^{-4}
700	6.43×10^{-2}	318	4.98×10^{-4}
781	1.35	328	0.0015

注：生成HI的反应为2级反应，速率常数 k 的单位为 $mol^{-1}\cdot dm^3\cdot s^{-1}$；$N_2O_5$ 的分解反应是1级反应，故速率常数 k 的单位为 s^{-1}。

略去单位，将生成HI的反应的 $\ln k$ 对 $1/T$ 作图（图6.2）。

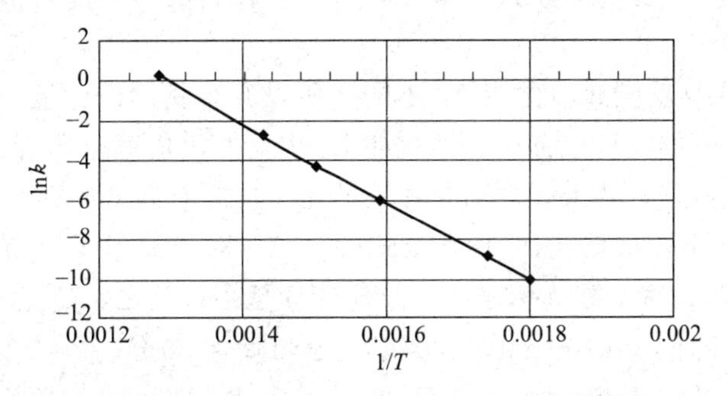

图6.2 HI(g) 生成反应 $\ln k$ 与 $1/T$ 关系图

由图可以求出斜率

$$-\frac{E_a}{R}=\frac{-10-(-2)}{0.0018-0.0014}=-20000\text{K}$$

$E_a=-8.314\text{J}\cdot\text{mol}^{-1}\cdot\text{K}^{-1}\times(-20000\text{K})=166280\text{J}\cdot\text{mol}^{-1}=166.28\text{kJ}\cdot\text{mol}^{-1}$

然后将 E_a 值及图中任意一组 $\ln k$-$1/T$ 数值代入式(6.10)中，如将 $T=666\text{K}$，$k=1.41\times10^{-2}\text{mol}^{-1}\cdot\text{dm}^3\cdot\text{s}^{-1}$及上面求得的 E_a 值代入即可求得 A：

$$\ln A=\ln k-\frac{E_a}{RT}=\ln 1.41\times10^{-2}-\frac{-20000}{666}$$

$$\ln A=25.768$$

$$A=1.553\times10^{11}\ \text{mol}^{-1}\cdot\text{dm}^3\cdot\text{s}^{-1}$$

实际上，当实验数据比较少时，也可以不必作图，而采取直接计算法进行求算。只要测定温度 T_1、T_2 时的速率常数 k_1、k_2，即可计算出反应的活化能；或者已知活化能和一定温度（T_1）下的反应速率常数 k_1，即可求出另一温度（T_2）下的速率常数 k_2 来。

温度为 T_1 时： $$\ln k_1=\ln A-\frac{E_a}{R}\cdot\frac{1}{T_1}$$

温度为 T_1 时： $$\ln k_2=\ln A-\frac{E_a}{R}\cdot\frac{1}{T_2}$$

两式相减得：

$$\ln\frac{k_2}{k_1}=\frac{E_a}{R}\left(\frac{T_2-T_1}{T_1T_2}\right) \tag{6.12}$$

因为在浓度不变的情况下，反应速率与速率常数成正比。若假设温度为 T_1 时，反应的速率常数和反应速率分别为 k_1 和 v_1；温度为 T_2 时，反应的速率常数和反应速率分别为 k_2 和 v_2，则

$$\frac{v_2}{v_1}=\frac{k_2\cdot c_A^x\cdot c_B^y}{k_1\cdot c_A^x\cdot c_B^y}=\frac{k_2}{k_1}$$

所以：

$$\ln\frac{v_2}{v_1}=\ln\frac{k_2}{k_1}=\frac{E_a}{R}\left(\frac{T_2-T_1}{T_1T_2}\right) \tag{6.13}$$

通过以上讨论，可以得出结论：

① 对于特定的化学反应而言，在浓度一定的情况下，反应速率取决于反应的速率常数 k，后者又与温度和反应的活化能有关。

② 一般说来，活化能 E_a 为正值，所以，同一个化学反应，升高温度，反应的速率常数 k 增大（这与升高温度，吸热反应的平衡常数增大，放热反应平衡常数减小不同），反应速率加快。

③ 由于不同的化学反应的活化能 E_a 不同，所以升高相同的温度，对不同的化学反应，反应速率增大的程度不同。可以证明，活化能 E_a 大的，反应速率增加的倍数比活化能小的化学反应的速率增加的倍数要大，即活化能大的化学反应对温度的影响更敏感。

④ 在相同的温度下，根据式(6.10)或式(6.11)，对指前因子 A 相近的化学反应来说，活化能 E_a 值越大，其速率常数 k 值越小，反应速率越小；反之，E_a 值越小者，反应速率越大。如某反应活化能降低 $10\text{kJ}\cdot\text{mol}^{-1}$，则其速率可增加 50 倍。

一般化学反应的活化能 E_a 大约在 $42\sim420\text{kJ}\cdot\text{mol}^{-1}$之间，而大多数化学反应是在62～

250kJ·mol^{-1}之间。当活化能小于42kJ·mol^{-1}时，反应的速率很快，甚至不能用一般方法测定，如中和反应等；当活化能大于420kJ·mol^{-1}时，反应的速率将非常慢。

⑤ 对于可逆反应而言，温度对正逆反应影响是一致的，只不过变化幅度不同。

【例6.3】 338K时N_2O_5气相分解反应的速率常数为0.292min^{-1}，活化能为103.3kJ·mol^{-1}，求353K时的速率常数k及半衰期$t_{\frac{1}{2}}$。

分析：由公式(6.12)可求得353K时的速率常数k。另外，由速率常数的单位为min^{-1}，可知该反应为一级反应，代入一级反应的半衰期公式$t_{\frac{1}{2}}=0.6932/k$可求得353K温度下的半衰期。

【解】 (1) 求353K时的速率常数

$T_1=338\text{K}$、$T_2=353\text{K}$、$k_1=0.292\text{min}^{-1}$、$E_a=103.3\text{kJ}\cdot\text{mol}^{-1}$

根据公式代入实验值

$$\ln\frac{k_2}{0.292}=\frac{103.3\times10^3}{8.314}\left(\frac{353-338}{338\times353}\right)$$

解得$k_2=1.392\text{min}^{-1}$

(2) 求反应在353K时的半衰期$t_{\frac{1}{2}}$

根据公式$t_{\frac{1}{2}}=0.6932/k$代入$k_2=1.392\text{min}^{-1}$，

解得$t_{\frac{1}{2}}=0.498\text{min}$

6.3.3 催化剂对反应速率的影响

催化是自然界中普遍存在的自然现象，催化作用几乎遍及化学反应整个领域。催化工艺是现代化学工业的基石，人的生命活动也与催化反应有密切联系。研究催化还有重要的理论意义，有助于揭示物质及其变化的基本性质。

早在公元前，中国已会用酒曲造酒。按现代的说法，酒曲是生物酶催化剂。18世纪中叶，铅室法中用一氧化氮作催化剂是工业上采用催化剂的开始。首次对催化现象进行总结，并给了一个新的术语“催化作用”的是瑞典化学大师J·J·贝采里乌斯（Jöns Jacob Berzelius，1779—1848）。

1833年英国的法拉第（Michael Faraday，1791—1867）提出固体表面吸附是加速化学反应的原因，这是催化作用研究的萌芽，1836年，贝采里乌斯的论文《关于在有机化合物中起着作用的新力的一些看法》发表了，这篇论文的重要意义是：它第一次把称为催化现象的各种不同现象都联成一个整体了。贝采里乌斯首先看到这些过程的共同特点是：

反应是由一些物质的存在引起的，但这些物质的组成部分并不出现在最后的产物中。

他还指出，这些物质的这一性质过去被认为是一种例外现象，原来却是它们所共有的性质。而对不同的物体来说，作用是不一样的，这种性质可以应用到实际中。

1850年法国的威尔汉密在研究蔗糖的转化时采用了酸催化。1875年德国的文克勒（C. Winkler，1838—1904）用铂石棉催化制造硫酸，为硫酸接触法的工业化奠定技术基础。

被认为是现代物理化学之父的德国化学家奥斯特瓦尔德从19世纪90年代起，通过对各种强酸对酯类水解的反应和糖的转化反应速率的加快现象发现了氢离子的催化作用。他还从多方面研究了催化过程。这一时期他发表了一系列关于催化作用的著作。他在1892年给阿伦尼乌斯的信中写道："我们到处都遇到催化作用，因此有必要认真加以研究。"在解释为什么19世纪90年代把化学动力学和催化作用提到物理化学研究工作的首位时，奥斯特瓦尔德写道："对于技术来说，了解控制化学反应速度的规律是极其重要的，因为只有了解这些规律才有可能掌握应用在每种情况下的反应。"这一点对于缓慢进行的反应特别重要，以便加速这些反应。1894年他撰文指出：吉布斯的理论使得有必要假设催化剂加速了物质的反应而不改变物质内部的能量关系。1901年奥斯特瓦尔德提出催化剂是改变化学反应速率的物质，而不出现在最终产物中，提出关于催化剂的现代观点，并指明催化剂在理论和实践中的重要性。他深入研究了催化机理，由于在催化研究、化学平衡和化学反应速率方面的卓越贡献，他获得了1909年诺贝尔化学奖。1904年英国科学家哈顿(A. Harden，1865—1940)，分解得到非蛋白质小分子"辅酶"，这是酶催化不可缺少的物质。

1913年哈伯(F. Haber)等经历了二万多次的配方试验，发明了"熔铁催化剂"和高压催化合成，实现了合成氨的大规模生产，这是催化工艺发展史上的重要里程碑。此后催化学科得到迅速发展。

催化剂(catalyst)的现代表述为：能够改变化学反应速率，而本身的组成、质量和化学性质在反应前后保持不变的物质。按照催化剂与反应物的聚集状态和相溶性，可将催化剂的催化过程分为均相催化(homogeneous catalysis)和多相催化(heterogeneous catalysis)。

均相催化是指催化剂和反应物在同一个相中，有气相和液相催化。如前述酯和蔗糖在酸的催化下进行的反应。均相催化的反应速率不仅与反应物的浓度有关，还与催化剂的浓度有关。

多相催化反应主要是液体反应物或气体反应物在固体催化剂表面进行的反应，其中以气体在固体催化剂表面的反应较常见。多相催化剂的活性与其组成、结构和表面状态密切相关。一般说来，催化剂的粒子越细或表面积越大，表面缺陷越多，其催化活性越好。多相催化剂可连续进行催化；产物易于分离，使用温度范围宽，故许多工业反应都采用多相催化，或将均相催化剂负载于多孔的载体上，如将酶负载于若干不溶性载体上，获得固定化酶，应用很广。

在影响反应速率的主要外界因素中，催化剂的作用要比浓度(包括气体反应物的分压)、温度显著得多。

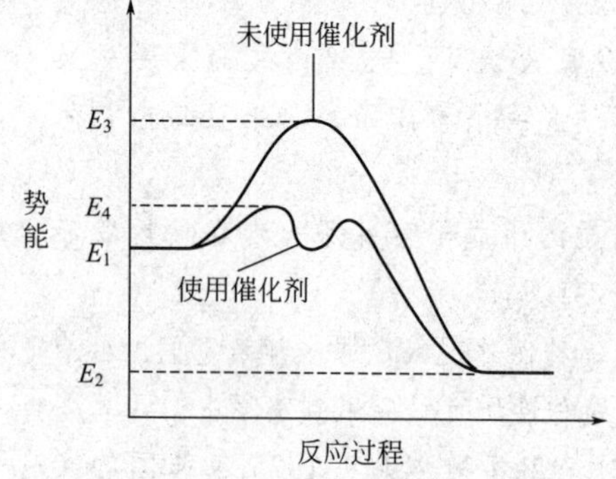

图6.3　催化剂改变反应历程降低活化能示意图

为什么催化剂能提高反应速率呢？研究表明，催化剂能降低反应的活化能。如图6.3，在没有催化剂时，反应物分子必须越过一个能垒，到达"山顶"——过渡态。活化能由使用催化剂前的 $E_{a,正}=E_3-E_1$ 改变为使用催化剂后的 $E_{a,正}=E_4-E_1$，所要越过的能垒降低了。显然，跨越的能垒越小，即活化能越低，分子活化越容易，反应速率也就越快。使用催化剂后，活化能实际降低了

$$\Delta E_{a,正}=(E_3-E_1)-(E_4-E_1)=E_3-E_4$$

当然，逆反应的活化能也相应地由使用催化剂前的 $E_{a,逆}=E_3-E_2$ 改变为使用后的 $E_{a,逆}=E_4-E_2$，活化能降低值

$$\Delta E_{a,逆}=(E_3-E_2)-(E_4-E_2)=E_3-E_4$$

可见催化剂的使用同等程度地降低了正逆反应的活化能。也就是说，使用催化剂后，正逆反应的速率都得到了提高，不过提高的倍数不相等。

在理解催化剂与反应速率的关系时，应注意以下几点。

① 催化剂提高反应速率是通过降低反应的活化能来实现的。催化剂可以参加化学反应，并改变原来的反应途径。催化剂在参与化学反应时，先生成中间化合物，而这种中间化合物通过两种途径重新产生出催化剂并形成产物.

$$A + C \longrightarrow AC \longrightarrow D + F + C$$

$$A + C \longrightarrow AC$$

$$AC + B \longrightarrow AB + C$$

其中，C 为催化剂；A、B 为反应物；D、F、AB 为生成物。例如，合成氨在 800.15K 的反应，无催化剂时活化能 $E_a=335\text{kJ}\cdot\text{mol}^{-1}$，当用铁作催化剂时，其反应机理及活化能如下：

第一步　$N_2 + 2Fe \longrightarrow 2N\cdots Fe$　　$E_a=126\sim167\text{kJ}\cdot\text{mol}^{-1}$

第二步　$2N\cdots Fe + 3/2H_2 \longrightarrow NH_3 + Fe$　　$E_a=12.6\ \text{kJ}\cdot\text{mol}^{-1}$

表 6.2 给出了部分反应在使用催化剂前后的活化能数值的比较，从表中可以看出，催化反应的活化能一般比非催化反应的活化能降低约 $80\text{kJ}\cdot\text{mol}^{-1}$左右。

表 6.2　催化和非催化反应的活化能数值比较

反　应	E_a(非催化)/$\text{kJ}\cdot\text{mol}^{-1}$	催化剂	E_a(催化)/$\text{kJ}\cdot\text{mol}^{-1}$
$2HI \longrightarrow H_2 + I_2$	184.1	Au	104.6
		Pt	58.58
$2NH_3 \longrightarrow N_2 + 3H_2$	326.4	W	163.2
		Fe	159～176
$O_2 + 2SO_2 \longrightarrow 2SO_3$	251.04	Pt	62.7

② 在反应速率方程式中，催化剂对反应速率的影响体现在反应速率常数（k）内。对于确定的反应而言，反应温度一定时，采用不同的催化剂一般有不同的 k 值。

③ 如前所述，对同一可逆反应来说，催化剂等值地降低了正、逆反应的活化能，即对正、逆反应的速率都有加快的作用。

④ 催化剂具有选择性。不同类型的化学反应需要不同的催化剂；对于同样的反应物，即使在其它条件相同或相近的情况下，选用不同的催化剂，反应速率可能是不同的（见上表），甚至得到不同的产物。例如乙醇的分解反应有以下几种情况：

$$C_2H_5OH \begin{cases} \xrightarrow{Cu,200\sim250℃} CHCHO + H_2 \\ \xrightarrow{Al_2O_3,350\sim360℃} C_2H_4 + H_2O \\ \xrightarrow{Al_2O_3,140℃} C_2H_5OC_2H_5 + H_2O \\ \xrightarrow{ZnO\cdot Cr_2O_3,400\sim450℃} CH_2=CH-CH=CH_2 + H_2O + H_2 \end{cases}$$

⑤ 催化剂不能改变体系的热力学性质。催化剂可以缩短到达平衡所需要的时间，但不能改变反应的方向以及反应进行的程度——平衡的位置，也就是说不能改变反应的平衡常数；催化剂也不能改变反应的热效应，因为在等温、等容及不做非体积功的情况下，反应的热效应等于体系的内能变，即 $Q_{V,正}=\Delta U$，而内能是状态函数，内能变只与体系的始终态有关，与过程经历的路径无关，由图 6.3 可看出

$$Q_{V,正}=\Delta U=E_{a,正}-E_{a,逆}$$

使用催化剂前后，热效应均等于 E_2-E_1。

⑥ 催化剂有正、负之分。能加快反应速率的称为正催化剂；能减慢反应速率的称为负催化剂。例如合成氨生产中使用的铁触媒，硫酸生产中使用的 V_2O_5，以及促进生物体化学反应的各种酶（淀粉酶、蛋白酶、脂肪酶等）均为正催化剂；减缓金属腐蚀的缓蚀剂，防止橡胶、塑料老化的防老化剂等均为负催化剂。通常所说的催化剂一般是指正催化剂。

6.3.4 影响多相反应速率的因素

多相反应（heterogeneous reaction）包括气-固反应、液-固反应、固-固反应以及液-液反应等。在工程上实际所遇到的许多化学反应是多相反应，如固体和液体燃料的燃烧、金属的氧化或腐蚀、金属在酸中的溶解、水泥和玻璃的制造等。多相反应多数是在相的界面上进行的，只有少数多相反应主要发生在不同的相中。所以多相反应多由扩散、吸附和化学反应等步骤组成。如固体表面上进行的气体反应，一般说可以分为下列几步：①气体分子扩散到固体表面；②气体分子被吸附在固体表面；③被吸附物质在固体表面进行化学反应；④生成物从固体表面脱附（解吸）；⑤生成物通过扩散离开固体表面。

由此可见，多相反应的反应速率除与浓度（压力）、温度和催化剂有关外，还与相界面（接触面积）大小、界面的物理和化学性质以及有无新的相产生等因素有关。

反应物的量一定时，若固体反应物粉碎度、液体反应物分散度越高，反应粒子越小，反应物表面积越大，有效碰撞机会越多，则反应速率越大。例如刨花比木柴易于燃烧，锌粉与盐酸的反应比锌粒与盐酸的反应要快得多。因此，在生产中常把固体反应物粉碎成小颗粒或磨成细粉、拌匀，再进行反应；将液体反应物喷淋、雾化，使其与气态反应物充分混合、接触，或将不互溶的液态反应物乳化成乳液来增大相与相之间的接触面，以提高反应速率。在多相反应中，接触面增大，会使反应速率显著增加。因此对于一些破坏性的反应，例如面粉厂中易发生的"尘炸"反应（大量飘逸在厂房内的面粉小颗粒与空气高度混合，遇火燃烧、爆炸），则务必要在车间安装防尘、防火、防爆装置。纺织厂的细纤维、煤矿中的"粉尘"等与空气混合，超过安全系数时再遇明火也会迅速氧化而燃烧，甚至引起爆炸事故，应当特别注意通风和防火。

此外，多相反应速率还受扩散作用的影响。扩散可以使还没有起作用的反应物不断地进入相界面，同时使生成物不断地离开界面扩散出去，从而增大反应速率。以气-固反应为例，煤在燃烧时，鼓风可使氧气不断靠近煤的表面，同时使生成的二氧化碳不断从煤的表面离去，而使炉火烧得更旺。液-固反应也常用搅拌来促进扩散，提高反应速率（搅拌在工业生产中还同时起促进传热的作用）。溶液中进行的反应有时还用振荡的方法促进扩散。

综上所述，除了化学反应的本性外，反应物的浓度及表面积的大小，扩散速率，反应压力及温度，尤其是催化剂，都有可能影响反应速率。此外，超声波、激光以及高能射线的作用，也可能影响某些化学反应的反应速率。

*6.4 链反应

有许多反应，其反应历程相当复杂，只要用任何一种方法使反应开始，它就可以自动地、迅速地进行下去，有时甚至以爆炸形式出现，这类反应称为链反应。

1913年，德国化学家博登斯坦（Max Ernst August Bodenstein，1871—1942）在研究卤素（Cl_2，Br_2）和 H_2 的光化学反应时，发现光合成 HCl 反应具有超强的量子效率，于是他提出链反应的概念。他认为：当光照射到 H_2-Cl_2 体系时，Cl_2 由于吸收光子 $h\nu$ 而活化，形成一个氯的活性中间体，该中间体能与 H_2 反应生成 HCl 和一个氢的活性中间体，该中间体能与 Cl_2 反应继续生成一个氯化氢和氯的活性中间体。这样重复下去，所以每一次光照形成的第一个活性中间体都形成一条“链”，在链的每一个环节都有 HCl 生成，如果链很长，量子效率就很高。博登斯坦对链反应的发现标志着化学动力学发展到了一个新阶段。

博登斯坦虽然提出了在 HCl 光合成链式反应中出现活性中间体，但这中间体是什么，他还不清楚。真正对 HCl 光合成链式反应机理作出正确解释的是他的老师能斯特（1916年）。他认为过程中的活性中间体就是氯和氢的自由原子。HCl 光合成链式反应的历程可表示如下：

$$Cl_2 + h\nu \longrightarrow 2 \cdot Cl \quad ①$$

$$\cdot Cl + H_2 \longrightarrow HCl + \cdot H \quad ②$$

$$\cdot H + Cl_2 \longrightarrow HCl + Cl \quad ③$$

一旦发生 $Cl + Cl \rightarrow Cl_2$，则链反应宣告结束（现在我们知道，$H + H \rightarrow H_2$ 或 $H + Cl \rightarrow HCl$，也都可以使链反应终止）。应当指出能斯特敢于指出活性中间体就是氯原子和氢原子是需要勇气的，因为此前认为自由状态氯原子和氢原子是不能单独存在的。博登斯坦关于链反应的发现继续吸引了一些化学家的注意。此后这一领域的研究开始活跃起来。

1927年到1928年间，链反应的研究获得突破性进展，主要是由前苏联的谢苗诺夫学派和英国的欣歇伍德学派分别完成的。物理学家和化学家谢苗诺夫（Nikolay Nikolayevich Semyonov，俄文：Никола́й Никола́евич Семёнов，1896—1986）和化学家 C. N. 欣歇伍德（Cyril Norman Hinshelwood，1897—1967）也因研究化学反应动力学的贡献而共获1956年诺贝尔化学奖。

已经证明，链反应是由在热、辐射或其它作用下产生的某些自由基引发并传递的。自由基是带有未成对电子的原子或原子团，如 H·、·Cl、·OH 等。自由基在反应中有两个重要作用：一是它们非常活泼，极不稳定，可引起其它稳定分子发生反应；二是自由基与稳定分子起反应时经常又产生新的自由基。所有的链反应都包含三个基本步骤。

① 链引发（chain initiation） 是指处于稳定态的分子吸收了外界的能量，如加热、光照，使它分解成自由基等活性传递物，如上述 HCl 光合成链式反应步骤①。这一步一般较慢，是链反应的速率控制步骤，其活化能相当于所断键的键能。

② 链传递（chain propagation） 又叫链增长，是指链引发所产生的活性传递物与另一稳定分子作用，在形成产物的同时又生成新的活性传递物，使反应如链条一样不断发展下去，如上述步骤②和③。链传递过程也就是反应产物不断形成的过程，也是旧的自由基不断消亡，新的自由基不断生成的过程。

③ 链终止（chain termination） 当自由基被消除时链就终止，其终止方式可以是自由基相互结合成稳定分子或将能量传给容器壁而失去活性。

在上述第②步链传递过程中，如果一个自由基与一个稳定的反应物分子作用的同时，产生一个新的自由基，则这样的链反应称为直链反应（straight chain reaction）；若一个自由基消亡的同时产生几个自由基，则链传递过程形如树枝状向外发散，这样的链反应称为支链反应（branched chain reaction）。支链反应有较多的自由基同时作用，反应速率较直链反应更快，往往导致爆炸，如氢气或甲烷在空气（或氧气）中含量达到一定范围（爆炸界限）时，遇明火就会产生爆炸，常常导致重大事故。而链反应的理论研究成果很快就被应用于制造原子弹（原子弹爆炸属典型的支链反应）。

6.5 化学反应速率与化学平衡原理综合应用的基本思路

化学动力学和化学热力学的研究范畴是不同的。化学平衡研究的是可逆反应所能达到的最大限度，以及哪些因素会影响平衡的移动，属热力学研究的范畴。平衡常数大，即反应限度大的化学反应，不一定能以很快的速率进行。例如在 298.15K、标准态下，H_2 和 O_2 化合生成 H_2O 的反应，$\Delta_r G_m^{\ominus}(298.15K) = -237.18kJ \cdot mol^{-1}$，$K^{\ominus} = 3.7 \times 10^{41}$，反应向右的趋势很大，然而其反应速率却极小，以致多少年以后，也看不出明显的反应。另一些反应，虽然平衡常数很小，但反应速率却很大，很快就达到了平衡。通过前面的讨论，我们已经知道，平衡是有条件的，浓度、压力、温度等均可能使平衡发生移动，选择合适的条件，能使反应进行得更为完全、彻底；或者能使贵重的或有毒的原料的转化率提高。另一方面，反应速率也受浓度、压力、温度、催化剂等因素的影响，合适的条件有助于加快反应速率，提高生产效率。在这些因素中除催化剂只影响反应速率，对化学平衡没有影响外，浓度、压力、温度均可能同时影响化学平衡和反应速率，而它们对化学平衡和反应速率的影响有时是相互冲突的，例如，升高反应温度能提高反应速率，然而，温度对平衡的影响却因放热反应和吸热反应而不同，如果反应是放热的，那么提高温度，就将使反应更不完全（平衡常数减小），这种情况下就要兼顾平衡问题和速率问题，需要综合考虑。让我们来看看合成氨过程中工艺条件的选择。

合成氨的反应如下：

$$N_2(g) + 3H_2(g) \rightleftharpoons 2NH_3(g)$$

常温下，该反应是一个气体分子数减少、熵减、放热的反应。通过热力学的计算（读者可自己进行）得到：

$$\Delta_r H_m^{\ominus} = -91.8kJ \cdot mol^{-1}$$

$$\Delta_r S_m^{\ominus} = -198.1J \cdot mol^{-1} \cdot K^{-1}$$

$$\Delta_r G_m^{\ominus}(298.15K) = -32.7kJ \cdot mol^{-1}$$

$$K^{\ominus}(298.15K) = 5.4 \times 10^5$$

标准态下，该反应自发进行的温度条件为：

$$T < \frac{\Delta_r H_m^{\ominus}(298.15K)}{\Delta_r S_m^{\ominus}(298.15K)} = \frac{-91.8 \times 10^3}{-198.1}K = 463K$$

根据以上热力学数据，从对化学平衡有利（使反应更完全）及有助于提高反应速率考虑，各自应该选择的条件为：

从化学平衡的角度考虑，应该选择：低温、高压（因为是气体分子数减少的反应）、不断取走氨气（减少生成物浓度）。

而从动力学出发，为提高反应速率，应选择：高温、高压、催化剂。

可见，选择高压对两者均有利；使用催化剂有助于提高反应速率并对化学平衡无影响；而对温度的要求上两者发生冲突。此时若采用低温，平衡常数大，反应更完全，但反应速率低，不利于提高生产率；若采用高温，有助于提高反应速率，但反应不完全，同样不利于提高生产效率。工业合成氨生产工艺的选择思路是：

① 适当提高温度（673～793K）、结合使用铁触媒以提高反应速率；

② 采用除温度以外的其它方法提高氨合成率，如适当提高压力，不断取走氨气（冷却液化后分离）等。

通过对合成氨工艺条件选择思路的讨论可知，在化工生产中确定最佳工艺条件的基本步骤如下：

① 应用标准摩尔吉布斯函数变判断反应可否自发（$\Delta_r G_m^{\ominus} < 0$），并求出自发进行的温度范围；

② 应用平衡原理（吕·查德里原理）列出有助于反应更完全进行的条件及有助于提高贵重、有毒原料转化率的工艺条件；同时应用动力学原理列出有助于提高反应速率的工艺条件；

③ 对平衡和速率都有利的条件（如对吸热反应，提高温度既有利于平衡也有利于提高反应速率）或对一方有利而对另一方无影响的（如催化剂有利于速率而对平衡无影响）可直接选取该条件。那些对平衡和速率有冲突的条件，则要综合考虑。

当然，具体在选择生产条件时，还要结合工厂实际条件。

思　考　题

1. 化学反应速率是如何定义的？
2. 碰撞理论和过渡态理论的基本要点是什么？两者有什么区别？
3. 影响反应速率的因素有哪些？
4. 如何加快均相和多相反应的反应速率？
5. 速率常数受哪些因素的影响？浓度和压力会影响速率常数吗？
6. 什么是反应级数？零级反应和一级反应各有什么特征？
7. 为什么说使用催化剂不会改变体系的热力学性能？
8. 为什么不同的反应升高相同的温度，反应速率提高的程度不同？
9. 是不是对于所有的化学反应，增加任意一个反应物的浓度都会提高反应速率？为什么？
10. 何为反应机理？你认为要想了解反应机理，最关键是要怎么做？
11. 试解释浓度、压力、温度和催化剂加快反应的原因。
12. 质量作用定律适用于什么样的反应？

习　　题

1. 是非题（对的在括号内填“＋”，错的填“－”）

(1) 反应速率常数仅与温度有关，与浓度、催化剂等均无关系。　（　　）

(2) 反应的活化能大，在一定温度下反应速率也越大。　（　　）

(3) 某反应分几步进行，则总反应速率取决于最慢一步的反应速率。　（　　）

(4) 催化剂能提高化学反应的转化率。　（　　）

(5) 催化剂能加快逆反应。 ( )

(6) 反应的级数取决于反应方程式中反应物的化学计量数的和。 ( )

(7) 采用了催化剂后与使用催化剂前相比，反应的速率、反应历程甚至反应产物都可能发生改变。 ( )

(8) 可逆反应中，吸热方向的活化能一般大于放热方向的活化能。 ( )

(9) 一个反应分几步进行，即为几级反应。 ( )

(10) 质量作用定律是一个适用于所有化学反应的普遍规律。 ( )

2. 选择题（将所有正确答案的序号填在括号中）

(1) 升高温度可以增加反应速率，主要是因为 ( )

(A) 增加了分子总数 (B) 增加了活化分子百分数

(C) 降低了反应的活化能 (D) 促使反应向吸热方向移动

(2) 有三个反应，其活化能（$kJ \cdot mol^{-1}$）分别为：A 反应 320，B 反应 40，C 反应 80。当温度升高相同数值时，以上反应的速率增加倍数的大小顺序为 ( )

(A) A>C>B (B) A>B>C (C) B>C>A (D) C>B>A

(3) 在反应活化能测定实验中，对某一反应通过实验测得有关数据，按 $\lg k$ 对 $1/T$ 作图，所得直线的斜率为－3655.9，该反应的活化能 E_a 为 ( )

(A) $76kJ \cdot mol^{-1}$ (B) $70kJ \cdot mol^{-1}$

(C) $76J \cdot mol^{-1}$ (D) $30.4kJ \cdot mol^{-1}$

(4) 已知 $2NO(g) + Br_2(g) \rightleftharpoons 2NOBr(g)$ 为元反应，在一定温度下，当总体积扩大一倍时，正反应速率变成原来的 ( )

(A) 4 倍 (B) 2 倍 (C) 8 倍

(D) 1/8 倍 (E) 1/4 倍

3. 根据实验，NO 和 Cl_2 的反应

$$2NO(g) + Cl_2(g) \longrightarrow 2NOCl(g)$$

满足质量作用定律。

① 写出该反应的反应速率方程式。

② 该反应的总级数是多少？

③ 其它条件不变，如果将容器的体积增加至原来的 2 倍，反应速率如何变化？

④ 如果容器的体积不变而将 NO 的浓度增加至原来的 3 倍，反应速率又将如何变化？

4. 甲酸在金表面上的分解反应在温度为 140℃ 和 185℃ 时的速率常数分别为 $5.5 \times 10^{-4}\ s^{-1}$ 及 $9.2 \times 10^{-2}\ s^{-1}$，试求该反应的活化能。

5. 某反应 A → B，当反应物 A 的浓度 $c_A = 0.200mol \cdot dm^{-3}$ 时，反应速率为 $0.005mol \cdot dm^{-3} \cdot s^{-1}$。试计算在下列情况下，反应速率常数各为多少？

(a) 反应对 A 是零级；

(b) 反应对 A 是一级。

6. 零级反应 A → B + C，已知 A 的起始浓度为 $0.36mol \cdot dm^{-3}$，完全分解用了 1.0h，试求该反应的速率常数。

7. 一级反应 A → B + C，已知 A 的起始浓度为 $0.50mol \cdot dm^{-3}$，速率常数 $k = 5.3 \times 10^{-3} s^{-1}$，试求：(a) 反应进行 3min 后，A 物质的浓度；(b) 该反应的半衰期。

8. 对于下列平衡体系：$C(s) + H_2O(g) \rightleftharpoons CO(g) + H_2(g)$，$q$ 为正值。

(a) 欲使平衡向右移动，可采取哪些措施？

(b) 欲使（正）反应进行得较快而又使正反应尽可能完全的适宜条件如何？这些措施对 $K^{\ominus}$ 及 k（正）、k（逆）的影响各如何？

9. The following data were measured for the reduction of nitric oxide with hydrogen.

$$2NO(g) + 2H_2(g) \longrightarrow N_2(g) + 2H_2O(g)$$

Initial oncentration/(mol · dm^{-3})		Initial rate of formation of H_2O/(mol · dm^{-3} · s^{-1})
c_{NO}	c_{H_2}	
0.10	0.10	1.23×10^{-3}
0.10	0.20	2.46×10^{-3}
0.20	0.10	4.92×10^{-3}

What is the rate equation for the reaction?

10. Dinitrogen pentaoxide, N_2O_5, is the anhydride of nitric acid. It is not very stable, and in the gas phase or in solution with a nonaqueous solvent it decomposes by a first-order reaction into N_2O_4 and O_2. The rate equation is

$$v = kc_{N_2O_5}$$

At 45℃, the rate constant for the reaction in carbon tetrachloride is $6.22\times10^{-4}\,s^{-1}$. If the initial concentration of the N_2O_5 in the solution is 0.100mol · dm^{-3}, how many minutes will it take for the concentration to drop to 0.0100mol · dm^{-3}?

11. The decomposition of HI has rate constants $k=0.079$dm^3 · mol^{-1} · s^{-1} at 508℃ and $k=0.24$dm^3 · mol^{-1} · s^{-1} at 540℃. What is the activation energy of the reaction in kJ · mol^{-1}?

12. The reaction $2NO_2 \longrightarrow 2NO + O_2$ has an activation energy of 111kJ · mol^{-1}. At 400℃, $k=$ 7.8dm^3 · mol^{-1} · s^{-1}. What is the value of k at 430℃?

*第7章　分析方法及应用

【内容提要】

本章在简单讨论了分析化学的基本概念的基础上，着重从应用角度讨论了在分析测试时如何选择合适的分析方法及进行分析测试的一般过程和基本方法，并对标准体系进行了简单介绍。

【本章要求】

了解分析化学的任务和作用；了解分析方法的分类、各种方法的特点及选择分析方法的依据；了解试样分析的一般过程及试样的采集与制备、试样的溶解与分解方法；了解标准的初步知识。

7.1　分析化学简介

7.1.1　分析化学的任务和作用

（1）分析化学的任务

分析化学（analytical chemistry）是研究物质的组成、含量、结构和形态等化学信息的分析方法及理论的一门科学，是化学的一个重要分支。

分析化学主要任务是研究下列问题：①物质中有哪些元素和（或）基团，称为定性分析（qualitative analysis）；②每种成分的数量或物质纯度如何，称为定量分析（quantitative analysis）；③物质中原子彼此如何连接而成分子和在空间如何排列，称为结构分析（structure analysis）。研究对象从单质到复杂的混合物和大分子化合物；从无机物到有机物。样品可以是气态、液态和固态；称样重量可由100g以上以至毫克以下；所用仪器从试管直到高级仪器（附自动化设备并用电子计算机程序控制、记录和储存）。分析化学以化学基本理论和实验技术为基础，并吸收物理、生物、统计、电子计算机、自动化等方面的知识以充实本身的内容，从而解决科学、技术所提出的各种分析问题。

（2）分析化学的作用

分析化学的作用已经远远超越了化学学科本身，它正在为各行各业、各个领域提供从宏观到微观、从组成到结构和形貌各个层面的化学信息。

① 科学技术方面　分析化学在生命科学、材料科学、能源科学、环境科学、生物学等方面起着不可取代的作用。

② 农业方面　水、土壤成分及性质的测定，化肥、农药的分析，作物生长过程的研究，残留物及农产品质量检验，以及在以资源为基础的传统农业向以生物科学技术和生物工程为基础的“绿色革命”的转变中，分析化学都将发挥重要作用。

③ 工业方面　有“工业眼睛”之称。从资源的勘探，矿山的开发、原料的选择、流程控制、新产品研发、成品检验、“三废”处理及利用等都必须依赖分析结果作依据。

④ 国防方面　武器装备的生产和研制，敌特及犯罪活动的侦破，也需分析化学的配合。分析化学在武器结构材料，航天、航海材料，动力材料等的研究中都有广泛的应用。

⑤ 生命科学方面　分析化学在研究生命过程化学·生物工程·生物医学中，对于揭示生命起源、生命过程、疾病及遗传奥秘等方面具有重要意义。

7.1.2　分析化学的分类和特点

分析化学除了按分析任务分为定性分析、定量分析和结构分析外，还有以下分类方法。

(1) 按研究对象分

无机分析：分析对象是无机物。例如重量分析法测定硫酸盐含量。

有机分析：分析对象是有机物。例如利用双键对紫外光吸收的特性分析。

(2) 按试样用量分（表 7.1）

表 7.1　各类方法的样品用量对照表

常量分析	＞0.1g	＞10mL
半微量分析	0.01～0.1g	1～10mL
微量分析	0.1～10mg	0.01～1mL
超微量分析	＜0.1mg	＜0.01mL

(3) 按分析要求分

例行分析：一般化验室配合生产的日常分析（常规分析）。中控分析、快速分析。

仲裁分析：裁判分析。指定单位用指定的方法进行准确的分析，判断原分析结果的可靠性。

(4) 按分析的原理及所用的仪器分

① 化学分析法　化学分析法又称经典分析法，是利用物质的化学性质进行分析的方法，主要有重量分析法和滴定分析（容量分析）法等。

其中重量分析法是根据反应产物（一般是沉淀）的质量来确定被测组分在试样中的含量的。例如试样中钡的测定，是在试样中加入适量过量的稀硫酸，使之生成 $BaSO_4$ 沉淀，经过滤、洗涤、灼烧后称量，以测得试样中 Ba 的质量分数 $w(Ba)$。重量法适用于含量在 1% 以上的常量组分的测定，准确度高，误差在 0.1%～0.2%之间，但操作麻烦、费时。

而滴定分析法是将一种已知浓度的标准溶液，用滴定管滴加到被测物质的溶液中，直到反应完全为止，根据滴定所消耗的标准溶液的体积和浓度，即可利用化学计量关系计算出被测组分的含量。可见，化学计量关系是滴定分析的理论依据。由于所用的测量数据是体积，所以滴定分析法又称为容量分析法。根据所依据的化学反应的类型不同，滴定分析法又分为酸碱滴定法、配位滴定法、沉淀滴定法和氧化还原滴定法。酸碱滴定主要是利用酸碱中和反应测定酸或碱的物质的量；配位滴定主要是利用配位剂如螯合剂乙二胺四乙酸（EDTA）与金属的反应来测定样品中金属元素的含量；沉淀滴定主要是利用沉淀反应进行测定（如利用 $AgNO_3$ 与卤素离子的反应测定卤素离子或银离子）；氧化还原滴定是利用氧化还原反应测定一些具有氧化性或还原性的物质，或用间接的方法测定非氧化还原性物质。

在滴定分析中，通常将已知准确浓度的试剂溶液称为“滴定剂”，把滴定剂从滴定管加到被测物质溶液中的过程叫“滴定”（titrate），加入的标准溶液（已知浓度的溶液）与被测物质定量反应完全时，反应即达到了“化学计量点”（stoichiometric point）。一般化学计量点是由指示剂（indicator）的变色来确定的，把在滴定中指示剂改变颜色的那一点称为“滴定终点”（end point）。滴定终点与化学计量点不一定恰好一致，由此造成的分析误差称为“终点误差”。不同的滴定方法所用指示剂是不同的，如酸碱滴定用酸碱指示剂，配位滴定用金属指示剂，沉淀滴定中不同的方法选用不同的指示剂，如吸附指示剂等，氧化还原滴定中有自身指示剂、特征指示剂、氧化还原指示剂等。

滴定分析法适用于常量组分的测定，比重量分析简便、快速，准确度也高，可用于测定很多元素，应用非常广泛。

② 仪器分析法　仪器分析法又称现代分析法，是利用物质的物理及物理化学性质进行分析的方法，由于在分析过程中常常使用一些特殊的仪器设备，所以常称为仪器分析法。按照所利用的物理及物理化学性质的不同，仪器分析中又可分为光学分析法、电化学分析法、分离分析法及热分析法等。

a. 光学分析法。根据物质的光学性质所建立的方法，又可分为：分子光谱法，如可见-紫外吸光光度法、红外光谱法、分子荧光和磷光分析法等；原子光谱法，如原子发射光谱法、原子吸收光谱法等；其它，如激光拉曼光谱法、光声光谱法、化学发光法等。

b. 电化学分析法。根据物质的电化学性质所建立的分析方法，主要包括电位分析法、电解分析法、库仑分析法、电导分析法、伏安法和极谱法等。

c. 分离分析法。是一类重要的集分离与分析于一体的分离、分析方法。主要有气相色谱法、液相色谱法、离子色谱法及质谱法等。

d. 热分析法。是指用热力学参数或物理参数随温度变化的关系进行分析的方法。国际热分析协会（International Confederation for Thermal Analysis，ICTA）于 1977 年将热分析定义为："热分析是测量在程序控制温度下，物质的物理性质与温度依赖关系的一类技术。"根据测定的物理参数不同又可分为多种方法。最常用的热分析方法有热重量法（TG）、差热分析法（DTA）、导数（微商）热重量法（DTG）、差示扫描量热法（DSC）、热机械分析（TMA）和动态热机械分析（DMA）。

化学分析的主要特点是准确度高，仪器设备简单；而仪器分析多数适用于微量及以下样品的测定，主要特点是快速、灵敏、自动化程度高，由于微处理机的应用，加强了仪器的功能，减轻了操作的难度，并且能获得人工操作所无法比拟的大量信息。

尽管仪器分析方法具有明显的优越性，但时至今日，对常量（>1%）组分的测定仍是沿用传统的化学分析法，因为对含量较高的组分能取得较高的测定准确度仍是这种方法的优点。因此传统分析方法并未成为明日黄花。对比起来，仪器分析法设备复杂，价格昂贵，调试维修任务重，运行成本高，一般难以普及，因此传统分析方法仍有研究发展之必要。两者对照见表 7.2。

表 7.2　化学分析法与仪器分析法对照表

项　目	化学分析法(经典分析法)	仪器分析法(现代分析法)
物质性质	化学性质	物理、物理化学性质
测量参数	体积、重量	吸光度、电位、发射强度等等
误差	0.1%～0.2%	1%～2%或更高
组分含量	1%～100%	<1%～单分子、单原子
理论基础	化学、物理化学(溶液四大平衡)	化学、物理、数学、电子学、生物等等
解决问题	定性、定量	定性、定量、结构、形态、能态、动力学等全面的信息

7.1.3　分析化学的发展

分析化学这一名称虽创自 R. 玻意耳，但其实践应与化学工艺同样古老。古代冶炼、酿造、印染等工艺的高度发展，没有简单的鉴定、分析、制作过程的控制等手段肯定是不行的。而后来的炼金术则对分析手段的改进与发展起到了很大的促进作用。

16世纪出现了第一个使用天平的试金实验室，使分析化学开始赋有科学的内涵。以后分析化学对近代物理学及化学的很多定理、定律的发现起到了关键性的作用，如拉瓦锡发现质量守恒定律等。

18世纪的瑞典化学家T.O.贝格曼（Torbern Olof Bergman，1735—1784）可称为无机定性、定量分析的奠基人。他最先提出金属元素除金属态外，也可以其它形式离析和称量，特别是以水中难溶的形式，这是重量分析中湿法的起源。

德国化学家M.H.克拉普罗特（Martin Heinrich Klaproth，1743—1817）不仅改进了重量分析的步骤，在重量分析中，强调沉淀必须烘干或灼烧至恒重。还设计了多种非金属元素测定步骤。他准确地测定了近200种矿物的成分及各种工业产品如玻璃、非铁合金等的组分。有一种说法称他为分析化学之父，他的儿子J.H.克拉普罗特（Julius Heinrich Klaproth，1783—1835）是著名的东方学家。

18世纪另一位分析化学的代表人物贝采里乌斯。他引入了一些新试剂和一些新技巧，并使用无灰滤纸、低灰分滤纸和洗涤瓶。他是第一位把相对原子质量测得比较准确的化学家。为元素周期律的发现积累了大量的实验基础。

19世纪分析化学的杰出人物之一是C.R.富里西尼乌斯（Carl Remigius Fresenius，1818—1897），他创立一所分析化学专业学校（此校至今依然存在）；并分别于1841年和1846年出版教科书《定性分析》和《定量分析》，使化学分析方法基本上开始形成一套较完整的体系，这本教科书曾被译为多种文字，包括晚清时代出版的中译本，分别定名为《化学考质》和《化学求数》；1862年创办德文的《分析化学》杂志，这是世界上第一本分析化学杂志，当时全世界本来只有专载全面的各类化学论文的几种期刊，而《分析化学学报》却是最早的专载化学一个分支学科论文的期刊，他亲任主编至死，然后由其后人继续任主编，该期刊一直是国际上负有盛名的科学刊物（2001年开始，已改为《分析与生物分析化学》）。

进入20世纪，由于现代科学技术的发展，相邻学科之间的相互渗透，使分析化学发生了巨大的变革，并发展成为一门学科。其发展经历了3次巨大的变革。

第一次是在20世纪初，由于物理化学溶液理论的发展，为分析化学的发展提供了理论基础，建立了溶液中四大平衡理论，使分析化学由一种技术发展为一门科学。

第二次巨大变革发生在第二次世界大战前后，由于物理学和电子学的发展，促进了分析化学中物理方法的发展。分析化学从以化学分析为主的经典分析化学发展到以仪器分析为主的现代分析化学。因此有些人曾怀疑经典分析化学是否仍有必要存在，并在1962年流传着“不管你喜欢不喜欢，化学正在走出分析化学”的名言。

自20世纪70年代末至今，以计算机应用为主要标志的信息时代的来临，给科学技术的发展带来了巨大的冲击，也促使分析化学进入了第三次变革时期。这次变革的推动力是生命科学、环境科学、新材料科学发展的需要，对分析化学的要求不再局限于“有什么”和“有多少”，而是要求提供更多、更全面的信息。从常量分析发展到微量分析、从确定组成到形态分析、从样品的总体分析到微区表面、分布及逐层分析、从宏观组分到微观结构分析、从静态分析到快速反应追踪、从破坏试样到无损分析、从离线分析到在线分析，分析化学吸收了当代科学技术的最新成就，成为最有活力的学科之一。因此又流传“与其说化学正在走出分析化学，不如说数学、物理学、电子学、计算机科学、生命科学等正在走进分析化学”的名言。

从分析对象来看，生命科学、环境科学、新材料科学中的分析化学是分析化学中最热门的课题。如与生命科学有关的分析化学课题多集中在多肽、蛋白质、核酸等生物大分子分析、生物药物分析，超痕量、超微量生物活性药物分析等方面。如用生物发光分析测定ATP（三磷酸腺苷）可达10^{-18}mol，即只要有一个细菌，其ATP就可测出，由此可研究外星球是否有生命存在。2002年诺贝尔化学奖就授予了3位在生物大分子研究领域作出突出贡献的科学家，以表彰他们创造性地应用物理化学分析法对生物大分子进行结构分析测定的研究。

从分析方法来看，计算机在分析化学中的应用和化学计量学是分析化学中最活跃的领域。

7.2 分析方法选择

由上一节可见，分析方法的种类很多，同一种组分往往可以用多种方法进行测定，如可用滴定分析法、重量分析法以及仪器分析法等。而同一类方法中还有多种方法，例如铁的测定方法就有氧化还原法，配位滴定法，重量分析法，以及仪器分析法（如电位滴定、库仑滴定、分光光度法）等等，仅在氧化还原法中又有高锰酸钾法、重铬酸钾法或铈量法等。因此选用哪种测定方法必须根据不同情况予以考虑。由于不同试样的测定要求不相同，且选择分析方法时应考虑的因素很多，因此，本节只能从原则上简单介绍在选择测定方法时应着重考虑的一些问题。

7.2.1 测定的具体要求

首先应明确测定的目的及要求，主要包括需要测定的组分、准确度及完成测定的速度等。一般对标准物和成品分析的准确度要求较高，对微量成分分析则灵敏度要求较高，而中间控制分析则要求快速简便。

如标准溶液的标定就需要准确度非常高的方法，可采用滴定分析法；煤中硫的测定，如要求测定结果的准确度高，则需采用重量分析法，但测定费时、繁琐；若准确度要求不高，则可通过定硫仪进行分析，虽然准确度没有重量分析法高，但操作简单、快捷。

再比如黏土、玻璃、岩石等的分析中，SiO_2是测定的主要成分之一，为测定其含量，传统的方法多采用重量分析法。基本程序是将试样分解后，使SiO_2呈硅胶沉淀析出，然后过滤、洗涤、灼烧至恒重、称重。为了避免因硅酸的吸附作用而带入杂质，若要求测定的准确度更高，可再使SiO_2转化为SiF_4而挥发除去，然后再灼烧残渣至恒重，由减差法求得SiO_2的含量。此法具有干扰少准确度高，滤液可用于其它组分测定等优点。但操作复杂，时间冗长。为了更快速地完成测定，也可以用氟硅酸钾容量法，但该法较难掌握，除非严格遵守实验条件，一般重现性和准确发都较差，然而分析速度较快，宜用于生产控制分析上。

此外，若同一样品需要进行多个组分的分析，最好选择能同时测定多组分的方法或同一次溶样，连续测定多个组分的方法。

7.2.2 待测组分的含量范围

一般情况下，化学分析法的绝对误差大（如滴定管读数的绝对误差一般为0.02mL，分析天平为0.2mg），所以化学分析法适用于测定常量组分，相对误差可达千分之几，一般不适用于测定微量或低浓度的组分；反之，多数仪器分析法的相对误差大（1%～5%）而灵敏度高，适用于微量组分的测定，灵敏度可达 ppm 级、ppt 级甚至更高，但多不适用于常量组分的测定（某些仪器分析法如电解分析法、库仑滴定法、电位滴定法等的相对误差较小，适于常量组分的测定），因此在选择测定方法时应考虑欲测组分的含量范围。

如铁的测定，若是常量组分，可采用配位滴定法、氧化还原滴定法（重铬酸钾法、铈量法），也可采用库仑滴定法；若是微量的则可采用分光光度法（邻二氮杂菲分光光度法、硫氰酸钾分光光度法、原子吸收分光光度法等）。

7.2.3 待测组分的性质

了解待测组分的性质常有助于测定方法的选择。例如大部分金属离子均可与 EDTA 形成稳定的螯合物，因此配位滴定法是测定常量金属离子的重要方法。对于碱金属，特别是钠离子等，由于它们的配合物一般都很不稳定，大部分盐类的溶解度较大，又不具有氧化还原性质，所以不能采用滴定分析以及重量分析法。但它们却能发射或吸收一定波长的特征谱线，因此火焰光度法及原子吸收光谱法是首选的测定方法。又如农药残留量的测定，由于待测物组分较多、性质又极相近，应采用选择性好，灵敏度高的色谱分析法。又例如溴能快速加成于不饱和有机物的双键，因此可利用此性质以溴酸盐法测定有机物的不饱和度。

7.2.4 共存组分的影响

分析较复杂的试样时，其它组分的存在往往影响测定，因此在选择测定方法时必须考虑干扰组分对测定的影响，尽量选择选择性比较高、共存元素干扰小的分析方法。例如前述铁的测定可用配位滴定法，但岩石矿物中伴生的金属元素较多，采用 EDTA 配位滴定法测定铁的含量时，多种金属离子可能存在干扰，此时可考虑采用重铬酸钾氧化还原滴定法。

此外适当改变分析条件，用掩蔽法或分离法（沉淀分离、萃取等）来消除干扰也是可供参考的排除干扰的方法。如对地下水中 F 的测定，可采用电位分析法，但地下水中共存的铝离子和铁离子等与氟离子以配合物形式存在，会使测出的氟离子浓度偏低。此时排除干扰的方法有两种：一种是加入其它配位掩蔽剂以夺取与氟离子结合的铝离子和铁离子，释放出氟离子；另一种方法是在水样中加入高氯酸或浓硫酸，然后水蒸气蒸馏出 HF。

7.2.5 实验室条件

在选择测定方法时，还应根据实验室的条件因地制宜。虽然有些方法在选择性、灵敏度及准确度方面都能满足某一物质测定的要求，但所需仪器昂贵，一般实验室不一定具备，也只能选用其它方法。

上述这些原则都是相互联系的，所以在选择分析方法时，应首先查阅有关文献，然后根据上述原则及实际情况综合考虑，以便选出一个较为适合的测定方法。

此外，在选择分析方法时，应尽可能采用权威检测方法或法定方法如标准（见 7.4）。

7.3 分析过程概述

定量分析的任务是测定物质中有关组分的含量。要完成一项定量分析工作，通常包括以下几个步骤：

试样的采集与制备 → 试样的干燥 → 试样的分解 → 干扰的消除 → 测定 → 结果的计算

7.3.1 试样的采集与制备

根据分析对象是气体、液体或固体，采用不同的取样方法。在取样过程中，最重要的是要取到能代表被测物料的平均组成的样品，若所取样品的组成没有代表性，分析再准也是无用的，甚至可能导致错误的结论，给生产或科研带来很大的损失。通常分析时的取样量是很少的，甚至少到不足1g，怎样使少至不足1g的样品组分含量能代表多至数千吨的物料的含量呢？取有代表性的样品通常使用的方法是：从大批物料中的不同部位和深度，选取多个取样点进行取样，所得大量的样品经多次粉碎、过筛、混匀、缩分，以制得少量的分析试样。

在采样和制样过程中也是要尽量采用标准，如：GB 6678—2003《化工产品采样总则》、GB 6679—2003《固体化工产品采样通则》、GB 6680—2003《液体化工产品采样通则》、GB 6681—2003《气体化工产品采样通则》和GB 3723—1999《工业用化学产品采样安全通则》等标准。采样人员要认真研究并严格按取样标准的规定实施取样操作，保证所取的样品具有代表性和真实性。

取样前，根据物料性质准备取样工具和相应的安全防护措施，涉及干冰、液化气、液态氧氮等的取样，操作时除了应注意烫伤外，还要使用保温不渗透手套。槽车取样必须通知现场管理人员，并要求一同前往取样点，由现场管理人员启封开盖。

现以矿石为例，简要介绍试样的采集和制备方法。

首先根据矿石的堆放情况和颗粒的大小来选取合理的取样点与采集量。根据经验公式

$$m \geqslant kd^2 \tag{7.1}$$

可决定所需试样的最小质量 m（单位kg）。该式中 k 为缩分常数，它是经验值。试样均匀度越差，k 值越大，k 通常在 $0.05\mathrm{kg \cdot mm^{-2}}$ 至 $1.0\mathrm{kg \cdot mm^{-2}}$ 之间。d 为试样的最大粒度（直径，单位mm）。

将采集到的试样经过多次破碎、过筛、混匀、缩分后才能得到符合分析要求的试样。

破碎分为粗碎、中碎和细碎甚至研磨，以便试样的粒度小到能通过要求的筛孔，标准筛的筛号及筛孔直径的关系列于表7.3。为了保证试样的代表性，每次破碎后过筛时，应将未通过筛孔的粗粒进一步破碎，直至全部通过筛孔，决不可将粗颗粒弃去，因为它的化学成分可能与细颗粒的不同。

表7.3 标准筛的筛号及孔径大小关系

筛号(网目)	3	6	10	20	40	60	80	100	120	140	200
筛孔直径/mm	6.72	3.36	2.00	0.83	0.42	0.25	0.177	0.149	0.125	0.105	0.074

缩分的目的是使粉碎后的试样量逐步减少，一般采用四分法，即将过筛后的试样混匀，堆为锥形后压为圆饼状，通过中心分为四等份，弃去对角的两份。保留的两份是否继续缩分，可按上述公式，根据粒径与取样量的关系进行计算。

例如有矿样10kg，经破碎后全部通过10号筛孔（最大粒度直径为2mm），设 k 值为 $0.3\mathrm{kg \cdot mm^{-2}}$，应保留的试样量为：

$$m \geqslant 0.3\mathrm{kg \cdot mm^{-2}} \times (2\mathrm{mm})^2 = 1.2\mathrm{kg}$$

因为

$$10\mathrm{kg} \times (1/2)^3 = 1.25\mathrm{kg}$$

所以要想将10kg试样经缩分后保留1.2kg以上，最多只能将试样连续缩分3次。

分析试样要求的粒度与试样的分解难易程度等因素有关，矿石试样一般要求通过100～200号筛。

7.3.2 试样的干燥

经粉碎的试样具有较大的表面，容易自空气中吸收水分，此吸附水称为湿存水，为了能

准确测定试样中被测组分的含量，称取试样前，应根据试样的性质采用在不同温度烘干的方法除去湿存水。对于烘干时易分解或干燥后在空气中更易吸收水分的样品，则可采用“风干”法干燥。有些物质遇热易爆炸，则只能在室温下，在干燥器中除去水分。

7.3.3 试样的分解

在定量分析中，一般需要先将试样分解，在试样分解的过程中既要防止被测组分的挥发损失，又要避免引入干扰测定的杂质。应根据试样的性质与测定方法的不同，选择合适的分解方法。对于无机试样的测定常采用湿法分析，即将试样分解后转入溶液中，然后进行测定。常用的分解方法有溶解法和熔融法两种；而对于有机试样的分解，通常采用干式灰化法和湿式消化法。

(1) 溶解法

根据试样的性质不同，采用酸或碱及溶剂溶解试样的方法即为溶解法，也是最常用的方法。在实际样品的溶解中，除常用的溶剂水外，还有一些常用的酸溶液或碱溶液，总结如下。

① HCl　金属活动顺序在氢以前的金属和合金、碱性氧化物及弱酸盐都能溶解于 HCl 中。利用 Cl^- 的还原性和配位能力，还可溶解软锰矿（MnO_2）和赤铁矿（Fe_2O_3）。

② HNO_3　HNO_3 具有氧化性，除铂、金及某些稀有金属外，绝大部分金属能溶解于硝酸。但能被 HNO_3 钝化的金属（如铝、铬、铁）以及与 HNO_3 作用生成不溶性酸的金属（如锑、锡、钨）都不能用 HNO_3 溶解。

③ H_2SO_4　浓热的 H_2SO_4 有强氧化性和脱水能力，能溶解多种合金及矿石，还常用以分解破坏有机物。其沸点高（338℃），加热溶解至 H_2SO_4 冒白烟（SO_3）可以除去溶液中的 HCl、HF 和 HNO_3。

④ H_3PO_4　H_3PO_4 加热时变成焦磷酸，具有强的配位能力，常用以溶解合金钢和难溶矿。

⑤ $HClO_4$　热的 $HClO_4$ 具有强的氧化性和脱水能力。加热溶解至 $HClO_4$ 冒白烟（203℃），可除去低沸点酸。但热的 $HClO_4$ 遇有机物易发生爆炸，使用时应当先用 HNO_3 氧化有机物和还原剂，然后再加 $HClO_4$。

⑥ HF　HF 的酸性较弱，但 F^- 的配位能力很强，HF 常与 H_2SO_4 或 HNO_3 混合使用以分解硅酸盐，但由于 HF 与 Si 反应形成具挥发性的 SiF_4，所以用其分解试样时需在铂金或聚四氟乙烯容器中进行。

⑦ NaOH　NaOH 主要用于分解某些具有两性的金属（如铝）或氧化物（如 Al_2O_3）。

⑧ 王水　王水是浓盐酸和浓硝酸按 3∶1 体积比混合而得的，具有极强的氧化性和分解能力，可用于分解一些难溶的贵金属、合金和硫化物。

(2) 熔融法

该法是将试样与固体溶剂混匀后置于特定材料制成的坩埚中，在高温下熔融，分解试样，再用水或溶液浸取，使其转入溶液中。按所用溶剂的酸碱性，可分为酸熔法和碱熔法。

① 酸熔法　常用的酸性溶剂有 $K_2Cr_2O_7$ 和 $KHSO_4$。在高温下分解产生的 SO_3 能与碱性氧化物反应，以此可分解铁、铝、钛、锆、铌等氧化物矿石，可使用石英或铂坩埚熔融。

② 碱熔法　常用的碱性溶剂有 Na_2CO_3、NaOH、Na_2O_2 等，用于分解大多数酸性矿

物。由于 Na_2O_2 腐蚀性强，熔融时只能使用铁、银或刚玉坩埚。

（3）干式灰化法

干式灰化法是将有机物试样置于马弗炉中加高温（400～700℃）分解，留下的无机残渣以酸提取后制成分析试液。由于这种方法不使用熔剂分解样品，所以空白值低，对微量元素的分析有重要意义。

易挥发元素可使用低温灰化操作装置来测定。如采用高频电激发的氧气流通过试样，温度仅 150℃，即可将样品分解，用以测定生物样品中 As、Se、Hg 等元素。

另外，氧瓶燃烧法也是一种使用较为普遍的干式灰化法，它是将试样包在定量滤纸中，用铂丝固定，放入充满氧气的密封烧瓶中燃烧，试样中的卤素、硫、磷及金属元素分别形成卤素离子、硫酸根、磷酸根及金属氧化物而被溶解在吸收液中，可进行分别测定，它具有试样分解完全、操作简便、快速、适用于少量试样的分析等优点。

（4）湿式消化法

湿式消化法使用硝酸和硫酸混合液作为溶剂与试样一同加热煮沸分解，对于含有易形成挥发性化合物（如氮、砷、汞等）的试样，一般采用蒸馏法分解。这种方法具有简便、快速的特点，但应注意分解溶剂的纯度，否则会因溶剂不纯而引入杂质。例如克式定氮法，就是利用湿法消化法进行分解的。首先将试样中的有机氮分解为无机铵盐，再加入 NaOH 使铵盐变为氨气挥发出来，挥发出的氨气被过量的盐酸吸收，然后用标准 NaOH 溶液滴定剩余的盐酸，根据滴定过程中消耗的 NaOH 的量及盐酸的总量就可计算出原来试样中氮的含量。

7.3.4 干扰的消除

复杂样品中常含有多种组分，在测定其中某一组分时，共存的其它组分常常发生干扰，应当设法消除。采用掩蔽剂来消除干扰是一种比较简单、有效的方法。但有时只靠掩蔽剂是不能彻底消除干扰的，特别是当干扰物质的浓度很大、或没有合适的掩蔽剂时，就需要将被测组分与干扰组分事先分离。常用的分离方法有沉淀分离法、萃取法、离子交换法和色谱分离法。不同的分析方法中采取的消除干扰的方法也不尽相同，应区别对待。例如采用 EDTA 配位滴定法分析含 Al^{3+} 和 Zn^{2+} 的混合溶液中 Zn^{2+} 时，Al^{3+} 构成严重干扰，可加入 F^-，使之与 Al^{3+} 形成稳定的配离子 $[AlF_6]^{3-}$，如此可掩蔽 Al^{3+} 而直接滴定分析 Zn^{2+}。

7.3.5 测定及分析结果的计算

根据被测组分的性质、含量和对分析结果准确度的要求，选择合适的分析方法进行测定。测定时，按照标准试验方法的操作进行实验，记录好所测得的实验数据。为了使测定的随机误差尽量小，测定时应平行测定数次（一般 3 次）取平均值。

根据试样质量、测量所得数据及分析过程中有关反应的化学计量关系，即可计算试样中有关组分的含量，该含量可以被测物的质量、质量分数或物质的量浓度来表示，并利用数据统计原理评价分析结果的准确度与精密度。

7.4 标准体系简介

标准是标准化活动的成果，也是标准化系统的最基本要素和标准化学科中最基本的概念。由于现代科学技术的迅速发展和贸易的进步，需要对产品、技术、管理、服务，甚至对科技术语都要作出统一的规定或规范，因此便有了各种各样的标准、标准化委员会和标准化行政管理部门。

7.4.1 标准化的概念

标准（Standard）是一种技术要求、技术规范。

在GB/T 20000.1—2002《标准化工作指南　第1部分：标准化和相关活动的通用词汇》中对标准定义为：为了在一定的范围内获得最佳秩序，经协商一致制定并由公认机构批准，共同使用和重复使用的一种规范性文件。并注明：标准宜以科学、技术和经验的综合成果为基础，以促进最佳的共同效益为目的。

国际标准化组织（International Organization for Standardization，ISO）的标准化原理委员会（STACO）一直致力于标准化基本概念的研究，先后以"指南"的形式给"标准"的定义作出统一规定，1991年，ISO与IEC(International Electro technical Commission，国际电工委员会）联合发布第2号指南《标准化与相关活动的基本术语及其规定（1991年第6版)》，该指南给"标准"定义如下：

"标准是由一个公认的机构制定和批准的文件，它对活动或活动的结果规定了规则、导则、特性值，供共同和反复使用，以实现在预定结果领域内最佳秩序的效益"。

该定义明确告诉我们，制定标准的目的、基础、对象、本质和作用。由于它具有国际权威性和科学性，无疑应该是世界各国，尤其是ISO和IEC成员应该遵循的。

7.4.2 标准的分类

为了不同的目的，可以从各种不同的角度，对标准进行不同的分类方法。目前，人们常用的分类方法有以下三种。

（1）按约束分类

按约束力分，国家标准、行业标准可分为强制性标准、推荐性标准和指导性技术文件三种。

① 强制性标准　强制性标准主要是指那些保障人体健康，人身、财产安全的标准和法律、行政法规规定强制执行的标准。

② 推荐性标准　除强制性标准范围以外的标准是推荐性标准。推荐性标准不强制执行，但这些标准都是按国家或行业部门规定的标准制定程序，由专家组起草，经有关各方协商一致，并经国家或行业主管部门批准的。

③ 指导性技术文件（暂行标准）　指导性技术文件是一种推荐性标准化文件。它的制定对象是需要标准化，但尚未成熟的内容，或有标准化价值但不急于强求统一，或者需要结合具体情况灵活执行，不宜全面统一的对象等。

（2）层级分类法

按照标准化层级可以将标准划分为不同层次和级别的标准，如结构标准、区域标准；国家标准、行业标准、地方标准和企业（公司）标准。

① 国际标准　由国际标准化或标准组织制定，并公开发布的标准是国际标准（ISO/IEC第1号指南）。

因此，ISO、IEC批准发布的标准是目前主要的国际标准，ISO认可，即列入《国际标准题内关键词索引》的一些国际组织如国际计量局（BIPM)、食品法典委员会（CAC)、世界卫生组织（WHO）等组织制订，发布的标准也是国际标准。

② 区域标准　区域标准是"由某一区域标准或标准组织制定，并公开发布的标准"(ISO/IEC第2号指南）。如欧洲标准化委员会（CEN）发布的欧洲标准（EN）就是区域标准。

③ 国家标准　国家标准是“由国家标准团体制定并公开发布的标准”（ISO/IEC 第 2 号指南）。如 GB、ANSI、BSI、AFNOR、DIN、JIS 等是中、美、英、法、德、日等国国家标准的代号。

④ 行业标准　由行业标准化团体或机构发布在某行业的范围内统一实施的标准是行业标准，又称为团体标准。如美国的材料与试验协会标准 ASTM、石油学会标准（API）、机械工程师协会标准（ASME）、英国的劳氏船级社标准 LR，都是国际上有权威性的团体标准，在各自的行业内享有很高的信誉。

我国的行业标准是“对没有国家标准而又需要在全国某个行业范围内统一的技术要求所制定的标准”如 JB、QB、FJ、TB、HG 等就是机械、轻工、纺织、铁路运输、化工行业的标准代号。

⑤ 地方标准　地方标准是“由一个国家的地方部门制定并公开发布的标准”（ISO/IEC 第 2 号指南）。我国的地方标准是“对没有国家标准和行业标准而又需要在省、自治区、直辖市范围内统一的产品安全、卫生要求、环境保护、食品卫生、节能等有关要求”所制定的标准，它由省级标准化行政主管部门统一组织制订、审批、编号和发布。

⑥ 企业标准　企业标准，有些国家又称公司标准，是由企事业单位自行制订、发布的标准，也是“对企业范围内需要协调，统一的技术要求、管理要求和工作要求”所制定的标准。美国波音飞机公司、德国西门子电器公司、新日本钢铁公司等企业发布的企业标准都是国际上有影响的先进标准。

（3）对象分类法

按照标准对象的名称归属分类，可以将标准划分为产品标准、工程建设标准、方法标准、工艺标准、环境保护标准、过程标准、数据标准等等。

此外，还有工程建设标准、安全标准、卫生标准、环境保护标准、服务标准（又称服务规范）、包装标准、数据标准、过程标准、文件格式标准、接口标准等。

7.4.3　方法标准和产品质量检验

以试验、检查、分析、抽样、统计、计算、测定、作业等各种方法为对象制定的标准是方法标准。

方法标准是一类十分重要的标准种类，无论是国际标准化团体，还是各国标准化机构，都很重视方法标准的制定。ISO 初期制定的标准中，方法标准和术语标准并列为当时的两大标准主题，美国 ASTM 标准中绝大多数是材料或产品试验方法标准。我国同样十分重视方法标准的制定工作，如 1984 年时，国家标准总数为 6179，各种方法标准数占国家标准总数的比例仅次于产品标准数，占 36.1%（2230 个），到 1986 年，仅过了 2 年，国家标准总数增加到 9388 个。方法标准数仍名列第 2 位，但占国家标准数的比例却提高到 37.6%（3530 个）。方法标准每年平均增加 650 个，增长速度超过了国家标准数的增长，可见方法标准在我国标准体系中的重要地位。

方法标准是考核和测定产品质量是否符合标准要求而采用的一种方法和手段。它是产品制造部门和用户确定产品是否合格所共同遵守的基本原则。

方法标准包括操作和精度要求等方面的统一规定。对所用仪器、设备、检测或检验条件、方法、步骤、数据计算、结果分析、合格标准及复验规则等方面的统一规定。

我国大部分产品标准，都把检验统一为型式检验（例行检验）与出厂检验（交收检验）两类。所有产品标准中，均应规定出厂检验的规则和检验项目，而对型式检验（例行检验），则在规定产品标准中应明确其进行条件、规则和检验项目。

一般说来，型式检验是对产品各项质量指标的全面检验，以评定产品质量是否全面符合标准，是否达到全部设计质量要求。出厂检验是对正式生产的产品在交货时必须进行的最终检验，检查交货时的产品质量是否具有型式检验中确认的质量。产品经出厂检验合格，才能作为合格品交货，出厂检验项目是型式检验项目的一部分。无论是哪种检验都必须按一定的标准进行。

思考题

1. 分析化学的任务是什么？有什么作用？
2. 分析化学按方法分类，有哪些分析方法？各有何特点？
3. 在进行农业试验时，需要了解微量元素对农作物栽培的影响。某人从试验田中挖一小铲泥土试样，送化验室测定。试问由此试样所得分析结果有无意义。如何采样才正确？
4. 某矿石的最大颗粒直径为 10mm，若其 k 值为 $0.1kg \cdot mm^{-2}$，问至少应采取多少试样才具有代表性？若将该试样破碎，缩分后全部通过 10 号筛，应缩分几次？若要求最后获得的分析试样不超过 100g，应使试样通过几号筛？
5. 怎样溶解下列试样：锡青铜（Cu 80％、Sn 15％、Zn 5％）、高钨钢、纯铝、银币、玻璃（不测硅）。
6. 分解无机试样和有机试样的主要区别有哪些？
7. 下列试样宜采用什么熔剂和坩埚进行熔融：
   铬铁矿，金红石（TiO_2），锡石（SnO_2），陶瓷
8. 标准按层级分为几类？按约束力分为几类？
9. 企业在进行产品的出厂检验时，检验人员是否可以任意选择分析方法？

第 8 章　单质与无机化合物

【内容提要】

本章应用物质结构等基本理论，分析、探讨金属元素单质、非金属元素单质及其化合物的物理性质、化学性质及其递变规律。

【本章要求】

(1) 了解单质物理性质、化学性质的一般规律，并能利用物质结构基础知识进行简单分析；

(2) 了解典型无机化合物基本性质的一般规律及特性。

8.1　单质

众所周知，大千世界的万物都是由化学元素（chemical element）组成的。虽然目前世界上已知物质的种类高达 2000 多万种，但构成所有物质的化学元素种类非常有限。单质（simple substance）即是由同种元素组成的物质，是元素在自然界中的一种存在形式。在了解单质和化合物的性质之前，我们先回顾一下元素的概念。

8.1.1　化学元素概述

元素这一概念早在远古就已经产生了，历经了世世代代的演绎，直到原子结构理论完善，才使化学元素的概念与物质原子的概念联系起来，元素的概念才更明确、更具有科学性。

早在我国战国时代就有以水、火、木、金、土为 5 种基本元素的“五行”学说，认为多姿多彩的物质世界是由水、火、木、金、土这 5 种基本元素组成的。

在古希腊，思想先进的学者也提出了类似的元素学说。先是泰勒斯（Thales，约 624BC—约 546BC）认为水是万物之源；阿那克西米尼（Anaximenes，约 585BC—约 528BC）认为空气是万物之源；而赫拉克利特（Heraclitus，约 535BC—约 475BC）认为火才是万物之源。恩培多克勒（Empedocles，约 490BC—约 430BC）则综合前人的几种说法，提出了四元素说。认为水、火、土、空气是组成世间万物的 4 个基本元素。后来，亚里士多德（Aristotle，约 384BC—322BC）又进一步提出了性质-元素学说，认为自然界存在着分成 2 对的 4 种基本性质：冷和热、干和湿。这 4 种基本性质两两组合起来，可以得到 4 个基本元素。湿和冷组合起来得到水，干和热组合起来得到火，干和冷两者组合成为土，湿和热组合便是空气。亚里士多德的性质-元素学说对欧洲的炼金术产生了很大的影响，是后来的炼金术士们梦想把碱金属变成黄金的理论基础。

13～14 世纪，西方的炼金术士们认为一切物质由硫、汞、盐组成。这里的硫不是今天所说的硫黄，而是指任何物质中可燃烧的部分，同样汞是指可蒸馏的部分，盐是指留下的残渣部分。在此基础上，到 16 世纪，瑞士医生、化学家帕拉塞尔苏斯（P. A. Paracelsus，约 1493—1541）提出“三要素”论，即认为世界上万物是由硫、汞、盐这 3 种元素组成的。他还把炼金术和医学结合起来，形成了医疗化学，并认为化学的目的并不是炼制贵金属金和银，而是为了制造药品，为医学服务。显然，他的三元素学说比亚里士多德的四元素说要具体得多，也更实际。虽然如此，他对“元素”这一概念还是没有明确的定义。

直到17世纪中叶，著名的英国物理学家和化学家波义耳做了大量研究物质组成的化学实验。通过实验研究，他认识到世上万物既不是由亚里士多德的“水、火、土、空气”4种元素组成的，也不是由帕拉塞尔苏斯提出的“硫、汞、盐”3种要素组成的。1661年，波义耳在《怀疑派的化学家》(The Sceptical Chemist) 一书中第1次对“化学元素”这一概念提出了明确的定义：“元素是那些原始的、简单的或者丝毫没有混杂的物质；它们既不由任何其它物质造成，也不由彼此相互造成，它们是这样一些物质，所有称之为混合物的物质都是由它们直接化合而成，并且最终分解成为它们。”按照他提出的元素定义，当时人们实际上已经认识了金、银、铜、碳、硫等13种元素。

随后在18世纪70年代，著名的法国化学家拉瓦锡对碳、磷、硫等物质的燃烧过程进行了系统、细致的实验研究，还对多种金属的煅烧过程和煅烧生成的煅灰进行了对照分析。之后，他把那些无法再分解的物质称为简单物质，也就是元素，并在1789年他发表的著名的《化学纲要》(Traite Elementaire de Chimie) 一书，第一次具体指出了33个化学元素，从而使“化学元素”有了明确而具体的形象。但在他提出的元素表中，除了当时所有已经知道的真正的24种化学元素外，还包含了光和热，以及应该是化合物的7种物质。

此后在很长的一段时期里，元素被认为是用化学方法不能再分的简单物质。这就把元素和单质两个概念混淆或等同起来了。而且，在后来的一段时期里，由于缺乏精确的实验材料，究竟哪些物质应当归属于化学元素，或者说究竟哪些物质是不能再分的简单物质，这个问题也未能获得解决。

19世纪初，道尔顿创立了原子学说，并着手测定相对原子质量，化学元素的概念开始和相对原子质量联系起来，使每一种元素成为具有一定质量的同类原子。

1841年，J. J. 贝采里乌斯根据已经发现的一些元素，如硫、磷能以不同的形式存在的事实（硫有菱形硫、单斜硫，磷有白磷和红磷）创立了同素异形体 (allotrope) 的概念，即相同的元素能形成不同的单质。这就表明元素和单质的概念是有区别的。

19世纪后半叶，门捷列夫在建立化学元素周期系的同时，明确指出元素的基本属性是原子的质量。他认为元素之间的差别集中表现在不同的相对原子质量上。他提出应当区分单质和元素两个不同概念，指出在红色氧化汞 (HgO) 中并不存在金属汞和气体氧，只是元素汞和元素氧。只有当元素汞和元素氧以单质形式存在时才表现为金属和气体。至此，人们才对“化学元素”有了一个比较明确的概念。

1923年，国际同位素与原子量委员会规定：将核电荷数相同的一类原子称为一种元素。

今天，我们对化学元素的认识虽然仍未完结，但已取得相当成果。到目前为止，总共有118种元素被发现或人工制造出来，其中90多种存在于地球上，目前已探明地壳、大气及海洋中的元素或组成（表8.1～表8.3）。从铀之后的第93号到118号元素，除镎 (Np) 和钚 (Pu) 在地球上有极微量存在外，其它都是至今在地球上未能被发现的元素，要通过人为创造条件分别发现它们。近来俄罗斯杜布纳联合原子核研究所宣布要合成119号元素。由于第118号元素已经位于元素周期表第七周期的最后一格，如果这第119号元素一旦被合成出来，则元素周期表将要开辟新的一行（第八周期），这是否意味着人工合成新元素可一直进行下去？

表 8.1 地壳中主要元素的丰度

元素	O	Si	Al	Fe	Ca	Na	K	Mg	H	Ti
质量分数/%	48.6	26.3	7.73	4.75	3.45	2.74	2.47	2.00	0.76	0.42

表 8.2 大气中的平均组成

气体	体积分数/%	质量分数/%	气体	体积分数/%	质量分数/%
N_2	78.09	75.51	CH_4	0.00022	0.00012
O_2	20.95	23.15	Kr	0.000114	0.00029
Ar	0.934	1.28	N_2O	0.0001	0.00015
CO_2	0.0314	0.046	H_2	0.00005	0.000003
Ne	0.001818	0.00125	Xe	0.0000087	0.000036
He	0.000524	0.000072	O_3	0.000001	0.000036

表 8.3 海水中主要元素的含量（不考虑溶解的气体）

元素	质量分数/%	元素	质量分数/%	元素	质量分数/%
O	85.89	Br	0.0065	N(硝酸盐)	约 0.00007
H	10.32	C(无机物)	0.0028	N(有机物)	约 0.00002
Cl	1.9	Sr	0.0013	Rb	0.00002
Na	1.1	B	0.00046	Li	0.00001
Mg	0.13	Si	约 0.00040	I	0.000005
S	0.088	C(有机物)	约 0.00030	U	0.0000003
Ca	0.040	Al	约 0.00019		
K	0.038	F	0.00014		

8.1.2 单质的晶体结构

在元素周期表中，从ⅠA 到ⅢA 族（包括中间的 B 族）化学元素的最外层电子数较少（≤3），原子核对最外层电子的吸引力较小，这些元素为金属元素（氢、硼除外）。金属元素的单质在常温、常压下均以金属晶体的形式存在（汞除外）。随着元素族序数的增加，化学元素的最外层电子数逐渐增多，（从ⅣA 到ⅧA 族化学元素的最外层电子数较多，≥4），原子核对最外层电子的吸引力也逐渐增大，这些元素大多为非金属元素。非金属元素单质在常温、常压下的晶体结构呈现多样化，部分非金属元素还存在同素异形体现象。单质的晶体结构见表 8.4。

从表中可以看出，同一周期化学元素单质的晶体结构从左到右大体呈现由金属晶体经原子晶体或过渡型晶体逐渐成为分子晶体的变化趋势。在ⅣA 到ⅥA 族内，元素单质的晶体结构呈现由上而下从原子晶体或分子晶体逐渐向金属晶体转变的趋势。

在金属晶体中，金属原子紧密堆集，分别以面心立方、体心立方、密集六方等晶格形式结合起来，金属原子间的结合力是金属键。

在非金属晶体中，非金属元素单质的晶体结构可按分子中含有原子数目的多少分成 3 类：一类是由许多原子组成的巨型分子物质，如金刚石、单晶硅等原子晶体，及灰硒等无限的链状晶体，石墨、灰砷等层状晶体；再一类是由多个原子组成的分子物质，如斜方硫 S_8、红硒 Se_8、白磷 P_4、黄砷 As_4 等分子晶体；还有一类是由 1 个或 2 个原子组成的小分子物质，如卤素、稀有气体等分子晶体。

表 8.4　单质的晶体结构

族		ⅠA	ⅡA～ⅡB	ⅢA	ⅣA	ⅤA	ⅥA	ⅦA	ⅧA
价电子构型		ns^1		ns^2np^1	ns^2np^2	ns^2np^3	ns^2np^4	ns^2np^5	ns^2np^6
周期	1	H_2 分子晶体	金属晶体						He 分子晶体
	2	Li 金属晶体		B 近原子晶体	金刚石 C 原子晶体 石墨 C 层状晶体	N_2 分子晶体	O_2 分子晶体	F_2 分子晶体	Ne 分子晶体
	3	Na 金属晶体		Al 金属晶体	Si 原子晶体	白磷 P_4 分子晶体 黑磷 P_x 层状晶体	斜方硫 S_8 分子晶体 弹性硫 S_x 链状晶体	Cl_2 分子晶体	Ar 分子晶体
	4	K 金属晶体		Ga 金属晶体	Ge 原子晶体	黄砷 As_4 分子晶体 灰砷 As_x 层状晶体	红硒 Se_8 分子晶体 灰硒 Se_x 链状晶体	Br_2 分子晶体	Kr 分子晶体
	5	Rb 金属晶体		In 金属晶体	灰锡 Sn 原子晶体 白锡 Sn 金属晶体	黑锑 Sb_4 分子晶体 灰锑 Sb_x 层状晶体	灰碲 Te 链状晶体	I_2 分子晶体	Xe 分子晶体
	6	Cs 金属晶体		Tl 金属晶体	Pb 金属晶体	Bi 层状晶体 （近于金属晶体）	Po 金属晶体	At	Rn 分子晶体

部分非金属单质的晶体构型如图 8.1 所示。

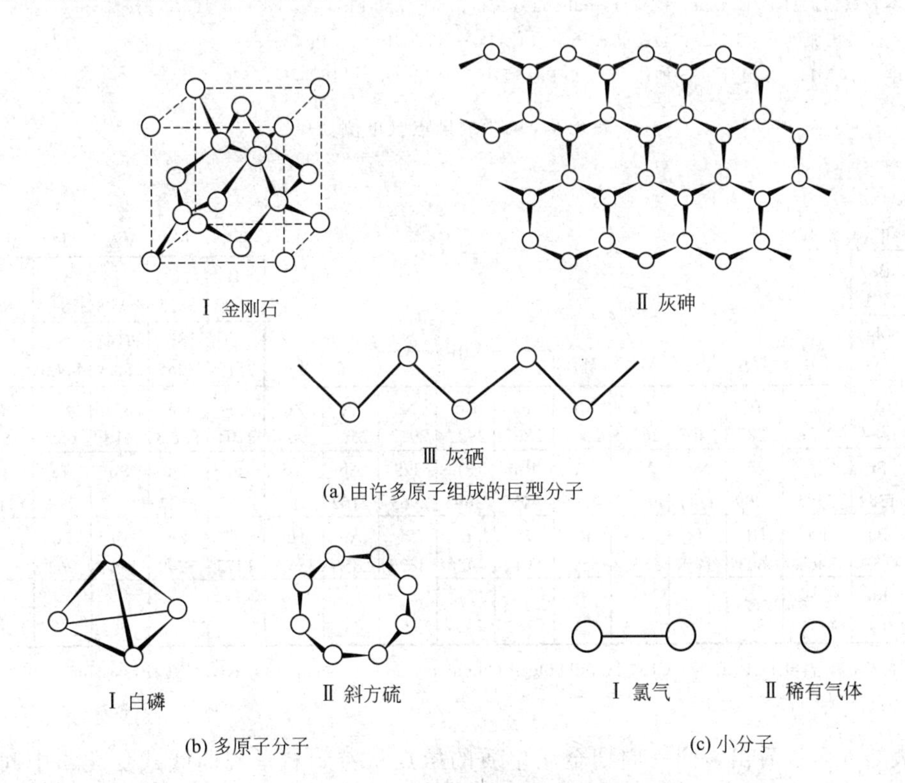

图 8.1　非金属单质的晶体构型

8.1.3 单质的物理性质

（1）单质的熔点、沸点

单质熔点、沸点的大小主要由单质的晶体结构所决定。一般情况下，金属单质为金属晶体，其晶格粒子间的结合力为键能较大的金属键，故其熔点、沸点较高。如：大多数的金属单质沸点都在973K以上（Rb、Cs、Hg除外），最高可达近5900K。而非金属单质因其晶体类型复杂，故其熔点、沸点相差很大。如：原子晶体的金刚石熔点超过4000K，而分子晶体的单质氯熔点只有172K。单质的熔点见表8.5，单质的沸点见表8.6。

表 8.5 单质的熔点（单位:℃）

	ⅠA	ⅡA	ⅢB	ⅣB	ⅤB	ⅥB	ⅦB	ⅧB			ⅠB	ⅡB	ⅢA	ⅣA	ⅤA	ⅥA	ⅦA	ⅧA
1	H -259.2																	He
2	Li 180.5	Be 1287											B 2075	C① 4489	N -210	O -218.8	F -219.7	Ne② -248.6
3	Na 97.8	Mg 650											Al 660.3	Si 1414	P(白) 44.15	S(单) 115.2	Cl -101.5	Ar③ -189.4
4	K 63.5	Ca 842	Sc 1541	Ti 1668	V 1910	Cr 1907	Mn 1246	Fe 1538	Co 1495	Ni 1455	Cu 1084.6	Zn 419.5	Ga 29.8	Ge 938.3	As④ 817	Se(灰) 220.8	Br -7.2	Kr⑤ -157.4
5	Rb 39.3	Sr 777	Y 1522	Zr 1855	Nb 2477	Mo 2623	Tc 2157	Ru 2334	Rh 1964	Pd 1555	Ag 961.8	Cd 321.1	In 156.6	Sn(白) 231.9	Sb(灰) 630.6	Te 449.5	I 113.7	Xe⑥ -111.7
6	Cs 28.5	Ba 727	La 920	Hf 2233	Ta 3017	W 3422	Re 3185	Os 3033	Ir 2446	Pt 1768	Au 1064	Hg -38.8	Tl 304	Pb 327.5	Bi 271.4	Po 254	At 302	Rn -71
7	Fr 0.7	Ra 0.9	Ac～Lr 1.1～1.7															

（注：本表数据摘自 D. R. Lide，CRC Handbook of Chemistry and Physics，84th ed，CRC Press. Inc，2003～2004）

① 系指石墨在加压下（103. MPa）；②加压下（43kPa）；③加压（69kPa）下；

④ 灰砷（3.7MPa）加压下；⑤加压（73.2kPa）下；⑥加压（81.6kPa）下

表 8.6 单质的沸点（单位:℃）

	ⅠA	ⅡA	ⅢB	ⅣB	ⅤB	ⅥB	ⅦB	ⅧB			ⅠB	ⅡB	ⅢA	ⅣA	ⅤA	ⅥA	ⅦA	ⅧA
1	H -252.8																	He -268.9
2	Li 1342	Be 2471											B 4000	C 3825	N -195.8	O -183.0	F -188.1	Ne -246.1
3	Na 882.9	Mg 1090											Al 2519	Si 3265	P(白) 280.5	S 444.6	Cl -34.04	Ar -185.8
4	K 759	Ca 1484	Sc 2836	Ti 3287	V 3407	Cr 2671	Mn 2061	Fe 2861	Co 2927	Ni 2913	Cu 2562	Zn 907	Ga 2204	Ge 938.3	As① 616	Se 685	Br 58.8	Kr -153.3
5	Rb 688	Sr 1382	Y 3345	Zr 4409	Nb 4744	Mo 4639	Tc 4265	Ru 4150	Rh 3695	Pd 2963	Ag 2162	Cd 767	In 2072	Sn 2602	Sb 1587	Te 988	I 184.4	Xe -108.1
6	Ca 671	Ba 0.89	La 3464	Hf 4603	Ta 5458	W 5555	Re 5596	Os 5012	Ir 4428	Pt 3825	Au 2856	Hg 356.6	Tl 1473	Pb 1749	Bi 1564	Po 962	At	Rn -61.7
7	Fr 0.7	Ra 0.9	Ac～Lr 1.1～1.7															

（注：本表数据摘自 D. R. Lide，CRC Handbook of Chemistry and Physics，84st ed，CRC Press. Inc，2003～2004）

① 升华点。

从表8.5可以看出，同一周期金属单质的熔点从左到右呈现曲线式变化：中间高两头低。这是因为金属键的键能大小主要与金属元素的价电子数及未成对d电子数有关。通常，金属元素的价电子数越多，尤其是成单 d 电子数越多，形成的金属键就越强，熔点就越高。同时也要考虑金属元素的原子半径对金属单质熔点的影响。对同一主族来讲，金属元素的原子半径越小，熔点就越高。

每一周期开始的ⅠA 族金属的原子半径是同周期中最大的，价电子数又是最少的，因而金属键较弱，所需的熔化热小，熔点低。除锂外，钠、钾、铷、铯的熔点都在 100℃以下。从第ⅡA 族开始同周期金属元素从左向右原子半径逐渐减小，参与成键的价电子数逐渐增加，尤其是原子的次外层 d 电子数的增加及因原子核电荷数的增加导致核对外层电子作用力的逐渐增强，使金属键的键能逐渐增大，因而熔点也逐渐增高。第ⅥB 族原子最外 s 层和次外 *d* 层的成单电子数目最多，原子半径又较小，所以这些元素单质的熔点在同周期中最高。第ⅦB 族以后，未成对的 d 电子数逐渐减小，因而金属单质的熔点逐渐降低。值得注意的是：部分族数较高的金属，其晶体类型有从金属晶体向分子晶体过渡的趋向，这些金属的熔点就较低。

从表 8.5 中还可以看出，同一周期非金属单质的熔点从左到右递减。这是因为非金属单质熔点、沸点的大小主要与非金属的晶体结构有关。通常，原子晶体的熔点最高，过渡型晶体的熔点低一些，分子晶体的熔点就更低了。

单质的沸点的递变规律与熔点相似。

(2) 单质的导电性

单质的导电性（conductivity）差别很大。一般来说，由于金属元素的单质是金属晶体，其导电性能较好，故称为良导体，如铜（Cu）、铝（Al）、银（Ag）。但是由于个别高族数、与非金属元素交界的金属单质的导电性较差，则称为半导体，如锗（Ge）、锑（Sb）。非金属元素的单质如是典型的分子晶体或原子晶体，则其导电性非常差，称为绝缘体，如氮（N_2）、碘（I_2）、氩（Ar）、金刚石。如非金属元素单质的晶体结构是过渡型，则其导电性介于良导体与绝缘体之间，称为半导体，如硅（Si）、砷（As）（个别除外，如石墨为良导体）。在所有化学元素中，银的导电性最强，铜、金、铝次之。

表 8.7　单质的电导率（单位：$S \cdot m^{-1}$）

	ⅠA	ⅡA	ⅢB	ⅣB	ⅤB	ⅥB	ⅦB	Ⅷ			ⅠB	ⅡB	ⅢA	ⅣA	ⅤA	ⅥA	ⅦA	0
1	H_2																H_2	He −268.9
2	● Li 10.8	● Be 28.1											● B 5.6×10^{-11}	● C 7.273×10^{-2}	● N_2	● O_2	F_2	Ne
3	● Na 21.0	● Mg 24.7											● Al 37.74	● Si 3.0×10^{-5}	● P 1×10^{-15}	● S 5×10^{-19}	Cl_2	Ar
4	● K 13.9	● Ca 29.8	● Sr 1.78	● Ti 2.38	● V 5.10	● Cr 7.75	● Mn 0.6944	● Fe 10.4	● Co 16.0	● Ni 16.6	● Cu 59.59	● Zn 16.9	● Ga 5.75	● Ge 2.2×10^{-6}	● As 3.00	● Se 1×10^{-4}	Br_2	Kr
5	● Rb 7.806	● Sr 7.69	● Y 1.68	● Zr 2.38	● Nb 8.00	● Mo 18.7	Tc	● Ru 13	● Rh 22.2	● Pd 9.488	● Ag 68.17	● Cd 14.6	● In 11.9	● Sn 9.09	● Sb 2.56	● Te 3×10^{-4}	I_2 7.7×10^{-12}	Xe
6	● Cs 4.888	● Ba 3.01	● La 1.63	● Hf 3.023	● Ta 7.7	● W 19	● Re 5.18	● Os 11	● Ir 19	● Pt 9.43	● Au 48.76	● Hg 1.02	● Tl 5.6	● Pb 4.843	● Bi 0.9363	Po	At	Rn

本表数据来自胡忠鲠主编《现代化学基础》第 438 页，高等教育出版社，北京，2001

科学界常用电导率作为衡量物质导电能力大小的标准。电导率是物质电阻率的倒数，物质的电导率越大，物质的电阻率就越小，电子越容易通过，则导电能力就越强。反之，若某物质的电导率越小，即该物质的电阻率越大，电子越不容易通过，则导电能力就越弱。表8.7列出了单质的电导率。

良导体金属单质的导电性随温度降低而增强。对不少金属单质来说，温度每降低1度，导电率将会增大0.4%。当温度降低到一定数值时，金属单质的电阻会完全消失，这种现象称为超导（superconduct）。电阻消失后的金属单质称为超导体（superconductor）。金属单质电阻突然消失时的温度称为临界温度（critical temperature）（T_c）。不同的金属单质其临界温度不同，如铌（Nb）的临界温度 $T_c=9.2$K。半导体的导电性随温度升高或光照而增强。金属单质中若有杂质，则将大大降低其导电率。

(3) 稀有气体（Rare Gas）

在元素周期表中有一族特殊的元素，即第ⅧA族的氦（He）、氖（Ne）、氩（Ar）、氪（Kr）、氙（Xe）、氡（Rn）。该族各元素在自然界中存量极小（见表8.8），故统称为稀有气体。各稀有气体均为单原子分子，这主要是因为各元素的电子层结构为 ns^2 或 $ns^2 np^6$ 的全充满稳定结构，第一电离能大，化学性质稳定，在一般情况下稀有气体很难形成电子转移或以共用电子对形式形成化学键，部分稀有气体可与氧或氟、氯结合生成氧化物、卤化物。如 XeF_6、KrF_2、XeO_4，其熔点、沸点（见表8.8）都很低；容易发光放电。

表8.8 稀有气体的熔点、沸点

元素	第一电离能/($kJ \cdot mol^{-1}$)	熔点/K	沸点/K	在干燥空气中的体积分数/%
He	2372		4.22	0.000524
Ne	2081	24.54	26.09	0.001818
Ar	1521	83.78	88.29	0.934
Kr	1351	115.95	119.80	0.000114
Xe	1170	155.15	165.02	0.0000087
Rn	1037	102.15	111.15	极微量

第一个被发现的稀有气体是“氦”，是由法国天文学家严森（P. J. C. Janssen，1824—1907）和英国天文学家洛克耶（J. N. Lockyer，1836—1920）在1868年观察日全食时发现的。科学家为这个新发现的元素取名为“Helium”，元素符号是“He”，意思是太阳上的元素。根据天体物理学家的估算，在太阳里氦的含量高达18.7%，仅次于氢的含量。27年后即1895年，英国化学家拉姆塞（William Ramsay，1852—1916）在地球上发现了它。拉姆塞于1894—1898年先后还发现了氩（Argon）、氪（Krypton）、氖（Neon）、氙（Xenon），1908年发现了最后一个稀有气体“氡”（Radon）。为表彰拉姆塞在发现稀有气体上的贡献，1904年的诺贝尔化学奖授予了拉姆塞。

稀有气体主要应用领域是在电光源、激光技术方面。近年来应用范围又扩大到钢的冶炼、医学、原子反应堆以及飞船等领域。

① 氦　因其具有热导率高、既不生成放射性同位素也不侵蚀反应堆材料等特点，已成功地用作大型原子能反应堆的冷却剂和导热介质。利用氦的溶解度很小的性质，可以代替氮气制成“氦空气”（含He79%，O_2 21%）供潜水员水下呼吸之用，以预防“气塞病”。若用空气，深水下压力很大，氮气在血液中溶解度增大，当潜水员浮出水面时，外压突然降低，氮从血液中迅速逸出，形成气泡，会产生“气塞病”。氦还是理想的飞船浮升气体。除氢气外氦是最轻的气体，虽然浮升力比氢小8%，但不像氢那样易着火爆炸，故可用氦代替氢气

填充气球和飞船。氦的正常沸点（4.22K）是所有已知物质中最低的，是最难液化的气体。在 2.2K 以下液氦具有超导性，又是研究低温物理不可缺少的冷却剂。

② 氖　封入放电管中，放电时氖原子被激发而产生很美丽的红光，被广泛用作霓虹灯、信号灯或仪器中的指示灯。氖灯不仅费用低于普通电灯，而且它的红光能更好地穿透雾层，故而用作信灯号。

③ 氩　用作白炽灯泡的填充气体，以减弱钨丝的挥发和热的散失，从而提高发光率和延长灯泡寿命。荧光灯管通常充填氩和汞蒸气。氩还是大型色谱仪的载气。氩因其化学惰性还用作难熔金属铌、钼、锆等的冶炼过程，铝和铝合金、不锈钢的电弧焊接过程，以及半导体材料单晶成长过程的保护气体。近年来新发展的氩-氧混合脱碳炼钢法，已投入工业生产。这种方法可把钢水中的氢、氮等杂质吸除干净，提高钢材的耐氧化性、抗腐蚀性和机械强度，被列为一种新的炼钢法。

④ 氪和氙　在电弧激发下都能产生几乎是连续的光谱。把它们封入电弧灯中，在高压电弧放电下，产生极为明亮且类似日光的光线，被称为“小太阳”。此外，氪、氙本身又是激光工作物质，氙-氧混合气体还是医药中性能极好的麻醉剂。

8.1.4　单质的化学性质

单质的化学性质主要表现在氧化还原方面。金属单质在进行化学反应时倾向于失去电子，其主要的化学性质为还原性。非金属单质在进行化学反应时不仅倾向于得到电子，也可失去电子，因而非金属单质的化学性质表现为既具有氧化性，也具有还原性。

一般来说，同周期元素单质的还原性从左到右递减，氧化性从左到右递增。同主族金属元素单质的还原性从上到下递增，同主族非金属元素单质的氧化性从上到下递减。

8.1.4.1　金属单质的化学性质

(1) s 区金属

s 区元素的外层电子构型为 $ns^{1\sim2}$，其 M^{n+}/M 电对的标准电极电势代数值均为负值。所以 s 区金属单质具有很强的还原性。用 H_2O 作氧化剂即能将其溶解，生成相应的氢氧化物，并放出大量的热。例如：

$$Na + H_2O = NaOH + 1/2H_2(g)$$

铍和镁由于表面形成致密的氧化物保护膜对水较为稳定。

s 区金属很容易与氧化合，与氧化合的能力基本上符合周期系中元素金属性的递变规律。碱金属在空气中燃烧时，随其金属活泼性增加，可得不同的氧化物，见表 8.9。

表 8.9　碱金属与氧化合的产物

碱金属	氧化物	过氧化物	超氧化物
Li	Li_2O	(Li_2O_2)	
Na	(Na_2O)	Na_2O_2	
K			KO_2
Rb			RbO_2
Cs			CsO_2

注：括号内的物质为次要产物。

同样，碱土金属在空气中燃烧时除了能生成正常的氧化物（Oxide），如 BeO、MgO 外，还能在含氧气量较高的空气中燃烧生成过氧化物（Peroxide），如 BaO_2。钙、锶、钡等碱土金属在过量的氧气中燃烧时还会生成超氧化物（Superoxide），如 BaO_4 等。

在过氧化物中存在过氧键—O—O—。过氧化物、超氧化物都是强氧化剂，遇到棉花、木炭或银粉等还原性物质时，会发生爆炸。

过氧化物和超氧化物都是固体储氧物质，它们与水及二氧化碳反应可直接或间接地生成氧气。例如：

$$Na_2O_2 + 2H_2O \xlongequal{} 2NaOH + H_2O_2$$

$$2Na_2O_2 + 2CO_2 \xlongequal{} 2Na_2CO_3 + O_2(g)$$

$$2KO_2(s) + 2H_2O \xlongequal{} 2KOH + H_2O_2 + O_2(g)$$

$$4KO_2(s) + 2CO_2 \xlongequal{} 2K_2CO_3 + 3O_2(g)$$

$$2H_2O_2 \xlongequal{} 2H_2O + O_2(g)$$

（2）p区金属

p区共有10种金属元素，它们的M^{n+}/M电对的标准电极电势虽也为负值，但其代数值比s区金属的大，因此p区金属的活泼性一般比s区金属的要弱。这类金属不能溶解在水中，只能溶于盐酸或稀硫酸等非氧化性酸中，而置换出氢气。

p区的铝、镓、锡、铅等金属单质还能与碱溶液作用。例如：

$$2Al + 2NaOH + 2H_2O \xlongequal{} 2NaAlO_2 + 3H_2(g)$$

$$Sn + 2NaOH \xlongequal{} Na_2SnO_2 + H_2(g)$$

这是由于这些金属的氧化物保护膜能与过量NaOH作用生成配离子。例如，AlO_2^-实质上可认为是配离子$Al(OH)_4^-$的简写。

p区金属与氧反应的能力较差。如锡、铅、锑、铋等在常温下与空气无显著作用；铝虽较活泼，容易与氧化合，但在空气中铝能立即生成一层致密的氧化物保护膜，阻止氧化反应的进一步进行，因而在常温下，铝在空气中很稳定。

（3）d区和ds区金属

d区（除第ⅢB族外）和ds区金属的活泼性也较弱。除第四周期d区和ds区元素的M^{n+}/M电对的标准电极电势还为负值外，第五、六周期d区和ds区金属的标准电极电位大多数为正值。这些金属单质不溶于非氧化性酸（如盐酸或稀硫酸）中，一些不活泼的金属如铂、金只能用王水溶解，这是因为王水中的浓盐酸可提供配位体Cl^-与金属离子形成配离子，从而使金属的电极电位代数值大为减小的缘故。反应式如下：

$$3Pt + 4HNO_3 + 18HCl \xlongequal{} 3H_2[PtCl_6] + 4NO(g) + 8H_2O$$

$$Au + HNO_3 + 4HCl \xlongequal{} H[AuCl_4] + NO(g) + 2H_2O$$

铌、钽、钌、铑、锇、铱等不溶于王水中，但可溶解在浓硝酸和浓氢氟酸组成的混合液中。

同周期中d区和ds区金属单质活泼性从左到右一般有逐渐减弱的趋势，但这种变化趋势比主族的小得多，因而同周期金属表现出许多相似性。如：第四周期金属单质，在空气中一般能与氧作用，除了钪常温下能在空气中迅速氧化外，钛、钒对空气都较稳定；铬、锰能在空气中缓慢被氧化，但铬与氧气作用后，表面形成的三氧化二铬（Cr_2O_3）也具有阻碍进一步氧化的作用；铁、钴、镍在没有潮气的环境中与空气中氧气的作用并不显著，镍也能形成氧化物保护膜；铜的化学性质比较稳定，而锌的活泼性较强，但锌与氧气作用生成的氧化锌薄膜也具有一定的保护性能。

d区和ds区中同族金属单质的还原性一般有自上而下逐渐减弱的趋势。第四周期中金属的活泼性较第五和第六周期金属的强。例如：第Ⅰ副族的铜（第四周期），在常温下不与干燥空气中的氧结合，但加热时则生成黑色CuO，而银（第五周期）在空气中加热并不变暗，金（第六周期）在高温下也不与氧气作用。

第五和第六周期中，第ⅣB族的锆、铪，第Ⅴ副族的铌、钽，第ⅥB族的钼、钨以及第ⅦB族的锝、铼等金属不与氧气、氯气、硫化氢等气体反应，也不受一般酸碱的浸蚀，且能保持原金属或合金的强度和硬度。它们都是耐蚀合金元素，掺入钢中可提高钢在高温时的强度、耐磨性和耐蚀性。其中铌、钽不溶于王水中，钽可用于制造化学工业中的耐酸设备。

第Ⅷ族的钌、铑、钯、锇、铱、铂以及第ⅠB族的银、金，化学性质最为不活泼（除银外），统称为贵金属。这些金属在常温，甚至在一定的高温下也不与氟、氯、氧等强氧化性非金属单质作用，其中钌、铑、锇和铱甚至不与王水作用。铂即使在它的熔化温度下也具有抗氧化的性能，常用于制造化学器皿或仪器零件，例如铂坩埚、铂蒸发皿、铂电极等。保存在巴黎的国际标准米尺也是用质量分数为10%Ir和90%Pt的合金制成的。铂系金属在石油化学工业中广泛用作催化剂。

d区和ds区金属的化学性质还表现在同一种元素有多种氧化值；其水合离子常有颜色；易生成配合物等特点。

（4）f区金属

f区元素包含镧系和锕系元素。元素周期表中第57号位置上排列的镧（La）、铈（Ce）、镨（Pr）、钕（Nd）、钷（Pm）、钐（Sm）、铕（Eu）、钆（Gd）、铽（Tb）、镝（Dy）、钬（Ho）、铒（Er）、铥（Tm）、镱（Yb）、镥（Lu），共15个元素的统称为镧系元素（Lanthanides Element）。由于ⅢB族的钪（Sc）元素和钇（Y）元素与镧系元素性质相似，在矿物中常共生，因此镧系的15个元素与钪和钇元素统称为稀土元素（Rare Earth Element），简称稀土（RE或R）。元素周期表中第89号位置上排列的锕（Ac）、钍（Th）、镤（Pa）、铀（U）、镎（Np）、钚（Pu）、镅（Am）、锔（Cm）、锫（Bk）、锎（Cf）、锿（Es）、镄（Fm）、钔（Md）、锘（No）、铹（Lr）等15个元素统称锕系元素（Actinides Element）。

镧系元素的最外层和次外层电子分布基本相同，都是$5d^16s^2$或$5d^06s^2$。但是从镧到镥4f轨道上的电子数依次递增。各镧系元素的原子半径比较相近，见表8.10。

表8.10 镧系元素的价电子层结构

原子序数	元素符号	价电子结构	原子半径/pm	Ln^{3+} 4f电子数
57	La	$5d^16s^2$	169	$4f^0$
58	Ce	$4f^15d^16s^2$	165	$4f^1$
59	Pr	$4f^36s^2$	164	$4f^2$
60	Nd	$4f^46s^2$	164	$4f^3$
61	Pm	$4f^56s^2$	163	$4f^4$
62	Sm	$4f^66s^2$	162	$4f^5$
63	Eu	$4f^76s^2$	185	$4f^6$
64	Gd	$4f^75d^16s^2$	162	$4f^7$
65	Tb	$4f^96s^2$	161	$4f^8$
66	Dy	$4f^{10}6s^2$	160	$4f^9$
67	Ho	$4f^{11}6s^2$	158	$4f^{10}$
68	Er	$4f^{12}6s^2$	158	$4f^{11}$
69	Tm	$4f^{13}6s^2$	158	$4f^{12}$
70	Yb	$4f^{14}6s^2$	170	$4f^{13}$
71	Lu	$4f^{14}5d^16s^2$	158	$4f^{14}$

由于镧系元素的外层、次外层的电子构型基本相同，因此它们的化学性质非常相似。镧系元素在形成化合物时，最外层的 s 电子，次外层的 d 电子都容易失去，因此它们都是活泼金属元素，其单质均为金属晶体。镧系元素的金属活泼性仅次于碱金属和碱土金属元素，与金属镁相当。在 15 个镧系元素中，镧元素最活泼，由镧元素到镥元素金属活泼性递减。它们都是强还原剂，和水作用可放出氢。在不很高的温度下可和氧、硫、氯等反应，形成稳定的氧化物、硫化物、卤化物。镧系元素还可以和氮、氢、碳、磷发生反应，易溶于盐酸、硫酸和硝酸中。

镧系元素可应用于冶金工业，在冶炼过程中常被用做还原剂、脱氧剂、脱硫剂等。在难熔金属或合金中加进镧系元素可提高其抗氧化能力、耐腐蚀性、高温强度及抗裂性等。镧系元素还可作为多种催化剂广泛应用于石油和化学工业中。

镧系元素也可以应用于玻璃和陶瓷工业。它们是光学玻璃中不可缺少的重要成分。应用镧系元素还可以制造许多新型玻璃，如着色感光玻璃、光敏微晶玻璃、光致变色玻璃、旋光玻璃、有色玻璃、红外玻璃和防辐射玻璃等。现在，镧系元素已成为光功能玻璃、光学纤维等的重要组成部分。同时镧系元素是性能优良的陶瓷颜料，它能使陶瓷制品光彩明亮，鲜艳柔和。

镧系元素还广泛应用在贮氢材料、磁性材料、超导材料等领域。在已开发的一系列贮氢材料中，镧系贮氢材料性能最佳，应用也最为广泛。其应用领域已扩大到能源、化工、电子、宇航、军事及民用各个方面。

锕系元素的最外层和次外层的电子构型基本相同都是 $6d^1 7s^2$ 或 $6d^0 7s^2$，其 5f 轨道上的电子数为 $5f^{0\sim14}$。同镧系元素相似，锕系元素的化学性质也相似，也单独组成一个系列，在元素周期表中占有特殊位置。

锕系元素中铀元素以后是人工合成的超铀元素，它们是用人工核反应合成的。

8.1.4.2　非金属单质的化学性质

大多数非金属单质既具有氧化性，又具有还原性。例如氢气在高温下能与活泼金属反应生成离子型氢化物，呈现出氧化性；也能与部分非金属反应呈现出还原性，如与氧气反应生成水或与氮气反应生成氨。

$$H_2(g) + 2Li = 2LiH$$

$$3H_2(g) + N_2(g) = 2NH_3(g)$$

$$H_2(g) + 1/2O_2(g) = H_2O(g)$$

少数非金属单质如氮气、稀有气体，化学稳定性很好，一般条件下不与其它物质反应，常用作惰性介质或保护性气体。

ⅥA、ⅦA 族 F_2、O_2、Cl_2、Br_2 等的标准电极电势值较大，属于活泼非金属单质，具有较强的氧化性，常作为氧化剂。它们都可以与金属、非金属作用，其反应的剧烈程度与氧化能力成顺变关系。卤素单质之间也可以发生氧化还原反应。例如：

$$Cl_2 + F_2 = 2ClF \qquad T=500K$$

$$I_2 + 5F_2 = 2IF_5 \qquad \text{室温}$$

ⅣA 族的 C、Si 单质属于不活泼非金属单质，具有一定的还原性，常作为还原剂。碳作为还原剂在高温下可与单质氧、金属氧化物、硫等发生氧化还原反应。例如：

$$MgO + C = Mg + CO\uparrow \qquad T\geqslant 2273K$$

$$ZnO + C = Zn + CO\uparrow \qquad T>700K$$

$$PbO + C = Pb + CO\uparrow \qquad T>700K$$

硅作为还原剂在高温下能与氧及所有的卤素反应。硅还能溶于混合酸中，也能与强碱作用。例如：

$$Si + O_2 \xlongequal{} SiO_2 \qquad T \geqslant 973K$$

$$3Si + 18HF + 4HNO_3 \xlongequal{} 3H_2[SiF_6] + 4NO(g) + 8H_2O$$

$$Si + 2NaOH + H_2O \xlongequal{} Na_2SiO_3 + 2H_2(g)$$

（1）卤素单质的化学性质

卤族元素位于周期表第ⅦA族，卤族元素的一些基本性质见表8.11。

表8.11　卤族元素的一些基本性质

元　素	氟(F)	氯(Cl)	溴(Br)	碘(I)
原子序数	9	17	35	53
价层电子组态	$2s^2 2p^5$	$3s^2 3p^5$	$4s^2 4p^5$	$5s^2 5p^5$
原子半径/nm	0.064	0.099	0.121	0.140
第一电离能 I_1/eV	17.42282	12.96764	11.81381	10.45126
电子亲和能 E_{A_1}/eV	3.401189	3.612724	3.363588	3.059037
电负性	3.98	3.16	2.96	2.66
气相分子中的X-X键长/nm	0.14119	0.19878	0.22811	0.26663

由于卤素原子都有取得一个电子而形成卤素阴离子的强烈趋势，所以卤素化学活泼性高、氧化能力强。除I_2外，它们均为强氧化剂。由标准电极电势可看出，F_2是卤素单质中最强的氧化剂。随着X原子半径的增大，卤素的氧化能力依次减弱。

卤素单质最突出的化学性质是氧化性，氧化能力依次为$F_2 > Cl_2 > Br_2 > I_2$。

卤素能与大多数金属和非金属直接化合生成相应的卤化物。

卤素的化学性质主要有以下几个方面。

① 与金属反应　F_2能与所有金属直接反应生成离子型化合物；Cl_2能与多数金属直接反应生成相应化合物；Br_2和I_2只能与较活泼的金属直接反应生成相应化合物，与其它金属的反应需在加热情况下进行。干燥时，F_2可使Cu、Ni和Mg钝化，生成金属氟化物保护膜，可阻止进一步被氧化，因此F_2可以储存在铜、镍、镁或它们的合金制成的容器中。Cl_2在干燥的情况下不与铁作用，因此Cl_2可以储存于铁制的容器中。

② 与非金属单质反应　F_2几乎能与所有非金属单质（He、Ne、Ar、Kr、O_2、N_2除外）直接反应生成相应的共价化合物，而且反应非常激烈，常伴随着燃烧和爆炸；Cl_2、Br_2能与多数非金属直接反应生成相应的共价化合物，但反应比氟平稳得多；I_2只能与少数非金属直接反应生成共价化合物（如PI_3）。

卤素与H_2反应时，F_2在冷暗处即可产生爆炸；Cl_2与H_2在常温下反应缓慢，但在强光照射或高温下，反应瞬间完成并可发生爆炸；Br_2与H_2的反应需加热至648K或在紫外线照射下才能进行，且一般反应不完全；I_2与H_2的反应则要求更高的温度或在催化剂的存在下才能进行，且同时存在HI的分解。

③ 与水的反应　卤素与水可发生两类化学反应。第一类反应是卤素对水的氧化作用，即卤素单质从水中置换出氧气的反应：

$$2X_2 + 2H_2O \longrightarrow 4H^+ + 4X^- + O_2\uparrow$$

第二类是卤素的水解作用，即卤素的歧化反应：

$$X_2 + H_2O \rightleftharpoons H^+ + X^- + HXO$$

卤素单质与水的反应，可由相关电对的电极电势说明。如：

电对	F_2/F^-	Cl_2/Cl^-	Br_2/Br^-	I_2/I^-	O_2/H_2O		
					pH=0	pH=7	pH=14
$E^{\ominus}/V$	2.866	1.358	1.066	0.5355	1.229	0.816	0.401

由表中数据可看出，在中性条件下，F_2、Cl_2、Br_2都可以与H_2O作用，但反应的速率和程度不同。I_2不能与水反应。

F_2氧化性最强，只能与水发生第一类反应，且反应激烈：

$$2F_2 + 2H_2O \longrightarrow 4HF + O_2\uparrow$$

Cl_2须在光照下缓慢与水反应放出O_2；Br_2与水作用放出O_2的反应非常缓慢，而当溴化氢浓度高时，HBr会与O_2作用而析出Br_2；碘非但不能置换水中的氧，而O_2却可将HI氧化，析出I_2：

$$2I^- + 2H^+ + \frac{1}{2}O_2 \longrightarrow I_2 + H_2O$$

Cl_2、Br_2、I_2与水主要发生第二类反应，此类歧化反应是可逆的。从Cl_2到I_2反应进行程度越来越小。从卤素单质的水解反应式可知，反应的产物为卤化物和次卤酸盐。加酸能抑制卤素的水解；加碱则促进水解。

Cl_2、Br_2、I_2在碱性溶液中发生歧化反应其反应产物与温度有关。常温下Cl_2在碱性溶液中歧化为Cl^-和ClO^-，加热时则歧化为Cl^-和ClO_3^-；常温下Br_2在碱性溶液中歧化为Br^-和BrO_3^-，在低温下歧化为Br^-和BrO^-，I_2在低温下也歧化为I^-和IO_3^-。

④ 卤素单质与卤离子的反应　由标准电极电势可知，卤素单质的氧化能力大小顺序为：

$F_2 > Cl_2 > Br_2 > I_2$

卤素阴离子的还原能力：

$I^- > Br^- > Cl^- > F^-$

因此，F_2能氧化Cl^-、Br^-、I^-，置换出Cl_2、Br_2、I_2；Cl_2能置换出Br_2和I_2；而Br_2只能置换出I_2。

在化学元素发现史上，持续时间最长、参加的化学家人数相当多、危险很大的，莫过于单质氟的制取了。氟是卤族中的第一个元素，但发现得最晚。从1771年瑞典化学家舍勒（Carl Wilhelm Scheele，1742—1786）制得氢氟酸到1886年法国化学家莫瓦桑（Henri Moissan，1852—1907）分离出单质氟共经历了100多年时间。莫瓦桑也因此获得1906年诺贝尔化学奖。在此期间，不少科学家不屈不挠地辛勤地劳动，多位科学家为此中毒甚至献出自己的生命。可以称得上是化学发展史中一段悲壮的历程。当时，年轻的莫瓦桑看到制备单质氟这个研究课题难倒了那么多的化学家，不但没有气馁，反而下决心要攻克这一难关。

莫瓦桑总结了前人的经验教训，他认为，氟这种气体太活泼了，活泼到无法分离的程度。电解出的氟只要碰到一种物质就能与其化合，强烈地腐蚀各种电极材料。如果采用低温电解的方法，可能是解决这个问题的一个途径。经过百折不挠的多次实验，1886年6月26日，莫瓦桑终于在低温下用电解氟氢化钾与无水氟化氢混合物的方法制得了游离态的氟。氟这种最活泼的非金属终于被人类征服了，许多年以来化学家们梦寐以求的理想终于实现了，莫瓦桑为人类解决了一个大难题。真是有志者事竟成！

卤素在自然界中大多以化合物的形式存在，因此卤素的制备一般采用阴离子氧化法。

$$2X^- - 2e^- \longrightarrow X_2$$

可根据 X^- 的还原性和产物 X_2 活泼性的差异，决定不同卤素的制备方法。

① F_2　一般采用电解法：

$$2KHF_2 \xrightarrow{电解} 2KF + H_2\uparrow(阴极) + F_2\uparrow(阳极)$$

② Cl_2　工业制备采用电解饱和食盐水溶液的方法：

$$2NaCl + 2H_2O \xrightarrow{电解} 2NaOH + H_2\uparrow(阴极) + Cl_2\uparrow(阳极)$$

实验室制备：

$$MnO_2 + 4HCl(浓) \xrightarrow{\triangle} MnCl_2 + Cl_2\uparrow + 2H_2O$$

③ Br_2 和 I_2　可用置换法制备：

$$2Br^- + Cl_2 \longrightarrow Br_2 + 2Cl^-$$

$$2I^- + Cl_2 \longrightarrow I_2 + 2Cl^-$$

也可用智利硝石（含 $NaIO_3$）制取 I_2：

$$2IO_3^- + 5HSO_3^- \longrightarrow I_2 + 3HSO_4^- + 2SO_4^{2-} + H_2O$$

（2）氧族元素单质的化学性质

周期系第ⅥA 族包括氧、硫、硒、碲、钋五种元素统称为氧族元素。硫、硒和碲又常称为硫族元素。钋是放射性元素。该族元素的基本性质见表 8.12。

表 8.12　氧族元素的性质

元　　素	氧(O)	硫(S)	硒(Se)	碲(Te)
原子序数	8	16	34	52
价层电子组态	$2s^22p^4$	$3s^23p^4$	$4s^24p^4$	$5s^25p^4$
原子半径/nm	0.068	0.102	0.122	0.147
第一电离能/eV	13.61806	10.36001	9.75238	9.0096
第一电子亲和能/eV	1.4611096	2.077103	2.020670	1.9708
电负性 X_p	3.44	2.58	2.55	2.1

从表中可以看出，氧族元素的价电子层结构为 ns^2np^4，共有 6 个价电子，所以它们都易结合两个电子形成−2 价的阴离子，表现出非金属的特征。由氧过渡到硫、硒、碲，电离能和电负性有一个突然的降低，所以，当硫、硒、碲与电负性较大的元素结合时，又可失去电子而显正氧化态，同时它们价电子层中的空的 d 轨道也可参与成键，常表现为+2、+4、+6 三种氧化态。

氧族元素和卤素相似，原子半径、离子半径随原子序数的增加而增大，电离能和电负性随原子序数的增加而减小。元素的性质随原子序数的增加从非金属过渡到金属。氧和硫是典型的非金属，硒和碲是准金属，而钋是金属。氧族元素的非金属活泼性弱于相应的卤素。

在常温下，氧原子是很活泼的元素，但氧分子的化学性质却不很活泼，只能将某些强还原性的物质如 NO、$SnCl_2$、H_2S、H_2SO_3 等氧化。在加热条件下，除卤素、少数贵重金属（Au、Pt 等）以及稀有气体外，氧几乎能与所有元素直接化合，生成相应的氧化物。

臭氧是一种蓝色具有特殊的鱼腥味的气体，比氧气易液化，液态时呈蓝紫色。但它较难固化，在 80K 时凝结成黑色晶体。

臭氧的特征化学性质是它的不稳定性和氧化性。

常温下臭氧分解得很慢，当加热到 437K 以上迅速分解。紫外线照射或催化剂（如

MnO_2、PbO_2）的存在可加速反应。但若有水蒸气时则减慢反应。

$$2O_3 \rightleftharpoons 3O_2 \quad \Delta_r H_m^{\ominus} = -284\text{kJ} \cdot \text{mol}^{-1}$$

O_3 的氧化性比 O_2 的强，能氧化许多不活泼单质如 Hg、Ag、S 等。例如臭氧氧化 Ag 的反应：

$$2Ag + 2O_3 = Ag_2O_2 + 2O_2$$

臭氧能迅速且定量地把 I^- 氧化成 I_2，此反应被用来测定 O_3 的含量：

$$O_3 + 2I^- + H_2O = I_2 + O_2 + 2OH^-$$

利用臭氧的强氧化性和不易导致二次污染的优点，常用作消毒杀菌剂、空气净化剂、漂白剂等。在工业废气的处理中，臭氧可把其中的二氧化硫氧化并制得硫酸。在工业废水的处理中，臭氧可把有害的有机物氧化，使其转变成无害物质。臭氧在大气中达到一定的浓度时就会造成环境污染。根据 GB 3095—1996《环境空气质量标准》的规定，空气中 O_3 的小时平均浓度限值（标准状态）的一级、二级标准分别为 0.12mg/m^3 和 0.16mg/m^3，2000 年又被修改为 0.16mg/m^3 和 0.20mg/m^3。

硫有多种同素异形体，最常见的同素异形体是斜方硫（又称为 α-硫）和单斜硫（又称为 β-硫）。它们都易溶于 CS_2，都是由 8 个硫原子组成 S_8 环状分子。

单斜硫在 369K 以上稳定，斜方硫在 369K 以下稳定，在 369K（转变点）时两种变体达到平衡：

$$\text{斜方硫}(S_\alpha) \underset{369\text{K}}{\overset{369\text{K}}{\rightleftharpoons}} \text{单斜硫}(S_\beta)$$

这说明在常温下，斜方硫是硫的稳定单质。

斜方硫和单斜硫都是 S_8 环状分子组成的，分子中的每一个硫原子都以 sp^3 杂化轨道与另外两个硫原子形成共价单键。

硫的化学性质活泼，能与许多金属和非金属反应，甚至在低温下就能与碱金属、碱土金属、铝、铅、汞等反应。

硫的用途十分广泛，用来生产硫酸、农药、橡胶、纸张、火药、火柴、焰火，在医药上用于治疗癣疥等皮肤病。

氮族非金属元素包括氮（N）、磷（P）、砷（As）。其原子的最外电子层上都有 5 个电子，它们的最高正价均为＋5 价，若能形成气态氢化物，则它们均显－3 价，气态氢化物化学式可用 RH_3 表示。最高氧化物的化学式可用 R_2O_5 表示，其对应水化物为酸。

8.2 无机化合物

在化学科学建立前，人类已了解了某些无机化合物的性质，掌握了一些无机化合物的知识和制备技术。如早在公元前 17 世纪的殷商时代就知食盐（氯化钠）是调味品；公元前 5 世纪已有了琉璃（聚硅酸盐）器皿；公元 7 世纪已能用焰硝（硝酸钾）、硫磺和木炭做火药；到了明朝，在《天工开物》一书中已详细记载了食盐、陶瓷器、焰硝、红黄矾等几十种无机化合物的生产过程。

化学不但显示自然界的本质，而且创造新分子、新催化剂以及具有特殊反应性的新化合物。由此得之，我们不仅要了解化学元素、单质的性质，而且还应了解化合物的基本性质并能联系前面学过的理论知识做适当解释。

本节将介绍典型无机化合物：卤化物、氧化物和氢氧化物。

8.2.1 卤化物

（1）卤化物概述

卤素（元素周期表的第ⅦA族元素）与电负性比卤素小的化学元素组成的二元化合物被称为卤化物（halide）。除少数稀有气体外，几乎所有的元素都能与卤素生成卤化物。自然界天然存在的卤化物有100多种，其中数量最多的有NaCl、KCl、$MgCl_2$等。卤化物有以下2种分类方式。

卤化物按结构特征可分为离子型卤化物和共价型卤化物。离子型卤化物是卤素与电负性较小的碱金属、碱土金属、镧系金属或低价过渡元素离子之间以正常离子键形成的卤化物。离子型卤化物为离子晶体，其熔点、沸点较高，挥发性很低，易溶于水，其熔融态或水溶液可以导电。共价型卤化物由两部分组成：一部分是卤素与电负性较大的非金属元素之间以正常共价键形成的卤化物，它们一般是分子晶体，熔点、沸点较低，挥发性高；另一部分是卤素与某些高价的金属离子或ⅠB、ⅡB族部分金属离子形成的卤化物，它们的键型也是共价键，熔点、沸点较低。

经验表明，沸点在673K以上的卤化物多为离子型卤化物，沸点低于673K的卤化物多为共价型卤化物。

按组成卤化物又可分为金属卤化物和非金属卤化物两大类。金属卤化物的键型因金属电负性、离子半径、电荷以及卤素本身电负性、离子半径的不同而呈多样化：既有典型的离子键，也有介于离子键和共价键之间的过渡键，甚至还有些金属卤化物的键型为共价键。由于金属卤化物的键型差异大，因此金属卤化物的性质差异也很大。非金属卤化物均以共价键结合，熔点和沸点低，具有挥发性。部分非金属卤化物可溶于水，并且往往发生强烈水解。

（2）卤化物的化学性质

① 金属卤化物的溶解性　具有正常离子键的金属卤化物的溶解性遵循以下规律：同一金属的不同卤化物的溶解度大小顺序为$MI_x > MBr_x > MCl_x > MF_x$。即同一金属的不同卤化物中，氟化物的溶解度最低。

共价键为主的金属卤化物的溶解性刚好与上述顺序相反，为$MF_x > MCl_x > MBr_x > MI_x$。因氟化物的离子性强于其它卤化物，故溶解度最大。其余卤化物随Cl^-、Br^-、I^-变形性增大而共价型增多，溶解度变小。如HgX_2、AgX就是按此顺序变化的。

一些难溶于水的金属卤化物，可以溶解在过量Cl^-、Br^-、I^-和CN^-离子的溶液中，形成可溶性的配合物。如难溶于水的HgI_2可溶于过量I^-离子溶液中形成$[HgI_4]^{2-}$配离子，反应式为：

$$HgI_2 + 2I^- = [HgI_4]^{2-}$$

② 水解作用　许多非金属及高价金属卤化物的水解作用相当完全，水解产物是含氧酸及氢卤酸。例如：

$$TiCl_4 + 3H_2O = H_2TiO_3\text{（偏钛酸）} + 4HCl$$

$$SnCl_4 + 3H_2O = H_2SnO_3\text{（偏锡酸）} + 4HCl$$

$$SiF_4 + 3H_2O = H_2SiO_3\text{（偏硅酸）} + 4HF$$

$$PCl_3 + 3H_2O = H_3PO_3\text{（亚磷酸）} + 3HCl$$

$$PBr_3 + 3H_2O = H_3PO_3 + 3HBr$$

有些金属卤化物水解作用不完全。水解产物是碱式卤化物、卤氧化物或氢氧化物的沉淀。例如：

$$MgCl_2 + H_2O = Mg(OH)Cl\downarrow + HCl$$

$$SbCl_3 + H_2O = SbOCl\downarrow + 2HCl$$

$$GeCl_4 + 4H_2O = GeO_2 \cdot 2H_2O(\text{胶状沉淀}) + 4HCl$$

为了抑制水解，在配制卤化物溶液时，常加入一定量的氢卤酸。

有的非金属卤化物在水中不发生水解，并非由于热力学原因。例如：

$$CF_4(g) + 2H_2O(l) = CO_2(g) + 4HF(g) \quad \Delta_r G_m^{\ominus}(298.15K) = -127kJ \cdot mol^{-1}$$

$\Delta_r G_m^{\ominus}$ 是较大的负值，水解反应应当可以进行。但由于反应需要的活化能太大，致使上述反应在通常情况下不发生。

卤化物的挥发性、可溶性和水解性，使卤素在自然界对某些元素如 Ti、W、Si 等起迁移和富集作用。这些元素在岩浆中一旦形成卤化物，便挥发而沿裂隙上升，遇水则水解成两种酸，其中之一是氢卤酸，氢卤酸再溶解这些元素重新形成卤化物。如此长期循环下去，水解后的另一种酸脱水成矿。如：

$$SiF_4 + 3H_2O = H_2SiO_3 + 4HF\uparrow$$

HF 又去溶解 SiO_2 形成 SiF_4，而把硅"搬运"上来，水解时得到的 H_2SiO_3 脱水后，形成十分纯的 SiO_2 或结晶成完整的石英晶体。

③ 稳定性　多数卤化物是稳定的，有的受热则易分解。同一卤素的金属卤化物，其热稳定性随金属的电负性增加而减小。碱金属和碱土金属的卤化物最稳定，金和汞的卤化物稳定性最差。同一元素的卤化物，其热稳定性依 F、Cl、Br、I 的次序递减。氟化物、氯化物稳定性较好，碘化物最不稳定，易受热分解。工业上常采用碘化物热分解的方法来制取高纯度的单质。例如，钛的精炼

$$Ti(\text{粗}) + 2I_2 = TiI_4$$

$$TiI_4 = Ti(\text{精}) + 2I_2$$

非金属卤化物大多热稳定性较差，受热易分解。如 CCl_4 分解温度为 748K，PCl_5 在 433K 开始部分分解，573K 时完全分解。分解反应为：

$$PCl_5 = PCl_3 + Cl_2$$

新型电光源碘钨灯、溴钨灯就是利用碘化钨 WI_2 或溴化钨 WBr_2 的热分解性质制作的。碘钨灯（溴钨灯）是在灯管内充入少量的碘（溴），低温时碘（溴）与钨化合成 WI_2（WBr_2），附于灯丝上，灯丝灼热后，WI_2（WBr_2）又分解为钨及碘（溴）蒸气。如此反复循环，可提高灯的发光效率和使用寿命。

另外，卤化银见光易分解。利用此性质可制作照相底片和变色玻璃。

8.2.2　氧化物

(1) 氧化物概述

氧化物（oxide）是指氧元素与电负性比氧元素小的化学元素组成的二元化合物，是一类最常见的化合物。除稀有气体外，几乎所有元素都能和氧生成氧化物。在自然界中有许多氧化物矿物，如磁铁矿（Fe_3O_4）、赤铁矿（Fe_2O_3）、软锰矿（MnO_2）、刚玉（α-Al_2O_3）、金红石（TiO_2）等等。氧化物有以下两种分类方式。

按结构氧化物可分为离子型氧化物和共价型氧化物两大类。大多数金属氧化物都是离子型氧化物，在固态时为离子晶体。如 s 区的碱金属、碱土金属（Be 除外）及ⅢB 族元素的氧化物均以离子键结合，是典型的离子型氧化物。但 d 区、ds 区金属元素的氧化物都是过

渡型化合物，其中低氧化态的氧化物如 Cr_2O_3、MnO、NiO 偏向于离子型；高氧化态的氧化物如 V_2O_5、CrO_3、MoO_3、Mn_2O_7 等由于“金属离子”与“氧离子”相互作用强烈，而偏向于共价型（分子晶体）。

非金属元素的氧化物都是共价型氧化物。大部分非金属元素的氧化物固态时是分子晶体，如 SO_2、N_2O_5、CO_2；个别非金属元素氧化物如 SiO_2、B_2O_3 为原子晶体；一些非金属性较弱的元素（如 p 区 As、Se 等）的氧化物常呈过渡型晶体结构，如 As_2O_3 是层状晶体，SeO_2 是链状晶体。

值得注意的是，氧化物键型是呈周期性变化的。同一周期自左而右，氧化物由离子键逐渐转变为共价键，其晶体结构亦有相应变化（见表 8.13）。

表 8.13　第三周期元素氧化物的键型、晶体类型及熔点

族　别	ⅠA	ⅡA	ⅢA	ⅣA	ⅤA	ⅥA	ⅦA
氧化物	Na_2O	MgO	Al_2O_3	SiO_2	P_2O_5	SO_3	Cl_2O_3
键型	离子键	离子键	偏离子键	共价键	共价键	共价键	共价键
晶体类型	离子晶体	离子晶体	过渡型晶体	原子晶体	分子晶体	分子晶体	分子晶体
熔点/K	1193	3125	2366	1916	297	200.5	191.5

根据氧化物对酸、碱的反应及其水合物的性质氧化物还可分为酸性氧化物、碱性氧化物、两性氧化物及不成盐氧化物四大类。

非金属氧化物和高氧化态金属氧化物一般为酸性氧化物。酸性氧化物能与碱反应成盐，其水合物为含氧酸，如 CO_2、CrO_3、Mn_2O_7。

碱金属、碱土金属氧化物和低氧化态的副族金属氧化物一般为碱性氧化物。碱性氧化物能与酸作用成盐，其水合物呈碱性，如 MgO、FeO。

既可与酸、又可与碱作用成盐的氧化物为两性氧化物。周期表中由金属过渡到非金属交界处的元素的氧化物通常都是两性氧化物，如下所示：

ⅠA								0
	ⅡA		ⅢA	ⅣA	ⅤA	ⅥA	ⅦA	
	BeO							
			Al_2O_3					
			Ga_2O_3	GeO_2	As_2O_3			
			In_2O_3	SnO_2 (SnO)	Sb_2O_3	TeO_2		
				PbO_2 (PbO)				

不溶于水，也不与酸、碱作用生成盐的氧化物称为不成盐氧化物。不成盐氧化物一般都是非金属氧化物，如 CO、NO。

(2) 氧化物的物理性质

氧化物的熔点差异较大，其变化情况与卤化物相似，原子晶体和离子晶体熔点较高，分子晶体熔点较低。

副族元素的氧化物中除极少数（如 Mn_2O_7、RuO_4）熔点较低外，其余绝大多数熔点均较高。如ⅣB族 Zr、Hf 等元素氧化物的熔点高达 3000K，是很好的耐高温材料。

(3) 氧化物的化学性质

氧化物对酸碱的稳定性是其重要的化学性质。

氧化物的酸碱性可归纳如下。

① 酸性氧化物能与碱反应，碱性氧化物能与酸反应，两性氧化物既能与碱反应又能与酸反应。

② 某元素如能生成几种不同氧化态的氧化物时，高氧化态氧化物的酸性要比低氧化态的强。例如，锰的氧化物有 5 种：

MnO	Mn_2O_3	MnO_2	MnO_3	Mn_2O_7
碱性	碱性	两性	酸性	酸性

$\longrightarrow$ 碱性减弱　酸性增强

③ 在同一周期中，从左到右，各元素最高氧化态的氧化物酸性逐渐增强，碱性逐渐减弱。例如第 3 周期：

Na_2O	MgO	Al_2O_3	SiO_3	P_2O_5	SO_3	Cl_2O_7
碱性强	碱性中强	两性	酸性弱	酸性	酸性强	酸性强

$\longrightarrow$ 碱性减弱　酸性增强

长周期元素氧化物的酸碱性有一个重复变化，由碱性到酸性，再由碱性到酸性。如第 3 周期：

K_2O	CaO	Sc_2O_3	TiO_2	V_2O_5	CrO_3	Mn_2O_7	Cu_2O	ZnO	Ga_2O_3	GeO_2	As_2O_5	SeO_3
碱性强	碱性强	碱性弱	两性	酸性弱	酸性中强	酸性强	碱性	两性	两性	两性	酸性	酸性

$\longrightarrow$ 碱性减弱　酸性增强

④ 同主族元素，自上而下，氧化物的碱性增强，酸性减弱。如ⅤA族元素三价氧化物酸碱性的递变情况为：

N_2O_3	P_2O_3	As_2O_3	Sb_2O_3	Bi_2O_3
酸性	酸性	酸性	两性	碱性

$\longrightarrow$ 酸性减弱　碱性增强

8.2.3 氢氧化物

任一元素（用 R 表示）与 OH 基团组成的三元化合物为氢氧化物（hydroxide），通式为 $R(OH)_z$。含氧酸和无机碱的结构都是某元素 R 与 O、H 构成的三元化合物，均含有 OH 基团，故均可视为氢氧化物。

(1) 氢氧化物的解离

氢氧化物是显酸性还是碱性可由 ROH 模型来判断。ROH 模型是从离子键的观点出发，把氢氧化物的 R、O、H 分别简单地看成是 R^{z+}、O^{2-}、H^+ 三种离子，正离子 R^{z+} 及 H^+ 均对负离子 O^{2-} 有吸引力。

$R(OH)_z$ 可具有两种不同的解离倾向：

酸式解离：　$R{-}O \vdots H \longrightarrow RO^- + H^+$，产生 H^+，如 HClO。

碱式解离：　$R \vdots O{-}H \longrightarrow R^{z+} + OH^-$，产生 OH^-，如 NaOH。

$R(OH)_z$ 的解离倾向，可用 R^{z+} 的电荷多少、半径大小粗略地予以判断。如果 R^{z+} 电荷较少，半径较大（如碱金属、碱土金属元素的离子），与 O^{2-} 间吸引力不大，不足以抗衡

H^+同O^{2-}间的吸引力，则按碱式解离，此元素的氢氧化物便是碱性氢氧化物；反之，如果R^{z+}电荷较多，半径较小（如高价过渡金属），与O^{2-}间吸引力较大，大过H^+同O^{2-}间的吸引力，则按酸式解离，此元素的氢氧化物便是酸性氢氧化物；如果R^{z+}对O^{2-}的吸引力与O^{2-}同H^+间的吸引力差不多，则有可能按两种方式解离，这便是两性氢氧化物。

由于某元素氢氧化物的酸碱性主要与中心离子R^{z+}的电荷（Z）、半径（r）有关。因此可用该元素氢氧化物离子势Φ（ionic potential）的大小判断其酸碱性。阳离子电荷Z与阳离子半径r之比称为离子势Φ，表示为：

$$\Phi=\frac{Z}{r}$$

离子半径r的单位为pm(1pm$=10^{-12}$m)。酸碱性可按下列经验规则划分：

$\sqrt{\Phi}<0.22$　　　　ROH为碱性

$\sqrt{\Phi}>0.32$　　　　ROH为酸性

$0.22<\sqrt{\Phi}<0.32$　　ROH为两性

上述经验规则较能概括许多氢氧化物的酸碱性。但也有不少氢氧化物的酸碱性违背上述规则。例如，$Zn(OH)_2$的$\sqrt{\Phi}=\sqrt{\frac{2}{74}}=0.164<0.22$，应显碱性，而事实上$Zn(OH)_2$是典型的两性氢氧化物。这说明ROH模型本身存在着理论上的缺陷。主要是该模型没有考虑R与O之间化学键的共价成分。

(2) 氢氧化物的酸碱性递变规律

利用ROH模型讨论氢氧化物酸碱性在周期表中的变化规律，可得到令人满意的结论。

① 同周期元素最高氧化态的氢氧化物，从左到右，碱性减弱，酸性增强。以第3周期为例，见表8.14。

表8.14　第3周期最高价氢氧化物性质对比

族数	ⅠA	ⅡA	ⅢA	ⅣA	ⅤA	ⅥA	ⅦA
化学式	$NaOH$	$Mg(OH)_2$	$Al(OH)_3$	H_2SiO_3	H_3PO_4	H_2SO_4	$HClO_4$
Z	1	2	3	4	5	6	7
$r(R^{z+})$/pm	95.0	65	55	41	34	29	26
$\sqrt{\Phi}$	0.10	0.18	0.23	0.31	0.38	0.45	0.52
酸碱性	强碱	中强碱	两性偏酸	弱酸	中强酸	强酸	最强酸

② 同族（主族、副族）元素中，从上到下，相同价态的氢氧化物的碱性增强，酸性减弱，见表8.15。

表8.15　ⅢA、ⅢB族元素氢氧化物性质对比

ⅢA	$r(R^{3+})$/pm	$\sqrt{\Phi}$		ⅢB	$r(R^{3+})$/pm	$\sqrt{\Phi}$
H_3BO_3 弱酸	20.0	0.39	碱性增强↓			
$Al(OH)_3$ 两性偏酸	55.0	0.23				
$Ga(OH)_3$ 两性	62.0	0.22		$Sc(OH)_3$ 弱碱	81.0	0.19
$In(OH)_3$ 两性偏碱	92.0	0.18		$Y(OH)_3$ 中强碱	93.0	0.18
$Tl(OH)_3$ 弱碱	105	0.17		$La(OH)_3$ 强碱	106	0.17
				$Ac(OH)_3$ 强碱	111	0.16

③ 同一元素形成几种氢氧化物时，随着化合价的升高，酸性增强，碱性减弱，见表8.16。

表8.16　同一元素氢氧化物酸碱性递变

化合价	+1	+3	+5	+7
化学式 $K_a^{\ominus}$ 酸碱性	$HClO$ 3.2×10^{-6} 弱酸	$HClO_2$ 1.1×10^{-2} 中强酸	$HClO_3$ 1×10^{3} 强酸	$HClO_4$ 1×10^{10} 最强酸
酸性增强				
化合价	+2	+4	+6	+7
化学式 酸碱性	$Mn(OH)_2$ 碱性	$Mn(OH)_4$ 或 $H_2MnO_3\cdot H_2O$ 两性	H_2MnO_4 强酸	$HMnO_4$ 最强酸
酸性增强				

思　考　题

1. 在本书附录的元素周期表中，共有多少种金属元素？有多少种元素的单质在常温、常压下呈气态？
2. 什么是同位素？放射性同位素？
3. 非金属单质在结构上有哪些特点？它们的分子有哪几种类型？
4. 试述第3周期元素氧化物的键型、晶体类型及熔点递变规律。
5. 简述第4周期氧化物酸碱性的递变规律。
6. 第ⅢA、ⅣA、ⅤA、ⅥA、ⅦA族各有几种非金属元素？它们单质的晶体结构和化学性质有什么规律？

习　　题

1. 写出碱金属与氧气作用分别生成氧化物、过氧化物及超氧化物的化学反应方程式以及这些生成物与水反应的化学方程式。
2. 举例说明氢气既具有氧化性又具有还原性。
3. 举例说明金属卤化物水解反应的类型并写出相应的化学反应方程式。
4. 为什么实验室准备的 $SnCl_2$ 溶液为酸性？
5. 两性氧化物和两性氢氧化物位于周期表什么位置？
6. 熔点最高的金属单质位于周期表什么位置？为什么？
7. B_2O_3 is acidic，Al_2O_3 is amphoteric，and Se_2O_3 is basic. Why?
8. List the Following acids in order of acid strength in aqueous solution：
   (a) $HClO_4$　H_3AsO_3　H_2SiO_3　H_2SO_4
   (b) $HClO$　$HClO_4$　$HClO_2$　$HClO_3$

第9章 有机化合物

【内容提要】

本章主要内容包括以下几个方面：

(1) 介绍有机化合物的分子结构及同分异构现象；

(2) 阐述有机化合物的基本性质和反应规律以及有机高分子化合物的主要合成方法、结构和性能；

(3) 简单介绍了一些常用的高聚物的性质及用途。

【本章要求】

(1) 掌握有机化学的研究内容和重要的有机反应类型。

(2) 掌握有机高分子化合物的合成方法及其结构与其物理和化学性质的关系。

(3) 了解一些常见的有机高分子化合物的性能及应用。

有机化学就是研究有机化合物的组成、结构、性质、合成及其理论与应用的一门学科。

最初，有机化合物系指由动植物有机体内取得的物质。自1828年维勒人工合成尿素后，有机物和无机物之间的界线随之消失，但由于历史和习惯的原因，“有机”这个名词仍沿用至今，但已失去它原有的含义。

有机化合物的组成特征是它们都含有碳原子，以碳和氢为主。但少数简单的含碳化合物，如碳酸盐、碳的氧化物、氰化物等由于性质更接近于无机物而被划在无机化合物的范畴。绝大多数有机化合物还含有氧、氮、卤素、硫、磷等非碳元素，可以把碳氢化合物看作是有机化合物的母体，其它的有机化合物，看作是这个母体的氢原子被其它原子或基团取代而衍生得到的物质。因此从组成上讲，有机化合物就是碳氢化合物及其衍生物。其种类繁多，数量庞大，远远超出无机化合物的数量，而且每年还有很多新的有机化合物被发现和合成出来。有机化学已经与人类生活及工、农业生产密不可分。

9.1 有机化合物的分子结构

化合物的性质，主要取决于化合物的结构。结构决定性质，性质决定用途。所以认识有机化合物，必须要先了解有机化合物的结构。

9.1.1 有机化合物分子中碳原子的杂化类型

碳原子在基态时最外层的电子构型是 $2s^2 2p^2$，难以得到或失去电子而形成离子，具有很强的共价键结合力。杂化轨道理论认为，有机化合物分子中的碳原子在与其它原子成键时，首先是 2s 轨道上的一个电子获得能量进入 2p 的一个空轨道，形成激发态的 $2s^1 2p_x^1 2p_y^1 2p_z^1$ 外层电子构型。因此在有机物中碳的共价键数是4，激发态的外层轨道通过不同的杂化类型进行杂化，得到能量相等、成键能力更强的杂化轨道，利用杂化轨道形成使系统能量降低的共价键。综合起来，有机化合物中碳原子的杂化类型主要有以下几种。

（1）sp^3 杂化

烷烃分子中的碳原子采用激发态的 1 个 2s 轨道与 3 个 2p 轨道进行 sp^3 杂化，杂化后的 4 个轨道以碳原子为中心，伸向四面体的 4 个顶点方向，互相之间的夹角为 109°28′。事实也证明甲烷分子为正四面体形，高级烷烃晶体的碳链是锯齿形的。如图 9.1 所示。除此之外，烷烃的碳原子还能连成环状的环烷烃。

（2）sp^2 杂化

烯烃中，含有—C═C—结构（C 上各连有一根竖线），烯碳原子激发态的外层轨道采用 sp^2 杂化方式，三个 sp^2 杂化轨道处于同一平面且互为 120°夹角。未参与杂化的 p 轨道能量和形状不变，对称轴与 sp^2 杂化轨道处于的平面垂直。通过侧面重叠形成 π 键。现代物理方法也证明了乙烯如图 9.2 所示的平面结构。

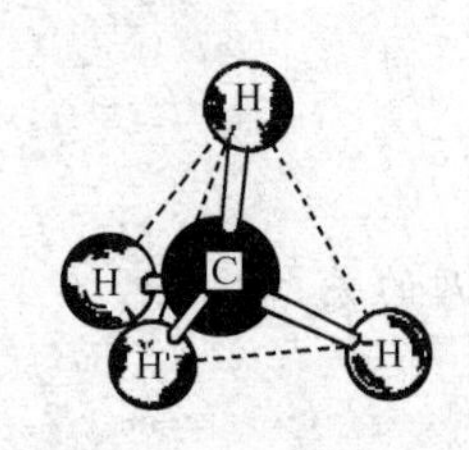

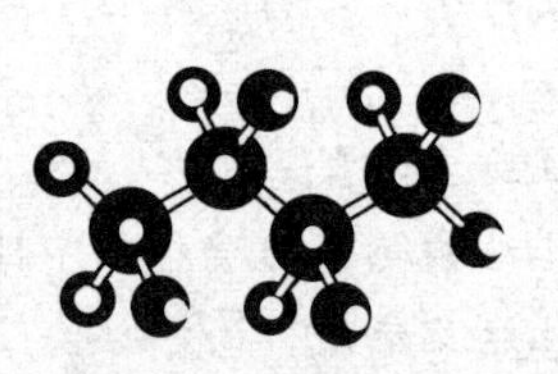

图 9.1　甲烷的正四面体结构和丁烷的球棍模型

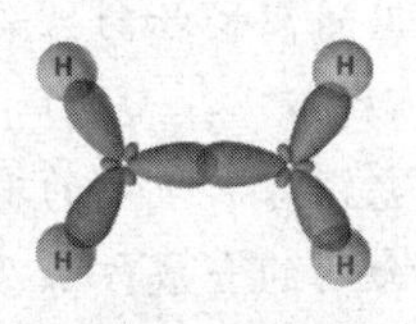

sp^2杂化轨道形成的σ键

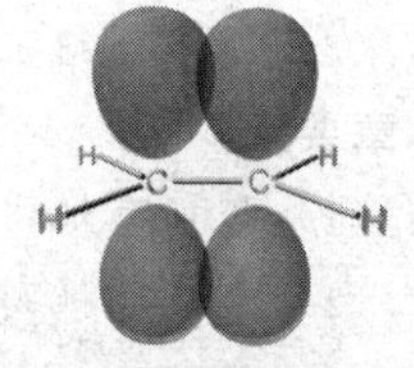

两个未杂化的p轨道通过侧面重叠形成π键

图 9.2　乙烯分子中的共价键

苯环上的所有碳、氢原子都处在同一平面上，相邻的碳原子用两个 sp^2 杂化轨道以“头碰头”的形式相互交盖构成六个等同的 C-C σ 键，每个碳原子用另一个 sp^2 杂化轨道同氢原子的 1s 轨道重叠，构成 6 个等同的 C-H σ 键。此时，每个碳原子都保留着一个未参加杂化的带有一个电子的 p 轨道。这些 p 轨道的对称轴都垂直于苯环平面，p 轨道彼此间以“肩并肩”的方式相互重叠，对称地分布在苯环平面的上下两方，形状如两个轮胎圈，6 个电子都不再隶属于某一个 C 原子或在某两个 C 原子之间运动，而是形成了 6 个 C 原子共用 6 个电子的环状闭合大 π 键。π 键中 π 电子云密度完全平均化。如图 9.3 所示。

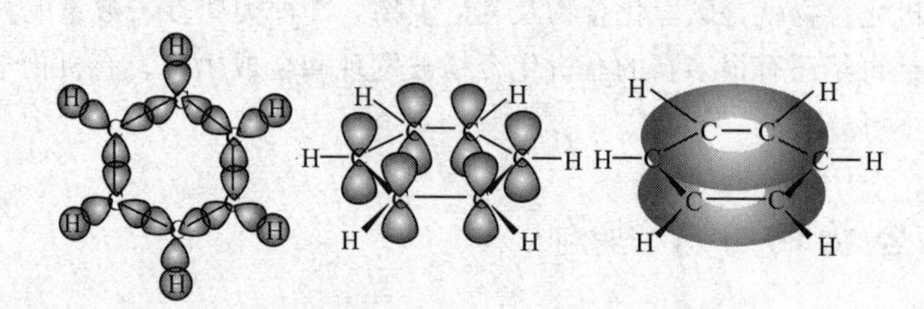

图 9.3　苯环的 σ 键和六电子大 π 键及 π 电子云

（3）sp 杂化

炔烃分子中含有—C≡C—结构，碳碳三键的碳原子采用激发态的外层轨道进行 sp 杂化，两个 sp 杂化轨道成 180°分布，两个未杂化的 p 轨道的轴除互相垂直外，还垂直于 sp 杂化轨道的对称轴。这样，在成键的过程中，两个碳原子各用一个 sp 杂化轨道以“头碰头”方式重叠形成 C-C σ 键；每个碳原子余下的一个 sp 杂化轨道分别与其它原子或基团结合形成一个 σ 单键。这样形成的 3 个 σ 键键轴处在同一直线上，两个碳原子各剩余两个未参与杂化的 p 轨道，分别侧面重叠以“肩并肩”方式形成两个 π 键。π 电子云围绕连核的直线呈圆筒形分布。现代物理方法证明，乙炔分子是一个线型分子，分子中 4 个原子排在一条直线上，如图 9.4 所示。

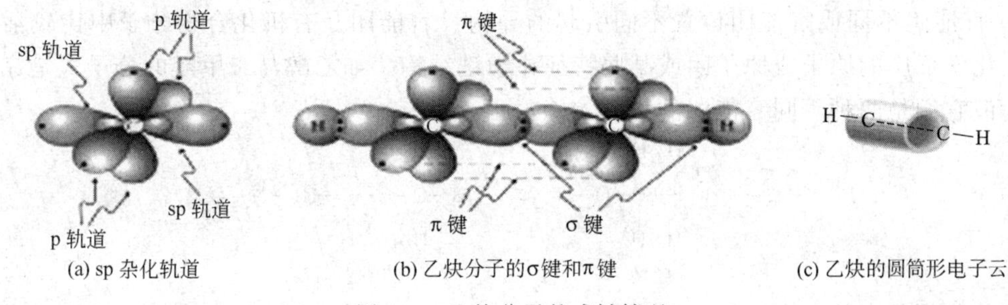

图 9.4　乙炔分子的成键情况

综上所述，在有机化合物中，由于中心原子碳特殊的最外层电子结构，普遍存在的化学键是共价键的 σ 键和 π 键。

9.1.2　有机化合物结构上的特点——同分异构现象

有机化合物的分子结构是指分子中的原子组成、原子间的连接顺序和方式，同时也包括化学键的结合情况和分子中电子云的分布状态等。

分子式相同而结构相异，因而其性质各异的化合物，互相之间称为同分异构体（isomer）。这种现象称为同分异构现象。一个有机化合物含有的碳原子数和原子种类越多，分子中原子间的可能排列方式则越多，它的同分异构体也就越多。

（1）构造异构

构造是指分子中原子的连接顺序和方式。以一个"—"代表一个共价键，以元素符号代表不同的原子，按照一定的次序和方式，将分子中的原子连接在一起，表示分子空间构型的化学式称为构造式（structural formula）。

分子式相同，分子内原子间相互连接的顺序（即构造）不同的化合物称为构造异构。

① 碳链异构　由碳架不同引起的异构，称为碳链异构。烷烃的构造异构属于碳链异构。如戊烷有三种碳链异构体：

$$CH_3CH_2CH_2CH_2CH_3 \qquad CH_3\underset{\displaystyle CH_3}{\underset{|}{C}H}CH_2CH_3 \qquad H_3C-\overset{\displaystyle CH_3}{\overset{|}{\underset{\displaystyle CH_3}{\underset{|}{C}}}}-CH_3$$

随着碳原子数的增加，构造异构体的数目显著增多，见表 9.1。

表 9.1　烷烃构造异构体的数目

碳原子数	异构体数	碳原子数	异构体数
1～3	1	8	18
4	2	9	35
5	3	10	75
6	5	15	4347
7	9	20	366 319

观察碳链异构体的结构式可以发现，碳原子在碳链中所处的位置不全相同，为了加以识别，需要给予不同碳原子不同的称谓，把只与 1 个、2 个、3 个或 4 个碳原子直接相结合的碳原子分别称为伯（一级）、仲（二级）、叔（三级）和季（四级）碳原子，用 1°、2°、3°和 4°表示。伯、仲、叔碳原子上所连接的氢原子，分别称为伯（1°H）、仲（2°H）、叔（3°H）氢原子。

② 取代基在环上的位置不同引起的异构　如二甲苯有以下几种位置不同的构造异构体：

（邻二甲苯、对二甲苯、间二甲苯结构式：苯环上两个 CH_3 分别处于邻位、对位、间位）

③ 官能团不同或官能团位置不同引起的异构　官能团是有机化合物分子中比较活泼而易发生化学反应的原子或原子团或某些特征化学键结构。如乙醇与二甲醚的分子式是完全相同的，但它们是两种不同官能团的物质。

$$\begin{array}{c} \text{H}\quad\text{H} \\ |\quad\ \ | \\ \text{H—C—C—O—H} \\ |\quad\ \ | \\ \text{H}\quad\text{H} \end{array} \qquad\qquad \begin{array}{c} \text{H}\qquad\quad\text{H} \\ |\qquad\quad\ | \\ \text{H—C—O—C—H} \\ |\qquad\quad\ | \\ \text{H}\qquad\quad\text{H} \end{array}$$

乙醇　　　　　二甲醚

即使相同的官能团，也可能因官能团位置不同而引起异构现象。如1-丁烯和2-丁烯。

$$CH_2 = CHCH_2CH_3 \qquad\qquad CH_3CH = CHCH_3$$

1-丁烯　　　　　2-丁烯

④ 互变异构（tautomerism）　如炔烃和水进行反应，首先生成在双键碳原子上连有羟基的烯醇式化合物。烯醇式化合物一般不稳定，羟基上的氢原子转移到另一个双键碳原子上。与此同时，电子也发生转移，使碳碳双键转变成碳氧双键，得到稳定的羰基化合物，称为互变异构现象。

$$HC\equiv CH + H_2O \xrightarrow[H_2SO_4]{HgSO_4} \left[\begin{array}{c} \quad\ \ OH \\ \quad\ \ | \\ H_2C=CH \end{array} \right] \longrightarrow \begin{array}{c} \quad\ \ O \\ \quad\ \ \| \\ CH_3—C—H \end{array}$$

烯醇式　　　　乙醛(酮式)

由于乙醛比乙烯醇更稳定，因此乙炔水合得到乙醛，这也是工业上制备乙醛的方法之一。

（2）立体异构

分子式相同，分子构造相同，由于分子中某些原子或基团在空间的伸展方向不同即构型不同而引起的异构现象称为立体异构，具体又分为以下两类。

① 构象异构　有机化合物在构造不变的情况下，由于围绕 σ 单键旋转而导致分子中原子或基团在空间的排列不同而引起的立体异构称为构象异构。如在乙烷分子中，如果使一个甲基固定，而使另一个甲基沿着 C—Cσ 键绕键轴旋转，则两个甲基中氢原子的相对位置将不断改变，产生许多不同的空间排列方式，一种排列方式相当于一种构象，由于转动的角度是随机的，因此，乙烷分子可以有无数种构象。构象现象与高分子化合物链节的柔顺性有关。

② 顺反异构　顺反异构是立体异构中最常见的一类，是因为双键或环的存在，使分子中某些原子或基团在空间的位置不同而产生的异构现象。

以2-丁烯分子为例，双键中的 π 键是两个碳原子上未杂化的 p 轨道的对称轴互相平行重叠而成。两个烯碳上的甲基在双键的同一边称之为顺式，若在双键的两边则称为反式。这种异构现象称为顺反异构。2-丁烯就存在两种顺反异构体如图9.5所示。

含碳碳双键的化合物，当两个烯碳原子中任一个碳原子上连有两个相同的取代基时，分子在空间的排列方式只有一种，没有顺反异构体，例如2-甲基-1-丁烯就没有顺反异构体。

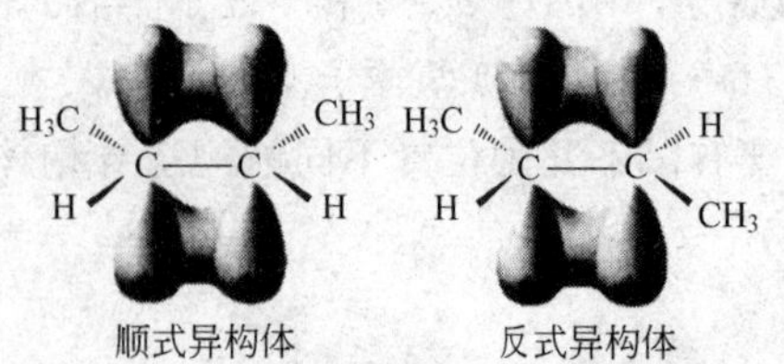

图 9.5　2-丁烯的顺反异构体

另一种常见的顺反异构是由于环的存在阻碍了单键的旋转，使分子中相同的取代基在分子环平面同一面或不同面而造成的异构体。相同取代基在环平面的同一面的称为“顺”，在两面的称为“反”。如1,2-二甲基环丙烷的两种顺反异构体：

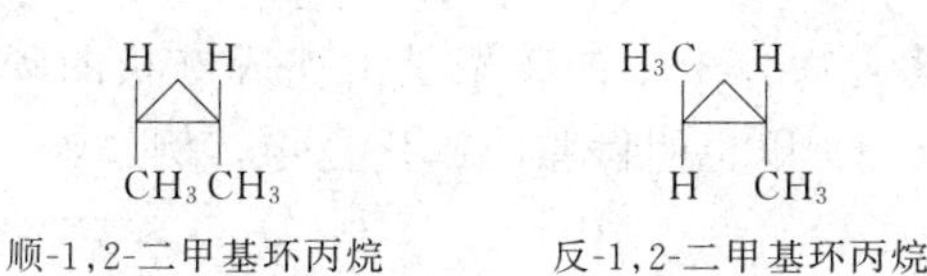

顺-1,2-二甲基环丙烷　　　　反-1,2-二甲基环丙烷

分子间作用力是决定分子物理性质的重要因素。不同异构体的分子间力大小不同，其物理性质，如熔点、沸点也有所不同，如在碳原子数相同的烷烃异构体中，含支链越多的烷烃，相应的沸点越低。例如，在戊烷的三个异构体中，其沸点分别是：

异构体	$CH_3CH_2CH_2CH_2CH_3$	$CH_3CH_2CH(CH_3)CH_3$	$CH_3C(CH_3)_2CH_3$
沸点/℃	36.1	27.9	9.5

因为烷烃的支键增多时，分子之间彼此靠近的空间阻碍增大，使得分子之间相距较远，而分子间作用力属于近程力，随着距离的增加而迅速地减弱，沸点必然相应降低。

另外分子间力的大小还与分子的极性有关，而极性往往与分子的对称性有关，2-丁烯顺式异构体的沸点比反式的高，是因为二者之间还存在极性差异，反式结构偶极矩 $\mu=0$，分子之间只存在色散力，分子间力较小。

$$\mathrm{(CH_3)HC{=}CH(CH_3)}\ (\text{顺式})\qquad \mu=1.1\times10^{-30}\,\mathrm{C\cdot m}$$

$$\mathrm{(CH_3)HC{=}CH(CH_3)}\ (\text{反式})\qquad \mu=0$$

9.1.3 有机化合物性质上的特点

由于有机化合物分子间只存在着较弱的范德华力和氢键，而不是如离子晶体中正负离子间较强的静电力或原子晶体中的化学键。因此，有机化合物与无机化合物的物理化学性质存在着明显的差异。与无机物相比，有机化合物主要的特性有以下几点。

① 容易燃烧　有机化合物当达到着火点时，一般可以燃烧，而绝大多数无机化合物却不易燃烧。

② 熔点、沸点较低　有机化合物的熔点一般不超过400℃，因为有机化合物一般是分子晶体，即使在液态时，它的单元仍是分子，分子间作用力较小，要破坏这种作用力所需要的能量也较小。例如，醋酸的熔点为16.6℃，沸点为118℃；而氯化钠的熔点为800.7℃，沸点为1465℃。

③ 难溶于水，易溶于有机溶剂　“相似者相溶解”原理是物质溶解的一个经验规律。有机化合物的极性一般较弱，或者是非极性物质，而水是极性溶剂，因此，它们不易溶于水，而易溶于非极性或弱极性的有机溶剂。例如，石蜡可溶于汽油，乙烷可溶于苯。

④ 反应速率慢，常伴有副反应　有机化合物的共价键不像离子键那样容易离解，反应速率较慢，一般需要加热、光照或者加入催化剂等方法以提高反应速率。而且由于有机化合物的分子比较复杂，反应时并不限定在某一部位发生，因此，常常伴有副反应，以致产率较低、副产物较多。反应条件不同，产物也往往不同，所以有机化学反应一般需要严格控制适宜的反应条件。

当然以上性质并不是绝对的，例如 CCl_4 不但不易燃烧，而且可用作灭火剂；糖和酒精极易溶于水；三硝基甲苯（TNT）的反应能以爆炸方式进行。

9.2 有机化合物的分类及命名

9.2.1 有机化合物的分类

（1）按碳的骨架不同

① 开链化合物　这类化合物分子中的碳架是由连成链状的碳原子构成的，由于开链化合物最初是在脂肪中发现的，所以也叫做脂肪族化合物，例如：

$CH_3CH_2CH_2CH_2CH_3$　正戊烷

$CH_3CH_2CH(CH_3)CH_3$　异戊烷

$CH_3CH_2CH{=}CH_2$　1-丁烯

$CH_3CH_2CH_2OH$　丙醇

② 脂环（族）化合物　分子中具有由碳原子相连接而成的环状结构，可看作是由开链化合物以首尾两端的碳原子相连接而闭合成环。它们的性质与脂肪族化合物相似，故称为脂环（族）化合物。例如：

环己烷　环戊二烯　环己醇（OH）

③ 芳香（族）化合物　由碳原子组成以苯环结构为特征的一类化合物，其性质不同于脂环化合物，具有“芳香性”。例如：

苯　萘　苯酚（OH）

④ 杂环化合物　由碳原子和其它非碳原子（O、S、N 等）组成的以环状结构为特征的一类化合物。例如：

呋喃（O）　吡啶（N）　噻吩（S）

（2）按官能团分类

含有相同官能团的有机化合物具有类似的性质，依据分子中官能团的不同，可以将有机化合物分类。常见的官能团及化合物类别见表 9.2。

表 9.2　一些常见化合物及其官能团

化合物类别	官能团结构	官能团名称	化合物类别	官能团结构	官能团名称
烯烃	$>C{=}C<$	碳碳双键	酮	$(C)-\overset{O}{\overset{\parallel}{C}}-(C)$	酮基
炔烃	$-C\equiv C-$	碳碳三键	羧酸	$-\underset{O}{\underset{\parallel}{C}}-OH$	羧基
卤代烃	$-X$	卤原子	腈	$-C\equiv N$	氰基
醇和酚	$-OH$	羟基	胺	$-NH_2$	氨基
醚	$(C)-O-(C)$	醚键	硝基化合物	$-NO_2$	硝基
醛	$-\overset{O}{\overset{\parallel}{C}}-H$	醛基	磺酸	$-SO_3H$	磺(酸)基

9.2.2　有机化合物的命名

系统命名法是利用 IUPAC 命名法（International Union of Pure and Applied Chemistry，国际纯粹与应用化学联合会）规定的有机化合物的命名规则，结合我国的文字特点制定，并于 1980 年修订出版的《有机化学命名原则》，是目前我国使用的命名法的依据。

（1）链烃及其衍生物的命名

① 选主链　在分子中选择一个最长碳链为主链，含官能团的有机物则以带有官能团的

最长碳链为主链。主链采用甲、乙、丙、丁、戊、己、庚、辛、壬、癸、十一、十二…等表示碳原子的数目。

② 给主链碳原子编号　从靠近取代基（若有官能团，则从离官能团最近）的一端开始，将主链上各个碳原子依次用阿拉伯数字编号。

③ 取代基的数目和名称放在母体名称之前，且在母体名称前注明官能团碳的最小编号。如：

$CH_3-CH(CH_3)-CH(CH_3)-CH_2-CH(CH_3)-CH_3$

2,3,5-三甲基己烷

$CH_3CH=C(CH_3)CH_2CH_3$

3-甲基-2-戊烯

$CH_3-CH(CH_3)-C(OH)(CH_3)-CH_2CH_3$

2,3-二甲基-3-戊醇

$CH_3CH(CH_3)CH_2C(=O)CH_3$

4-甲基-2-戊酮

$CH_3C(CH_3)=CHCOOH$

3-甲基-2-丁烯酸

④ 酯的命名一般以其来源的酸和醇的名称称作某酸某酯。如：

$CH_3C(=O)-OCH_2CH_2CH_3$

乙酸丙酯

（2）芳烃及其衍生物的命名

芳烃的名称是用与英文名称读音相近的汉字加草字头表示。例如：

苯　萘　蒽　菲

一元取代苯有两种命名法：当烃基的结构较简单时，一般以苯环为母体命名，并省略某基的“基”字，如甲苯，乙苯等；当烃基的碳链比较复杂或含有不饱和键时，则把苯看作取代基来命名。如：

$C_6H_5-CH_3$

甲苯

$C_6H_5-CH_2CH_3$

乙苯

$C_6H_5-CH(CH_2CH_3)CH_2CH_2CH_3$

3-苯基己烷

$C_6H_5-CH=CH_2$

苯乙烯

二元取代苯相应有三种同分异构体，命名时常以邻、间、对作为字头来表明两个取代基的相对位置，也可用阿拉伯数字来表明取代基的位置。多元取代苯常用阿拉伯数字来表明取代基的相对位置。对于三个取代基相同的三取代苯，还可以用连、偏、均等字头来表示。如：

1,2-二甲苯（邻二甲苯）

1,3-二甲苯（间二甲苯）

1,4-二甲苯（对二甲苯）

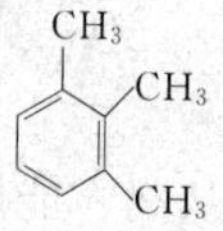

1,2,3-三甲苯（连三甲苯）　1,2,4-三甲苯（偏三甲苯）　1,3,5-三甲苯（均三甲苯）

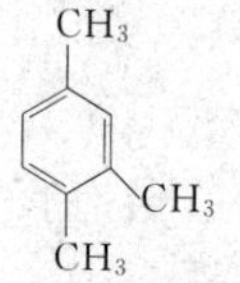

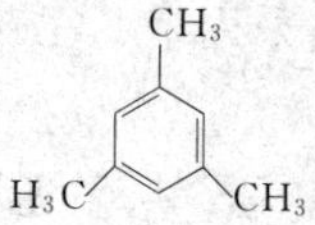

苯衍生物的命名，当苯环上连有卤素、硝基时，苯环作母体，当苯环上连有羧基、羟基、磺酸基等基团，苯环作为取代基。如：

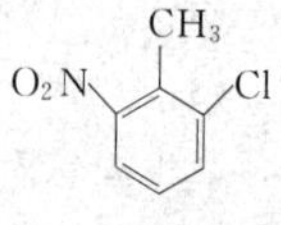

1-甲基-2-硝基-6-氯苯 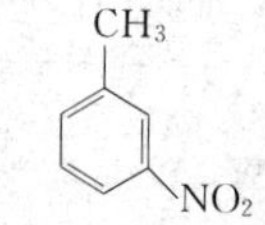　1-甲基-3-硝基苯 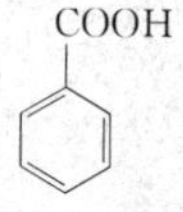　苯甲酸 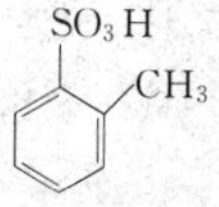　2-甲基苯磺酸

9.3　有机化合物的重要反应

9.3.1　有机化合物的主要反应类型

有机化学反应众多，对其研究往往是按反应类型进行，目前最常用的分类法有两种：一种是根据反应物和生成物之间的关系，比较重要的有以下几类。

① 加成反应　存在 π 键的有机物，由于 π 键的键能比 σ 键小，有机物中的 π 键断裂，在不饱和键的原子上分别加上一个原子或原子团而转变为 σ 键的反应。

② 取代反应　有机物分子中的一种原子（或基团）被另一种原子（或基团）所代替的反应。

③ 消除反应　有机物分子中失去一个简单的分子，形成不饱和键的反应。

④ 氧化、还原反应　有机物分子得到氧或失去氢的反应叫做氧化反应，得到氢或失去氧的反应叫做还原反应。

有机化学反应的另一种分类方式是根据化学反应的历程划分。反应历程是化学反应所经历的途径或过程，亦称反应机理。

有机物基本上都是共价化合物，化学反应的实质就是共价键断裂形成新键的过程。在化学反应中，X∶Y 共价键断裂的方式有均裂和异裂两种主要形式。均裂一般是在光照或加热条件下，形成共价键的两个电子平均分配到共价键的两个原子或原子团上，形成两个各带有一个未成对电子的原子或原子团，称为自由基，又叫游离基。自由基不稳定，会继续发生化学反应。通过共价键的均裂，由自由基参与的化学反应称为自由基型反应。

$$X:Y \longrightarrow X\cdot + Y\cdot$$

异裂通常是在催化剂的作用下，形成共价键的两个电子完全转移到成键的一个原子或原子团上，形成正、负离子。通过共价键的异裂而进行的反应，叫做离子型反应。

$$X:Y \longrightarrow X^- + Y^+ (\text{或} X^+ + Y^-)$$

有机反应时，若旧键的断裂和新键的形成具有同时性，此类反应称作协同反应。

9.3.2　有机化合物的主要反应

9.3.2.1　加成反应

（1）不饱和烃的亲电加成反应（electrophilic addition reaction）

烯烃或炔烃中的 π 键较弱，π 电子受原子核的束缚较小，因此可作为电子的来源，给别的反应物提供电子，与它反应的试剂应是缺电子的化合物，称作亲电试剂（electrophilic reagent），亲电试剂一般都是阳离子或者能够接受电子对的中性分子如 H^+、$AlCl_3$ 等等。[相对应有亲核试剂（nucleophilic reagent），缺原子核的化合物]。

含有重键的化合物进行加成时，反应是分两步进行的：

第一步，亲电试剂对双键进攻形成碳正离子，如卤化氢中的 H^+ 先加在双键的一个碳上，双键的另一个碳形成碳正离子；

第二步，试剂中带负电荷的部分如 X^- 与碳正离子中间体结合，形成加成产物。

反应速率的控制步骤（即慢的一步）是亲电试剂首先进攻重键原子生成正离子中间体（第一步），这种加成称为亲电加成。其中第一步生成的碳正离子愈稳定，反应愈容易进行。

$$\rangle C{=}C\langle + HX \xrightarrow{\text{慢}} \rangle \underset{\underset{H}{|}}{C}-\overset{+}{C}\langle + X^-$$

$$\rangle \underset{\underset{H}{|}}{C}-\overset{+}{C}\langle + X^- \xrightarrow{\text{快}} \rangle \underset{\underset{X}{|}}{C}-\underset{\underset{H}{|}}{C}\langle$$

如：

$$CH_2{=}CH_2 + HI \longrightarrow \underset{\text{碘乙烷}}{CH_3CH_2I}$$

$$CH_2{=}CH_2 + H_2SO_4 \longrightarrow \underset{\text{硫酸氢乙酯}}{CH_3CH_2OSO_3H}$$

不对称烯烃与结构不对称的化合物发生加成时，理论上可以生成两种加成产物。

$$CH_3CH_2CH{=}CH_2 + HBr \longrightarrow CH_3CH_2\underset{\underset{Br}{|}}{CH}-CH_3 + CH_3CH_2CH_2-\underset{\underset{Br}{|}}{CH_2}$$

通过对大量实验事实的研究，马尔可夫尼可夫（V. V. Markovnikov，1838—1904）总结了一条经验规律：卤化氢等极性试剂与不对称烯烃发生亲电加成反应时，极性试剂中带正电荷的部分如卤化氢中的氢离子加成到烯烃含氢较多的烯碳原子上，带负电荷的部分如卤素离子加在烯烃含氢较少的烯碳原子上。简称马氏规则（Markovnikov's Rule）。

$$CH_3-CH{=}CH_2 + Br-OH \longrightarrow \underset{\text{1-溴-2-丙醇}}{CH_3\underset{\underset{OH}{|}}{CH}CH_2Br}$$

马氏规则可通过碳正离子的稳定性加以说明，碳正离子的稳定性与烷基的给电子诱导效应（inductive effect）有关。由于成键原子电负性的不同，引起分子内电子云分布发生变化，这种变化不仅发生在直接相连的部分，而且还可以沿分子链静电传递下去影响到不直接相连的部分。这种分子内原子间因为共价键的极性而引起电子云沿分子链向某一方向移动的电子效应，称为诱导效应。如乙烯分子中的一个氢原子被甲基取代变成丙烯时，分子内的电子云密度要发生变化。甲基的碳以 sp^3 方式杂化，双键的碳采用 sp^2 方式杂化，sp^2 杂化轨道 s 成分较多，比较靠近原子核，与 sp^3 杂化轨道重叠成键时，一对成键电子更靠近双键碳原子一方，因此甲基实际起到了给电子的作用，具有给电子的诱导效应。可以想象烯烃亲电加成的第一步生成的带正电荷的碳正离子所连烷基越多，体系的给电子效应越明显，碳正离子的正电荷越分散，也就越稳定。

炔烃与卤化氢的加成也是分两步进行的。先加一分子卤化氢，生成卤代烯，在过量的卤化氢存在下，再进一步与一分子卤化氢加成，生成二卤代烷。极性试剂与不对称炔烃发生亲电加成反应时，加成产物同样符合马氏规则。如：

$$CH\equiv CCH_2CH_3 \xrightarrow{HCl} CH_2=\underset{\underset{Cl}{|}}{C}CH_2CH_3 \xrightarrow{HCl} CH_3\overset{\overset{Cl}{|}}{\underset{\underset{Cl}{|}}{C}}CH_2CH_3$$

(2) 醛酮羰基上的亲核加成反应（nucleophilic addition reaction）

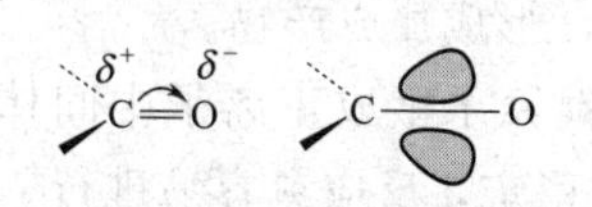

图 9.6 羰基的结构示意图

羰基中碳氧双键和碳碳双键相似，由一个σ键和一个π键组成，由于氧原子的电负性比碳大，π电子云偏向氧原子，氧原子带部分负电荷，碳原子带部分正电荷，羰基具有极性。如图 9.6 所示。

羰基中氧原子形成的氧负离子比碳原子形成的碳正离子稳定，因此与烯烃π键的亲电加成反应不同，羰基中带部分正电荷的碳原子更容易被负性基团或者能够提供电子对的中性分子如-X、H_2O 等亲核试剂进攻而发生亲核加成反应。如氢氰酸与醛酮反应，生成 α-羟基腈（α-氰醇）。

$$CH_3\overset{\overset{O}{\|}}{C}CH_3 + HCN \xrightleftharpoons{NaOH} CH_3-\overset{\overset{OH}{|}}{\underset{\underset{CH_3}{|}}{C}}-CN$$

实验证明碱对醛酮与氢氰酸的反应有极大的影响。将丙酮与氢氰酸反应，没有碱存在时 3～4h 内只有一半原料起反应；加入一滴 KOH 溶液，反应在 2min 内就能完成；酸存在时反应速率会减慢，大量酸存在时放置几个星期也不发生反应。氢氰酸是弱酸，不易解离。碱的存在增加了 CN^- 浓度，酸的存在则降低了 CN^- 浓度。

$$HCN \underset{OH^-}{\overset{H^+}{\rightleftharpoons}} H^+ + CN^-$$

这表明在氢氰酸与羰基化合物的加成反应中，进攻试剂是亲核试剂 CN^-。一般认为，碱存在下氢氰酸对羰基的亲核加成反应机理是：

$$>\overset{\delta^+}{C}=\overset{\delta^-}{O} + CN^- \xrightleftharpoons{慢} >C<^{O^-}_{CN} \underset{HCN}{\overset{快}{\rightleftharpoons}} >C<^{OH}_{CN} + CN^-$$

反应分两步进行，首先是亲核试剂进攻 CN^- 的羰基碳，形成氧负离子中间体，这一步是反应速率控制步骤，反应需要微量的碱来提高 CN^- 浓度，控制溶液的 pH 为 8 左右，有利于亲核加成反应。第二步是氧负离子中间体迅速和 H^+ 结合。能与羰基进行亲核加成反应的试剂很多，如亚硫酸氢钠、醇等。

一般的烯烃不会发生亲核加成反应，但是，当双键碳连有吸电子基团时，诱导效应使π键的电荷密度降低，发生亲核加成反应时第一步生成的中间体带有的负电荷能得以分散。双键上如果接有多个吸电子基团，烯烃将完全不发生亲电加成而只有亲核加成反应。

9.3.2.2 取代反应

(1) 自由基取代反应

有机化合物分子中的原子或基团被其它原子或基团所代替的反应称为取代反应。其中经由自由基历程的取代反应，称为自由基取代反应，被卤原子取代的反应称为卤代反应或卤化反应。

例如在光照或加热的条件下，烷烃和环烷烃（小环环烷烃除外）发生卤代反应，生成烃的卤素衍生物和卤化氢。

$$CH_3—CH_3 + Cl_2 \xrightarrow{420℃} CH_3—CH_2Cl + HCl$$

在烷烃和环烷烃中，只有甲烷、乙烷等少数烷烃和无取代基的环烷烃分子中的氢原子是等同的，经卤化反应可以得到单一的一取代衍生物。若分子中的氢原子是不等同的，则 H 被取代的活性大小顺序是叔 H＞仲 H＞伯 H，如：

$$\text{甲基环戊烷} + Cl_2 \xrightarrow{h\nu} \text{1-甲基-1-氯环戊烷} + HCl$$

以甲烷为例，烷烃氯化的反应机理是：首先是在光照或高温下，氯分子吸收能量，共价键均裂而分解为两个非常活泼的氯原子自由基：

$$Cl\!:\!Cl \xrightarrow[\text{或}\triangle]{h\nu} 2Cl\cdot \qquad ①$$

氯原子与甲烷反应，夺取甲烷的氢原子而生成氯化氢和另一个带有未成对电子的甲基自由基（$\cdot CH_3$）。甲基自由基再与氯分子作用生成一氯甲烷，同时又生成一个新的氯自由基，这样新生的氯自由基又可以重复上述反应，同时也可以和刚生成的一氯甲烷作用而逐步生成二氯甲烷、三氯甲烷和四氯化碳等。反应过程比较复杂，主要生成什么产物决定于反应物之间的比例、反应的条件和能量的供给等诸多因素。

$$Cl\cdot + H\!:\!CH_3 \longrightarrow HCl + \cdot CH_3 \qquad ②$$

$$\cdot CH_3 + Cl\!:\!Cl \longrightarrow CH_3Cl + Cl\cdot \qquad ③$$

上述反应的开始，是在一定能量的引发下首先产生自由基，这是一步慢步骤，是反应速率的控制步骤。而反应一经引发产生出自由基，就可以连续不断地进行下去，这样的反应一般称为连锁反应或链反应。①为链反应的引发阶段，②和③为链反应的增长阶段。然而链反应并不是可以无限持续下去的，反应发展到一定阶段时，自由基之间也可以彼此发生反应。例如：

$$Cl\cdot + Cl\cdot \longrightarrow Cl—Cl \qquad ④$$

$$\cdot CH_3 + \cdot CH_3 \longrightarrow CH_3—CH_3 \qquad ⑤$$

$$\cdot CH_3 + Cl\cdot \longrightarrow CH_3—Cl \qquad ⑥$$

当自由基之间的反应逐渐增加而占了优势时，反应将逐渐停止，这个阶段称为链反应的终止阶段，④、⑤和⑥为链终止的反应。

（2）芳环上的亲电取代反应（electrophilic substitution reaction）

芳环上的氢原子也可发生取代反应，但它是在催化剂的作用下通过试剂中带正电荷的离子进攻芳环而引发的离子型亲电取代反应。如：

硝化 $$C_6H_6 \xrightarrow[50\sim55℃]{HNO_3 + H_2SO_4} C_6H_5NO_2 + H_2O$$

卤化 $$C_6H_6 + X_2 \xrightarrow{FeX_3} C_6H_5X + HX \qquad (X=Cl, Br)$$

磺化 $$C_6H_6 \xrightarrow[\text{约 }80℃]{\text{浓 }H_2SO_4} C_6H_5SO_3H + H_2O$$

若亲电试剂用 E^+ 来表示，则上述反应可通过下列步骤进行：首先是反应物在催化剂作用下产生的 E^+ 进攻苯环，形成不稳定的正离子中间体，接着很快失去一个质子，恢复苯环的稳定结构，得到取代苯：

$$\text{C}_6\text{H}_6 + E^+ \longrightarrow [\text{H, E 加成的环状正离子}]\ (\text{sp}^3\text{杂化}) \longrightarrow \text{C}_6\text{H}_5E + H^+$$

其中卤化、硝化反应的亲电试剂（Cl^+、$NO_2{}^+$）分别由以下反应产生：

$$FeCl_3 + Cl_2 \longrightarrow [FeCl_4]^- + Cl^+$$

$$HO{-}NO_2 + HO{-}SO_2OH \rightleftharpoons H_2\overset{+}{O}{-}NO_2 + HSO_4^-$$

$$H_2\overset{+}{O}{-}NO_2 + HO{-}SO_2OH \rightleftharpoons NO_2^+ + H_3O^+ + HSO_4^-$$

大量的实验表明，不同的一元取代苯在进行同一取代反应时，第 2 个取代基进入的位置和反应的速率取决于原有的取代基，所以称原有的取代基为定位基，定位基的这种影响称为定位效应。例如：

$$C_6H_5CH_3 + HNO_3 \xrightarrow{30℃} o\text{-}CH_3C_6H_4NO_2\ (63\%) + p\text{-}CH_3C_6H_4NO_2\ (34\%) + m\text{-}CH_3C_6H_4NO_2\ (3\%)$$

$$C_6H_5NO_2 + HNO_3 \xrightarrow[H_2SO_4]{100℃} o\text{-}C_6H_4(NO_2)_2\ (6\%) + p\text{-}C_6H_4(NO_2)_2\ (1\%) + m\text{-}C_6H_4(NO_2)_2\ (93\%)$$

因此，根据定位效应的不同，定位基分为邻对位定位基和间位定位基两大类。

① 邻对位定位基（ortho/para directors）又称为第一类定位基。这类取代基使第二个取代基主要进入它们的邻位或对位，而且反应比苯容易进行（卤素除外），也就是它们能使苯环活化。结构特征是与苯环相连的原子均以单键与其原子相连，且大多带有孤对电子或负电荷。常见的邻、对位定位基（按定位效应由强到弱的次序排列）有$-O^-$、$-NH_2$、$-OH$、$-OR$、$-CH_3(-R)$、$-X$、$-C_6H_5$ 等。

② 间位定位基（meta directors）又称为第二类定位基，这类取代基使第二个取代基主要进入其间位，且和苯相比，这些取代反应的进行都较困难些，也就是它们可使苯环钝化。结构特征是与苯环相连的原子带正电荷或是极性不饱和基团。常见的间位定位基（按定位效应由强到弱的次序排列）如$-N^+(CH_3)_3$、$-NO_2$、$-CN$、$-SO_3H$、$-CHO$、$-COR$、$-COOH$等。

（3）卤代烃和醇的亲核取代反应（Nucleophilic Substitution Reaction，S_N）

由亲核试剂进攻分子中电子云密度较低的碳原子而发生的取代反应称为亲核取代反应。

卤素和氧的电负性比碳大，在卤代烷中，C-X 键为极性共价键，在醇中 C-O 键也为极性键，成键电子对偏离碳原子，碳原子上带有部分正电荷，容易受亲核试剂的进攻，发生卤原子和羟基被取代的反应，例如：卤代烷在碱性条件下的水解反应以及醇与氢卤酸作用生成卤代烃和水。

$$n\text{-}C_5H_{11}Cl + NaOH \xrightarrow{H_2O} n\text{-}C_5H_{11}OH + NaCl$$

$$(CH_3)_3COH + HCl \xrightarrow{\text{室温}} (CH_3)_3CCl$$

$$CH_3CH_2CH_2CH_2OH + NaBr \xrightarrow[\triangle]{H_2SO_4} CH_3CH_2CH_2CH_2Br$$

9.3.2.3 消除反应（Elimination reaction，E）

卤代烷在碱性水溶液中进行水解，发生取代反应得到醇，如果在碱的醇溶液中加热，可以从分子中脱去卤化氢生成碳碳双键而发生消除反应，由于消去的是 β-H(通常把和官能团直接相连的碳称为α碳，和α碳相连的碳称为β碳，β碳上的氢称为β氢)，又称为β-消除反应。例如：

$$\underset{\substack{|\\H}}{R-CH}-\underset{\substack{|\\X}}{CH_2} + NaOH \xrightarrow{醇} \underset{烯烃}{R-CH=CH_2}$$

β-消除反应是制备烯烃的一种方法。

不同种类的卤代烷进行消除反应的难易程度不同，叔卤烷（卤素和叔碳直接相连）最易脱去卤化氢，仲卤烷次之，伯卤烷较难。当卤代烷有多种不同的β-氢原子可供消除，主要消除含氢较少的β-碳原子上的氢原子，生成双键碳原子上连接较多烃基的烯烃，该经验规律称为扎依采夫规则（Saytzeff rule）。例如：

$$\underset{\substack{|\quad\ |\quad\ |\\H\ \ Br\ \ H}}{CH_3CHCHCH_2} \xrightarrow[\triangle]{KOH\text{-}C_2H_5OH} \underset{2\text{-丁烯}(81\%)}{CH_3CH=CHCH_3} + \underset{1\text{-丁烯}(19\%)}{CH_3CH_2CH=CH_2}$$

同样醇分子因极性的C—O键使其容易断裂而发生消除反应，醇在浓硫酸等催化剂作用下，可发生消除反应生成烯烃。

2-甲基环己醇 $\xrightarrow[\triangle]{H_3PO_4}$ 1-甲基环己烯（84%）+ 3-甲基环己烯（16%）

在分子内脱水反应中，醇脱水生成烯烃的难易与醇的结构有关，叔醇最易，仲醇次之，伯醇最难。主要产物与卤代烷烃脱卤化氢一样服从扎依采夫规则，消除含氢较少的β-碳原子上的氢原子，生成烯碳原子上连有最多烷基的稳定烯烃。

9.3.2.4 氧化、还原反应

(1) 氧化反应

许多种氧化剂都能使烯烃氧化，氧化产物决定于氧化剂的种类和反应条件。烯烃与碱性高锰酸钾的稀溶液在较低温度下作用，在烯碳原子上加两个羟基，生成邻二醇，同时高锰酸钾的紫色褪去，反应现象明显，可用于烯烃的鉴定反应。

$$CH_3CH=CH_2 \xrightarrow{稀、冷,OH^-,KMnO_4} CH_3\underset{\substack{|\\OH}}{CH}-\underset{\substack{|\\OH}}{CH_2}$$

若用酸性高锰酸钾溶液或加热，在较强烈的反应条件下氧化，则烯烃的碳碳双键断裂，最终反应产物为二氧化碳、羧酸、酮或它们的混合物。氧化产物取决于烯烃的结构，现象是高锰酸钾溶液褪色。因此根据氧化产物，就可以确定烯烃中双键的位置和碳架的构造。

$$(R)(H)C=C(R_1)(R_2) \xrightarrow[H^+]{KMnO_4} \underset{羧酸}{(R)(HO)C=O} + \underset{酮}{(R_1)(R_2)C=O}$$

$$(H)(H)C=C(R_1)(R_2) \xrightarrow[H^+]{KMnO_4} CO_2 + H_2O + \underset{酮}{(R_1)(R_2)C=O}$$

与烯烃的C=C双键相似，炔烃的C≡C也很容易被氧化。炔烃和氧化剂如酸性高锰酸钾反应，三键完全断裂，最后得到完全氧化的产物羧酸或二氧化碳，同时高锰酸钾溶液的紫色褪去，生成棕褐色的二氧化锰沉淀。

$$HC\equiv CH \xrightarrow[H^+]{KMnO_4} CO_2\uparrow + H_2O + MnO_2\downarrow$$

$$RC\equiv CH \xrightarrow[H^+]{KMnO_4} RCOOH + CO_2\uparrow$$

$$RC\equiv CR' \xrightarrow[H^+]{KMnO_4} RCOOH + R'COOH$$

芳烃的芳香环如苯环很稳定，不易被常见的氧化剂如高锰酸钾、重铬酸钾、稀硝酸等氧化。但当苯环的侧链上有 α-氢时，很易被氧化成羧基。而且不论侧链长短，反应的最终产物都是苯甲酸，如：

$$CH_3CH_2-C_6H_4-C(CH_3)_3 \xrightarrow[\triangle]{KMnO_4} HOOC-C_6H_4-C(CH_3)_3$$

醇分子中的 α-氢也较活泼，容易发生氧化或脱氢反应。叔醇没有 α-氢则难以被氧化。常用的氧化剂为酸性条件下的重铬酸钾或高锰酸钾等。伯醇首先被氧化成醛，醛易被继续氧化成羧酸：

$$CH_3CH_2CH_2OH \xrightarrow[H_2SO_4]{K_2Cr_2O_7} CH_3CH_2COOH$$

$$CH_3(CH_2)_5CH(OH)CH_3 \xrightarrow[\text{回流 2h},92\%\sim96\%]{K_2Cr_2O_7,\text{稀 }H_2SO_4} CH_3(CH_2)_5C(=O)CH_3$$

醛很容易被氧化，空气中的氧就可将醛氧化。酮一般不被氧化，在强氧化剂作用下，碳碳键也会发生断裂。若使用弱氧化剂如银氨溶液，醛能被氧化而酮不被氧化，这是实验室区别醛、酮的常用方法。

$$RCHO + 2Ag(NH_3)_2^+ + 2OH^- \longrightarrow RCOO^- NH_4^+ + 2Ag\downarrow + H_2O + 3NH_3$$

（2）还原反应

在 Pt、Pd 、Ni 等金属催化剂的作用下通过加氢的反应可以把不饱和烃还原为烷烃，以及把醛、酮分子还原为醇：

$$RCH=CHR + H_2 \xrightarrow{\text{催化剂}} RCH_2CH_2R$$

$$H_3C-C\equiv C-H + H_2 \xrightarrow{\text{催化剂}} CH_3-CH=CH_2 \xrightarrow[\text{催化剂}]{H_2} CH_3-CH_2-CH_3$$

$$\text{(环己烯基)}-COCH_3 \xrightarrow[Ni]{H_2} \text{(环己基)}-CH(OH)CH_3$$

醛酮、羧酸也很容易被化学还原剂还原。金属氢化物如硼氢化钠（$NaBH_4$）、氢化铝锂（$LiAlH_4$）、异丙醇铝（$Al[OCH(CH_3)_2]_3$）等是常用的还原剂。它们的选择性高，效果好，一般不还原分子中的碳碳双键和碳碳三键等不饱和基团。例如：

$$(CH_3)_3CCOOH \xrightarrow[\text{② }H_2O,H^+]{\text{① }LiAlH_4,\text{乙醚}} (CH_3)_3CCH_2OH \quad 92\%$$

$$CH_3CH=CHCH_2CHO \xrightarrow[\text{② }H_3O^+]{\text{① }LiAlH_4,\text{干乙醚}} CH_3CH=CHCH_2CH_2OH$$

醛酮分子中的羰基在浓盐酸介质中可被锌汞齐还原成亚甲基：

$$C_6H_5COCH_3 \xrightarrow[\text{浓 }HCl]{Zn\text{-}Hg} C_6H_5CH_2CH_3 \quad 80\%$$

9.4 有机高分子化合物的分类及命名

高分子化合物是相对分子质量很大（一般大于 10^4）的化合物，又称聚合物或高聚物。

高分子化合物可分为天然高分子和合成高分子，也可分为无机高分子和有机高分子，本章只涉及合成有机高分子。

虽然高聚物相对分子质量较大，但其结构却很简单，是由多个重复单元所组成，并且这些重复单元实际上或概念上是由相应的小分子（单体）衍生而来。每个特定结构单元如聚乙烯分子中的 $\{CH_2—CH_2\}$ 叫做链节，链节重复的次数 n 叫做聚合度（degree of polymerization)，同一种高分子化合物的 n 并不同，一块高分子材料是由若干 n 值不同的高分子材料组成的混合物。通常所说的高分子化合物分子量和聚合度实际上指的都是平均值。由于相对分子质量很大，使其具有很多不同于低分子化合物的性质，如不易挥发，不能蒸馏，表现出一定的韧性和耐磨性等。

9.4.1 高分子化合物的分类

高分子化合物种类繁多，分类方法也很多，这里介绍几种常用的分类方法。

（1）按高分子的主链结构分类

① 碳链高分子化合物　高分子主链全部由碳原子组成，如聚乙烯、聚氯乙烯等。

② 杂链高分子化合物　高分子主链除碳原子外，还含有氧、硫、氮等其它非碳原子，如聚酯、聚酰胺和聚醚等。

$$\left[\overset{\overset{O}{\|}}{C}—R—\overset{\overset{O}{\|}}{C}—O—R'—O\right]_n$$

聚酯

$$\left[\overset{\overset{O}{\|}}{C}—R—\overset{\overset{O}{\|}}{C}—NH—R'—NH\right]_n$$

聚酰胺

③ 元素有机高分子化合物　主链上没有碳原子，由硅、氧、硼、氮、硫、磷等元素组成，但其侧基是有机基团。如：

$$\left[\overset{\overset{CH_3}{|}}{\underset{\underset{CH_3}{|}}{Si}}—O\right]_n$$

聚二甲基硅氧烷

主链和侧链均无碳原子的高聚物属于无机高分子。

（2）按高分子材料的性能和用途分类

可分为塑料、橡胶、纤维三大合成材料。它们的性能和用途均有所不同，每类化合物又分为若干小类：

- 塑料
  - 热塑性塑料（如聚乙烯，聚氯乙烯等）
  - 热固性塑料（酚醛树脂等）
- 橡胶
  - 天然橡胶
  - 合成橡胶
- 纤维
  - 天然纤维（棉、毛、麻等）
  - 化学纤维
    - 人造纤维（如黏胶纤维）
    - 合成纤维（如锦纶、涤纶等）

9.4.2 高分子化合物的命名

高聚物的系统命名法比较繁琐，实际上很少使用，一般用习惯命名法和有关商品名称。

（1）天然高分子化合物

通常用俗名，如淀粉、纤维素、天然橡胶等，但不能反映出该物质的结构。

（2）合成高分子化合物

① 按单体名称命名（最常用）　由一种单体聚合所得聚合物，在单体名称前加一个

"聚"字，如大多数烯类单体形成的聚合物。由两种原料聚合所得聚合物，一般在其原料的名称（简名）后加"树脂"二字。例如：苯酚与甲醛合成的称（苯）酚（甲）醛树脂，由尿素与甲醛合成的叫脲醛树脂，由丙三醇与邻苯二甲酸酐合成的醇酸树脂以及环氧树脂、聚氨酯树脂等。

当二种单体合成的产物可作为橡胶或纤维使用时，可在各单体名称后加之"橡胶"、"纤维"二字，如丁（二烯）苯（乙烯）橡胶，硝酸纤维素，醋酸纤维素。

② 按商品名称及英文缩写符号命名　如"涤纶"是聚对苯二甲酸乙二醇酯（PET）的商品名；聚己二酰己二胺的商品名是"尼龙-66"（尼龙代表聚酰胺，前面 6 表示二元胺碳原子数，后面 6 表示二元酸碳原子数。例如尼龙-1010 表示聚癸二酰癸二胺）；尼龙后只附一个数字表示内酰胺的聚合物，数字为碳原子数，例如尼龙-6 为聚己内酰胺。

表 9.3 列出了一些例子。

表 9.3　常见的几种烯类单体形成的聚合物名称及符号

聚合物名称	符号	结构简式	单体名称	单体结构简式
聚乙烯	PE	$\text{-}[CH_2-CH_2]_n\text{-}$	乙烯	$CH_2=CH_2$
聚丙烯	PP	$\text{-}[CH_2-CH(CH_3)]_n\text{-}$	丙烯	$CH_2=CHCH_3$
聚苯乙烯	PS	$\text{-}[CH_2-CH(C_6H_5)]_n\text{-}$	苯乙烯	$CH_2=CH-C_6H_5$
聚甲基丙烯酸甲酯	PMMA	$\text{-}[CH_2-C(CH_3)(COOCH_3)]_n\text{-}$	甲基丙烯酸甲酯	$CH_2=C(CH_3)-COOCH_3$
聚异戊二烯	PIP	$\text{-}[CH_2-CH=C(CH_3)-CH_2]_n\text{-}$	异戊二烯	$CH_2=CH-C(CH_3)=CH_2$

9.5　有机高分子化合物的合成

一种或几种小分子化合物变成大分子化合物（也称高分子化合物或聚合物，通常相对分子质量为 $1\times10^4\sim1\times10^6$）的反应叫聚合反应。聚合反应有多种分类方法，按聚合反应历程可分为逐步聚合（反应）和连锁聚合（反应）两种。按参加聚合反应单体的种类可分为均聚（反应）和共聚（反应）。按聚合反应过程中有无小分子物质生成分为缩聚反应和加聚反应。

9.5.1　加聚反应

如果聚合反应同时也是加成反应，则叫做加成聚合反应（addition polymerization），简称加聚反应。主要应用于烯类的加成聚合和打开环的开环聚合反应，绝大多数是由含不饱和双键的烯类单体作为原料，通过打开单体分子中双键的 π 键，在分子间进行重复多次的加成反应，把许多单体连接起来，形成大分子。如：

$$nCH_2=CH(CH_3) \xrightarrow[60\sim80^\circ C,\,0.3\sim1MPa]{TiCl_4\text{-}Al(C_2H_5)_3} \text{-}[CH_2-CH(CH_3)]_n\text{-}$$

$$nCH_2{=}CH_2 + nCH_2{=}\underset{\displaystyle CH_3}{\underset{|}{CH}} \longrightarrow \left[CH_2{-}CH_2{-}\underset{\displaystyle CH_3}{\underset{|}{CH}}{-}CH_2 \right]_n$$

$$n\ \underset{\diagdown O \diagup}{CH_2{-}CH_2} \longrightarrow {+}OCH_2{-}CH_2{+}_n$$

加聚反应的特点：

① 单体一般是含有双键、三键等不饱和键或不稳定的小环化合物，例如烯、二烯、炔、醛等；

② 发生加聚反应的过程中，没有副产物产生，聚合物链节的化学组成跟单体的化学组成相同，聚合物相对分子质量为单体相对分子质量的整数倍。

仅由一种单体发生的加聚反应称为均聚反应，由两种或两种以上的单体共同聚合的加聚反应称为共聚反应。

9.5.2 缩聚反应

缩聚反应（condensation polymerization）是具有两个或两个以上官能团的单体，相互反应生成高分子化合物，同时产生小分子化合物（如 H_2O、HX 等）的化学反应。兼有缩合出低分子和聚合成高分子的双重含义，同种分子的缩聚（如氨基酸）反应称为均缩聚，不同种分子的缩聚称为共缩聚，按产物的结构可分为线型缩聚反应与体型缩聚反应两类。

例如癸二酸和己二胺合成为尼龙-610 的反应：

$$nH_2N{-}(CH_2)_6{-}N\begin{matrix}H\\H\end{matrix} + n\ \begin{matrix}HO\\O\end{matrix}C{-}(CH_2)_8{-}COOH \longrightarrow$$

$$H\left[NH{-}(CH_2)_6{-}NH{-}\overset{\displaystyle O}{\overset{\|}{C}}{-}(CH_2)_8{-}\overset{\displaystyle O}{\overset{\|}{C}}\right]_n OH + (2n\text{-}1)H_2O$$

缩聚反应的特点：

① 缩聚反应的单体往往是具有双官能团（如—OH、—COOH、$—NH_2$、—X 及活泼氢原子等）或多官能团的小分子；

② 缩聚反应生成聚合物的同时，还有小分子副产物（如 H_2O、NH_3、HCl 等）生成；

③ 所得聚合物链节的化学组成与单体的化学组成不完全相同；

④ 缩聚物结构式要在方括号外侧写出链节余下的端基原子或原子团（这与加聚物不同，加聚物的端基不确定，通常用横线“—”表示）。如：

$$\underline{H{-}O}{+}\overset{\displaystyle O}{\overset{\|}{C}}{-}(CH_2)_4{-}\overset{\displaystyle O}{\overset{\|}{C}}{-}O(CH_2)_2O{+}_n\underline{H}$$

端基原子团　　　　端基原子

9.6 高分子化合物的结构和基本性能

9.6.1 高分子化合物的结构

高分子链的几何形状大致有线型和体型两大类，线型聚合物是链节连成一个长链，也可以带支链，呈不规则的卷曲状（或者团状），具有可溶与可熔性的特点。如果在大分子的链之间还有一些短链把它们连接起来，形成网状结构，成为体型大分子，则称为体型聚合物，具有不溶与不熔性的特点。如图 9.7 所示。

线型（包括带支链的）高聚物除了分子链可以运动外，分子链中以单键（σ键）相连的相邻两链节之间还可以保持一定的键角而旋转，即单键内旋转，如图 9.8 所示。因此，一个分子链在无外力作用时会有众多的分子空间形态，而呈伸直状的极少，很多为卷曲状。若作用以外力时，分子链的形态会引起改变，同时引起物体外形的改变。但当外力去除时，又能通过链节的旋转而恢复其卷曲形态。高分子链这种强烈卷曲的倾向称为（分子）链的柔顺性，它对高聚物的弹性和塑性等有重要影响。

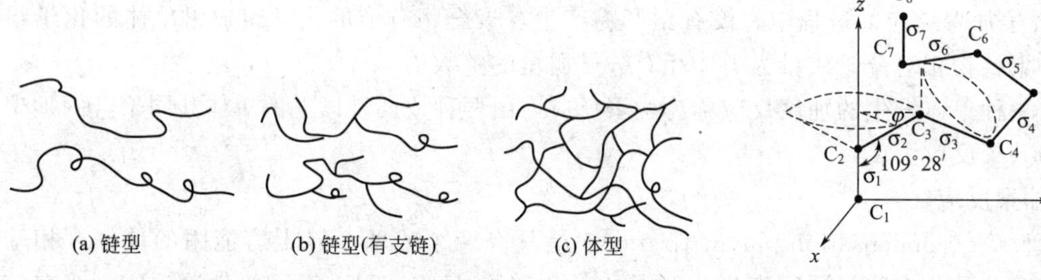

图 9.7　高分子链的几何形状

图 9.8　高分子键的内旋转示意图

聚合物由于分子特别大且分子间引力也较大，容易聚集为液态或固体，而难以形成气态。固体聚合物的结构按照分子排列的几何特征，可分为结晶型和非结晶型（或无定形）两种。

从结晶状态来看，线型结构的高聚物有晶相和非晶相。由于高分子的分子链很长，要使分子链间的每一部分都作有序排列是很困难的，因此，高聚物都属于非晶体或部分结晶。通常用结晶度作为结晶程度的量度，结晶度的大小直接影响高聚物的机械强度、密度及耐热性和耐溶剂性等。体型结构的高聚物，如酚醛塑料、环氧树脂等，由于分子链间有大量的交联，分子链不可能产生有序排列，因而都是非晶相。

线型非晶态高聚物在外力作用下，可以随温度变化而发生形变，具有三种不同的物理状态：玻璃态、高弹态和黏流态。

① 玻璃态　温度较低时，在外力作用下，高聚物的形变很小，只有键角、键长或基团能有微小的运动，而分子链之间和链段不能运动，这种物理状态称为玻璃态。特征是形变很困难，硬度大，如常温下的塑料即处于玻璃态。

② 高弹态　若温度升高，在外力作用下，高聚物有较大的形变，外力去除后又恢复原状，这种物理状态称为高弹态。

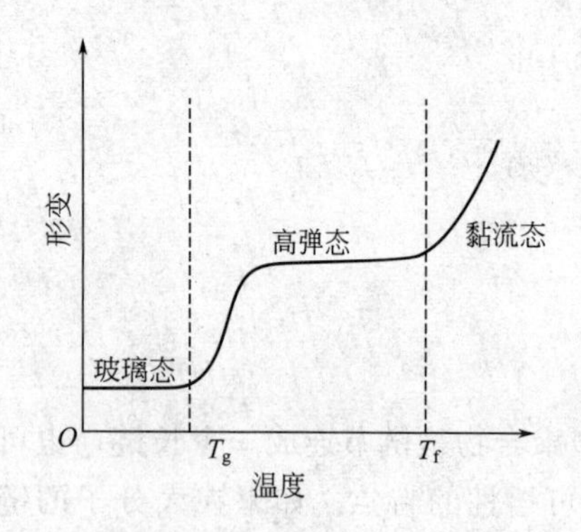

图 9.9　链型非晶态聚合物的物理形态与温度的关系

③ 黏流态　若温度继续升高，分子动能增加到使链段与整个高分子链都可以移动的时候，高聚物的形变能任意发生，成为具有流动性的黏稠液体，这种物理状态称为黏流态。处于黏流态的物体，在外力作用下分子间相互滑动，高聚物会产生形变，去除外力仍能保持形变，即形变不可逆。高聚物形态与温度的关系如图 9.9 所示。

这三种物理状态，随着温度的变化可互相转化，如塑料加热到一定温度时，就会从玻璃态过渡到高弹态，失去塑料原有的性能，而出现橡胶高弹性能。温度继续升高到一定程度时，又会从高弹态进一步过渡到黏流态。呈高弹态的高聚物（如橡胶）则相反，当温度降低到一定程度时，可转变成如同玻璃体状的玻璃态。由高弹态向玻璃态转变的温度称为玻璃化转变温度，用 T_g 表示。T_g 的高低决定了它在室温下所处的状态，以及是否适合作橡胶还是塑料等材料使用。T_g 高于室温的高聚物常称为塑料，T_g 低于室温的高聚物常称为橡胶。由高弹态向黏流态转变的温度称为黏流化温度，用 T_f 表示。T_f 的高低对于高聚物的加工成型有着十分重要的意义。用作塑料的高聚物，要求室温下保持固定的形状，T_g 要高但 T_g 与 T_f 之差不要大；而作为橡胶，要求保持高度的弹性，T_g 越低越好，而 T_f 则要高。T_g 与 T_f 之间温度的差值则决定着橡胶类物质的使用温度范围，差值越大，橡胶的耐寒耐热性能越佳。因此应用高聚物材料时，必须注意其使用的温度范围，否则，便不能发挥材料本身应有的优良性能。

玻璃化温度 T_g 是高聚物的链节开始旋转的最低温度。它的高低与分子链的柔顺性和分子链间的作用力大小有关。通过共聚、加入增塑剂或采用定向聚合等措施，可改变原来高聚物的 T_g。通常分子主链中引入环状结构如苯基，或主链上的取代基体积较大等，都会因减弱分子链的柔顺性而使 T_g 升高；另一方面，分子链中引入强极性基团，分子链间形成氢键或交联，以及聚合物的结晶度的提高等，都会使分子链间的作用力增大，从而导致 T_g 的升高。

一些常见非晶态线型高聚物的 T_g 和 T_f 值见表 9.4。

表 9.4　一些常见非晶态线型高聚物的 T_g 和 T_f 值

高　聚　物	T_g/K	T_f/K	高　聚　物	T_g/K	T_f/K
聚氯乙烯	348.15	448.15	天然橡胶	200.15	395.15
聚苯乙烯	363.15	408.15	聚二甲基硅氧烷(硅橡胶)	148.15	523.15
聚甲基丙烯酸甲酯	378.15	423.15			

9.6.2　高分子化合物的基本性能

(1) 弹性和塑性

高聚物表现为刚性、弹性或塑性，主要取决于高聚物分子链的柔顺性及分子链间的作用力以及链段之间、高分子之间的运动情况。因此，同一种高聚物的弹性和塑性不是绝对的，而是随温度的改变而变化。

体型结构的高聚物，因分子链间有大量交联，因此只有一种聚集状态——玻璃态，只显示出刚性或塑性，加热到足够高温时，便发生分解。

(2) 机械性能

高聚物机械性能的指标主要指拉伸强度、压缩强度、弯曲强度以及刚性、韧性等。它们取决于高聚物的分子结构和化学组成。决定高聚物机械性能的主要因素有以下几个方面。

① 平均相对分子质量的影响　高聚物的平均相对分子质量（或平均聚合度）的增大，有利于增加分子链间的作用力，可使拉伸强度与抗冲击强度等有所提高。但当相对分子质量超过一定的数值后，不但拉伸强度变化不大，而且会使 T_f 升高而不利于加工；而抗冲击强度有时仍可继续增大，如一种平均相对分子质量约为 5×10^6 的聚乙烯，其抗冲击强度和耐磨性约可达尼龙-66 的 5 倍。平均相对分子质量的分布情况对机械性能也有影响，如当高聚物中相对分子质量较低的组成的质量分数达到 $\omega=0.01\sim0.15$ 时，其机械强度显著下降。

② 结晶度的影响　一般说来，在结晶区内分子链排列紧密有序，可使分子链之间的作用力增大，机械强度也随之增高。纤维的强度和刚性通常比塑料、橡胶都要好，其原因就在于制造纤维用的高聚物，特别是经过拉伸处理后，其结晶度是比较高的。结晶度的增加也会使链节运动变得困难，从而降低了高聚物的弹性和韧性，影响其抗冲击强度。

③ 极性的影响　高聚物分子链中含有的极性取代基或链间能形成氢键时，都可因增加分子链之间的作用力而提高其机械强度。例如，聚氯乙烯因含极性基团—Cl，其拉伸强度一般比聚乙烯的要高。又如，在聚酰胺的长链分子中存在着酰胺键（—CO—NH—），分子链之间通过氢键的形成增强了分子间作用力，使聚酰胺显示了较高的强度。

适度交联有利于增加分子链之间的作用力，例如，聚乙烯交联后，抗冲击强度可提高3～4倍。但过分交联往往使柔韧性降低，例如由酚醛树脂制造的塑料（俗称胶木），常因交联程度过高而易于脆裂。

④ 主链结构的影响　主链含苯环等的高聚物，其强度和刚性比脂肪族主链的高聚物要高。引入芳环、杂环取代基均会提高高聚物的强度与刚性，例如聚苯乙烯的强度和刚性通常都超过聚乙烯。因此，新型的工程塑料大都是主链含芳环、杂环。

（3）电绝缘性

高聚物按其结构对称性的不同，可以分为非极性和极性两类。非极性高聚物是指分子链中链节结构对称的高聚物，如聚乙烯、聚四氟乙烯等。极性高聚物是指分子链中链节结构不对称的高聚物，如聚氯乙烯、聚酰胺等。

对于直流电来说，由于高聚物内部一般没有自由电子和离子，绝大多数具有较好的电绝缘性。但对交流电而言，极性高聚物由于极性基团或极性链节会随着交变电场的方向发生周期性的取向而可以导电。因此高聚物的电绝缘性与其极性有关。一般说来，高聚物的极性越小，则其电绝缘性越好。通常可按其链节结构与电绝缘性能的不同，分为下列几种情况。

① 链节结构对称且无极性基团的高聚物，如聚乙烯，对直流电和交流电都绝缘。在聚四氟乙烯中，C—F键虽有相当大的极性，但由于整个链节结构的对称，使键的极性相互抵消，是非极性高聚物，可用作高频电绝缘材料。

② 无极性基团但链节结构不对称的高聚物，如聚苯乙烯、天然橡胶等，具有弱极性，可用作中频电绝缘材料。

③ 链节结构不对称且有极性基团的高聚物，如酚醛树脂、脲醛树脂、聚乙烯醇等强极性高聚物可用作低频的电绝缘材料，而聚氯乙烯、聚甲基丙烯酸甲酯、聚酰胺等极性较小的高聚物则可用作中频的电绝缘材料。

（4）溶解性

高聚物的溶解需经历两个阶段：

① 溶胀　溶剂分子渗入高聚物链间的空隙，通过溶剂化，使高聚物膨胀成凝胶状，此现象称为溶胀；

② 溶解　高分子链从凝胶表面分散进入溶剂中，形成均一的溶液。

一般链型（包括带支链）的高聚物，在适当的溶剂中常可以溶解，但当链间产生交联而成为体型高聚物时，由于链间形成化学键，具有刚硬的空间网络，溶剂分子不能渗入，则不溶胀，更不能溶解，例如经硫化后的橡胶。

晶态高聚物由于分子链堆砌较紧密，分子链之间的作用力较大，溶剂分子难以渗入其中，因此，其溶解常比非晶态高聚物要困难。一般需将其加热至熔点附近，待晶态转变为非晶态后，溶剂分子才能渗入，使高聚物逐渐溶解。例如，聚乙烯需在熔点（135℃）附近才能溶于二甲苯等溶剂中。但极性的晶态高聚物却可以在常温下溶解于极性溶剂中。例如，尼龙在常温下可溶于甲酸等极性溶剂中。显然，尼龙能与溶剂形成氢键也是一个重要的原因。

此外，高聚物的相对分子质量与其溶解性也有关，相对分子质量大的高聚物，链间作用力大，不利于其溶解。

在有机高分子材料（如有机胶黏材料、涂料等）的配制或使用中，如何选择溶剂的问题通常仍遵循“相似相溶”原理，即极性大的高聚物应选用极性大的溶剂，极性小的高聚物应选用极性小的溶剂。例如，未硫化的天然橡胶是弱极性的，可溶于汽油、苯、甲苯等非极性或弱极性溶剂中；聚苯乙烯也是弱极性的，可溶于苯、乙苯等非极性或弱极性溶剂中，也可溶于极性不太大的丁酮中；聚甲基丙烯酸甲酯（俗称有机玻璃）是极性的，可溶于极性的丙酮中；聚乙烯醇极性相当大，可溶于水或乙醇等极性溶剂中。

（5）化学稳定性和老化

化学稳定性通常是指物质对水、酸、碱、氧气等化学因素的作用所表现的稳定性。一般高聚物主要由C—C、C—H、C—O等牢固的共价键连接而成，含活泼的基团较少，且分子链相互缠绕成卷曲状，使分子链上一些基团难以参与反应，因而一般化学稳定性较高。尤其是被称作“塑料王”的聚四氟乙烯，它不仅耐酸碱，还能经受煮沸王水的侵蚀。此外，高聚物一般是电绝缘体，因而也不受电化学腐蚀。

高聚物虽有较好的化学稳定性，但不同的高聚物的化学稳定性还是有差异的。

一些含有$-\overset{\overset{\displaystyle O}{\|}}{C}-O-$、—CN等基团的高聚物不耐水，在酸或碱的催化下会与水反应。尤其当这些基团在主链中时，对材料的性能影响更大。例如，聚酰胺与水的反应可简单用下式表示：

$$\cdots\cdots-NH-(CH_2)_m-NH \,\vdots\, CO-(CH_2)_n-CO-\cdots\cdots + H \,\vdots\, OH \longrightarrow \cdots\cdots-NH-(CH_2)_m-NH_2 + HOOC-(CH_2)_n-CO-\cdots\cdots$$

高聚物及其材料的缺点是不耐久，易产生常见的老化现象。老化是指高聚物及其材料在加工、贮存和使用过程中，长期受化学和物理（热、光、电、机械等）以及生物（霉菌）因素的综合影响，发生裂解或交联，导致性能变坏的现象。例如，塑料制品变脆、橡胶龟裂、纤维泛黄、油漆发黏等。

高聚物的老化可归结为链的交联和链的裂解，或简称交联和裂解。裂解又称为降解（指大分子主链断裂并导致聚合度降低的过程，上述聚酰胺与水的反应也是一种裂解），它使高聚物的聚合度降低，以致变软、发黏，丧失机械强度。例如，天然橡胶易发生氧化而降解，使之发黏。老化通常以降解反应为主，有时也伴随有交联。交联可使链型高聚物变为体型结构，增大了聚合度，从而使之丧失弹性，变硬发脆。例如，丁苯橡胶等合成橡胶的老化以交联为主。

在引起高聚物老化的诸因素中，以氧气、热、光最为重要，通常又以发生氧化而降解的情况为主，且往往是在光、热等因素影响和促进下发生的。

一般含双键或羟基、醛基等易氧化的基团的高聚物，易与氧气或其它氧化剂反应而降解。主链中含有双键的高聚物在室温下即可被氧化，加热则更加速了氧化。例如，天然橡胶、顺丁橡胶等便属于此类情况。天然橡胶与氧气发生的裂解反应可简单表示如下：

$$\cdots\cdots-CH_2-\underset{\underset{\displaystyle CH_3}{|}}{C}=CH-CH_2-\cdots\cdots + O_2 \longrightarrow \cdots\cdots-CH_2-\underset{\underset{\displaystyle CH_3}{|}}{C}=O + O=\underset{\underset{\displaystyle H}{|}}{C}-CH_2-\cdots\cdots$$

高聚物的氧化还会因紫外光的辐照而被加速。例如，长期置于室外作遮盖用的聚乙烯薄膜，其韧性和强度会因光照而急剧下降，以致最终完全脆化碎裂，这就是紫外光促进氧化的结果。

高聚物有时也可发生热降解。例如，聚氯乙烯在100～120℃下即开始分解，放出HCl，使高聚物的机械强度降低。

若在高聚物分子链中引入较多的芳环、杂环结构，或在主链或支链中引入无机元素（如硅、磷、铝等），均可提高其热稳定性。

为了延缓光、氧、热对高聚物的老化作用，通常可在高聚物中加入各类光稳定剂（如炭黑、氧化锌、钛白粉等）、紫外光吸收剂（如 2-羟基二苯酮）、抗氧剂（芳香族胺类如二苯胺和酚类等）、热稳定剂（如硬脂酸盐等）。

9.7 高分子化合物的应用

高分子合成材料具有很多优良性能，在生产、科研以及日常生活中得到了广泛应用，下面重点介绍工程塑料、合成橡胶、合成纤维、离子交换树脂以及功能高分子材料的性能和应用。

9.7.1 塑料

塑料（plastics）是指在一定的温度和压力下可塑制成型，而在通常条件下（常温常压）能保持固定形状的高分子合成材料，其主要成分是合成树脂（约为 $\omega=0.40\sim1.00$），它决定了塑料的类型和基本性能。

塑料按其受热后性能的不同，可分为热塑性塑料和热固性塑料两大类。热塑性塑料属于可溶、可熔的线性高分子化合物，加热后会软化，冷却后成为一定形状的制品且可多次反复进行。热固性塑料的高分子链在固化成型时加入固化剂或引发剂，树脂分子链发生交联，固化成型后转化为网状结构的高分子链，具有不溶、不熔的性能，冷却后不会再软化，只能受热一次加工成型，例如环氧树脂。

按塑料的使用性能和用途的不同，又可分为通用塑料与工程塑料两大类。通用塑料是指产量大、用途广、成型性好、价格低的塑料，约占塑料总产量的四分之三以上，一般指聚乙烯、聚氯乙烯、聚苯乙烯、聚丙烯、酚醛塑料（电木）和脲醛塑料六个品种。工程塑料是指能承受一定的外力作用、耐冲击性、耐热性、硬度及抗老化性等综合性能好的塑料，具有某些金属特点，能在机械设备和工程结构中代替金属使用。例如聚甲醛、ABS 树脂、聚碳酸酯、聚四氟乙烯等。下面举例加以说明。

(1) 聚酰胺（PA）

此类塑料是含有酰胺基团（$-\overset{\overset{\displaystyle O}{\|}}{C}-\overset{\overset{\displaystyle H}{|}}{N}-$）的单元连接而成的长链高分子化合物。如由己二酸和己二胺缩聚而成的尼龙-66，其结构式为：

$$\left[\overset{\overset{\displaystyle O}{\|}}{C}\left(CH_2\right)_4\overset{\overset{\displaystyle O}{\|}}{C}-NH\left(CH_2\right)_6NH\right]_n$$

由于它独特的低密度、高抗拉强度、耐磨、自润滑性好、冲击韧性优异，具有刚柔兼备的性能而赢得人们的重视，加之其加工简便，可以加工成各种制品来代替金属，广泛用于汽车及交通运输业。

(2) 聚碳酸酯

聚碳酸酯（PC）是一种新型热塑性工程塑料，其结构式为：

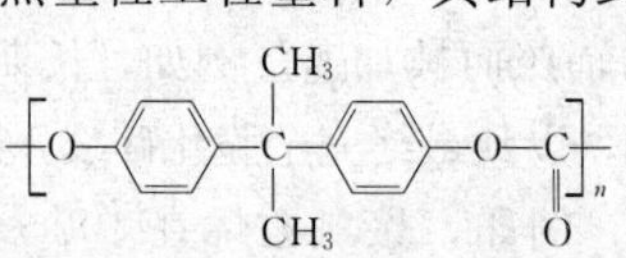

$$\left[O-C_6H_4-\underset{\underset{\displaystyle CH_3}{|}}{\overset{\overset{\displaystyle CH_3}{|}}{C}}-C_6H_4-O-\underset{\underset{\displaystyle O}{\|}}{C}\right]_n$$

既具有类似有色金属的强度，同时又兼备延展性及强韧性，它的抗冲击强度极高，能经受住电视机荧光屏的爆炸，而且透明度又极好，并可施以任何着色。用量最大的市场是计算机、办公设备、汽车、替代玻璃和片材，CD 和 DVD 光盘是最有潜力的市场之一。

(3) 聚甲醛

聚甲醛（POM）是一种没有侧链，高密度，高结晶性的线性聚合物，具有优异的综合性能，被誉为“超钢”。其表面光滑且有光泽、坚硬、致密，淡黄或白色，可在－40～100℃温度范围内长期使用。它的耐磨性和自润滑性也比绝大多数工程塑料优越，又有良好的耐油，耐过氧化物性能，很不耐酸，不耐强碱和不耐紫外线的辐射。其结构式为：

$$\cdots-\underset{\mathrm{H}}{\overset{\mathrm{H}}{\mathrm{C}}}-\mathrm{O}-\underset{\mathrm{H}}{\overset{\mathrm{H}}{\mathrm{C}}}-\mathrm{O}-\underset{\mathrm{H}}{\overset{\mathrm{H}}{\mathrm{C}}}-\mathrm{O}-\underset{\mathrm{H}}{\overset{\mathrm{H}}{\mathrm{C}}}-\mathrm{O}-\cdots$$

它可用作许多金属和非金属材料所不能胜任的材料，主要用作各种精密度高的小模数齿轮、几何面复杂的仪表精密件、自来水龙头及爆气管道阀门等。

(4) ABS 树脂

ABS 树脂是丙烯腈（acrylonitrile）、1,3-丁二烯（butadiene）、苯乙烯（styrene）三种单体的接枝共聚物。苯乙烯使 ABS 有良好的模塑性、光泽和刚性，丙烯腈使 ABS 有良好的耐热、耐化学腐蚀性和表面硬度，丁二烯使 ABS 有良好的抗冲击强度和低温回弹性。三种组分的比例不同，其性能也随之变化。ABS 树脂是一个综合力学性能十分优秀的塑料品种，不仅具有良好的刚性、硬度和加工流动性，而且具有高韧性的特点，可以注塑、挤出或热成型，是一种坚韧而有刚性的热塑性塑料。

9.7.2 橡胶

橡胶（rubber）是在相当宽的温度范围（如－50～100℃）具有高弹性的线型非晶态高聚物，玻璃化温度低，便于大分子的运动，经少量交联，可消除永久的残余形变。天然橡胶主要取自热带的橡胶树，化学组成是聚异戊二烯（又称为异戊橡胶），有顺式与反式两种构型，或称为顺、反异构体。它们的结构为：

$$\left[\mathrm{H_2C}-\mathrm{C(H)}=\mathrm{C(CH_3)}-\mathrm{CH_2}\right]_n$$

反式-1,4-聚异戊二烯

$$\left[\mathrm{H_2C}-\mathrm{C(H)}=\mathrm{C(CH_3)}-\mathrm{CH_2}\right]_n$$

顺式-1,4-聚异戊二烯

天然橡胶主要是顺式-1,4-聚异戊二烯。随着科学技术的发展，合成橡胶的单体种类越来越多，除二烯烃外，许多烯烃（如乙烯、丙烯、异丁烯）经过均聚或共聚，都可以制得各种合成橡胶。合成橡胶按其性能和用途的不同分为通用橡胶和特种橡胶。

(1) 通用橡胶

目前使用的通用橡胶都可由石油化工产品制取，如下所示：

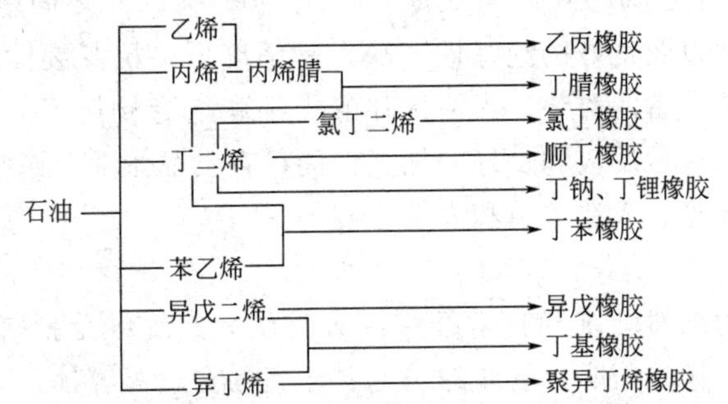

顺丁橡胶是丁二烯经溶液聚合制得，它具有优良的耐磨性，特别优异的耐寒性和弹性，

还具有较好的耐老化性能。顺丁橡胶绝大部分用于生产轮胎，少部分用于制造耐寒制品、缓冲材料以及胶带、胶鞋等，已成为合成橡胶的第二大品种。缺点是抗撕裂能力差，易出现裂纹，特别是制成的轮胎抗湿滑性能不好。顺式-1,4-聚丁二烯习惯上称为顺丁橡胶。聚合物可用下式表示：

$$\left[H_2C(H)C{=}C(H)CH_2 \right]_n$$

丁苯橡胶可由丁二烯和苯乙烯共聚制得，是产量最大的通用合成橡胶，约占全部合成橡胶的50%以上，适当改变加聚时的条件能得到多种性质稍有不同的丁苯橡胶。聚合物一般可用下式表示：

$$\left[\left(CH_2-CH{=}CH-CH_2 \right)_x \left(CH_2-\underset{C_6H_5}{CH} \right)_y \right]_n$$

丁苯橡胶的耐老化性能、特别是耐磨性比天然橡胶要好，可用来制轮胎、皮带等，且可与天然橡胶共混用作密封材料和电绝缘材料。然而它与天然橡胶、顺丁橡胶都有同样的缺点，即不耐油和有机溶剂。

丁腈橡胶可由丁二烯与丙烯腈两种单体加聚制得，一般可用下式表示：

$$\left[\left(CH_2-CH{=}CH-CH_2 \right)_x - \left(CH_2-\underset{CN}{\underset{|}{CH}} \right)_y \right]_n$$

由于在分子中引入了极性基团—CN，这种橡胶的最大优点是耐油，其拉伸强度比丁苯橡胶好，耐热性比天然橡胶好，但电绝缘性和耐寒性差，且塑性低、加工较困难。它主要用作机械上的垫圈以及制造飞机和汽车等需要耐油的零件。

乙丙橡胶由乙烯和丙烯加聚制得，一般可用下式表示：

$$\left[\left(CH_2-CH_2 \right)_x \left(CH_2-\underset{CH_3}{\underset{|}{CH}} \right)_y \right]_n$$

由于分子链中不存在双键和极性基团，乙丙橡胶的耐老化、电绝缘性能和耐臭氧性能突出，但抗撕裂性差，主要用作电气绝缘零件。

（2）特种橡胶

专门用于制造在特殊条件下使用的橡胶制品的一类橡胶，例如硅橡胶。

硅橡胶由硅、氧原子形成主链，侧链为含碳基团，用量最大的是侧链为乙烯基（$\left(\overset{CH{=}CH_2}{\underset{CH{=}CH_2}{Si}}-O \right)_n$）的硅橡胶。它既耐热，又耐寒，能在－65～250℃之间保持弹性，具有优异的耐油耐水性和耐臭氧性以及良好的绝缘性，缺点是强度低，抗撕裂性能差，耐磨性能也差。硅橡胶可用作高温高压设备的衬垫、火箭导弹的零件和绝缘材料等。由于硅橡胶制品柔软、无毒、可以消除人体的排斥反应和良好的加工性能，在食品工业及医疗工业等方面得到广泛应用，如多种口径的导管、人造关节和人造心脏等。

9.7.3 纤维

纤维（fiber）分为天然纤维和化学纤维两大类。天然纤维是指自然界中天然的纤维材料，像雪白的棉花、强韧的苎麻、卷曲的羊毛、光亮的蚕丝等等都是天然纤维。化学纤维是用化学方法加工制成的纤维。按照所用的原料和化学加工方法的不同，化学纤维又分成人造纤维和合成纤维两大类。

人造纤维是以天然高分子纤维素或蛋白质为原料，经化学改性而成的纤维，要求分子链具有较大的极性，这样可以形成定向排列而产生局部结晶区，在结晶区内分子间的作用力较大，可以使纤维具有一定的强度。人造纤维一般是用不能直接纺纱的纤维素材料（木材、棉籽短绒、甘蔗等）做原料，经过化学处理和机械加工而生产出来的。像黏胶纤维、铜氨纤维、醋酸纤维和富强纤维等，都是人造纤维。人造纤维实质上都是天然纤维素经过溶解后“再生”的，所以也称为“再生”纤维。

合成纤维是人工合成的高分子物质纺制成的纤维，即先从简单的低分子物质，如天然气、石油、煤、石灰石等物质或棉籽壳、玉米芯、蓖麻油、糠醛等农副产品中提炼出简单的有机化合物，经过复杂的化学“合成”作用，制成高分子物质，再利用纺丝设备纺成各种纤维。合成纤维品种很多，有涤纶、锦纶、腈纶、维纶、丙纶、氯纶、芳纶和氨纶等等。主要品种有聚酯（涤纶）、聚酰胺（尼龙、锦纶）、聚丙烯腈（腈纶）等，它们占世界合成纤维总产量的90%以上。随着高科技的发展，现在已制造出很多高功能性（如抗静电、吸水性、阻燃性、渗透性、抗水性、抗菌防臭性、高感光性）纤维及高性能纤维（如全芳香族聚酯纤维、全芳香族聚酰胺纤维、高强聚乙烯醇纤维、高强聚乙烯纤维等）。

天然纤维、人造纤维、合成纤维不但所用的原料和化学加工的方法不同，在性质方面也有许多不同之处。

天然纤维是人类传统的服用纤维。它们有着许多化学纤维所没有的优良品性。像棉花，吸湿性能好，穿着透气、吸汗、舒适，所以人们在选购内衣时，都喜欢选择纯棉纺织品。麻没有棉花那样柔软，但韧性比棉好，是天然纤维中的强者，尤其是苎麻，品质最好。麻织品一般都是用来做夏季服装。特别是苎麻布具有凉爽、吸湿、透气的特性，而且强度高、硬挺、不沾身，所以很受人们欢迎。麻还具有耐磨性和极优良的耐霉抗蚀性。所以人们用麻来做绳索、织渔网。羊毛的优点也很多，毛织品坚牢耐穿，保暖性好，隔热也好。毛织品也有良好的透气性和吸湿性，还有手感柔软和不易沾污等优点。如纤细闪光的蚕丝，有着许多优异的特性：吸水性和耐热性较强，保温性也很好。丝织品精美华贵，被人们誉为“纤维皇后”。

但天然纤维也有缺点。棉纤维长期和空气接触并受日光照晒就会逐渐被氧化，强力降低，失去柔软性而变脆。羊毛遇碱会溶解，也怕太阳晒，太阳光中的紫外线可以破坏羊毛的化学组成，使羊毛强力下降，失去光泽。蚕丝怕碱、怕阳光，丝制品在日光下曝晒，易老化脆损。

人造纤维的性能一般近似天然纤维——棉花，但黏胶纤维（人们称为“人造棉”或“人造丝”）最大缺点是受湿后强度降低，不耐久穿。

合成纤维可说是方兴未艾，天天要和我们打交道。合成纤维有许多独到之处：除具有强力高、不霉烂的通性外，还各有特点。下面简单介绍几种合成纤维。

（1）聚对苯二甲酸乙二醇酯（涤纶） $\left[\overset{O}{\overset{\|}{C}}-C_6H_4-\overset{O}{\overset{\|}{C}}-O-(CH_2)_2-O \right]_n$

涤纶是产量最大的合成纤维，大约90%用于衣料，用于工业生产的只占总量的很少一部分。其显著优点是：抗皱、保形、挺括、美观，对热、光稳定性好，润湿时强度不降低，经洗耐穿，可与其它纤维混纺，年久不会变黄。缺点是不吸汗，而且需要高温染色。

（2）聚酰胺纤维（锦纶，尼龙）

此类合成纤维含有酰胺基（$-\overset{O}{\overset{\|}{C}}-NH-$），强韧耐磨、弹性高、质量轻，染色性好，较不易起皱，抗疲劳性好，吸湿率为3.5%～5.0%，在合成纤维中是较大的，吸汗性适当，但容易走样，约一半作衣料用，一半用于工业生产，在工业生产应用中，约1/3是做轮胎帘子线。

（3）聚丙烯腈纤维［腈纶（人造羊毛）］$\left[-CH_2-\underset{CN}{\underset{|}{CH}}-\right]_n$

腈纶具有与羊毛相似的外观和特性，质轻，体积膨大性优良，强度比羊毛高1～2.5倍，富有弹性，软化温度高，吸水率低，而且能染成各种鲜艳的颜色，是羊毛的优良替代品。主要用来制造衣料、绒线、毛毯或其它针织品，缺点是耐磨性和耐碱性较差。

（4）聚乙烯醇缩甲醛纤维（维尼纶）$\left[-CH_2-\underset{OH}{\underset{|}{CH}}-\right]_n$

将单体乙酸乙烯酯在引发剂的引发下聚合成聚乙酸乙烯酯，再在碱的催化下和甲醇进行酯交换，生成聚乙烯醇，将聚乙烯醇抽丝制成纤维，最后用甲醛处理，使部分羟基缩醛化，即得维尼纶产品。

$$\cdots-CH_2-\underset{OH}{\underset{|}{CH}}-CH_2-\underset{OH}{\underset{|}{CH}}-CH_2-\underset{OH}{\underset{|}{CH}}-\cdots \xrightarrow{HCHO} \cdots-CH_2-\underset{OH}{\underset{|}{CH}}-CH_2-\underset{O-CH_2-O}{\underset{|}{CH}-CH_2-\underset{|}{CH}}-\cdots$$

它的大分子结构和性能都与棉花相似，所以又称为“合成棉”，具有较好的吸湿性，质地柔软，保暖性能好，耐酸碱，主要用于纺织工业和绳索、帆布等，缺点是耐热性较差。

9.7.4 功能性高分子

通过物理或化学方法，或者使高分子与其它物质相互作用后产生物理或化学变化，从而使高分子化合物由于含有某些官能团，成为能完成特殊功能的物质，这类聚合物就称为功能性高分子。它们除具有一般高分子的性能外，还有如光敏性或选择分离性、导电性、磁性、催化性、生物活性等某种特定功能。这些性能都与高聚物分子中具有特殊官能团及其结构密切相关。由于功能高分子具有各种独特的功能，因此得到越来越广泛的应用。

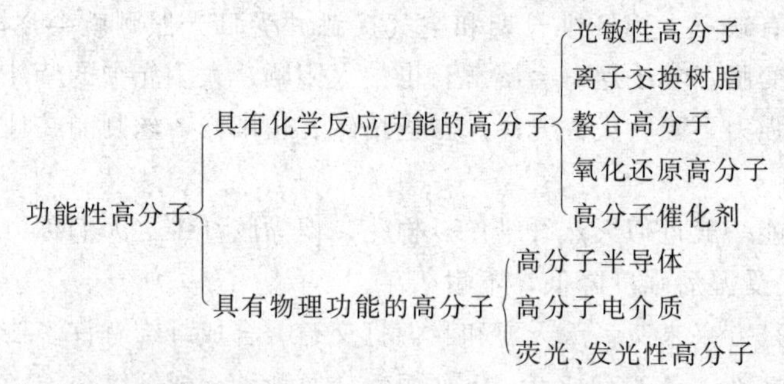

现简单介绍几类重要的功能高分子。

（1）光敏性高分子

用光照射时具有快速发生化学反应的官能团的高分子化合物称为光敏性高分子。多数情况下它们是利用光照射进行交联固化，所得产物不溶于溶剂。光照射后用溶剂处理，未受光照部分溶于溶剂，不溶部分留下而形成与底片对应的凸凹面。利用可溶性光敏高分子的这一性质，可作为感光材料，用于印刷电路、照相印刷版等。如光敏性高分子聚乙烯醇的不饱和酸树脂等，在光照条件下，双键打开发生二聚反应，形成环丁烷环而不溶于溶剂。

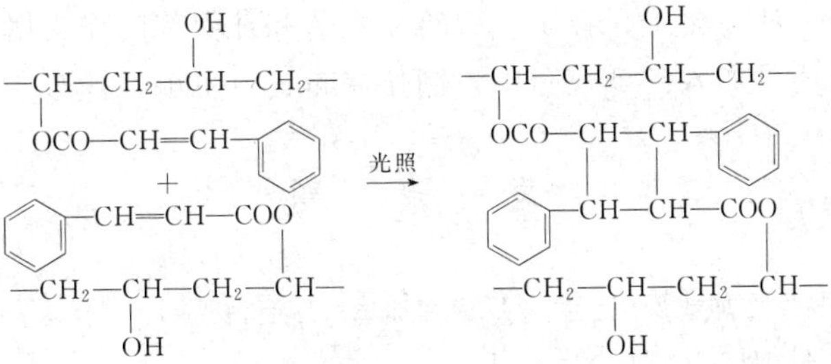

为了加快光反应速率，实际应用时常在聚合物中加入少量如硝基化合物、酮等光敏剂。

(2) 离子交换树脂

离子交换树脂是一类具有离子交换功能的高分子材料，在溶液中它能将本身的离子与溶液中的同电性离子进行交换。如用苯乙烯和少量对二乙烯基苯共聚得到的体型高聚物进行磺化，则产物不溶于水，可用作离子交换树脂。

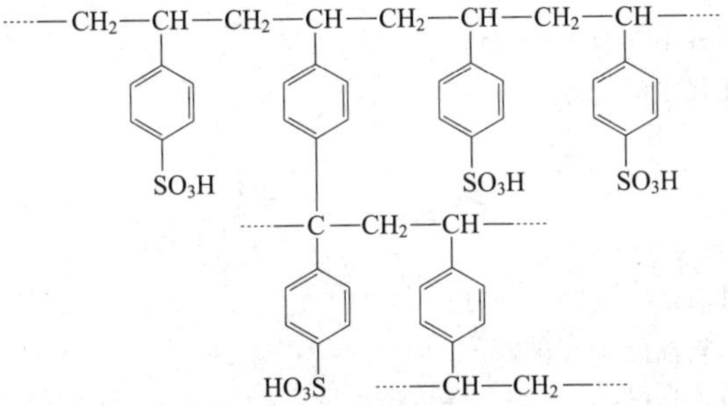

按交换基团性质的不同，离子交换树脂可分为阳离子交换树脂和阴离子交换树脂两类。

阳离子交换树脂大都含有磺酸基（$—SO_3H$）、羧基（—COOH）或苯酚基（$—C_6H_4OH$）等酸性基团，其中的氢离子能与溶液中的金属离子或其它阳离子进行交换。例如苯乙烯和二乙烯苯的高聚物经磺化处理得到强酸性阳离子交换树脂，其结构式可简单表示为 $R—SO_3H$，式中 R 代表树脂母体，其交换原理为

$$2R—SO_3H + Ca^{2+} \rightleftharpoons (R—SO_3)_2Ca + 2H^+$$

这也是硬水软化的一种方法。

阴离子交换树脂含有活泼的碱性基团，如氨基［$—NH_2$，$—N(CH_3)_2$，$—NHCH_3$，$—\overset{+}{N}(CH_3)_3Cl$］等。它们在水中能生成弱碱性 $—N^+H_3OH^-$，$—N^+H(CH_3)_2OH^-$，$—N^+H_2CH_3OH^-$，季铵盐 $—N^+(CH_3)_4Cl^-$ 等，用碱处理后可变为强碱型的季铵碱 $—N^+(CH_3)_3OH^-$，这些活性基团或化合物中的$—OH^-$能与溶液中的阴离子起交换作用，其交换原理为

$$R—N(CH_3)_3OH + Cl^- \rightleftharpoons R—N(CH_3)_3Cl + OH^-$$

由于离子交换作用是可逆的，因此用过的离子交换树脂一般用适当浓度的无机酸或碱进行洗涤，可恢复到原状态而重复使用，这一过程称为再生。阳离子交换树脂可用稀盐酸、稀硫酸等溶液淋洗，阴离子交换树脂可用氢氧化钠等溶液处理，进行再生。离子交换树脂的用途很广，主要用于分离和提纯，例如用于硬水软化和制取去离子水、回收工业废水中的金属、分离稀有金属和贵金属、分离和提纯抗生素等。

(3) 高吸水性高分子

用淀粉、纤维素等天然高分子与丙烯酸、苯乙烯磺酸进行接枝共聚，或用聚乙烯醇与聚丙烯酸盐交联所得到的高聚物，能吸收超过自身重量几百倍甚至上千倍的水，称为高吸水性

高分子。它广泛用于石油、化工、轻工、建筑、农药和环保部门作为堵水剂、脱水剂、保水剂、土壤改良剂等，还可加入到纸或布中，制作尿布、卫生巾、抹布、餐巾等卫生用品。

思 考 题

1. 何种有机化合物易发生加成反应？加成反应和加聚反应有何不同？
2. 简述苯环上取代反应的定位规律及其应用。
3. 解释下列各名词：
   (1) 单体、链节与聚合度　　(2) 线型高分子与体型高分子
   (3) 玻璃态、高弹态与黏流态　　(4) 柔顺性、热塑性与热固性
4. 高分子化合物的合成主要有哪几种类型？它们各有何特点？
5. 什么叫玻璃化温度？橡胶和塑料的玻璃化温度有何区别？
6. 什么是工程塑料？举例说明它的特殊用途。
7. 高聚物老化的影响因素主要有哪些？
8. 试述离子交换树脂纯化水的原理。

习　　题

1. 判断题（对的在括号内填“√”，错的填“×”）
   (1) 含碳和氢的化合物都属于有机物。（　）
   (2) 无机化合物一般不易燃烧，而大多数有机化合物都容易燃烧。（　）
   (3) 有机化合物都不溶于无机溶剂而能溶于有机溶剂。（　）
   (4) 在有机化学中，氧化反应是指在分子中得到氧或失去氢的反应。（　）
   (5) 线型晶态高聚物有三种不同的物理状态。（　）
   (6) 在晶态高聚物中，通常同时存在晶态和非晶态两种结构。（　）
   (7) 体型高聚物分子内由于内旋转可以产生无数构象。（　）
   (8) 高聚物可以自然卷曲，因此都有一定的弹性。（　）
2. 选择题
   (1) 根据当代的观点，有机物应该是（　）。
   (A) 来自动植物的化合物　　(B) 来自于自然界的化合物
   (C) 人工合成的化合物　　(D) 含碳的化合物
   (2) 有机物的结构特点之一就是多数有机物都以（　）结合。
   (A) 配价键　(B) 共价键　(C) 离子键　(D) 氢键
   (3) 引起烷烃构象异构的原因是（　）。
   (A) 分子中的双键旋转受阻
   (B) 分子中的单双键交替存在
   (C) 分子中有双键
   (D) 分子中的两个碳原子围绕 C—C 单键作相对旋转
   (4) 在烷烃的自由基取代反应中，不同类型的氢被取代活性最大的是（　）。
   (A) 伯氢　(B) 仲氢　(C) 叔氢　(D) 以上都不是
   (5) 下列化合物中中心原子采用 sp^3 杂化方式的是（　）。
   (A) H_2O　(B) CCl_4　(C) NH_3　(D) 以上都是
   (6) 体型结构的聚合物有很好的力学性能，其原因是（　）。
   (A) 分子内有柔顺性　　(B) 分子间有化学键
   (C) 分子间有分子间力　　(D) 既有分子间力又有化学键

(7) 高聚物具有良好的电绝缘性，主要是由于（　　）。

(A) 高聚物的聚合度大　　(B) 高聚物的分子间作用力大

(C) 高聚物分子中化学键大多数是共价键　　(D) 高聚物结晶度高

(8) 塑料的特点是（　　）。

(A) 可反复加工成型　　(B) 室温下能保持形状不变

(C) 在外力作用下极易变形　　(D) 室温下大分子主链方向强度大

3. 用系统命名法命名下列化合物，并注明哪些是同分异构体。

(1) $CH_3—CH(CH_3)—CH_2—CH_3$

(2) $CH_3—C(CH_3)_2—CH_3$

(3) $CH_3—C(CH_3)_2—CH_2—CH_2—CH_3$

(4) $CH_3—C≡C—CH(CH_3)—CH_3$

(5) $CH_3—CH═C(CH_3)—CH_3$

(6) CH_3 Cl

4. 写出下列化合物的结构式，哪些有顺反异构体？写出它们与HCl加成产物的结构式并命名。

(1) 2,3-二甲基-1-丁烯；　　(2) 3-戊烯；

(3) 3-甲基-2-戊烯；　　(4) 2-甲基-2-丁烯

5. 分子式为 C_6H_{12} 的三种化合物A、B和C，三者都可使高锰酸钾溶液褪色，经催化加氢后都生成3-甲基戊烷。只有A有顺反异构体，A和C与HBr加成后得到同一种化合物D，试推测A、B、C、D的结构式。

6. 将下列化合物进行一次硝化，试用箭头表示硝基进入的位置（指主要产物）。

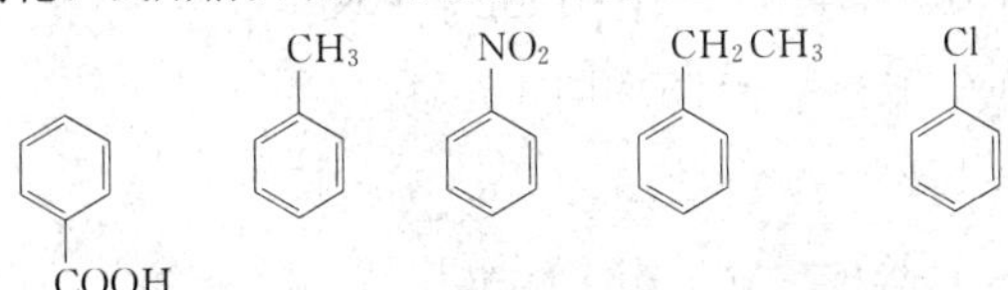

7. 写出尼龙-1006、尼龙-6、丁苯橡胶、涤纶（聚对苯二甲酸乙二醇酯）的分子通式。

8. 写出下列单体形成聚合物的反应式，注明聚合物的重复单元和结构单元，并对聚合物命名，说明属于何类聚合反应。

(1) $CH_2═CHCl$；　　(2) $CH_2═C(CH_3)_2$；

(3) $HO(CH_2)_5COOH$；　　(4) $CH_2CH_2CH_2—O$（环状）；

(5) $H_2N(CH_2)_{10}NH_2 + HOOC(CH_2)_8COOH$；

(6) $OCN(CH_2)_6NCO + HO(CH_2)_2OH$；

9. 指出下表中各非晶态高聚物在室温下处于什么物理形态？可作什么材料使用？

高聚物	T_g/℃	T_f/℃	(T_f-T_g)/℃
聚苯乙烯	90	135	45
尼龙-66	48	265	217
聚异丁烯	−74	200	274

部 分 习 题 答 案

第 2 章

1. 98.7%
2. $p(H_2)$=123.9kPa；$p(O_2)$=61.9kPa
3. x(乙烷)=0.40，x(丁烷)=0.60；p(乙烷)5=40.53kPa；p(丁烷)=60.80kPa
4. 0.714g·dm^{-3}
5. (1) 8.07dm^3；(2) 30.7kPa，24.79kPa
6. (1) $c(HCl)$=12.06mol·dm^{-3}，$b(HCl)$=16.09mol·kg^{-1}；

   (2) $c(H_2SO_4)$=18.4mol·dm^{-3}，$b(H_2SO_4)$=500mol·kg^{-1}；

第 3 章

3. $\Delta U=0$，$W=-100kJ$
4. $3.79\times10^4 kJ$
6. ① $\Delta_r H_m^{\ominus}(298.15K)=-1531.2kJ\cdot mol^{-1}$

   $\Delta_r S_m^{\ominus}(298.15K)=-583.6J\cdot mol^{-1}\cdot K^{-1}$

   ② $\Delta_r H_m^{\ominus}(298.15K)=-175.0kJ\cdot mol^{-1}$

   $\Delta_r S_m^{\ominus}(298.15K)=-112.6J\cdot mol^{-1}\cdot K^{-1}$

   ③ $\Delta_r H_m^{\ominus}(298.15K)=-86.6kJ\cdot mol^{-1}$

   $\Delta_r S_m^{\ominus}(298.15K)=-79.4J\cdot mol^{-1}\cdot K^{-1}$

   ④ $\Delta_r H_m^{\ominus}(298.15K)=-153.9kJ\cdot mol^{-1}$

   $\Delta_r S_m^{\ominus}(298.15K)=-32.2J\cdot mol^{-1}\cdot K^{-1}$
7. 1015.5kJ·mol^{-1}
8. 4.534kJ·mol^{-1}，0.535，−2.92kJ·mol^{-1}，正方向
9. −12.4kJ·mol^{-1}
10. 1.45×10^{10}
11. ①$\Delta_r G_m$=38.77kJ·mol^{-1},不能自发； ② 4.4×10^{-3}； ③ 442Pa； ④ 1119K
12. ①自发，345.47；

    ② 降温有利

    ③ 2120K
13. (1) 否

    (2) 698K
14. $p(CO_2)$ <484.6Pa
15. 40.02J·mol·K^{-1}

第 4 章

3. (1) 2.77kPa

 (2) 104.1℃

 (3) −14.97℃

4. 0.303mol · dm^{-3}

5. 3.7×10^{-4}，3.43

6. 1.58×10^{-6}，5.8

7. 1.4

8. 2.2×10^{-5}

9. 1.12×10^{-10}mol · dm^{-3}，1.67×10^{-6}mol · dm^{-3}

10. (1) 1.35×10^{-3}mol · dm^{-3}

 (2) 1.35×10^{-3}mol · dm^{-3}，2.70×10^{-3}mol · dm^{-3}

 (3) 9.8×10^{-5}mol · dm^{-3}

11. 0.66g

12. 3.2～6.5

13. 略

14. 0.444mol · dm^{-3}，41.7g

15. 722kPa

16. 1.5×10^{-7}mol · dm^{-3}，1.5×10^{-7}mol · dm^{-3}，6.8，6.8，$pH+pOH=pK_w^{\ominus}$

17. 略

18. 8.70×10^{-9}

19. 3.36×10^{-12}mol · dm^{-3}

第 5 章

5. (1) 1.192V

 (2) 0.3337V

 (3) 0.5821V/ (4) 0.5352

6. −0.2363V

7. 略

8. (1) 0.0245V

 (2) −4.728kJ · mol^{-1}

 (3) 75.24kJ · mol^{-1}

9. (1) 0.4681V

 (2) −0.574V

10. 0.446V，0.475V

11. (1) 3.212

 (2) 0.265mol · dm^{-3}

12. 0.187mol · dm^{-3}

13. (1) $Cl_2+Co\longrightarrow 2Cl^-+Co^{2+}$

(2) $-0.27V$

(4) $1.69V$

14. 略

15. 略

16. 略

17. $1.28V$

18. 1.6×10^{6}

第6章

3. ① $v=kc_{NO}^{2}c_{Cl_2}$

② 3

③ 变为原来1/8倍

④ 变为原来9倍

4. $E_a=179kJ\cdot mol^{-1}$

5. (a) $0.005mol\cdot dm^{-3}\cdot s^{-1}$

(b) $0.025s^{-1}$

6. $1.0\times10^{-4}mol\cdot dm^{-3}\cdot s^{-1}$

7. (a) $0.19mol\cdot dm^{-3}$

(b) 130.8s

8. (a) 低压、高温

(b) 采用高温、使用催化剂、适当提高压力。高温对平衡及反应速率均有利；提高压力对平衡不利；使用催化剂对反应速率有利、对平衡无影响。

9. $v=1.23c_{NO}^{2}c_{H_2}$

10. 61.7min

11. $185.7kJ\cdot mol^{-1}$

12. $18.2dm^{3}\cdot mol^{-1}\cdot s^{-1}$

附　　录

附录 1　一些基本物理常数

物理量	符号	数　值	物理量	符号	数　值
真空中的光速	c	2.99792458×10^{8} m·s^{-1}	普朗克(Planck)常数	h	6.62606876×10^{-34} J·s
电子电荷	e	$1.602176462\times10^{-19}$ C	法拉第(Faraday)常数	F	96485.3415 C·mol^{-1}
电子质量	m_e	9.10938188×10^{-31} kg	玻尔兹曼(Boltzmann)常数	k	1.3806503×10^{-23} J·K^{-1}
质子质量	m_p	1.67262158×10^{-27} kg			
中子质量	m_n	1.67492716×10^{-27} kg	玻尔半径	a_0	$0.5291772083(19)\times10^{-10}$
摩尔气体常数	R	8.314472 J·mol^{-1}·K^{-1}	质子摩尔质量	M_p	1.00727646688g mol^{-1}
阿伏加德罗(Avogadro)常数	N_A	6.02214199×1023 mol^{-1}	电子摩尔质量	M_e	5.485799110×10^{-4}
			α 粒子的摩尔质量	M_α	4.0015061747g·mol^{-1}

注：本表数据摘自 D. R. Lide，CRC Handbook of Chemistry and Physics，87th ed，CRC Press. Inc，2003～2004

附录 2　一些物质的标准热力学数据（298.15K）

物　质	$\Delta_f H_m^\ominus$ / kJ·mol^{-1}	$\Delta_f G_m^\ominus$ / kJ·mol^{-1}	$S_m^\ominus$ / J·mol^{-1}·K^{-1}	物　质	$\Delta_f H_m^\ominus$ / kJ·mol^{-1}	$\Delta_f G_m^\ominus$ / kJ·mol^{-1}	$S_m^\ominus$ / J·mol^{-1}·K^{-1}
Ag^+	105.6	77.1	72.7	$As_2O_5(s)$	−924.9	−782.3	105.4
$Ag(s)$	0	0	42.6	$As_2S_3(s)$	−169.0	−168.6	163.6
$AgBr(s)$	−100.4	−96.9	107.1	Ba^{2+}	−537.6	−560.8	9.6
$AgBrO_3(s)$	−10.5	71.3	151.9	$BaBr_2(s)$	−757.3	−736.8	146.0
$AgCl(s)$	−127.0	−109.8	96.3	$BaCl_2(s)$	−855.0	−806.7	123.7
$AgI(s)$	−61.8	−66.2	115.5	$BaCO_3(s)$	−1213.0	−1134.4	112.1
$AgIO_3(s)$	−171.1	−93.7	149.4	$BaF_2(s)$	−1207.1	−1156.8	96.4
$AgNO_3(s)$	−124.4	−33.4	140.9	$BaO(s)$	−548.0	−520.3	72.1
Ag_2CrO_4	−731.7	−641.8	217.6	$BaS(s)$	−460.0	−456.0	78.2
$Ag_2CO_3(s)$	−505.8	−436.8	167.4	Be^{2+}	−382.8	−379.7	−129.7
$Ag_2O(s)$	−31.1	−11.2	121.3	$BeCl_2(s)$	−490.4	−445.6	75.8
$Ag_2S(s)$	−32.6	−40.7	144.0	$BeF_2(s)$	−1026.8	−979.4	53.4
Al^{3+}	−531.0	−485.0	−321.7	$BeO(s)$	−609.4	−580.1	13.8
$Al(s)$	0	0	28.3	$Bi(s)$	0.0	0.0	56.7
$AlCl_3(s)$	−704.2	−628.8	109.3	$BiCl_3(s)$	−379.1	−315.0	177.0
$AlF_3(s)$	−1510.4	−1431.1	66.5	$Bi_2O_3(s)$	−573.9	−493.7	151.5
$AlI_3(s)$	−313.8	−300.8	159.0	$Bi_2S_3(s)$	−143.1	−140.6	200.4
Al_2O_3(α,刚玉)	−1675.7	−1582.3	50.9	Br^-	−121.6	−104.0	82.4
AsO_4^{3-}	−888.1	−648.4	−162.8	$Br_2(l)$	0.0	0.0	152.2

续表

物质	$\Delta_f H_m^{\ominus}$ / $kJ\cdot mol^{-1}$	$\Delta_f G_m^{\ominus}$ / $kJ\cdot mol^{-1}$	$S_m^{\ominus}$ / $J\cdot mol^{-1}\cdot K^{-1}$	物质	$\Delta_f H_m^{\ominus}$ / $kJ\cdot mol^{-1}$	$\Delta_f G_m^{\ominus}$ / $kJ\cdot mol^{-1}$	$S_m^{\ominus}$ / $J\cdot mol^{-1}\cdot K^{-1}$
$Br_2(g)$	30.9	3.1	245.5	$Cu_2O(s)$	−168.6	−146.0	93.1
C(石墨)	0	0	5.7	$CuS(s)$	−53.1	−53.6	66.5
C(金刚石)	1.9	2.9	2.4	$Cu_2S(s)$	−79.5	−86.2	120.9
Ca^{2+}	−542.8	−553.6	−53.1	$CuSO_4(s)$	−771.4	−662.2	109.2
$Ca(s)$	0	0	41.6	F^-	−332.6	−278.8	−13.8
$CaC_2(s)$	−59.8	−64.9	70.0	$F_2(g)$	0	0	202.8
$CaCl_2(s)$	−795.4	−748.8	108.4	Fe	0.0	0.0	27.3
$CaCO_3$(方解石)	−1207.6	−1129.1	91.7	$Fe^{2+}(aq)$	−89.1	−78.9	−137.7
$CaF_2(s)$	−1228.0	−1175.6	68.5	Fe^{3+}	−48.5	−4.7	−315.9
$CaO(s)$	−634.9	−603.3	38.1	$FeCl_2(s)$	−341.8	−302.3	118.0
$Ca(OH)_2(s)$	−985.2	−897.5	83.4	$FeCl_3(s)$	−399.5	−334.0	142.3
$CCl_4(l)$	−128.2	67.1	237.8	$FeO(s)$	−272.0		
$CCl_4(g)$	−95.7	−65.2	216.4	$Fe_2O_3(s)$(赤铁矿)	−824.2	−742.2	87.4
Cd^{2+}	−75.9	−77.6	−73.2	$Fe_3O_4(s)$(磁铁矿)	−1118.4	−1015.4	146.4
$Cl_2(g)$	0	0	223.1	$FeSO_4(s)$	−928.4	−820.8	107.5
$Cl^-(aq)$	−167.2	−131.2	56.5	$H(g)$	218.0	203.3	114.7
$ClO_2(g)$	102.5	120.5	256.8	$H_2(g)$	0.0	0.0	130.7
$ClO_2(g,ClOO)$	89.1	105.0	263.7	$H^+(aq)$	0.0	0.0	0.0
CN^-	150.6	172.4	94.1	$HBr(g)$	−36.3	−53.4	198.7
$CO(g)$	−110.5	−137.2	197.7	$HCl(g)$	−92.3	−95.3	186.9
$CO_2(g)$	−393.5	−394.4	213.8	$HCN(l)$	108.9	125.0	112.8
Co^{2+}	−58.2	−54.4	−113.0	$HCN(g)$	135.1	124.7	201.8
Co^{3+}	92.0	134.0	−305.0	$HF(g)$	−273.3	−275.4	173.8
$Co(OH)_2(s)$	−539.7	−454.3	79.0	$HI(g)$	26.5	1.7	206.6
$CoCl_2(s)$	−312.5	−269.8	109.2	$HNO_3(l)$	−174.1	−80.7	155.6
$C_2O_4^{2-}$	−825.1	−673.9	45.6	$HNO_3(g)$	−133.9	−73.5	266.9
$CrCl_3(s)$	−556.5	−486.1	123.0	$H_2O(l)$	−285.8	−237.1	70.0
CrO_4^{2-}	−881.2	−727.8	50.2	$H_2O(g)$	−241.8	−228.6	188.8
$Cr_2O_7^{2-}$	−1490.3	−1301.1	261.9	$H_2O_2(l)$	−187.8	−120.4	109.6
$CS_2(l)$	89.0	64.6	151.3	$H_2O_2(g)$	−136.3	−105.6	232.7
$CS_2(g)$	116.7	67.1	237.8	$H_3PO_4(s)$	−1284.4	−1124.3	110.5
$Cu(s)$	0.0	0.0	33.2	$H_3PO_4(l)$	−1271.7	−1123.6	150.8
$Cu^{2+}(aq)$	64.8	65.5	−99.6	$H_2S(g)$	−20.6	−33.4	205.8
$CuCl_2(s)$	−220.1	−175.7	108.1	$H_2SO_4(l)$	−814.0	−690.0	156.9
$CuI(s)$	−67.8	−69.5	96.7	Hg^{2+}	171.1	164.4	−32.2
$CuO(s)$	−157.3	−129.7	42.6	Hg_2^{2+}	172.4	153.5	84.5

续表

物 质	$\Delta_f H_m^\ominus$ / $kJ \cdot mol^{-1}$	$\Delta_f G_m^\ominus$ / $kJ \cdot mol^{-1}$	$S_m^\ominus$ / $J \cdot mol^{-1} \cdot K^{-1}$	物 质	$\Delta_f H_m^\ominus$ / $kJ \cdot mol^{-1}$	$\Delta_f G_m^\ominus$ / $kJ \cdot mol^{-1}$	$S_m^\ominus$ / $J \cdot mol^{-1} \cdot K^{-1}$
Hg (l)	0.0	0.0	75.9	NaCl(s)	−411.2	−384.1	72.1
$HgCl_2$(s)	−224.3	−178.6	146.0	Na_2CO_3(s)	−1130.7	−1044.4	135.0
Hg_2Cl_2(s)	−265.4	−210.7	191.6	$NaHCO_3$(s)	−950.8	−851.0	101.7
HgI_2(s)	−105.4	−101.7	180.0	$NaNO_3$(s)	−467.9	−367.0	116.5
HgO(s)	−90.8	−58.5	70.3	NaO_2(s)	−260.2	−218.4	115.9
HgS(s)	−58.2	−50.6	82.4	Na_2O(s)	−414.2	−375.5	75.1
I(g)	106.8	70.2	180.8	Na_2O_2(s)	−510.9	−447.7	95.0
I^-	−55.2	−51.6	111.3	NaOH(s)	−425.8	−379.7	64.4
I_2(s)	0	0	116.1	Na_2S (s)	−364.8	−349.8	83.7
I_2(g)	62.4	19.3	260.7	Na_2SiO_3(s)	−1554.9	−1462.8	113.9
IF_5(g)	−822.5	−751.7	327.7	Na_2SO_3(s)	−1100.8	−1012.5	145.9
K^+	−252.4	−283.3	102.5	Na_2SO_4(s)	−1387.1	−1270.2	149.6
Li^+	−278.5	−293.3	13.4	NF_3(g)	−132.1	−90.6	260.8
K(s)	0.0	0.0	64.7	NH_2(g)	184.9	194.6	195.0
$KClO_3$(s)	−397.7	−296.3	143.1	NH_3(g)	−45.9	−16.4	192.8
$KClO_4$(s)	−432.8	−303.1	151.0	NH_4^+(aq)	−132.5	−79.3	113.4
$KMnO_4$(s)	−837.2	−737.6	171.7	NH_4Cl(s)	−314.4	−202.9	94.6
KNO_3(s)	−494.6	−394.9	133.1	N_2H_4(l)	50.6	149.3	121.2
KO_2(s)	−284.9	−239.4	116.7	N_2H_4(g)	95.4	159.4	238.5
K_2O_2(s)	−494.1	−425.1	102.1	NH_4HCO_3(s)	−849.4	−665.9	120.9
K_2S(s)	−380.7	−364.0	105.0	Ni^{2+}	−54.0	−45.6	−128.9
K_2SO_4(s)	−1437.8	−1321.4	175.6	Ni(s)	0.0	0.0	29.9
Mg^{2+}	−466.9	−454.8	−138.1	NiS(s)	−82.0	−79.5	53.0
Mg(s)	0.0	0.0	32.7	$NiSO_4$(s)	−872.9	−759.7	92.0
$MgCl_2$(s)	−641.3	−591.8	89.6	NO(g)	90.3	87.6	210.8
MgO(s)	−601.6	−569.3	27.0	NO_2(g)	33.2	51.3	240.1
$Mg(OH)_2$(s)	−924.5	−833.5	63.2	N_2O(g)	81.6	103.7	220.0
Mn^{2+}	−220.8	−228.1	−73.6	N_2O_3(g)	86.6	142.4	314.7
$MnCl_2$(s)	−481.3	−440.5	118.2	N_2O_4(l)	−19.5	97.5	209.2
MnO_2(s)	−520.0	−465.1	53.1	N_2O_4(g)	11.1	99.8	304.4
MnO_4^-	−541.4	−447.2	191.2	N_2O_5(s)	−43.1	113.9	178.2
MnS(s)	−214.2	−218.4	78.2	N_2O_5(g)	13.3	117.1	355.7
N(g)	472.7	455.5	153.3	O(g)	249.2	231.7	161.1
N_2(g)	0	0	191.6	O_2(g)	0.0	0.0	205.2
Na(s)	0	0	51.3	O_3(g)	142.7	163.2	238.9
Na^+(aq)	−240.1	−261.9	59.0	OF_2(g)	24.5	41.8	247.5

续表

物质	$\frac{\Delta_f H_m^{\ominus}}{kJ \cdot mol^{-1}}$	$\frac{\Delta_f G_m^{\ominus}}{kJ \cdot mol^{-1}}$	$\frac{S_m^{\ominus}}{J \cdot mol^{-1} \cdot K^{-1}}$	物质	$\frac{\Delta_f H_m^{\ominus}}{kJ \cdot mol^{-1}}$	$\frac{\Delta_f G_m^{\ominus}}{kJ \cdot mol^{-1}}$	$\frac{S_m^{\ominus}}{J \cdot mol^{-1} \cdot K^{-1}}$
OH^-	−230.0	−157.2	−10.8	SiO_2(石英)	−910.7	−856.3	41.5
OsO_4(s)	−394.1	−304.9	143.9	Sn^{2+}	−8.8	−27.2	−17.0
P(白)	0	0	41.1	Sn(白)	0.0	0.0	51.2
P(红)	−17.6	−12.1	22.8	Sn(灰)	−2.1	0.1	44.1
P_4(g)	58.9	24.4	280.0	$SnCl_4$(l)	−511.3	−440.1	258.6
Pa(s)	0.0	0.0	51.9	$SnCl_4$(g)	−471.5	−432.2	365.8
Pb^{2+}	−1.7	−24.4	10.5	SnO_2(s)	−577.6	−515.8	49.0
Pb(s)	0.0	0.0	64.8	SnS(s)	−100.0	−98.3	77.0
$PbCl_2$(s)	−359.4	−314.1	136.0	SO_2(g)	−296.8	−300.1	248.2
PbO_2(s)	−277.4	−217.3	68.6	SO_3(s)	−454.5	−374.2	70.7
PbS(s)	−100.4	−98.7	91.2	SO_3(l)	−441.0	−373.8	−113.8
$PbSO_4$(s)	−920.0	−813.0	148.5	SO_3(g)	−395.7	−371.1	256.8
PCl_3(l)	−319.7	−272.3	217.1	SO_4^{2-}	−909.3	−744.5	20.1
PCl_3(g)	−287.0	−267.8	311.8	$TiCl_3$(s)	−720.9	−653.5	139.7
PCl_5(g)	−374.9	−305.0	364.6	$TiCl_4$(l)	−804.2	−737.2	252.3
Pd(s)	0.0	0.0	37.6	$TiCl_4$(g)	−763.2	−726.3	353.2
PF_3(g)	−958.4	−936.9	273.1	TiO_2(s)	−944.0	−888.8	50.6
PF_5(g)	−1594.4	−1520.7	300.8	UF_4(s)	−1914.2	−1823.3	151.7
PH_3(g)	5.4	13.5	210.2	UF_4(g)	−1598.7	−1572.7	368.0
PO_4^{3-}	−1277.4	−1018.7	−220.5	UF_6(s)	−2197.0	−2068.5	227.6
S^{2-}	33.1	85.8	−14.6	UF_6(g)	−2147.4	−2063.7	377.9
S(正交)	0.0	0.0	32.1	V_2O_5(s)	−1550.6	−1419.5	131.0
S(g)	277.2	236.7	167.8	WO_3(s)	−842.9	−764.0	75.9
S_2(g)	128.6	79.7	228.2	Zn^{2+}	−153.9	−147.1	−112.1
Sb(s)	0.0	0.0	45.7	Zn(s)	0.0	0.0	41.6
$SbCl_3$(s)	−382.2	−323.7	184.1	$ZnCl_2$(s)	−415.1	−369.4	111.5
Sb_2O_5(s)	−971.9	−829.2	125.1	$ZnCO_3$(s)	−812.8	−731.5	82.4
Se(灰)	0.0	0.0	42.4	ZnS(闪锌矿)	−206.0	−201.3	57.7
SF_4(g)	−763.2	−722.0	299.6	ZnO(s)	−350.5	−320.5	43.7
SF_6(g)	−1220.5	−1116.5	291.5	$ZnSO_4$(s)	−982.8	−871.5	110.5
Si(s)	0.0	0.0	18.8	CH_4(g)	−74.6	−50.5	186.3
$SiCl_4$(l)	−687.0	−619.8	239.7	$CHCl_3$(l)	−134.1	−73.7	201.7
$SiCl_4$(g)	−657.0	−617.0	330.7	$CHCl_3$(g)	−102.7	6.0	295.7
SiF_4(g)	−1615.0	−1572.8	282.8	CH_2Cl_2(l)	−124.2		177.8
SiH_4(g)	34.3	56.9	204.6	CH_2Cl_2(g)	−95.4		270.2
Si_3N_4(s)	−743.5	−642.6	101.3	CH_3Cl(g)	−81.9		234.6

续表

物质	$\Delta_f H_m^\ominus$ / $kJ \cdot mol^{-1}$	$\Delta_f G_m^\ominus$ / $kJ \cdot mol^{-1}$	$S_m^\ominus$ / $J \cdot mol^{-1} \cdot K^{-1}$
CH_3OH(l)甲醇	−239.2	−166.6	126.8
CH_3OH(g)甲醇	−201.1	−162.3	239.9
HCHO(g)甲醛	−108.6	−102.5	218.8
HCOOH(l)甲酸	−425.0	−361.4	129.0
CH_3NH_2(l)甲胺	−47.3	35.7	150.2
CH_3NH_2(g)甲胺	−22.5	32.7	242.9
C_2H_6(g)乙烷	−84.0	−32.0	229.2
$CHCl_2CH_3$(l)1,1-二氯乙烷	−158.4	−73.8	211.8
$CHCl_2CH_3$(g)1,1-二氯乙烷	−127.7	−70.8	305.1
CH_2ClCH_2Cl(l)1,2-二氯乙烷	−166.8	−79.5	208.5
CH_2ClCH_2Cl(g)1,2-二氯乙烷	−126.4	−73.8	308.4
$(CH_2)_2O$(l)环氧乙烷	−78.0	−11.8	153.9
$(CH_2)_2O$(g)环氧乙烷	−52.6	−13.0	242.5
C_2H_4(g)乙烯	52.4	68.4	219.3
CCl_2CH_2(l)1,1-二氯乙烯	−23.9	24.1	201.5
CCl_2CH_2(g)1,1-二氯乙烯	2.8	25.4	289.0
CHClCHCl(l)反-1,2-二氯乙烯	−24.3	27.3	195.9
CHClCHCl(g)反-1,1-二氯乙烯	5.0	28.6	290.0
C_2H_2(g)乙炔	227.4	209.9	200.9
C_2H_5OH(l)乙醇	−277.6	−174.8	160.7
C_2H_5OH(g)乙醇	−234.8	−167.9	281.6
CH_3CHO(l)乙醛	−192.2	−127.6	160.2
CH_3CHO(g)乙醛	−166.2	−133.0	263.8
CH_3COOH(l)乙酸	−484.3	−389.9	159.8
CH_3COOH(g)乙酸	−432.2	−374.2	283.5
$(CH_3)_2O$(g)二甲醚	−184.1	−112.6	266.4
C_3H_8(g)丙烷	−103.8	−23.4	270.3
C_3H_6(g)丙烯	20.0	62.8	267.0
$(CH_3)_2CO$(l)丙酮	−248.4	−133.3	199.8
$(CH_3)_2CO$(g)丙酮	−217.1	−152.7	295.3
C_4H_9OH(l)正丁醇	−327.3	−163.0	225.8
C_4H_9OH(g)正丁醇	−274.9	−151.0	363.7
C_6H_6(l)苯	49.1	124.5	173.4
C_6H_6(g)苯	82.9	129.7	269.2

附录3 一些弱酸和弱碱的标准离解常数（298.15K）

弱电解质	t/℃	解离常数 $K_a^\ominus$	离解常数 $K_b^\ominus$	$pK_a^\ominus$ 或 $pK_b^\ominus$
砷酸 H_3AsO_4	25	$K_{a1}^\ominus=5.50\times10^{-3}$		2.26
	25	$K_{a2}^\ominus=1.74\times10^{-7}$		6.76
	25	$K_{a3}^\ominus=5.13\times10^{-12}$		11.29
硼酸 H_3BO_3	20	$K_a^\ominus=5.37\times10^{-10}$		9.27
碳酸 H_2CO_3	25	$K_{a1}^\ominus=4.47\times10^{-7}$		6.35
	25	$K_{a2}^\ominus=4.68\times10^{-11}$		10.33
草酸 $H_2C_2O_4$	25	$K_{a1}^\ominus=5.62\times10^{-2}$		1.25
	25	$K_{a2}^\ominus=1.55\times10^{-4}$		3.81
氢氰酸 HCN	25	$K_a^\ominus=6.17\times10^{-10}$		9.21

续表

弱电解质	t/℃	解离常数 $K_a^\ominus$	离解常数 $K_b^\ominus$	$pK_a^\ominus$ 或 $pK_b^\ominus$
氢氟酸 HF	25	$K_a^\ominus=6.31\times10^{-4}$		3.20
亚硝酸 HNO_2	25	$K_a^\ominus=5.62\times10^{-4}$		3.25
过氧化氢 H_2O_2	25	$K_a^\ominus=2.40\times10^{-12}$		11.62
水 H_2O	25	$K_w^\ominus=1.01\times10^{-14}$		13.995
磷酸 H_3PO_4	25	$K_{a1}^\ominus=6.92\times10^{-3}$		2.16
	25	$K_{a2}^\ominus=6.17\times10^{-8}$		7.21
	25	$K_{a3}^\ominus=4.79\times10^{-13}$		12.32
氢硫酸 H_2S	25	$K_{a1}^\ominus=8.91\times10^{-8}$		7.05
	25	$K_{a2}^\ominus=1.0\times10^{-19}$		19
硫酸 H_2SO_4	25	$K_{a2}^\ominus=1.02\times10^{-2}$		1.99
亚硫酸 H_2SO_3	25	$K_{a1}^\ominus=1.4\times10^{-2}$		1.85
	25	$K_{a2}^\ominus=6.3\times10^{-8}$		7.2
甲酸 $HCOOH$	25	$K_a^\ominus=1.78\times10^{-4}$		3.75
乙酸 CH_3COOH	25	$K_a^\ominus=1.75\times10^{-5}$		4.756
一氯乙酸 $CH_2ClCOOH$	25	$K_a^\ominus=1.35\times10^{-3}$		2.87
二氯乙酸 $CHCl_2COOH$	25	$K_a^\ominus=4.5\times10^{-2}$		1.35
三氯乙酸 CCl_3COOH	20	$K_a^\ominus=0.22$		0.66
柠檬酸 $H_3C_6H_5O_7$	25	$K_{a1}^\ominus=7.41\times10^{-4}$		3.13
	25	$K_{a2}^\ominus=1.74\times10^{-5}$		4.76
	25	$K_{a3}^\ominus=3.98\times10^{-7}$		6.40
苯酚 C_6H_5OH	25	$K_a^\ominus=1.02\times10^{-10}$		9.99
苯甲酸 C_6H_5COOH	25	$K_a^\ominus=6.25\times10^{-5}$		4.204
氨水 $NH_3\cdot H_2O$	25		$K_b^\ominus=1.78\times10^{-5}$	4.75
苯胺 $C_6H_5NH_2$	25		$K_b^\ominus=7.41\times10^{-10}$	9.13
羟胺 $NH_2\cdot OH$	25		$K_b^\ominus=1.15\times10^{-6}$	5.94
乙二胺 $H_2NCH_2CH_2NH_2$	25		$K_{b1}^\ominus=8.32\times10^{-5}$	4.08
	25		$K_{b2}^\ominus=7.24\times10^{-8}$	7.14
六亚甲基四胺 $(CH_2)_6N_4$	25		$K_b^\ominus=1.4\times10^{-9}$	8.85

附录 4　一些难溶电解质的溶度积常数（298.15K）

难溶电解质	化学式	$K_{sp}^\ominus$	难溶电解质	化学式	$K_{sp}^\ominus$
溴化银	$AgBr$	5.35×10^{-13}	铬酸钡	$BaCrO_4$	1.17×10^{-10}
氯化银	$AgCl$	1.77×10^{-10}	碳酸钡	$BaCO_3$	2.58×10^{-9}
氰化银	$AgCN$	5.97×10^{-17}	氟化钡	BaF_2	1.84×10^{-7}
铬酸银	Ag_2CrO_4	1.12×10^{-12}	硫酸钡	$BaSO_4$	1.08×10^{-10}
碳酸银	Ag_2CO_3	8.46×10^{-12}	亚硫酸钡	$BaSO_3$	5.0×10^{-10}
碘化银	AgI	8.52×10^{-17}	氢氧化钙	$Ca(OH)_2$	5.02×10^{-6}
硫化银	Ag_2S (α)	6.69×10^{-50}	碳酸钙	$CaCO_3$	3.36×10^{-9}
硫酸银	Ag_2SO_4	1.20×10^{-5}	草酸钙	$CaC_2O_4\cdot H_2O$	2.32×10^{-9}
氢氧化铝	$Al(OH)_3$	2×10^{-33}	氟化钙	CaF_2	3.45×10^{-11}

续表

难溶电解质	化学式	$K_{sp}^{\ominus}$	难溶电解质	化学式	$K_{sp}^{\ominus}$
磷酸钙	$Ca_3(PO_4)_2$	2.07×10^{-33}	硫化锰	MnS	4.65×10^{-14}
硫酸钙	$CaSO_4$	4.93×10^{-5}	碳酸镍	$NiCO_3$	1.42×10^{-7}
碳酸镉	$CdCO_3$	1.0×10^{-12}	氢氧化镍	$Ni(OH)_2$	5.48×10^{-16}
氢氧化镉	$Cd(OH)_2$	7.2×10^{-15}	铬酸铅	$PbCrO_4$	1.77×10^{-14}
硫化镉	CdS	1.40×10^{-29}	氯化铅	$PbCl_2$	1.70×10^{-5}
氢氧化钴	$Co(OH)_2$	5.92×10^{-15}	碳酸铅	$PbCO_3$	7.40×10^{-14}
氢氧化铬	$Cr(OH)_3$	6.0×10^{-31}	碘化铅	PbI_2	9.8×10^{-9}
碘化亚铜	CuI	1.27×10^{-12}	氢氧化铅	$Pb(OH)_2$	1.43×10^{-20}
硫化铜	CuS	1.27×10^{-36}	硫酸铅	$PbSO_4$	2.53×10^{-8}
氢氧化亚铁	$Fe(OH)_2$	4.87×10^{-17}	硫化铅	PbS	9.04×10^{-29}
氢氧化铁	$Fe(OH)_3$	2.79×10^{-39}	碳酸锶	$SrCO_3$	5.60×10^{-10}
硫化亚铁	FeS	1.59×10^{-19}	氟化锶	SrF_2	4.33×10^{-9}
硫化汞	HgS	2×10^{-32}	硫酸锶	$SrSO_4$	3.44×10^{-7}
氯化亚汞	Hg_2Cl_2	1.43×10^{-18}	氢氧化锌	$Zn(OH)_2(\alpha)$	3×10^{-17}
碳酸镁	$MgCO_3$	6.82×10^{-8}	碳酸锌	$ZnCO_3$	1.46×10^{-10}
氢氧化镁	$Mg(OH)_2$	5.61×10^{-12}	氟化锌	ZnF_2	3.04×10^{-2}
碳酸锰	$MnCO_3$	2.24×10^{-11}	硫化锌	ZnS	2.93×10^{-25}
氢氧化锰	$Mn(OH)_2$	2.06×10^{-13}			

附录 5　一些配离子的标准稳定常数（298.15K）

配离子	$K_{稳}^{\ominus}$	配离子	$K_{稳}^{\ominus}$
$[Ag(NH_3)_2]^+$	1.6×10^7	$[Ag(CN)_2]^-$	1.3×10^{21}
$[Zn(NH_3)_4]^{2+}$	7.8×10^8	$[Cd(CN)_4]^{2-}$	7.7×10^{16}
$[Cu(NH_3)_4]^{2+}$	1.1×10^{13}	$[Au(CN)_2]^{2-}$	2×10^{38}
$[Co(NH_3)_6]^{2+}$	5.0×10^4	$[Fe(SCN)_2]^+$	2.2×10^3
$[Co(NH_3)_6]^{3+}$	4.6×10^{33}	$[Fe(SCN)_3]$	2×10^6
$[Ni(NH_3)_6]^{2+}$	2.0×10^8	$[Cd(SCN)_4]^{2-}$	1×10^3
$[Hg(NH_3)_4]^{2+}$	1.8×10^{19}	$[Hg(SCN)_4]^{2-}$	5.0×10^{21}
$[AlF_6]^{3-}$	1×10^{20}	$[Cu(OH)_4]^{2-}$	1.3×10^{16}
$[FeF_3]$	1.1×10^{12}	$[Zn(OH)_4]^{2-}$	2×10^{20}
$[SnF_6]^{2-}$	1×10^{25}	$[Fe(en)_3]^{2+}$	5.2×10^9
$[AgCl_2]^-$	1.8×10^5	$[Co(en)_3]^{2+}$	1.3×10^{14}
$[HgCl_4]^{2-}$	5.0×10^{15}	$[Co(en)_3]^{3+}$	4.8×10^{48}
$[HgBr_4]^{2-}$	1.0×10^{21}	$[Ni(en)_3]^{2+}$	4.1×10^{17}
$[HgI_4]^{2-}$	1.9×10^{30}	$[Cu(en)_2]^{2+}$	3.5×10^{19}
$[Fe(CN)_6]^{4-}$	1.0×10^{24}	$[Fe(C_2O_4)_3]^{3-}$	3.3×10^{20}
$[Fe(CN)_6]^{3-}$	1.0×10^{31}	$[Zn(EDTA)]^2$	3.8×10^{16}

附录6 标准电极电势（298.15K）

元素	电极反应 （氧化态$+ne \rightleftharpoons$还原态）	$E^{\ominus}$/V
Ag	$Ag^+ + e \rightleftharpoons Ag$	+0.7996
	$AgBr + e \rightleftharpoons Ag + Br^-$	+0.07133
	$AgCl + e \rightleftharpoons Ag + Cl^-$	+0.22233
	$AgI + e \rightleftharpoons Ag + I^-$	−0.15224
	$Ag_2O + H_2O + 2e \rightleftharpoons 2Ag + 2OH^-$	+0.342
Al	$Al^{3+} + 3e \rightleftharpoons Al$	−1.662
	$Al(OH)_3 + 3e \rightleftharpoons Al + 3OH^-$	−2.31
As	$HAsO_2 + 3H^+ + 3e \rightleftharpoons As + 2H_2O$	+0.248
	$H_3AsO_4 + 2H^+ + 2e \rightleftharpoons HAsO_2 + 2H_2O$	+0.560
	$AsO_4^{3-} + 2H_2O + 2e \rightleftharpoons AsO_2^- + 4OH^-$	−0.71
Au	$Au^+ + e \rightleftharpoons Au$	+1.692
	$Au^{3+} + 2e \rightleftharpoons Au^+$	+1.401
	$Au^{3+} + 3e \rightleftharpoons Au$	+1.498
	$Au^{2+} + e \rightleftharpoons Au^+$	+1.8
Ba	$Ba^{2+} + 2e \rightleftharpoons Ba$	−2.912
Be	$Be^{2+} + 2e \rightleftharpoons Be$	−1.847
Bi^{3+}	$Bi^{3+} + 3e \rightleftharpoons Bi$	+0.308
Br	$Br_2(l) + 2e \rightleftharpoons 2Br^-$	+1.066
	$Br_2(aq) + 2e \rightleftharpoons 2Br^-$	+1.0873
	$BrO_3^- + 6H^+ + 5e \rightleftharpoons 1/2Br_2(l) + 3H_2O$	+1.482
	$BrO_3^- + 3H_2O + 6e \rightleftharpoons Br^- + 6OH^-$	+0.61
C	$CO_2(g) + 2H^+ + 2e \rightleftharpoons HCOOH(aq)$	−0.199
Ca	$Ca^{2+} + 2e \rightleftharpoons Ca$	−2.868
Cd	$Cd^{2+} + 2e \rightleftharpoons Cd$	−0.4030
Ce	$Ce^{4+} + e \rightleftharpoons Ce^{3+}$	+1.72
Cl	$Cl_2(g) + 2e \rightleftharpoons 2Cl^-$	+1.35827
	$ClO^- + H_2O + 2e \rightleftharpoons Cl^- + 2OH^-$	+0.81
	$HClO + H^+ + e \rightleftharpoons 1/2Cl_2 + H_2O$	+1.611
	$HClO_2 + 2H^+ + 2e \rightleftharpoons HClO + H_2O$	+1.645
	$ClO_2^- + H_2O + 2e \rightleftharpoons ClO^- + 2OH^-$	+0.66
	$ClO_3^- + 6H^+ + 5e \rightleftharpoons 1/2Cl_2 + 3H_2O$	+1.47
	$ClO_3^- + 6H^+ + 6e \rightleftharpoons Cl^- + 3H_2O$	+1.451
	$ClO_3^- + H_2O + 2e \rightleftharpoons ClO_2^- + 2OH^-$	+0.33
	$ClO_4^- + 8H^+ + 7e \rightleftharpoons 1/2Cl_2 + 4H_2O$	+1.39
	$ClO_4^- + H_2O + 2e \rightleftharpoons ClO_3^- + 2OH^-$	+0.36
	$2ClO_4^- + 16H^+ + 14e \rightleftharpoons Cl_2 + 8H_2O$	+1.39

续表

元 素	电 极 反 应 （氧化态+$ne \rightleftharpoons$ 还原态）	$E^{\ominus}$/V
Co	$Co^{2+} + 2e \rightleftharpoons Co$	−0.28
	$Co^{3+} + e \rightleftharpoons Co^{2+}$	+1.92
	$Co(OH)_2 + 2e \rightleftharpoons Co + 2OH^-$	−0.73
	$Co(NH_3)_6^{3+} + e \rightleftharpoons Co(NH_3)_6^{2+}$	+0.108
	$Co(OH)_3 + e \rightleftharpoons Co(OH)_3 + OH^-$	+0.17
Cr	$Cr_2O_7^{2-} + 14H^+ + 6e \rightleftharpoons 2Cr^{3+} + 7H_2O$	+1.232
	$Cr^{3+} + 3e \rightleftharpoons Cr$	−0.744
	$CrO_4^{2-} + 4H_2O + 3e \rightleftharpoons Cr(OH)_3 + 5OH^-$	−0.13
	$Cr(OH)_3 + 3e \rightleftharpoons Cr + 3OH^-$	−1.48
Cs	$Cs^+ + e \rightleftharpoons Cs$	−3.026
Cu	$Cu^+ + e \rightleftharpoons Cu$	+0.521
	$Cu^{2+} + e \rightleftharpoons Cu^+$	+0.153
	$Cu^{2+} + 2e \rightleftharpoons Cu$	+0.3419
F	$F_2(g) + 2e \rightleftharpoons 2F^-$	+2.866
	$F_2(g) + 2H^+ + 2e \rightleftharpoons 2HF$	+3.053
Fe	$Fe^{2+} + 2e \rightleftharpoons Fe$	−0.447
	$Fe^{3+} + 3e \rightleftharpoons Fe$	−0.037
	$Fe^{3+} + e \rightleftharpoons Fe^{2+}$	+0.771
	$Fe(OH)_3 + e \rightleftharpoons Fe(OH)_2 + OH^-$	−0.56
	$[Fe(CN)_6]^{3-} + e \rightleftharpoons [Fe(CN)_6]^{4-}$	+0.358
Ga	$Ga^{3+} + 3e \rightleftharpoons Ga$	−0.549
H	$2H^+ + 2e \rightleftharpoons H_2$	0.00000
Hg	$Hg^{2+} + 2e \rightleftharpoons Hg$	+0.851
	$2Hg^{2+} + 2e \rightleftharpoons Hg_2^{2+}$	+0.920
	$Hg_2^{2+} + 2e \rightleftharpoons 2Hg$	+0.7973
	$Hg_2Cl_2 + 2e \rightleftharpoons 2Hg + 2Cl^-$	+0.26808
	$HgO + H_2O + 2e \rightleftharpoons Hg + 2OH^-$	+0.0977
I	$I_2 + 2e \rightleftharpoons 2I^-$	+0.5355
	$IO^- + H_2O + 2e \rightleftharpoons I^- + 2OH^-$	+0.485
	$IO_3^- + 6H^+ + 5e \rightleftharpoons 1/2I_2 + 3H_2O$	+1.195
In	$In^{3+} + 3e \rightleftharpoons In$	−0.3382
K	$K^+ + e \rightleftharpoons K$	−2.931
La	$La^{3+} + 3e \rightleftharpoons La$	−2.379
	$La(OH)_3 + 3e \rightleftharpoons La + 3OH^-$	−2.90
Li	$Li^+ + e \rightleftharpoons Li$	−3.0401
Mg	$Mg^{2+} + 2e \rightleftharpoons Mg$	−2.372

续表

元素	电极反应 （氧化态＋$ne \rightleftharpoons$还原态）	$E^{\ominus}$/V
Mn	$Mn^{2+} + 2e \rightleftharpoons Mn$	−1.185
	$Mn(OH)_2 + 2e \rightleftharpoons Mn + 2OH^-$	−1.56
	$MnO_4^- + 2H_2O + 3e \rightleftharpoons MnO_2 + 4OH^-$	+0.595
	$MnO_4^{2-} + 2H_2O + 2e \rightleftharpoons MnO_2 + 4OH^-$	+0.60
	$MnO_4^- + e \rightleftharpoons MnO_4^{2-}$	+0.558
	$MnO_2 + 4H^+ + 2e \rightleftharpoons Mn^{2+} + 2H_2O$	+1.224
	$MnO_4^- + 4H^+ + 3e \rightleftharpoons MnO_2(s) + 2H_2O$	+1.679
	$MnO_4^- + 8H^+ + 5e \rightleftharpoons Mn^{2+} + 4H_2O$	+1.507
Mo^{3+}	$Mo^{3+} + 3e \rightleftharpoons Mo$	−0.200
N	$HNO_2 + H^+ + e \rightleftharpoons NO + H_2O$	+0.983
	$NO_3^- + H_2O + 2e \rightleftharpoons NO_2^- + 2OH^-$	+0.01
	$2NO_3^- + 4H^+ + 2e \rightleftharpoons N_2O_4 + 2H_2O$	+0.803
	$NO_3^- + 3H^+ + 2e \rightleftharpoons HNO_2 + H_2O$	+0.934
	$NO_3^- + 4H^+ + 3e \rightleftharpoons NO + 2H_2O$	+0.957
Na	$Na^+ + e \rightleftharpoons Na$	−2.71
Ni	$Ni^{2+} + 2e \rightleftharpoons Ni$	−0.257
O	$H_2O_2 + 2H^+ + 2e \rightleftharpoons 2H_2O$	+1.776
	$O_2 + 2H_2O + 4e \rightleftharpoons 4OH^-$	+0.401
	$O_3 + 2H^+ + 2e \rightleftharpoons O_2 + H_2O$	+2.076
	$O_2(g) + 4H^+ + 4e \rightleftharpoons 2H_2O$	+1.229
	$O_2 + 2H_2O + 4e \rightleftharpoons 4OH^-$	0.401
	$O_2 + 2H^+ + 2e \rightleftharpoons H_2O_2$	0.695
P	$P(red) + 3H^+ + 3e \rightleftharpoons PH_3(g)$	−0.111
	$P(white) + 3H^+ + 3e \rightleftharpoons PH_3(g)$	−0.063
	$P + 3H_2O + 3e \rightleftharpoons PH_3(g) + 3OH^-$	−0.87
	$H_2P_2^- + e \rightleftharpoons P + 2OH^-$	−1.82
	$H_3PO_2 + H^+ + e \rightleftharpoons P + 2H_2O$	−0.508
	$H_3PO_3 + 2H^+ + 2e \rightleftharpoons H_3PO_2 + H_2O$	−0.499
	$H_3PO_3 + 3H^+ + 3e \rightleftharpoons P + 3H_2O$	−0.454
	$HPO_3^{2-} + 2H_2O + 2e \rightleftharpoons H_2PO_2^- + 3OH^-$	−1.65
	$HPO_3^{2-} + 2H_2O + 3e \rightleftharpoons P + 5OH^-$	−1.71
	$H_3PO_4 + 2H^+ + 2e \rightleftharpoons H_3PO_3 + H_2O$	−0.276
	$PO_4^{3-} + 2H_2O + 2e \rightleftharpoons HPO_3^{2-} + 3OH^-$	−1.05
Pb	$Pb^{2+} + 2e \rightleftharpoons Pb$	−0.1262
	$PbO_2 + SO_4^{2-} + 4H^+ + 2e \rightleftharpoons PbSO_4 + 2H_2O$	+1.6913
	$PbO_2 + 4H^+ + 2e \rightleftharpoons Pb^{2+} + 2H_2O$	+1.455
	$PbSO_4 + 2e \rightleftharpoons Pb + SO_4^{2-}$	−0.3588

元素	电极反应（氧化态$+ne \rightleftharpoons$还原态）	$E^{\ominus}/V$
S	$H_2SO_3 + 4H^+ + 4e \rightleftharpoons S + 3H_2O$	+0.449
	$S_2O_8^{2-} + 2e \rightleftharpoons 2SO_4^{2-}$	+2.010
	$SO_4^{2-} + 4H^+ + 2e \rightleftharpoons H_2SO_3 + H_2O$	+0.172
	$2SO_4^{2-} + 4H^+ + 2e \rightleftharpoons S_2O_6^{2-} + 2H_2O$	−0.22
	$2SO_3^{2-} + 3H_2O + 4e \rightleftharpoons S_2O_3^{2-} + 6OH^-$	−0.571
	$SO_4^{2-} + H_2O + 2e \rightleftharpoons SO_3^{2-} + 2OH^-$	−0.93
	$S_4O_6^{2-} + 2e \rightleftharpoons 2S_2O_3^{2-}$	0.08
Sn	$Sn^{2+} + 2e \rightleftharpoons Sn$	−0.1375
	$Sn^{4+} + 2e \rightleftharpoons Sn^{2+}$	+0.151
	$HSnO_2^- + H_2O + 2e \rightleftharpoons Sn + 3OH^-$	−0.909
	$Sn(OH)_6^{2+} + 2e \rightleftharpoons HSnO_2^- + H_2O + 3OH^-$	−0.93
Sr	$Sr^{2+} + 2e \rightleftharpoons Sr$	−2.899
Ti	$Ti^{2+} + 2e \rightleftharpoons Ti$	−1.630
	$Ti^{3+} + e \rightleftharpoons Ti^{2+}$	−0.90
	$Ti^{3+} + 3e \rightleftharpoons Ti$	−1.37
	$TiO_2 + 4H^+ + 2e \rightleftharpoons Ti^{2+} + 2H_2O$	−0.502
Tl	$Tl^+ + e \rightleftharpoons Tl$	−0.336
V	$V^{2+} + 2e \rightleftharpoons V$	−1.175
	$V(OH)_4^+ + 4H^+ + 5e \rightleftharpoons V + 4H_2O$	−0.254
	$VO^{2+} + 2H^+ + e \rightleftharpoons V^{3+} + H_2O$	+0.337
	$V(OH)_4^+ + 2H^+ + e \rightleftharpoons VO^{2+} + 3H_2O$	+1.00
W	$W^{3+} + 3e \rightleftharpoons W$	+0.1
Zn	$Zn^{2+} + 2e \rightleftharpoons Zn$	−0.7618
Zr	$Zr^{4+} + 4e \rightleftharpoons Zr$	−1.45

参考文献

[1] 朱裕贞，顾达，黑恩成．现代化学基础．北京：化学工业出版社，1998.
[2] 化彤文，杨骏英，陈景祖，刘淑珍．普通化学原理．北京：北京大学出版社，1993.
[3] 何培之，王世驹，李续娥．普通化学．北京：科学出版社，2001.
[4] 幕慧，李光道，王中秋，杨秀岑．基础化学．北京：科学出版社，2001.
[5] 浙江大学普通化学教研组．普通化学．北京：高等教育出版社，1995.
[6] 大连理工大学普通化学教研室．大学普通化学学习指导．大连：大连理工大学出版社，2000.
[7] Darrell D Ebbiong. GENERAL CHEMISTRY. USA.：Houghton Mifflin Company，1996.
[8] 胡忠鲠，金继红，李盛华．现代化学基础．北京：高等教育出版社，2000.
[9] 肖衍繁，李文斌．物理化学．天津：天津大学出版社，1997.
[10] 臧祥生，许学敏，苏小云．《现代基础化学》例题与习题．上海：华东理工大学出版社，2001.
[11] 武汉大学．分析化学．第四版．北京：高等教育出版社，2000.
[12] 彭崇慧，冯建章，张锡瑜，李克安，赵凤林．定量化学分析简明教程．北京：北京大学出版社，1997.
[13] 华东理工大学分析化学教研组，成都科学技术大学分析化学教研组．分析化学．北京：高等教育出版社，1995.
[14] 高鸿．分析化学前沿．北京：科学出版社，1991.
[15] 凌永乐．化学概念和理论的发现．北京：科学出版社，2001.
[16] 吕鸣祥．化学电源．天津：天津大学出版社，1992.
[17] 雷永泉，万群，石永康．新能源材料．天津：天津大学出版社，2000.
[18] 戴志松，饶定轲，白锦会，朱传方．化学基石史略．北京：科学出版社，1992.
[19] [日] 山冈望著．化学史传．廖正衡，陈耀亭，赵世良译．北京：商务印书馆，1995.
[20] 刘维铭．初识化学元素．四川：四川科学技术出版社，2000.
[21] 申光球．现代化学基础．北京：清华大学出版社，1999.
[22] Gary L Miessler. Inorganic Chemistry. USA，1999.
[23] 王希成．生物化学．北京：清华大学出版社，2001.
[24] 钱俊生．生命是什么．北京：中共中央党校出版社，2000.
[25] 马立人．生物芯片．北京：化学工业出版社，2000.
[26] 天津大学无机化学教研室．无机化学．北京：高等教育出版社，1992.
[27] http：//en. wikipedia. org/wiki/Main _ Page 维基百科.
[28] 鲍林（Linus Pauling）著．化学键的本质．卢嘉锡译．上海：上海科学技术出版社，1966.
[29] The Official Web Site of the Nobel Foundation：www. nobelprize. org.
[30] 郭保章．20 世纪化学史．南昌：江西教育出版社，1998.
[31] 《化学发展简史》编写组．化学发展简史．北京：科学出版社，1980.
[32] D. R. Lide，CRC Handbook of Chemistry and Physics，84th ed，CRC Press. Inc，2003～2004.
[33] 杨秋华，曲建强．大学化学．第三版．天津：天津大学出版社，2004.
[34] 杨玉国．现代化学基础．北京：中国铁道出版社，2001.
[35] 古国榜．大学化学教程．北京：化学工业出版社，2002.
[36] 邓建成．大学化学基础．北京：化学工业出版社，2003.
[37] 曲保中，朱炳林，周伟红．新大学化学．第二版．北京：科学出版社，2007.
[38] 王积涛，张宝申，王永梅等．有机化学．第二版．天津：南开大学出版社，2006.
[39] 徐国财，张晓梅．有机化学．北京：科学出版社，2008.
[40] 叶永烈．化学趣史．武汉：湖北少年儿童出版社，2005.
[41] [英] 阿瑟顿（Atherton M A）等著．科学的今天和明天．李建斌等译．北京：化学工业出版社，1991.
[42] R 布里斯罗．化学的今天和明天．北京：科学出版社，1998.
[43] 吴国盛．科学的历程．北京：北京大学出版社，2002.
[44] 徐光宪．21 世纪的化学是研究泛分子的科学．中国科学基金，2002（2）：70-76.

*第 10 章　现代化学的研究进展

【本章内容】

第 1 讲　20 世纪化学的回顾与 21 世纪化学之展望
第 2 讲　纳米化学
第 3 讲　绿色化学
第 4 讲　生命化学
第 5 讲　表面工程技术
第 6 讲　化学与能源
第 7 讲　材料化学

第1讲　20世纪化学的回顾与21世纪化学之展望

化学作为自然科学的基础学科，其重要性是毋庸置疑的。它一方面不断借助于其它学科，特别是物理学、电子学和计算机技术的发展而得到了快速的发展；另一方面，其本身也日益渗透到其它学科（如生物学、环境科学、材料科学、信息科学）中，为这些学科的发展提供理论基础、工艺途径和测试手段。

现在很多化学工作者都在预测21世纪化学学科发展的前景，推测21世纪化学会在哪些方面取得重大突破？会遇到哪些挑战和难题？什么是未来化学的新生长点？化学在整个科学体系中占有什么地位？让我们通过对化学及其相关学科和技术的发展史尤其是20世纪以来的发展过程的回顾来寻求这些问题的答案。

1　20世纪化学的辉煌成就

20世纪人类对物质需求的日益增加以及科学技术的迅猛发展，极大地推动了化学学科自身的发展。化学不仅形成了完整的理论体系，而且在理论的指导下，化学实践为人类创造了丰富的物质。从19世纪的经典化学到20世纪的现代化学的飞跃，从本质上说是从19世纪的道尔顿原子论、门捷列夫元素周期律等在原子的层次上认识和研究化学，进步到20世纪在分子的层次上认识和研究化学。如对组成分子的化学键的本质、分子的强相互作用和弱相互作用、分子催化、分子的结构与功能关系的认识，以至2000多万种化合物的发现与合成；对生物分子的结构与功能关系的研究促进了生命科学的发展。另一方面，化学过程工业化以及与化学相关的国计民生的各个领域，如粮食、能源、材料、医药、交通、国防以及人类的衣、食、住、行、用等，在这100年中发生的变化是有目共睹的。20世纪以来化学学科的重大突破性成果可从历届诺贝尔化学奖获得者的重大贡献中看到它的轮廓和线条（见本讲表10.1）。

表10.1　历届诺贝尔化学奖获奖简况

获奖年份	获奖者	国籍	获奖成就
1901	J. H. van't Hoff	荷兰	溶剂中化学动力学定律和渗透压定律
1902	E. Fisher	德国	糖类和嘌呤化合物的合成
1903	S. Arrhenius	瑞典	电离理论
1904	W. Ramsay(拉姆塞)	英国	惰性气体的发现及其在元素周期表中位置的确定
1905	A. von Baeyer	德国	有机染料和氢化芳香化合物的研究
1906	H. Moissan	法国	单质氟的制备，高温反射电炉的发明
1907	E. Buchner	德国	发酵的生物化学研究
1908	E. Rutherford	英国	元素嬗变和放射性物质的化学研究
1909	W. Ostwald	德国	催化、电化学和反应动力学研究
1910	O. Wallach	德国	脂环族化合物的开创性研究
1911	M. Curie	波兰	放射性元素钋和镭的发现
1912	V. Grignard	法国	格氏试剂的发现
	P. Sabatier	法国	有机化合物的催化加氢
1913	A. Werner	瑞士	金属络合物的配位理论
1914	Th. Richards	美国	精密测定了许多元素的原子量
1915	R. Willstatter	德国	叶绿素和植物色素的研究

续表

获奖年份	获奖者	国籍	获奖成就
1916	无		
1917	无		
1918	F. Haber	德国	氨的合成
1919	无		
1920	W. Nernst	德国	热化学研究
1921	F. Soddy	英国	放射性化学物质的研究及同位素起源和性质的研究
1922	F. W. Aston	英国	质谱仪的发明，许多非放射性同位素及原子量的整数规则的发现
1923	F. Pregl	奥地利	有机微量分析方法的创立
1924	无		
1925	R. Zsigmondy	德国	胶体化学研究
1926	T. Svedberg	瑞士	发明超速离心机并用于高分散胶体物质研究
1927	H. Wieland	德国	胆酸的发现及其结构的测定
1928	A. Windaus	法国	甾醇结构测定，维生素 D_3 的合成
1929	Harden H. von Euler-Chelpin	英国 法国	糖的发酵以及酶在发酵中作用的研究
1930	H. Fischer	德国	血红素、叶绿素的结构研究，高铁血红素的合成
1931	Bosch F. Bergius	德国 德国	化学高压法
1932	J. Langmuir	美国	表面化学研究
1933	无		
1934	H. C. Urey	美国	重水和重氢同位素的发现
1935	F. Joliot-Curie I. Joliot-Curie	法国 法国	新人工放射性元素的合成
1936	P. Debye	荷兰	提出了极性分子理论，确定了分子偶极矩的测定方法
1937	W. N. Haworth P. Karrer	英国 瑞士	糖类环状结构的发现，维生素 A、C 和 B_{12}、胡萝卜素及核黄素的合成
1938	R. Kuhn	德国	维生素和类胡萝卜素研究
1939	F. J. Butenandt L. Ruzicka	德国 瑞士	性激素研究 聚亚甲基多碳原子大环和多萜烯研究
1940	无		
1941	无		
1942	无		
1943	G. Heresy	匈牙利	利用同位素示踪研究化学反应
1944	O. Hahn	德国	重核裂变的发现
1945	A. J. Virtamen	荷兰	发明了饲料贮存保鲜方法，对农业化学和营养化学做出贡献
1946	J. B. Sumner J. H. Northrop W. M. Stanley	美国 美国 美国	发现酶的类结晶法 分离得到纯的酶和病毒蛋白
1947	R. Robinson	英国	生物碱等生物活性植物成分研究
1948	A. W. K. Tiselius	瑞典	电泳和吸附分析的研究，血清蛋白的发现
1949	W. F. Giaugue	美国	化学热力学特别是超低温下物质性质的研究
1950	O. Diels K. Alder	德国 德国	发现了双烯合成反应，即 Diels-Alder 反应
1951	M. McMillan G. Seaborg	美国 美国	超铀元素的发现

续表

获奖年份	获奖者	国籍	获奖成就
1952	J. P. Martin R. L. M. Synge	英国 英国	分配色谱分析法
1953	H. Staudinger	德国	高分子化学方面的杰出贡献
1954	L. Pauling	美国	化学键本质和复杂物质结构的研究
1955	V. du. Vigneaud	美国	生物化学中重要含硫化合物的研究，多肽激素的合成
1956	C. N. Hinchelwood N. N. Semyonov	英国 前苏联	化学反应机理和链式反应的研究
1957	A. Todd	英国	核苷酸及核苷酸辅酶的研究
1958	F. Sanger	英国	蛋白质结构特别是胰岛素结构的测定
1959	J. Heyrovsky	捷克	极谱分析法的发明
1960	W. F. Libby	美国	^{14}C 测定地质年代方法的发明
1961	M. Calvin	美国	光合作用研究
1962	M. F. Perutz J. C. Kendrew	英国 英国	蛋白质结构研究
1963	K. Ziegler G. Natta	德国 意大利	Ziegler-Natta 催化剂的发明，定向有规高聚物的合成
1964	D. C. Hodgkin	英国	重要生物大分子的结构测定
1965	R. B. Woodward	美国	天然有机化合物的合成
1966	R. S. Mulliken	美国	分子轨道理论
1967	M. Eigen R. G. W. Norrish G. Porter	德国 英国 英国	用驰豫法、闪光光解法研究快速化学反应
1968	L. Onsager	美国	不可逆过程热力学研究
1969	H. R. Barton O. Hassel	英国 挪威	发展了构象分析概念及其在化学中的应用
1970	L. F. Leloir	阿根廷	从糖的生物合成中发现了糖核苷酸的作用
1971	G. Herzberg	加拿大	分子光谱学和自由基电子结构
1972	C . B. Anfinsen S. Moore W. H. Stein	美国 美国 美国	核糖核酸酶分子结构和催化反应活性中心的研究
1973	Wilkinson E. O. Fischer	英国 德国	二茂铁结构研究，发展了金属有机化学和配合物化学
1974	P. J. Flory	美国	高分子物理化学理论和实验研究
1975	J. W. Cornforth V. Prelog	英国 瑞士	酶催化反应的立体化学研究 有机分子和反应的立体化学研究
1976	W. N. Lipscomb, Jr.	美国	有机硼化合物的结构研究，发展了分子结构学说和有机硼化学
1977	I. Prigogine	比利时	研究非平衡的不可逆过程热力学
1978	P. Mitchell	英国	用化学渗透理论研究生物能的转换
1979	C. Brown G. Wittig	美国 德国	发展了有机硼和有机磷试剂及其在有机合成中的应用
1980	P. Berg F. Sanger W. Gilbert	美国 英国 美国	DNA 分裂和重组研究，DNA 测序，开创了现代基因工程学
1981	Kenich Fukui R. Hoffmann	日本 美国	提出前线轨道理论 提出分子轨道对称守恒原理
1982	A. Klug	英国	发明了"象重组"技术，利用 X 射线衍射法测定了染色体的结构
1983	H. Taube	美国	金属配位化合物电子转移反应机理研究
1984	R. B. Merrifield	美国	固相多肽合成方法的发明

续表

获奖年份	获 奖 者	国籍	获 奖 成 就
1985	H. A. Hauptman J. Karle	美国 美国	发明了X射线衍射确定晶体结构的直接计算方法
1986	李远哲 D. R. Herschbach J. Polanyi	美国 美国 加拿大	发展了交叉分子束技术、红外线化学发光方法，对微观反应动力学研究作出重要贡献
1987	C. J. Pedersen D. J. Cram J-M. Lehn	美国 美国 法国	开创主-客体化学、超分子化学、冠醚化学等新领域
1988	J. Deisenhoger H. Michel R. Huber	德国 德国 德国	生物体中光能和电子转移研究，光合成反应中心研究
1989	T. Cech S. Altman	美国 美国	Ribozyme 的发现
1990	E. J. Corey	美国	有机合成特别是发展了逆合成分析法
1991	R. R. Ernst	瑞士	二维核磁共振
1992	R. A. Marcus	美国	电子转移反应理论
1993	M. Smith K. B. Mullis	加拿大 美国	寡聚核苷酸定点诱变技术 多聚酶链式反应(PCR)技术
1994	G. A. Olah	美国	碳正离子化学
1995	M. Molina S. Rowland P. Crutzen	墨西哥 美国 荷兰	研究大气环境化学，在臭氧的形成和分解研究方面作出重要贡献
1996	R. F. Curl R. E. Smalley H. W. Kroto	美国 美国 英国	发现 C_{60}
1997	J. Skou P. Boyer J. Walker	丹麦 美国 英国	发现了维持细胞中钠离子和钾离子浓度平衡的酶，并阐明其作用机理 发现了能量分子三磷酸腺苷的形成过程
1998	W. Kohn J. A. Pople	美国	发展了电子密度泛函理论 发展了量子化学计算方法
1999	A. H. Zewail	美国	飞秒技术研究超快化学反应过程和过渡态
2000	A. Heeger A. Mac Diarmid 白川英树	美国 美国 日本	导电聚合物的发现
2001	诺尔斯 野依良治	美国 日本	手性催化还原反应研究
	夏普雷斯	美国	手性催化氧化反应研究
2002	Kurt Wüthrich John Bennett Fenn 田中耕一	瑞士 美国 日本	对生物大分子的鉴定和结构分析方法的研究
2003	Peter Agre Roderick MacKinnon	美国 美国	对细胞膜中的水通道的发现以及对离子通道的研究
2004	Aaron Ciechanover Avram Hershko Irwin Rose	以色列 以色列 美国	发现了泛素调节的蛋白质降解
2005	Professor Robert H. Grubbs Richard Royce Schrock Yves Chauvin	美国 美国 法国	对烯烃复分解反应的研究
2006	Roger David Kornberg	美国	对真核转录的分子基础所作的研究

续表

获奖年份	获奖者	国籍	获奖成就
2007	Gerhard Ertl	德国	对表面化学的研究
2008	下村脩 Martin Chalfie 钱永健	日本 美国 美国	发现和改造绿色荧光蛋白
2009	Ada Yonath Venkatraman Ramakrishnan Thomas Arthur Steitz	以色列 英国 美国	对核糖体结构和功能方面的研究
2010	Richard F. Heck 根岸英一 铃木章	美国 日本 日本	对有机合成中钯催化偶联反应的铃木反应研究

20世纪以来的化学成就，表现在理论、实验、应用等多方面。其中化学键理论的不断完善，高分子出现，有机合成中的理论与实验的交互发展，对化学反应的微观层次的探索，蛋白质、核酸、糖等生命物质的研究，直至纳米科学、组合化学等的出现，贯穿了始终。

1.1 化学理论

1.1.1 放射性和铀裂变的重大发现

20世纪在能源利用方面一个重大突破是核能的释放和可控利用。仅此领域就产生了6项诺贝尔奖。首先是居里夫妇从19世纪末到20世纪初先后发现了放射性比铀强400倍的钋，以及放射性比铀强200多万倍的镭。这项艰巨的化学研究打开了20世纪原子物理学的大门，居里夫妇为此而获得了1903年诺贝尔物理学奖。1906年4月19日皮埃尔·居里（P. Curie，1859—1906）不幸遇车祸身亡，居里夫人继续专心于镭的研究与应用，测定了镭的相对原子质量，建立了镭的放射性标准，同时制备了20g镭存放于巴黎国际度量衡中心作为标准，并积极提倡把镭用于医疗，使放射治疗得到了广泛应用，造福人类。为表彰居里夫人在发现钋和镭、开拓放射化学新领域以及发展放射性元素的应用方面的贡献，1911年她又获得了诺贝尔化学奖。20世纪初，卢瑟福从事关于元素衰变和放射性物质的研究，提出了原子的有核结构模型和放射性元素的衰变理论，研究了人工核反应，因此而获得了1908年的诺贝尔化学奖。居里夫人的女儿和女婿约里奥·居里夫妇用钋的α射线轰击硼、铝、镁时发现产生了带有放射性的原子核，这是第一次用人工方法创造出放射性元素，为此约里奥·居里夫妇荣获了1935年的诺贝尔化学奖。在约里奥·居里夫妇的基础上，费米（E. fermi，1901—1954）用中子轰击各种元素获得了60种新的放射性元素，并发现中子轰击原子核后，就被原子核捕获得到一个新原子核，且不稳定，核中的一个中子将放出一个电子（β衰变），生成原子序数增加1的元素。这一原理和方法的发现，使人工放射性元素的研究迅速成为当时的热点。物理学介入化学，用物理方法在元素周期表上增加新元素成为可能。费米的这一成就使他获得了1938年的诺贝尔物理学奖。1939年哈恩（O. Hahn，1879—1968）发现了核裂变现象，震撼了当时的科学界，成为原子能利用的基础，为此，哈恩获得了1944年诺贝尔化学奖。

1939年科学家在裂变现象中观察到伴随着碎片有巨大的能量，同时约里奥·居里夫妇和费米都测定了铀裂变时还放出中子，这使链式反应成为可能。至此释放原子能的前期基础研究已经完成。从放射性的发现开始，然后发现了人工放射性，再后又发现了铀裂变伴随能量和中子的释放，以至核裂变的可控链式反应。于是，1942年费米领导下成功地建造了第一座原子反应堆，1945年美国在日本投下了原子弹。核裂变和原子能的利用是20世纪初至中叶化学和物理界具有里程碑意义的重大突破。不过，核能在给人类造福以外，也给人类带来了巨大灾难。1986 年发生在前苏联的切尔诺贝利核事故以及今年（2011 年）在地震和海啸中发生在日本的核泄漏事故将使人们对核能的应用进行重新的审视和思考。

1.1.2 化学键和现代量子化学理论

1900 年 12 月 14 日，普朗克在德国物理学年会上做了一个有历史意义的报告，题目为《正常光谱辐射能的分布理论》。这个日子成了量子理论的诞生日。量子理论应用于化学领域后，使化学不再只是一门实验科学。量子力学为对化学键的更基本理解提供了一种工具。1927 年 W·海特勒和 F·伦敦提出和证明精确地解决氢分子的相关方程式是可能的，但对含三个以上原子的分子，则无法精确求解，必须采取近似的方法。在分子结构和化学键理论方面，鲍林的贡献最大。他长期从事 X 射线晶体结构研究，寻求分子内部的结构信息，把量子力学应用于分子结构，把原子价理论扩展到金属和金属间化合物，提出了电负性概念和计算方法。鲍林在研究量子化学和其它化学理论时，创造性地提出了许多新的概念。例如，共价半径、金属半径、电负性标度等，这些概念的应用，对现代化学、凝聚态物理的发展都有巨大意义。

鲍林创立了价键学说和杂化轨道理论，他的价键法在他与人合著的《量子力学导论》中有精确的描述。后来，他在《化学键的本质》一书中发表了扩展的非数学处理方法。他在探索化学键理论时，遇到了甲烷的正四面体结构的解释问题（参见第 1 章）。为了解释甲烷的正四面体结构，说明碳原子四个键的等价性，鲍林在 1928～1931 年，提出了杂化轨道理论。该理论的根据是电子运动不仅具有粒子性，同时还有波动性。而波又是可以叠加的。所以鲍林认为，碳原子和周围 4 个氢原子成键时，所使用的轨道不是原来的 s 轨道或 p 轨道，而是二者经混杂、叠加而成的“杂化轨道”，这种杂化轨道在能量和方向上的分配是对称均衡的。杂化轨道理论，很好地解释了甲烷的正四面体结构。1954 年由于他在化学键本质研究和用化学键理论阐明物质结构方面的重大贡献而荣获了诺贝尔化学奖（1962 年因反对把科技成果用于战争，特别反对核战争而获得诺贝尔和平奖）。此后，马利肯运用量子力学方法，创立了原子轨道线性组合分子轨道的理论，阐明了分子的共价键本质和电子结构，1966 年荣获诺贝尔化学奖。另外，1952 年福井谦一（Fukui Ken′ichi，1918—1998）提出了前线轨道理论，用于研究分子动态化学反应。1965 年 R. B. 伍德沃德（Robert Burns Woodward，1917—1979）和 R. 霍夫曼（Roald Hoffmann，1937—）提出了分子轨道对称守恒原理，用于解释和预测一系列反应的难易程度和产物的立体构型。这些理论被认为是认识化学反应发展史上的里程碑，为此，福井谦一和霍夫曼共获 1981 年诺贝尔化学奖。1998 年科恩（W. Kohn，1923—）因发展了电子密度泛函理论，以及波普尔（A. Pople，1925—2004）因发展了量子化学计算方法而共获了诺贝尔化学奖。

化学键和量子化学理论的发展足足花了半个世纪的时间，让化学家由浅入深，认识分子的本质及其相互作用的基本原理，从而让人们进入分子的理性设计的高层次领域，创造新的功能分子，如药物设计、新材料设计等，这也是 20 世纪化学的一个重大突破。

1.1.3 合成化学的成就

创造新物质是化学家的首要任务。20 世纪合成化学得到了极大的发展。在这 100 年中，在《美国化学文摘》上登录的天然和人工合成的分子和化合物的数目已从 1900 年的 55 万种，增加到 1999 年 12 月 31 日的 2340 万种。其中绝大多数是化学家合成的，几乎又创造出了一个新的世界。差不多所有的已知天然化合物以及化学家感兴趣的具有特定功能的非天然化合物都能够通过化学合成的方法来获得。没有别的科学能像化学那样制造出如此众多的新分子、新物质。合成化学为满足人类对物质的需求作出了极为重要的贡献。许多新技术被用于无机和有机化合物的合成，例如，超低温合成、高温合成、高压合成、电解合成、光合成、声合成、微波合成、等离子体合成、固相合成、仿生合成等等；发现和创造的新反应、新方法数不胜数。

1912年格林尼亚（V. Grignard，1871—1935）因发明格氏试剂，开创了有机金属在各种官能团反应中的新领域而获得诺贝尔化学奖（1912）。1928年狄尔斯（O. Diels，1876—1954）和阿尔德（K. Alder，1902—1958）发现双烯合成反应，获得1950年诺贝尔化学奖。1953年卡尔·齐格勒（Karl Ziegler，1898—1973）和久里奥·纳塔（G. Natta，1903—1979）发现了有机金属催化烯烃定向聚合，实现了乙烯的常压聚合而荣获1963年诺贝尔化学奖。人工合成生物分子一直是有机合成化学的研究重点。从最早的甾体、抗坏血酸、生物碱到多肽逐渐深入。1965年有机合成大师伍德沃德由于其有机合成的独创思维和高超技艺，先后合成了奎宁、胆固醇、可的松、叶绿素和利血平等一系列复杂有机化合物而荣获诺贝尔化学奖。获奖后他又提出了分子轨道对称守恒原理，并合成了维生素 B_{12}（图10.1）等。

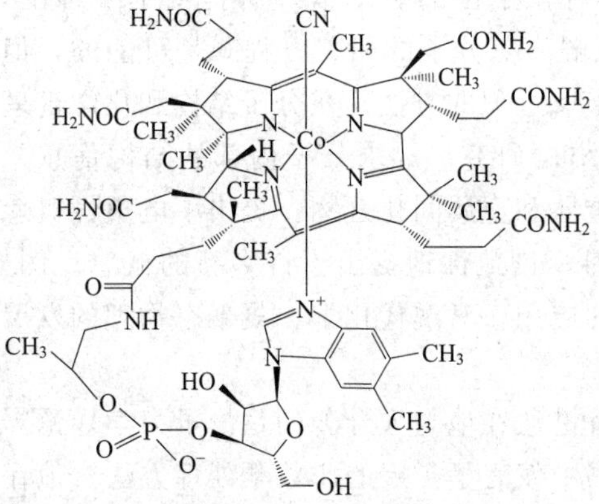

图10.1　维生素 B_{12}

此外，杰弗里·威尔金森（G. Wilkinson，1921—1996）和恩斯持·奥托·费切尔（E. O. Fischer，1918—2007）合成了过渡金属二茂夹心式化合物，确定了这种特殊结构，对金属有机化学和配位化学的发展起了重大推动作用，荣获1973年诺贝尔化学奖。1979年布朗（H. C. Brown，1912—2004）和维提格（G. Wittig，1897—1987）因分别发展了有机硼和Wittig反应而共获诺贝尔化学奖。1984年梅里菲尔德（Merrifield，1921—2006）因发明了固相多肽合成法对有机合成方法学和生命化学起了巨大推动作用而获得诺贝尔化学奖。1990年科里（Elias James Corey，1928—）在大量天然产物的全合成工作中总结并提出了“逆合成分析法”，极大地促进了有机合成化学的发展，因此获得诺贝尔化学奖。

现代合成化学是经历了近百年的努力研究、探索和积累才发展到今天可以合成像海葵毒素（图10.2）这样复杂的分子（分子式为 $C_{129}H_{223}N_3O_{54}$，有64个不对称碳和7个骨架内双键，异构体数目多达 2^{71} 个）。

结构极其复杂的维生素 B_{12}，海葵毒素等的全合成表现出科学与艺术的高度结合。

1.1.4　高分子科学和材料

进入20世纪，化学家们对一类巨大的分子感兴趣，因为这是一类具有非常大的实用意义的物质，而且在研究时发现这种巨大的分子有它独特的科学研究意义。1920年赫尔曼·施陶丁格（Hermann Staudinger，1881—1965）提出了高分子这个概念，创立了高分子链型学说，以后又建立了高分子黏度与相对分子质量之间的定量关系，为此而获得了1953年的诺贝尔化学奖。1953年Ziegler成功地在常温下用 $(C_2H_5)_3AlTiCl_4$ 作催化剂将乙烯聚合成聚乙烯，从而发现了配位聚合反应。1955年齐格勒和纳塔催化剂改进为 α-$TiCl_3$ 和烷基铝体系，实现了丙烯的定向聚合，得到了高产率、高结晶度的全同构型的聚丙烯，使合成方法-

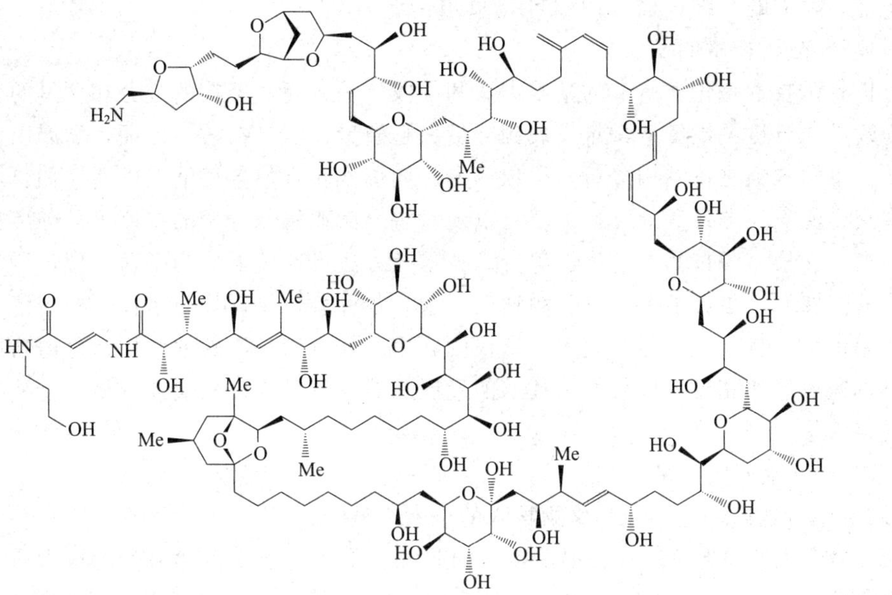

图 10.2　海葵毒素

聚合物结构-性能三者联系起来，成为高分子化学发展史中一项里程碑。1974 年弗洛里 (Paul John Flory，1910—1985) 因在高分子性质方面的成就也获得了诺贝尔化学奖。高分子化合物的研究内容不断扩大，现已发展成综合性的高分子科学，加入了材料学的行列。

尼龙、聚酯、聚氯乙烯、聚苯乙烯，甚至聚四氟乙烯（1938）在 20 世纪 30 年代都已工业化。第二次世界大战促使德国和美国努力研究合成橡胶，多种性能的合成橡胶被合成并工业化，解决了军事的需要。自齐格勒和纳塔之后，齐格勒-纳塔催化聚合以及聚烯烃类高分子的研究风靡全世界，成为 20 世纪最大的一股研究开发热潮。到今天，世界化工产量中高分子产品仍占首要地位。20 世纪 80 年代塑料、纤维、橡胶等高分子材料的年产量达到 1 亿吨，这是除石油外产量最大的化工产品。高分子材料的出现改变了一个时代人们社会生活的需要，从日常生活到高新技术无不在相当大的程度上依靠高分子材料。20 世纪化学史中，高分子化学的出现及它在工业和人类生活方面的成就是最重要的一页，在此领域曾有 3 项诺贝尔化学奖。合成橡胶、合成塑料和合成纤维这 3 大合成高分子材料是化学中具有突破性的成就，也是化学工业的骄傲，并且合成材料的出现也是 20 世纪人类文明的标志之一。

1.1.5　化学反应理论

经典热力学处理的是平衡体系，其中化学反应被看作是可逆的，但许多化学体系，如所有体系中最复杂的活的生物体，是远离平衡态的，它们的反应被看作是不可逆的。运用统计力学，昂萨格（Onsager，1903—1976）在 1931 年发展创立了不可逆过程热力学，描述了这类体系的物质流和能量流，获 1968 年诺贝尔化学奖。非平衡态热力学的进一步发展是由普里高津 I.（Ilya Prigogine，1917—2003）做出的，他因提出耗散结构理论获得 1977 年的化学奖。

研究化学反应是如何进行的，揭示化学反应的历程和研究物质的结构与其反应能力之间的关系，是控制化学反应过程的需要。在阿伦尼乌斯碰撞理论的基础上艾林发展了他的过渡态理论。20 世纪 50 年代，曼弗雷德·艾根（Manfred Eigen，1927—）等发展了化学弛豫方法，该法允许测量的时间短至微秒或毫微秒（1967 年诺贝尔化学奖）。赫休巴赫（Dudley Robert Herschbach，1932—）和李远哲（1936—）利用交叉的分子束研究了非常短的时间内分子之间反应的详细过程（1986年诺贝尔化学奖）。

1.1.6　分析技术的发展

分析测试技术是化学研究的基本方法和手段。一方面，经典的成分和含量的分析方法仍在不断改进，分析灵敏度从常量发展到微量、超微量、痕量；另一方面，发展出许多新的分析方法，可深入到进行结构分析，构象测定，同位素测定，各种活泼中间体如自由基、离子基、卡宾、氮宾、卡拜等的直接测定，以及对短寿命亚稳态分子的检测等。分离技术也不断革新，离子交换、膜技术、色谱法等分离技术及方法迅速发展。为了适应现代科学研究和工业生产的需要和满足灵敏、精确、高速的要求，各种分析仪器如质谱仪、极谱仪、色谱仪的应用和微机化、自动化及与其它重要谱仪的联用，如色谱与红外的联用、色谱与质谱的联用等得到迅速发展和完备。现代航天技术的发展和对各行星成分的遥控分析，反映出分析技术的现代化水平。

1.2　化学的巨大贡献

1.2.1　对现代生命科学和生物技术的重大贡献

研究生命现象和生命过程、揭示生命的起源和本质是当代自然科学的重大研究课题。20世纪生命化学的崛起给古老的生物学注入了新的活力，人们在分子水平上向生命的奥秘打开了一个又一个通道。蛋白质、核酸、糖等生物大分子和激素、神经递质、细胞因子等生物小分子是构成生命的基本物质。从20世纪初开始生物小分子（如糖、血红素、叶绿素、维生素等）的化学结构与合成研究就多次获得诺贝尔化学奖，这是化学向生命科学进军的第一步。1955年维格诺德（Vincent du Vigneaud，1901—1978）因首次合成多肽激素催产素和加压素而荣获了诺贝尔化学奖。1958年桑格（Frederick Sanger，1918—）因对蛋白质特别是牛胰岛素分子结构测定的贡献而获得诺贝尔化学奖。1953年沃森（James D. Watson，1928—）和克里克（Francis Harry Compton Crick，1916—2004）提出了DNA分子双螺旋结构模型，这项重大成果对于生命科学具有划时代的贡献，它为分子生物学和生物工程的发展奠定了基础，为整个生命科学带来了一场深刻的革命。沃森和克里克因此而荣获了1962年诺贝尔医学奖。1960年肯德鲁（J. C. Kendrew，1917—1997）和佩鲁兹（M. F. Perutz，1914—2002）利用X射线衍射成功地测定了鲸肌红蛋白和马血红蛋白的空间结构，揭示了蛋白质分子的肽链螺旋区和非螺旋区之间还存在三维空间的不同排布方式，阐明了二硫键在形成这种三维排布方式中所起的作用，为此，他们二人共获了1962年诺贝尔化学奖。1965年我国化学家人工合成结晶牛胰岛素获得成功，标志着人类在揭示生命奥秘的历程中迈进了一大步。此外，1980年保罗·伯格（Paul Berg，1926—）、桑格（第2次获奖）和沃尔特·吉尔伯特（Walter Gilbert，1932—）因在DNA分裂和重组、DNA测序以及现代基因工程学方面的杰出贡献而共获诺贝尔化学奖。1982年艾伦·克鲁格（A. Klug，1926—）因发明“象重组”技术和揭示病毒和细胞内遗传物质的结构而获得诺贝尔化学奖。1989年切赫（Thomas Robert Čech，1947—）和奥尔特曼（Sidney Altman，1939—）因发现核酶（Ribozyme）而获得诺贝尔化学奖。1993年迈克尔·史密斯（Michael Smith，1932—2000）因发明寡核苷酸定点诱变法以及穆利斯（K. B. Mullis，1944—）因发明多聚酶链式反应技术对基因工程的贡献而共获诺贝尔化学奖。1997年施可（Jens Christian Skou，1918—）因发现了维持细胞中Na离子和K离子浓度平衡的酶及有关机理、鲍尔（Paul Delos Boyer，1918—）和瓦克（John Ernest Walker，1941—）因揭示能量分子ATP的形成过程而共获诺贝尔化学奖。

20世纪化学与生命科学相结合产生了一系列在分子层次上研究生命问题的新学科，如生物化学、分子生物学、化学生物学、生物有机化学、生物无机化学、生物分析化学等。在研究生命现象的领域里，化学不仅提供了技术和方法，而且还提供了理论。

1.2.2 对人类健康的贡献

利用药物治疗疾病是人类文明的重要标志之一。20世纪初，由于对分子结构和药理作用的深入研究，药物化学迅速发展，并成为化学学科一个重要领域。1909年德国化学家艾里希（Paul Ehrlich，1854—1915）合成出了治疗梅毒的特效药物胂凡纳明（又称606）。20世纪30年代以来化学家从染料出发，创造出了一系列磺胺药，使许多细菌性传染病特别是肺炎、流行性脑炎、细菌性痢疾等长期危害人类健康和生命的疾病得到控制。青霉素、链霉素、金霉素、氯霉素、头孢菌素等类型抗生素的发明，为人类的健康做出了巨大贡献。据不完全统计，20世纪化学家通过合成、半合成或从动植物、微生物中提取而得到的临床有效的化学药物超过2万种，常用的就有1000余种，而且这个数目还在快速增加。

1.2.3 对国民经济和人类日常生活的贡献

化学在改善人类生活方面是最有成效、最实用的学科之一。利用化学反应和过程来制造产品的化学过程工业（包括化学工业、精细化工、石油化工、制药工业、日用化工、橡胶工业、造纸工业、玻璃和建材工业、钢铁工业、纺织工业、皮革工业、饮食工业等）在发达国家中占有最大的份额。这个数字在美国超过30%，而且还不包括诸如电子、汽车、农业等要用到化工产品的相关工业的产值。发达国家从事研究与开发的科技人员中，化学、化工专家占一半左右。世界专利发明中有20%与化学有关。

人类之衣、食、住、行、用无不与化学所掌管之成百化学元素及其所组成之万千化合物和无数的制剂、材料有关。房子是用水泥、玻璃、油漆等化学产品建造的，肥皂和牙膏是日用化学品，衣服是合成纤维制成并由合成染料上色的；饮用水必须经过化学检验以保证质量，食品则是由用化肥和农药生产的粮食制成的；维生素和药物也是由化学家合成的。交通工具更离不开化学，车辆的金属部件和油漆显然是化学品，车厢内的装潢通常是特种塑料或经化学制剂处理过的皮革制品，汽车的轮胎是由合成橡胶制成的，燃油和润滑油是含化学添加剂的石油化学产品，蓄电池是化学电源，尾气排放系统中用来降低污染的催化转化器装有用铂、铑和其它一些物质组成的催化剂，它可将汽车尾气中的一氧化氮、一氧化碳和未燃尽的碳氢化合物转化成低毒害的物质，飞机则需要用质强量轻的铝合金来制造，还需要特种塑料和特种燃油。书刊、报纸是用化学家所发明的油墨和经化学方法生产出的纸张印制而成的。摄影胶片是涂有感光化学品的塑料片，它们能被光所敏化，所以在曝光时和在用显影药剂冲洗时，它们就会发生特定的化学反应。彩电和电脑显示器的显像管是由玻璃和荧光材料制成的，这些材料在电子束轰击时可发出不同颜色的光。VCD光盘是由特殊的信息存储材料制成的。甚至参加体育活动时穿的跑步鞋、溜冰鞋、运动服、乒乓球、羽毛球拍等也都离不开现代合成材料和涂料。

2 当代化学若干基本问题和化学的发展趋势

新科学和新技术的发展召唤着化学；而工业社会一个多世纪的发展留下了严重的环境和能源问题也有待化学家去解决。化学学科本身从基础研究开始要有一个新的发展。好在20世纪尤其下半叶化学科学已有了很好的积累，为新世纪的飞跃做好了准备。

2.1 分子识别与化学信息学

随着化学进军生命体系后，化学就不仅仅涉及传统的研究对象如分子的成键和断键，即不仅是离子键和共价键那样的强作用力，而且也必须考虑这一复杂体系中分子的弱相互作用力，如范德华力、库仑力、π-π 堆集和氢键等等。虽然它们的作用力较弱，但由此却组装成了分子聚集体、分子互补体系或通称的超分子体系。此种体系具有全新的性质或可使通常无法进行的反应得以进行。在生物体中最著名的 DNA 的双螺旋结构就是由源自氢键的碱基配对而形成的。高效的酶催化反应和信息的传递也是通过分子聚集体进行的。这样一个分子间互补、组装的过程也就是通称的分子识别的过程。

所谓识别，是指对被识别对象所提供的所有或主要信息的接收、鉴别、处理及判断等过程。分子是无生命、无知觉的实体，在分子通过“分子识别”结合成超分子的过程中与“一把钥匙开一把锁”的机械匹配不同，常表现出“智能化”的自动调节能力，如分子梭、分子列车以及新近合成的项圈式化合物等，组成不可谓不复杂，结构要求不可谓不苛刻，但出人意料的是，原料小分子在形成这些产物时竟表现出高度的自组织能力，反应达到很高的产率，这是由随机碰撞的经典化学反应动力学模型所无法理解和解释的。由法国化学家 J-M 莱恩（Jean-Marie Lehn，1939—）首先提出的分子识别概念，认为分子间的识别是通过被识别的对象所提供的“化学信息”诱导出来的，而化学信息则全部蕴藏或包含在发生识别过程的分子的组成与结构中。骤然看来，问题的解决似乎已经找到了可行的思路，只要找出分子识别过程中所依据的“化学信息”，并弄清楚这些化学信息对分子构筑成超分子的诱导作用过程，问题就迎刃而解了。其实“化学信息”是什么，这是提出分子识别概念时留下的另一个更为基本的理论问题。“化学信息”概念的提出，是非常有创造性和综合性的。有了这个概念，化学反应的推动力和机制问题将得到进一步的解决，而且具有鲜明的“化学”本身的特点，可以在一些纯物理学的原则之上，找到由分子组成和结构本身所包含的化学原则，就可以很好地摆脱当前化学中由于缺乏统一的化学反应理论，往往只能一事一议，甚至就事论事的境地了。

有了“化学信息”论，人们在考察或研究化学反应时，将把目光注视在化学信息上，不同的化学信息、化学信息的强度、受体对化学信息的接受能力和响应效率，将是决定有关化学反应过程的主要因素。所以，莱恩提出的分子识别、化学信息及进一步提出的化学反应智能化问题，是 20 世纪末在化学反应理论方面的一件大事，体现出一代化学大师的远大目光。

2.2　分子工程

在讨论化学与生物学时，有人说化学与生物学有着不同的文化背景。比如有人撰文认为，生物学家致力于阐明自然（生命）的过程，而化学家则习惯于如何去调控这一过程。换句话说：生物学家注意认识世界，而化学家则想改造世界。诺贝尔医学奖获得者科恩伯格（Arthur Kornberg，1918—2007）在 1996 年曾经这样写道：“化学家看起来比较审慎，善于分析并较多地在本学科内独善其身。他们将注意力集中在分子上面，醉心于一个具有多手性的中心及具备很大合成难度的分子带来的挑战，并且力图用最短的路线和最高的产率来得到目标分子。通过用相对较少但巧妙的技术以获得精确的资料。对他们来讲注重蛋白质和核酸的化学更甚于它们的生理重要性。另一方面，生物学家似乎较具艺术性、调和性和主要用右脑思考。他们喜欢使用种类繁多却不太精密的技术来研究细胞和器官内的复杂现象。他们欢迎神秘和复杂，当面纱揭去，显露出分子本质时，他们中有些人则会感到失望。”

生物和化学的分离是当今的国际现象。但是科学的发展却必须将不同学科扬长避短地组合起来，尽管它们的文化背景有很大的不同。化学家创造、合成分子时确实经常地追求难度和技巧，而较少注意它们的功能。

因此在 21 世纪来临之际，要求化学家更好地发扬他们的创新精神，用分子识别的观点设计、合成、组装新的而且期望有各种功能的分子和分子聚合体。

对生命科学来讲，化学家要合成出调控 80000 条人基因的小分子，这是一个与其功能密切结合的工作。当然这是要与生物学家密切合作才能完成的任务。需要在十分明确其功能的基础上循序进行。此外对于一些其它动植物基因的调控上也还有许多合成工作需要进行。从近期来讲，化学家已经从各种动植物出发制造出一大批天然药物（包括农药）。在我国，从得天独厚的中草药中已经分离、鉴定了许多天然产物。在逐步揭示它们的作用机制的过程中以及今后都会提出许多与其治疗作用密切相关的合成工作。这时，合成的目标分子已不再仅是具有独特结构的天然产物分子，而更着重具有独特功能的结构。

通过合成来理解和最终获取有各种生物功能的分子，这已是一个大的趋势。从另一方面来看，翻阅当今国际上所有有名的涉及合成化学的杂志，在复杂分子的合成文章的开宗明义处，都会提及目标分子的生物功能或它在生物学上的意义。那种纯化学观点出发的天然产物合成，除确实新奇的结构外，已很难在高水平的杂志上出现。今后这样的课题恐怕也很难获得科学基金的资助。

化学合成进入新材料（这里主要指功能材料）是相对较近期的趋势。人工晶体、沸石和超导材料等是近年无机合成的成功例子。从合成设计和控制来讲，无机合成较有机合成要困难得多，但一旦突破则将前途无量。

有机功能材料（包括功能高分子）也是最近发展得较快的领域。有机功能材料的优点是较易从功能出发进行设计，也较易合成。但是它的致命弱点是有机化合物的稳定性问题。在工作条件不很苛刻时，有机材料将是十分优越的。液晶材料的成功就是很好的例子。近年一些奇特的套环分子等的合成以及 DNA 芯片的制备，都显示了有机材料在作为微电子学材料方面的前景。此外，有机无机复合以至金属掺杂的材料，则更是显示出广阔的应用天地。

富勒烯家族的发现和制备，是近年来化学界的大事。富勒烯家族和它们的衍生物不仅为材料科学开辟了新领域，同时也为生命科学提供了全新的工具分子，如作为 DNA 顺序专一性切断的试剂。

化学是一门从分子水平上认识世界和改造世界的科学。由于化学中化学合成这一最能动领域的发展，我们看到化学正在从“认识”更多地转向“改造”和“创新”，创造更多的新的有各种功能的分子。因此有人说 20 世纪化学是天然产物时代，21 世纪将是非天然产物的时代。根据功能设计分子在新药研制中也称合理设计。但是目前对结构-功能的关系的认识大多还在探索之中。因此，这是一个设计-合成-功能测定-再设计的过程。通常一个满足要求的功能分子要经历多次反复的长时期研究。对此近年出现了一个称为组合化学的方法，其要点是一次能获得一大批系列的化合物，以加快筛选的速度。组合化学制备的化合物的类型跨度不能很大，另外也受到合成反应和功能筛选方法的限制，因此较适宜于探索特殊的功能分子和研究结构较小改变对功能的影响。

设计-合成-再设计和组合化学归根结底还要在反应器内由原料经过一系列合成反应来进行。科里对此系统地提出了合成设计或反合成分析的概念和方法，这是他 1990 年获诺贝尔奖的主要贡献。从分子工程学的观点来看，合成设计是工程的施工计划。合成设计及其实施取决于所合成分子的结构。随着各种新功能分子的合成需求，合成设计也必须有新的发展。尤其是对各种功能性分子聚集体的制备，更需要研究过去化学家较为陌生的组装问题。

2.3 反应过程与控制

化学的中心是化学反应。虽然人们对化学反应的许多问题已有比较深刻的认识，但还有更多的问题尚不清楚。化学键究竟是如何断裂和重组的？分子是怎样吸收能量的？并且是怎样在分子内激发化学键达到特定的反应状态的？这一系列属于反应动力学的问题都有待回答，其研究成果对有效控制反应十分重要。

复杂体系的化学动力学、非稳态粒子的动力学、超快的物化过程的实时探测和调控以及极端条件下的物理化学过程都已经成为重要的研究方向。向生命过程学习，研究生命过程中的各种化学反应和调控机制，正成为探索反应控制的重要途径，真正在分子水平上揭示化学反应的实质及规律是我们对未来的期待。

2.4 合成化学的新发展

未来化学发展的基础是合成化学的发展。21世纪合成化学将进一步向高效率和高选择性方向发展。新方法、新反应、新试剂、新工艺和新的催化剂仍将会是未来合成化学研究的热点。手性合成与技术将越来越受到人们的重视，各类催化合成研究将会有更大进展。化学家也将更多地利用细胞来进行物质的合成，并且相信随着生物工程研究的进展，通过生物系统合成我们所需要的化合物之目的能够实现，这些将使合成化学呈现出崭新的局面。仿生合成也是一个一直颇受人们关注的热点，这方面的研究进展将产生高效的模拟酶催化剂，它们将对合成化学产生重要影响。化学家们还将采用组合化学技术进行大量合成，以制备我们所需要的各种药物和各种功能材料。

2.5 基于能量转换的化学反应

太阳能的光电转换虽早已用于卫星，但大规模、大功率的光电转换材料的化学研究则开始不久。太阳能光解水产生氢燃料的研究，已经受到更大的重视，其中催化剂和高效储氢材料是目前研究最多的课题。值得特别提出的是，关于植物光合反应研究已经取得了一定的突破，燃料电池的研究也已展开并取得进展。随着石油资源的近于枯竭，近年来对燃烧过程的研究又重新被提到日程上来。了解燃烧的机制，不仅是推动化学发展的需要，也是充分利用自然资源的关键。注重研究催化新理论和新技术，包括手性催化和酶催化等也是促进能量利用效率中最重要的方向之一。

2.6 新反应途径与绿色化学

我国现阶段研究，一方面注意降低各种工业过程的废物排放、排放废料的净化处理和环境污染的治理，另一方面重视开发那些低污染或无污染的产品和过程。因此，化学家不但要追求高效率和高选择性，而且还要追求反应过程的“绿色化”。这种“绿色化学”将促使21世纪化学发生重大变化。它要求化学反应符合“原子经济性”，即反应产率高，副产物少，而且耗能低，节省原材料，同时还要求反应条件温和，所用化学原料、化学试剂和反应介质以及所生成产物均无毒无害或低毒低害，与环境友好。毫无疑问，研究不排出任何废物的化学反应（原子经济性），对解决地球的环境污染具有重大意义，高效催化合成、以水为介质、以超临界二氧化碳为介质的反应研究将会有大的发展。有关这方面的详细内容将在第3讲中作进一步的介绍。

2.7 物质的表征、鉴定与测试方法

研究反应、设计合成、探讨生命过程、工业过程控制、商品检验等等，都离不开对物质的表征、测试、组成与含量测定等。能否发展和建立适合于原子、分子、分子聚集体等不同层次的表征、鉴定与测定方法，特别是痕量物质的测定方法，将成为制约化学发展的一大关键。

测试和分析是人们获得各种物质的化学组成和结构信息的必要手段。它渗透到化学的各

个学科，并对环境科学、材料科学、生命科学、能源、医疗卫生的发展具有十分重要的作用。从现在学科发展趋势和实际应用看，研究复杂体系的结构和变化过程需要方法。如生命体系和生态环境体系在结构上是非常复杂的，而且结构和性质的变化也是复杂的。首先要发展新的研究思路、研究方法以及相关技术，以便从各个层次研究分子的结构、性质和变化。当今国际上科学研究的领先权，在很大程度上取决于研究方法和研究手段的先进程度。著名的人类基因组计划，就是首先重视了方法学尤其是DNA高速测序方法的发展，才走上了成功之路。在生态环境中往往有种类繁多、形态复杂、性质各异、含量极微的化学物质或活性化合物。这些化合物的相互作用错综复杂，既有线性变化，也有非线性变化，或介乎于线性与非线性之间的变化；既有化学变化，也有生物变化。要对这些微乎其微物质的组成和含量进行分析和检测，要对其复杂的结构或形态、生物活性及其动态变化过程等进行有效和灵敏的追踪或监测，就必须充分利用并大力发展现代分析科学方法和检测技术。为此，应该注意建立时间、空间（能够分辨作用位点和变化位点）的动态、原位、实时跟踪监测技术。要发展研究各层次结构和各个尺度的物质的物理化学特性的测试技术。为了适应各种复杂混合物（如中药复方、天然水、食物、生物材料等）成分分析的需要，今后要研究分离-活性检测联机技术，以实现高效高选择性的分离、高灵敏度分析鉴定和结构分析与功能筛选一体化的技术。为了研究复杂系统的真实情况不能单单靠分析测定的方法和仪器，必须充分注意总结和建立新分析原理，特别是建立自己的方法学。

化学分析仪器的小型化、微型化及智能化、无损分析和微区分析也是应该注意的方向。如今刚刚发展的微流动分析技术可以与集成电路连接，可以用于活体及活细胞对外来物质应答的测定及毒素和细菌检测。它在快速筛选和生物测定方面有很大用处，特别是和组合化学连接起来。而对存在寿命极其短暂的自由基、卡宾、氮宾等的检测对揭示化学反应的机理则十分重要。

化学还应该建立方法和仪器去研究微小尺寸复杂系统中的化学过程（如扫描显微技术），也要积极引进生物学和物理学方法为我所用。例如用流式细胞计、共聚焦显微技术等都可以用来在细胞层次研究化学反应过程。

2.8 计算机与反应设计

综合结构研究、分子设计、合成、性能研究的成果以及计算机技术，是创造特定性能物质或材料的有效途径。分子团簇，原子、分子聚集体，已经在我国研究多年。目前这些研究正在深入，并与现代计算机技术、生物、医学等研究相结合，以获得多角度、多层次的研究结果。21世纪的化学家将更加普遍地利用计算机辅助进行反应设计，人们有望让计算机按照优秀化学家的思想方式去思考，让计算机评估浩如烟海的已知反应，从而选择最佳合成路线以制得预想的目标化合物。

对化学家来说，计算机技术的发展，尤其是分子结构与性能的计算机数据库建立以及分子建模技术的发展，使得化学中的分子设计、合成设计以及进一步的反应设计有了很好的助手和工具。诚然新的药物和功能材料的获得，新的反应和反应路线的发明最终还得在实验台、通风橱中实现。

计算机记忆力惊人，反应敏捷，但是缺乏思维。我们期待着给计算机灌输更多的化学知识，编写更多的化学软件。化学，尤其合成化学是一门实验的科学，但是计算机的实验模拟，实验设计以至实验的控制则应该不是遥远的现实。这将为化学在新世纪迅速发展插翅添翼。

总之，化学正面临着21世纪社会持续发展的广泛需求，同时20世纪，尤其是下半叶的发展也为这一挑战做好了准备。我们有理由相信21世纪的化学将更加繁荣兴旺。

现在以及今后一个时期，化学发展的主要动向可以归纳为三个方面：

① 深入研究化学反应理论并开发各种化学过程，以揭示和沟通从原料到产物的渠道，进而寻找或设计包括以催化剂为核心的化学过程在内的最佳过程；

② 提高对结构及其与性能关系的认识，使结构理论达到新水平，并以所需性能为向导，寻找或设计最佳化合物；

③ 发展分析和测试的新方法，并依靠计算技术，使化学的“耳目”以及据以工作的信息趋于灵敏和可靠。

化学学科久盛不衰的任务是耕耘元素周期系。合成新化合物的动机是为了扩大可供筛选出巧夺天工的化合物和材料的范围，或为了检验某个预见或建立某个理论。今后，随着结构理论和化学反应理论以及计算机和激光等技术的发展，这样的工作会做得越来越得法，盲目性会不断减小。这些工作在不同程度上都将做到能根据预期化合物性能来设计结构，并按照结构设计化学过程来进行合成。

在原子和分子水平上，生物学可以分享化学已经建立的全部原理。生命科学中很多问题已经成为化学和生物学的共同研究对象。同时，分子生物学已为合成复杂的蛋白质提供了崭新的基因工程方法。这个方法与蛋白质的结构理论结合后就形成蛋白质工程。很多激素、疫苗以及其它生物制品都将事半功倍地从这个新来源得到充分供应。

化学在能源和环境问题上大有可为。改善煤的燃烧并消除对大气的污染已刻不容缓。对汽车尾气和其它废气所用净化催化剂的需求以及为汽车开发新能源的驱动力都将越来越大。太阳能作为发电和驱动化学反应的能源都将得到发展。器械的小型化将促使化学电源采用新型材料做电极和电解质，并使电子工业得到革命性的大发展。为了防止生态的恶化，旨在探明如何利用回收的CO_2来强化或人工模拟光合作用的研究将得到支持。淡水资源匮乏以及不断受到污染的问题已日趋严重，改进处理水污染的方法将受到高度重视。与此有关的化学与其它学科的交叉科学的进展将在后面相关讲座中介绍。

参 考 文 献

1. 冯守华，徐如人. 无机合成与制备化学研究进展 [J]. 化学进展，2000，12 (4)：445-457.
2. 唐晋. 开拓化学学科前沿 提高基础研究水平 [J]. 化学进展，2001，13 (1)：73-76.
3. 孟子晖等. 分子烙印技术进展 [J]. 化学进展，1999，11 (4)：358-366.
4. 于同隐. 论21世纪的化学 [J]. 化学世界，2001，42 (1)：3-5.
5. 徐伟平，李光宪. 分子自组装研究进展 [J]. 化学通报，1999 (2)：21-25.
6. 吴毓林，陈耀全. 化学迈向辉煌的新世纪 [J]. 化学通报，1999 (1)：3-9.
7. 毛传斌等. 无机材料的仿生合成 [J]. 化学进展，1998，10 (3)：246-254.
8.《大学化学》编辑委员会编. 大学化学 [M]. 北京：北京大学出版社，1995.
9. 梁文平，唐晋，王夔. 新世纪化学发展战略思考 [J]. 中国基础科学，2000 (5)：34-61.
10. 徐光宪. 21世纪的化学是研究泛分子的科学 [J]. 中国科学基金，2002 (2)：70-76.
11. 徐光宪 . 21世纪化学的内涵、四大难题和突破口 [J]. 科学通报，2001，46 (24)：2086-2091.

第2讲 纳米化学

1 纳米化学的基本概念和内涵

纳米是一种长度单位，1纳米（nm）等于10^{-9}m，即百万分之一毫米、十亿分之一米。1nm相当于头发丝直径的十万分之一。纳米科技是研究由尺寸在100nm以下的物质组成的体系的运动规律和相互作用以及可能的实际应用中的技术问题的科学技术。

纳米科技（Nano-Science and Technology）诞生于20世纪80年代，它使人类认识和改造物质世界的手段和能力延伸到原子和分子。纳米科技的最终目标是直接以原子、分子及物质在纳米尺度上表现出来的新颖的物理、化学和生物学特性制造出具有特定功能的产品。最早提出纳米尺度上科学和技术问题的专家是著名的物理学家、诺贝尔奖获得者理查德·费曼（R. P. Feynman，1918—1988）。1959年12月29日，他在加利福尼亚举行的美国物理学会年会上发表演讲时就设想有朝一日人们能把百科全书存储在一个针尖上。这正是对纳米科学技术的预言，也就是人们常说的小尺寸、大世界。他还预言，化学将变成根据人们的意愿逐个地准确放置原子的问题。在那次演讲中，他还提到，当2000年人们回顾历史的时候，他们会为直到1960年才有人想到直接用原子、分子来制造机器而感到惊讶。

第一个真正认识到它的性能并引用纳米概念的是日本科学家，他们在20世纪70年代用蒸发法做了超微粒子，并通过研究它的性能发现：一个导电、导热的铜、银导体做成纳米尺度以后，它就失去原来的性质，表现出既不导电、也不导热。

纳米科技的迅速发展是在20世纪80年代末、90年代初。80年代初出现的纳米科技研究的重要工具扫描隧道显微镜（STM）、原子力显微镜（AFM）等微观表征和操纵技术，对纳米科技的发展产生了积极的促进作用。

1990年7月，第一届国际纳米科学技术会议在美国巴尔的摩与第五届国际STM学术会议同时举办（实际上是一个会议有两个名称），《Nanotechnology》和《Nanobiology》两种国际性专业期刊也在同年相继问世。这标志着纳米科学技术的正式诞生。

纳米科技是21世纪科技产业革命的重要内容之一，它是包括物理、化学、生物学、材料科学和电子学等多门学科的高度交叉的综合性学科。它不仅包含以观测、分析和研究为主线的基础学科，同时还有以纳米工程与加工学为主线的技术科学，所以纳米科技是一个融科学前沿和先进技术于一体的完整体系。

纳米科技的最终目标是直接以原子和分子来构造具有特定功能的产品，因此研究单原子、分子的特性和相互作用以及揭示在纳米尺度上的新现象、新效应是纳米科技研究的重要前沿方向。

纳米科技的研究范围主要包括纳米体系物理学、纳米化学、纳米材料学、纳米生物学、纳米电子学、纳米加工学、纳米力学等学科。这些学科为纳米材料的发展提供了科学基础。其中每一门类都是跨学科的边缘科学，不是某一学科的延伸或某一项工艺的革新，而是许多基础理论、专业工程理论与当代尖端高新技术的结晶。并且主要以物理、化学等的微观研究理论为基础，以现代高精密检测仪器和先进的分析技术为手段，是一个原理深奥、科技顶尖和内容极广的多学科群。在纳米科技的这些门类中，纳米化学是很重要的一门，也可以说是其它各门纳米分支学科的基础。

从化学的角度看，纳米结构是原子数目在 10^3 到 10^9 之间的聚集体。化学家们对小分子的合成已经积累了相当丰富的经验，而这个尺度的东西对化学家来说，是个“庞然大物”，是一种新的挑战。

传统化学的研究对象通常包含着天文数字的原子或分子，例如，1g 水包含了约 3.346×10^{22} 个水分子。因此通常所测得的体系的各种物理化学性质都是大量粒子的平均行为。实际上，热力学规律成立的前提条件就是由大量粒子组成的体系。那么，当研究对象变成纳米尺度的物质，纳米尺度的微观世界，变成一个原子或一个分子时，是否还会遵循我们从课本上学到的传统理论和规律呢？而且，如何检测，如何评价这种纳米体系的化学性质呢？这是化学家遇到的新问题。

显而易见，纳米科技的发展给化学家提出了许多新的课题，同时也为化学自身的发展提供了新的机遇。纳米化学就是在这样的背景下，作为化学的一个新的分支诞生的。作为发展中的新学科，现阶段还很难给纳米化学下一个严格的定义，考虑到物质特性发生显著变化的尺寸基本是在 100nm 以下，我们不妨说，纳米化学是研究原子以上，100nm 以下的纳米世界中的各种化学问题的科学。

2 纳米效应

纳米固体中的原子排列既不同于长程有序的晶体，也不同于长程无序、短程有序的“气体状”(gas-like) 固体结构，是一种介于固体和分子间的亚稳中间态物质。因此，一些研究人员把纳米材料称之为晶态、非晶态之外的“第三态晶体材料”。正是由于纳米材料这种特殊的结构，使之产生四大效应，从而具有传统材料所不具备的物理、化学性能，表现出独特的光、电、磁和化学特性。

2.1 小尺寸效应

庄子曾经说过：“一尺之棰，日取其半，万世不竭。”用现代科学语言来说，或许可以理解为物质的无限可分性，即是说局部具有和整体相同的性质。然而，实际上，当对这个“棰”不断分割到达一定程度时，其性质将会发生根本性的变化。例如，假如这个“棰”是由铜制成的，当把它截成 10nm 以下时，就会失去金属光泽，变成黑糊糊的东西。如果对它进行加热，可以发现它在远低于铜晶体的熔点时就会熔化。测量一下硬度、导电性等诸多理化性质，就会发现它已经完全不同于原来的“铜棰”了。实际上，这是纳米尺度的物质所具有的共同性质。

当金属或非金属被制备成小于一定尺度的粉末时，其物理性质就发生了根本的变化，具有高强度、高韧性、高比热容、高电导率、高扩散率及对电磁波具有强吸收性等性质。

纳米铁材料的断裂应力比一般铁材料高 12 倍，气体在纳米材料中的扩散速度比在普通材料中快几千倍；纳米磁性材料的磁记录密度可比普通的磁性材料提高 10 倍，纳米颗粒材料与生物细胞结合力很强等等。“量变引起质变”这个哲学原理，在纳米世界里得到了充分的体现。

纳米粒子的这些小尺寸效应为实用技术开拓了新领域。例如，纳米尺度的强磁性颗粒(Fe-Co 合金、氧化铁等)，当颗粒尺寸为单磁畴（magnetic domain）临界尺寸时，即把它做成大约 20～30nm 大小，它的磁性要比原来高 1000 倍。可制成磁性信用卡、磁性钥匙、磁性车票等，还可以制成磁性液体，广泛地用于电声器件、阻尼器件、旋转密封、润滑、选矿等领域。纳米微粒的熔点可远低于块状金属。例如 2nm 的金颗粒熔点为 600K，随粒径增加，熔点迅速上升，而块状金为 1337K，此特性为粉末冶金工业提供了新工艺。利用等离子共振频率随颗粒尺寸变化的性质，可以通过改变尺寸，控制吸收峰的位移，制造具有一定频宽的微波吸收纳米材料，可用于电磁波屏蔽、隐形飞机等。

2.2 表面效应

纳米微粒尺寸小，表面能高，位于表面的原子或分子所占的比例非常大，并随纳米粒子尺寸的减小而急剧增大。表10.2给出了纳米粒子的尺寸与表面原子数的关系。

表10.2 表面原子数与粒子大小的关系

粒径大小/nm	粒子中的原子数	表面原子比例/%	粒径大小/nm	粒子中的原子数	表面原子比例/%
20	2.5×10^5	10	2	2.5×10^2	80
10	3.5×10^4	20	1	3.0×10^1	90
5	4.0×10^3	40			

表面原子数的增加导致了性质的急剧变化。这种表面原子数随纳米粒子尺寸减小而急剧增大后引起的性质上的显著变化称为表面效应。纳米级结构尺寸减小，表面原子数迅速增加，比表面积、表面积及表面结合能迅速增大。由于表面原子数的增加、原子配位的不足必然导致纳米结构表面存在许多缺陷。从化学角度来看，表面原子所处的键合状态或键合环境与内部原子有很大的差异，常常处于不饱和状态，导致纳米材料具有极高的表面活性，很容易与其它原子结合。纳米颗粒表现出来的高催化活性和高反应性，纳米粒子易于团聚等均与此有关。

2.3 量子尺寸效应

理解量子尺寸效应需要量子力学和固体能带理论知识。原子是由原子核和核外电子构成的，电子在一定的轨道(或能级)上绕核高速运动。单个原子的电子能级是离散的，这是微观粒子（电子、质子等）普遍具有的量子化的特点。而当众多原子聚集到一起形成固体时，原子之间的相互作用导致能级发生分裂，最后形成能带。大块物质由于含有几乎无限多的原子，其能带基本上是连续的，这就好像一个圆锥体的麦堆，当你从远处观察时，其边缘线是一条圆滑的连续曲线，而当你走近时却发现并不是连续的，而是一个个的麦粒。对于只有有限个原子的纳米颗粒来说，当粒径小到一定程度时，能带变得不再连续。当能级间距大于热能、磁能、静电能、光子能量或超导态的凝聚能时，就会出现所谓的量子尺寸效应，导致纳米颗粒的光、电、磁、声、热等性质与宏观特性有着显著的差异。例如，温度为1K时，直径小于14nm的银纳米颗粒会变成绝缘体。

2.4 宏观量子隧道效应

电子既具有粒子性又具有波动性，因此存在穿透势垒的隧道效应。近年来人们发现一些宏观物理量，如微粒的磁化强度、量子相干器件中的磁通量等也具有隧道效应，称为宏观量子隧道效应。宏观量子隧道效应对基础研究及实用都有重要意义。它限定了磁带、磁盘进行信息贮存的时间极限。量子尺寸效应、隧道效应将会是未来微电子器件的基础，或者说它确定了现存微电子器件进一步微型化的极限。

需要指出的是，只有当纳米粒子的尺寸小到一定程度时，物质的性质才会发生突变，出现特殊性能。这种既具有不同于原来组成的原子、分子，也不同于宏观的物质的特殊性能构成的材料，即为纳米材料。如果仅仅是尺度达到纳米，而没有特殊性能的材料，也不能叫纳米材料。过去，人们只注意原子、分子或者宇宙空间，常常忽略这个中间领域，而这个领域实际上大量存在于自然界，只是以前没有认识到这个尺度范围的性能。其次，不同类型的纳米粒子发生这种突变的临界尺寸是不同的，并且即使是同一种纳米粒子，呈现纳米材料的某些不同的特异性能所需要的临界尺寸也可能是不同的。

3 纳米材料的基本物理和化学性质

3.1 电学性能

金属为导体，但纳米金属微粒在低温由于量子尺寸效应会呈现电绝缘性；纳米半导体材料的介电常数随测量频率的减小呈明显上升趋势，而相应的常规半导体材料的介电常数较低，在低频范围内介电常数的上升趋势远远低于纳米半导体材料；并且在低频范围，纳米半导体材料的介电常数呈现尺寸效应，即粒径很小时，其介电常数较低，随粒径增大，介电常数先增加然后下降，在某一临界尺寸呈极大值。

3.2　熔点与烧结性能

纳米微粒的熔点、开始烧结温度和晶化温度均比常规粉体低得多。由于颗粒小，纳米微粒表面能高，表面原子数多，这些表面原子近邻配位不全，纳米微粒间是一种非共价相互作用，活性大，纳米粒子熔化时所增加的内能小得多，这就使得纳米微粒熔点急剧下降。例如，大块的铅的熔点为约 600K，而 20nm 球形铅微粒熔点低于 288K；纳米银微粒在低于 373K 开始熔化，常规银的熔点高于 1235K。这对金属的冶炼具有重要意义。

常规氮化硅晶体的烧结温度高于 2073K，而纳米级氮化硅烧结温度可降低 300～400K，实验表明，烧结温度的降低是纳米结构材料的普遍现象。

3.3　力学性能

由于纳米物质的巨大表面，纳米物质的力学性能也表现出许多特点。例如纳米陶瓷材料是近年来受到重视的一个领域，其特点是在一般陶瓷中添加少量纳米陶瓷粉，经烧结后其力学性能会有成倍的增加。例如在 Al_2O_3 陶瓷材料中加入少量纳米 SiC，其性能得到显著提高：抗弯强度由原来的 300～400MPa 提高到 1000～1500MPa；断裂韧性也提高了 40%，因此这一类材料将具有很好的应用前景。对这种材料断裂后的显微观察结果表明，主要发生的是穿晶断裂，因此可以认为加入纳米粉后，晶粒界面显著加强，有利于力学性能的提高。在 Si_3N_4 中加入纳米 SiC 粉后，也可以产生超塑性，其高温抗氧化性能和高温抗蠕变性也都大大优于一般的 Si_3N_4 陶瓷材料。还有人发现，SiC 纳米棒的强度比纳米碳管更高，因此是极好的增强填料。有人甚至认为，这可能是世界上已发现的材料中力学性能最强的材料。

3.4　光学性质

由于表面效应，使得纳米微粒的表面与内部原子的化学键的振动频率不同，结果使吸收峰变宽；并且粒径减小，粒子的折合质量减小，使吸收峰出现“蓝移”现象；再者，随着粒径的减小，对光的反射大大降低，当减小到纳米量级时各种金属纳米微粒几乎都呈黑色。

3.5　催化性能

化学家研究纳米物质一开始就把注意力放在催化方面。纳米颗粒的巨大表面积和表面原子占很大比例这些特点，以及由于量子尺寸效应，固体费米能级（固体中电子的化学势）附近的准连续的能级成为分立的能级，并且禁带间距加大，从而赋予纳米粒子一系列奇异的光催化性能。目前，人们对在 TiO_2 纳米粒子上进行的光催化反应研究得较多，这是由于 TiO_2 具有稳定的化学性质，强的氧化还原性，抗光阳极腐蚀性，难溶、无毒、低成本等。所以它是一种高效的、高选择性的半导体光催化剂。在催化光解水制氢气方面发挥重要作用。

4　纳米粒子的表征

4.1　化学成分的表征

化学组成是决定纳米粒子及其制品性质的最基本因素，除了主要成分外，添加剂、杂质对其烧结及其制品的性能往往也有很大影响，因而对粉体的化学组分的种类、含量，特别是添加剂、杂质的含量级别及分布进行检测是十分必要的。化学组成的表征方法可分为化学方法和仪器分析法。相比之下，仪器分析有独特的优越性，如采用等离子体光谱（ICPS）、原子发射光谱（AES）、原子吸收光谱（AAS）对粉体的化学成分进行定性及定量分析。此外，还可应用

X射线荧光（XRFS）和电子探针微区分析法（可对粉的整体及微区的化学成分进行测试），而且与扫描电镜（SEM）配合，得到微区相对应的形态图像及成分分析图像；采用X光电子能谱（XPS）分析粉体的化学组成和结构、原子价态等与化学键有关的性质。

4.2　晶态表征

X射线衍射分析（XRD）是目前应用最广、最为成熟的关于粉体晶态面貌的测试方法。除此之外，电子衍射（ED）法能够用于纳米粉体的物相、纳米粉体中个别颗粒甚至纳米颗粒中某一微区的结构分析；高分辨率电子显微分析（HREM）、扫描隧道显微镜（STM）可用于分析纳米粉体的空间结构和表面微观结构。

4.3　颗粒度的表征

透射电子显微镜（TEM）是最常用、最直观的测试手段。但是粉体的颗粒不规则或选区受局限等均可造成较大误差。常见的粉体颗粒测试手段还有X射线离心沉降法（测量范围0.01～5μm），气体吸附法（0.01～10μm）、X射线小角散射法（0.001～0.2μm）、激光散射法（0.002～2μm）。

5　纳米材料的应用

5.1　在陶瓷领域的应用

纳米陶瓷是指显微结构中的物相具有纳米级尺度的陶瓷材料，也就是其晶粒尺寸、晶界宽度、第二相分布，缺陷尺寸等都是在纳米量级的水平上。所以许多纳米陶瓷在室温下就可发生塑性变形。纳米晶TiO_2在180℃时的塑性变形率可达100%，带预裂纹的试样在180℃弯曲时不发生裂纹扩展。纳米陶瓷塑性高，烧结温度低，但仍具有类似于普通陶瓷的硬度。这些特征提供了在常温和次高温下加工纳米陶瓷的可能性。纳米陶瓷复合材料通过有效的分散、复合而使异质相纳米颗粒均匀弥散地保留于陶瓷基质结构中，这大大改善了陶瓷材料强韧性和高温力学性能。虽然目前纳米陶瓷还有许多关键的问题需要解决，但其优良的室温力学性能、抗弯强度、断裂韧性使其在切削刀具、轴承、汽车发动机部件等诸多方面都有了广泛的应用，并在许多超高温、强腐蚀等苛刻的环境下起着其它材料不可替代的作用，具有广阔的应用前景。

5.2　在电子领域的应用

纳米电子学是纳米技术的重要组成部分，其主要的思想是基于纳米粒子的量子效应来设计并制备纳米量子器件，它包括纳米有序（无序）排列体系、纳米微粒与微孔固体组装体系、纳米超结构组装体系。开发单电子晶体管是其中一项重要的应用，电子晶体管只要控制一个电子的行为即可完成特定的功能，可使功耗降低到原来的1/100，从根本上解决了日益严重的集成电路功耗问题。

量子器件不单纯控制电子数目的多少，而主要是控制电子波动的相位，具有更高的响应速度和更低的功耗，而且集成度大幅度提高，有器件结构简单、可靠性高、成本低等诸多优点。因而纳米电子学发展，可能会在电子学领域引起一次新的电子技术革命，从而把电子工业技术推向一个更高的发展阶段。在这方面，后面将会说到的碳纳米管将发挥重要作用。

5.3　在化工领域的应用

由于纳米材料的化学活性和大的比表面积，被广泛用作催化剂材料。纳米镍粉作为火箭固体燃料反应催化剂，使燃烧效率提高100倍。Fe-Co-Ni等纳米粒子可取代贵金属做汽车尾气净化的催化剂。纳米贵金属催化剂提高了催化效能，扩大了应用领域，而原来不具有催化性能的Cu-Zn等合金在纳米量级也具有了催化活性。工业上利用纳米TiO_2-Fe_2O_3作光催化剂，用于废水处理，已取得了很好的效果。纳米多功能抗菌塑料不仅具有抗菌功能，而且具有抗老化、增韧和增强作用。这一新型塑料的研制开发成功开辟了高分子材料的新领域，具有广泛的应用前景。将纳米金属粒子掺杂到化纤制品或纸张中，可以大大降低静电作用，利用纳米微粒构成的海绵体状的轻烧结体可用于气体同位素、混合稀有气体及有机化合物等的分离和浓缩、用于化学成分探测器及作为高效率的热交换隔板材料等。纳米静电屏蔽材料是纳米技术的另一重要应用。以往的静电屏蔽材料一般都是由树脂掺加碳墨喷涂而成，性能并不是特别理想。利用具有半导体特性的纳米氧化物粒子如 Fe_2O_3、TiO_2、ZnO 等做成涂料，由于具有较高的导电特性，因而能起到静电屏蔽作用。美、日等国在静电屏蔽突出涂层和绝缘层工艺上都有突破，已进入产业化阶段。

5.4　在光学方面的应用

纳米晶材料可改变样品的光透性，使其具有优异的吸附功能，这种光透性可通过控制晶粒尺寸和气孔率的方法来控制，因而使这种材料在感应和过滤技术中有着广泛的应用。而且由于纳米材料的特异结构，物质的表面、界面效应和量子效应将十分显著地表现出来，对吸波性能产生重要的影响。纳米超微粒可制成具有良好的吸波性能的涂层，对电磁波兼具吸收和透过功能，其吸收性能和透波性取决于超微粒的尺度。直径为 10～30nm 的铬粉吸收太阳能的效果很好，已成功地用于太阳能接收器上。纳米金属粒子吸收红外的能力加强，同时吸收率和热容量的比值大，已用为红外线检测器或红外线传感器，作敏感元件材料。多功能传感器是用几个纳米的金属粒子制备的，它可以用于检测气体温度和湿度。例如纳米金属粒子对可见光到红外光整个范围的吸收率都很高，大量的红外线被纳米金属吸收后转变为热，由温差可测出温差电动势。为了获得兼具有宽频带、多功能、质量小和厚度薄等性质的材料，正在研究纳米复合隐身材料，可望出现吸收或透过厘米波、毫米波、红外线、可见光等很宽波段的复合隐身材料，甚至可望研制成与加固技术兼容的复合隐身材料。

5.5　在电磁学方面的应用

纳米晶材料的磁性来源于尺寸效应。纳米磁性材料包括纳米稀土永磁材料、纳米微晶软磁材料、纳米磁记录材料、纳米磁膜材料和磁性液体，应用范围相当广。纳米稀土永磁材料可制备热压永磁体和黏结永磁体。纳米磁记录材料可提高记录密度和矫顽力，例如单畴临界尺寸的强磁颗粒 Fe-Co 合金和氮化铁有很高的矫磁力，因此用它们制成的磁记录介质材料不仅音质、图像和信噪比好，而且记录密度比目前的 γ-Fe_2O_3 高 10 倍以上，因此是下一代信息存储系统的首选材料。纳米多层膜材料具有许多奇特性能，广泛用于医学诊断、信息储存和传感器等。纳米磁性液体可广泛用于传统技术和高新技术。纳米复合材料的磁热效应能够将热量从一个热储存器传递到另一个热储存器中。利用该效应可进行磁制冷，例如磁性纳米晶材料 $Gd_3Ga_{3.25}Fe_{1.75}O_{12}$ 在 6～30K 之间磁制冷效率明显提高，还可以将有效工作温度由 15K 提高到 30K 以上。用固态磁性物质代替目前使用的压缩空气，不仅可以避免碳的氟氯化物所造成的对臭氧层的危害，而且可以提高制冷效果，这为新型磁制冷材料的研究开辟了新的道路。纳米微粒还可以用作导电涂料、印刷油墨、制作固体润滑剂等。

5.6　在生物医学领域的应用

发生在生物体内的各种反应，如 DNA 复制、蛋白质的合成以及各种营养成分的吸收过程，都发生在纳米水平。所以生物分子是很好的信息处理材料。每一个生物的大分子本身都是一个微型处理器，分子在运动过程中以可预测的方式进行状态变化，其原理类似于计算机的逻辑开关。利用该特性并结合纳米技术，可以设计量子计算机。纳米生物学的目的就是在纳米尺度上应用生物学的原理，研制可编程的分子机器人，也称纳米机器人。纳米计算机的问世，将会使当今的信息时代发生质的飞跃，它将突破传统极限，使单位体积物质的储存与信息处理的能力提高上百万倍，从而实现电子学的又一次革命。纳米金属粒子已被用来研究肿瘤药物及致癌物的作用机理。而研究纳米技术在生物医学上的应用，可以在纳米尺度上了解生物大分子的精细结构及其与功能的关系，获得生命信息，对人类的健康和发展有着不可估量的价值。

5.7 在分子组装方面的应用

所谓自组装一般是指原子在底物上自发地排列成一维、二维甚至三维有序的空间结构。由于低维结构材料的物理化学性能与体相材料有明显的不同，它们与低维材料的大小和形状密切相关，尤其当有至少一维尺寸位于纳米范围内时，将会有许多独特的性能出现。目前纳米技术深入到了对单原子的操纵，通过利用软化学与溶体模板化学，超分子化学相结合的技术，正在成为组装、剪裁和实现分子手术的主要手段。自组装纳米材料的制备一般都是多步骤的，且所得产物的结构与反应物和底物的结构有很大关系。总的来说，大多数自组装纳米材料的制备都需要带有活性官能团的有机单位作为交联剂。科学家利用四硫富瓦烯的独特的氧化还原能力，通过自组装方式合成了具有电荷传递功能的配合物分子梭。有研究报告称，以六方液晶为模板合成了 CdS 纳米线，该纳米线生长在表面活性剂分子形成的六方堆积的空隙水相内，呈平行排列，直径约为 1～5nm。利用有机体表面活性剂作为几何构型模板剂，通过有机/无机离子间的静电作用，在分子水平上进行自组装，并形成规则的纳米异质复合结构是实现对材料进行裁剪的有效途径。

5.8 在其它方面的应用

金属氢化物的氢储量可达标准大气压下氢气密度的千倍以上，$LaNi_5$、FeTi 等都是良好的储氢材料。研究人员发现，纳米 FeTi 合金的储氢能力可比粗晶材料显著提高，而且其活化处理程序也更加简单。因此纳米材料可能为进一步提高材料的储氢效率提供一个可行的途径。纳米材料表面活性和表面能均很高，能有效地活化烧结。如果在 WC 中加入 0.1%～0.5%的纳米粉，其烧结温度从 3000℃降低到 1800℃，并加速了烧结过程。这种活化烧结已用于大批量生产大功率半导体元件，可控硅整流元件的散热-热膨胀补偿基底。在烧结陶瓷中，加入 AlN 纳米粉还可提高烧结密度和热导率。纳米材料还可以作助燃剂，在火箭燃料推进剂中添加不到 1%的纳米铝粉或镍粉，即可使其燃烧热提高 2 倍多，将其用作火箭固体燃料，能使燃烧效率提高 100 倍。硬质合金 WC-Co 刀具材料，当其晶粒度由微米量级减小到纳米量级时，不但硬度提高 1 倍以上，而且其韧性及抗磨损性能也得以显著改善，从而大大提高了刀具的性能。此外将纳米粉末掺入润滑剂中，可显著改善润滑剂的性能，降低机械部件的磨损。随着对纳米材料结构和性能的进一步了解，随着纳米技术的进一步成熟、完善，更多具有特殊性能及特异用途的纳米材料和纳米器件将被研究和开发出来。可以预见，纳米材料和纳米技术的应用将具有更加广阔的前景。

6 足球烯和碳纳米管

1985 年，美国的 Rice 大学的 H. W. Kroto 和 R. E. Smalley 等发现用激光束使石墨蒸发，用 10 大气压的氦气产生超声波，在喷嘴上能生成性质十分稳定的一种新的碳的同素异形体。经过飞行时间质谱证实，它的确不含其它元素，其组成主要是 C_{60}。Kroto 等为了纪念前驱研究者 Buckminster Fuller，将这个球形分子称为 fullerene（富勒烯）或者简称为“布克球”(Buckyball)。按照碳原子价键的要求，它可能具有球形结构。它以 60 个碳原子作为顶点，组成一个 32 面体。由于这种特殊结构，因此现在更形象地称它为足球烯（footballene，soccerballene)。人们可以利用其芳香性，在表面镶嵌或修饰上其它原子、原子团和功能分子形成各种衍生物，也可以利用其特有的中空结构，向笼中注入其它原子或原子团（制成各种富勒烯包合物)，如图 10.3 所示。

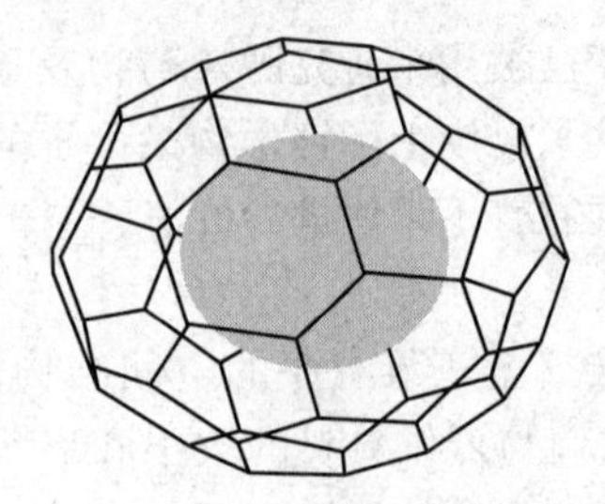

图 10.3　笼内嵌有金属原子的 C_{60} 分子

碳纳米管是1991年日本科学家在用电弧法制备 C_{60} 时发现的。随后，确认了碳纳米管的结构，发现了碳纳米管的许多奇特的性质，使得碳纳米管成为新的一维纳米材料的研究热点。碳纳米管是由类似石墨结构的六边形网格卷绕而成的、中空的"微管"，分为单层管（图10.4）和多层管。多层管由若干个层间距约为0.34nm的同轴圆柱面套构而成。碳纳米管的径向尺寸较小，管的外径一般在几纳米到几十纳米；管的内径更小，有的只有1nm左右。而碳纳米管的长度一般在微米量级，相对其直径而言是比较长的。因此，碳纳米管被认为是一种典型的一维纳米材料。

同 C_{60} 一样，碳纳米管的独特结构决定了它非常特殊的性质。首先，其密度只有钢的1/6，但强度却是钢的100倍。其次，由于其特殊的电子结构，电子在碳纳米管中的径向运动受到限制，而轴向运动则不受任何限制，因此是很好的一维量子导线。再者，化学家们更感兴趣的是碳纳米管特有的中空结构和管端的化学活性，使我们有机会制造出一系列具有特殊用途的材料，比如，复合纤维、纳米级金属丝、复合吸波材料，碳纳米管还可以用来制作储氢材料。

图 10.4　单壁碳纳米管的结构模型

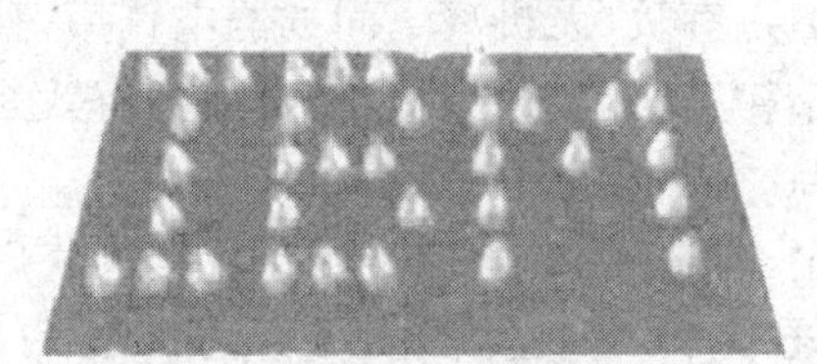

图 10.5　用STM针尖一个一个地搬动氙原子在镍表面排列成的"IBM"字样

结　语

纳米科技的发展最终将使我们能够直接用原子、分子来制造机器，而化学也将像理查德·费曼预言的那样"变成根据人们的意愿逐个地准确放置原子的问题"。1990年，美国IBM公司的艾戈勒领导的研究小组首次实现了人类操纵原子这一梦想。他们用一个一个的氙原子，在镍表面上排出了"IBM"字样（图10.5），可以说是人类的一大创举。纳米技术已成为21世纪一项关键技术，将会带来纳米产业的蓬勃发展，将会带来一次技术革命，从而引起21世纪又一次工业革命。

参 考 文 献

1. 张立德. 纳米材料 [M]. 北京：化学工业出版社，2000.
2. 赵华明. 化学研究的现状、应用前景及终极目的 [J]. 化学研究与应用，2001，13（1）：1-3.
3. 张金安等. 纳米材料的性质、功能及其建构方法 [J]. 齐齐哈尔大学学报，1998，14（2）：77-86.
4. 朱心昆等. 纳米材料及其技术的评述 [J]. 云南冶金，2001，30（4）：40-44.
5. 刘忠范. 纳米化学 [J]. 大学化学，2001，16（5）：1-10.
6. 袁巨龙等. 纳米技术的应用及发展动向 [J]. 浙江工业大学学报，2000，28（3）：243-249.
7. 刘亚强，姚焕英. 纳米科学与化学 [J]. 渭南师范学院学报，2001，16（5）：45-49.
8. 杨中民. 纳米粒子及纳米化学研究进展 [J]. 云南化工，2000，27（1）：22-25.
9. 冯长健，徐元植. 有序分子聚集体化学研究展望 [J]. 化学进展，2001，13（5）：329-336.
10. 薛群基，徐康. 纳米化学 [J]. 化学进展，2000，12（4）：431-444.
11. 李丽等. 纳米化学 [J]. 贵州大学学报：自然科学版，2001，18（2）：146-148.

第3讲　绿色化学

1　绿色化学产生的背景

化学工业蓬勃发展，化工科技的进步，为人类带来巨大的益处。药品的发展有助治愈不少疾病，延长人类的寿命；聚合物科技创造新的制衣和建造材料；农药化肥的发展，控制了虫害，也提高了产量。化学品已渗透到国民经济的各个行业和人类生活的方方面面。正像当初美国杜邦公司的口号那样“化学造就更好的物质，创造更美好生活”。然而，与此同时，化学品也带来了严重的污染。

煤炭和石油对工业的发展发挥了巨大的作用，而煤炭燃烧产生的大量SO_2、CO、煤烟尘等和燃油产生的碳氢化合物、氮氧化物（NO_x）等，以及由这些一次污染物在受环境因素的影响下发生化学反应所生成的毒性更强的二次污染物，对大气造成了极大的破坏，甚至对人类造成严重伤害。1873年12月5日在英国伦敦爆发的伦敦烟雾事件，4天之中死亡4000人，在事件过后的4个月内继续死亡8000人。1943年在美国的洛杉矶上空爆发了洛杉矶烟雾事件，以后于1949年、1950年、1952年、1953年、1954年、1955年、1960年、1967年等连续不断地发生这种严重的光化学烟雾事件，在1955年的一次事件中仅65岁以上的老人就死亡400人。

然而污染物和污染源远不止这些，工业、农业、交通等各部门以及人类自身的生活所产生的三废除造成大气污染外，还造成温室效应、酸雨、江河湖泊的水体污染、土地沙漠化、城市空气污染和垃圾等等。

据来自国家环境保护部（http://www.zhb.gov.cn）2010年2月6日发布的“第一次全国污染源普查公报”的数据：

各类源废水排放总量2092.81亿吨，废气排放总量637203.69亿立方米。主要污染物排放总量：化学需氧量3028.96万吨，氨氮172.91万吨，石油类78.21万吨，重金属（镉、铬、砷、汞、铅，下同）0.09万吨，总磷42.32万吨，总氮472.89万吨；二氧化硫2320.00万吨，烟尘1166.64万吨，氮氧化物1797.70万吨。

工业废气中主要污染物排放量：二氧化硫2119.75万吨，烟尘982.01万吨，氮氧化物1188.44万吨，粉尘764.68万吨。

工业废水中主要污染物排放量：①厂区排放口排放量：化学需氧量715.1万吨，氨氮30.4万吨，石油类6.64万吨，挥发酚0.75万吨，重金属0.21万吨；②厂区排放后，再经城镇污水处理厂及工业废水集中处理设施削减，实际排入环境水体的污染物排放量：化学需氧量564.36万吨，氨氮20.76万吨，石油类5.54万吨，挥发酚0.70万吨，重金属0.09万吨。

自然界中从未发现过的人工合成化合物正在高速增加，估计已有96000种化学物质进入人类环境，其中有许多是有毒化学物质，它们通过口（食物和饮料）、肺（呼吸）、皮肤（接触）进入人体，产生包括癌症在内的各种病变，并在地球大气循环的作用下被带到世界各地，甚至在北极的海豹和南极的企鹅体内也发现了DDT。杀虫剂DDT于1941年上市，至1972年美国环保署禁止使用，期间长达30年，这一事例也说明认识一种化学物质对生态的危害性要有一个漫长的过程。

我们已经可以明显地感到，化学在人们心目中的形象发生了一些微妙的变化。杜邦

(DuPont) 公司广告用语中“化学”被删去，尽管还是要用化学来生产它的产品，但只剩下“开创美好生活”一句了。我们国内一些食品、化妆品广告或包装上常加一句“本品不含任何化学添加剂”。好像“化学”成了“有害”的同义词，其实标榜的纯天然物也都是化学品。造成以上这些现象固然部分是出于误解，但是不可否认的是由于不少化学工业生产的排放和一些化学品的滥用，确实给整个生态环境造成了非常严重的影响。而影响更为严重的是化学化工生产过程中长期积累性的废物排放，以及一些有毒有害的化工产品在环境中的残留和对环境的破坏。

另一方面，废物控制、处理和埋放，环保监测、达标，事故责任赔偿等费用使加工费用大幅度上升。1992 年，美国化学工业用于环保的费用为 1150 亿美元，清理已污染地区花去 7000 亿美元。1996 年美国 DuPont 公司的化学品销售总额为 180 亿美元，环保费用为 10 亿美元。2001 年，中国环境污染治理投资为 1106.6 亿元。所以，从环保、经济和社会的要求看，化学工业不能再承担使用和产生有毒、有害物质的费用。在严峻的现实面前，人们开始大力研究与开发从源头上减少和消除污染的绿色化学。

2 绿色化学的概念和内涵

2.1 绿色化学的概念

绿色化学又称环境无害化学（Environmentally Benign Chemistry）、环境友好化学 (Environmentally Friendly Chemistry)、清洁化学（Clean Chemistry），是指设计和生产没有或者只有尽可能小的环境负作用并且在技术上和经济上可行的化学品和化学过程。它是实现污染预防的基本的和重要的科学手段，包括许多化学领域，如合成、催化、工艺、分离和分析监测等。

绿色化学的理想在于不使用有毒有害的物质，不生产有毒有害的废弃物，不使用对环境有损害的落后化工生产工艺，生产对环境无损害的绿色产品，使物质得到充分利用，实现有害物质零排放，力争从源头上阻止任何污染。从传统化学向绿色化学的转变，可视作化学从“粗放型”向“集约型”的转变。因此绿色化学是进入成熟期的使人类和环境协调发展的更高层次的化学。绿色化学还与生物学、物理学、计算机科学、材料科学和地学有密切联系，绿色化学的发展必将带动这些学科的发展。

绿色化学是具有明确的社会需求和科学目标的新兴交叉学科。发展绿色化学需要吸收当代物理、生物、材料、信息、计算机等科学的最新理论和技术。从科学观点看，绿色化学是对传统化学思维方式的更新和发展；从环境观点看，它是从源头上消除污染；从经济观点看，它合理利用资源和能源、降低生产成本，符合经济可持续发展的要求。绿色化学的目的是把现有化学和化工生产的技术路线从“先污染、后治理”改变为“从源头上根除污染”。

绿色化学不同于环境化学。环境化学是一门研究污染物的分布、存在形式、运行、迁移及其对环境影响的科学。绿色化学的最大特点在于它是在始端就采用实现污染预防的科学手段，因而过程和终端近似零排放或零污染。它研究污染的根源——污染的本质在哪里，它不是去对终端或过程污染进行处理。绿色化学关注在现今科技手段和条件下能降低对人类健康和环境有负面影响的各个方面和各种类型的化学过程。

2.2 绿色化学的兴起

1990 年美国颁布了污染防止法案，将污染防止确立为美国的国策。所谓污染防止就是使废物不再产生，不再有废物处理的问题。该法案条文中第一次出现了“绿色化学”一词，其定义为采用最少的资源和能源消耗，并产生最小的排放的工艺过程。1991 年美国环保局开始将绿色化学纳入其工作的中心；1995 年 4 月美国副总统 Gore 宣布了国家环境技术战略，其目标为：至 2020 年地球日时，将废弃物减少 40%～50%，每套装置消耗原材料减少 20%～25%；1996 年美国政府设立了“总统绿色化学挑战奖”，下设学术奖、小企业奖、新合成路线奖、新反应条件奖和无害化学产品设计奖，每年颁发一次。1996～2011 年美国总统绿色化学挑战奖获奖情况见表 10.3。

表 10.3　1996～2011 年美国总统绿色化学挑战奖

年份	获奖项目
一、改变合成路线奖	
1996	除草剂合成的催化工艺(Monsanto)(非 HCN,低废物)
1997	布洛芬合成工艺(BHC)(由 6 步计量反应改为 3 步催化反应)
1998	4-氨基二苯基苯胺的合成(Monsanto)(非氯工艺)
1999	药物生产的生物催化(Lilly)(极少的废物和溶剂)
2000	强力抗病毒剂的合成(Roche Colorado)(6 步变 2 步)
2007	环境友好的木材加工黏合剂(Kaichang Li 教授、Forest 公司、Hercules 公司)
2008	开发成功生物基调色剂并实现商业化生产(Battelle 研究所)
2009	开发了一种无需溶剂的生物催化工艺,使化妆品和个人护理产品所需的酯类组分生产过程中不再需要使用强酸和可能存在危害的溶剂(伊士曼化学公司)
2010	利用过氧化氢作为氧化剂制备环氧丙烷(DOW 和 BASF 公司)
2011	使用可再生材料生产 1,4-丁二醇(BDO)(Genomatica 公司)
二、取代溶剂/反应条件奖	
1996	以 100%CO_2 为发泡剂的聚苯乙烯泡沫板(Dow Chemical)
1997	干法成像系统(Imation)(非湿工艺)
1998	乳酸酯的新型膜工艺(Argonne)(非毒溶剂)
1999	ULTIMER:第一个水溶性聚合物分散剂(Nalco)
2000	双组分聚氨酯涂料(Bayer)
2007	用选择性纳米催化技术直接合成双氧水(HTI)
2008	3D TRASAR 冷却水处理技术(Nalco)
2009	Sprint 真蛋白质快速测定仪(CEM 公司)(无毒无害,测定结果更准确,减少了有毒试剂和能源的使用)
2010	一种改进的转氨酶(Merck & Co Inc,Codexis Inc)(使Ⅱ型糖尿病的治疗药物 sitagliptin 合成条件更符绿色化学要求)
2011	Nexar 聚合物膜技术(Kraton Performance Polymers 公司)
三、安全设计化学奖	
1996	取代丁基锡的对环境友好的海洋防污涂料(Rohm & Haas)
1997	新型抗微生物化学(Albreght and Wilson)
1998	Bioside:新一类化学杀虫剂(Rohm & Haas)
1999	组织萎缩选择控制:用天然产物控制昆虫(Dow Agrosci)
2007	BiOH 多羟基化合物(Cargill)(可节约 23%的能源消耗,减少 36%的排放)
2008	第二代多杀菌素 Spinetoram(Dow Agrosciences 公司)
2009	涂料配方 Chempol MPS(宝洁公司和 CCP)(以糖和植物油为原料生产的 Sefose 油替代了石油基溶剂)
2010	改进型多杀菌素(Clarke 公司)(针对灭杀蚊子幼虫非常有效)
2011	水基丙烯酸醇类树脂技术(Sherwin-Williams 公司)
四、小型商业奖	
1996	热聚合天门冬氨酸树脂-生物可降解塑料(Donlar)
1997	革命的清洁系统-光敏剂的清除(Legacy)
1998	生物可降解的灭火剂和冷冻液(Pyrocool)
1999	纤维素生物质转化为化学品(Biofine)
2000	玻璃容器的环境友好装饰(Rev Tech)
2007	使用超临界二氧化碳、环境友好的医用杀菌技术(NovaSterilis)
2008	新型稳定的碱金属合成工艺(SiGNa)
2009	水基催化法新工艺(Virent Energy Systems)(可将糖、淀粉或植物纤维素转化为汽油、柴油或航空燃料)
2010	利用生物技术研制了可用作燃料和化学品的产品:Renewable Petroleum(LS9)
2011	生物基琥珀酸的一体化生产和下游应用领域(BioAmber)

续表

五、绿色化学学术奖	
2007	发展了具有完善原子经济性和选择性的以氢为媒介的C-C键构建方法(Michael J. Krische)
2008	硼酸酯绿色生产工艺(Robert E. Maleczka, Jr., Milton R. Smith, Ⅲ)
2009	使用铜催化剂和环境友好型还原剂聚合工艺(Krzysztof Matyjaszewski)(可大幅降低成本,并大大减少对环境的影响)
2010	利用二氧化碳合成长链醇的方法(廖俊智)(CO_2 的循环利用)
2011	一种安全的表面活性剂(Bruce H. Lipshutz)

日本也制定了新阳光计划，其主要内容为能源和环境技术的研究开发。该计划提出了“简单化学”（Simple Chemistry）的概念，即采用最大程度节约能源、资源和减少排放的简化生产工艺过程来实现未来的化学工业，为了地球环境而变革现有技术。指出绿色化学就是化学与可持续发展相结合，其方向是化学的发展适应于改善人们健康和保护环境的要求。

在德国，1997年底联邦政府正式通过了一个名为“为环境而研究”的计划，主要包括3个主题：区域性和全球性环境工程、实施可持续发展的经济及进行环境教育。计划的年度预算达6亿美元，其中将实施可持续发展经济的部分内容交给了化学工业。此外，德国联邦教育科学研究和技术部还与化学工业在研究、技术开发、教育和创新等方面建立了正常的对话，可持续发展的化学被确定为这一对话固定的主题之一。

在英国，一项绿色化学奖于2000年开始颁发，该奖分为3类：一是被称作“Jerwood. Salters环境奖”的年度学术奖，奖金额为10000英镑，用于奖励那些与工业界密切合作而卓有成就的年轻学者；另两项年度奖用于奖励在技术、产品或服务方面作出成绩的英国公司，其中至少有一家为中小型企业。

荷兰利用税法条款等方法来推进清洁生产技术的开发和应用，对采用革新性的清洁生产或污染控制技术的企业，其投资可按1年折旧（其它投资的折旧期通常为10年）。每年都组织一批工业界和政府的专家对这些革新性的技术进行评估，一旦被认为已获得足够的市场，或被认为应定为法律强制要求采用者，即不再评为革新性技术。由于荷兰在清洁生产技术领域的成功，其编制的若干清洁生产审核手册（包括通用性和行业性的）已被联合国环境规划署和世界银行译成英文向世界各国推广。

中国政府在1993年世界环境与发展大会之后，编制了《中国21世纪议程》的白皮书，郑重声明了走经济与社会协调发展道路的决心。1995年中国科学院化学部组织了名为“绿色化学与技术——推进化工生产可持续发展的途径”的院士咨询活动，提出了发展绿色化学与技术、消灭和减少环境污染源的7条建议，并“建议国家科技部组织调研，将绿色化学与技术研究工作列入‘九五’基础研究规划”。1997年制订的《国家重点基础研究发展规划》，将绿色化学的基础研究项目作为支持的重要方向之一。

中国科技大学绿色科技与开发中心在该校举行了专题讨论会，并出版了“当前绿色科技中的一些重大问题”论文集；香山科学会议以“可持续发展问题对科学的挑战——绿色化学”为主题召开了第72次学术讨论会。1998年，在合肥举办了第一届国际绿色化学高级研讨会；《化学进展》杂志出版了“绿色化学与技术”专辑；四川大学也成立了绿色化学与技术研究中心；1999年国家自然科学基金委设立了“用金属有机化学研究绿色化学中的基本问题”的重点项目；1999年5月在成都举办了第二届国际绿色化学高级研讨会。上述活动已推动了我国绿色化学的发展。

总之，绿色化学的研究已成为企业、政府和学术界的重要研究与开发方向，在我国学术界也受到了足够的重视。

3 绿色化学的任务和原则

一般，一个化学过程由4个基本要素组成：目标分子或最终产品，原材料或起始物，转换反应和试剂，反应条件。发展绿色化学就是要求化学家进一步认识化学本身的科学规律，通过对相关化学反应的热力学和动力学研究，探索新化学键的形成和断裂的可能性及其选择性的调节与控制，发展新型环境友好化学反应，推动化学学科的发展。绿色化学的12条原则如下：

① 防止废物的生成比在其生成后再处理更好；

② 设计的合成方法应使生产过程中采用的原料最大量地进入产品中；

③ 设计合成方法时，只要可能，不论原料、中间产物和最终产品，均应对人体健康和环境无毒、无害（包括极小毒性和无毒）；

④ 化工产品设计时，必须使其具有高效的功能，同时也要减少其毒性；

⑤ 应尽可能避免使用溶剂、分离试剂等助剂，如不可避免，也要选用无毒无害的助剂；

⑥ 合成方法必须考虑过程中能耗对成本与环境的影响，应设法降低能耗，最好采用在常温常压下的合成方法；

⑦ 在技术可行和经济合理的前提下，原料要采用可再生资源代替消耗性资源；

⑧ 在可能的条件下，尽量不用不必要的衍生物（derivatization），如限制性基团、保护/去保护作用、临时调变物理/化学工艺；

⑨ 合成方法中采用高选择性的催化剂比使用化学计量（stoichiometric）助剂更优越；

⑩ 化工产品要设计成在其使用功能终结后，它不会永存于环境中，要能分解成无害产物；

⑪ 进一步发展分析方法，对危险性物质在生成前实行在线监测和控制；

⑫ 选择化学生产过程的物质，使化学意外事故（包括渗透、爆炸、火灾等）的危险性降低到最小程度。

这12条原则目前为国际化学界所公认，它也反映了近年来在绿色化学领域中所开展的多方面的研究工作内容，同时也指明了未来发展绿色化学的方向。图10.6概括了上述12条绿色化学的核心内容。

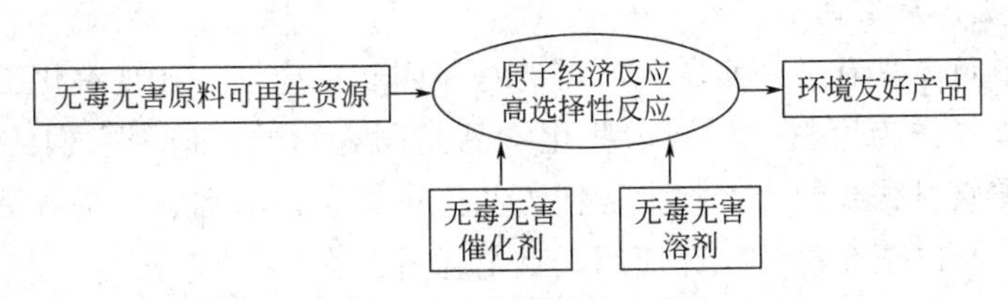

图10.6　绿色化学核心内容

4 绿色化学的研究内容

4.1 开发“原子经济”反应

美国的Trost教授在1991年首次提出反应的原子经济性（Atom economy）的概念，并因此获得了1998年美国“总统绿色化学挑战奖”中的学术奖。他认为化学合成应考虑原料分子中的原子进入最终所希望产品中的数量。原子经济性的目标是在设计化学合成时使原料分子中的原子更多或全部地转化成最终希望的产品中的原子。具体地说，假如C是人们所要合成的化合物，若以A和B为起始原料，既有C生成又有D生成，且许多情况下D是对环境有害的，即使生成的副产物D是无害的，那么D这一部分的原子也是被浪费的，而且形成废物对环境造成了负荷。现在若使用 E 和 F 作为起始原料，整个反应结束后只生成 C，E 和 F 中的原子得到了 100%的利用，没有任何的副产物生成，这就是原子经济性反应。用式子表示如下：

$$A + B \longrightarrow C + D \tag{1}$$

$$E + F \longrightarrow C \tag{2}$$

$$\text{原子经济性或原子利用率}(\%)=\frac{\text{获得的目标产品的质量}}{\text{反应中所使用全部反应物质量}}\times 100\%$$

化工生产中常用的产率或收率则用下式表示：

$$\text{产率或收率}(\%)=\frac{\text{获得的目标产品的质量}}{\text{理论上应获得的目标产品质量}}\times 100\%$$

可以看出：原子经济性与产率或收率是两个不同的概念，例如一个化学反应，尽管反应的产率或收率很高，但如果反应中有副产物［如上述第（1）个反应中的 D］产生，则原子利用率就不可能为 100%，要实现起始原料 100%转化成目标产品，应选择反应（2）（原子经济反应）作为合成反应，只有这样，才能达到不产生副产物或废物，实现“零排放”的要求。

另外，如果一个产品的合成无法一步完成的话，那么减少反应步骤也是有意义的，因为如果每一步的原子利用率均不到 100%，那就意味着步骤越多，其最终的总原子利用率就越低。例如 1997 年“美国总统绿色化学挑战奖”授予了 BHC 公司，该公司开发了一种合成布洛芬的新工艺。布洛芬是一种广泛使用的非类固醇类的镇静、止痛药物，传统生产工艺包括 6 步化学计量反应，原子的有效利用率低于 40%。新工艺采用 3 步催化反应，原子的有效利用率近 80%（如果考虑副产物乙酸的回收则可达 99%）。

可见，原子经济性反应有利于资源利用和环境保护。现在已有不少化工产品的生产符合这一标准，如钯催化蒽醌法制 H_2O_2，丙烯氢甲酰化制丁醛、乙烯或丙烯的聚合，丁二烯与 HCN 合成己二腈等。

近年来，开发新的原子经济反应已成为绿色化学研究的热点之一。国内外均在开发钛硅分子筛上催化氧化丙烯制环氧丙烷的原子经济新方法。此外，针对钛硅分子筛催化反应体系，开发降低钛硅分子筛合成成本的技术，开发与反应匹配的工艺和反应器仍是今后努力的方向。

4.2 采用无毒、无害的原料

为使制得的中间体具有进一步转化所需的官能团和反应性，在现有化工生产中仍使用剧毒的光气和氢氰酸等作为原料。尽管这些化学品是剧毒物质，但因它们的化学性质极为活泼，使得采用这类原料路线的生产技术往往工艺简单、条件温和、制备方法成熟、制得的产品价格相对较低，所以至今仍然广泛使用，且消耗量巨大。

光气，又称碳酰氯，是一种重要的有机合成中间体。光气为剧毒气体，在第一次世界大战期间曾被用作化学武器，吸入微量也能使人、畜、禽致死。1984 年 12 月 3 日凌晨，位于印度博帕尔市的美国联合碳化物公司印度子公司的农药厂内 45t 光气贮罐因爆裂而泄漏，7 天后博帕尔市政府公布，有 32 万人中毒，其中 2500 人死亡，6 万人严重中毒，5 万人在医院抢救。事故还造成严重的环境污染，而且在受害的人中不少人经常产生幻觉，产生自杀念头。孕妇生育后，死婴和畸形婴儿发生率直线上升，而且受害者仍以平均每天 1 人的速度不断死亡，迄今总死亡人数已逾 4000 人。而目前仍在广泛使用的另一种原料氢氰酸的毒性是人所共知的。因此，为了人类健康和社区安全，需要用无毒无害的原料代替它们来生产所需的化工产品。

在代替剧毒的光气做原料生产有机化工原料方面，工业上已开发成功一种由胺类和二氧化碳生产异氰酸酯的新技术。在特殊的反应体系中采用一氧化碳直接羰化有机胺生产异氰酸酯的工业化技术也已开发成功。研究人员报道了用二氧化碳代替光气生产碳酸二甲酯的新方法；还开发了在固态熔融的状态下，采用双酚 A 和碳酸二甲酯聚合生产聚碳酸酯的新技术，它取代了常规的光气合成路线，并同时实现了 2 个绿色化学目标：一是不使用有毒有害的原料，二是由于反应在熔融状态下进行，不使用作为溶剂的可疑的致癌物——甲基氯化物。

关于代替剧毒氢氰酸原料，美国 Monsanto 公司从无毒无害的二乙醇胺原料出发，经过催化脱氢，开发了安全生产氨基二乙酸钠的工艺，改变了过去的以氨、甲醛和氢氰酸为原料的 2 步合成路线，并因此获得了 1996 年美国总统绿色化学挑战奖中的变更合成路线奖。

4.3 采用无毒、无害的催化剂

催化剂在化工生产中具有极其重要的作用。我们在第 6 章中曾经讲过，催化剂能够非常显著地提高反应速率；而且催化剂还具有选择性，采用不同的催化剂会得到不同的产品。虽然催化剂不能改变化学平衡和平衡时的转化率，但在工业生产中，为了提高生产效率，常常没有真正的平衡存在（为什么?），因此在一定的时间内，使用催化剂可大幅度地提高原料的利用率。可以说，在化工生产中，80%以上的反应只有在催化剂作用下才能获得具有经济价值的反应速率和选择性。

由于催化剂本身也是各种化学物质，因此它们的使用也就有可能对人体及环境构成危害，特别是像酸、碱、金属卤化物、金属羰基化合物、有机金属配合物等均相催化剂，其本身具有强烈的毒性、腐蚀性，甚至有致癌作用。它们的使用会引起严重的设备腐蚀问题且对操作人员的安全构成危害。而且这些催化剂与产物难于分离，处理产物产生的大量废物以及废旧催化剂的排放造成严重的环境污染。

历史上由于催化剂的毒性引起的污染曾给人类带来沉痛的教训，典型的实例就是由汞污染引起的水俣病。20 世纪中叶，主要的化学原料是煤，当时大量采用由煤经电石法制备的乙炔为原料，在硫酸汞（$HgSO_4$）催化剂作用下制取乙醛。废硫酸汞催化剂掺在污水中排放到大海里，在环境作用下转化成更具毒性的二次污染物——甲基汞，经鱼食后被浓缩，人又不断食用这种鱼，就在体内积累了汞，最终导致脑细胞遭破坏，产生水俣病。20 世纪 60～70 年代，世界各地多处出现水俣病，造成人员死亡。

虽然汞中毒的问题早已通过采用乙烯氧化合成乙醛的新的技术路线而得到了解决，但因催化剂的使用而引起的腐蚀、污染问题依然大量存在，其中问题最为严重的是目前仍大量使用的硫酸、氢氟酸和三氯化铝等无机酸类。目前烃类的烷基化反应一般使用氢氟酸、硫酸、三氯化铝等酸催化剂。这些催化剂共同的缺点是，对设备的腐蚀严重、对人身有危害和产生废渣、污染环境。

为了保护环境，多年来国外正从分子筛、杂多酸、超强酸等新催化材料中大力开发固体酸烷基化催化剂，其中采用新型分子筛催化剂的乙苯液相烃化技术引人注目。这种催化剂选择性很高，乙苯质量收率超过 99.6%，而且催化剂寿命长。在固体酸烷基化的研究中，还应进一步提高催化剂的选择性，以降低产品中的杂质含量；提高催化剂的稳定性，以延长运转周期；降低原料中的苯烯比，以提高经济效益。

4.4 采用无毒、无害的溶剂

大量的与化学品制造相关的污染问题不仅来源于原料和产品，而且源自在其制造过程中使用的物质，最常见的是在反应介质、分离和配方中所用的溶剂。当前广泛使用的溶剂是挥发性有机化合物（volatile organic compounds，VOC），其在使用过程中有的会引起地面臭氧的形成，有的会引起水源污染，因此，需要限制这类溶剂的使用。采用无毒无害的溶剂代替挥发性有机化合物作溶剂已成为绿色化学的重要研究方向。

在无毒无害溶剂的研究中，最活跃的研究项目是开发超临界流体（super-critical fluid，SCF），特别是超临界二氧化碳作溶剂。超临界二氧化碳是指温度和压力均在其临界点（31℃、7.38MPa）以上的二氧化碳流体。它通常具有液体的密度，因而有常规液态溶剂的溶解度；在相同条件下，它又具有气体的黏度，因而又具有很高的传质速率；而且具有很大的可压缩性；流体的密度、溶剂溶解度和黏度等性能均可由压力和温度的变化来调节。超临界二氧化碳的最大优点是无毒、不可燃、价廉等。

除采用超临界溶剂外，还有研究水或近临界水作为溶剂以及有机溶剂/水相界面反应。水虽然是地球上最丰富和最廉价的溶剂，但采用水作溶剂虽然能避免有机溶剂，但由于其对大多数有机物溶解度有限，所以在大部分场合都不能代替挥发性有机溶剂，而且以水为溶剂时还要注意废水是否会造成污染，因而限制了水的应用。在有机溶剂/水相界面反应中，一般采用毒性较小的溶剂（甲苯）代替原有毒性较大的溶剂，如二甲基甲酰胺、二甲基亚砜、醋酸等。采用无溶剂的固相反应也是避免使用挥发性溶剂的一个研究动向，如用微波来促进固-固相有机反应。涂料行业，近年来辐射固化技术得到了快速发展，该项技术可以使涂料、油墨、油漆等的配方和使用过程中避免使用有机溶剂。

巴斯夫公司因开发成功1种棉花染色用染料而获得2000年英国绿色化学奖之工业奖。这种染料可减少染色需要的水、盐和能源消耗。这种商品名称为Procion XL的染料以一氯三嗪活性基团为基础，附着在精心设计的发色团上。这种染料的优点是减少原料、水、盐、助剂和能源消耗，减少占地面积和人力，减少污水排放量以及螯合剂、重金属和有毒染料中间体的量，对环境有好处。另一个获奖单位是普雷斯顿工业共聚物公司，该公司研制成功1种能够减少车用涂料工业溶剂用量的添加剂，这种商品名称为lncozol LV的添加剂是1种稀释剂，配制的涂料可使用较少的挥发性有机溶剂，仅为采用传统方法溶剂用量的一半，而且还可降低加工成本。

4.5 利用可再生的资源合成化学品

众所周知，目前世界所需能源和有机化工原料绝大部分来源于石油、煤和天然气。但从长远看，它们都不是人类所能长久依赖的理想能源，原因来自两方面：一是它们再生周期非常漫长而且储量有限，总有用完的一日；二是目前地球所面临的环境危机直接或间接地都与此类矿物燃料的加工和使用有关。从绿色化学的高度来考虑，人类可以长久依赖的未来资源和能源必须是储量丰富，最好是可再生的，而且它在使用过程中不会引起环境污染。基于这一原则，人们普遍认为以植物为主的生物质资源将是人类未来的理想选择。

生物质（biomass）可理解为由光合作用产生的所有生物有机体的总称，包括植物、农作物、林产物、林产废弃物、海产物（各种海草）和城市废弃物（报纸、天然纤维）等。生物质资源恰可弥补煤、石油和天然气等矿物资源的上述两项不足。一方面它的使用不会带来环境污染：来源于 CO_2（光合作用），燃烧后产生 CO_2，不会增加大气中 CO_2 的含量；另一方面它储量丰富且可用之不竭。据估计，作为植物生物质的最主要成分——木质素和纤维素每年以约1640亿吨的速度不断再生，如以能量换算，相当于目前石油年产量的15～20倍。

生物质的利用有两个方向：一是将生物质制成石油、天然气、酒精、氢气等作为燃料。二是将它制成基础化工原料如1,3丙二醇、己二酸、乳酸等，转化的方法有物理法、化学法和生物转化法。物理和化学方法因能耗高、产率低、过程污染严重等，单独使用缺乏实用性，往往作为生物转化法的辅助手段。酶在生物转化法中起着至关重要的作用，在第6章中曾经提到，酶是一种催化剂，酶的催化因具有高效、专一、反应条件温和、可供选择的种类多等优点而备受青睐。

1996年美国总统绿色化学挑战奖中的学术奖授予Taxas A & M大学M. Holtzapple教授，就是基于其开发了一系列技术，把废生物质转化成动物饲料、工业化学品和燃料。另外，美国的Gross教授首创了利用生物或农业废物如多糖类制造新型聚合物的工作，由于其同时解决了多个环保问题，因此引起人们的特别兴趣，其优越性在于聚合物原料单体实现了无害化；Gross的聚合物还具有生物降解功能。

4.6　*环境友好产品*

既然现代人类离不开化学品而生存，又不愿在使用化学品的同时造成对自身的危害，那么人类的选择就只有使用那些对人和环境无毒害的化学产品，即绿色化学产品。

绿色化学品应该具有两个特征：产品本身必须不会引起环境污染或健康问题，包括不会对野生生物、有益昆虫或植物造成损害；当产品被使用后，应该能再循环或易于在环境中降解成无害物质。

1996年美国总统绿色化学挑战奖设计更安全化学品奖授予了Rohm & Haas公司，由于其开发成功一种环境友好的海洋生物防垢剂。小企业奖授予Donlar公司，因其开发了两个高效工艺以生产热聚天冬氨酸，它是一种代替丙烯酸的可生物降解产品。

5　绿色化学的应用前景展望与产业革命

据统计，我国目前总能源利用率约30%左右，矿产资源利用率为40%～50%，社会最终产品仅占投入量的20%～30%，单位国民生产总值能耗是发达国家的3～4倍，主要工业产品能源、原材料消耗比国外先进水平高30%～90%。我国人均水资源占有量不到世界平均占有量的1/4，每年缺水500亿立方米，但工业单位产品用水量却高出发达国家的5～10倍。如此巨大的资源、能源消耗，不仅造成了极大的浪费，加大了产品成本，同时也成为环境污染的主要来源。另外，一系列检测表明，我国城市儿童已有一半左右的血铅含量超过了国际公认的铅中毒标准。血铅含量升高将会导致智能降低和注意力的下降，我们的子孙后代已受到平均智能降低的严重威胁。

而绿色化学具有广阔的发展前景，虽然对绿色化学未来的发展难以准确地预测，但我们有理由相信，随着社会科技、经济的全面进步，随着人们对生存环境质量要求的逐步提高，绿色化学必将蓬勃发展，成为21世纪化学界研究的重要课题。这不但将从理论上、实际上给化学工业及化学界带来一场全新的革命，而且必将给包括造纸、制革、纺织、煤炭等众多行业带来一场深刻的变革。我们坚信，绿色化学是有效的，也是有益的，绿色化学是对人类健康和我们生存环境所做的正义事业，21世纪绿色化学的进步将会证明我们有能力为我们生存的地球负责。

参 考 文 献

1. 闵恩泽等. 绿色化学与化工［M］. 北京：化学工业出版社，2000.
2. 傅军. 绿色化学的进展［J］. 化学通报，1999 (1)：10-15.
3. 梁文平. 1999年美国总统绿色化学挑战奖研究工作介绍［J］. 化学进展，2000，12 (1)：119-121.
4. 肖文德. 21世纪的科学：绿色化学［J］. 化学世界，2000（增刊）：18-19.
5. 梁文平，唐晋. 当代化学的一个重要前沿——绿色化学［J］. 化学进展，2000，12 (2)：228-230.

6. 谢如刚. 仿酶催化与绿色化学 [J]. 化学研究与应用，1999，11 (4)：344-349.
7. 郝小明. 化学工业可持续发展之路——绿色化学 [J]. 当代石油石化，2001，9 (7)：1-4.
8. 张来新. 化学工业中的新课题——绿色化学 [J]. 贵州化工，2000，25 (增刊)：19-21.
9. 香山科学会议办公室. 可持续发展对科学的挑战——绿色化学 [J]. 科学对社会的影响，1998 (1)：50-54.
10. 薛慰灵. 绿色化学——对环境更友善的化学 [J]. 化学教育，1997 (9)：1-5.
11. 朱清时. 绿色化学 [J]. 化学进展，2000，12 (4)：410-414.
12. 夏金兰等. 绿色化学和矿物资源高效利用 [J]. 矿冶工程，2001，21 (2)：1-3.
13. 朱清时. 绿色化学和新的产业革命 [J]. 现代化工，1998 (1)：4-6.
14. 李干佐. 绿色化学与日用化工 [J]. 日用化学品科学，2001，24 (5)：27-29.
15. 薛慰灵. 美国"总统绿色化学挑战奖"获奖项目评介 [J]. 化学教育，1997 (10)：1-4.
16. 李淑霞. 美国总统绿色化学挑战奖获奖情况介绍 [J]. 锦州师范学院学报：自然科学版，2001，22 (1)：9-13.
17. 中华人民共和国环境保护部，中华人民共和国国家统计局，中华人民共和国农业部. 第一次全国污染源普查公报. 中华人民共和国环境保护部官方网站. 2010.

第4讲　生命化学

生命化学（Life Chemistry）是运用化学原理和方法研究生命现象，阐明生命现象的化学本质，探讨其发生和发展规律的学科。

美国医学家，Nobel奖得主A. 科恩伯格（Arthur Kornberg，1918—2007）提出“把生命理解为化学”，这一著名的论断向人们昭示揭开生命过程的奥秘有赖于医学与化学在高层次的整合。利用化学的原理和方法研究基体各组织、亚细胞的结构和功能、物质代谢和能量变化等基本生命过程，有助于人们深入了解人体正常的生理变化和异常的病理现象，寻求与疾病作斗争的有效手段，实现医学保障人类健康的目的。

本讲将简单介绍生命化学的基础知识，部分现代生命化学的研究成果。

1　生命起源的化学进化说

宇宙在进化的过程中通过自组织生成了越来越复杂的直至有生命和思想的物质。无论是有生命还是没有生命的物质，活的生物体还是一般的材料都是通过分子间的相互作用形成的有组织的实体。化学是没有生命的分子通向活的生命体中的高度复杂的分子体系的桥梁。

17世纪意大利医生证明腐肉不生蛆，蛆是苍蝇在肉上产的卵孵化而成；意大利生物学家证明小生物也不是自然发生的；19世纪60年代，现代卫生学的奠基人法国微生物学家、化学家路易斯·巴斯德（Louis Pasteur，1822—1895）的著名的鹅颈烧瓶实验证明生命来自生命——生源论。

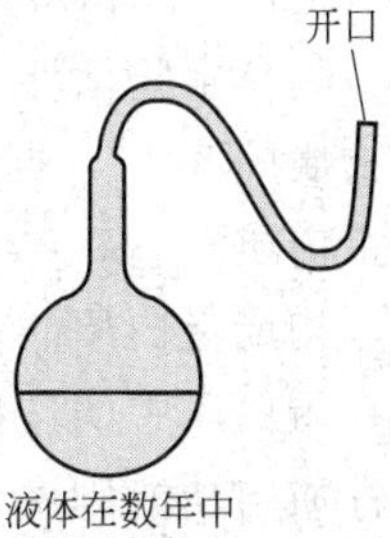

他把肉汤灌进两个烧瓶里，第一个烧瓶就是普通的烧瓶，瓶口竖直朝上；而第二个烧瓶，瓶颈弯曲成天鹅颈一样的曲颈瓶（图10.7）。然后把肉汤煮沸、冷却。两个瓶子都没有用塞子塞住瓶口，而是敞开着，外界的空气可以畅通无阻地与肉汤表面接触。他将两个烧瓶放置一边。过了三天，第一个烧瓶里就出现了微生物，第二个烧瓶里却没有。

开口
液体在数年中保持无菌状态

图10.7　鹅颈烧瓶实验示意图

巴斯德解释了生命来自非生命，但最早的生命从哪里来？生命是长时期宇宙进化中发生的，是宇宙进化的某一阶段，无生命的物质所发生的一个进化过程，而不是现有条件下由非生命的有机物质突然发生的。

化学进化假说。对生命起源进行严肃的科学研究大致可以说是从1924年开始的，以前苏联生物化学家奥巴林（Alexander Ivanovich Oparin，俄文：Алекса́ндр Ива́нович Опа́рин，1894—1980）的《生命的起源》一书的出版为标志。1930年英国生物化学家霍尔丹（John Burdon Sanderson Haldane）提出类似观点。他们的“原始汤”理论认为，原始生命由原始地球上的非生命物质通过化学作用，逐步由简单到复杂，经过一个漫长的自然演化过程而形成。大致经历4个步骤：①由无机小分子合成有机小分子；②由有机小分子形成生物大分子；③由生物大分子生成多分子体系；④由多分子体系演变成原始生命。

20世纪50年代，美国科学家尤利（Harold Urey，1893—1981）在奥巴林、霍尔丹观点的启示下，推想原始地球的大气应是还原性大气。1953年，芝加哥大学化学系研究生米勒（Stanley Lloyd Miller，1930—2007）在其导师诺贝尔奖获得者尤利的指导下进行的气体放电实验，就是以尤利的理论为基础的：他在实验室用充有甲烷、氨气、氮气和水的密闭装置，以加热、放电模拟原始地球的环境条件，通过连续一周的循环处理，发现多种氨基酸（如甘氨酸、丙氨酸、谷氨酸、天冬氨酸）、有机酸（如乙酸、乳酸）以及尿素等被制造出来。以后用同样的方法又获得了嘌呤、嘧啶、核糖核苷酸、脱氧核糖核苷酸、脂肪酸等多种重要的生物大分子。其中的甘氨酸、丙氨酸、谷氨酸和天冬氨酸就是组成生物体蛋白质的氨基酸。

2　生物体的分子及功能

尽管组成生物体和非生物体的元素是同一的，但其组成上的差异依然很大。无机物和有机物是人类很早以来用来区分非生物物质和生物物质的两个词汇，这两个词汇过去和今天的含义已经有了很大差别。

早在 19 世纪初，科学家们已经认识到，虽然生物有机体种类繁多，形态各异，但其组成的基本单位都是细胞。而构成细胞的，则是由化学元素组成的若干种生物大分子，如蛋白质、碳水化合物、类脂体、核酸等。

了解、掌握这些生物大分子的性质对认识、保护和改善人类自身的生活，改良、创造新生物品种有着极其重要的意义。

2.1　蛋白质

蛋白质（protein）是氨基酸（amino acid）构成的聚合物。

具有生物活性的蛋白质是含碳、氢、氧、氮和硫的化合物。在生物体内蛋白质约占细胞干物质的 50%。据估计在人体中蛋白质的种类高达 30 万种，而整个生物界约有 10^{10}～10^{12} 种蛋白质。

构成蛋白质的氨基酸共有 20 种（见表 10.4）。虽然氨基酸的种类有限，但是由于氨基酸在蛋白质中的连接顺序及数目、种类的不同，可以构成远远大于 10^{12} 种的蛋白质。蛋白质的性质与功能则由其所含氨基酸的组成、排列顺序、结构决定。

表 10.4　20 种氨基酸的中文名称及简写符号

中文名称	英文名称	三字母缩写	单字母缩写	中文名称	英文名称	三字母缩写	单字母缩写
甘氨酸	Glycine	Gly	G	苏氨酸	Threonine	Thr	T
丙氨酸	Alanine	Ala	A	半胱氨酸	Cystine	Cys	C
缬氨酸	Valine	Val	V	蛋氨酸	Methionine	Met	M
亮氨酸	Leucine	Leu	L	天冬酰胺	Asparagine	Asn	N
异亮氨酸	Isoleucine	Ile	I	谷氨酰胺	Glutamine	Gln	Q
脯氨酸	Proline	Pro	P	天冬氨酸	Aspartic acid	Asp	D
苯丙氨酸	Phenylalanine	Phe	F	谷氨酸	Glutamic acid	Glu	E
酪氨酸	Tyrosine	Tyr	Y	赖氨酸	Lysine	Lys	K
色氨酸	Tryptophan	Trp	W	精氨酸	Arginine	Arg	R
丝氨酸	Serine	Ser	S	组氨酸	Histidine	His	H

蛋白质依其在生物体内所起的作用可分为 5 大类。

（1）酶蛋白

能对生物体内的化学反应起催化作用的蛋白质生物催化剂称为酶蛋白。

在酶蛋白的作用下，生物体内的化学反应速度很快，往往是体外速度的几百倍甚至上千倍。

（2）运载蛋白

运载蛋白是能携带小分子从一处到另一处的一类特异蛋白质。

运载蛋白通过细胞膜在血液中循环，在不同组织间载运代谢物。运载蛋白在生物的物质代谢中起着重要的作用。

(3) 结构蛋白

结构蛋白是参与细胞结构建成的一类蛋白质。

生物体的细胞结构上含有大量由结构蛋白组成的亚基，形成了细胞的框架结构。

(4) 抗体

具有免疫、防御功能的特异蛋白质被称为抗体。

当外界的病原体入侵生物体时，生物体便产生一种特异蛋白质——抗体。抗体能与病原体对抗，使其解体。抗体在高等动物机体免疫机制中起着重要的作用。

(5) 激素

激素是一种具有调节功能的特异蛋白质。它是由生物体内某部分产生的。通过循环能调节生物体内其它部分的生命活动。

蛋白质还可依其分子形状或分子组成的简单、复杂程度分类。

从蛋白质在生物体内所起的作用可知，蛋白质是一切生命活动调节控制的主要承担者。蛋白质的人工合成成功，为研究生命现象的本质和活动规律奠定了理论基础，使人们认清了生命现象并不神秘。

2.2 核酸

核酸（nucleic acid）是由核苷酸（nucleotide）构成的酸性聚合物。

1869年，瑞士科学家米歇尔（F. Miesher，1844—1895）在研究细胞核的化学成分时发现细胞核主要由含磷物质构成。19世纪末，科学家们发现构成细胞核的含磷物质具有强酸性，他们将其命名为核酸。其后德国科学家柯塞尔将核酸水解，又发现核酸中含有三种物质：核糖、有机碱基和磷酸。其中核糖和有机碱基组成核苷，而核苷和磷酸组成核苷酸，若干个核苷酸聚合即为核酸。有机碱基是含氮的杂环化合物，因呈碱性故称为碱基。组成核苷的碱基共有5种：腺嘌呤（用字母A表示）、鸟嘌呤（用字母G表示）、胞嘧啶（用字母C表示）、尿嘧啶（用字母U表示）、胸腺嘧啶（用字母T表示）。

其后，柯塞尔的学生，美国化学家莱文（P. A. Levene，1869—1940）发现核糖分子比普通糖少一个碳原子，为戊糖。有些核糖分子中少一个氧原子，则将其命名为脱氧核糖。因此核糖有两种类型：核糖与脱氧核糖。核酸可依含有核糖的类型不同分为核糖核酸（RNA）和脱氧核糖核酸（DNA）两大类。二者的组成、结构见表10.5。

表10.5 核糖核酸、脱氧核糖核酸的组成、结构

项目		核糖核酸RNA	脱氧核糖核酸DNA
组成	戊糖	核糖	脱氧核糖
	碱基	腺嘌呤A 鸟嘌呤G 胞嘧啶C 尿嘧啶U	腺嘌呤A 鸟嘌呤G 胞嘧啶C 胸腺嘧啶T
	磷酸	Pi(磷酸二酯键)	
结构		单链、部分碱基互补、三叶草形	双链、碱基互补、双螺旋形
生物功能		遗传信息表达	遗传信息贮存、发布

核酸的生物功能是多方面的。DNA是遗传的物质基础，负责遗传信息的贮存、发布。遗传基因就是DNA链上的若干核苷酸所组成的片段。决定人类生命的因素只有2种，一是DNA的遗传结果，二是环境因素使DNA发生的演变或异变。RNA负责遗传信息的表达，

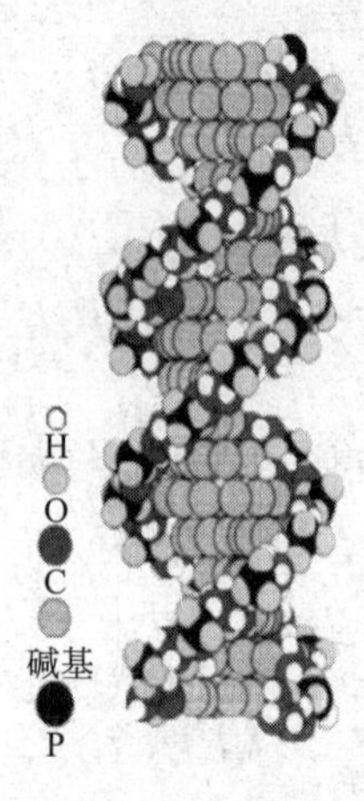

图 10.8 DNA 双螺旋结构

它转录 DNA 所发布的遗传信息，并将之翻译给蛋白质，使生命机体的生长、繁殖、遗传能继续进行。

1944 年，艾弗里（O. T. Avery，1877—1955）等的重要发现，首次严密地证实了 DNA 就是遗传物质的事实。随后，一些研究逐步肯定了核酸作为遗传物质在生物界的普遍意义。20 世纪 50 年代初，已经对 DNA 和 RNA 中的化学成分，碱基的比例关系及核苷酸之间的连接键等重要问题有了明确的认识。在此背景下，研究者们面临着一个揭示生命奥秘的十分关键且诱人的命题：作为遗传载体的 DNA 分子，应该具有怎样的结构？1953 年，沃森和克里克以非凡的洞察力，得出了正确的答案。他们以立体化学上的最适构型建立了一个与 DNA 的 X 射线衍射资料相符的分子模型——DNA 双螺旋结构模型（如图 10.8）。这是一个能够在分子水平上阐述遗传（基因复制）的基本特征的 DNA 二级结构。它使长期以来神秘的基因成为了真实的分子实体，是分子遗传学诞生的标志，并且开拓了分子生物学发展的未来。

双螺旋结构模型的成功之处除与 X 射线衍射图谱及核酸化学的研究资料相符外，另一个重要方面是它能够圆满地解释作为遗传功能分子的 DNA 是如何进行复制的。沃森和克里克这样设想：DNA 结构中的 2 条链看成是 1 对互补的模板（亲本），复制时碱基对间的氢键断开，2 条链分开，每条链都作为模板指导合成与自身互补的新链（复本），最后从原有的两条链得到两对链而完成复制。在严格碱基配对基础上的互补合成保证了复制的高度保真性，也就是将亲链的碱基序列复制给了子链。因为复制得到的每对链中只有一条链是亲链，即保留了一半亲链，故这种复制方式又称为半保留复制（semi-conservative replication）。双螺旋结构建立时，复制原理只是设想，不久这一设想被实验证实是正确的。现已明确：半保留复制是生物体遗传信息传递的最基本方式。

50 年来，核酸研究的进展日新月异，所积累的知识几年就要更新。其影响面之大，几乎涉及生命科学的各个领域，现代分子生物学的发展使人类对生命本质的认识进入了一个崭新的天地。双螺旋结构创始人之一的克里克于 1958 年提出的分子遗传中心法则（centraldogma）揭示了核酸与蛋白质间的内在关系，以及 RNA 作为遗传信息传递者的生物学功能。并指出了信息在复制、传递及表达过程中的一般规律，即 DNA→RNA→蛋白质。遗传信息以核苷酸顺序的形式贮存在 DNA 分子中，它们以功能单位在染色体上占据一定的位置构成基因。因此，查清 DNA 顺序无疑是非常重要的。

2.3 脂类

脂类是动物体内的第三大类物质。脂类大都是非极性物质，很难溶于水，脂类分为脂肪和类脂两大类。脂肪是由甘油和脂肪酸缩合而成，类脂有磷脂、胆固醇及胆固醇酯等形式。脂肪的含量不稳定，是体内贮存的能源物质，变化很大，称为可变脂或贮脂，一般成年男性脂肪占体重的 10%～20%。磷脂由于是细胞的结构成分，因此含量是稳定的，称固定脂或膜脂，约占体重的 5%（图 10.9）。

脂类的主要作用有以下三点。

① 脂肪是贮存的能源物质　脂肪是高度还原的能源物质，含氧很少，因此相同质量的脂肪和糖相比氧化释放的能量很多，可达糖的两倍以上，并且由于脂肪疏水，因此可以大量贮存，但脂肪作为能源物质的缺点也是明显的，因为疏水，所以脂肪的动员速度比亲水的糖

要慢。脂肪主要的贮存部位是皮下、大网膜、肠系膜和脏器周围，贮存量可达 15～20kg，足以维持一个人一个月的能量需要。

② 磷脂是生物膜的结构基础　磷脂是脂肪的一条脂肪酸链被含磷酸基的短链取代的产物，因为这条磷酸基链的存在，使磷脂的亲水性比脂肪的大，能够自发形成磷脂双分子层膜。生物膜的骨架就是磷脂双分子层，再加上一系列的蛋白质和多糖就构成生物膜。生物膜在细胞中是广泛存在的，因此，一个细胞的膜表面积很大。膜分隔细胞的空间使不同类的化学反应可以在不同的区间完成而不互相干扰，很多化学反应在膜的表面上进行。神经元细胞由于树突轴突的存在，细胞膜面积十分巨大，因此神经组织是体内含磷脂最丰富的组织。

③ 胆固醇的衍生物是重要的生物活性物质　胆固醇可在肝脏转化为胆汁酸排入小肠，胆汁酸可以乳化脂类食物而加速脂类食物的消化；7-脱氢胆固醇可在皮肤中（日光照射下）转化为维生素 D_3，然后在肝脏和肾脏的作用下形成 1,25-$(OH)_2$-D_3，通过促进肠道和肾脏对钙磷的吸收使骨骼牙齿得以生长发育；胆固醇可在肾上腺皮质转化为肾上腺皮质激素和性激素；胆固醇可在性腺转化为性激素。另外，不饱和脂肪酸也是体内其它一些激素或活性物质的代谢前体，胆固醇也作为生物膜的结构成分出现。

脂类物质是贮存的能源物质、生物膜的结构成分和体内一些生理活性物质的代谢前体。

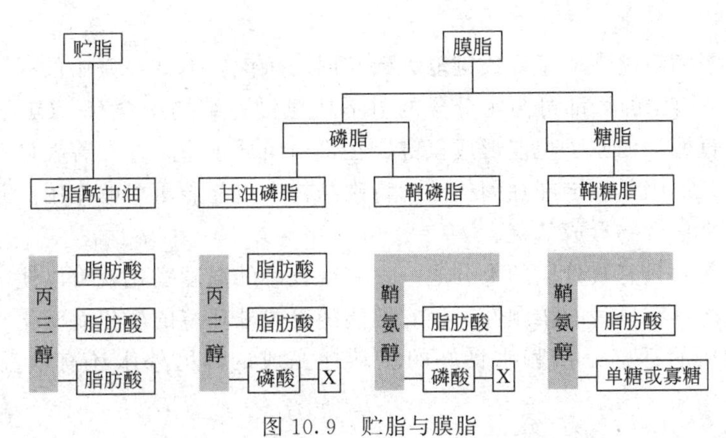

图 10.9　贮脂与膜脂

2.4　糖

糖在动物体内是四大类生物分子中含量最小的，但糖类是草食动物及人体消化吸收最多的食物成分（不计水），原因在于吸收的糖类消耗很快（能源物质）、可大量转化为脂肪贮存及糖原贮存量较小造成的。

糖的基本单位是单糖，如葡萄糖、果糖等。多数单糖有链式和环式两种结构，并且环式结构存在 α 和 β 两种异构体，三者之间可以相互转化。

由单糖可以聚合成双糖、寡糖、多糖。双糖如蔗糖（葡萄糖-果糖二聚体）、麦芽糖（葡萄糖二聚体）和乳糖（半乳糖二聚体），多糖的典型代表是植物中的淀粉和动物体的糖原。

糖在植物体中贮存较多，在动物体相对含量较小。动物体不能由无机物合成糖，动物体内的糖最初都是由植物提供的，植物通过光合作用能将二氧化碳和水合成为糖。

糖在体内有以下两方面的功能。

① 细胞的重要能源物质　动物体摄取糖后，大量的糖是作为能源物质被使用。糖在体内氧化，释放能量，释放的能量以热散发维持体温和贮存于 ATP、磷酸肌酸中以供生命活动所用。动物体摄取的糖如果有剩余，能够合成肝糖原和肌糖原以贮存糖，但量相对较小，

一个中等身材的人只能贮存约 500g 左右的糖原。糖在身体内很容易转化为高度还原的能源贮存形式脂肪，贮存于脂肪组织，以供糖缺乏的时候给身体提供能量。

② 糖在细胞内与蛋白质构成复合物，形成糖蛋白和蛋白聚糖，广泛地存在于细胞间液、生物膜和细胞内液中，它们有些作为结构成分出现，有些作为功能成分出现。因此，糖蛋白和蛋白聚糖也是生命现象的“演员”。

2.5 水

水为生命活动提供介质环境。水是生物体含量最多的化合物，含量在 50%以上。人体的含水量随年龄增长而减少，从新生儿 80%到老年的 55%。

液态水是良好的极性溶剂，很多物质都能溶于水中，众多的化学反应在水中能非常好地进行。生命现象主要是生物体内一系列生物化学反应的外部体现，因此，水是生命存在的介质环境，没有水就没有生命。

正如我们在第 1 章中看到的，水分子的形状是 V 字形，在气相分子中 O—H 间的键长约为 0.09575nm，H—O—H 键角为 104.51°。氢原子的电子由于氧原子核的强力吸引而偏向氧，结果使氢呈正电，氧呈负电。由于氧原子中还有 2 对未共享的孤对电子，且氧元素的电负性大而原子半径小，这两对电子吸引相邻分子上的正电，从而形成氢键。因此，水分子通过氢键而相互连接起来。

水与其它分子的负电性原子形成键能大致相同的氢键，例如羧基中的—OH 基团中的氧或蛋白质—NH 基团中的氮都可与水分子的氢形成氢键。结构中含有—OH、—NH 等极性基团的分子与电负性强的原子也能形成氢键。在蛋白质分子中，存在着大量的氢键，从而使蛋白质的结构得到加固。氢键在加固核酸的特殊结构中也起着重要的作用。此外，水还能够和一些小分子有机化合物形成氢键。

氢键的键能大约只有共价键的十分之一，幅度较小的温度变化就可以使氢键断开。这就使得带氢键的结构具有显著的柔顺性，使它们能随着内外环境的变化而变化。

生物体内物质的运输是依赖水良好的流动性完成的，另外水还有恒温、润滑等多种作用。

2.6 无机盐

无机盐在细胞里含量很小，人体内的无机盐大约占 5%左右，种类很多，含量最多的无机盐是钙和磷盐约占无机盐含量的一半左右，主要沉积在骨骼和牙齿中，无机盐的另一半大多以水合离子状态存在于体液中。

由于无机盐的种类多样，因此功能不一。总体来说，无机盐有如下功能。

① 构成骨骼和牙齿的无机成分，对身体起支撑作用 骨骼中无机物约占 1/3，有机物占 2/3。存在于骨骼中的无机盐主要是钙和磷，有机物主要是蛋白质。有机物使骨骼具有韧性，无机盐使骨骼具有硬度。骨骼中的钙磷盐是体液中钙磷盐的贮存场所（钙磷库）。

② 维持生命活动的正常生理环境 Na^+、Cl^-、K^+、HPO_4^{2-} 在维持细胞内外液的容量方面起着重要的作用。体内各种酶的作用需要相对恒定的 pH，体液的缓冲系统由这些盐类构成，发挥稳定氢离子浓度的功能。同样，无机盐对肌肉、心肌的应激性的维持也有重要的作用。

③ 参与或调节新陈代谢 体内很多酶需要离子结合才具有活性，有些离子可以增强或抑制酶的活性。某些离子参与物质转运、代谢反应、信息传递等多种功能。无机盐是机体新陈代谢的重要调节和参与因素。

我们应该知道，生物体内的各种物质都不是孤立存在的，彼此之间有着错综复杂的关系。这些物质不是静止不变的，它们在不停地发生变化。生物体自外界摄取物质，即营养物质，以维护其生命活动。这些物质进入体内，转变为生物体自身的分子以及生命活动所需的物质与能量等等。作为生命活动重要特征的新陈代谢即是营养物质在生物体内所经历的一切化学变化的总称。

3 生命化学进展

3.1 基因工程

基因（gene）是染色体上 DNA 双螺旋链的具有遗传效应的特定核苷酸序列的总称，是生物性状遗传的基本功能单位。

基因一词是 1909 年丹麦生物学家约翰逊（W. Johannsen，1857—1927）根据希腊文“给予生命”之意创造的。生物体的一切生命活动，从出生、成长到出现疾病、衰老直至死亡都与基因有关。基因调控着细胞的各种功能：生长、分化、老化、死亡。

每个人有 23 对共 46 条染色体，一半来自父亲，一半来自母亲。1 个染色体是由 1 个 DNA 分子组成的，基因就是 DNA 的 1 段，由 4 种碱基通过不同的排列组合而成，它可能很长，也可能很短。基因不仅可以通过复制把遗传信息传递给下一代，还可以使遗传信息得到表达。不同人种间之所以头发、肤色乃至性格等不同，就是基因差异所造成的。

科学家推测，人的细胞中大约有 6 万～10 万个基因，组成这些基因即核苷酸的数量有 30 亿个。科学家认为，找到人类基因组 30 亿个碱基对的排列序列，必将大大促进生物信息学、生物功能基因组和蛋白质等生命科学前沿领域的发展，也将为基因资源开发利用，医药卫生、农业等生物高技术产业的发展开辟更加广阔的前景。

3.1.1 人类基因组计划

人类基因组计划（Human Genome Project，HGP）是当前国际生命科学研究的热点之一，这是由美国科学家于 1985 年率先提出的。美国、英国、法国、德国、日本和我国的科学家共同参与了人类基因组计划的工作。国际人类基因组计划所要做的事，就是要发现所有人类基因并搞清其在染色体上的位置，弄清人的细胞中 6 万～10 万个基因在 30 亿个核苷酸中的具体排列，即测定人类基因组的全部 DNA 序列，从而解读所有遗传密码，揭示生命的所有奥秘，破译人类全部遗传信息。这项计划一旦完成，我们将清楚地了解不同人种间之所以头发、肤色、鼻子乃至性格等不同，一个人为什么会成为色盲，为什么会发胖，易患这种疾病而不是另外的疾病等的原因。正由于此，人类基因组计划是一项改变世界、影响到我们每一个人的科学计划。

人类基因组计划是与曼哈顿原子计划、阿波罗登月计划并称的人类科学史上的三大科学工程。它对于人类认识自身，推动生命科学、医学以及制药产业等的发展，具有极其重大的意义。经过全球科学界的共同努力，测序工作也取得了重大进展。1999 年 12 月 1 日，一个由英、美、日等国科学家组成的研究小组，破译了人类第 22 号染色体中所有与蛋白质合成有关的基因序列，发现了至少 545 个基因。这是人类首次了解了一条完整的人类染色体的结构。研究显示，第 22 号染色体与免疫系统、先天性心脏病、精神分裂、智力迟钝和白血病以及多种癌症相关。这一成果是宏大的人类基因组计划的一个里程碑，具有极为重要的研究意义。2000 年 4 月 13 日，美国科学家又宣布他们已完成第 5、第 16 和第 19 号染色体的遗传密码草图，在这些染色体上大约包含 10000 到 15000 个基因，约占人体遗传物质总量的 11%。新破解的 3 对染色体数据材料将无偿提供给公共和个人研究人员使用。到 2001 年已绘就人类基因组序列的“工作框架图”。2003 年美国国家人类基因组研究所（NHGRI）宣布：人类基因组的 30 亿个碱基对已经测序完毕。下一步的目标是定位和区分出其中有意义的部分，这包括确定哪些 DNA 是编码蛋白质的，而哪些并不具有可调节基因表达的精确定位性质。

3.1.2 基因治疗

基因治疗是指应用基因工程的技术方法，将正常的基因转入病患者的细胞中，以取代病变基因，从而表达所缺乏的产物，或者通过关闭或降低异常表达的基因等途径，达到治疗某些遗传病的目的。目前已发现，人类与疾病相关的基因约有 5000 多个，迄今已有 1/3 被分离和确认。遗传病是基因治疗的主要对象。

第 1 例基因治疗是美国在 1990 年进行的。当时，2 个 4 岁和 9 岁的小女孩由于体内腺苷脱氨酶缺乏而患了严重的联合免疫缺陷症。科学家对她们进行了基因治疗并取得了成功。

基因治疗的具体方法有 DNA 治疗和 RNA 修复。

DNA 治疗包括基因补偿、DNA 疫苗、肽核酸（PNA）等技术。最常用的是基因补偿。

基因补偿首先要选择合适的靶基因，选择的原则是哪些基因有缺陷就补偿其相应的正常基因。如常见的遗传性疾病，通常是因某一基因缺陷所致，只要给予相应的正常基因即可奏效。例如，有的神经性疾病是由于神经细胞缺乏营养因子所致，原则上给予能表达该营养因子的基因，也就达到治疗效果。基因补偿还需要合适的接受和表达靶基因的靶细胞。靶细胞必须具备两个基本条件：一是能比较容易地让靶基因转移进来；二是能使靶基因表达。靶细胞可以是与疾病有关的细胞，如肿瘤细胞（与癌症有关）、红细胞（与贫血有关）、淋巴细胞（与免疫疾病有关）、神经细胞（与神经性疾病有关）、β 细胞（与糖尿病有关）等等，也可以是与疾病无关的中介细胞，如纤维细胞、成肌细胞等等。基因补偿治疗单基因病往往很有效。

RNA 修复是基因治疗的新途径。

基因遗传信息的表达是一个复杂的连续过程，主要包括“复制”、“转录”和“翻译”等阶段。“复制”使基因数量倍增，遗传信息得以延续。“转录”是将基因的遗传信息以密码的形式转录到载体上。这载体就是 mRNA。“翻译”就是解读 mRNA 分子上的密码，使之变为多肽或蛋白质的过程。RNA 治疗就是着眼于阻断和破坏“复制”、“转录”和“翻译”，使表现疾病的基因不能表达。

3.1.3 转基因生物

转基因生物是指应用转基因技术，植入了新基因的生物。

将某一特定基因从 DNA 分子上切割下来，装在运载工具（DNA 载体）上，导入另一生物体内，并使该基因在受体细胞内稳定遗传，以表达出特定的蛋白质，赋予受体细胞以新的特征的一门技术就叫做转基因技术。转基因技术使人类可以按照自己的愿望来改造自然物种。

科学家已创造了许多种转基因动物。有些转基因动物可以用来作为生产医药产品的“化工厂”，有些转基因动物可以为人类器官移植提供原料。例如，在转基因奶山羊乳汁中生产出了一种治疗蛋白，这种蛋白质在医疗上有重要作用；从转基因小鼠或猪的血液中得到人类血红蛋白、人免疫球蛋白等。现在已经产生出了可为人类提供器官的转基因猪。转基因猪的肝脏可用于虚弱的、无法接受肝脏移植手术的急性病人进行离体灌注。这种转基因猪肝脏的商业价值高达每个 2 万美元。

转基因植物的产业化进程则远远超过了转基因动物。利用转基因技术可培育出富含各种营养素，又具抗旱、抗虫和抗土壤能力的农作物。

2001 年全球转基因植物种植面积已达 7300 万公顷。中国是全球第 1 个将种植转基因农作物用作商业用途的国家。辽宁省早在 1988 年已开始种植能抗病毒的转基因烟草。自 1997 年至今，全国共批准种植 100 多种转基因植物，其中包括迟熟的番茄、能抗病毒的青椒、彩色棉花等等。

3.2 生物芯片

生物芯片的概念来自计算机芯片，是在 20 世纪 90 年代中期发展起来的高科技产物。由于生物芯片最初的目的是用于 DNA 序列的测定，基因表达谱鉴定，所以生物芯片又被称为 DNA 芯片或基因芯片。

生物芯片只有指甲盖一般大小，在这样小的面积上通过平行反应可得到无数的生物信息。生物芯片的基质一般是经过处理后的玻璃片，片上有成千上万个微凝胶，可进行并行检测；同时，由于微凝胶是三维立体的，它相当于提供了一个三维检测平台，能固定住蛋白质和 DNA 并进行分析。

目前，该技术应用领域主要有基因表达谱分析、新基因发现、基因突变及多态性分析、基因组文库作图、疾病诊断和预测、药物筛选、基因测序等。从 20 世纪 80 年代初 SBH (sequencing by hybridization) 概念的提出，到 90 年代初以美国为主开始进行的各种生物芯片的研制，不到十年的功夫，芯片技术得以迅速发展，并呈现发展高峰。国外的多家大公司及政府机构均对此表现出极大兴趣，并投以可观的财力。

(1) 基因破译

由多国科学家参与的“人类基因组计划”，正力图在 21 世纪初绘制出完整的人类染色体排列图。众所周知，染色体是 DNA 的载体，基因是 DNA 上有遗传效应的片段，构成 DNA 的基本单位是 4 种碱基。由于每个人拥有 30 亿对碱基，破译所有 DNA 的碱基排列顺序无疑是一项巨型工程。而与传统基因序列测定技术相比，基因芯片破译人类基因组和检测基因突变的速度要快数千倍。

基因芯片是最重要的一种生物芯片，是指将大量探针分子固定于支持物上，然后与标记的样品进行杂交，通过杂交信号的强弱判断靶分子的数量。用该技术可将大量的探针同时固定于支持物上，所以一次可对大量核酸分子进行检测分析，从而解决了传统核酸印迹杂交技术操作复杂、自动化程度低、检测目的分子数量少、效率低等不足。它能在同一时间内分析大量的基因，使人们准确高效地破译遗传密码。

(2) 疾病检测诊断

生物芯片在疾病检测诊断方面具有独特的优势。它可以仅用极小量的样品，在极短时间内，向医务人员提供大量的疾病诊断信息，这些信息有助于医生在短时间内找到正确的治疗措施。例如对肿瘤、糖尿病、传染性疾病等常见病和多发病的临床检验及健康人群检查，均可以应用生物芯片技术。

例如，过去，检测癌症的通常方法是用影像学方法，像人们熟知的 X 光、B 超和 CT 等，还有就是直接手术或做病变组织的穿刺活检，但都很难对肿瘤做出早期诊断，且对人体有较大伤害。而现在，用生物芯片检测癌症，一次只需抽 0.1mL 血，将一张名片大的芯片插入微电子仪器中，通过分析 12 种肿瘤标志物，即可在数十分钟内同时完成原发性肝癌、肺癌、胃癌、食道癌、胰腺癌、前列腺癌和乳腺癌等多种危害人类健康的恶性肿瘤普查。

(3) 药物筛选

目前国外几乎所有的主要制药公司都不同程度地采用了生物芯片技术来寻找药物靶标，查检药物的毒性或副作用。可以针对不同基因型的个体采取不同的治疗方法和用药，以获得最佳疗效。这也就是所谓的个性化医疗。

更重要的是，应用生物芯片技术进行大规模的药物筛选可以省略大量的动物试验，使从基因到药物的过程尽可能地快速和高效。缩短药物筛选所用时间，从而带动创新药物的研究和开发。

当代新药物研究竞争十分激烈，其焦点就在于药物筛选。低耗、高效率地筛选出新药或先导化合物是问题的核心，采用基因芯片技术可大大缩短新药的开发过程。无论是直接检测化合物对生物大分子如受体、酶、离子通道、抗体等的结合作用，还是检测化合物作用于细胞后基因表达的变化，生物芯片技术作为一种高度集成化的分析手段都能很好胜任。利用生物芯片技术可比较正常组织及病变组织中大量相关基因表达的变化，从而发现一组疾病相关基因作为药物筛选的靶标，这种策略尤其适用于病因复杂或尚无定论的情况。例如，在恶性肿瘤细胞基因表达模式及肿瘤相关因子发掘中具有重要作用。应用基因芯片技术对中药作用机制的研究将为中药走向世界奠定坚实的基础。

另外生物芯片在农业、食品监督、司法鉴定、环境保护等方面都将作出重大贡献。生物芯片技术的深入研究和广泛应用，将对21世纪人类生活和健康产生极其深远的影响。

总之，生物芯片是生命信息的集成，将给生命科学的研究方式带来重大改变，开辟了一个生命信息研究和应用的新纪元。

从DNA双螺旋结构的提出开始，便开启了分子生物学时代。分子生物学使生物大分子的研究进入一个新的阶段，使遗传的研究深入到分子层次，“生命之谜”被打开，人们清楚地了解遗传信息的构成和传递的途径。在以后的近50年里，分子遗传学、分子免疫学、细胞生物学等新学科如雨后春笋般出现，一个又一个生命的奥秘从分子角度得到了更清晰的阐明，DNA重组技术更是为利用生物工程手段的研究和应用开辟了广阔的前景。在人类最终全面揭开生命奥秘的进程中，化学已经并将更进一步地为之提供理论指导和技术支持。

参 考 文 献

1. 钱俊生. 生命是什么 [M]. 北京：中共中央党校出版社，2000年.
2. 马立人. 生物芯片 [M]. 北京：化学工业出版社，2000年.
3. 王希成. 生物化学 [M]. 北京：清华大学出版社，2001年.
4. 齐文同，柯叶艳. 早期地球的环境变化和生命的化学进化 [J]. 古生物学报. 2002，41 (2)：295-301.
5. 肖敬平. 生命起源的历程始于何处？——从化学进化到生物进化的探索 [J]. 生命科学研究，2004，8 (4)：300-305.

第5讲　表面工程技术

引言

表面工程形成一门独立的学科虽然只是近30年的事，但其发展之快、涉及范围之广、对人们生产生活影响之大是当初大多数人所始料未及的。表面工程的概念由英格兰伯明翰大学教授汤·贝尔（Tom Bell）于1983年首次提出，现已发展成为跨学科的边缘性、综合性、复合型学科。

表面工程是将材料表面与基体一起作为一个系统进行设计，利用表面改性技术、薄膜技术和涂镀层技术，使材料表面获得材料本身没有而又希望具有的性能的系统工程。可以说，在材料表面上所发生的各种技术都是表面工程的一部分。

表面工程以最经济和最有效的方法改变材料表面及近表面区的形态、化学成分和组织结构，或赋予材料一种全新的表面。一方面它可有效地改善和提高材料和产品的性能（耐蚀、耐磨、装饰性能），确保产品使用的可靠性和安全性，延长使用寿命，节约资源和能源，减少环境污染；另一方面还可赋予材料和器件特殊的物理和化学性能。随着现代科学技术的发展，表面工程技术在表面物理和表面化学理论的基础上，融汇了现代材料学，现代信息技术，现代工程物理，现代医学，现代农学，现代制造技术，在工业、农业、能源、医学、信息、工程、环境和与人类生活密切相关的领域取得了突飞猛进的发展。

1　表面工程的形成与产业的发展

表面工程技术可以追溯到古代。早在遥远的年代，人类就已在木材表面涂刷桐油来增强木材的强度、抗水性和防虫蛀。3000多年前中国的大漆，2000多年前秦始皇墓中青铜剑表面改性就是极好的例证。20世纪80年代在秦始皇墓二号坑出土了19把青铜剑，经历了2000多年时光的考验，竟光亮如新、锋利如初，甚至可以切断一根发丝，实在是一个奇迹。经分析，这是因为表面有一层厚度为10μm的含铬的氧化层。进入到20世纪，通过各种物理化学方法在材料表面制造涂层和薄膜，已发展成为比较成熟的系统工程技术。到80年代提出了表面工程这个新概念的时候，表面工程技术已成为世界上10大关键技术之一。1986年国际热处理联合会更名为国际热处理与表面工程联合会，1987年中国机械工程学会表面工程研究所成立。进入90年代，其发展势头更猛，各国竞先把表面工程列入研究发展规划。美国工程科学院向美国国会提出的2000年前集中力量加强发展的9项科学技术中，有关材料的项目仅提出了材料表面科学与表面技术的研究。

我国于1987年由中国机械工程学会建立了学会性质的表面工程研究所，1988年《中国表面工程》杂志在中国创刊，1997年经国家科委正式批准更名为《中国表面工程》，面向国内外公开发行。2000年，全国焊接学会将原来的“堆焊与热喷涂专业委员会”正式更名为“堆焊及表面工程专业委员会”。从1989年召开了第一届全国表面工程学术交流会起，以后每两年召开一次，并先后于1997年11月和1999年10月在上海召开了第一届及第二届表面工程国际会议。与此同时，我国的大专院校、科研院所、工矿企业也相继建立了数以百计的以“表面工程”或“表面技术”冠名的研究机构，从而使表面工程的发展达到了一个新的高度。图10.10列出了表面工程产业的概览。

简言之，表面工程技术通过各种技术手段发展了材料的性能，丰富了材料的用途，满足

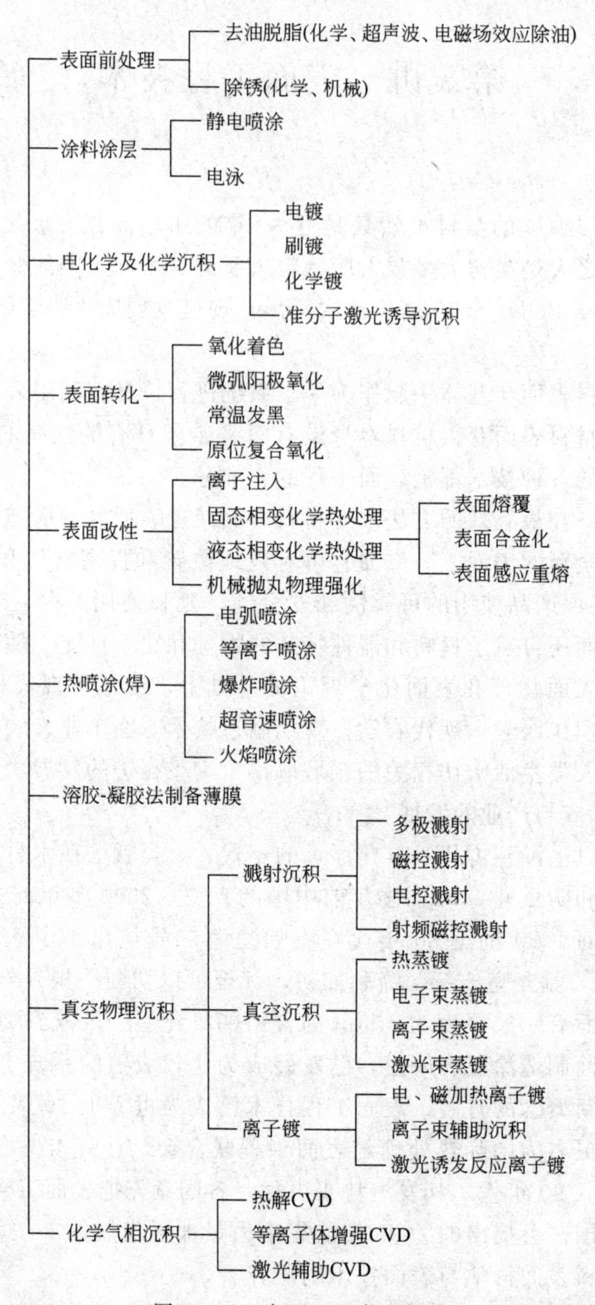

图 10.10　表面工程产业概览

了社会发展的需要，开创了材料发展的新纪元。随着生产技术的进步，必将促使表面工程技术领域涌现出越来越多的新技术、新方法，以便与日益进步的社会发展相适应。正如一些国内外知名专家预言：表面工程学科将在新世纪成为工程技术领域中令人瞩目的核心学科和重要学科。

2　表面技术的分类

表面技术有着十分广泛的内容，仅从一个角度进行分类难于概括全面，目前也没有统一的分类方法，从图 10.10 中可见，表面工程技术有很多种，但大体可以将表面工程技术分为三类：表面改性技术、薄膜技术和涂镀层技术。

① 表面改性技术　图 10.10 中的表面改性和表面转化两个方面的技术都可属于表面改性技术。实际上“表面改性”是一个具有较为广泛涵义的技术名词，它可泛指“经过特殊表面处理以得到某种特殊性能的技术”。因此，有许多表面涂镀层技术或薄膜技术也可看作表面改性技术。为了使各类技术归类完整，这里所说的表面改性技术是指“表面覆盖”以外的，通过机械、物理、化学等方法，改变材料表面的形貌、化学成分、相组成、微观结构、缺陷状态或应力状态，来获得某种特殊性能的表面处理技术。

② 薄膜技术　主要包括图 10.10 中的溶胶-凝胶法制备薄膜、真空物理沉积和化学气相沉积中的技术。

③ 涂镀层技术　主要包括图 10.10 中的涂料涂层、电化学及化学沉积、热喷涂中所列出的技术。

表面工程技术为各个领域、各行各业高技术的发展开辟了新天地。它所形成的表面改性层、薄膜和涂镀层几乎扩展到所能设想到的每个方面，同时其基础理论也在不断丰富和发展。主要领域包括：①通过电沉积工艺在金属（后发展到在塑料、陶瓷等非金属材料）基体表面制造多种金属或合金涂层；②在钢铁或其它基材表面涂刷涂料来获得漆膜，仅涂料一项，我国 1348 家规模以上涂料企业，2009 年涂料总产量达 755.44 万吨，首次跃居世界第一，全国规模以上涂料企业完成工业总产值 1835 亿元，2010 年上半年，我国涂料行业完成产量 497.2 万吨，较 2009 年同期相比增长 24.4%，完成产值 1026.28 万元，同比增长 29.7%；③通过涂刷油、蜡、脂在材料表面得到各类防锈润滑作用的涂膜；④通过化学气相沉积（CVD）、物理气相沉积（PVD）、磁控（电控）溅射等获得多种性能或用途的薄膜，据 BBC Inc. 统计全球 1995 年 CVD、PVD 和离子注入业的设备材料销售值近 90 亿美元，到 2000 年达 150 亿美元，年增长率 7.4%，大于工业平均增长率。

涂层材料品种的发展也很快，已有单一金属、多种合金、高分子聚合物、工程塑料、合成橡胶、陶瓷、金属陶瓷、无机硅酸盐及具有特殊光、磁、电性能等等材料。同时制造涂层和薄膜的工艺技术和工艺方法亦愈来愈多，有电沉积、化学沉积、真空沉积、浸镀、刷镀、静电喷涂、电泳、电弧喷涂、等离子喷涂、爆炸喷涂、超音速喷涂、热熔覆、激光熔覆等。各类制造涂层与薄膜的工艺技术促进了相应工程装备的发展，工程技术界不断推陈出新，各类加工制造用设备愈来愈先进。

值得一提的是，由于表面涂层、表面薄膜、表面改性在材料科学上的巨大发展潜力，已涌现出将多种表面工程技术复合而形成的复合表面处理技术。目前已开发的一些复合表面处理如等离子喷涂与激光辐照复合、热喷涂与喷丸复合、化学热处理与电镀复合、激光淬火与化学热处理复合、化学热处理与气相沉积复合等，已经取得良好效果，有的还收到了意想不到的效果。

3　常见表面技术的原理与应用

在上述三大类表面技术中，每一类又可分为多种技术，下面仅就几种常见的利用化学或物理化学原理的表面技术及应用作一简单介绍。

3.1　涂料

涂料（coating）是一种用于涂装物体表面形成涂膜，从而起到保护、装饰、标志和其它特殊功能（如绝缘、防污、减阻、隔热、耐辐射、导电、导磁、抗静电、隐身、阻燃等）的材料。

很久以前，涂料都是用植物油和天然树脂加工而成，所以通称油漆，1790 年英国建立了第一个油漆厂。随着工业的发展，合成树脂逐步取代了植物油，所以现在把涂装物面的各种材料统称为涂料。涂料作为一个工业部门仅有百年的历史，但其应用却非常广泛。在我们的周围，可以说涂料无处不在，从室内的墙壁、冰箱、橱柜和家具，甚至录音录像带和光盘上，到户外的房屋、汽车、船舶、桥梁、饮料罐以及口香糖包装等地方随处可见。目前涂料品种已近千种、产量逐年增加。2009 年全球涂料产值 930 亿美元，预计到 2013 年将达到 1208 亿美元，产量将达到 4340 万吨。下面就涂料的组成、分类和成膜的基本原理作一简单介绍。

（1）涂料的组成

涂料的组成按功能包括 4 部分：成膜物质、颜料、溶剂和助剂。如图 10.11 所示。

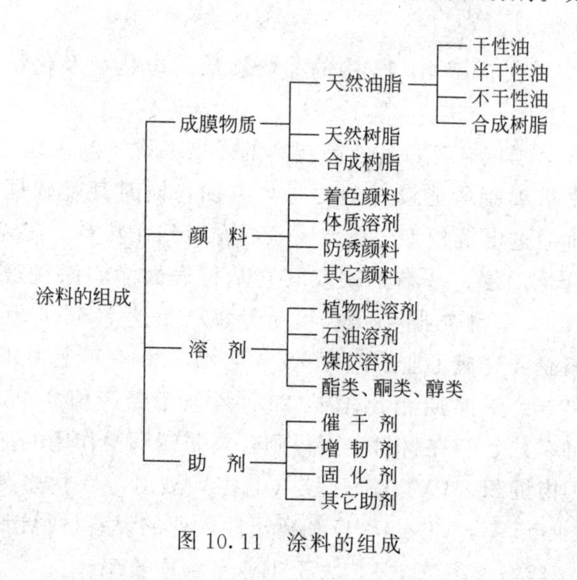

图 10.11　涂料的组成

① 成膜物质　是在涂料中能形成涂膜的主要物质，是决定涂料性能的主要因素，有时也叫基料或漆料。主要有油脂、天然树脂、天然高分子及合成树脂等。

② 颜料　颜料通常是固体粉末，虽然本身不能成膜，但它始终留在涂膜中，能使涂膜呈现色彩和具有遮盖力，还能增强涂膜的耐老化性和耐磨性以及增强膜的防蚀、防污等能力。颜料的种类很多，如白色颜料有钛白粉（TiO_2）、锌白（氧化锌）等，黑色颜料有炭黑、氧化铁黑（Fe_3O_4），彩色颜料有铬黄（$PbCrO_4$）、铁红（Fe_2O_3）、铁蓝（普鲁士蓝 $FeK[Fe(CN)_6]\cdot H_2O$）等，还有金属颜料如铝粉（俗称银粉）、防锈颜料如磷酸锌等等。除此之外，还有大量的有机物颜料。

③ 溶剂　涂料中加入溶剂，为的是溶解或分散成膜物质，降低成膜物质的黏稠度，以便施工得到均匀而连续的涂膜。溶剂在成膜过程中挥发掉，所以又叫挥发分。所用的溶剂有有机溶剂和水。

④ 助剂　在涂料中应用的助剂越来越多，其用量往往很小，占总配方的百分之几，甚至千分之几，但它们在改善性能，延长贮存期限，扩大应用范围和便于施工等方面常常起很大的作用。包括催干剂、增塑剂、润湿剂、分散剂、防沉淀剂，此外，还有防结皮剂、防霉剂、增稠剂、触变剂、消光剂、抗静电剂、紫外线吸收剂、消泡剂、流平剂等等。

（2）涂料的分类

经过长期的发展，涂料的品种特别繁杂，用途也各异，有许多分类方法。

根据主要成膜物质可分为有机涂料和无机涂料，有机涂料中根据成膜树脂类型又可分为醇酸、环氧、丙烯酸涂料等。

按照溶剂类型又可分为溶剂型（以有机溶剂为分散剂，又分为低固体分和高固体分两种）涂料、水性（以水为分散剂）涂料、粉末涂料、辐射固化涂料等。未来涂料发展的方向将体现在以下两个方面：一是向更加环保、绿色方向发展，将不断开发出高固体分、水性、粉末和辐射固化的涂料；二是向更加功能化的方向发展，各种功能化特种涂料产品将不断问世。

按照用途涂料可分为 3 大类：建筑涂料、产品涂料和特种涂料。建筑涂料主要包括用于装饰和保护建筑物外壁和内壁的涂料，占涂料总量的 50%左右，其中乳胶漆占 70%以上。产品涂料通常也叫工业漆，是在工厂里施工于汽车、家电、电磁线、飞机、家具、金属罐等等上的涂料，占涂料总产量的 30%左右。其余 20%左右的是特种涂料，它是指在工厂外施工的工业涂料和一些其它涂料，如防火涂料、防水涂料、耐高温腐蚀的陶瓷涂料、示温涂料、导电涂料、磁性涂料、路面标线涂料、防霉灭虫涂料、耐磨涂料、海洋重防腐涂料等等。特种涂料不仅要满足国防尖端产品和高科技发展的特殊需要，而且还要满足国民经济各部门新发展的特种要求。

（3）涂料成膜的基本原理

生产和使用涂料的目的是为了得到符合需要的涂膜，涂料形成涂膜的过程直接影响涂料能否充分发挥预定的效果以及所得涂层的各种性能是否能充分表现出来。涂膜的固化机理一般有 3 种类型。

① 物理机理干燥　只靠涂料中液体（溶剂或分散相）蒸发而得到干硬涂膜的干燥过程即为物理机理干燥。在干燥过程中，高聚物不发生化学反应。

② 涂料与空气发生反应的交联固化　氧气能与干性植物油和其它不饱和化合物反应而产生游离基并引发聚合反应而固化。所以在贮存期间，涂料罐必须密封良好，与空气隔绝。

③ 涂料组分之间发生反应的交联固化　涂料在贮存期间必须保持稳定，可以用双组分包装涂料法或是选用在常温下互不发生反应，只是在高温下或受到辐射时才发生反应的组分，比如，紫外光固化涂料是一种单组分、无溶剂的涂料，涂覆时接受紫外光的照射，液体涂料将会在零点几秒到几十秒的时间内固化成膜。

近年来，研究人员正在开发一种联合固化技术，即将几种涂料固化技术结合起来，以克服单一固化技术的缺点。

3.2　电化学及化学沉积

电化学及化学沉积表面技术中，常见的有电镀、电刷镀和化学镀技术。

（1）电镀

电镀是应用电解的方法将一种金属覆盖到另一种金属表面的过程，需要在电解槽中进行。其过程是将经过除油、除锈前处理的金属镀件作为阴极、镀层金属作为阳极、以镀层金属的盐溶液作为电解液，通电后进行电解。如电镀锌、电镀铜等。为了使镀层结晶细致，厚薄均匀，与基体结合牢固，电镀液通常不能用简单的金属盐溶液，而是用待镀金属的配合物溶液，如镀锌时通常采用碱性锌酸盐或锌的氰化物溶液作电解液。

近年来流行的合金镀，如镀黄铜（铜锌合金）、可焊性合金（锡铅合金）、耐蚀合金（锌镍合金）、仿金电镀（铜锌合金或铜锌锡合金）等，其基本原理都是通过用加入配位剂以生成不同的配合物的方法，来控制溶液中不同金属离子的浓度，使电极电势代数值较大的金属离子浓度稍低，而电极电势代数值较小的金属离子浓度较高，从而使不同的金属离子的析出电势相等或相近，达到多种金属离子同时在阴极上获得电子并同时沉积在作为阴极的工件表面，形成合金镀层。

（2）电刷镀

电刷镀是近年来发展起来的一种修复机械零部件的新技术。它的基本原理与电镀相同，只是不用镀槽，而是将电解液浸在包着阳极（称为镀笔）的棉花包套中，刷镀时，接通电源后，用浸满镀液（即电解液）的镀笔与工件（阴极）直接接触，在阳极与阴极的相对运动中，即可获得镀层，且镀层随刷镀时间的延长而增厚。为了获得良好的镀层，刷镀前和一般电镀一样需对镀件进行除油、除锈等表面处理，只不过是用镀笔浸取除油或除锈液进行处理。刷镀主要用于修复被磨损或加工超差的零件，也可用于印制板和电器接点的维修与防护。由于电刷镀技术能以很小的代价，修复价值较高的机械的局部损坏部位，被誉为“机械的起死回生术”而得到广泛应用。

（3）化学镀

化学镀是一个不外加电源，在金属表面的催化作用下经化学还原法进行的金属沉积过程。因不用外电源，故又称为无电镀（Electroless plating，Non electrolytic）。由于反应必须在具有自催化性的材料表面进行，美国材料试验协会推荐用自催化镀一词（Autocatalytic plating）。由于金属的沉积过程是纯化学反应，所以将这种金属沉积工艺称为“化学镀”最为恰当，这样它才能充分反映该工艺过程的本质。所以 Chemical、Non electrolytic、Electroless 3 个词就是一个意义了。目前“化学镀”这个词在国内外已被大家认同和采用。

化学镀的历史较短，最早是美国标准局的 Brenner 和 Riddell 于 1946 年发明的化学镀镍。化学镀镍一问世，立刻就受到人们的关注，但化学镀镍真正被工业界广泛重视是近 30 年的事。20 世纪 80 年代以来，随着电子、计算机、石油化工、汽车工业等迅速发展，化学镀镍以每年高于 15%的增长速度在发展，目前，化学镀镍在几乎所有的工业部门都获得广泛应用，成为近年来表面技术领域中发展速度最快的工艺之一。

化学镀不是通过界面上固液两相间金属原子和离子的交换，而是液相离子 M^{n+}，通过液相中的还原剂 R，在金属表面或其它材料表面上的还原沉积：

$$M^{n+} + R \xrightarrow{\text{表面催化}} M + R^{n+}$$

化学镀过程必须要有催化剂。基体往往可以作为催化剂，但当基体被完全覆盖之后，要想使沉积过程继续进行下去，其催化剂只能是沉积金属本身。所以化学镀可以说是一种沉积金属的、可控制的、自催化的化学反应过程。化学镀镀层厚度与时间成正比，理论上认为可以产生很厚的沉积层。

一个能够进行化学镀的溶液，必须包含以下的物质：

① 待镀金属单质的来源——通常是金属的盐类；

② 把待镀金属的离子还原成单质的还原剂；

③ 为了维持化学镀液的稳定性而加入的一种或多种配位剂，它们与待镀金属的离子形成配合物，同时还可防止生成沉淀。

④ 包含有维持镀液 pH 恒定的缓冲剂和提高镀液稳定性、增加镀液寿命的稳定剂。

以目前应用最为广泛的化学镀镍-磷合金为例，金属盐一般用硫酸镍，常用的还原剂是次亚磷酸钠（NaH_2PO_2）。用次亚磷酸钠作还原剂的化学镀镍层除含镍外，还含有一部分磷，形成 Ni-P 合金，故称其为化学镀 Ni-P 合金，通常所称的化学镀镍实际上即是化学镀 Ni-P 合金。

化学镀的前处理与电镀相同，也需要除油、除锈。其一般工艺流程如图10.12所示。

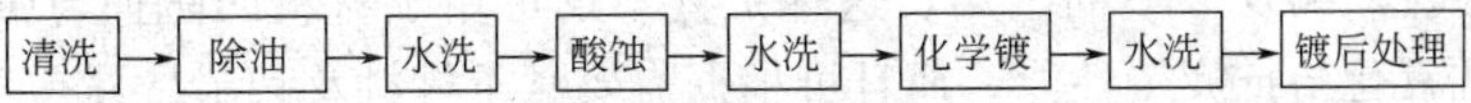

清洗 → 除油 → 水洗 → 酸蚀 → 水洗 → 化学镀 → 水洗 → 镀后处理

图10.12 化学镀的一般工艺流程

除油的目的是除去工件表面在机械加工或存储过程中残留的润滑油、防锈油、抛光膏等油脂或污物以免镀层不均匀或漏镀。主要的除油方式有有机溶剂除油、碱液除油、电化学除油、乳化剂除油、超声波除油等。

酸蚀也叫酸洗，是将金属工件浸入酸或酸性盐溶液中，除去金属表面的氧化膜、氧化皮及锈蚀过程。经过前处理后的镀件即可放入化学镀液中进行施镀。

与电镀相比，化学镀镍-磷层有以下优点：

① 均镀能力和深镀能力好，可以在形状复杂的表面上产生均匀厚度的镀层，包括盲孔、深孔零件和长径比很大的管件，有“无孔不入”的特点；

② 镀层致密，孔隙少；

③ 不需要电源，设备简单，操作容易；

④ 除金属之外还可在其它非金属表面上镀覆；

⑤ 非晶态合金，镀镍层具有特殊的机械、物理和化学性能，其硬度指标远远超出电镀镍，且具有高的耐磨性、耐蚀性；

⑥ 镀层与基体有良好的结合力。

我国化学镀技术应用的步伐虽也很快，但由于起步较晚，目前我国化学镀镍的最大用户还是采油业和石油化工业，离国际水平尚有较大的差距，巨大的市场等待我们去开发。

除了化学镀镍-磷合金以外，还有其它一些镀种，如化学镀铜、化学镀钴、化学镀贵金属、化学镀多元合金、化学复合镀等，在此不再详述。

3.3 表面改性

表面改性的技术有很多种，在此只介绍阳极氧化和化学热处理的原理及应用。

(1) 阳极氧化

有些金属在空气中能生成氧化物保护膜，而使内部金属在一般情况下免遭腐蚀。如铝及其合金表面很容易生成一层极薄的氧化膜（0.01～1μm），在大气中有一定的抗腐蚀能力，但由于这层氧化膜是非晶的，它使铝件表面失去原有的光泽。此外，氧化膜疏松多孔、不均匀，抗蚀能力不强，且容易沾染污迹，因此铝及其合金制品通常需进行氧化处理。

阳极氧化即是一种电化学的氧化处理方法。它是将金属置于电解液中作为阳极，使金属表面形成几十至几百微米的氧化膜的过程，这层氧化膜的形成比金属在空气中自然氧化形成的氧化膜具有更好的防腐、耐磨性能。

如铝及其合金的阳极氧化，是用工件作为阳极，别的铝板作为阴极，用稀硫酸（或铬酸）溶液作电解液。通电后，发生下列电解反应：

阳极（工件）：$2Al + 6OH^-(aq) = Al_2O_3 + 3H_2O + 6e$　　（主要反应）

$4OH^-(aq) = 2H_2O + O_2(g) + 4e$　　（次要反应）

阴极：$2H^+ + 2e = H_2$

从而在铝及其合金工件表面生成了与铝基体结合牢固的 Al_2O_3 氧化膜。

(2) 化学热处理

化学热处理是将金属或合金工件置于一定温度的活性介质中保温，使一种或几种元素渗入它的表层，以改变其化学成分、组织和性能的工艺。化学热处理的种类很多，包括渗碳、渗氮、碳氮共渗、渗硼及渗不同金属。这种工艺不仅可用于材料的防护与强化，提高耐腐蚀、耐磨损、抗氧化与抗疲劳性能，而且可根据需要赋予材料及其制品具有光学、磁学、隔热、装饰等多种功能，也可为高新技术及产品的发展提供一系列新型材料与复合金属板材。

下面以渗碳为例简单介绍化学热处理的基本原理。

渗碳是使碳原子渗入金属表面使其形成金属碳化物的过程。作为渗碳的工作介质有固体、气体和液体等三大类，如碳、烃类、碳酸盐等。尽管工作介质品质繁多，但渗碳过程都包括三个基本步骤：①工作介质（渗碳剂）在高温下分解生成活性碳原子，如渗碳剂 CH_4 在高温下的渗碳炉内经过一系列反应生成活性碳原子；②活性碳原子被金属表面吸收；③碳原子向金属内层扩散而形成渗碳层。

表 10.6 列出了一些化学热处理技术及热处理所能达到的目的。

表 10.6　一些化学热处理技术及热处理目的

方法		目的				
		耐磨	抗擦伤	抗高温氧化	耐腐蚀	抗疲劳
化学热处理	渗碳、碳氮共渗	O				O
	渗氮	O	O			O
	氮碳共渗	O	O			O
	渗硫		O			
	硫氮共渗	O	O			O
	硫氮碳共渗	O	O			O
	渗硼	O		O	O	O
	渗硅			O	O	
	渗铬	O		O	O	O
	渗铝			O	O	
	渗锌	O		O	O	
	渗钛	O	O		O	
	碳化物覆层	O	O	O	O	

3.4　化学气相沉积

化学气相沉积工艺是将金属的碳化物、氮化物、硼化物或氧化物直接沉积在金属材料的表面的过程。例如，在钢铁工件上沉积 TiC 的化学气相沉积工艺中，可以将 $TiCl_4$ 蒸气在氢气的载带下通入装有工件的高温（一般为 900～1200℃）反应炉内，并与烃类进行一系列反应最终生成 TiC 沉积在工件表面。

化学气相沉积工艺所达到的目的与化学热处理相似，但经化学气相沉积所产生的沉积层具有与基体金属结合牢固、沉积层厚度均匀、结构致密、质量稳定等优点。此外，这类沉积层还具有类似于润滑油墨的作用。因此可作为无油润滑减摩层，使工件的磨损大大降低。

化学气相沉积技术的最大缺点是需要较高的工作温度。随着目前等离子体增强化学气相沉积、激光辅助化学气相沉积的出现，能够达到的沉积工作温度在逐渐升高，可沉积物质的种类在不断扩大，沉积层性能的范围也在逐渐扩大。可以说，表面技术已达到不仅可以改变物体表面的化学组成、组织结构，还可以赋予物体一个全新的表面，更可观的是还可以根据性能需要任意选择沉积层。

结　语

传统的表面技术，随着科学技术的进步而不断创新。在电弧喷涂方面，发展了高速电弧喷涂，使喷涂质量大大提高。在等离子喷涂方面，已研究出射频感应耦合式等离子喷涂、反应等离子喷涂、用三阴极枪等离子喷枪喷涂及微等离子喷涂。在电刷镀方面研究出摩擦电喷镀及复合电刷镀技术。在涂装技术方面开发出了粉末涂料技术和光（辐射）固化技术。在黏结技术方面，开发了高性能环保型黏结技术、纳米胶黏结技术、微胶囊技术。在高能束应用方面发展了激光或电子束表面熔覆、表面淬火、表面合金化、表面熔凝等技术。在离子注入方面，继强流氮离子注入技术之后，又研究出强流金属离子注入技术和金属等离子体浸没注入技术。在解决产品表面工程问题时，新兴的表面技术与传统的表面技术相互补充，为表面工程工作者提供了宽广的选择余地。

表面工程技术与其它科学技术一样，也以空前的速度在发展着。它通过 20 世纪 60～70 年代电子束、激光束、离子束进入表面加工技术所产生的巨大推动力，经过 40 多年的努力，已产生了第一个重大的突破性进展——形成了表面工程学；表面技术所进行的表面改性、所沉积的薄膜、所涂覆的涂镀层，像魔术师一样几乎可以将材料表面改造成人们所期望的具有各种功能的表面，制造出各种性能的产品甚至性能独特的产品，为各行各业的具体工程和产品的设计和制造服务。

展望未来，可预计 21 世纪表面工程将迎来第二个辉煌，取得第二个重大的突破性进展，那就是各行各业、各项工程、各项产品的设计师和工程师都会将表面工程设计与制造纳入其工程或产品的总体设计与制造之中，进行“表面与整体”同时设计与制造，制造出我们现在甚至无法想象的高性能产品，使降落在我们这个星球上的所有工程和产品都是运行良好、寿命长的一件工艺品，从而获得最大的经济效益。节约地球上有限的资源和能源，为实现材料可持续发展作出应有的贡献。

参 考 文 献

1. 李金桂，吴再思，赵进. 迈入 21 世纪表面工程的发展 [C] //2000 国际表面工程与防腐蚀技术研讨会论文集. 上海，2000：1-7.
2. 林安，倪浩明，练元坚. 表面工程的世纪性发展 [C] //1999 年第二届表面工程国际会议论文集. 武汉，1999：5-9.
3. 钱伯容. 我国涂料与涂装工业现状及重点发展方向 [C] //2000 国际表面工程与防腐蚀技术研讨会论文集. 上海，2000：24.
4. 钱苗根，姚寿山，张少宗. 现代表面技术 [M]. 北京：机械工业出版社，1999.
5. 顾迅. 现代表面技术的涵义、分类和和内容 [J]. 金属热处理. 1999（2）：1-4.
6. 程铸生. 精细化学品化学（修订版）[M]. 上海：华东理工大学出版社，1996.
7. 陈士杰，涂料工艺（增订本）：第一分册 [M]. 北京：化学工业出版社，1996.
8. [美] Zeno W. 威克斯等著. 有机涂料科学和技术 [M]. 经桴良，姜英涛等译. 北京：化学工业出版社，2002.
9. 刘国杰. 特种功能性涂料 [M]. 北京：化学工业出版社，2002.
10. 姜晓霞，沈伟. 化学镀理论及实践 [M]. 北京：国防工业出版社，2000.
11. 曾华梁，吴仲达，陈钧武等. 电镀工艺手册. [M]. 第二版. 北京：机械工业出版社，1997.
12. 胡信国，李桂芝. 化学镀镍的国内外现状与发展 [C] //第四届化学镀会议论文集，杭州，1998：1-17.
13. 胡信国. 化学镀镍新技术及其在工业中的应用 [J]. 电镀与精饰，1998，20（2）：30-32.
14. 胡信国. 21 世纪的化学镀镍技术 [C] //第五届化学镀会议论文集，上海，2000：1-8.
15. 李国英. 化学热处理及新型表面改性技术//表面工程手册第 5 篇. 北京：机械工业出版社，1998.

第6讲　化学与能源

1　能源与社会进步

能源、材料和信息被喻为人类社会发展的三大支柱，而能源又是材料和信息的生产、运输的动力和基础。人类的文明始于火，通过燃烧把化学与能源紧密地联系在一起。人类巧妙地利用化学过程中所伴随的能量变化，创造了五光十色的现代物质文明。社会进步的历史表明，每一次能源技术的创新和突破都给生产力的发展和社会进步带来重大而深远的变革。

1.1　能源的分类

能源（energy source）是指提供能量的自然资源。能源品种繁多，按其来源可以分为三大类：一是来自地球以外的太阳能，除太阳的辐射能之外，煤炭、石油、天然气、水能、风能等都间接来自太阳能；第二类来自地球本身，如地热能，原子核能（核燃料铀、钍等存在于地球自然界）；第三类则是由月球、太阳等天体对地球的引力而产生的能量，如潮汐能。其中，在自然界现成存在，可直接获得而无须改变其形态和性质的能源又称为一次能源(primary energy)，如煤炭、天然气、风能、水能、太阳能、地热能、潮汐能等。由一次能源经过加工或转化成另一种形态的能源产品，如电力、汽油、柴油、煤气等又称为二次能源(secondary energy)。能源的分类如表10.7所示。

表10.7　能源的分类

类　别		常规能源	新　型　能　源
一次能源	可再生能源	水能 生物质能(柴草、植物秸秆等)	太阳能(发电、供热等)；海洋能(温差、波力、动力、潮汐等)；风能(动力、发电等)；地热(热能、发电等)
	非再生能源	煤炭、石油、油页岩、沥青砂、天然气、核裂变燃料	核聚变能量
二次能源		煤炭制品(煤气、焦炭、水煤浆)、石油制品(汽油、煤油、柴油和液化气)、电力、氢能、沼气、激光、等离子体和发酵酒精等	

根据消费后能否造成环境污染，又可将能源区分为污染型能源和洁净型能源。如煤炭、石油等是污染型能源，而水力能、风能、氢能和太阳能等是洁净型能源。

1.2　能源与社会进步

地球从太阳的辐射中获取光和热，这种光和热经植物的光合作用又被转化为生物质(biomass)的化学能。埋藏在地下的动植物残骸经过漫长的地质作用转化为煤炭、石油和天然气等化石能源。江河湖海中的水，经日晒蒸发再凝聚降落在高山丘陵之间形成水力能；空气经太阳光能加热，因密度差而形成风能。所以可以说太阳能是地球上主要能源的总来源。

从火的发现到18世纪产业革命之间，树枝、杂草、秸秆等生物质燃料一直是人类使用的主要能源，这称为柴草时期。

18世纪中叶，煤炭开始大规模开采。1769年詹姆士·瓦特（James Watt，1736—1819）发明蒸汽机，煤炭作为蒸汽机的动力之源，完成了第一次产业革命，使煤炭成为人类的主要能源，这称为煤炭时期。

20世纪初，在美国、中东、北非等地区相继发现了大油田及伴生的天然气。石油的大量开采和炼油工艺的提高，使石油很快成为能源消费的主流，这称为石油时期。

常规能源（如煤炭、石油和天然气）的燃烧将化学能转换为热能和光能，同时生成二氧化碳、水和其它无机物。由于其中含有硫、氮等有害元素，在燃烧过程中转化为二氧化硫和氮氧化物而造成大气污染。同时人类对化石燃料的消费速度远远超过了动植物经地质作用形成化石能源的速度，因此化石能源面临着被消耗殆尽的危险。

随着化石能源的枯竭，太阳能、物体运动能、原子能、氢能等新型能源将取代煤炭、石油和天然气而成为人类的主要能源，这是将要到来的新能源时期。

2 化石燃料（fossil fuel）

2.1 煤炭

(1) 煤炭的组成与结构

煤炭（coal）是储量最丰富的化石燃料。世界煤炭可采储量约 10^{12} t，中国约占11%，仅次于俄罗斯和美国，处于第三位。煤炭既是重要的能源，也是重要的化工原料。

煤炭是一类具有高碳氢比的有机交联聚合物与无机矿物所构成的复杂混合物。煤炭有机大分子由许多结构相似但又不相同的结构单元组成。结构单元的核心是缩合程度不同的稠环芳香烃，及一些脂环烃和杂环化合物。结构单元之间由氧桥及亚甲基桥联接，它们还带有侧链烃基、甲氧基等基团。大分子在三维空间交联成网络状结构，一些小分子以氢键或范德华力与其相连。无机矿物被有机大分子所填充和包埋，形成复杂的天然“杂化”材料。

组成煤的主要元素有碳、氢、氧、氮和硫，它们占煤炭有机组成的99%以上。按其变质程度由低到高可分为泥炭、褐煤、烟煤和无烟煤四大类。不同变质程度煤的元素组成和发热量范围见表10.8。

表10.8　煤的元素组成和发热量

煤种	C/%	H/%	O/%	N/%	S/%(总硫)	发热量/(MJ·kg^{-1})
泥炭	约50	5.3～6.5	27～34	1～3.5		8～10
褐煤	50～70	5～6	16～27	1～2.5	微量	10～17
烟煤	70～85	4～5	2～15	0.7～2.2	约10%	21～29
无烟煤	85～95	1～3	1～4	0.3～1.5		21～25

煤的无机组成主要包括水分和矿物质（黏土、石英、硫化物、碳酸盐等）。它们在燃烧过程中，转化为灰分和粉尘引起环境恶化，并因分解吸热而降低煤炭发热量。

煤在我国能源消费结构中位居榜首（约占70%），煤的年消费量在10亿吨以上，其中30%用于发电和炼焦，50%用于各种工业锅炉、窑炉，20%用于人民生活。就是说煤的大部分是直接燃烧掉的，其中C、H、S及N分别变成 CO_2、H_2O、SO_2 及 NO_x，这样热利用效率并不高，如煤球热效率只有20%～30%；蜂窝煤高一点，可达50%，而碎煤则不到20%。至于工业锅炉用煤的热效率不仅与炉型结构有关，而且与煤的质量、形状、颗粒大小都有关系。

煤开采后应该就地进行筛分、破碎，洗选除去一些无用的杂质。随着机械化采煤的发展，煤粉的比例提高，所以还应将煤粉在加压加温条件下成型（球、棒、砖等），然后供应用户，以减少运输量，提高热效率。

直接烧煤对环境污染相当严重，二氧化硫（SO_2），氮的氧化物（NO_x）等是造成酸雨的罪魁，大量 CO_2 的产生是全球气温变暖的祸首。此外还有煤灰和煤渣等固体垃圾的处理与利用问题等。为了解决这些问题，合理利用和综合利用煤资源的办法不断出现和不断推广，其中最令人关心的一是如何使煤转化为清洁的能源，即煤的洁净；二是如何提取分离煤中所含宝贵的化工原料。

(2) 洁净煤技术

洁净煤技术（cleaning coal technology）是旨在减少污染和提高效率的煤炭加工、转换和污染控制新技术的总称。包括了煤炭使用过程各环节的净化和污染防治技术，是当前世界各国解决燃煤污染的主导技术。分为四个技术领域，14 个技术方面：

① 煤炭加工领域　选煤、型煤和水煤浆技术；

② 燃煤与发电领域　循环流化床燃煤发电技术、增压硫化床发电技术、整体煤气化联合循环发电技术；

③ 煤转化领域　气化与焦化、液化和燃料电池技术；

④ 污染排放控制及废弃物处理领域　煤层气开发利用、烟气净化、粉煤灰利用、煤矸石及矿井水资源化处理、中小锅炉改造或减排放技术。

2.2　石油和天然气

石油（petroleum）有“工业的血液”、“黑色的黄金”等美誉，自 20 世纪 50 年代开始，在世界能源消费结构中，石油跃居首位。石油产品的种类已超过几千种。石油是国家现代化建设的战略物资，许多国际争端往往与石油资源有关。现代生活中的衣、食、住、行直接地或间接地与石油产品有关。

石油是由远古时代沉积在海底和湖泊中的动植物遗体，经千百万年的漫长转化过程而形成的碳氢化合物的混合物。直接从地壳开采出来的石油称之为原油，原油及其加工所得的液体产品总称为石油。

石油是碳氢化合物的混合物，含有 1～50 个左右碳原子，按质量计，其碳和氢分别占 84％～87％和 12％～14％，主要成分为直链烷烃、支链烷烃、环烷烃和芳香烃。石油中的固态烃类称为蜡。此外，石油中还含有少量由 C、H、O、N 和 S 组成的杂环化合物。原油中硫含量变化很大，大约在 0％～7％之间，主要以硫醚、硫酚、二硫化物、硫醇、噻吩、噻唑及其衍生物的形式存在。氮含量远低于硫，约为 0％～0.8％，以杂环的衍生物形式存在，如噻唑类、喹啉类等。此外，石油中还含有其它的微量元素。

石油的成分十分复杂，在炼油厂，原油经过蒸馏和分馏，得到不同沸点范围的油品，包括石油气，轻油（溶剂油、汽油、煤油和柴油等）及重油（润滑油、凡士林、石蜡、沥青和渣油等）。将重油经过催化裂化、热裂化或加氢裂化等方法，可生产出轻质油。燃料油在氢气和催化剂（铂系和钯系贵金属）存在下，环烷烃甚至链烃组分进一步转化为辛烷值较高的芳香烃（称之为重整）。轻质油品经加氢精制使含有的杂环化合物脱除硫和氮，可提高油品质量。

原油经过一系列炼制和精制，获得了各种半成品和组分，然后再按照用途和质量要求调配得到品种繁多的石油产品。这些产品按用途可分为两类：燃料（如液化石油气、汽油、喷气燃料、煤油和柴油等）和化工原料等。

天然气（natural gas）是蕴藏在地层中的可燃性碳氢化合物气体，其成因和形成历史与石油相同，二者可能伴生，但一般埋藏部位较深。据国际经验，每吨石油大概伴有 $1000m^3$ 的天然气，所以能源工作机构及能源结构统计往往把石油和天然气归并在一起。天然气主要成分是甲烷，但也含有相对分子质量较大的烷烃，如乙烷、丙烷、丁烷、戊烷等，碳原子数超过 5 的组分在地下高温环境中，以气态开采出来，但在标准态下是液体。天然气中各组分的含量常随相对分子质量的增大而下降，其中还含有 SO_2、H_2S 及微量稀有气体。

天然气是最“清洁”的燃料，燃烧产物 CO_2 和 H_2O，都是无毒物质，并且热值也很高（约 $56kJ \cdot g^{-1}$），管道输送也很方便。我国最早开发使用天然气的是四川盆地，20 世纪末和本世纪初，在陕、甘、宁地区的长庆油田和新疆的塔里木盆地发现了特大型气田，正在开发建设中。目前，长庆油田的天然气已经输送至北京、西安等地，塔里木盆地的天然气已通过“西气东输”工程至上海，使沿路各地受益。

石油和天然气作为燃料在燃烧过程中也会产生 SO_2 和 NO_x 等有害气体，汽车尾气是氮氧化物的主要来源，对大气造成污染。石油和天然气脱硫、脱氮一直是石油化学工业的重要研究内容。

2.3 可燃冰

可燃冰（combustible ice）是天然气的一种存在形式，是天然气的水合物。它是一种白色固体物质，外形像冰雪，有极强的燃烧力，可作为上等能源。天然气水合物由水分子和燃气分子，主要是甲烷分子组成，此外还有少量的硫化氢、二氧化碳、氮和其它烃类气体。在低温（−10～10℃）和高压（10MPa 以上）条件下，甲烷气体和水分子能够合成类冰固态物质，具有极强的储载气体的能力。这种天然水合物的气体储载量可达其自身体积的 100～200 倍，$1m^3$ 的固态水合物包容有约 $180m^3$ 的甲烷气体。这意味着水合物的能量密度是煤和黑色页岩的 10 倍，是传统天然气的 2～5 倍。在海洋中，约有 90％的区域都具备天然气水合物生成的温度和压力条件。目前公认全球的“可燃冰”总能量是所有煤、石油、天然气总和的 2～3 倍。

天然气水合物是近年来才被人们发现的，由于其能量高、分布广、埋藏规模大等特点，正崭露头角，有可能成为本世纪的重要能源。全球天然气水合物中的含碳总量大约是地球上全部化石燃料含碳总量的 2 倍，世界上绝大部分的天然气水合物分布在海洋里，储存在海底之下 500～1000m 的水深范围以内。海洋里天然气水合物的资源量约为 $1.8\times10^8 m^3$，是陆地资源量的 100 倍。

目前国际上已经形成了一个天然气水合物研究的热潮。美国、加拿大、德国、英国、日本等发达国家从能源战略角度考虑，纷纷制订了长远发展规划，深入开展了海底天然气水合物物理性质、勘探技术、开发工艺、经济评价、环境影响等方面的研究工作，取得了多方面的成果。

中国已取代美国成为世界第一大石油消费国。据预测，我国今年（2011 年）石油需求量将达到 4.83 亿吨，到 2020 年将达 5.6 亿吨，届时我国石油缺口将达 2 亿吨。而我国石油工业在进入 20 世纪 90 年代后，老油区稳产难度增大，新油区生产不到位，故石油资源形势严峻，出现了可采储量入不敷出，增产幅度不大的形势。随着国民经济的持续快速稳定发展，我国能源需求与供应的紧张矛盾将长期存在，同时我国能源储量的人均占有量也远低于世界人均占有量。因此，从保障 21 世纪经济可持续发展的战略能源角度出发，把天然气水合物资源的研究、勘探和开发纳入我国的能源发展和保障计划是十分必要和紧迫的。

3 化学电源

化学电源（chemical mains）即化学电池，是一种将化学能转变为电能的装置，通称电池，主要分为一次电池（干电池）、二次电池（蓄电池）和燃料电池。这里重点介绍燃料电池。

早在 1839 年，英国人格罗夫（W. Grove）首先用铂黑为电极催化剂制成了氢氧燃料电池，并把多只电池串联起来为电源，点亮了伦敦讲演厅的照明灯。过了 100 多年，直到 20 世纪 60 年代，燃料电池才在美国太空总署（NASA）的阿波罗太空飞行计划中首次得到实质性应用。当时美国通用电气公司为阿波罗太空飞船设计了称之为 Gemini 的燃料电池动力系统，它采用海绵状的薄膜聚合物作为电池的电解液。尽管这种燃料电池具有非常理想的比功率，但价格十分昂贵，所以在较长时间内未能得到广泛应用。

当代，美国、日本和欧洲都在拟定开发燃料电池的计划。国际燃料电池公司在纽约已建成一个功率为 4.8MW 的燃料电池电力站，它用磷酸为电解质，用天然气或石脑油为燃料，用高温水蒸气与燃料反应生成氢和一氧化碳的反应气后进入电池。日本在1990年前已经投资了170亿日元，用于燃料电池电力站的研究开发。

现有燃料电池除碱性氢氧燃料电池、磷酸型燃料电池外，还有高温固体氧化物燃料电池、熔融碳酸盐燃料电池、醇类燃料电池等，在电力站开发、航天飞船、军用、驱动电力车等众多方面有很好的发展前景。

无论是哪种电池，在设计时必须满足许多条件，主要有：①能量转换的速率大，以保证较大的电流；②电池活性物质的化学能通过外电路的自放电要小；③较高的电动势；④电池容量大；⑤能在较宽的温度范围内正常工作。此外，材料还要价廉、安全、无毒等。

燃料电池比其它电池能更好地满足上述条件，而表现出其突出的优点。无论与传统的火力发电、水力发电或核能发电相比，还是与以往的一次、二次电池的化学电源相比，燃料电池都具有无可比拟的特点和优势。在研究和比较各种电力生产方法之后，科学家预言燃料电池将成为21世纪世界上获得电力的重要途径。因为燃料通过电池的方法来产生电力有许多优点。

① 能量转化效率高　火力发电受热机卡诺循环效率的制约，转换效率最高只有35%左右，能源浪费严重；其它物理电池，如温差电池的效率为10%，太阳能电池的效率为20%。但燃料在燃料电池中，可连续和直接地把化学反应中产生的化学能转换成电能，它的能量转化在理论上可达100%，在实际中最高可达80%。

② 环境友好　火力发电产生大量的烟雾、尘埃及有害气体而污染环境，而燃料电池排泄物一般仅为水和二氧化碳，它作为大、中型发电装置使用时，与火力发电相比，突出的优点是减少大气污染（见表10.9）。

表10.9　燃料电池与火力发电的大气污染情况比较 ［单位：10^{-6}kg/(kW·h)］

污染成分	天然气火力发电	重油火力发电	煤火力发电	燃料电池(试验型)
SO_2	2.5～230	4550	8200	0～0.12
NO_x	1800	3200	3200	63～107
烃类	20～1270	135～5000	30～10^4	14～102
尘末	0～90	45～320	365～680	0～0.014

另外，燃料电池不需传送机构，没有磨损和噪声。这使它特别适合于军事目的。

③ 高度的可靠性　燃料电池具有常规电池的积木特性，即可由若干个电池串联、并联的组合方式向外供电。所以，燃料电池既适宜于集中发电，也可以做成各种规格的分散电源和可移动电源。它的可靠性还在于，即使处于额定功率以上过载运行或低于额定功率运行，它都能承受而效率变化不大，当负载有变动时，它也能快速作出响应。

④ 比重量或比功率高　同样重量的各种发电装置，燃料电池的发电功率更大。

⑤ 适应能力强　燃料电池可以使用多种多样的初级燃料，包括火力发电厂不宜使用的低质燃料。既可用于固定地点的发电站，也可用作汽车、潜艇等交通工具的动力源。

4　新能源

新能源（new energy）指以新技术为基础，系统开发利用的能源，包括核能、氢能、太阳能、生物质能、风能、地热能、海洋能等。其中最引人注目的是太阳能的利用。下面对各种新能源做一简单介绍。

4.1　核能

核能（nuclear energy）也称为原子能（atomic energy）。原子能的可能释放模式为：原子核的衰变、原子核的裂变和原子核的聚变。

原子能的研究成果，不幸首先用于战争，危害人类自身。但二次大战结束后，科技人员很快致力于原子能的和平利用。1954 年前苏联建成世界上第一座核电站，功率为 5000kW。至今世界上已有 30 多个国家 400 多座核电站在运行之中，世界能源结构中核能的比例正在逐渐增加。

利用中子激发所引起的核裂变，是人类迄今为止大量释放原子能的主要形式。如果 1kg 的 U-235 原子核全部裂变，它放出的能量就相当于 2500t 优质煤完全燃烧时放出的化学能。U-235 核裂变时，同时放出中子，如果这些中子再引起其它 U-235 核裂变，就可使裂变反应不断地进行下去，这种反应就是我们在 6.4 节中所讲的链式反应，如图 10.13 所示。

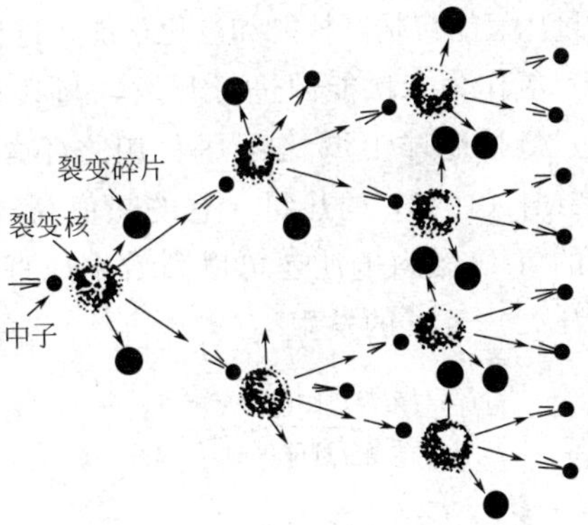

图 10.13　中子诱发 U-235 裂变形成链式反应

如果人们设法控制在链式反应中中子的增长速度，使其维持在某一数值，链式反应就会连续地缓慢地放出能量，这就是核反应堆或核电站的工作原理。核电站的中心是核燃料和控制棒组成的反应堆，其关键设计是在核燃料中插入一定量的控制棒，它是用能吸收中子的材料制成的，如硼（B）、镉（Cd）、铪（Hf）等是合适的材料。利用它们吸收中子的特性控制链式反应进行的程度。U-235 裂变时所释放的能量可将循环水加热至 300℃，高温水蒸气推动发电机发电。由此可见核电是一种清洁的能源，它没有废气和煤灰，建设投资虽高，但运行时就没有运送煤炭、石油这样繁重的运输工作，因此还是经济的。所以发展核电是解决当前电力缺口的一种重要选择。但有两个问题总是令人担忧，一是保证安全运行，二是核废料的处理。

世界上曾接二连三地出现过反应堆或核电站“失控”事故。1979 年 3 月 28 日美国宾夕法尼亚州三哩岛核电站，因反应堆冷却系统失灵，使堆心部分过热，致使部分放射性物质逸入大气。但事故得到及时处理，没有引起爆炸，对人伤害不很严重，只是核电站受到一定程度的破坏。1986 年 4 月 26 日在前苏联乌克兰基辅市北部的切尔诺贝利核电站，因人为差错和违章操作发生猛烈爆炸，反应堆内放射性物质大量外泄，造成大面积的环境污染，人畜伤亡惨重。中国国家核电自主化工作领导小组提出我国核电发展最新目标是：到 2020 年在运行核电装机容量为 86GW(10^9 W)；在建核电装机容量 32GW。

单纯以裂变能源来计算，包括天然铀和钍，储量是化石燃料（指煤、石油、天然气等）的 20 倍。至于聚变能源的储量，仅仅海水中的氘，至少可供人类利用 10^7 年！所以在原子能利用的问题上，尽管存在着巨大的技术上的困难，但对受控热核反应的研究，一直获得最大的关注，因为聚变形式的原子能实际上是一种“取之不尽，用之不竭”的能源。因此核能将成为今后能源开发利用的一个重要方向。

值得注意的是，自从今年（2011）日本的核泄漏事故发生后，各国核电发展纷纷放慢脚步，德国可能 2022 年就停止所有核电站运行，捷克、瑞士等国也宣布暂停核电站的更新计划，美国政府已要求全面检查本国核能设施，我国也将暂停审批核电站项目包括开展前期工作的项目。当然，很多政府行为都是迫于舆论压力以及安全的考虑，而不是真正放弃核电资源，相反，这将有可能促进安全性更高的三代和四代核电技术的发展。

4.2　氢能

(1) 氢能的特点

氢能（hydrogen energy）是指以氢及其同位素为主体的反应中或氢状态变化过程中所释放的

能量。氢能包括氢核能和氢化学能，这里主要讨论由氢与氧化剂发生化学反应而放出的化学能。

氢作为二次能源进行开发，与其它能源相比有明显的优势：燃烧产物是水，堪称清洁能源；氢是地球上取之不尽、用之不竭的能量资源而无枯竭之忧；1kg 氢气燃烧能释放出 142MJ（10^6J）的热量，它的热值高，与化石燃料相比，约是汽油的 3 倍、煤的 5 倍，研究中的氢-氧燃料电池还可以高效率地直接将化学能转变为电能，具有十分广泛的发展前景。

（2）氢气的发生

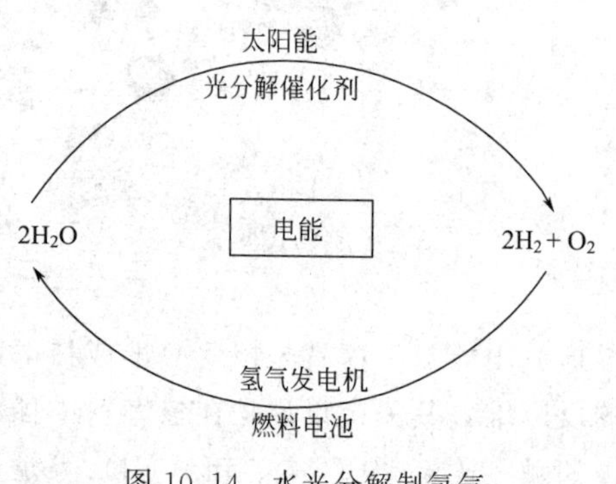

图 10.14　水光分解制氢气

氢能源的开发应用必须解决三个关键问题：廉价氢的大批量制备、氢的储运和氢的合理有效利用。

大规模制取氢气，目前主要有水煤气法、天然气或裂解石油气制氢。但作为氢能系统，此非长久之计，理由很简单：因为其原料来源有限。由水的分解来制取氢气主要包括水的电解、热分解和光分解。水的电解和热分解有能耗大、热功转化效率低、热分解温度高等缺点，不是理想的制取氢气的方法。

对化学家来讲，研究新的经济上合理的制氢方法是一项具有战略性的研究课题。目前，有人提出一种最经济最理想的获得氢能源的循环体系，如图 10.14 所示。

这是一种最理想的氢能源循环体系，类似于光合作用。整个过程分为两个阶段完成了一个循环：第一阶段，使用光分解催化剂，利用太阳光的能量将 H_2O 分解成 H_2 和 O_2；然后再用 H_2 和 O_2 制备氢氧燃料电池，产物又重新变成了 H_2O。在第一阶段中，太阳能被转变成了化学能；第二阶段化学能被转变成了电能，并重新生成起始物质——水。太阳能和水用之不竭，而且价格低廉，急需研究的是寻找合适的光分解催化剂，它能在光照下促使水的分解速度加快。当然氢发电机的反应器和燃料电池也是需要研究的问题。

实现上述良性循环，将使人类永远可以各取所需地消耗电能。光分解水制取氢的研究已有一段历史。目前也找到一些好的催化剂，如钙和联吡啶形成的配合物，它所吸收的阳光正好相当于水分解成氢和氧所需的能量。另外，二氧化钛和含钙的化合物也是较适用的催化剂。酶催化水解制氢将是一种最有前景的方法，目前已经发现一些微生物，通过氢化酶诱发电子与水中氢离子结合起来，生成氢气。总之，光分解水制取氢气一旦成功突破，将使人类彻底解决能源危机的问题。

（3）氢的输运与贮存

氢气的输运和储存是氢能开发利用中极为重要的技术，因此氢气的储存和输运技术的研究十分重要。常用储氢的方法有高压气体储存、低压液氢储存、非金属氢化物储存及金属储氢材料的固体储存等。蓬勃发展中的纳米技术也许将会给储氢技术带来新的希望（参见本章第 2 讲）。氢气的输运也是需要着力解决的问题，目前氢气的输运主要仍然使用一般的交通工具及管道输送方式。

4.3　太阳能

太阳每年辐射到地球表面的能量为 50×10^{18} kJ，相当于目前全世界能量消费的 1.3 万倍，真可谓取之不尽用之不竭，因此利用太阳能（solar energy）的前景非常诱人。如何把这些能量收集起来为我们所用，是科学家们十分关心的问题。植物的光合作用是自然界“利用”太阳能极为成功的范例。它不仅为大地带来了郁郁葱葱的森林和养育万物的粮菜瓜果，地球蕴藏的煤、石油、天然气的起源也与此有关。寻找有效的光合作用的模拟体系、利用太阳能使水分解为氢气和氧气及直接将太阳能转变为电能等都是当今科学技术的重要课题，一直受到各国政府和工业界的支持与鼓励。

太阳能与常规能源相比具有如下特点：太阳是个持久、普遍、巨大的能源；太阳能是洁净、无污染的能源；太阳能无偿而慷慨地提供给地球的每个角落，可就地取材，不受市场的垄断和操纵。

目前太阳能的利用也存在一些问题。阳光普照大地，单位面积上所受到辐射热并不大，如何把分散的热量聚集在一起成为有用的能量是问题的关键。就每个地域来说，能量供应还受昼夜、阴晴、季节、纬度等因素的较大影响，能量供应极不稳定，因此太阳能的采集和利用尚有大量课题需要研究。太阳能的利用主要有热能转换、化学能转换和电能转换等方式。

太阳能的热利用是通过集热器进行光热转化的。集热器也就是太阳能热水器，它的板芯由涂了吸热材料的铜片制成，封装在玻璃钢外壳中。铜片只是导热体，进行光热转化的是吸热涂层，这是特殊的有机高分子化合物。封装材料既要有高透光率，又要有良好的绝热性，随涂层、材料、封装技术和热水器的结构设计的不同而不同。终端使用温度较低（低于100℃）时，可供生活热水、取暖等；中等温度（100～300℃）时，可供烹调、工业用热等；温度高达300℃以上，可以供发电站使用。20世纪70年代石油危机之后，这类热水器曾蓬勃发展，特别是在美国、以色列、日本、澳大利亚等国家安装家用太阳能热水器的住宅很多(10％～35％)。20世纪80年代在美国已建成若干示范性的太阳能热发电站，用特殊的抛物面反光镜聚集热量获得高温蒸汽送到发电机进行发电。

太阳能也可通过光电池直接变成电能，这就是太阳能电池、光伏打电池。它们具有安全可靠、无噪声、无污染、不需燃料、无需架设输电网、规模可大可小等优点，但需要占用较大的面积，因此比较适合阳光充足的边远地区的农牧民或边防部队使用。已有使用价值的光电池种类不少，多晶硅、单晶硅（掺入少量硼、砷）、碲化镉（CdTe)、硒化铜铟（CuInSe）等都是制造光电池的半导体材料，它们能吸收光子使电子按一定方向流动而形成电流。光电池应用范围很广，大的可用于微波中继站、卫星地面站、农村电话系统，小的可用于太阳能手表、太阳能计算器、太阳能充电器等，这些产品已有广大市场。

对于利用阳光发电，美国、德国、日本等发达国家正致力于太阳能的开发利用。我国自20世纪80年代起也开始了太阳能电池的研究，引进了国际先进的技术。太阳能电池现已有较好应用，受到西藏无电地区牧民们的欢迎。这种小的太阳能发电装置可以为一台彩色电视机和一部卫星接收机提供电源，或为家庭照明和家用电器供电。有数据表明，2008年我国太阳能年产量已经达到3100万平方米，占世界总产量的76％，总保有量12300万平方米，占世界总保有量的56％，同时我国太阳能正以年30％的高速增长率发展。预计到2015年，仅全国住宅用太阳能热水器将达到2.32亿平方米的拥有量，普及率将达到20％～30％。

4.4　生物质能

生物质能（bio-energy）是指由太阳能转化并以化学能形式贮藏在动物、植物、微生物体内的能量。生物质（biomass）本质上是由绿色植物和光合细菌等自养生物吸收光能，通过光合作用把水和二氧化碳转化成碳水化合物而形成的。一般说，绿色植物只吸收了照射到地球表面的辐射能的0.5％～3.5％。即使如此，全部绿色植物每年所吸收的二氧化碳约7×10^{11}t，合成有机物约5×10^{11}t。因此生物质能是一种极为丰富的能量资源，也是太阳能的最好贮存方式。生物质能可以说是现代的、可再生的“化石燃料”，可为固态、液态或气态。它储量大，使用普遍，含硫量低、充分燃烧后有害气体排放极低。因此，在世界能源结构中至今还占有十分重要的地位，尤其是在广大的农村和经济不发达的地区。

稻草、劈柴、秸秆等生物质直接燃烧时，热量利用率很低，仅15%左右，即便使用节柴灶，热量利用率最多也只能达到25%左右，并且对环境有较大的污染。目前把生物质能作为新能源来考虑，并不是再去烧固态的柴草，而是要将它们转化为可燃性的液态或气态化合物，即把生物质能转化为化学能，然后再利用燃烧放热。

农牧业废料、高产作物（如甘蔗、高粱、甘薯等）、速生树木（如赤杨、刺槐、桉树等），经过发酵或高温热分解等方法可以制造甲醇、乙醇等干净的液体燃料；生物质若在密闭容器内经高温干馏也可以生成可燃性气体（一般为一氧化碳、氢气、甲烷等的混合气体）、液体（焦油）及固体（木炭）；生物质还可以在厌氧条件下发酵生成沼气，沼气是一种可燃的混合气体，其中甲烷占55%～70%，CO_2 占25%～40%。沼气作为燃料不仅热值高并且干净，沼渣、沼液是优质速效肥料，同时又处理了各种有机垃圾，清洁了环境。我国的沼气事业起步晚，但发展速度快，数量多。目前农村约有760万个小型沼气池作为家用能源。投资建设中型、大型沼气池不仅可用于发电，也可处理城市垃圾；垃圾也可直接用来发电，垃圾中含有的二次能源物质——有机可燃物所含热量多、热值高，每2t垃圾可获得相当于燃烧1t煤的热量。焚烧处理后的灰渣呈中性、无气味、不引发二次污染，且体积减少90%，重量减少75%。1t垃圾最多可获得300～400kW·h的电能。因此垃圾发电是一种非常有效的减量化、无害化和资源化的措施。

此外，科学家们发现世界各地遍生各种能产石油的树，如东南亚地区的汉加树，澳大利亚的桉树和牛角爪，巴西的苦配巴树、三角大戟、牛奶树。在国内，可作能源的植物也有广泛的分布，如陕西省的白乳木，海南岛的油楠树，南方的乌桕树，以及广泛栽种的续随子。美国人工种植的黄鼠草，每公顷可年产6000kg石油，美国西海岸的巨型海藻，可用以生产类似柴油的燃料油。我国海南岛的油楠树可谓世界石油树产油之冠，一株树最多可产燃油50kg，经过滤后可直接供柴油机使用。

生物质能资源丰富、可再生性强，是一种取之不尽，用之不竭的能源。随着科学技术的发展，人类将会不断培育出高效能源植物、发现新的生物质能转化技术。生物质能的合理开发和综合利用必将对提高人类生活水平，为改善全球生态平衡和人类生存环境做出更积极的贡献。在本章第3讲中我们已经看到有关利用生物质资源生产化工原料的内容。

4.5 风能

风能（wind energy）是利用风力进行发电、提水、扬帆助航等的技术，也是一种可以再生的干净能源。随着风力发电技术的提高和市场的不断扩大，近年来风力发电增长迅速。单机容量不断扩大，国外有实力的企业正在开发3～5MW机组，目前兆瓦机组已走向商业化。全世界风力发电装机容量到2000年底已达到1765.2万千瓦。德国居世界第一位，我国东南沿海及西北高原地区（如内蒙古、青海、新疆）也有丰富的风力资源。我国的风力发电装机量从1989年底的4200kW增长到2009年的4200万千瓦，跃居全球第二位。截止到2009年12月31日，中国（不含台湾）风电累计超过1000MW的省份超过9个，其中超过2000MW的省份4个，分别是内蒙古、河北、辽宁和吉林。

4.6 地热能（terrestrial heat energy）

地壳深处的温度比地面上高得多，利用地下热量也可进行发电。在西藏的发电量中，一半是水力发电，约40%是地热电。西藏羊八井地热电站的水温在150℃左右。台湾清水地热电站水温达226℃。近年来发展最快的是中、低温地热的利用，可用于采暖、洗浴、医疗、旅游、种植业等。目前，全国已发现地热点3200多处，打成地热井2000多眼。地热能与地球共存亡，地热潜力不容忽视。

4.7 海洋能

在地球与太阳、月亮等互相作用下海水不停地运动，站在海滩上，可以看到滚滚海浪，其中蕴藏着潮汐能、波浪能、海流能、温差能等，这些能量总称海洋能（ocean energy）。从20世纪60年代起法国、前苏联、加拿大、芬兰等国先后建成潮汐能发电站。中国海洋能资源十分丰富，其中可开发的潮汐能就有2000万千瓦以上。我国在东南沿海先后建成多个小型潮汐能电站，其中浙江温岭的江厦潮汐能电站具有代表性，它建成于1980年，至今运行状况良好。

4.8 节能技术（energy saving technology）

国民经济的发展要求能源有相应的增长，人口的增长和生活条件的改善也需要消耗更多的能量。现代社会是一个耗能的社会，没有相当数量的能源是谈不上现代化的。现代主要能源是煤、石油和天然气，它们都是短期内不可能再生的化石燃料，储量都极其有限，因此大力开发新能源、提高能源利用效率和节能必须齐头并进。节能不是简单地指少用能量，而是指要充分有效地利用能源，尽量降低各种产品的能耗，这也是国民经济建设中一项长期的战略任务。

一个国家或一个地区能源利用率的高低一般是按生产总值和能源总消耗量的比值进行统计比较的，它与产业结构、产品结构和技术状况有关。和国际相比，我国的单位GDP能耗比日本高4倍，比美国高2倍，比印度高1倍。所以若能赶上印度的能源利用率，要实现GDP翻一番，似乎不必增加能源消费量。要实现国民经济现代化，既要开发能源，又必须降低能耗，开源节流并举，并且要把节流放到更重要的位置。

我国长期面临能源供不应求的局面，人均能源水平低，同时能源利用率低，单位产品能耗高。所以必须用节能来缓解供需矛盾，促进经济发展，同时也有利于环境保护。因此节能是我国的一项基本国策。

根据国家能源委员会的预测，到2020年，新型的节能车、新型的工业节能装置和热力系统，以及节约能源的部分基础设施将取代现存的能源设施。

参考文献

1. 唐有祺，王夔. 化学与社会 [M]. 北京：高等教育出版社，1998.
2. 夏熙. 迈向21世纪的化学电源 [J]. 电池，2000，30 (3)：95-97.
3. 王金良，马扣祥. 化学电源科普知识（Ⅰ）～（Ⅶ）[J]. 电池工业，2000.5 (4) ～2001.6 (4).
4. 胡琳，奚方喆，薛晓辉. 浅谈我国21世纪能源结构发展趋势 [J]. 中国科技纵横，2010 (10)：249-249.
5. 金永君. 原子能——21世纪能源发展的趋势 [J]. 应用能源技术，2001 (4)：18-20.
6. 周善元. 21世纪的新能源——生物质能 [J]. 江西能源，2001 (4)：34-37.
7. 刘明光等. 新能源中的核电发展 [J]. 核技术，2010，33 (2)：81-86.
8. 陈雯. 我国风力发电的现状与展望 [J]. 应用能源技术，2010 (8)：49-51.
9. 隋静，黄红良，陈红雨. 我国燃料电池的研究现状——第二届广州燃料电池会议述评 [J]. 电源技术，2004 (2)：125-128.

第7讲 材料化学

1 材料化学的内涵

材料是指经过某种加工（包括开采和运输），具有一定的组成、结构和性能，适合于一定用途的物质，它是人类生活和生产活动的重要物质基础。当今国际社会公认，材料、能源和信息技术是新科技革命的三大支柱。

人类对材料的认识和利用，经历了一个漫长的探索、发展的历史过程。最初，人类依靠大自然的恩赐，主要是从天然物中取得所需的材料，石器、骨器等成为人类利用的第一代材料。随着金属冶炼技术的发展，青铜、钢铁相继登上材料世界的舞台，各种合金材料的相继问世，使金属成为主导材料。20世纪初发展起来的高分子材料，扩大了材料的品种和范围，推动了许多新技术的发展，使人类进入了合成材料的时代。近几十年来，新型无机非金属材料异军突起，发展极快，在材料世界中，和金属材料、有机高分子材料形成三足鼎立之势。在此基础上，第四代材料——复合材料就应运而生，在能源开发、电子技术、空间技术、国防工业和环境工程等领域中大显身手。第五代材料——智能化材料又在研究和开发之中。这类材料本身具有感知、自我调节和反馈的能力，即具有敏感（能感知外界作用）和驱动（对外界作用做出反应）的双重功能，如同模仿生命系统的作用一样。它能像人的五官感知客观世界；又能能动地对外做功，发射声波，辐射热能和电磁波，甚至促进化学反应和改变颜色等类似于生命体的智慧反应。

一种崭新技术的实现，往往需要崭新材料的支持。例如，人们早就知道了喷气航空发动机比螺旋桨航空发动机有很多优点，但由于没有合适的材料能承受喷射出燃气的高温，使这种理想只能是空中楼阁，直到1942年制成了耐热合金，才使喷气发动机的制造得以实现。同样，如果没有1970年制成的使光强度损耗降低到20dB/km并在室温下能连续工作的激光材料，光导纤维通信技术难以迅速发展，并逐步形成庞大产业。再者，如果不能制成高纯度大直径的硅单晶，就不会有高度发展的集成电路，也不会有今天如此先进的计算机和一切电子设备。这样的例子可以说举不胜举。

反过来，先进的技术又促使了具有前所未有性能的新材料的诞生。例如，利用巨型计算机可以计算出要求什么样的性能便应该有什么样的成分组成，甚至还没有制造出来便可以先用虚拟现实技术观看所制成的零件在工作时的表现。这就使得在研制新材料时，具有更大的主动性、预见性，避免盲目地做大量无益的探索。而且，计算机还可以算出原子之间应该怎样排列才能具有所需要的性能，并利用可以操纵单个原子层的技术将其制造出来。所以，现代的材料技术正同其它高技术互相支持、共同发展。

目前世界上传统材料已有几十万种，而新材料正以每年5%的速度在增加，化学元素周期表中已有90多个元素在工业上全部被采用。

大量的科学实验证明，在给定的外界条件下，若材料的化学成分固定时，材料的性能（力学、物理及化学性质）只取决于材料内部的结构和组织，即在材料的组成、结构与性能三者中，结构起着关键作用。不仅材料的化学组成对材料的最终性能产生重大影响，而且各种物理结构和形态也会对最终的使用性能起重要作用。这一方面为材料的研究和开发带来一些不利因素，但另一方面又为获得性能更加优异的材料提供了潜在的多种可能。这也是材料科学蓬勃发展的一个重要原因。

那么，什么是材料化学呢？材料化学是研究材料的制备、组成、结构、性质及其应用的一门科学。它既是材料科学的一个重要分支，又是化学学科的一个组成部分，具有明显的交叉学科、边缘学科的性质，并且是材料科学的核心部分，具有明显的应用理科性质，在理论和实践上的重要性是不言而喻的。

2 金属材料

金属材料学是材料科学中最先形成的一个分支，也是构成当代材料科学的基础和骨架。金属材料学是研究金属材料的成分及制备工艺、组织结构、材料性能和使用性能这四个要素以及它们之间相互关系的科学。在第 8 章中我们知道了金属的性质和一些金属材料的用途。纯金属一般具有良好的塑性，但其机械性能往往很难满足工程技术等多方面的需要，因此金属材料常以合金的形式使用。合金即是在纯金属中，有意识地加入一种或多种其它元素，通过适当的成型加工，制造出具有不同性能的各种金属材料。

轻质合金是以轻金属为主要成分的合金材料。有色金属与合金中的铝、镁及其合金都属于轻金属和轻合金。铝合金可按加工方式分为变形铝合金和铸造铝合金。经热处理提高强度的变形铝合金为硬铝合金，其制品的强度和钢相近，而质量仅为钢的 1/4 左右，但耐腐蚀性较差。用压力加工法提高强度的变形铝合金称为防锈铝合金，可耐海水腐蚀，可用于造船工业等。轻合金中用途最广泛的先进铝合金家族中，高强高模铝锂合金是其中的一枝新秀。锂是自然界中最轻的金属，它的密度为 $0.534g \cdot cm^{-3}$，大约是铝的 1/5，是钢的 1/15。所以在铝合金中增加少量的锂就可以使它的密度显著降低。对于快速冷凝粉末铝锂合金来说，直接采用铝锂合金的减重效果可以达到 10%左右，这对于追求轻质高强材料的航空航天工业来说是具有很大吸引力的。据有关部门预测，民航机上改用铝锂合金后，飞机重量可以减轻 8%～16%(不改设计或重新设计)，如 B737 将可减重 2178kg，B747SP 可减重 4200kg，B747-200 可减重 5200kg，A310 可减重 2600kg，A340 可减重 3900kg。

形状记忆合金是在 20 世纪 60 年代初期发现的，它是一种特殊的合金，有一种不可思议的性质，即使把它揉成一团，一旦达到一定温度，它便能在瞬间恢复到原来的形状。由镍和钛组成的合金具有记忆能力，称为 NT 合金。

首先将预先加工成某一形状的这种 NT 合金，在 300～1000℃高温下热处理几分钟至半小时，这样 NT 合金就会记忆被加工成的形状。以后在室温下无论形状怎样变化，一旦将它的温度升至一定温度时，它就会恢复成原来被加工成的形状。

形状记忆合金的结构尚未完全探明，为什么金属会记住某些固定形状的问题也还没有完全研究清楚。据科学家推测，金属的结晶状态，在被加热时和冷却时是不同的，虽然外表没有变化，然而在一定温度下，金属原子的排列方式会发生突变，这称为相变。能引起记忆合金形状改变的条件是温度。分析表明，这类合金存在着一对可逆转变的晶体结构。例如含有 Ti 和 Ni 各为 50%的记忆合金，有两种晶体结构，一种是菱形的，另一种是立方体的。这两种晶体结构相互转变的温度是一定的。高于这一温度，它会由菱形结构转变为立方体结构；低于这一温度，又由立方体结构转变为菱形结构。晶体结构类型改变了，它的形状也就随之改变。

具有这种形状记忆效应的合金，除了镍-钛合金外，还先后发现铜-锌、金-镉、镍-铝等约 20 种合金，其中“记忆力”最好的是 NT 合金。

形状记忆合金的应用范围广泛，除了可用于温度控制装置、集成电路引线、汽车零件与机械零件外，由于其与生物体的相容性好、耐蚀性强，还可用于骨折部位的固定、人造心脏零件、牙齿矫正等医用材料。

由于NT合金成本昂贵，目前正在研制廉价的铜系形状记忆合金。

我们知道，氢气燃烧不仅能放出大量的热量，而且燃烧后产物为水，不会污染环境，但氢气的储存和运输却是个难题。储氢技术是氢能利用走向实用化、规模化的关键。1968年美国布鲁海文国家实验室首先发现镁-镍合金具有吸氢特性，1969年荷兰菲利普实验室发现钐钴（$SmCo_5$）合金能大量吸收氢，随后又发现镧-镍合金（$LaNi_5$）在常温下具有良好的可逆吸放氢性能，从此贮氢材料作为一种新型贮能材料引起了人们极大的关注。根据技术发展趋势，今后储氢研究的重点是在新型高性能规模储氢材料上。国内的储氢合金材料已有小批量生产，但较低的储氢质量比和高价格仍阻碍其大规模应用。镁系合金虽有很高的储氢密度，但放氢温度高，吸放氢速度慢，因此研究镁系合金在储氢过程中的关键问题，可能是解决氢能规模储运的重要途径。

磁性合金材料是合金材料的另一种形式。磁性体是由电磁作用而产生磁化的物质。凡是能磁化到较大磁化强度并在实际中可利用其磁性的强磁性体称为磁性材料。我国古代发明的指南针、指南车就是利用了磁性材料的特点。

磁性金属和合金一般都有磁电阻现象。所谓磁电阻是指在一定磁场下电阻改变的现象。所谓巨磁阻就是指在一定的磁场下电阻急剧减小，一般减小的幅度比通常磁性金属与合金材料的磁电阻数值约高10余倍。巨磁电阻效应是近10年来发现的新现象。1986年德国的Cdnberg教授首先在Fe/Cr/Fe多层膜中观察到反铁磁层间耦合。1988年法国巴黎大学的肯特教授研究组首先在Fe/Cr多层膜中发现了巨磁电阻效应，这在国际上引起了很大的反响。20世纪90年代，人们在Fe/Cu、Fe/Al、Fe/Au、Co/Cu、Co/Ag和Co/Au等纳米结构的多层膜中观察到了显著的巨磁阻效应。由于巨磁阻多层膜在高密度读出磁头、磁存储元件上有广泛的应用前景，因而美国、日本和西欧都对发展巨磁电阻材料及其在高技术上的应用投入了很大的力量。1992年美国率先报道了Co/Ag、Co/Cu颗粒膜中存在巨磁电阻效应，这种颗粒膜是采用双靶共溅射的方法在Ag或Cu非磁薄膜基体上镶嵌纳米级的铁磁的Co颗粒。这种人工复合体系具有各向同性的特点。颗粒膜中的巨磁电阻效应目前以Co-Ag体系为最高，在液氮温度可达55%，室温可达20%，而目前实用的磁性合金仅为2%～3%。但颗粒膜的饱和磁场较高，降低颗粒膜磁电阻饱和磁场是颗粒膜研究的主要目标。颗粒膜制备工艺比较简单，成本比较低，一旦在降低饱和磁场上有所突破将存在着很大的潜力。最近，在FeNiAg颗粒膜中发现最小的磁电阻饱和磁场约为32kA/m，这个指标已和具有实用化的多层膜比较接近，从而为颗粒膜在低磁场中应用展现了一线曙光。我国科技工作者在颗粒膜巨磁阻研究方面也取得了进展，在颗粒膜的研究中发现了磁电阻与磁场线性度甚佳的配方与热处理条件，为发展新型的磁敏感元件提供了实验上的依据。

在巨磁电阻效应被发现后的第6年，1994年，IBM公司研制成巨磁电阻效应的读出磁头，将磁盘记录密度一下子提高了17倍，达5Gbit/in^2，最近报道为11Gbit/in^2，从而在与光盘竞争中磁盘重新处于领先地位。由于巨磁电阻效应大，易使器件小型化，廉价化。除读出磁头外同样可应用于测量位移角度等的传感器中，可广泛地应用于数控机床、汽车测速、非接触开关、旋转编码器中。与光电等传感器相比，它具有功耗小、可靠性高、体积小、能工作于恶劣的工作条件等优点。利用巨磁电阻效应在不同的磁化状态具有不同电阻值的特点，可以制成随机存储器（MRAM），其优点是在无电源的情况下可继续保留信息。1995年报道自旋阀型MRAM记忆单位的开关速度为亚纳秒级，256Mbit的MRAM芯片亦已设计成功，成为可与半导体随机存储器（DRAM、SEUM）相竞争的新型内存储器。此外，利用自旋极化效应的自旋晶体管设想亦被提出来了。

巨磁电阻效应在高技术领域应用的另一个重要方面是微弱磁场探测器。随着纳米电子学的飞速发展，电子元件的微型化和高度集成化，要求测量系统也要微型化。由上述可见，巨磁阻较有广阔的应用情景。

3 新型无机非金属材料

现时的无机非金属材料，已不再仅是传统意义上的陶瓷、玻璃、水泥和耐火材料——通常所称的“硅酸盐材料”，而是涌现了一系列应用新技术的高性能先进无机非金属材料，也称“无机新材料”，包括结构陶瓷、功能陶瓷、半导体材料、新型玻璃、非晶态材料和人工晶体等除金属材料和高分子材料以外的几乎所有的材料。这些新材料的出现是无机非金属材料科学与工程学科近几十年来取得的重大成就，它们的应用极大地推动了科技的进步。

3.1 特种陶瓷

特种陶瓷是以碳、硅、氮、氧、硼等元素的人工化合物为主要原料，改进和发展传统陶瓷工艺而获得的新型陶瓷材料。由于特种陶瓷的强度和韧性都有大幅度提高，克服了传统陶瓷性脆易碎的弱点，已成为受到普遍重视的一种重要的新型工程材料。

这种陶瓷在国外又称工程陶瓷、精密陶瓷或结构陶瓷。按应用和发展大致可分为高强高温结构陶瓷、电工电子特种功能陶瓷和复合陶瓷 3 大类。

高强高温结构陶瓷强度高，特别是高温机械性能好，是优异的高温结构材料。氧化铝陶瓷，抗拉强度高达 $2650kg/cm^2$，抗弯强度更高达 $3000\sim5500kg/cm^2$，而工作温度 1980℃；氮化硅陶瓷耐各种酸碱腐蚀，耐辐射，收缩小，工作温度也可达 1400℃；碳化硅陶瓷导电、导热性优良，抗氧化，抗蠕变，热稳定性好，在惰性气体中工作温度高达 2300℃；氧化锆陶瓷在常温下绝缘，而在 1000℃以上时是良导体，可作 1800℃高温发热元件，最高工作温度可以达到 2400℃。这类特种陶瓷优异的高温性能是一般金属材料乃至硬质合金也望尘莫及的，是高温发热元件、绝热发动机和燃气涡轮机叶片、喷嘴等高温工作器件的重要材料，还可用作高温坩埚、高速切削刀具和磨具材料。

电工电子特种功能陶瓷具有特殊的声、光、电、磁、热和机械力的转换、放大等物理、化学效应，是功能材料中引人注目的新型材料。如有“白石墨”之称的氮化硼陶瓷，烧结后硬度不高，可方便地进行各种机械切削加工，并有优异的耐热性、高温绝缘性和导热性，在惰性气体中工作温度可达 2800℃，不仅可作高频绝缘材料和高温耐磨件等，而且是优良的半导体 P 型硼扩散源；硅化钼陶瓷导电不亚于金属，强度高，而且在 1.3K 以下温度时有超导性；氧化铍陶瓷比强度高，导热性好，可用于大规模集成电路基片及大功率气体激光管散热片；氧化铝、氟化镁和硫化锌陶瓷，可透过红外线和微波；氧化钆陶瓷在 1800℃高温仍有优良的透明度；氧化锆基陶瓷对电子绝缘，又有良好的离子导电性，还是具有气敏、热敏、光敏、压敏、磁敏和半导体等效应的换能、传感功能陶瓷，更是特种陶瓷中的佼佼者。这类以金属氧化物为主要原料的特种功能陶瓷，已是能源、空间技术、计算机技术等尖端技术的重要功能材料。

复合陶瓷最近发展较快，主要有纤维增强陶瓷和金属陶瓷。复合陶瓷不仅强度、韧性和工艺性都有很大提高，而且还具有一些特异性能。如含钴粉的金属陶瓷，在高温时钴等金属吸热蒸发，降低基体温度，保证材料强度，是优良的火箭喷口和耐热壳体材料。

据国外技术权威部门预测，新世纪开始，世界特种陶瓷平均每年以 15%～20%的速度增长，专家预测到 2015 年我国特种陶瓷的产值将达到 4500 亿元。

目前，国外特种陶瓷按原料组成可分为氧化铁陶瓷、氧化铝陶瓷、氧化钛陶瓷、氧化硅陶瓷、碳化硅陶瓷与金属陶瓷等。特种陶瓷应用范围正从电容器、滤波器、点火器、磁头、高级烹调餐具、保温器材、医疗器械和通信器件等方面，迅速向航天、航空、卫星以及半导体芯片等高新技术领域进军。我国已成功地采用多种方法制成陶瓷颗粒材料，其中有氧化锆、氧化铝、氧化钛、氧化硅、碳化硅、氮化硅等。同时，国家计委已将纳米碳酸钙、硅基纳米陶瓷粉及制品，列入国家组织实施的高技术产业化专项公告之内。科学工作者为了扩大纳米颗粒材料在陶瓷改性中的应用，提出运用纳米添加技术，使常规陶瓷综合性能大为改善之设想，采用纳米技术改造传统陶瓷预示着特种陶瓷开始进入新的阶段，世界特种陶瓷产业将实现新的飞跃。

3.2　半导体材料

半导体是大家比较熟悉的一类材料，半导体的电导率在 $10^{-3} \sim 10^{9} \Omega \cdot cm$ 之间。在一般情况下，半导体电导率随温度的升高而增大，这与金属导体恰好相反。凡具有上述两种特征的材料都可归入半导体材料（semiconductor material）的范围。与金属依靠自由电子导电不同，半导体的导电是借助于载流子（电子和空穴）的迁移来实现的。

最常见的半导体材料是元素周期表中第ⅣA族的硅和锗，还有周期表中第ⅢA族和第ⅤA族元素形成的化合物半导体，如砷化镓等。

最早得到应用的元素半导体是硒晶体。1923年，科学家用硒制造出了第一只半导体整流器，可以把交流电转变为直流电，3年以后出现了氧化亚铜整流器。真正作为现代半导体材料起点的当数锗单晶。1947年，科学家发明了第1只锗晶体管。1950年，科学家用提拉法制造出第一块高完整性的锗单晶。此后，各种半导体材料提纯技术、单晶生长技术、薄膜技术及器件制造技术如雨后春笋般地迅速发展起来。整个世界也随之发生了天翻地覆的变化。有谁能想到，20世纪40年代一台需要用一座二层楼房才能安放的电子计算机，现在只需要用一个火柴盒即可装下。这经历了一个从电子管到晶体管到集成电路，再到超大规模集成电路的发展过程。

1958年，科学家们宣布，世界上第一块集成电路诞生了！这就宣告了集成电子学时代的到来。所谓集成电路，就是在一块很小的半导体晶片上，采用特殊制造工艺，把许许多多晶体管、电阻、电容元件制作在上面，形成一个十分紧凑的复杂电路。10年以后，科学家已可在米粒大小的硅片上集成1000多个晶体管，开始了大规模集成电路时代。又一个10年过去了，科技工作者已能在一片米粒般大的硅片上集成15.6万个晶体管，这就是我们所说的超大规模集成电路。这是多么神奇的鬼斧神工啊！

制造超大规模集成电路时，对半导体单晶材料有相当高的要求。晶体中每一颗细小的即使在显微镜下也无法看到的杂质或灰尘及每一个微小的晶体缺陷，都是隐藏在器件中的一颗“定时炸弹”，往往会使整个集成块报废。所以，在制造半导体单晶、薄膜和器件时，除了要求超净的工作环境、精密的控制系统之外，对原料纯度还有极高的要求。例如，有的半导体器件要求材料的纯度高达99.9999999999%，也就是说材料中总的杂质含量必须控制在1/10万亿以下。要实现这一要求，必须依靠制备超高纯材料的专门高技术。所以说，现代半导体材料和器件本身就属于高技术范畴，制造半导体材料与器件是一项精密细致的系统工程。

3.3　激光晶体

激光晶体（laser crystal）是指可将外界提供的能量通过光学谐振腔转化为在空间和时间上相干的具有高度平行性和单色性激光的晶体材料。是晶体激光器的工作物质。激光晶体由发光中心和基质晶体两部分组成。大部分激光晶体的发光中心由激活离子构成，激活离子部分取代基质晶体中的阳离子形成掺杂型激光晶体。激活离子成为基质晶体组分的一部分时，则构成自激活激光晶体。

20世纪60年代激光器的出现，开创了光学领域的崭新局面，促进了光电技术的发展。激光技术是光电子技术的核心组成部分，而激光晶体是激光器的工作物质。自1960年第1台红宝石激光器件问世以来，人们对激光工作物质进行了广泛深入的研究与探索。固体激光晶体经历了60年代的起步，70年代的探索，80年代的发展过程，已从最初几种基质晶体发展到常见的数十种。作为固体激光器的主体，激光晶体发展成固体激光技术的重要支柱。正是由于激光晶体具有如此的重要性，才使其成为具有广阔发展前景的固体激光材料。国外有关资料显示，世界激光器市场具有持续稳定增长的前景。多年来各国政府在拨款方面逐渐减少，迫使各企业努力开发民用产品，采用新技术和降低成本的措施，并结合用户市场的需求开发新产品。尤其自1996年以来，激光器市场，包括材料加工、医疗、通信等迅速扩大，销售持续稳定增长。

激光晶体是由晶体基质和激活离子组成。激光晶体的激光性能与晶体基质、激活离子的特性关系极大。目前已知的激光晶体，大致可以分为氟化物晶体、含氧酸盐晶体和氧化物晶体3大类。激活离子可分为过渡金属离子、稀土离子及锕系元素离子。目前已知的约320种激光晶体中，约290种（90%）是掺入稀土作为激活离子的。可见稀土在激光晶体中已经成为一族很重要的元素，在发展激光晶体材料中将发挥重要作用，反过来，激光晶体的巨大发展也将推动稀土的广泛应用。

4 有机高分子材料

高分子合成材料是以天然和人工合成的高分子化合物为基础的一类非金属材料。1870年，美国发明家海厄特（J. W. Hyatt，1837—1920）用樟脑增塑硝酸纤维素制得赛璐珞塑料，是第一个通过天然高分子改性制得的高分子材料。1909年，美国科学家贝克兰德（L. H. Baekeland，1863—1944）制得的酚醛塑料（他用自己的名字命名为贝克兰德塑料）是第一个合成的高分子材料。20世纪20年代末期，施陶丁格等人提出的高分子学说被确认。70年代，石油化工技术的发展更使高分子合成材料的生产技术水平和产品性能达到了新的高度。

高分子材料具有原料来源丰富、价格低廉、加工方便以及具有橡胶弹性、强度高等独特的性能，使它获得了极其广泛的应用。现代的工业和日常生活都离不开高分子的三大合成材料——塑料、合成纤维和合成橡胶。在全世界塑料的通用品种中，聚乙烯、聚苯乙烯、聚氯乙烯、聚丙烯四大品种的总产量在亿吨左右。其它如透光性好的有机玻璃，称为“塑料王”的耐腐蚀塑料聚四氟乙烯，作为工程塑料的聚砜、聚碳酸酯、聚甲醛、聚酰亚胺和常用作泡沫塑料的聚氨酯等，都是人们所熟知的。合成纤维中，涤纶、腈纶、尼龙早已进入千家万户。合成橡胶中，丁苯橡胶和顺丁橡胶已部分代替天然橡胶。

高分子材料正朝着高性能化、功能化和复合化的方向发展。高性能化即通过高分子结构的控制，制备高强度、高模量、高耐热的高性能材料。功能化即制备具有导电、光学、分离、智能化等功能的高分子材料。复合化即通过纤维增强、高分子共混、融合化等达到新的功能和高性能。

4.1 高分子分离膜

传统的分离物质的技术，不论筛分、沉淀、过滤、蒸馏、结晶、吸附和离子交换等，都需要消耗大量的能量，而且分离的结果往往不令人满意。近代的高分子分离膜不仅以它的孔径大小不同而可分离大小不同粒子，更由于它们某些特有的功能而使分离更为有效。

高分子分离膜，是一种高分子薄层物。膜有固态，也有液态。1846年，德国学者会拜思用硝基纤维素制成第一张高分子膜。1920 年，麦克戈达开始观察和研究反渗透现象。30 年代，人们将纤维素膜用于超滤分离。40 年代，离子交换膜开发和利用及电渗析方法建立。50 年代，加拿大学者萨里拉简研究反渗透。1960 年，洛伯和萨里拉简成功地制备具有完整表皮和高度不对称的第一张高效能的反渗透膜，为该法奠定了基础。70 年代以来，超滤膜、微滤膜成功地开发和应用，有支撑的液膜和乳液膜及气体分离膜也相继问世。

高分子分离膜可按结构分为：①致密膜，膜中无微孔，物质仅从高分子链段之间的自由空间通过；②多孔质膜，一般膜中含有孔径为 0.02～20μm 的微孔，可用于截留胶体粒子、细菌、高分子量物质粒子等；③不对称膜，由同一种高分子材料制成，膜的表面层与膜的内部结构不相同，表面层为 0.1～0.25μm 薄的活性层，内部为较厚的多孔层；④含浸型膜，在高分子多孔质膜上含浸有载体而形成的促进输送膜和含有官能基团的膜，如离子交换膜；⑤增强膜，以纤维织物或其它方式增强的膜。

按膜的分离特性和应用角度可分为反渗透膜（或称逆渗透膜）、超过滤膜、微孔过滤膜、气体分离膜、离子交换膜、有机液体透过蒸发膜、动力形成膜、镶嵌带电膜、液体膜、透析膜、生物医学用膜等多种类别。

最初用作分离膜的高分子材料是纤维素酯类材料，后来，又逐渐采用了具有各种不同特性的聚砜、聚苯醚、芳香族聚酰胺、聚四氟乙烯、聚丙烯、聚丙烯腈、聚乙烯醇、聚苯并咪唑、聚酰亚胺等。高分子共混物和嵌段、接枝共聚物也越来越多地被用于制分离膜，使其具有单一均聚物所没有的特性。制备高分子分离膜的方法有流延法、不良溶剂凝胶法、微粉烧结法、直接聚合法、表面涂覆法、控制拉伸法、辐射化学侵蚀法和中空纤维纺丝法等。

对近沸点混合物、共沸混合物、异构体混合物等难以分离的混合物体系，以及某些热敏性物质，能够实现有效的分离。采用反渗透法进行海水淡化所需能量仅为冷冻法的 1/2，蒸发法的 1/17，操作简单，成本低廉。

果汁、乳制品加工、酿酒等食品工业中，因无需加热，可保持食品原有的风味。采用高分子富氧膜能简便地获得富氧空气，以用于医疗。还可用于制备电子工业用超纯水和无菌医药用超纯水。用分离膜装配的人工肾、人工肺，能净化血液，治疗肾功能不全患者以及做手术用人工心肺机中的氧合器等。20 世纪 80 年代以来，高分子分离膜正在向高效率、高选择性、功能复合化及形式多样化的方向发展。不对称膜和复合膜的制备以及聚合物材料的超薄膜化等的研究十分活跃。膜分离技术在新能源、生物工程、化工新技术等方面已显示出它的潜力。

4.2 功能高分子材料

功能高分子材料主要指那些能对物质、能量和信息具有传递、转换或贮存作用的高分子材料。功能高分子按其不同的功能又可分为：①具有化学活性的功能高分子，如高分子试剂、高分子催化剂、固定酶、离子交换树脂等；②具有光学性能的功能高分子，如感光树脂、光刻胶、液晶高分子等；③具有电学性能的功能高分子，如导电高分子、热电高分子、光电高分子等；④具有导磁性能的高分子，如磁性塑料、磁性橡胶等；⑤具有声学性能的功能高分子，如声电换能高分子，吸噪声防震高分子等；⑥具有热响应性能的功能高分子，如形状记忆高分子等；⑦具有医疗作用的功能高分子，如高分子医药、高分子人工脏器等。

功能高分子材料于 20 世纪 60 年代末开始得到发展。目前已达到实用化的功能高分子有：离子交换树脂、分离功能膜、光刻胶、感光树脂、高分子缓释药物、人工脏器等等。高分子敏感元件、高导电高分子、高分辨能力分离膜、高感光性高分子、高分子太阳能电池等功能高分子材料，即将达到实用化阶段。如美国能源部布鲁克海文国家实验室和洛斯阿拉莫斯国家实验室的科学家们研发出了一种可吸收光线并将其大面积转化成为电能的新型透明薄膜。这种薄膜以半导体和富勒烯为原料，具有微蜂窝结构。该技术可被用于开发透明的太阳能电池板，甚至还可以用这种材料制成可以发电的窗户。虽然这种蜂窝状薄膜的制作采用了与传统高分子材料（如聚苯乙烯）类似的工艺，但以半导体和富勒烯为原料，并使其能够吸收光线产生电荷还是第一次。这种材料由掺杂富勒烯的半导体聚合物组成，在严格控制的条件下，该材料可通过自组装方式由一个微米尺度的六边形结构展开为一个数毫米大小布满微蜂窝结构的平面。研究人员通过一种十分独特的方式来编织这种蜂窝状薄膜：首先在包含聚合物以及富勒烯在内的溶液中加入一层极薄的微米尺度的小水滴。这些水滴在接触到聚合物溶液后就会自组装成大型阵列，而当溶剂完全蒸发后，就会形成一块大面积的六边形蜂窝状平面。这是一种成本低廉而效益显著的制备方法，很有潜力从实验室应用到大规模商业化生产之中。

4.3 应用广泛的工程塑料

工程塑料（engineering-plastics）通常系指具有优异机械性能、电性能、化学性能及耐热性、耐磨性、尺寸稳定性等一系列特点的新型塑料。工程塑料作为化工高新技术和新型材料，近年来已被广泛采用，以塑代钢、以塑代木已成为国际流行趋势。工程塑料的分类见表 10.10。

表 10.10 工程塑料的分类

类别		聚合物
通用工程塑料		尼龙、聚甲醛、聚碳酸酯、改性聚苯醚、热塑性聚酯、超高分子量聚乙烯、甲基戊烯聚合物、乙烯醇共聚物等
特种工程塑料	非交联型	聚砜、聚醚砜、聚苯硫醚、聚芳酯、聚酰亚胺、氟树脂等
	交联型	聚氨基双马来酰胺、聚三嗪、交联聚酰亚胺、耐热环氧树脂等

工程塑料与金属材料相比有许多优点（容易加工、生产效率高、节约能源、绝缘性能好；质量轻，比重约 1.0～1.4，比铝轻一半，比钢轻 3/4；具有突出的耐磨、耐腐蚀性等），是良好的工程机械更新换代产品。

最近，化学家研制出了一种能代替玻璃和金属的耐高温高强度超级工程塑料。这种塑料是一种把硫基单位结合进塑料聚合体长链中的一种新型材料。这种塑料有着惊人的抗酸碱腐蚀和耐高温特性，还能填充到玻璃、不锈钢等材料中，制成特别需要高温消毒的器具（如医疗器械、食品加工机械等）。另外，这种塑料还可以做成头发吹干机、烫发器、仪表外壳和宇航员头盔等。

自 20 世纪 70 年代中期开始，一些耐热性能更好、抗拉强度更高的类似金属塑料问世了。一种商品名称叫做“Kevlar”的塑料，其强度甚至比钢大 5 倍以上，为此它成为制造优质防弹背心不可缺少的材料。

美国杜邦公司的工程技术人员研制成功迄今为止强度最大的塑料“戴尔瑞 ST”。由于这种塑料具有合金钢般的高强度，可以用来制造从汽车轴承、机器齿轮到打字机零件等许多耐磨损零部件。耐高温、高强度塑料的一个潜在用途是制造塑料汽车发动机。这种塑料发动机的重量不到金属发动机的一半，噪声也要小得多。而且，由于这种发动机可以经过模压一次成型，大大减小了加工时间和成本。

5 复合材料

科学技术的发展需要越来越多的新材料，单一结构的材料往往不能满足人们的需要。于是，科技工作者就开动脑筋研制出各种复合材料。所谓复合材料就是把两种或两种以上的材料结合在一起，使之充分发挥特长而避开各自的缺点。这样，就诞生了许许多多性能优异的新材料。复合材料是一种多相多组分材料，通过分子间的优化设计和复合加工技术，可以在性能、应用范围方面更易于满足高技术领域发展的需求。

“复合材料”一词正式使用，是在第二次世界大战后开始的，当时在“比铝轻、比钢强”这一宣传口号下，玻璃纤维增强塑料被美国空军用于制造飞机的构件，并在1950～1951年传入日本，随后便开始了复合材料在民用领域的开发和利用。

复合材料产生单一材料不具备的新功能，如在一些塑料中加入短玻璃纤维及无机填料提高强度、刚性、耐热性，同时又发挥塑料的轻质、易成型等特性。再如，添加炭黑使塑料具有导电性，添加铁氧体粉末使塑料具有磁性等等。

大量复合包装材料用贴合方法构成，如冷冻食品、罐头等的纸包装，各种汁液的纸包装。这类纸包装一般都采用复合膜。在常温可以保存一年的无菌果汁袋，从里到外是由聚乙烯/铝箔/聚乙烯/纸/聚乙烯等共5层材料贴合而成的。聚乙烯袋热封可防止水透过；铝箔可保护袋内所盛的东西避开光照并能隔绝氧气。复合膜中的纸作为结构材料，既可保持形状又可印上商标。

最常见最典型的复合材料是纤维增强复合材料。作为强度材料，最实用的是以热固性树脂为基体的纤维增强塑料（FRP）。作为功能材料而使用热塑性树脂时，称为纤维增强塑性塑料（FRTP）。以金属为基体的纤维增强金属（FRM），可获得耐高温特性。为补偿水泥的脆性、拉伸强度低等缺点而与短切纤维复合的纤维增强水泥（FRC），正在作为建筑材料使用。纤维增强橡胶（FRR）则主要用于轮胎上。

6 纳米材料（见本章第2讲“纳米化学”）

7 材料技术的发展趋势

当前，材料技术的发展有以下趋势。

第一，从均质材料向复合材料发展。以前人们只使用金属材料、高分子材料等均质材料，现在开始越来越多地使用复合材料以满足不同要求和特殊要求。

第二，由结构材料为主向功能材料、多功能材料并重的方向发展。以前讲材料，实际上都是指结构材料。但是随着高技术的发展，要求材料技术为它们提供更多更好的功能材料，而材料技术也越来越有能力满足这些要求。所以现在各种功能材料越来越多，终会有一天功能材料将同结构材料在材料领域平分秋色。

第三，材料结构的尺度向越来越小的方向发展。各种纳米材料甚至纳米复合材料以惊人的速度快速发展。

第四，由被动性材料向具有主动性的智能材料方向发展。过去的材料不会对外界环境的作用作出反应，是被动的。新的智能材料能够感知外界条件变化、进行判断并主动作出反应。

第五，通过仿生途径来发展新材料。生物通过千百万年的进化，在严峻的自然界环境中经过优胜劣汰，适者生存而发展到今天，自有其独特之处。通过“师法自然”并揭开其奥秘，会给我们以无穷的启发，为开发新材料又提供了一条广阔的途径。

参考文献

1. 严纯华. 巨磁电阻材料及其研究进展. 化学通报，1998（7）：16-21.
2. 袁冠森. 高温超导材料实用化的新进展. 稀有金属，1998，22（3）：163-163.
3. 王厚亮等. 新型无机非金属材料研究进展与未来展望. 山西建材，1998（3）：19-25.
4. 潘俊德等. 智能材料研究进展. 1998，22（5）：1-3.
5. 徐光亮，刘莉. 无机非金属材料的现状与前景. 西南工学院学报，1998，13（3）：8-15.
6. 何培之，王世驹，李续娥. 普通化学. 北京：科学出版社，2001.
7. 李峰. 新型透明太阳能电池薄膜：功能材料信息，2010（5）：104-104.

索　引

H

J

K

L

M

N

P

元素周期表

IUPAC 2013

图例：

氧化态	+2 +3 +4 +5 +6
原子序数	95
元素符号(红色的为放射性元素)	Am
元素名称(注▲的为人造元素)	镅▲
价层电子构型	$5f^7 7s^2$
原子量	243.06138(2)✦

氧化态(单质的氧化态为0，未列入；常见的为红色)

以 $^{12}C=12$ 为基准的原子量(注✦的是半衰期最长同位素的原子量)

s区元素　p区元素　d区元素　ds区元素　f区元素　稀有气体

周期＼族	1 IA	2 IIA	3 IIIB	4 IVB	5 VB	6 VIB	7 VIIB	8 VIIIB(VIII)	9 VIIIB(VIII)	10 VIIIB(VIII)	11 IB	12 IIB	13 IIIA	14 IVA	15 VA	16 VIA	17 VIIA	18 VIIIA(0)	电子层
1	1 H 氢 $1s^1$ 1.008 −1 +1																	2 He 氦 $1s^2$ 4.002602(2)	K
2	3 Li 锂 $2s^1$ 6.94 +1	4 Be 铍 $2s^2$ 9.0121831(5) +2											5 B 硼 $2s^2 2p^1$ 10.81 +3	6 C 碳 $2s^2 2p^2$ 12.011 −4 +2 +4	7 N 氮 $2s^2 2p^3$ 14.007 −3 −2 −1 +1 +2 +3 +4 +5	8 O 氧 $2s^2 2p^4$ 15.999 −2 −1	9 F 氟 $2s^2 2p^5$ 18.998403163(6) −1	10 Ne 氖 $2s^2 2p^6$ 20.1797(6)	L K
3	11 Na 钠 $3s^1$ 22.98976928(2) −1 +1	12 Mg 镁 $3s^2$ 24.305 +2											13 Al 铝 $3s^2 3p^1$ 26.9815385(7) +3	14 Si 硅 $3s^2 3p^2$ 28.085 −4 +2 +4	15 P 磷 $3s^2 3p^3$ 30.973761998(5) −3 +1 +3 +5	16 S 硫 $3s^2 3p^4$ 32.06 −2 +2 +4 +6	17 Cl 氯 $3s^2 3p^5$ 35.45 −1 +1 +3 +5 +7	18 Ar 氩 $3s^2 3p^6$ 39.948(1)	M L K
4	19 K 钾 $4s^1$ 39.0983(1) −1 +1	20 Ca 钙 $4s^2$ 40.078(4) +2	21 Sc 钪 $3d^1 4s^2$ 44.955908(5) +3	22 Ti 钛 $3d^2 4s^2$ 47.867(1) −1 0 +2 +3 +4	23 V 钒 $3d^3 4s^2$ 50.9415(1) 0 ±1 +2 +3 +4 +5	24 Cr 铬 $3d^5 4s^1$ 51.9961(6) −3 0 ±1 +2 +3 +4 +5 +6	25 Mn 锰 $3d^5 4s^2$ 54.938044(3) −2 0 ±1 +2 +3 +4 +5 +6 +7	26 Fe 铁 $3d^6 4s^2$ 55.845(2) −2 0 ±1 +2 +3 +4 +5 +6	27 Co 钴 $3d^7 4s^2$ 58.933194(4) 0 ±1 +2 +3 +4 +5	28 Ni 镍 $3d^8 4s^2$ 58.6934(4) 0 ±1 +2 +3 +4	29 Cu 铜 $3d^{10} 4s^1$ 63.546(3) +1 +2 +3 +4	30 Zn 锌 $3d^{10} 4s^2$ 65.38(2) +1 +2	31 Ga 镓 $4s^2 4p^1$ 69.723(1) +1 +3	32 Ge 锗 $4s^2 4p^2$ 72.630(8) +2 +4	33 As 砷 $4s^2 4p^3$ 74.921595(6) −3 +3 +5	34 Se 硒 $4s^2 4p^4$ 78.971(8) −2 +2 +4 +6	35 Br 溴 $4s^2 4p^5$ 79.904 −1 +1 +3 +5 +7	36 Kr 氪 $4s^2 4p^6$ 83.798(2) +2 +4	N M L K
5	37 Rb 铷 $5s^1$ 85.4678(3) −1 +1	38 Sr 锶 $5s^2$ 87.62(1) +2	39 Y 钇 $4d^1 5s^2$ 88.90584(2) +3	40 Zr 锆 $4d^2 5s^2$ 91.224(2) +1 +2 +3 +4	41 Nb 铌 $4d^4 5s^1$ 92.90637(2) 0 ±1 +2 +3 +4 +5	42 Mo 钼 $4d^5 5s^1$ 95.95(1) 0 ±1 +2 +3 +4 +5 +6	43 Tc 锝▲ $4d^5 5s^2$ 97.90721(3)✦ 0 ±1 +2 +3 +4 +5 +6 +7	44 Ru 钌 $4d^7 5s^1$ 101.07(2) 0 ±1 +2 +3 +4 +5 +6 +7 +8	45 Rh 铑 $4d^8 5s^1$ 102.90550(2) 0 ±1 +2 +3 +4 +5 +6	46 Pd 钯 $4d^{10}$ 106.42(1) 0 +1 +2 +3 +4	47 Ag 银 $4d^{10} 5s^1$ 107.8682(2) +1 +2 +3	48 Cd 镉 $4d^{10} 5s^2$ 112.414(4) +1 +2	49 In 铟 $5s^2 5p^1$ 114.818(1) +1 +3	50 Sn 锡 $5s^2 5p^2$ 118.710(7) +2 +4	51 Sb 锑 $5s^2 5p^3$ 121.760(1) −3 +3 +5	52 Te 碲 $5s^2 5p^4$ 127.60(3) −2 +2 +4 +6	53 I 碘 $5s^2 5p^5$ 126.90447(3) −1 +1 +3 +5 +7	54 Xe 氙 $5s^2 5p^6$ 131.293(6) +2 +4 +6 +8	O N M L K
6	55 Cs 铯 $6s^1$ 132.90545196(6) −1 +1	56 Ba 钡 $6s^2$ 137.327(7) +2	57~71 La~Lu 镧系	72 Hf 铪 $5d^2 6s^2$ 178.49(2) +1 +2 +3 +4	73 Ta 钽 $5d^3 6s^2$ 180.94788(2) 0 ±1 +2 +3 +4 +5	74 W 钨 $5d^4 6s^2$ 183.84(1) 0 ±1 +2 +3 +4 +5 +6	75 Re 铼 $5d^5 6s^2$ 186.207(1) 0 ±1 +2 +3 +4 +5 +6 +7	76 Os 锇 $5d^6 6s^2$ 190.23(3) 0 +1 +2 +3 +4 +5 +6 +7 +8	77 Ir 铱 $5d^7 6s^2$ 192.217(3) 0 ±1 +2 +3 +4 +5 +6	78 Pt 铂 $5d^9 6s^1$ 195.084(9) 0 +2 +3 +4 +5 +6	79 Au 金 $5d^{10} 6s^1$ 196.966569(5) +1 +2 +3 +5	80 Hg 汞 $5d^{10} 6s^2$ 200.592(3) +1 +2 +3	81 Tl 铊 $6s^2 6p^1$ 204.38 +1 +3	82 Pb 铅 $6s^2 6p^2$ 207.2(1) +2 +4	83 Bi 铋 $6s^2 6p^3$ 208.98040(1) −3 +3 +5	84 Po 钋 $6s^2 6p^4$ 208.98243(2)✦ −2 +2 +4 +6	85 At 砹 $6s^2 6p^5$ 209.98715(5)✦ −1 +1 +3 +5 +7	86 Rn 氡 $6s^2 6p^6$ 222.01758(2)✦ +2	P O N M L K
7	87 Fr 钫▲ $7s^1$ 223.01974(2)✦ +1	88 Ra 镭 $7s^2$ 226.02541(2)✦ +2	89~103 Ac~Lr 锕系	104 Rf 𬬻▲ $6d^2 7s^2$ 267.122(4)✦	105 Db 𬭊▲ $6d^3 7s^2$ 270.131(4)✦	106 Sg 𬭳▲ $6d^4 7s^2$ 269.129(3)✦	107 Bh 𬭛▲ $6d^5 7s^2$ 270.133(2)✦	108 Hs 𬭶▲ $6d^6 7s^2$ 270.134(2)✦	109 Mt 鿏▲ $6d^7 7s^2$ 278.156(5)✦	110 Ds 𫟼▲ 281.165(4)✦	111 Rg 𬬭▲ 281.166(6)✦	112 Cn 鿔▲ 285.177(4)✦	113 Nh 鿭▲ 286.182(5)✦	114 Fl 𫓧▲ 289.190(4)✦	115 Mc 镆▲ 289.194(6)✦	116 Lv 𫟷▲ 293.204(4)✦	117 Ts 鿬▲ 293.208(6)✦	118 Og 鿫▲ 294.214(5)✦	Q P O N M L K

★	57	58	59	60	61	62	63	64	65	66	67	68	69	70	71
镧系	La★ 镧 $5d^1 6s^2$ 138.90547(7) +3	Ce 铈 $4f^1 5d^1 6s^2$ 140.116(1) +2 +3 +4	Pr 镨 $4f^3 6s^2$ 140.90766(2) +3 +4	Nd 钕 $4f^4 6s^2$ 144.242(3) +2 +3 +4	Pm 钷▲ $4f^5 6s^2$ 144.91276(2)✦ +3	Sm 钐 $4f^6 6s^2$ 150.36(2) +2 +3	Eu 铕 $4f^7 6s^2$ 151.964(1) +2 +3	Gd 钆 $4f^7 5d^1 6s^2$ 157.25(3) +3	Tb 铽 $4f^9 6s^2$ 158.92535(2) +3 +4	Dy 镝 $4f^{10} 6s^2$ 162.500(1) +3 +4	Ho 钬 $4f^{11} 6s^2$ 164.93033(2) +3	Er 铒 $4f^{12} 6s^2$ 167.259(3) +3	Tm 铥 $4f^{13} 6s^2$ 168.93422(2) +2 +3	Yb 镱 $4f^{14} 6s^2$ 173.045(10) +2 +3	Lu 镥 $4f^{14} 5d^1 6s^2$ 174.9668(1) +3

★	89	90	91	92	93	94	95	96	97	98	99	100	101	102	103
锕系	Ac★ 锕 $6d^1 7s^2$ 227.02775(2)✦ +3	Th 钍 $6d^2 7s^2$ 232.0377(4) +3 +4	Pa 镤 $5f^2 6d^1 7s^2$ 231.03588(2) +3 +4 +5	U 铀 $5f^3 6d^1 7s^2$ 238.02891(3) +2 +3 +4 +5 +6	Np 镎 $5f^4 6d^1 7s^2$ 237.04817(2)✦ +3 +4 +5 +6 +7	Pu 钚 $5f^6 7s^2$ 244.06421(4)✦ +3 +4 +5 +6 +7	Am 镅▲ $5f^7 7s^2$ 243.06138(2)✦ +2 +3 +4 +5 +6	Cm 锔▲ $5f^7 6d^1 7s^2$ 247.07035(3)✦ +3 +4	Bk 锫▲ $5f^9 7s^2$ 247.07031(4)✦ +3 +4	Cf 锎▲ $5f^{10} 7s^2$ 251.07959(3)✦ +2 +3 +4	Es 锿▲ $5f^{11} 7s^2$ 252.0830(3)✦ +2 +3	Fm 镄▲ $5f^{12} 7s^2$ 257.09511(5)✦ +2 +3	Md 钔▲ $5f^{13} 7s^2$ 258.09843(3)✦ +2 +3	No 锘▲ $5f^{14} 7s^2$ 259.1010(7)✦ +2 +3	Lr 铹▲ $5f^{14} 6d^1 7s^2$ 262.110(2)✦ +3